高职高专建筑工程类专业“十三五”规划教材
GAOZHI GAOZHUAN JIANZHUGONGCHENGLEI ZHUANYE SHISANWU GUIHUA JIAOCAI

建筑构造与识图

JIANZHUGOUZAOYUSHITU 第2版

◎主　编　刘小聪
◎副主编　徐菱珞　季　敏　杨再玉
◎主　审　钟少云

中南大學出版社
www.csupress.com.cn

内容简介

“建筑构造与识图”是一门集建筑构造和建筑识图相关知识点于一体的建筑类专业基础课程。本书的编写是按照建筑工程类相关专业职业岗位和职业能力培养的要求，整合课程教学内容，以民用建筑项目和工业建筑项目为导向，构建了由14个工作任务驱动的5个模块式课程结构，分别为：模块一，初识建筑；模块二，建筑形体投影图的表达；模块三，建筑工程图的识读与绘制；模块四，民用建筑构造及构造详图的认知与表达；模块五，工业建筑构造的认知与表达。每一个模块对应一项能力，由一个或若干个任务驱动，实现课程内容设计的创新，保证各能力目标的实现。

本书的编写采用最新的国家标准和规范，根据建筑行业“八大员”的职业岗位技能培养要求，以实际工程的建筑工程图为教学案例，通过任务驱动将建筑工程图与建筑构造知识融合，在着重培养建筑工程图的识读能力的同时掌握建筑构造的有关理论，具有较强的实用性。

本书为高职高专建筑工程技术、建筑设计技术、城镇规划、工程造价、建筑工程管理、房地产及物业管理等建筑类专业教材，还可作为成教学院、继续教育学院、网络学院等教学用书，也可作为相关专业工程技术人员的参考用书和职业岗位培训的参考用书。

本书配有多媒体教学电子课件(PPT)，另外与之配套出版的有《建筑构造与识图习题集》和《建筑构造与识图实训》。

出版说明 INSTRUCTIONS

在新时期我国建筑业转型升级的大背景下，按照“对接产业、工学结合、提升质量，促进职业教育链深度融入产业链，有效服务区域经济发展”的职业教育发展思路，为全面推进高等职业院校建筑工程类专业教育教学改革，促进高端技术技能型人才的培养，我们通过充分调研和论证，在总结吸收国内优秀高职高专教材建设经验的基础上，组织编写和出版了本套基于专业技能培养的高职高专建筑工程类专业“十三五”规划教材。

近几年，我们率先在国内进行了省级高等职业院校学生专业技能抽查工作，试图采用技能抽查的方式规范专业教学，通过技能抽查标准构建学校教育与企业实际需求相衔接的平台，引导高职教育各相关专业的教学改革。随着此项工作的不断推进，作为课程内容载体的教材也必然要顺应教学改革的需要。本套教材以综合素质为基础，以能力为本位，强调基本技术与核心技能的培养，尽量做到理论与实践的零距离；充分体现了《关于职业院校学生专业技能抽查考试标准开发项目申报工作的通知》（湘教通〔2010〕238 号）精神，工学结合，讲究科学性、创新性、应用性，力争将技能抽查“标准”和“题库”的相关内容有机地融入教材中来。本套教材以建筑业企业的职业岗位要求为依据，参照建筑施工企业用人标准，明确职业岗位对核心能力和一般专业能力的要求，重点培养学生的技术运用能力和岗位工作能力。

本套教材的突出特点表现在：一、把建筑工程类专业技能抽查的相关内容融入教材之中；二、把建筑业企业基层专业技术管理人员（八大员）岗位资格考试相关内容融入教材之中；三、将国家职业技能鉴定标准的目标要求融入教材之中。总之，我们期望通过这些行之有效的办法，达到教、学、做合一，使同学们在取得毕业证书的同时也能比较顺利地考取相应的职业资格证书和技能鉴定证书。

高职高专建筑工程类专业“十三五”规划教材

编审委员会

高职高专建筑工程类专业“十三五”规划教材编审委员会

前 言 PREFACE

建筑构造与识图是建筑类各专业的一门既有系统理论又有较多社会实践的重要专业技能基础课程，该课程具有较强的综合性及应用性，它以培养学生的方法能力与社会能力、读图能力与绘图能力以及对房屋建筑构造的认知和表达能力为主要目标，同时兼顾后续专业课程的学习需要以及建筑业企业基层“八大员”(施工员、造价员、质检员、安全员、材料员、机械员、测量员、资料员等)岗位的任职资格要求。

本书为高职高专建筑工程类专业“十三五”规划教材，根据建筑行业“八大员”岗位技能培养的要求，采用最新的国家标准和规范，引入工程实际案例，把建筑构造知识融入到建筑识图中，分模块按任务驱动式编排教学内容。课程模块以典型项目(任务)为导向——典型项目(任务)就是实践性教学的内容和要求，通过任务要求、问题引入、实践指导、知识链接等环节，加强学生的动手能力和实践能力锻炼，训练学生的绘图和读图技巧，培养学生对房屋建筑构造的认知和表达能力，实现课程内容设计的创新，保证各项能力目标的实现。

本书采取校企合作的方式集体编写。全书由湖南城建职业技术学院刘小聪任主编、钟少云任主审，湖南城建职业技术学院徐菱珞和季敏、黔东南民族职业技术学院杨再玉任副主编。郴州职业技术学院李丽田，湖南软件职业学院冯建新，湖南城建职业技术学院刘运莲、肖燕娟、庞亚芳、沈涛、肖欣荣、陈大昆，湖南省建筑工程集团总公司李波，湘潭县建筑规划设计院刘雅君、侯容，湘潭丰润工程造价咨询有限公司周曦等共同参与编写。

本书在编写过程中，参考了有关标准、书籍、图片及其他资料等文献，得到了出版社和编者所在单位的领导和同事的鼎力支持，在此一并致谢。由于编者水平有限，书中难免出现错误，恳请各位读者批评指正。

友情提示：本教材正在进行全面改版升级，新教材书名为《建筑识图与房屋构造》，为高职高专土建类“十三五”规划“互联网 +”创新系列教材之一，敬请广大读者关注中南大学出版社最新图书出版信息，欢迎选购。

编　者

目 录 CONTENTS

模块一　初识建筑

模块任务

任务1　初识建筑工程图

任务2　绘制建筑平面图形

能力目标

- 对房屋建筑图形和房屋的构造组成、建筑制图标准的认知能力；
- 基本绘图能力和平面图形的绘制能力。

知识目标

- 认识建筑工程图样的形成，了解施工图的分类、编排顺序与作用；
- 了解建筑物的分类、分级，掌握房屋的构造组成及影响房屋构造的主要因素，建筑标准化和建筑模数协调统一标准的意义；
- 遵循制图标准，正确使用绘图工具，按制图步骤和要求绘制建筑平面图形。

任务1　初识建筑工程图

任务要求

按技能抽查标准要求，识读图1.1.1所示建筑工程图样，完成表1.1.1所示的识读记录。

表1.1.1　读图记录表

1. 工程图中的施工图有哪些类型？	
2. 本套施工图的编排顺序如何？	
3. 各类施工图共有多少张？	
4. 图中表达的建筑是什么类型，什么等级？	
5. 该建筑的组成部分有哪些？	
6. 该建筑的开间和进深尺寸有哪些？是否符合模数制的要求？	
7. 设计该建筑时，要考虑哪些可能会影响房屋构造的因素？	

问题引入

1. 施工图包括哪些内容？
2. 施工图在编排顺序上有何原则？
3. 建筑物包含哪些类型？

4. 建筑物的等级如何划分?

5. 建筑物的主要组成部分有哪些? 各有什么作用?

6. 影响房屋构造的主要因素有哪些?

7. 什么是建筑模数? 建筑模数的内容有哪些? 建筑标准化和建筑模数协调统一标准的意义如何?

实践指导

1. 明确读图记录表中的内容以及需要解决的问题。

2. 看“图纸目录”和“标题栏”,获取施工图类型、施工图编排顺序、施工图张数等信息。

3. 识读建筑设计说明,并根据房屋构造的基本知识,获取本建筑物的分类与分级等信息。

4. 识读图纸,并根据房屋构造的基本知识,明确房屋的各构造组成部分及其作用。

5. 结合图纸,联系实际,思考影响房屋构造的主要因素。

6. 根据图纸上标注的构件尺寸特点,思考建筑标准化和建筑模数协调统一标准的意义。

知识链接

建筑工程图和建筑构造的基本知识

1. 建筑工程施工图展示

如图 1.1.1 所示为某建筑工程一套施工图。

2. 建筑工程图的分类、编排顺序与作用

(1)建筑工程图的形成与分类

1)建筑工程图的形成

建筑是建筑物与构筑物的总称,是人们为了满足社会生活需要,利用所掌握的物质技术手段,并运用一定的科学规律、风水理念和美学法则创造的人工环境。其中,建筑物是供人们在其中生活居住、工作、学习、娱乐、从事生产和其他活动的房屋或场所,如工厂、住宅、学校、展览馆等,即供人们进行生产和生活用的房屋称为建筑物。构筑物则是人们不在其中生产生活的建筑,如烟囱、水塔、堤坝、电视塔等。

建筑工程图是在建筑物的设计阶段,设计人员将一幢建筑物的内外形状和尺寸大小以及各部分的结构、构造、装修、设备等内容,按照制图标准的规定和投影的原理,详细准确地表达出来的图样。它是用以直接指导房屋建筑工程施工的图样,所以又称为建筑施工图,简称施工图。施工图具有图纸齐全、表达准确、要求具体的特点,是进行工程施工、编制施工图预算和施工组织设计的依据,也是进行技术管理的重要技术文件,被喻为工程界的“语言”。

2)建筑工程图的分类

建造一幢房屋从设计到施工,要由许多专业和不同工种共同配合来完成。按专业分工的不同,施工图可分为:

①建筑施工图(简称建施):它主要表达建筑设计的内容,即表示建筑物的总体布局、外部造型、内部布置、内外装饰、细部构造及施工要求等。它包括首页图、总平面图、建筑平面图、立面图、剖面图和建筑详图。

图 纸 目 录

xxx建筑设计院	建设单位	xxx有限公司
	工程名称	xxx办公楼

序号	图纸名称	图别	图号	图幅
1	图纸目录	首页	00	A3
2	建筑设计总说明	首页	01	A3
3	门窗表、装修表	首页	02	A3
4	工程做法表	首页	03	A3
5	总平面图	首页	04	A3
6	一层平面图	建施	01	A3
7	二层平面图	建施	02	A3
8	屋顶平面图	建施	03	A3
9	①~⑤轴立面图 ⑤~①轴立面图	建施	04	A3
10	Ⓐ~Ⓔ轴立面图 Ⓔ~Ⓐ轴立面图	建施	05	A3
11	1—1剖面图	建施	06	A3
12	2—2剖面图	建施	07	A3
13	楼梯平面图	建施	08	A3
14	3—3剖面图	建施	09	A3
15	卫生间大样、雨篷大样	建施	10	A3
16	门窗大样	建施	11	A3
17	结构设计总说明	结施	01	A3
18	基础平面图	结施	02	A3
19	基础详图	结施	03	A3
20	柱平面布置图、柱表	结施	04	A3
21	3.270m梁平面配筋图	结施	05	A3
22	3.270m板平面配筋图	结施	06	A3
23	6.300m梁平面配筋图	结施	07	A3
24	6.300m板平面配筋图、大样图	结施	08	A3
25	楼梯结构详图	结施	09	A3

制表人： 审核： 2013 年 06 月

图 1.1.1(一) 图纸目录

建筑设计总说明

1. 工程概况

1.1 本工程结构形式为钢筋混凝土框架结构。建筑类别为3类，设计使用年限为50年，建筑耐火等级为二级，屋面防水等级为II级。

1.2 本工程总建筑面积为 534.28m^2，占地面积为 283.28m^2，建筑层数为二层，一层层高为 3.3m，二层层高为3.0m，建筑高度为 6.9m。

2. 设计依据

2.1 《民用建筑设计通则》(GB 50352—2005)。

2.2 《建筑设计防火规范》(GB 50016—2006)。

2.3 《办公建筑设计规范》(JGJ 67—2006)。

2.4 《屋面工程技术规范》(GB 50345—2012)。

2.5 《屋面工程质量验收规范》(GB 50207—2012)。

2.6 《中南地区工程建设标准设计 建筑图集》(2011版)。

2.7 建设方签字认可的设计方案，规划部门批准的用地红线图和建筑红线图。

2.8 其他相关规范、规定，行业主管部门发布的有关文件、技术要求。

3. 图面标注

3.1 本工程图纸尺寸单位：标高以 m，其他以 mm计。

3.2 本工程设计标高 ±0.00=54.80m（黄海高程基准）。

3.3 除注明外，各层标注标高为建筑完成面标高，屋面标高为结构面标高。

4. 墙体工程

4.1 墙体未注明者均为 240 厚，卫生间隔墙均为 120 厚。

4.2 ±0.000以下墙体采用 MU10 实心砖，M7.5 水泥砂浆砌筑，±0.000 以上墙体为 M5.0 混合砂浆砌筑 MU10 烧结多孔砖，烧结多孔砖砌筑建筑构造见国标 04J101。

4.3 墙身防潮层为 20 厚 1:2.5 水泥砂浆加 5% 的防水剂置于标高 −0.060m 处（地梁在室外地面以上者不设）。

5. 楼地面工程 除注明外，门廊、盥洗间、厕所较相应楼地面低 50、20、50mm，楼地面做法见工程做法表。

6. 屋面工程 屋面为钢筋混凝土平屋面，柔性防水、水泥砂浆保护层、保温、非上人屋面，做法详见 11ZJ001 屋107、2F3。屋面排水采用 ø110硬质 PVC 塑料雨水管 11ZJ201 4/37。

7. 门窗工程 见门窗表。

8. 装饰装修 外墙装饰做法见各立面图标注，其他见装修表、工程做法表。

9. 楼梯栏杆 采用不锈钢栏杆、硬木扶手，做法见 11ZJ401 2W/12，9/37，6/38，16/39。

10. 其他 本说明未尽事宜，均按国家有关施工及验收规范执行。

xxx设计院	工程设计文件专用章	注册师盖章	项目经理：	修改记录：	工程名称：xxx办公楼	图名：建筑设计总说明	院技术负责人				建筑	
						图别：首页	审定		制图		结构	
							专业负责		设计		给排水	
						图号：01	审核		方案设计		电气	
							校对		项目负责人		暖通/燃气	

图 1.1.1(二) 建筑设计总说明

门窗表

类型	设计编号	洞口尺寸 宽(mm)X高(mm)	樘数	门窗型号	采用标准图集及编号		材料		过梁	备注
					图集代号	编号	框材	扇材		
门	M1	900X2100	2	平开	98ZJ681	GJM101C1-1021	实木夹板门，底漆一遍，咖啡色调和漆二遍		GL09242	
	M2	1000X2100	7	平开	98ZJ681	GJM101C1-1021			GL10242	
	M3	1500X2400	2	平开	98ZJ681	GJM124C1-1521			GL15242	
	M4	800X2100	4	GS40-PM平开门	15ZJ602	仿PM$_1$0921	塑钢门	透明玻璃5+9A+5mm	GL08121	
组合门	MC1	6900X2700	1	平开	见大样		铝合金型材	钢化中空玻璃(8+6A+8厚)		全玻地弹簧门
窗	C1	2400X2400	2	L70-PC平开窗	15ZJ602	见大样	铝合金型材	中空玻璃(6+9A+6厚)		窗台　300
	C2	2400X1800	3	L70-PC平开窗	15ZJ602	仿PC$_2$2118	铝合金型材	中空玻璃(6+9A+6厚)		窗台　900
	C3	1500X1500	2	L70-PC平开窗	15ZJ602	PC$_1$1515	铝合金型材	中空玻璃(6+9A+6厚)	GL15242	窗台　900
	C4	1500X1800	2	L70-PC平开窗	15ZJ602	仿PC$_1$1518	铝合金型材	中空玻璃(6+9A+6厚)		窗台　900
	C5	4800X1500	1	L70-PC平开窗	15ZJ602	见大样	铝合金型材	中空玻璃(6+9A+6厚)		窗台　900
	C6	1800X900	4	L70-PC平开窗	15ZJ602	PC$_1$1809	铝合金型材	中空玻璃(6+9A+6厚)	GL18242	窗台　1500
	C7	2400X1500	4	L70-PC平开窗	15ZJ602	仿PC$_2$2115	铝合金型材	中空玻璃(6+9A+6厚)		窗台　900
	C8	2400X1500	1	L70-PC平开窗	15ZJ602	仿PC$_{12}$2115	铝合金型材	中空玻璃(6+9A+6厚)		窗台　900 外设金属防盗网
	C9	(600+1500+600)X2100	2	L70-PC平开窗(凸窗)	15ZJ602	见大样	铝合金型材	中空玻璃(6+9A+6厚)		窗台高度见图示
	C10	1800X2100	1	L70-PC平开窗	15ZJ602	仿PC$_2$1821	铝合金型材	中空玻璃(6+9A+6厚)		窗台　900

装修表

(除注明外，装修选用11ZJ001)

房间名称	地面		楼面		内墙面		顶棚		踢脚		备注
	做法	颜色	做法	颜色	做法	颜色	做法	颜色	做法	颜色	
门厅	地105（f)(基层) 楼202（f)(面层)	米色			内墙102(A) 涂304	乳白色	顶206	乳白色	踢5(A)	红褐色	米色花岗石防滑地面砖 800X800 吊顶高5.8m
会议室	地105（f)(基层) 楼202（f)(面层)	米色			内墙102(A) 涂304	乳白色	顶206	乳白色	踢5(A)	红褐色	米色花岗石防滑地面砖 800X800 吊顶高2.8m
办公室、楼梯间	地105（f)(基层) 楼202（f)(面层)	米色	楼202	米色	内墙102(A) 涂304	乳白色	顶103 涂304	乳白色	踢5(A)	红褐色	米色防滑陶瓷地面砖 600X600
休息间	地105（f)(基层) 楼202（f)(面层)	米色	楼202	米色	内墙102(A) 涂304	乳白色	顶103 涂304	乳白色	踢5(A)	红褐色	米色防滑陶瓷地面砖 600X600
走廊	地105（f)(基层) 楼202（f)(面层)	米色	楼202	米色	内墙102(A) 涂304	乳白色	顶213	乳白色	踢5(A)	红褐色	仿花岗石陶瓷地砖 600X600 吊顶高2.6m
男、女卫生间、盥洗室	地202(f)	米色	地202(f)	米色	内墙202(A)	乳白色	顶216	乳白色			米色防滑陶瓷地面砖 300X300 内墙贴300X250 面砖至吊顶(高2.2m)
门廊	同台阶				内墙102(A)		顶103 涂304	乳白色			深灰色花岗石贴面
屋面、雨篷、女儿墙(含压顶)					内墙102(A)						

XXX设计院	工程设计文件专用章	注册师盖章	项目经理：	修改记录：	工程名称：XXX办公楼	图名：门窗表、室内装修表	院技术负责人		建　筑	
						图别：首页	审　定	制　图	结　构	
							专业负责	设　计	给排水	
						图号：02	审　核	方案设计	电　气	
							校　对	项目负责人	暖通/燃气	

图 1.1.1(三)　门窗表、装修表

工程做法表

编号	装修名称	用料及分层做法	编号	装修名称	用料及分层做法
地105(f)	细石混凝土 防潮地面	1. 40厚C20细石混凝土随打随抹光 2. 3厚粘贴SBS改性沥青防水卷材 3. 刷基层处理剂一遍 4. 15 厚1:2水泥砂浆找平 5. 80厚C15混凝土 6. 素土夯实	楼 202	陶瓷地砖楼面	1. 8~10厚地砖铺实拍平， 水泥浆擦缝或1:1水泥砂浆填缝 2. 20厚1:4干硬性水泥砂浆 3. 素水泥浆结合层一遍 4. 现浇钢筋混凝土楼板
地202(F)	陶瓷地砖 防水地面	1. 8~10厚地砖铺实拍平，水泥浆擦缝或1:1水泥砂浆填缝 2. 20厚1:4干硬性水泥砂浆 3. 1.2厚合成高分子防水涂料刷基层处理剂一遍 4. 最薄处15厚1:3水泥砂浆或30厚C20细石混凝土找坡层抹平 5. 80厚C15混凝土 6. 素土夯实	楼202(F)	陶瓷地砖 防水楼面	1. 8~10厚地砖铺实拍平，水泥浆擦缝或1:1水泥砂浆填缝 2. 20厚1:4干硬性水泥砂浆 3. 1.2厚合成高分子防水涂料刷基层处理剂一遍 4. 最薄处15厚1:3水泥砂浆或30厚C20细石混凝土找坡层抹平 5. 现浇钢筋混凝土楼板
内墙202(A)	面砖墙面	1. 15 厚1:3水泥砂浆 2. 刷素水泥浆一遍 3. 4~5厚1:1水泥砂浆加水重20%白乳胶镶贴 4. 8~10厚面砖、水泥浆擦缝	内墙102(A)	混合砂浆墙面	1. 15厚1:1.6水泥石灰砂浆 2. 5厚1:0.5:3水泥石灰砂浆
涂304	合成树脂 乳液涂料 (乳胶漆)	1. 清理抹灰基层 2. 满刮腻子一遍 3. 刷底漆一遍 4. 乳胶漆二遍	外墙13(A)	面砖外墙面	1. 15厚1:3水泥砂浆 2. 刷素水泥砂浆一遍 3. 4~5厚1:1水泥砂浆加水重20%白乳胶镶贴 4. 8~10厚面砖、1:1水泥浆勾缝
踢5(A) (100高)	面砖踢脚	1. 17 厚1:3水泥砂浆 2. 3~4厚1:1水泥砂浆加水重20%白乳胶镶贴 3. 8~10厚面砖、水泥浆擦缝	外墙14	花岗岩外墙面	1. 30厚1:2.5水泥砂浆，分层灌浆 2. 20~30厚花岗岩板(背面用双股16号铜丝绑扎与墙面固定)，水泥浆擦缝
顶103	混合砂浆 顶棚	1. 钢筋混凝土板底面清理干净 2. 5厚1:1:4水泥石灰砂浆 3. 5厚1:0.5:3水泥石灰砂浆 4. 表面喷刷涂料另选	屋107 (不上人屋面)	水泥砂浆 保护层屋面 (保温、非上人屋面)	1. 25厚1:2.5或M15水泥砂浆，分格面积宜为1m^2 2. 满铺0.3厚聚乙烯薄膜一层 3. 3厚SBS或APP改性沥青防水卷材 4. 1.2厚合成高分子防水涂料 5. 刷基层处理剂一遍 6. 20厚1:2.5水泥砂浆找平层 7. 20厚(最薄处)1:8水泥憎水膨胀珍珠岩找2%坡 8. 干铺120厚水泥聚苯板 9. 钢筋混凝土楼板屋面板，表面清扫干净
顶213	铝合金封闭式 条形板吊顶	1. 配套金属龙骨 2. 铝合金条板，板宽 150	顶206	轻钢龙骨 石膏装饰板吊顶	1. 轻钢龙骨标准骨架：主龙骨中距900~1000，次龙骨中距600，横撑龙骨中距600 2. 600x600厚10石膏装饰板，自攻螺钉拧牢，孔眼用腻子填平
顶216	铝合金 方形板吊顶	1. 配套金属龙骨 2. 铝合金方型板，规格 600x600			

xxx设计院	工程设计文件专用章	注册师盖章	项目经理：	修改记录：	工程名称： xxx办公楼	图名：工程做法表 图别：首页 图号：03	院技术负责人 审 定 / 制 图 专业负责 / 设 计 审 核 / 方案设计 校 对 / 项目负责人	建 筑 结 构 给 排 水 电 气 暖通/燃气

图 1.1.1(四) 工程做法表

59.00
58.00
57.00
56.00
55.00
原有食堂
计划扩建的实验楼
计划扩建的宿舍楼
原有教学楼
原有办公楼
中心广场
原有住宅楼
54.20
X=172.10
Y=242.00
32.00
2F
行政办公楼
54.80
±0.00
停车坪
53.20
X=158.00
Y=260.00
原有教学楼
停车棚
门卫
向阳沟渠
Y=100
X=100.00
N
总平面图 1:500
×××设计院
工程设计文件专用章
注册师盖章
项目经理：
修改记录：
工程名称：
×××办公楼
图名：
总平面图
图别：
首页
图号：
04
院技术负责人
审 定
制 图
专业负责
设 计
审 核
方案设计
校 对
项目负责人
建 筑
结 构
给 排 水
电 气
暖通/燃气

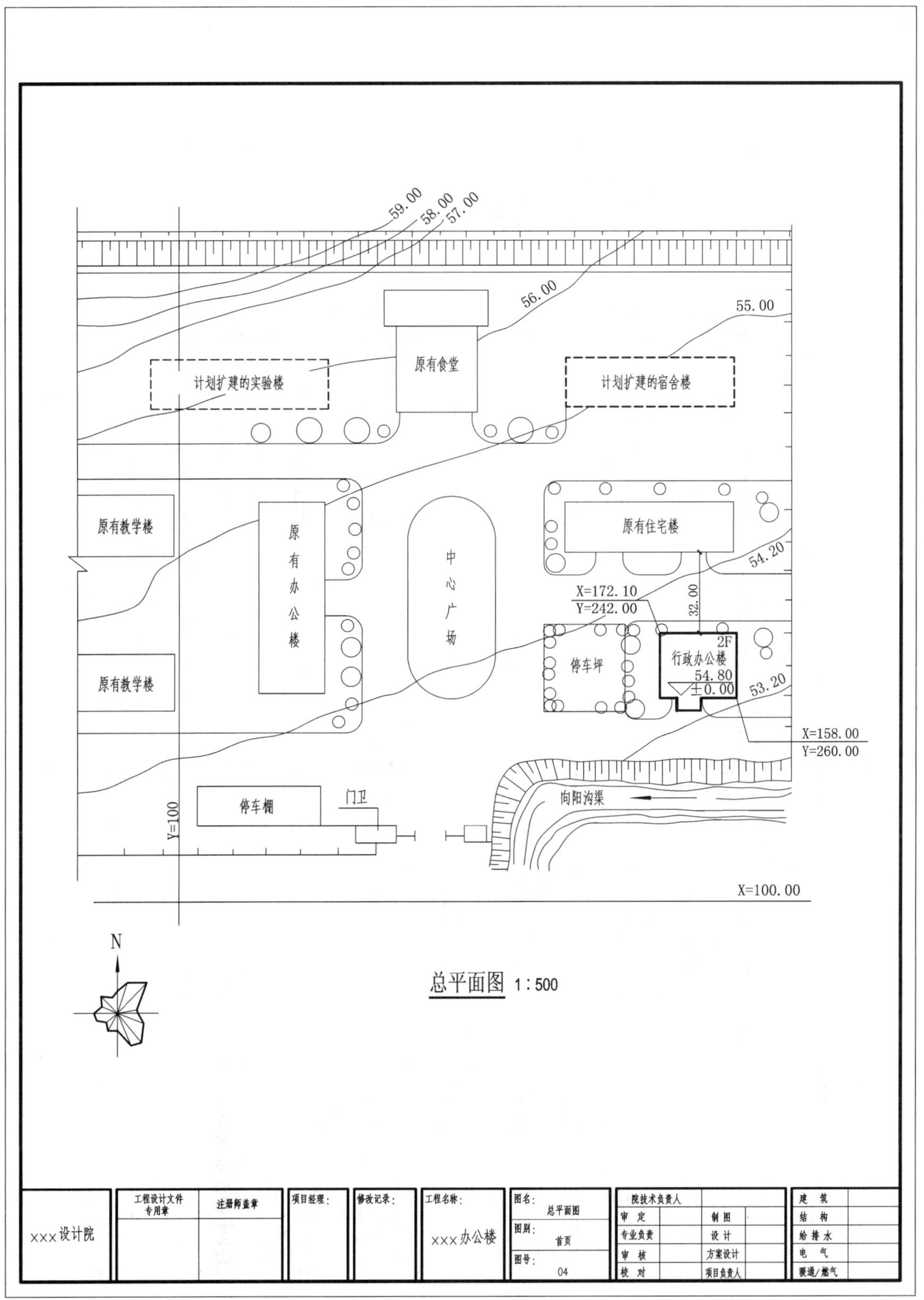

图 1.1.1(五)　总平面图

18240
120
3600
7200
3600
1380
2220
120
会议室
男厕
-0.050
女厕
-0.050
-0.020
建施
上22级
M1
M2
M3
M4
C1
C2
C4
C6
C9
MC1
休息间
门厅
±0.000
办公室
护窗栏杆
门廊
-0.050
-0.600
上
散水、暗沟
11ZJ901
深灰色花岗石贴面台阶共4步
11ZJ901
N
一层平面图 1∶100
(本层建筑面积272.42m²；总建筑面积:534.28m²)
注：图中低窗台处加护窗栏杆，做法参见11ZJ401
xxx设计院
工程设计文件专用章
注册师盖章
项目经理：
修改记录：
工程名称：
xxx办公楼
图名：
一层平面图
图别：
建施
图号：
01
院技术负责人
审 定
制 图
专业负责
设 计
审 核
方案设计
校 对
项目负责人
建 筑
结 构
给 排 水
电 气
暖通/燃气

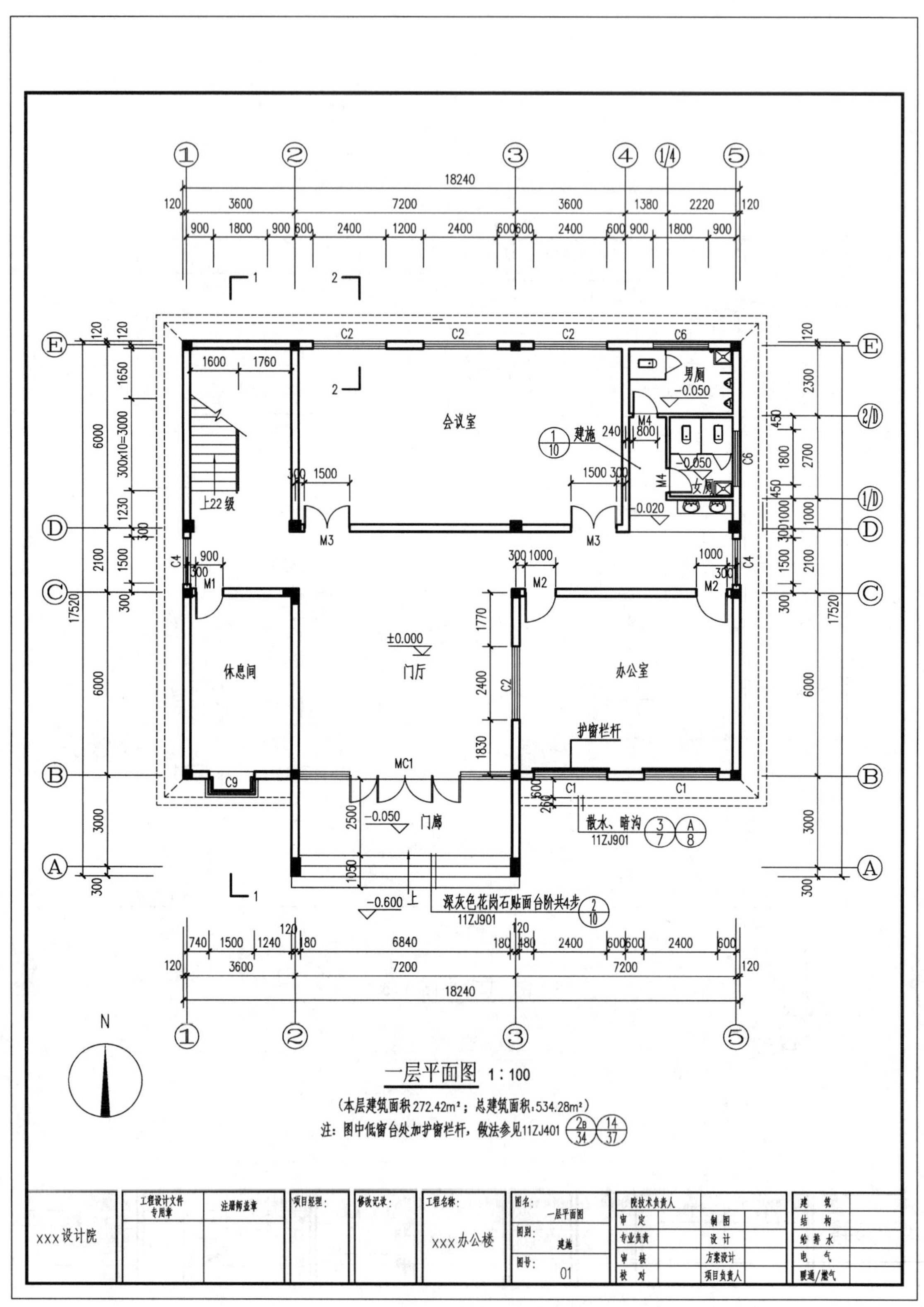

图 1.1.1(六) 一层平面图

二层平面图 1∶100
（本层建筑面积：261.56m²）
办公室
休息间
门厅上空
男厕
女厕
不锈钢栏杆H=1100
反沿宽240高100
混凝土雨篷
雨篷大样
建施
3.600（顶标高）
下22级
×××设计院
工程设计文件专用章
注册师盖章
项目经理：
修改记录：
工程名称：
×××办公楼
图名：
二层平面图
图别：
建施
图号：
02
院技术负责人
审定
制图
专业负责
设计
审核
方案设计
校对
项目负责人
建筑
结构
给排水
电气
暖通/燃气

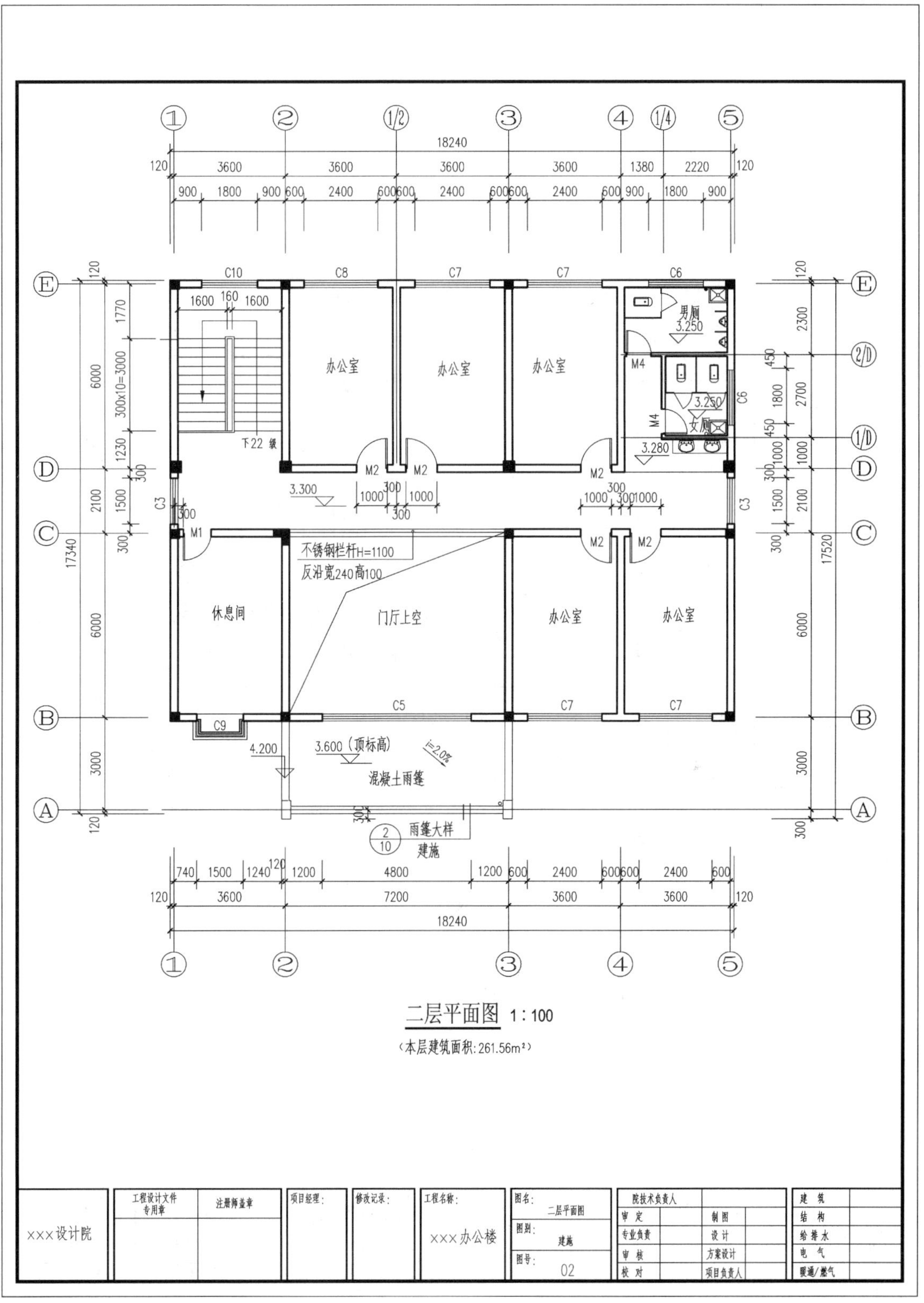

图 1.1.1(七)　二层平面图

屋顶平面图 1:100
Φ110PVC落水管(余同)
11ZJ201
水泥砂浆分格缝
分隔面积宜为1m²油膏嵌缝
不上人屋面
(做法详见11ZJ001屋107,2F3
保温、非上人屋面)
屋面泛水360mm高
11ZJ201
6.900
18240
14340
×××设计院
工程设计文件专用章
注册师盖章
项目经理:
修改记录:
工程名称:
×××办公楼
图名:
屋顶平面图
图别:
建施
图号:
03
院技术负责人
审定
专业负责
审核
校对
制图
设计
方案设计
项目负责人
建筑
结构
给排水
电气
暖通/燃气

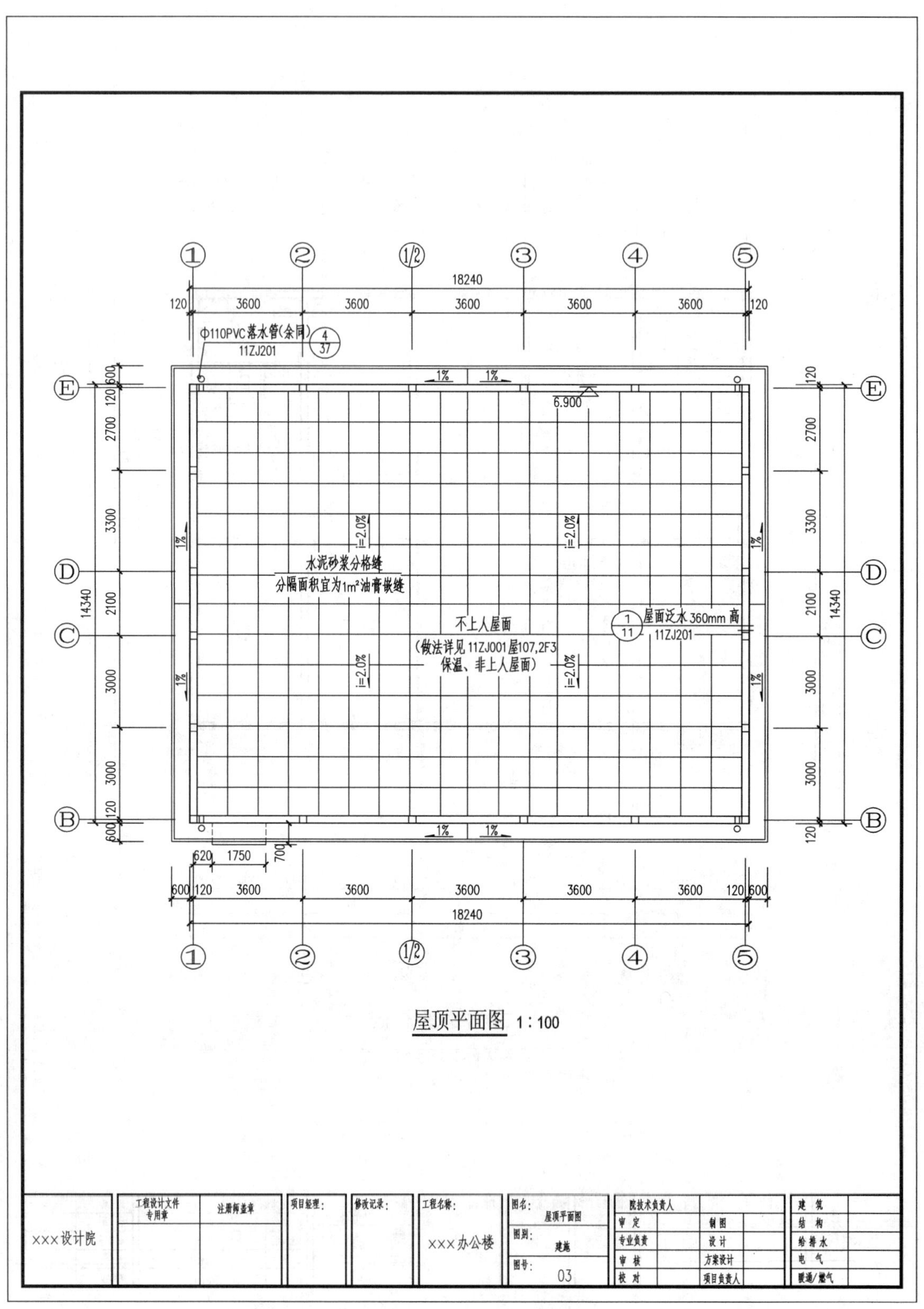

图 1.1.1(八) 屋顶平面图

红色无釉面砖骑缝横贴
11ZJ001-95-外墙13(A)
浅黄色石材
11ZJ001-96-外墙14
①—⑤立面图 1:100
红色无釉面砖骑缝横贴
11ZJ001-95-外墙13(A)
浅黄色石材
11ZJ001-96-外墙14
⑤—①立面图 1:100
xxx设计院
工程设计文件专用章
注册师盖章
项目经理：
修改记录：
工程名称：
xxx办公楼
图名：①-⑤立面图 ⑤-①立面图
图别：建施
图号：04
院技术负责人
审定
制图
专业负责
设计
审核
方案设计
校对
项目负责人
建筑
结构
给排水
电气
暖通/燃气

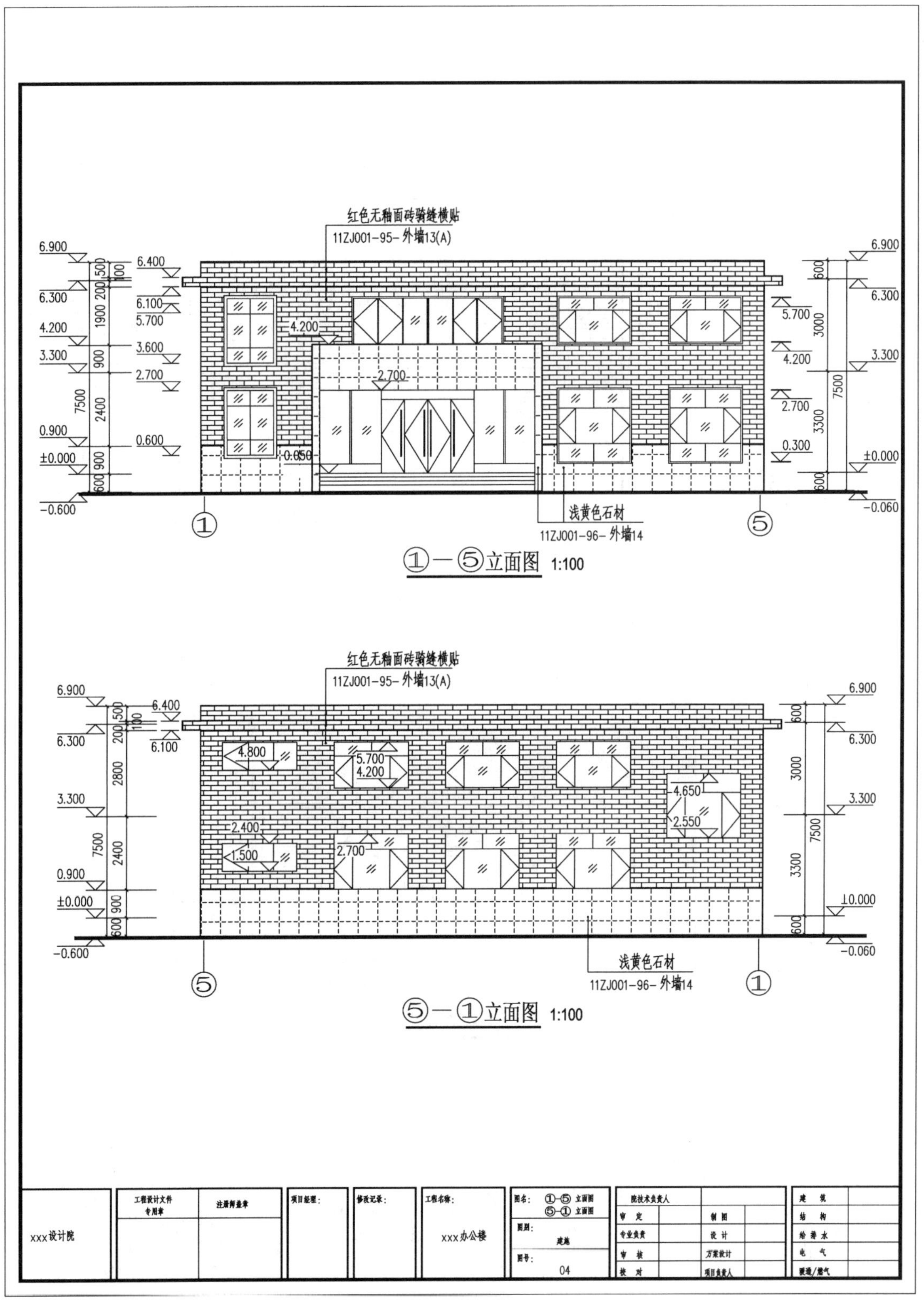

图 1.1.1(九)　前、后立面图

浅黄色石材
11ZJ001-96-外墙14
红色无釉面砖骑缝横贴
11ZJ001-95-外墙13(A)
6.900
6.400
6.300
5.700
4.200
3.300
±0.000
-0.600
600
2100
900
7500
3300
3000
5.700
4.200
2.700
0.900
Ⓐ
Ⓑ
Ⓔ
Ⓐ~Ⓔ立面图 1:100
Ⓔ~Ⓐ立面图 1:100
XXX设计院
工程设计文件专用章
注册师盖章
项目经理:
修改记录:
工程名称:
XXX办公楼
图名: Ⓐ~Ⓔ立面图 Ⓔ~Ⓐ立面图
图别: 建施
图号: 05
院技术负责人
审定
制图
专业负责
设计
审核
方案设计
校对
项目负责人
建筑
结构
给排水
电气
暖通/燃气

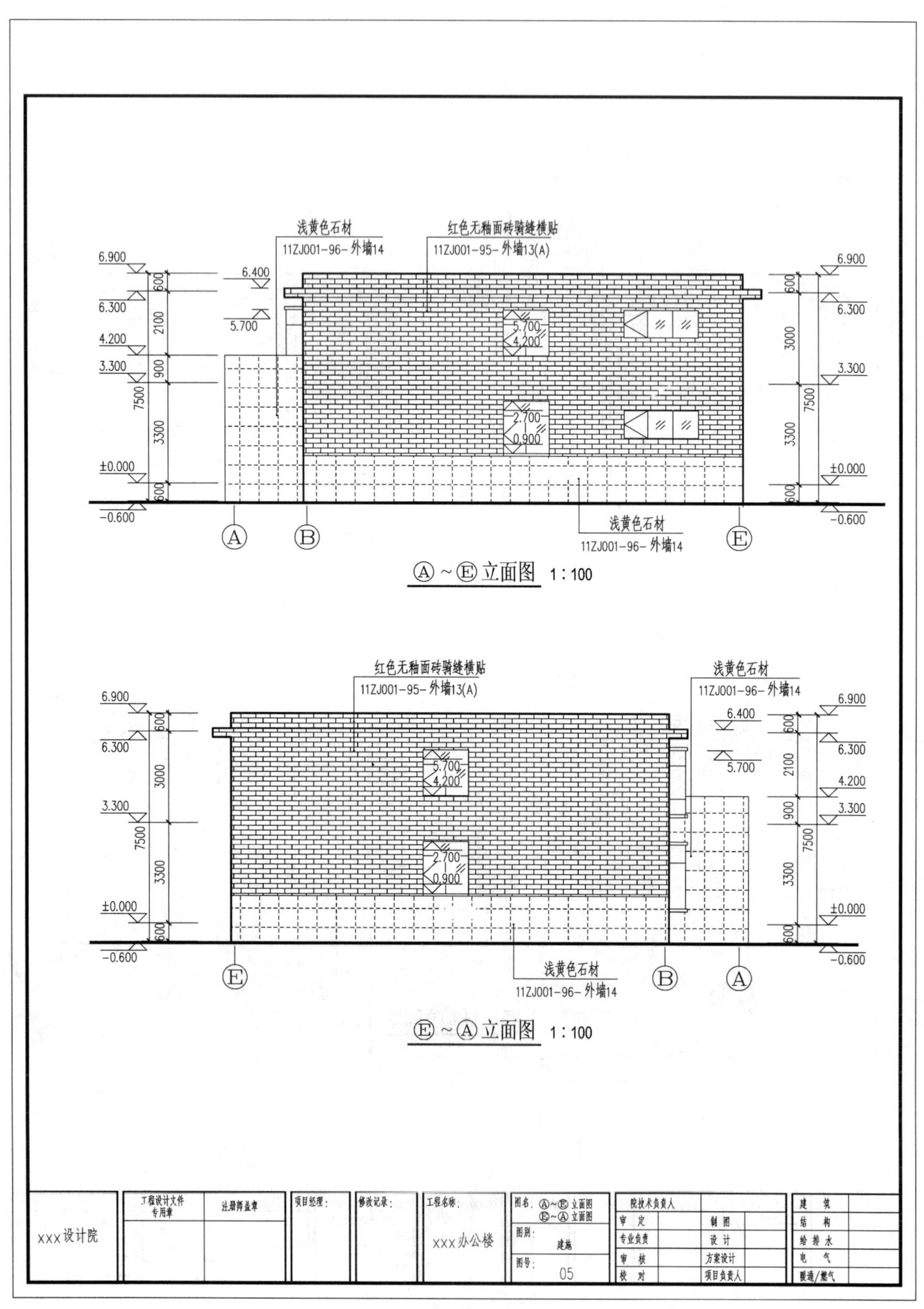

图 1.1.1(十) 左、右立面图

SBS防水层满铺，挑檐处上翻200，
女儿墙上翻250
水泥砂浆20厚找平层
C30钢筋混凝土板
11ZJ001屋107，ZF3
保温、非上人屋面
6.900
6.300
3.300
±0.000
-0.600
4.350
2.550
1.650
5.700
4.200
3.600
2.700
0.600
2%
11ZJ401
走廊
休息间
混凝土散水暗沟
11ZJ901
120
1650
300X10=3000
1230
6000
2100
6000
14100
E
D
C
B
1—1剖面图 1 : 100
XXX设计院
工程设计文件专用章
注册师盖章
项目经理：
修改记录：
工程名称：
XXX办公楼
图名：
1-1剖面图
图别：
建施
图号：
06
院技术负责人
审定
制图
专业负责
设计
审核
方案设计
校对
项目负责人
建筑
结构
给排水
电气
暖通/燃气

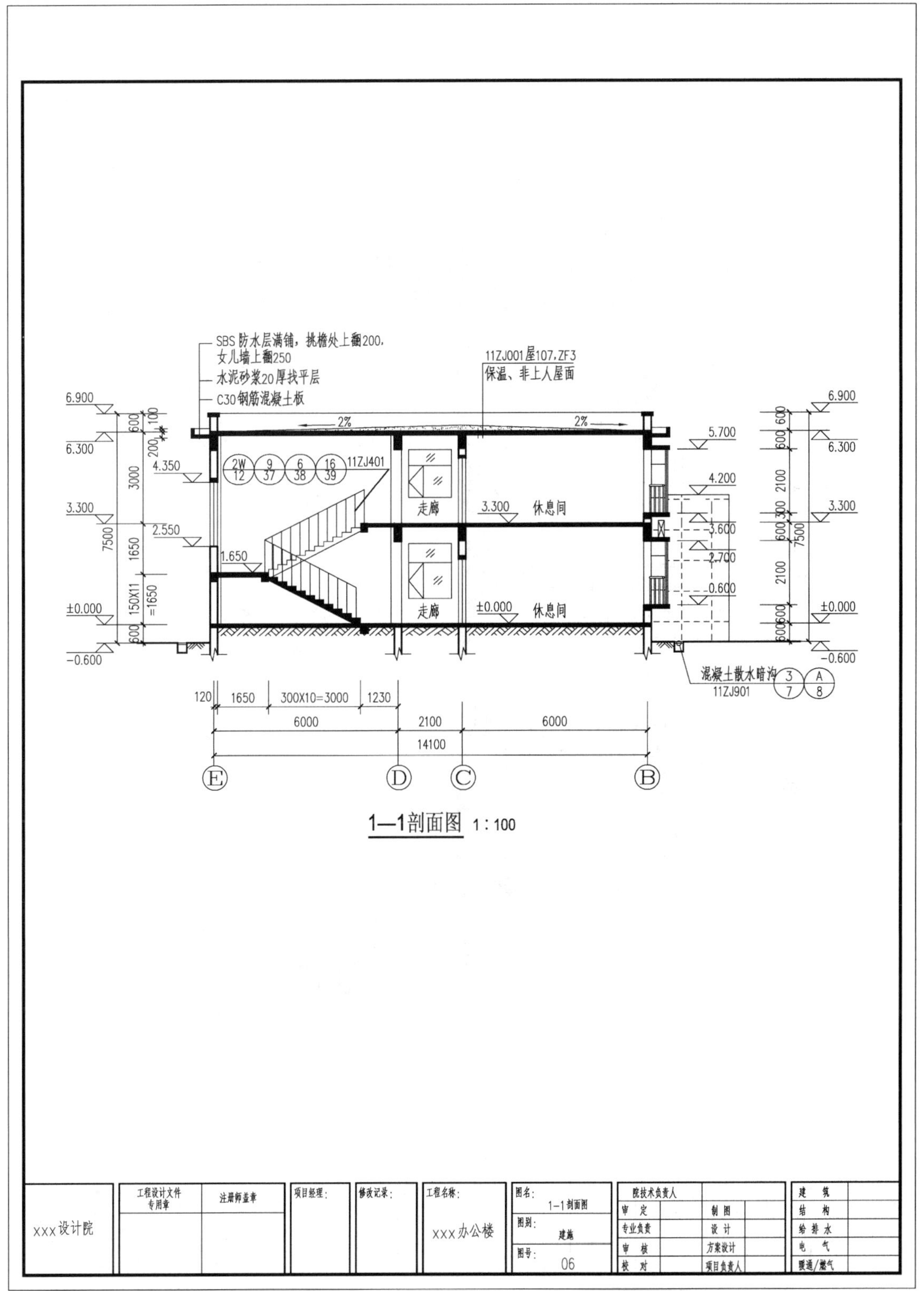

图 1.1.1(十一)　剖面图

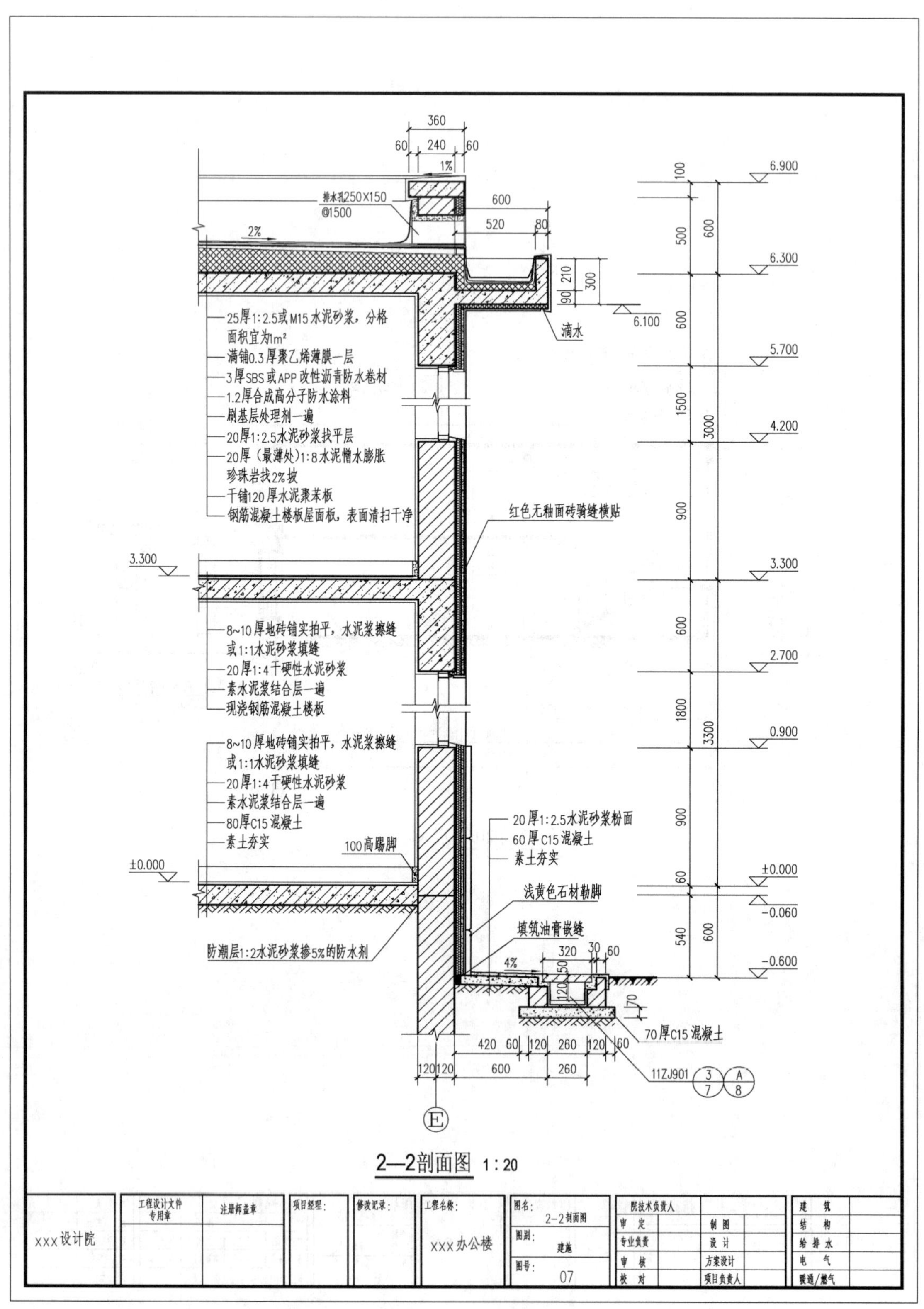

图 1.1.1(十二)　墙身节点详图

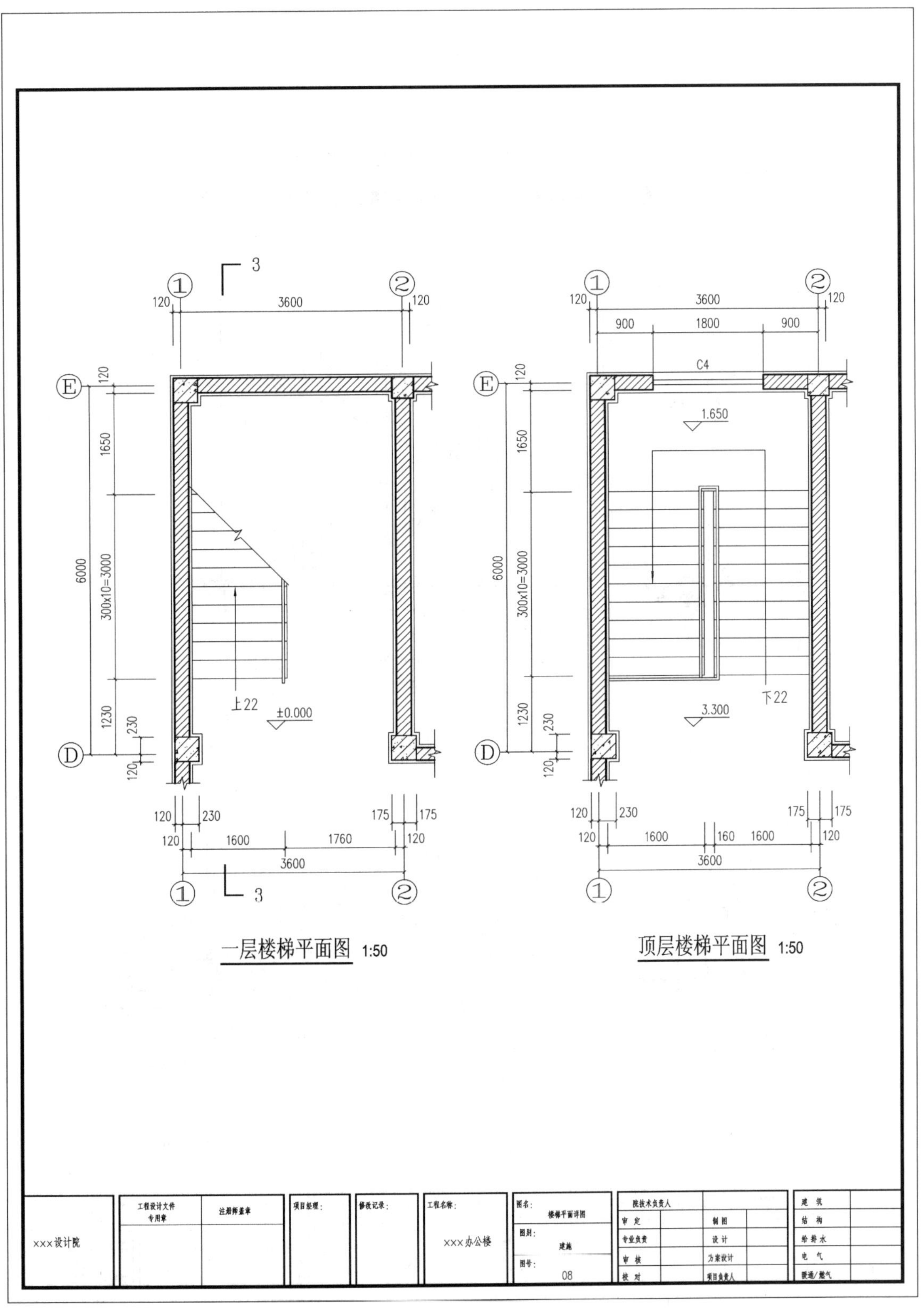

图 1.1.1(十三)　楼梯平面详图

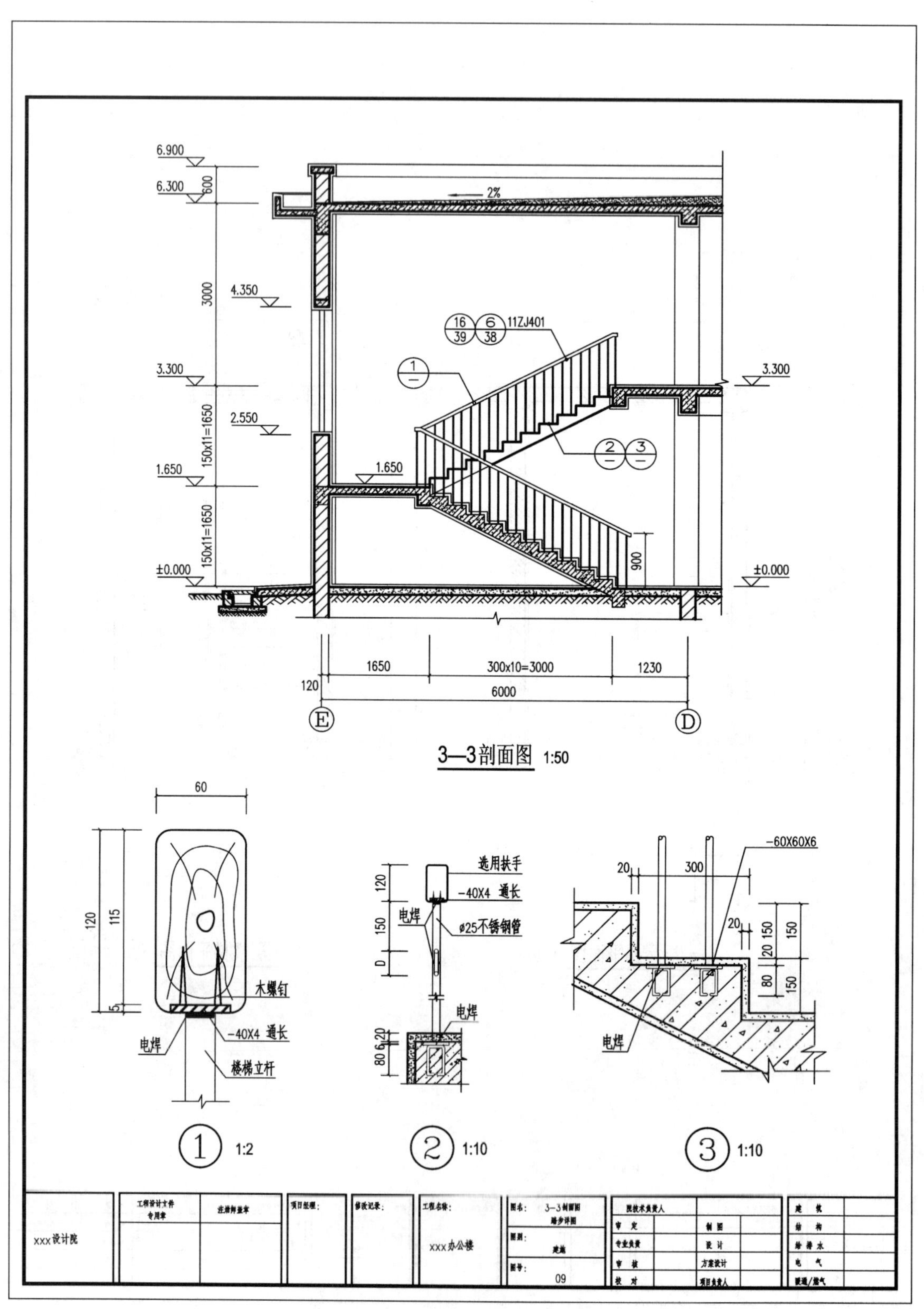

图 1.1.1(十四) 楼梯剖面详图

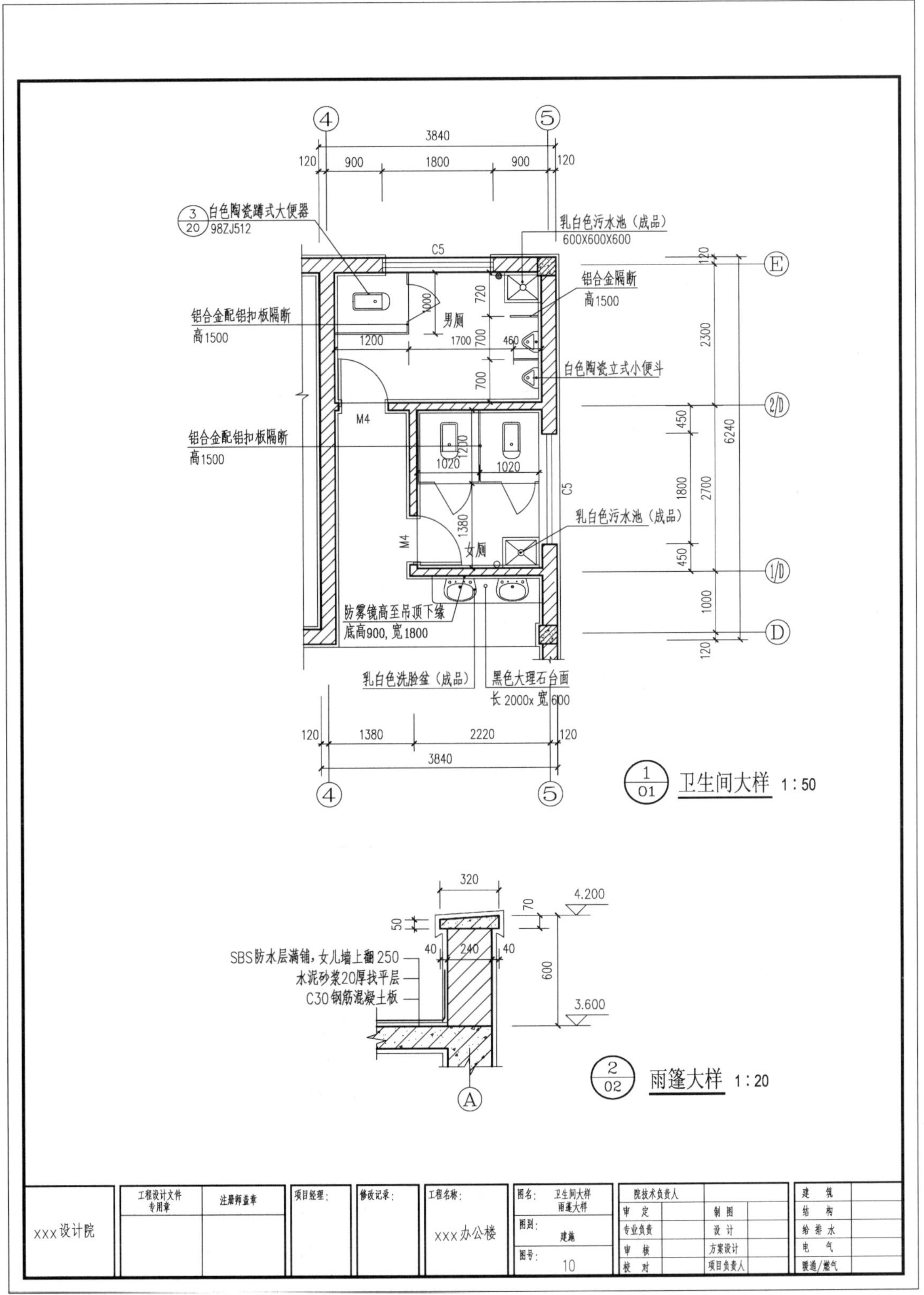

图 1.1.1(十五)　卫生间大样、雨篷大样图

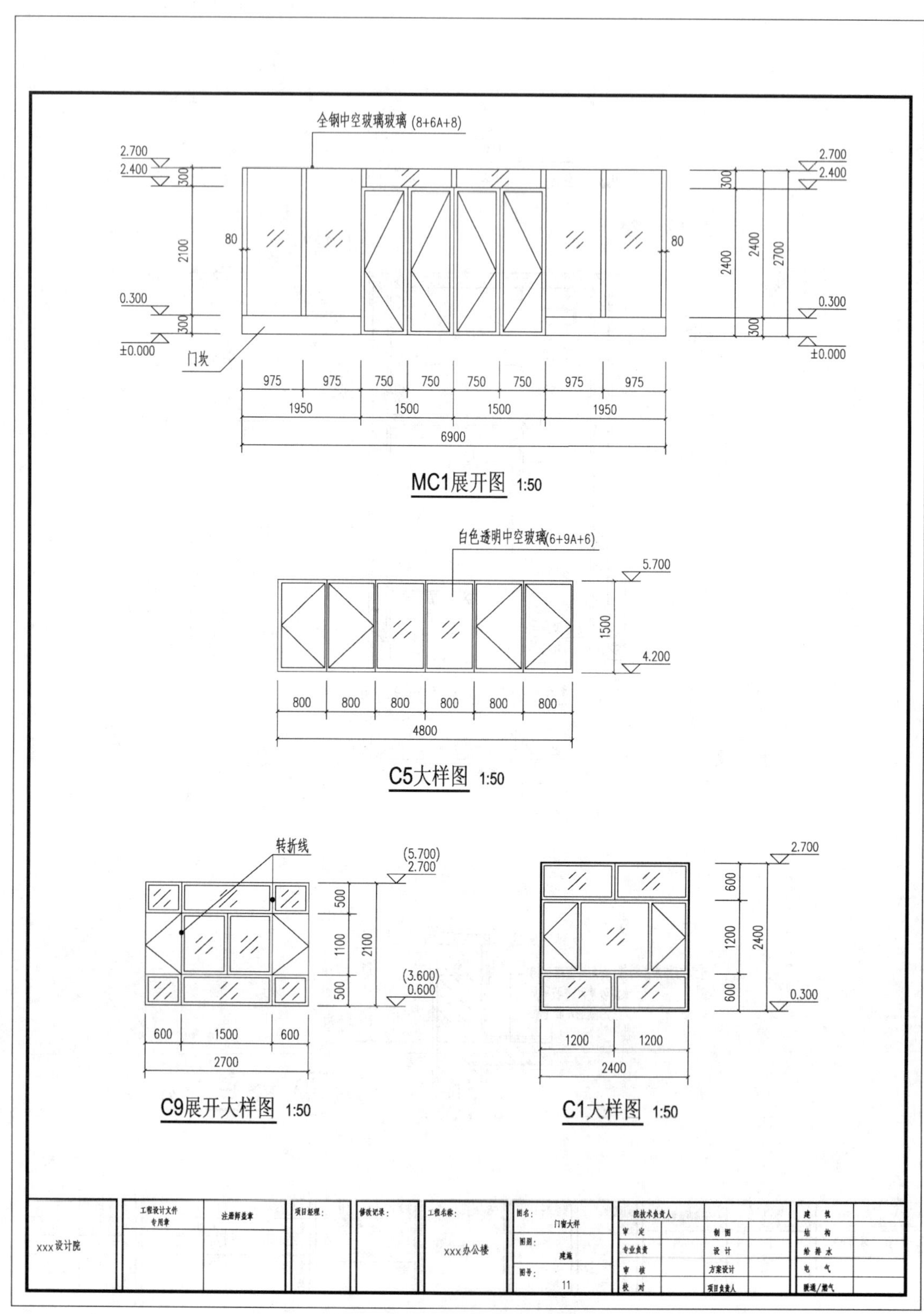

图 1.1.1(十六)　门窗大样图

结构设计总说明

1. 工程概况

本工程主体采用钢筋混凝土框架结构;屋顶为平屋顶。本工程建筑结构的安全等级为二级。

2. 一般说明

2.1 本套图纸除注明外，所注尺寸均以毫米（mm）为单位，标高以米（m）为单位。本工程 ±0.000相当于绝对标高54.80 m。

2.2 本总说明中所注内容为通用做法；当总说明与图纸说明不一致时，以图纸为准。

3. 设计依据

3.1 本结构设计依据的规范、规程有：

《建筑结构荷载规范》（GB 50009—2012）;《建筑地基基础设计规范》（GB 50007—2011）;

《建筑抗震设计规范》（GB 50011—2010）;《混凝土设计规范》（GB 50010—2010）。

3.2 工程设计梁、板、柱、基础、墙体所采用的标准图集：

《混凝土结构施工图平面整体表示方法》（11GB101-1、11GB101-2、11GB101-3）。

3.3 应用软件：结构整体分析所使用的结构分析软件为"中国建筑科学研究院"编制的《PKPM系列计算程序》中的PK、PMCAD、SATWE、JCCAD等辅助设计软件。

3.4 勘查报告：由地质勘查单位提供的相应工程地质勘查报告及主要内容。

4. 建筑分类等级

4.1 本工程为三类建筑，耐火等级为二级。抗震设计类别为丙类，抗震设防烈度为六度。

4.2 本工程地基基础设计等级为丙级，建筑场地类别为Ⅱ类,土壤类别二类。

4.3 本工程室内地坪以上室内正常环境的混凝土环境类别为一类,室内地坪以下及以上露天和室内潮湿环境混凝土环境类别为二a类,钢筋保护层见5.1条。

5. 主要结构材料

5.1 混凝土

结构部位	强度等级	保护层厚度(mm)	结构部位	强度等级	保护层厚度(mm)
基础垫层	C15		梁、板	C30	梁：25；板：15
基础及基础梁	C30	40	构造柱	C25	30
柱	C30	30	楼梯	同各层梁、板	同各层梁、板

环境类别	最大水灰比	最小水泥用量(kg/m^3)	最大氯离子含量(%)	最大碱含量(kg/m^3)
一	0.65	225	1.0	不限制
二a	0.60	250	0.3	3.0

5.2 钢筋：Φ表示HPB300级钢筋（f_y=270 N/mm^2），Φ表示HRB335级钢筋（f_y=300 N/mm^2），Φ表示HRB400级钢筋（f_y=360 N/mm^2），预埋件钢板采用Q235钢。吊环采用HPB300级钢筋。

6. 基础工程

本工程采用独立柱基和墙下条基，持力层为强风化泥灰岩，地基承载力特征值 f_{ak}≥450 kPa。

7. 砌体工程

7.1 砌体填充墙与钢筋混凝土结构的连接见中南标12ZG003。

7.2 出屋面女儿墙构造柱，截面为240×墙厚（≥200），内配4 Φ14，Φ8@150。

7.3 门窗洞口过梁设置：所有门窗洞口顶应设置过梁，过梁选自中南标《钢筋混凝土过梁》(03ZG313)，荷载等级均为2级,过梁采用现场就位预制。

8. 施工方案

土方采用人工开挖，就近50 m范围内堆放。取土场、卸土场位于距现场中心距离500 m处。

9. 其他

本说明未尽事宜见，均按国家有关施工及验收规范执行。

×××设计院	工程设计文件专用章	注册师盖章	项目经理：	修改记录：	工程名称：×××办公楼	图名：结构设计总说明 图别：结施 图号：01	院技术负责人		建 筑	
							审 定	制 图	结 构	
							专业负责	设 计	给排水	
							审 核	方案设计	电 气	
							校 对	项目负责人	暖通/燃气	

图 1.1.1(十七)　结构设计总说明

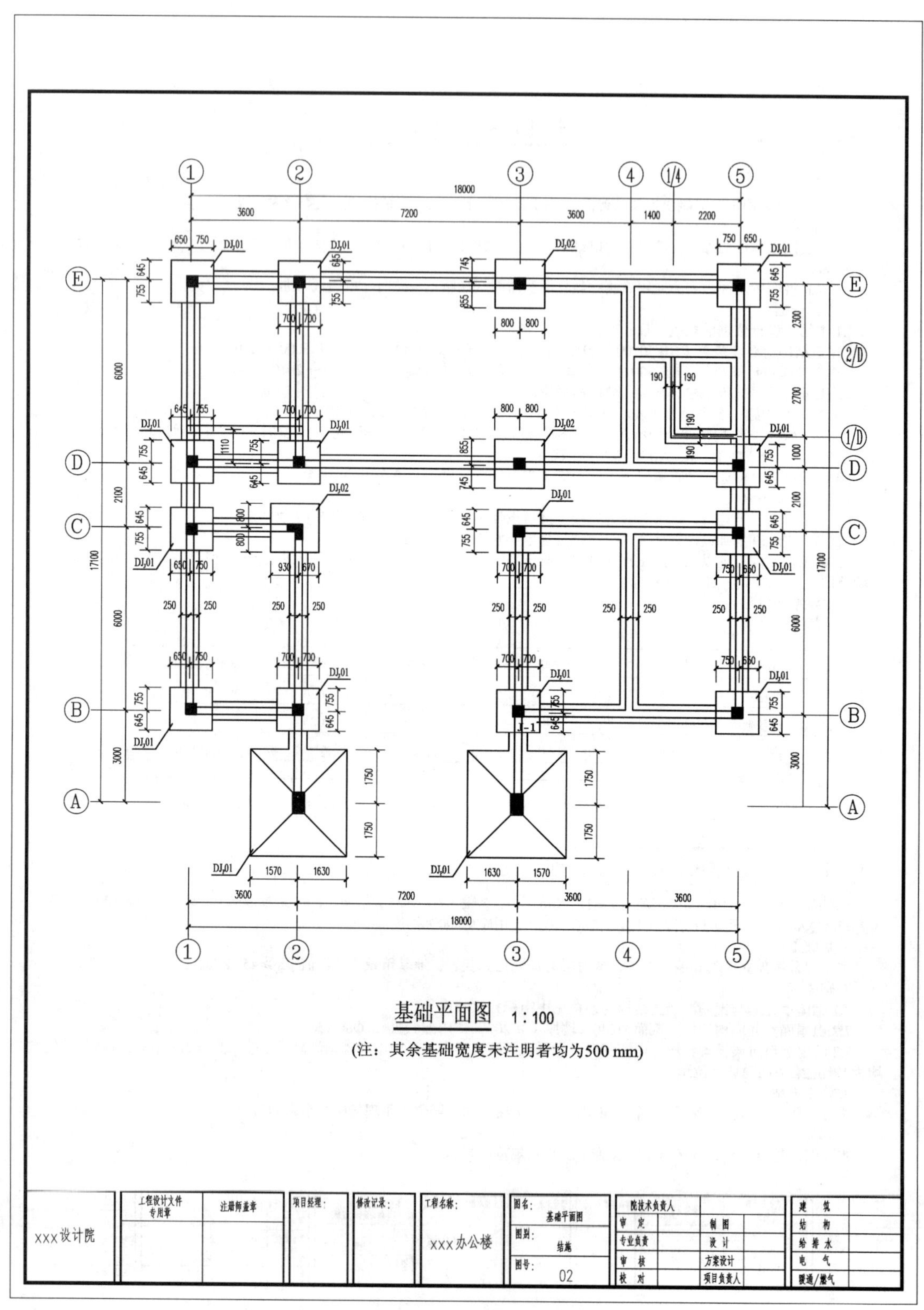

图 1.1.1(十八) 基础平面图

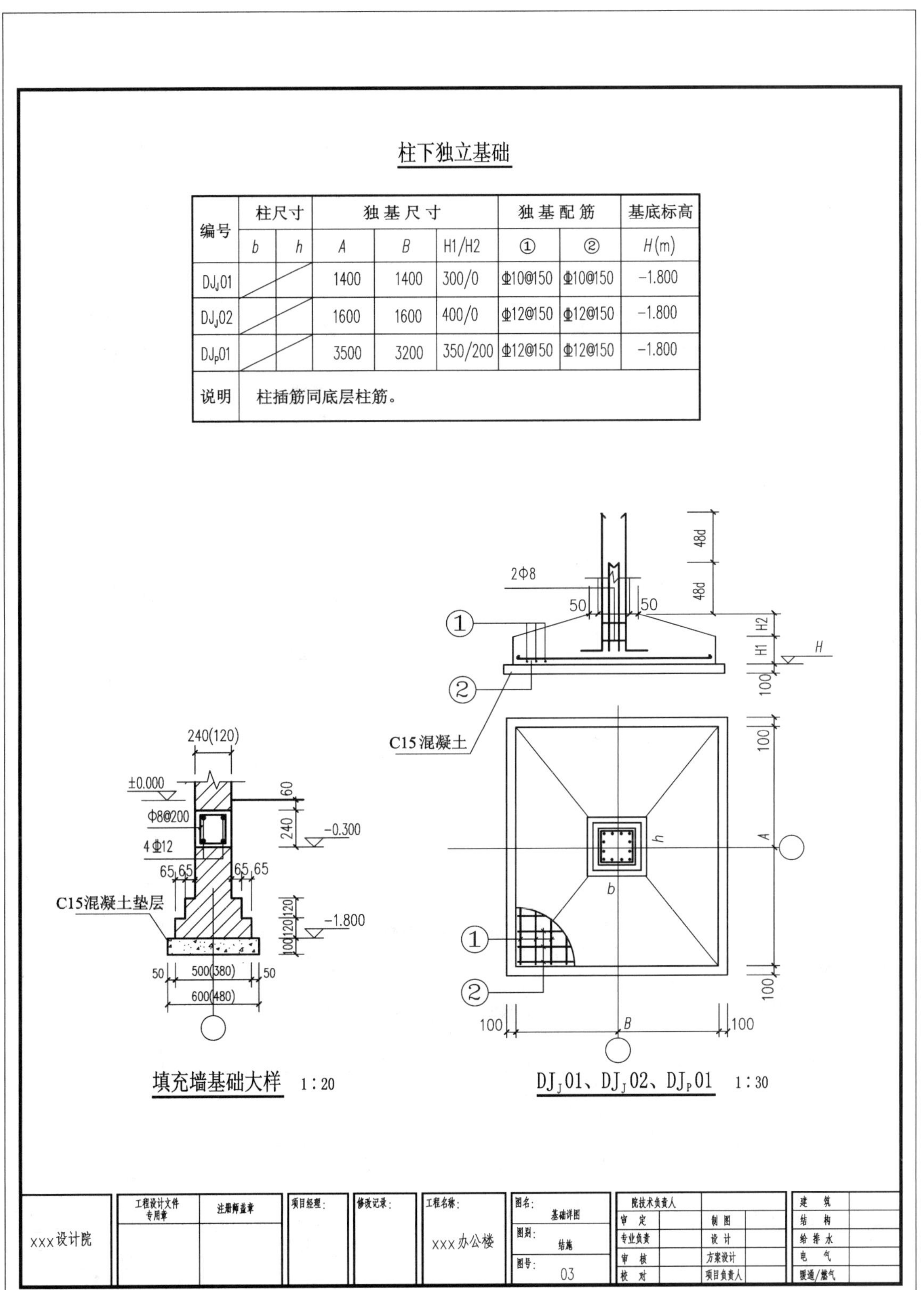

柱下独立基础

编号	柱尺寸		独基尺寸			独基配筋		基底标高
	b	h	A	B	H1/H2	①	②	H(m)
DJ_J01			1400	1400	300/0	Φ10@150	Φ10@150	-1.800
DJ_J02			1600	1600	400/0	Φ12@150	Φ12@150	-1.800
DJ_P01			3500	3200	350/200	Φ12@150	Φ12@150	-1.800
说明	柱插筋同底层柱筋。							

图 1.1.1(十九)　基础详图

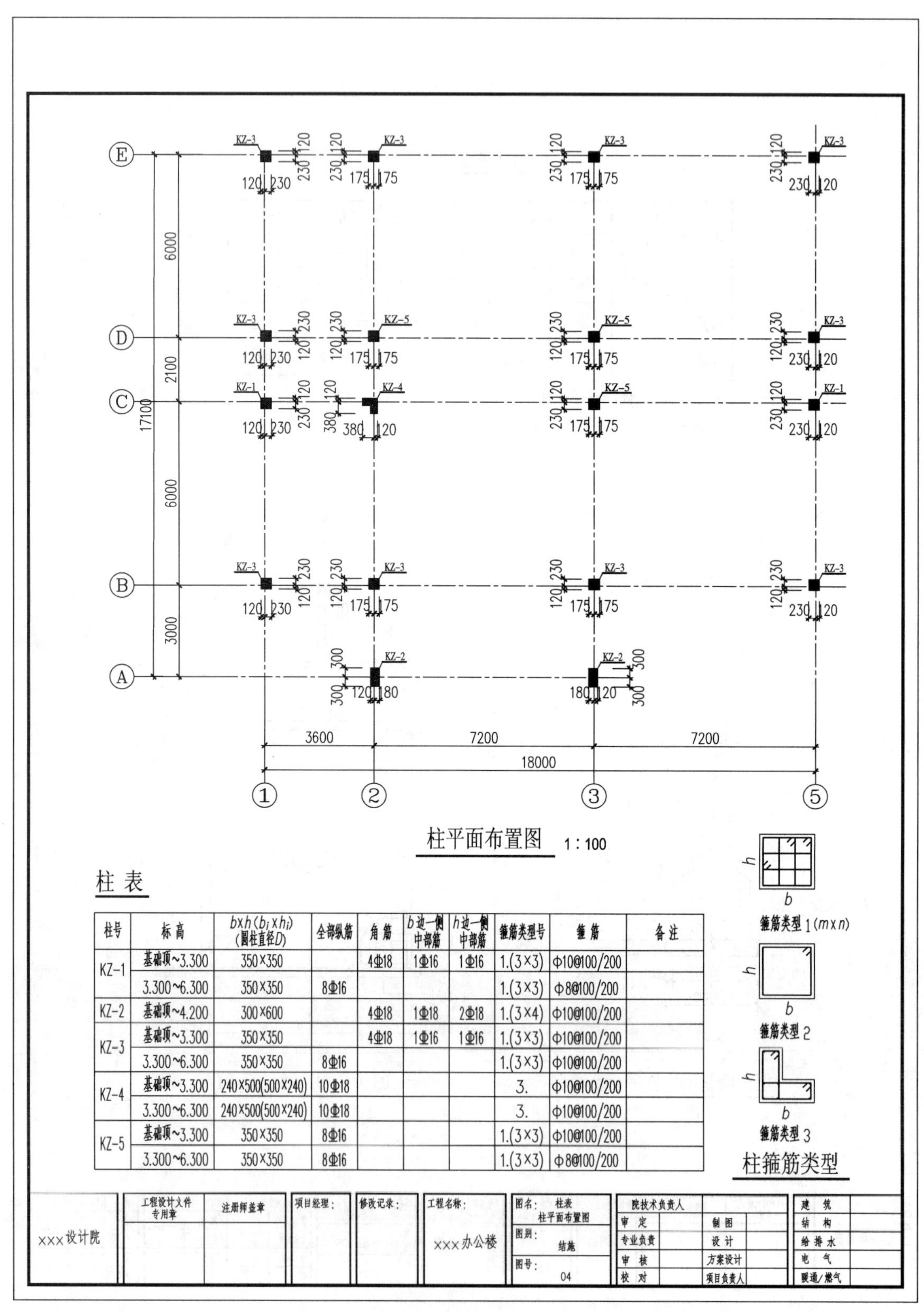

柱表

柱号	标高	$b \times h$ ($b_i \times h_i$)（圆柱直径D）	全部纵筋	角筋	b边一侧中部筋	h边一侧中部筋	箍筋类型号	箍筋	备注
KZ-1	基础顶~3.300	350×350		4Φ18	1Φ16	1Φ16	1.(3×3)	Φ10@100/200	
	3.300~6.300	350×350	8Φ16				1.(3×3)	Φ8@100/200	
KZ-2	基础顶~4.200	300×600		4Φ18	1Φ18	2Φ18	1.(3×4)	Φ10@100/200	
KZ-3	基础顶~3.300	350×350		4Φ18	1Φ16	1Φ16	1.(3×3)	Φ10@100/200	
	3.300~6.300	350×350	8Φ16				1.(3×3)	Φ10@100/200	
KZ-4	基础顶~3.300	240×500(500×240)	10Φ18				3.	Φ10@100/200	
	3.300~6.300	240×500(500×240)	10Φ18				3.	Φ10@100/200	
KZ-5	基础顶~3.300	350×350	8Φ16				1.(3×3)	Φ10@100/200	
	3.300~6.300	350×350	8Φ16				1.(3×3)	Φ8@100/200	

图 1.1.1(二十)　柱平面布置图、柱表

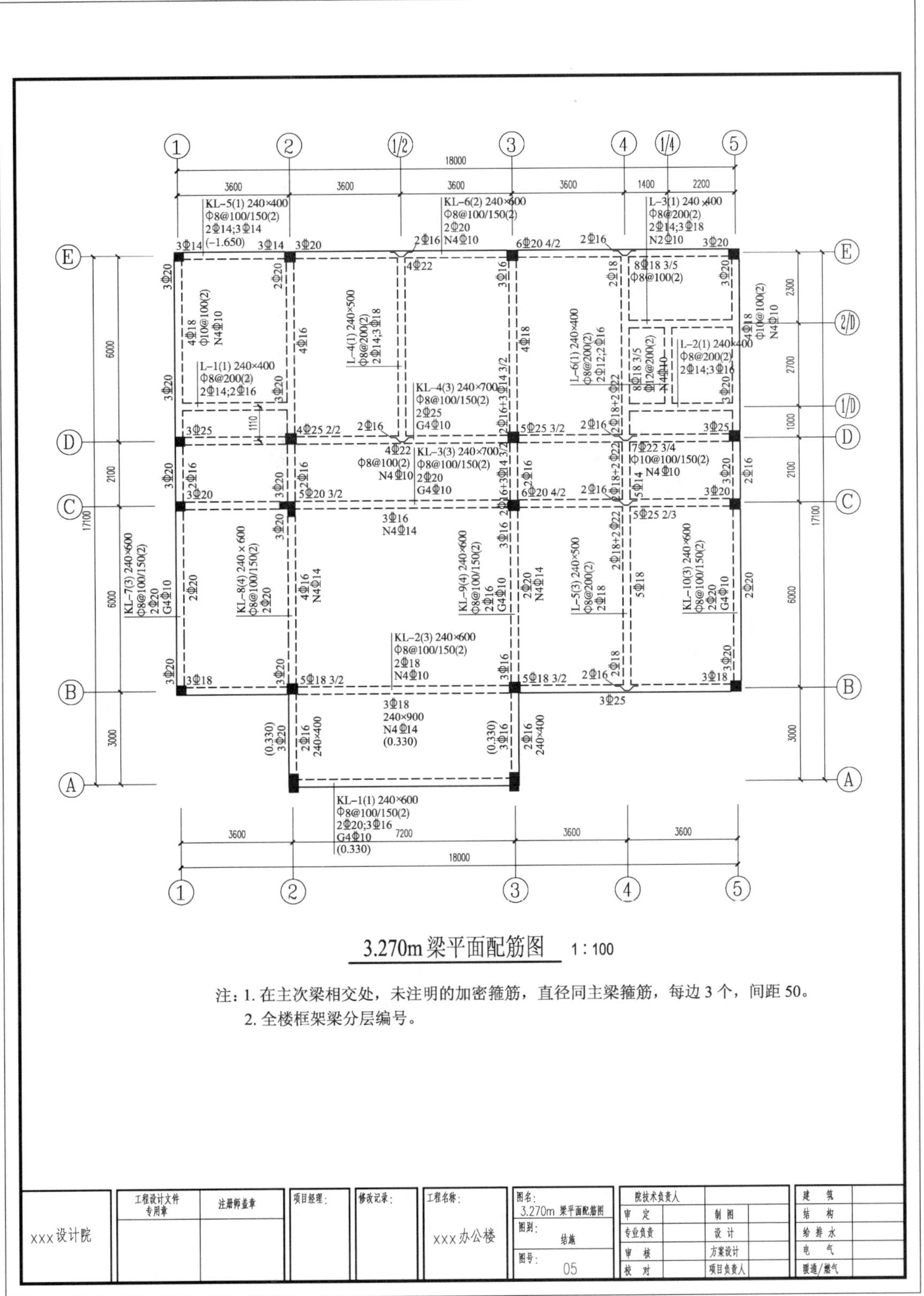

图 1.1.1(二十一) 3.270 m 梁平面配筋图

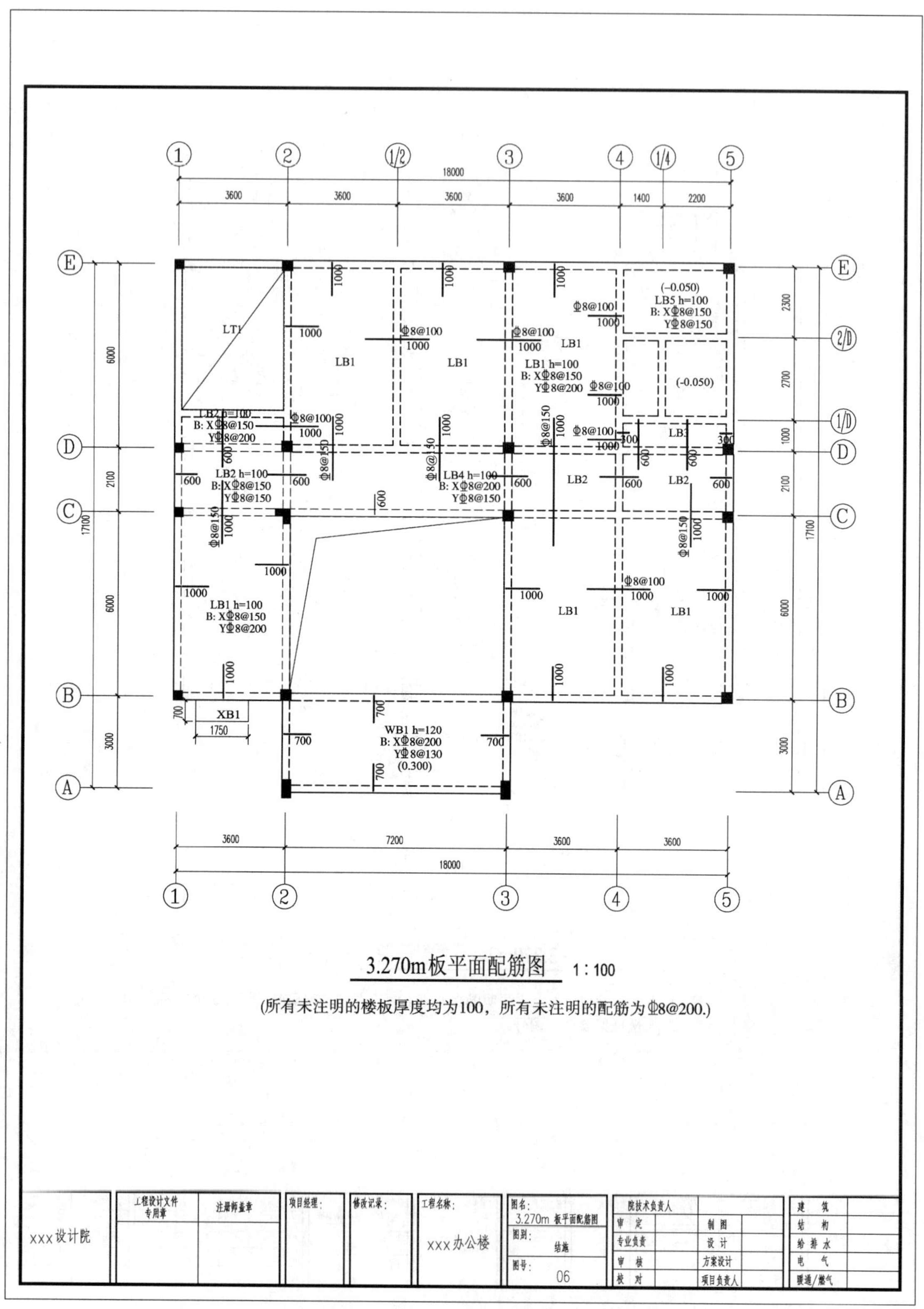

图 1.1.1(二十二) 3.270 m 板平面配筋图

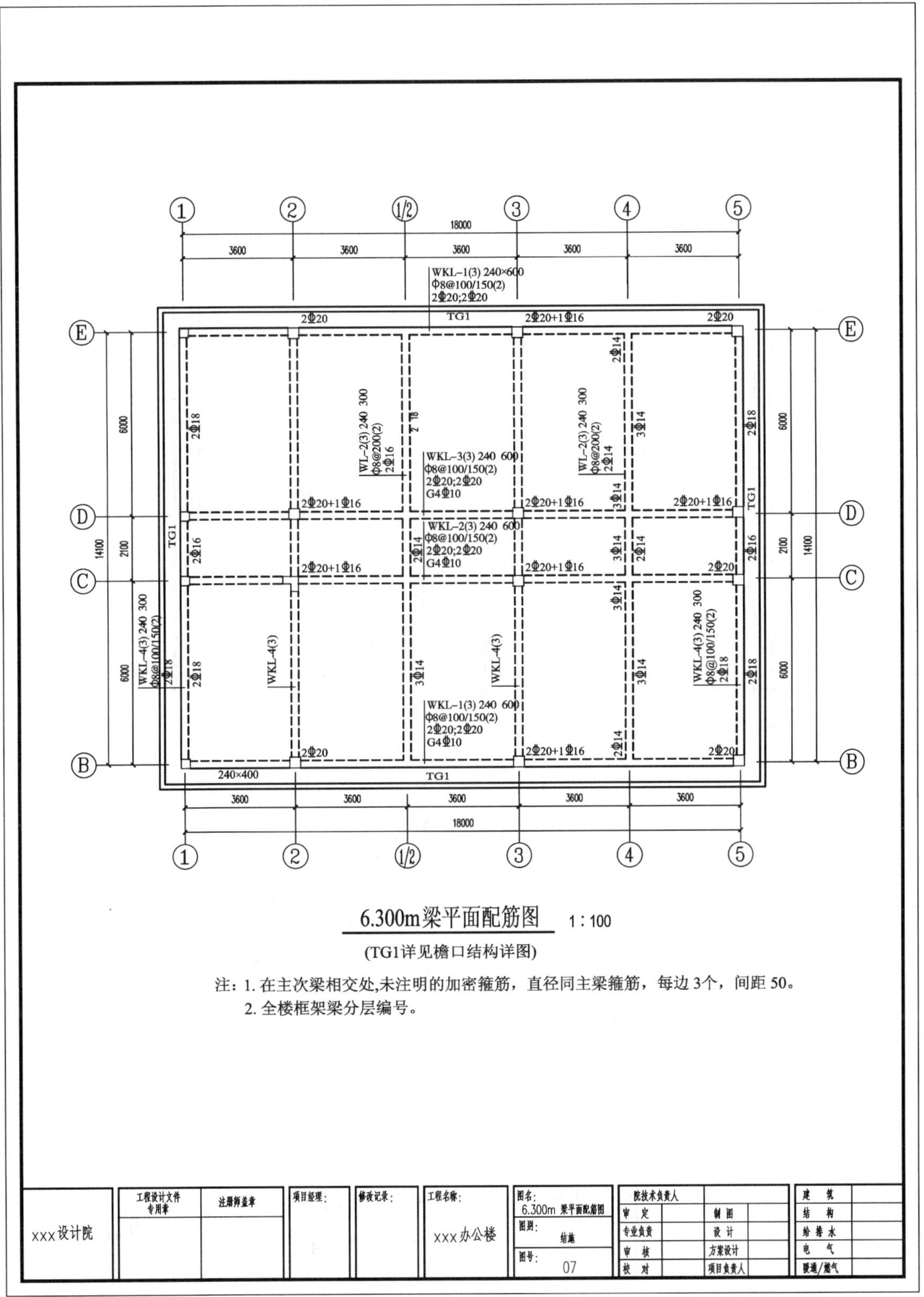

图 1.1.1(二十三)　**6.300 m** 梁平面配筋图

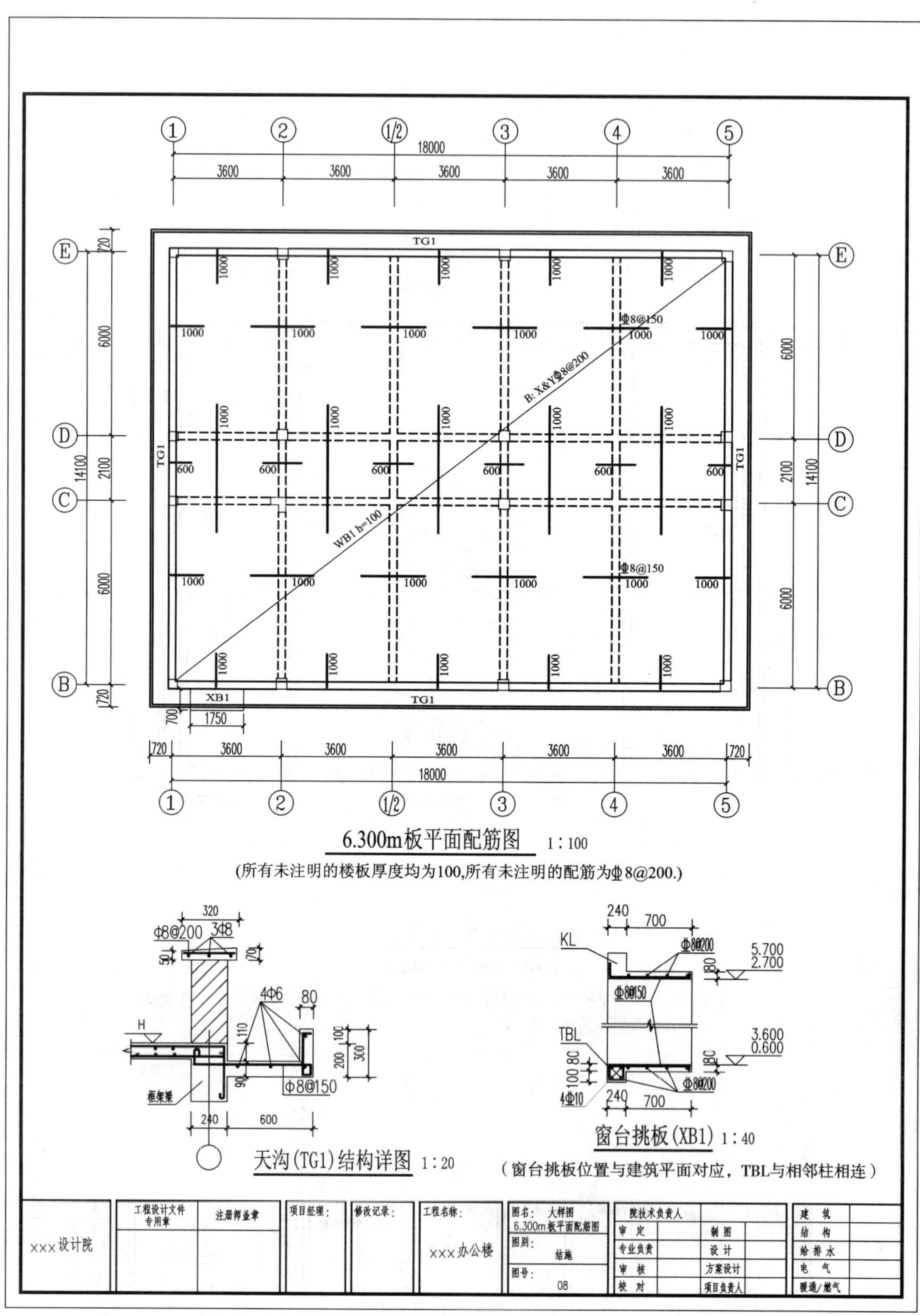

图 1.1.1(二十四) 6.300 m 板平面配筋图、大样图

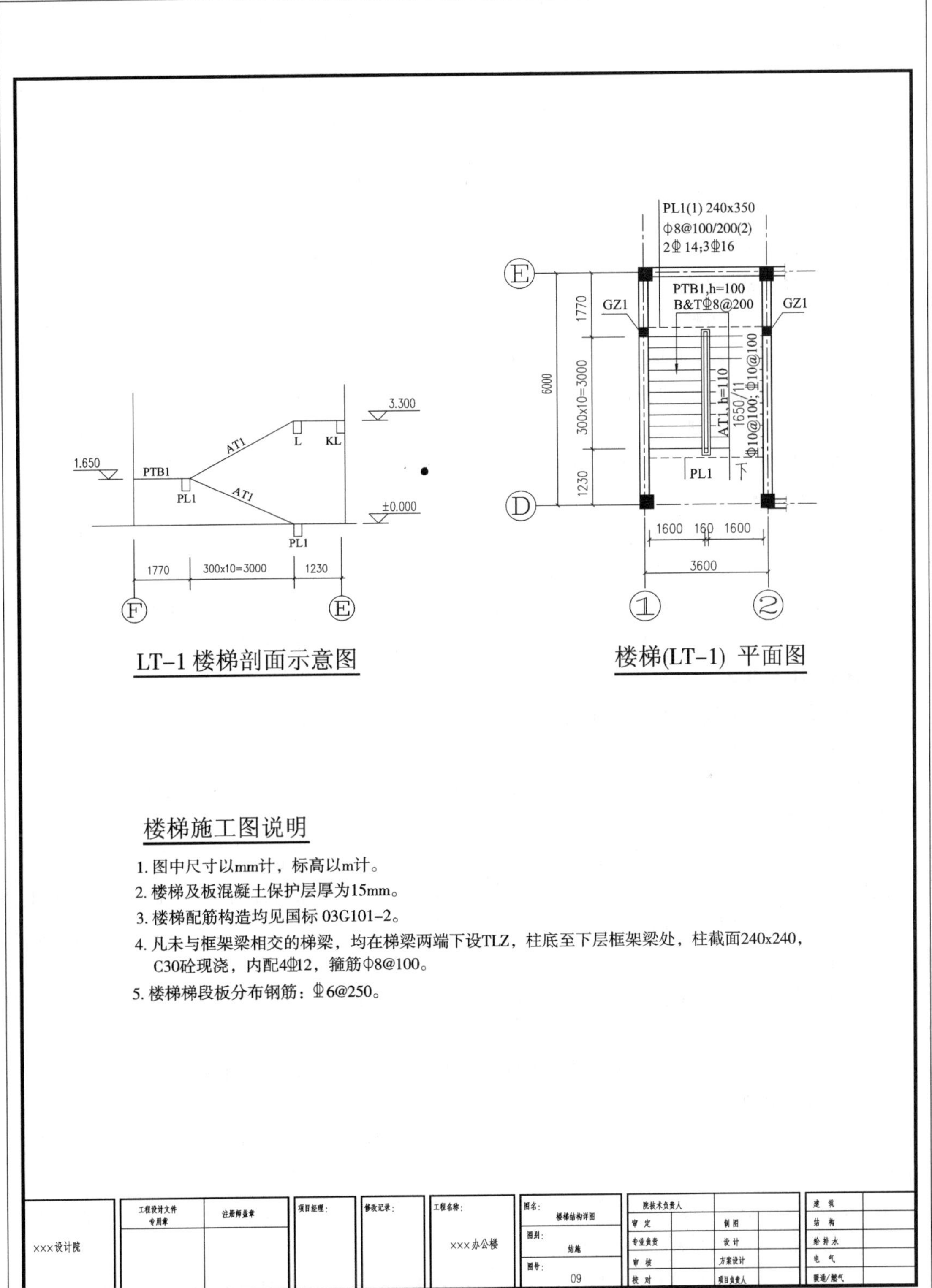

图 1.1.1(二十五) 楼梯结构详图

②结构施工图(简称结施)：它主要表达建筑结构构件的布置、类型、数量、大小及做法等。它包括结构设计说明、基础图、结构平面布置图及构件详图。

③设备施工图(简称设施)：它主要表达各种设备、管道和线路的布置、走向以及安装的施工要求等。它分为给水排水、采暖通风、电气照明、电讯及煤气管线等施工图。它主要由平面布置图、系统图和详图组成。

④装饰施工图(简称装施)：它主要表达房屋外表造型、装饰效果、装饰材料及构造做法等。它由地面、顶棚装饰平面图，室内外装饰立面图，透视图及构造详图等组成。对于简单的装饰，可直接在建筑施工图上用文字或表格的形式加以说明。

(2)施工图的编排顺序

一套房屋施工图的数量，少则几张、十几张，多则几十张甚至几百张。为方便看图，易于查阅，指导施工，对这些图纸要按一定的顺序进行编排。

整套房屋施工图的编排顺序是：首页图、建施、结施、设施、装施。

各专业施工图的编排顺序是：一般总体图编在前、局部图编在后；基本图编在前、详图编在后；主要部分编在前、次要部分编在后；先施工的编在前、后施工的编在后。

(3)施工图的作用

①它直接表达了所建房屋的外形、结构、布局、构配件、建筑、材料、室内外装饰、管道布置、电气照明、工程造价等各项具体的施工内容；

②它起着协调各施工部门和各工种之间的相互配合、有条不紊地工作的作用；

③它是房屋定位、放线以及房屋质量检验、验收的重要技术依据。

3. 建筑构造的基本知识

(1)建筑物的分类、分级及构造组成

1)建筑物的分类

建筑物可以从不同的角度进行分类，我国常见的分类方式主要有以下几种：

①按建筑的使用性质分类

a. 民用建筑：非生产性的建筑。又分为居住建筑及公共建筑。

其中居住建筑是供人们生活使用的建筑物，包括住宅、公寓、宿舍等。而公共建筑主要是人们进行社会活动的建筑物，如旅馆、教学楼、医院、商店、车站、公园、纪念碑、纪念堂、体育馆、园林建筑等。

b. 工业建筑：供人们进行工业生产的建筑物。包括厂房、贮藏建筑、运输建筑等，如车库。

c. 农业建筑：供人们进行农副业生产建筑物。如温室、粮仓、养殖场等。

②按建筑的规模分类

a. 大量性建筑：单体建筑规模不大，但兴建数量多、分布面广的建筑。如住宅、学校、办公楼、商店、医院等。

b. 大型性建筑：规模大、耗资多、影响较大的建筑。如大型火车站、博物馆、大会堂等。

③按建筑物主要承重结构所用材料分类

a. 砖木结构建筑：砖(石)墙体、木楼板、木屋顶建筑。如我国古园林建筑、故宫等。

b. 砖混结构建筑：砖(石)墙体、钢筋混凝土楼板、钢筋混凝土屋顶的多层建筑。如多层住宅、多层教学楼、多层办公楼等。

c. 钢筋混凝土结构建筑：用钢筋混凝土作其结构材料的建筑。住宅大板建筑、大型公共建筑、大跨度建筑、高层建筑等多采用这种结构形式。

d. 钢结构建筑：全部用钢柱、钢屋架建造的建筑，如厂房等。

e. 其他结构建筑：如塑料建筑、充气塑料建筑等。

④按建筑结构形式分类

a. 墙承重结构体系：由墙体承受建筑的全部荷载，适用于内部空间较小、建筑高度较小的建筑。如多层住宅等。

b. 骨架承重结构体系：由钢筋混凝土或钢组成的梁柱体系承受建筑的全部荷载，墙体只起到围护和分隔的作用。适用于跨度大、荷载大、高度大的建筑。如高层居住建筑、写字楼等。

c. 内骨架承重结构体系：建筑内部有梁柱体系承重，四周用外墙承重。适用于局部设有较大空间的建筑。如商场、医院等。

d. 空间承重结构体系：由钢筋混凝土或钢组成空间结构承受建筑的全部荷载，有网架、悬索、壳体等，适用于大空间建筑。如体育馆、博物馆、大会堂等。

⑤按照建筑高度或层数进行分类

a. 住宅建筑按层数分类：低层（1～3 层）、多层（4～6 层）、中高层（7～9 层）、高层（10 层及以上）。

b. 除住宅建筑之外的民用建筑高度不大于 24 m 者为单层和多层建筑，大于 24 m 者为高层建筑（不包括建筑高度大于 24 m 的单层公共建筑）；建筑高度大于 100 m 的民用建筑为超高层建筑。

2）建筑物的等级划分

①按民用建筑的设计使用年限分类，《民用建筑设计通则》（GB 50352—2005）中规定如表 1.1.2 所示。

表 1.1.2　按设计使用年限分类

类别	示例	设计使用年限（年）
1	临时性建筑	5
2	易于替换结构构件的建筑	25
3	普通建筑和构筑物	50
4	纪念性建筑和特别重要的建筑	100

②耐火性能分级

建筑物的耐火性能是由组成该房屋的构件（墙、梁、柱、楼板、屋顶承重构件、疏散楼梯、吊顶等）的燃烧性能和耐火极限所决定的。现行《建筑设计防火规范》（GBJ 50016—2006）规定，民用建筑的耐火等级应分为一、二、三、四级，一级耐火性能最好，四级最差。民用建筑不同耐火等级建筑物相应构件的燃烧性能和耐火极限不应低于表 1.1.3 的规定。

a. 燃烧性能

建筑构件的燃烧性能是指构件在明火或高温辐射下所发生的一切物理和化学变化。按照建筑构件受明火或高温作用后在空气中的不同反应可分为三类：

不燃烧体：用不燃材料做成的建筑构件，如砖石材料、钢筋混凝土、金属等。

难燃烧体：用难燃材料做成的建筑构件或用可燃材料做成而用不燃材料做保护层的建筑构件。如石膏板、水泥石棉板、板条抹灰构件等。

燃烧体：用可燃材料做成的建筑构件，如木材、纤维板、胶合板等。

b. 耐火极限

耐火极限是指在标准耐火试验条件下，建筑构件、配件或结构从受到火的作用时起，到失去稳定性、完整性或隔火性为止的这段时间，用小时(h)表示。

综上所述两项指标，即可了解房屋的耐火性能的等级。见表 1.1.3 所示。

表 1.1.3　建筑物构件的燃烧性能和耐火极限　　h

构件名称		耐火等级			
		一级	二级	三级	四级
墙	防火墙	不燃烧体 3.00	不燃烧体 3.00	不燃烧体 3.00	不燃烧体 3.00
	承重墙	不燃烧体 3.00	不燃烧体 2.50	不燃烧体 2.00	难燃烧体 0.50
	非承重外墙	不燃烧体 1.00	不燃烧体 1.00	不燃烧体 0.50	燃烧体
	楼梯间、前室的墙、电梯井的墙、居住建筑单元之间的墙和分户墙	不燃烧体 2.00	不燃烧体 2.00	不燃烧体 1.50	难燃烧体 0.50
	疏散走道两侧的隔墙	不燃烧体 1.00	不燃烧体 1.00	不燃烧体 0.50	难燃烧体 0.25
	房间隔墙	不燃烧体 0.75	不燃烧体 0.50	难燃烧体 0.50	难燃烧体 0.25
柱		不燃烧体 3.00	不燃烧体 2.50	不燃烧体 2.00	难燃烧体 0.50
梁		不燃烧体 2.00	不燃烧体 1.50	不燃烧体 1.00	难燃烧体 0.50
楼板		不燃烧体 1.50	不燃烧体 1.00	不燃烧体 0.50	燃烧体
屋顶承重构件		不燃烧体 1.50	不燃烧体 1.00	燃烧体 0.50	燃烧体
疏散楼梯		不燃烧体 1.50	不燃烧体 1.00	不燃烧体 0.50	燃烧体
吊顶(包括吊顶搁栅)		不燃烧体 0.25	难燃烧体 0.25	难燃烧体 0.15	燃烧体

注：1. 耐火等级低于四级的原有建筑物，其耐火等级可按四级确定；除规范另有规定外，以木柱承重且以不燃烧材料作为墙体的建筑，其耐火等级应按四级确定。

2. 住宅建筑构件的耐火极限和燃烧性能可按现行国家标准《住宅建筑规范》(GB 50368)的规定执行。

3)房屋的构造组成及其作用

民用建筑中房屋的基本组成主要有：基础、墙(或柱)、楼地层和地坪、楼梯、屋顶、门与窗等，如图 1.1.2 所示。

①基础

基础是建筑物最下部的承重构件，承担着建筑的全部荷载，并把这些荷载有效地传给地基。基础是建筑物得以立足的根基，是建筑的重要组成部分，应具有足够的承载能力、刚度，并能抵抗地下各种不良因素的侵袭。细部构造有：大放脚、防潮层等。

②墙体和柱

墙体是建筑物的承重和围护构件，墙体在具有承重要求时，它承担屋顶和楼板层传来的荷载，并把它们传递给基础。外墙具有围护功能，负有抵御自然界各种外来因素对室内侵袭的责任；内墙起划分建筑内部空间、创造适用的室内环境的作用。墙体应具有足够的承载能

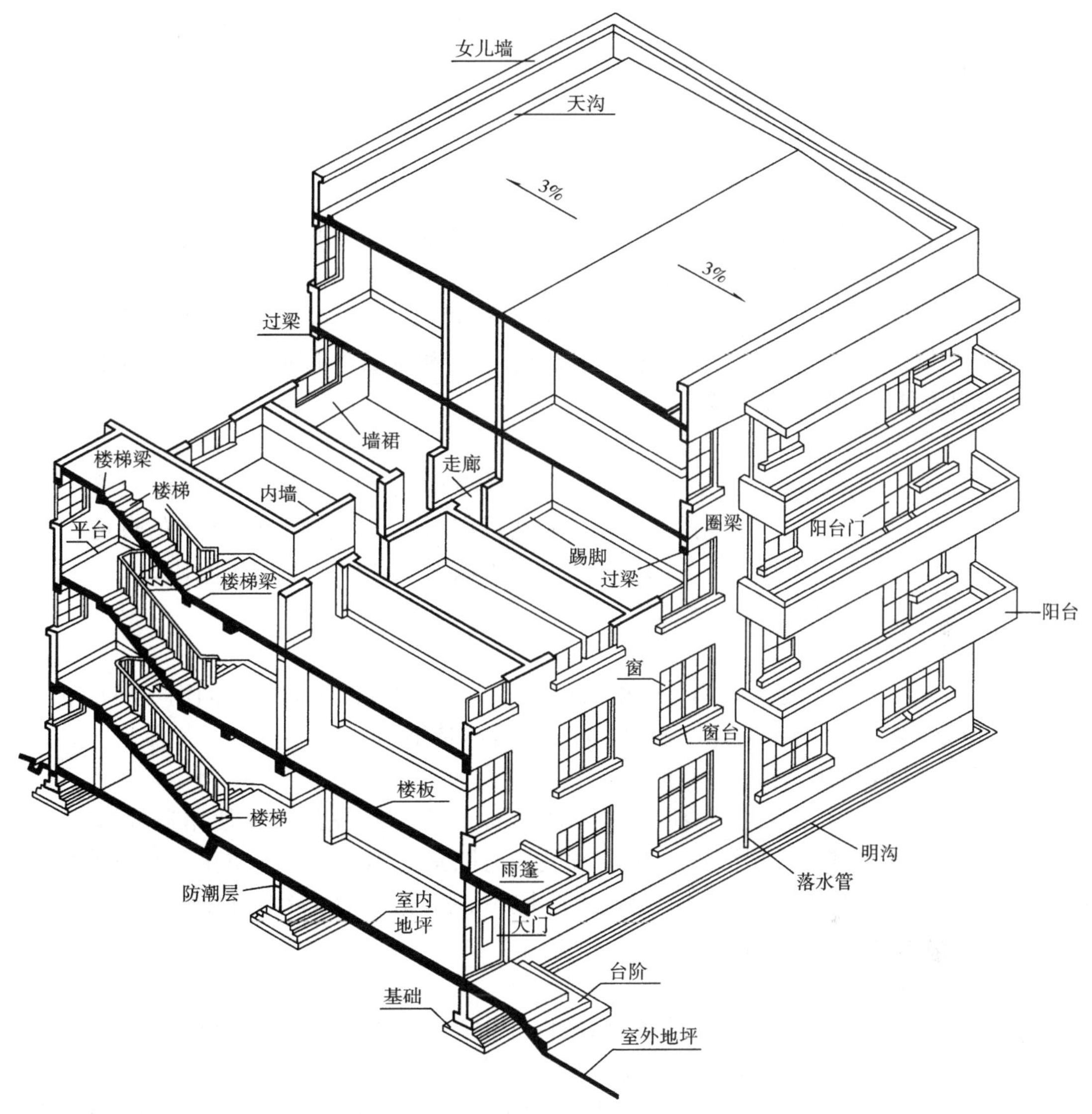

图 1.1.2　房屋构造的基本组成示意图

力、稳定性、良好的热工性能及防火、隔声、防水、耐火性能。细部构造有：散水、勒脚、台阶、花池、明沟、过梁、圈梁等。

③楼(地)板层和地坪

地坪是建筑底层房间与下部土层接触的部分，它承担着底层房间的地面荷载，要具有好的耐磨、防潮、防水、保温的性能。

楼板层是楼房建筑中的水平承重构件，有竖向划分建筑内部空间的功能。楼板承担建筑的楼面荷载，并把这些荷载传给墙或梁，同时对墙体起到水平支撑的作用。楼板层应具有足够的承载能力、刚度，并应具备防火、防水、隔声的性能。

④楼梯

楼梯是建筑中联系上下各层的垂直交通设施。在平时供人们交通使用，在非常情况下供人们紧急疏散。它关系到建筑使用的安全性，因此在宽度、坡度、数量、位置、布局形式、防火性能等方面均有严格的要求。细部构造有平台、中间平台、楼梯栏杆(板)、扶手等。

⑤屋顶(屋盖)

屋顶是建筑顶部的承重和围护构件。由屋面、保温(隔热)层和承重结构三部分组成。细部构造有泛水、檐口、女儿墙、天沟、落水管等。

⑥门、窗

门可供人们内外交通及搬运家具设备之用，同时还兼有分隔房间、围护的作用，有时还能进行采光和通风。应有足够的宽度和高度，其数量和位置也应符合有关规范的要求。

窗的作用主要是采光和通风，同时也是围护结构的一部分，在建筑的立面形象中也占有相当重要的地位，同时窗又是围护结构的薄弱环节。门和窗是非承重结构的建筑构件。

(2)影响房屋构造的主要因素

1)房屋结构上的作用

房屋结构上的作用，是指使房屋结构产生效应(结构或构件的内力、应力、位移、应变、裂缝等)的各种原因的总称。它包括直接作用和间接作用。直接作用有：房屋的自重；人群、家具、设备的重量；落在屋顶上的雪的重量；作用于墙面上和屋顶上的风的压力等。间接作用有：温度的变化、材料的收缩和徐变、地基变形、地震等。

2)自然界的其他影响

房屋在自然界中经常受到日晒、雨淋、冰冻、地下水的侵蚀等影响。因而房屋的相关部位要采取保温、隔热、防水、防温度变形、防冻胀等构造措施。

3)各种人为因素的影响

人们所从事的生产、工作、学习和娱乐等活动，也会对房屋的正常使用造成影响。如：机械振动、化学腐蚀、噪声、爆炸、火灾等就是人为因素的影响。为了防止这些影响所造成的危害，房屋设计中还应考虑到防振、耐腐蚀、隔声、防爆、防火等构造措施。

(3)建筑标准化与建筑模数

1)建筑标准化

建筑工业化的内容是：设计标准化、构配件业生产工厂化、施工机械化。建筑标准化是建筑工业化的组成部分之一，是建筑工业化的前提。

建筑标准化主要包括两个方面：首先是应制定各种法规、规范、标准和指标，使设计有章可循；其次是在诸如住宅等大量性建筑的设计中推行标准化设计。

建筑标准化的组成如下：

①建筑设计有关条例的标准化：如我国目前已制定的建筑法规、建筑设计规范、建筑定额等。如《住宅设计规范》、《高层民用建筑设计防火规范》等。

②建筑设计的标准化：如建筑构、配件的标准设计、房屋的标准设计和工业化建筑的体系设计等。

2)建筑模数制

为了使建筑制品、建筑构配件和组合件实现工业化大规模生产，使不同材料、不同形式和不同制造方法的建筑构配件、组合件符合模数并具有较大的通用性和互换性，以加快设计速度，提高施工质量和效率，降低建筑造价，国家制定了《建筑模数协调统一标准》。

①建筑模数

建筑模数是选定的尺寸单位，作为尺度协调中的增值单位，也是建筑设计、建筑施工、建筑材料与制品、建筑设备、建筑组合件等各部门进行尺寸协调的基础。

a. 基本模数

基本模数是模数协调中选定的标准尺寸单位，用 M 表示，1M = 100 mm。整个建筑物和建筑物的各部分以及建筑的组合件的模数化尺寸，应是基本模数的倍数。

b. 导出模数

导出模数是基本模数的倍数或分数。它是组成模数数列的基础，分扩大模数和分模数两种。

扩大模数：指基本模数的整数倍。水平扩大模数基数为3M、6M、12M、15M、30M、60M，其相应的尺寸分别为300、600、1200、1500、3000、6000 mm；竖向扩大模数的基数为3M与6M，其相应的尺寸为300 mm 和600 mm。

分模数：分模数是基本模数的分数值。分模数基数为1/10M、1/5M、1/2M，其相应的尺寸为10、20、50 mm。常用于建筑中缝隙、构造节点、构配件截面处。

②模数数列

它是由基本模数、扩大模数、分模数为基础扩展成的一系列尺寸，它是以选定模数基数为基础而展开的模数系统，它可以保证不同建筑及其组成部分之间尺度的协调统一，有效地减少建筑尺寸的种类，并确保尺寸具有合理的灵活性。

模数数列的幅度及适用范围如下：

a. 水平基本模数1M 至 20M 的数列，应主要用于门窗洞口和构配件截面等处。

b. 竖向基本模数1M 至 36M 的数列，应主要用于建筑物的层高、门窗洞口和构配件截面等处。

c. 水平扩大模数3M、6M、12M、15M、30M、60M 的数列，应主要用于建筑物的开间或柱距、进深或跨度、构配件尺寸和门窗洞口等处。

d. 竖向扩大模数3M 数列，应主要用于建筑物的高度、层高和门窗洞口等处。

③几种尺寸

为了保证建筑物构配件的安装与有关尺寸间的相互协调，在建筑模数协调中把尺寸分为标志尺寸、构造尺寸和实际尺寸。

a. 标志尺寸：应符合模数数列的规定，用以标注建筑物定位轴面、定位面或定位轴线、定位线之间的距离(如开间或柱距、进深或跨度、层高等)，以及建筑构配件、建筑组合件、建筑制品及有关设备界限之间的尺寸。

b. 构造尺寸：指建筑构配件、建筑组合件、建筑制品等的设计尺寸，一般情况下，标志尺寸减去缝隙为构造尺寸。

c. 实际尺寸：建筑构配件、建筑组合件、建筑制品等生产制作后的实有尺寸，实际尺寸与构造尺寸之间的差数应符合建筑公差的规定。

小　结

本部分展示了建筑施工图和结构施工图，初识施工图完成图形的识读记录，围绕施工图学习建筑工程图的分类、编排顺序与作用以及建筑构造的基本知识。

1. 建筑工程图是在建筑物的设计阶段，设计人员用来表达建筑物内外形状、尺寸大小及各部分的结构、构造、装修、设备等内容的图样。

2. 建筑工程图按专业分工的不同可分为建筑施工图、结构施工图、装饰施工图、设备施工图。

3. 建筑物可从使用性质、建筑规模、主要承重结构所用材料、结构形式、高度或层数等方面划分不同类型。

4. 建筑物按使用年限分为1、2、3、4类，按耐火等级分为一、二、三、四级。

5. 房屋的主要组成部分包括：基础、墙(或柱)、楼(地)板层和地坪、楼梯、屋顶、门与窗等。

6. 影响房屋构造的主要因素包括：房屋结构上的作用、自然界的其他影响、各种人为因素的影响等。

7. 建筑工业化的内容包括设计标准化、构配件业生产工厂化、施工机械化等。

8.《建筑模数协调统一标准》的制定是为了使建筑制品、建筑构配件和组合件实现工业化大规模生产，使不同材料、不同形式和不同制造方法的建筑构配件、组合件符合模数并具有较大的通用性和互换性，以加快设计速度，提高施工质量和效率，降低建筑造价。

任务2　绘制建筑平面图形

任务要求

用A3绘图纸铅笔抄绘图1.1.1(六)、(七)所示建筑平面图，要求尺寸标注齐全、字体端正整齐、线型符合标准要求，图纸内容标注齐全，图面布置适中、均匀、美观，图面整体效果好，并符合国家有关制图标准。

问题引入

1. 图纸的摆放格式有哪两种？图纸中图框格式应有哪些内容？

2. 图纸中的标题栏包括哪些内容？

3. 工程图纸按专业顺序编排如何？

4. 国标规定，绘图要采用不同的线宽和不同的线型来表示图中不同的内容，图线的宽度 b 宜从什么线宽系列中选取？图线的宽度不应小于多少毫米(mm)？

5. 施工图中一般都有文字说明，包括哪些字？长仿宋字的书写要领是什么？

6. 图样的比例是什么？图样中的图形不论按何种比例绘制，标注的尺寸均为什么尺寸？

7. 图样中的尺寸，应包括哪几个部分？

8. 标高是标注建筑物高度的一种尺寸形式，标高有哪两种？什么是相对标高？什么是绝对标高？

9. 剖视的剖切符号应由什么组成？剖切位置线和剖视方向线有何要求？建(构)筑物剖面图的剖切符号应注在哪里？

10. 断面的剖切符号应只用什么表示？有何要求？

11. 索引符号的圆直径是多少？以何种线绘制？详图符号的圆直径是多少？以何种线绘制？零件、钢筋、杆件、设备等的编号圆直径是多少？以何种线绘制？对称符号、连接符号、指北针画法有何要求？

12. 什么是定位轴线？定位轴线的画法和编号有何要求？

13. 用图例说话。如图 1.1.1 建筑工程图用到了哪些建筑材料图例、建筑构造及配件图例？

14. 用图例说话。如图 1.1.1(十九)、(二十四)建筑工程图中钢筋是如何表示的？

15. 如何正确使用绘图工具和用品？

实践指导

1. 前期准备阶段

(1)认识建筑，了解建筑工程图样中建筑图形的表达与制图标准的关系，明确所绘图样的内容和要求；

(2)掌握国家建筑制图标准的基本知识及运用技巧；

(3)掌握绘图工具的正确使用方法。

2. 绘图阶段

(1)准备好制图工具和用品；

(2)利用丁字尺，将图纸整齐地固定在图板上；

(3)仔细分析所画对象，先分析图形线段及连接，确定绘制图形的先后顺序；

(4)确定比例和图幅，画图框格式和标题栏；

(5)根据所绘图形的大小和比例布置图面，布图应适中、匀称、美观；

(6)根据任务要求，抄绘图 1.1.1(六)或(七)所示建筑平面图。

1)轻画底稿。遵循“先主后次”的原则，即先画定位轴线、主要轮廓线，然后画细节部分，不论粗细线，应用 H 或 2H 等较硬的铅笔，轻画细线，并检查修改，擦去多余的线。

2)描深图纸。用 HB、B、2B 铅笔或绘图墨水笔，按照“先粗后细”即先粗实线，后细实线、点画线和虚线；“先曲后直”即先圆弧和圆，后直线段；“先水平、后垂直”及先水平线段，后垂直线段，最后倾斜线段的顺序光滑连接；线型符合标准要求：线条光滑、流畅，连接处均匀，粗、中、细对比分明，深度一致，达到黑、光、亮的效果。

3)加深尺寸标注线，标注尺寸(尺寸数字大小一致)，注写文字说明，填写标题栏。

4)检查修改完善，及时更正错误，确保图样质量，保证图面效果，完成全图。

知识链接

建筑制图的基本知识

1. 建筑制图标准

为便于绘制、阅读和管理工程图样，以便有一个统一规定，中华人民共和国住房和城乡建设部、国家质量监督检验检疫总局联合发布了有关制图国家标准。本部分主要介绍国家制定的《房屋建筑制图统一标准》(GB/T 50001—2010)(以下简称国标)和《建筑制图标准》(GB/T 50104—2010)中有关图幅、图线、字体、尺寸标注、比例、符号、定位轴线和图例等的一些规定。

(1)图纸幅面及格式(GB/T 50001—2010)

1)图纸幅面

图纸幅面是指图纸宽度与长度组成的图面，也就是图纸的大小。图纸幅面及图框尺寸应符合表 1.1.4 的规定及图 1.1.3、1.1.4、1.1.5 的格式。

表 1.1.4　幅面及图框尺寸

mm

尺寸代号 \ 幅面代号	A0	A1	A2	A3	A4
$b \times l$	841×1189	594×841	420×594	297×420	210×297
c	10			5	
a	25				

注：表中 b 为幅面短边尺寸，l 为幅面长边尺寸，c 为图框线与幅面线间宽度，a 为图框线与装订边间宽度。

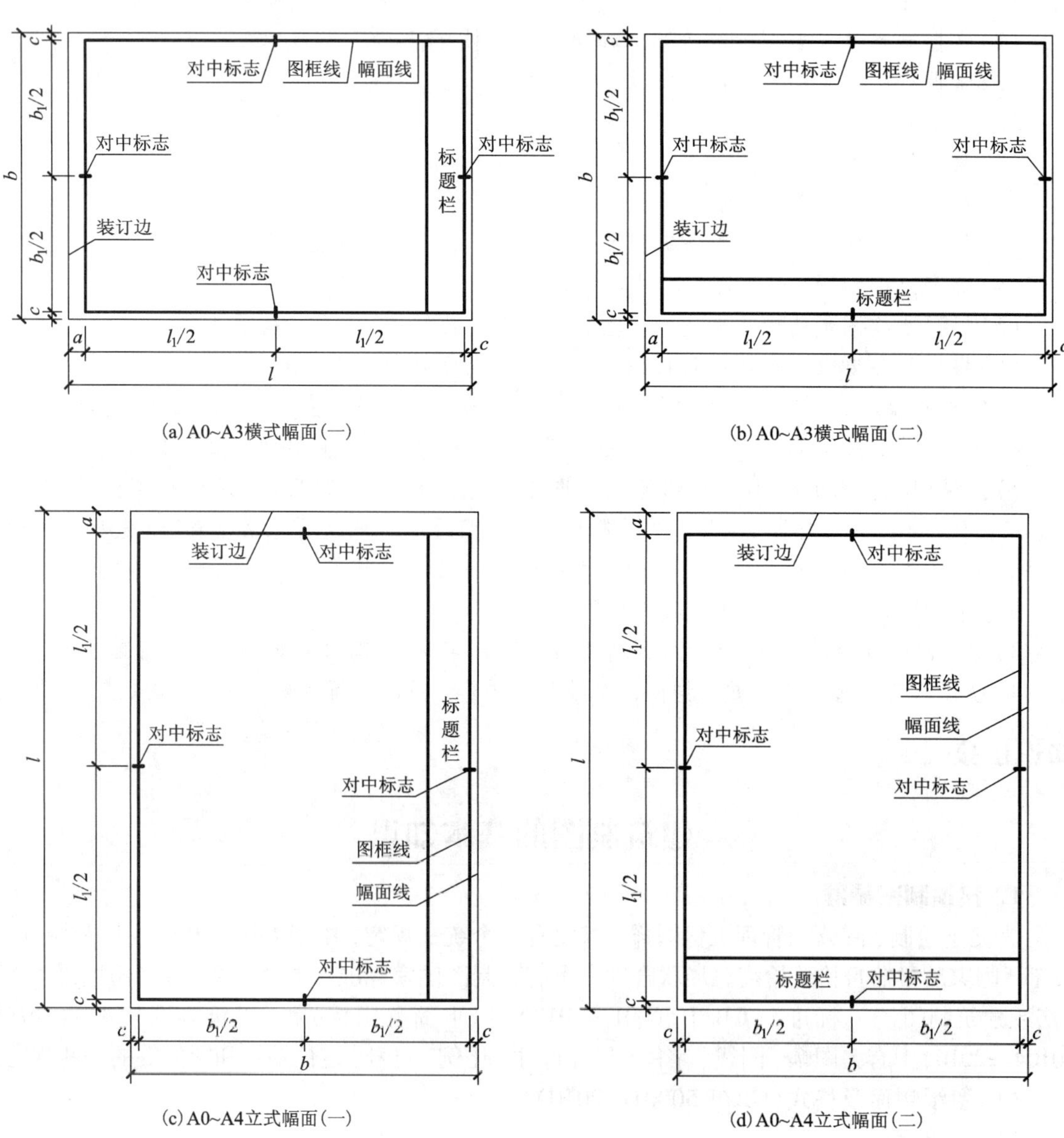

(a) A0~A3横式幅面（一）

(b) A0~A3横式幅面（二）

(c) A0~A4立式幅面（一）

(d) A0~A4立式幅面（二）

图 1.1.3　图纸的版面及格式

2）图纸格式

图纸的摆放格式有横式和立式两种，图纸中应有标题栏、图框线、幅面线、装订边线和对中标志。图纸的标题栏及装订边的位置，如图 1.1.3 所示。

图纸中的标题栏包括设计单位名称区、注册师签章区、修改记录区、工程名称区、图号区、签字区、会签栏等内容，标准格式应符合图 1.1.4 的规定，根据工程的需要选择确定其尺寸、格式及分区。通常在学校所用的制图作业标题栏均由各学校制定，学生作业参考标题栏如图 1.1.5 所示。

3）图纸编排顺序

工程图纸应按专业顺序编排，如前面所述，应为图纸目录、总图、建筑图、结构图、给水排水图、暖通空调图、电气图等；各专业的图纸，应按图纸内容的主次关系、逻辑关系进行分类排序。

30~50

设计单位名称区	注册师签章区	项目经理签章区	修改记录区	工程名称区	图号区	签字区	会签栏

图 1.1.4　标题栏（一）

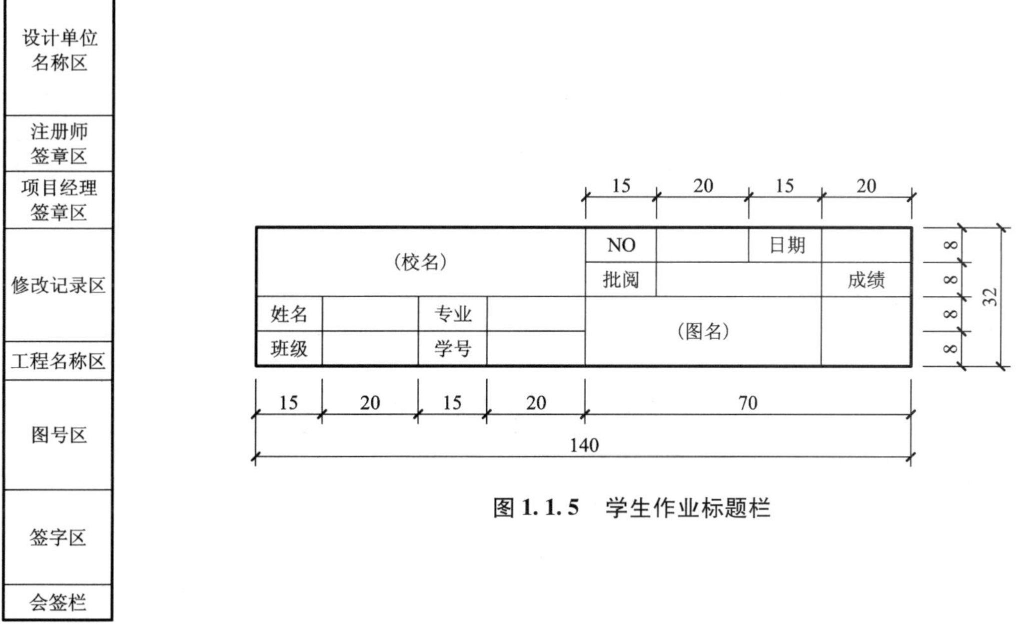

图 1.1.5　学生作业标题栏

图 1.1.4　标题栏（二）

(2)图线（GB/T 50001—2010）

1）基本线型与线宽

《房屋建筑制图统一标准》（GB/T 50001—2010）中规定，绘图要采用不同的线宽和不同的线型来表示图中不同的内容。图线的宽度 b 宜从 1.4、1.0、0.7、0.5、0.35、0.25、0.18、

0.13 mm线宽系列中选取，图线的宽度不应小于0.1 mm。每个图样，应根据复杂程度与比例大小，先选定基本线宽 b，再选用表1.1.5中相应的线宽组。工程建设制图应选用表1.1.6所示的图线。同一张图纸内，相同比例的各图样，应选用相同的线宽组。图纸的图框和标题栏线可采用表1.1.7的线宽。

2)线条的画法

绘图时，为使图线更准确、清晰地表达空间物体各部分的关系，画图时应注意以下几个问题：

①在同一张图纸内，相同比例的各图样，应选用相同的线宽组。

②相互平行的图例线，其净间隙或线中间隙不宜小于0.2 mm。

③虚线、单点长画线或双点画线的线段长度和间隔，宜各自相等。

④单点画线或双点画线，当在较小图形中绘制有困难时，可用实线代替。

⑤单点画线或双点画线的两端，不应是点。点画线与点画线交接或点画线与其他图线交接时，应是线段交接。

⑥虚线与虚线交接或虚线与其他图线交接时，应是线段交接。虚线为实线的延长线时，不得与实线连接。

⑦图线不得与文字、数字或符号重叠、混淆。不可避免时，应首先保证文字等的清晰。如图1.1.6所示对比了图线的正误画法。

表1.1.5　线宽组　mm

线宽比	线宽组			
b	1.4	1.0	0.7	0.5
$0.7b$	1.0	0.7	0.5	0.35
$0.5b$	0.7	0.5	0.35	0.25
$0.25b$	0.35	0.25	0.18	0.13

表1.1.6　图线的线型、线宽和用途

名称		线型	线宽	用途
实线	粗	————————	b	主要可见轮廓线
	中粗	————————	$0.7b$	可见轮廓线
	中	————————	$0.5b$	可见轮廓线、尺寸线、变更云线
	细	————————	$0.25b$	图例填充线、家具线
虚线	粗	— — — —	b	见各有关专业制图标准
	中粗	— — — — —	$0.7b$	不可见轮廓线
	中	- - - - - - - -	$0.5b$	不可见轮廓线、图例线
	细	- - - - - - - - - -	$0.25b$	图例填充线、家具线

续表 1.1.6

名　称		线　型	线宽	用　途
单点长画线	粗	—— - —— - ——	b	见有关专业制图标准
	中	—·—·—·—·—	0.5b	见有关专业制图标准
	细	—·—·—·—·—	0.25b	中心线、对称线、轴线等
双点长画线	粗	—— - - —— - -	b	见有关专业制图标准
	中	—··—··—	0.5b	见有关专业制图标准
	细	—··—··—	0.25b	假想轮廓线、成型前原始轮廓线
折断线	细	——\/——	0.25b	断开界线
波浪线	细	～～～	0.25b	断开界线

表 1.1.7　图框和标题栏线的宽度　　mm

幅面代号	图框线	标题栏外框线	标题栏分格线
A0、A1	b	0.5b	0.25b
A2、A3、A4	b	0.7b	0.35b

3）建筑制图标准（GB/T 50104—2010）规定，建筑专业、室内设计专业制图采用的各种图线，应符合表 1.1.8 的规定。

表 1.1.8　建筑专业、室内设计专业采用的图线

名　称		线型	线宽	用　途
实线	粗	——	b	1. 平、剖面图中被剖切的主要建筑构造（包括构配件）的轮廓线 2. 建筑立面图或室内装立面图的外轮廓线 3. 建造构造详图中被剖切的主要部分的轮廓线 4. 建筑构配件详图中的外轮廓线 5. 平、立、剖面的剖切符号
	中粗	——	0.7b	1. 平、剖面图中被剖切的次要建筑构造（包括构配件）的轮廓线 2. 建筑平、立剖面图中建筑构配件的轮廓线 3. 建筑构造详图及建筑构配件详图中一般轮廓线
	中	——	0.5b	小于 0.7b 的图形线、尺寸线、尺寸界限，索引符号、标高符号、详图材料做法、引出线、粉刷线、保温层线、地面、墙面的高差分界线
	细	——	0.25b	图例填充线、家具线、纹样线

续表 1.1.8

名称		线型	线宽	用途
虚线	中粗		0.7b	1. 建筑构造详图及建筑构配件不可见的轮廓线 2. 平面图中的起重机(吊车)轮廓线 3. 拟建、扩建建筑物轮廓线
	中		0.5b	投影线、小于0.7b的不可见轮廓线
	细		0.25b	图例填充线、家具线等
单点长画线	粗		b	起重机(吊车)轨道线
	细		0.25b	中心线、对称线、定位轴线
折断线	细		0.25b	部分省略表示时的断开界线
波浪线	细		0.25b	部分省略表示时的断开界线，曲线形构件间断开界限，构造层次的断开界限

注：地平线可用1.4b。

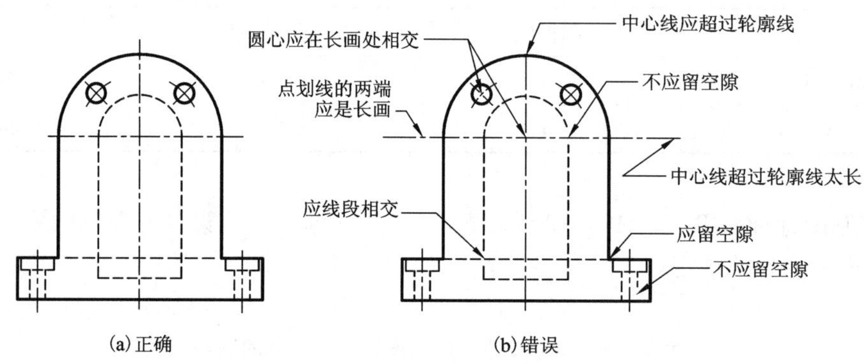

图 1.1.6　用正误对比的方法说明图线画法的注意点

(3)字体

施工图中一般都有文字说明，包括汉字、字母和数字，如尺寸数字及技术要求等。如果字迹潦草，不但会影响图样的清晰和美观，而且容易造成读图差错。为避免给工程项目造成损失，国家标准提出要求：图纸上所需书写的文字、数字或符号等，均应笔画清晰、字体端正、排列整齐；标点符号应清楚正确。

1)汉字

国标中规定：图样上书写的汉字，宜采用长仿宋体或黑体，同一图纸，字体的种类不应超过两种。长仿宋体字的高宽关系应符合表1.1.9的规定，黑体字的宽度与高度应相同。

表 1.1.9　长仿宋体字高宽关系　mm

字高	20	14	10	7	5	3.5
字宽	14	10	7	5	3.5	2.5

长仿宋体字的书写要领：横平竖直、起落有锋、布局均匀、填满方格。根据汉字的构字特点，可分为两个部分进行书写练习。

①基本笔画的书写。由于汉字笔划大致可以分为以下几种基本笔划，因此，首先应掌握这些基本笔划的书写方法，见表 1. 1. 10 所示。

②汉字的结构构架的书写。汉字的字体构架可分为独体字和组合字，正确地掌握它们的比例、尺度及组合方式等是写好汉字的基础。

2）数字及字母

数字及字母可写成斜体和正体。斜体字的字头向右倾斜，与水平成 75°角。见图 1. 1. 7 所示。

总之，图样中文字书写的优劣，对图面质量影响很大，在学习中应认真练习，持之以恒。

表 1. 1. 10　长仿宋体字的基本笔画

基本笔画	外形	运笔方法	写 法 说 明	字例
横			起落笔须顿，两端均呈三角形，笔画平直，向右倾斜约 5°	二量
竖			起落笔须顿，两端均呈三角形，笔画垂直	川侧
撇			起笔须顿，呈三角形，斜下轻提笔，渐成尖端	人后
捺			起笔轻，捺笔重，加力顿笔，向右轻提笔出锋	史过
点			起笔轻，落笔须顿，一般均呈三角形	心滚
挑			起笔须顿，笔画挺直上斜轻提笔，渐成尖端	习切
钩			起笔须顿，呈三角形，钩处略弯，回笔后上挑速提笔	创狠
折			横画末端回笔呈三角形，紧接竖画	陋级

(4) 比例和尺寸标注

1）比例

图样的比例，应为图形与实物相对应的线性尺寸之比。比例的符号用“：”，比例应以阿拉伯数字表示，如 1∶100 即表示将实物尺寸缩小了 100 倍进行绘制。国标中规定了建筑图样

(a)正体

(b)斜体

图 1.1.7　数字、字母示例

中常用的比例，见表 1.1.11。比例宜注写在图名的右侧，字的基准线应取平；比例的字高宜比图名的字高小一号或二号(图 1.1.8)。

表 1.1.11　绘图所用的比例

常用比例	1:1、1:2、1:5、1:10、1:20、1:30、1:50、1:100、1:150、1:200、1:500、1:1000、1:2000
可用比例	1:3、1:4、1:6、1:15、1:25、1:40、1:60、1:80、1:250、1:300、1:400、1:600、1:5000、1:10000、1:20000、1:50000、1:100000、1:200000

平面图 1:100　 1:20

图 1.1.8　比例的注写

2)尺寸标注

图样中的图形不论按何种比例绘制，尺寸仍须按物体实际的尺寸数值注写。注写尺寸是图样的组成部分。

①线性尺寸的标注方法

图样中的尺寸标注，应包括尺寸界线、尺寸线、尺寸起止符号及尺寸数字(图 1.1.9)。尺寸界线、尺寸线应用细实线绘制，而尺寸起止符号应用中粗斜短线绘制，其倾斜方向应与尺寸界线成顺时针 45°角，长度宜为 2～3 mm。见表 1.1.12 所示。图样中的尺寸单位，除标高及总平面以米(m)为单位外，其他必须以毫米(mm)为单位。

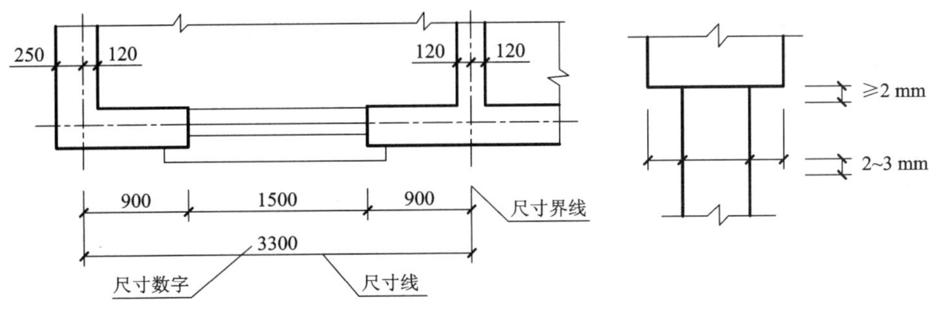

图 1.1.9　尺寸的组成

表 1.1.12　线性尺寸的基本注法及注意事项

内容	说　明	正确图例	错误图例
尺寸界线	1. 尺寸界线的一端离开图样轮廓线不小于 2 mm；另一端超出尺寸线 2～3 mm； 2. 可以用轮廓线或点画线的延长线作为尺寸界线		
尺寸线	1. 尺寸线与所注长度平行； 2. 尺寸线必须单独画，不得与任何图线重合		
尺寸排列	1. 尺寸线到轮廓线的距离不宜小于 10 mm，尺寸线之间的距离宜为 7～10 mm，并保持一致； 2. 相互平行的尺寸应小尺寸在里，大尺寸在外		
尺寸起止符号	1. 中粗斜短划的倾斜方向与尺寸界线在顺时针 45°，长度 2～3 mm； 2. 半径、直径、角度与弧长的尺寸起止符号，宜用箭头表示，如左图(b)所示	(a)中粗短斜线　(b)箭头	(a)中粗短斜线　(b)箭头

②半径、直径、角度及坡度的尺寸标注

半径、直径、角度及坡度的尺寸标注如图 1.1.10 所示。角度数字应沿尺寸线范围水平方向注写；标注坡度时，应加注坡度符号，该符号为单面箭头，箭头应指向下坡方向。坡度也可用直角三角形形式标注，当坡度较小时，还可用百分比表示。

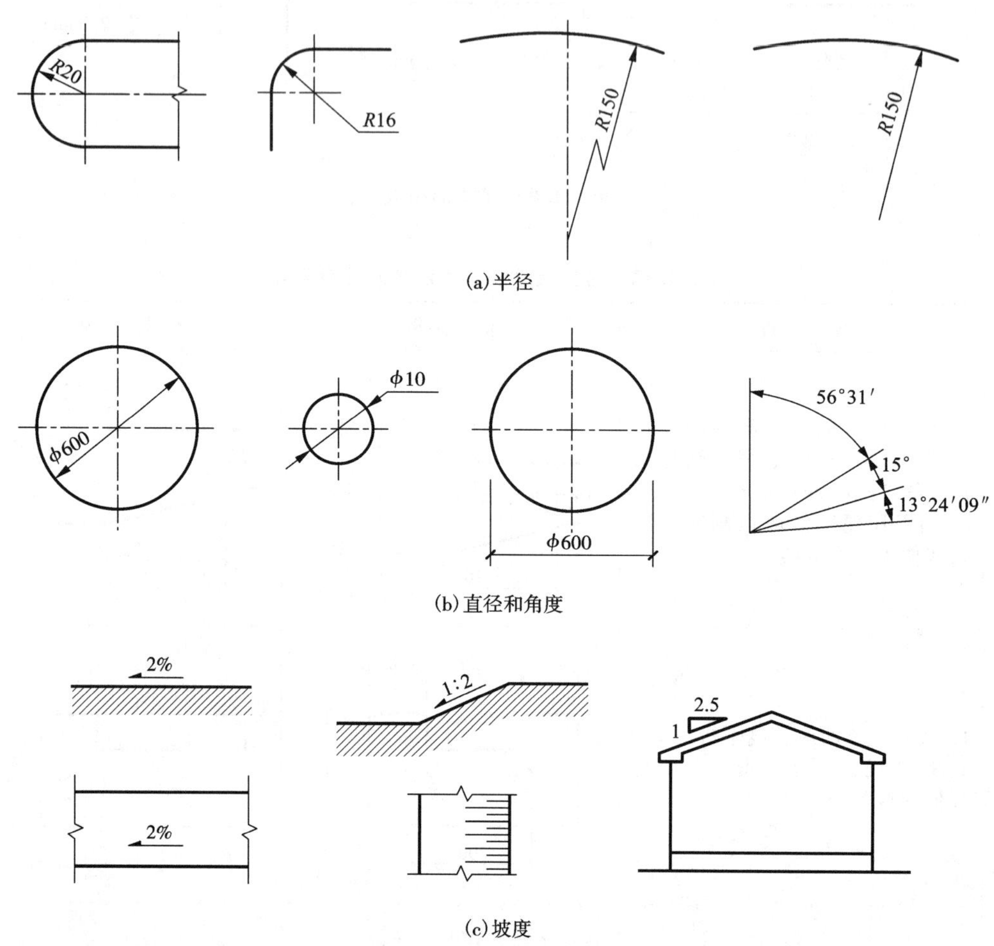

图 1.1.10　半径、直径、角度、弧长、坡度的标注方法

3）标高

标高是标注建筑物高度的一种尺寸形式，以等腰直角三角形表示，如图 1.1.11 所示。单体建筑物图样上的标高符号，应按图示形式(a)以细实线绘制；标高符号的尖端，应指至被注的高度的位置，尖端宜向下，也可向上；若标注位置不够时，可按图示形式(b)绘制；总平面图室外地坪标高符号，宜用涂黑的三角形表示；标高数字应以米(m)为单位，注写到小数点以后第三位，在总平面图中，可注写到小数点以后第二位。

标高有相对标高和绝对标高两种。相对标高是以室内底层地面作为零点而确定的高度。低于零点为负，反之为正；零点标高应注写成 ±0.000，正数标高不注“ + ”，负数标高应注“ - ”，例如 3.000、-3.000。绝对标高是以青岛附近的黄海平均海平面作为零点而测定的高度，又称海拔高度。建筑施工图除总平面图用绝对标高外，一般采用相对标高。

(5)符号

1)剖切符号

剖视的剖切符号应由剖切位置线和投射方向线组成，均应以粗实线绘制。剖切位置线的长度宜为6~10 mm；剖视方向线应垂直于剖切位置线，长度宜为4~6 mm，剖视的剖切符号的编号宜采用阿拉伯数字，按剖切顺序由左至右、由下至上连续编排，并应注写在剖视方向线的端部；需要转折的剖切位置线，应在转角的外侧加注与该符号相同的编号，如图1.1.12(a)所示。建(构)筑物剖面图的剖切符号应注在±0.000标高的平面图或首层平面图上。

断面的剖切符号应只用剖切位置线表示，并应以粗实线绘制，长度宜为6~10 mm。断面剖切符号的编号宜采用阿拉伯数字，按顺序连续编排，并应注写在剖切位置线的一侧，编号所在的一侧应为该断面的剖视方向，如图1.1.12(b)所示。

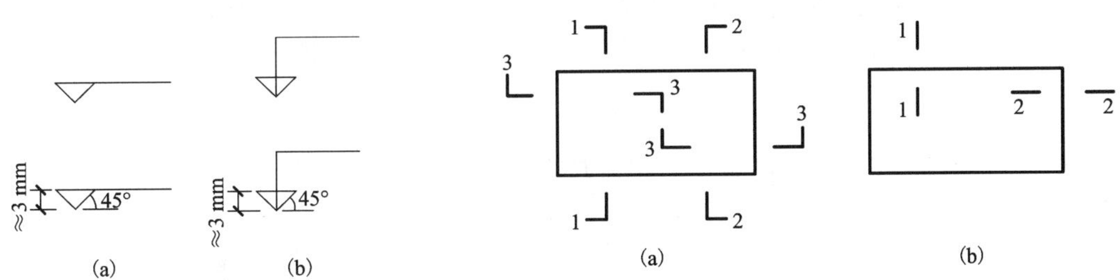

图1.1.11　标高符号

图1.1.12　剖视的剖切符号和断面剖切符号

2)索引符号与详图符号

①图样中的某一局部或构配件，如需另见详图，应以索引符号索引，即在需要另画详图的部位画出索引符号，并在所画的详图上画出详图符号，两者编号必须对应一致，以便对照查阅。索引符号的形式见图所示，索引符号是用直径为8~10 mm的圆和水平直径组成，圆及水平直径应以细实线绘制。索引符号的引出线一端指在要索引的位置上，另一端对准索引符号的圆心。当引出的是剖面详图时，用粗实线表示剖切位置，引出线所在的一侧应为剖视方向[图1.1.13(a)]。

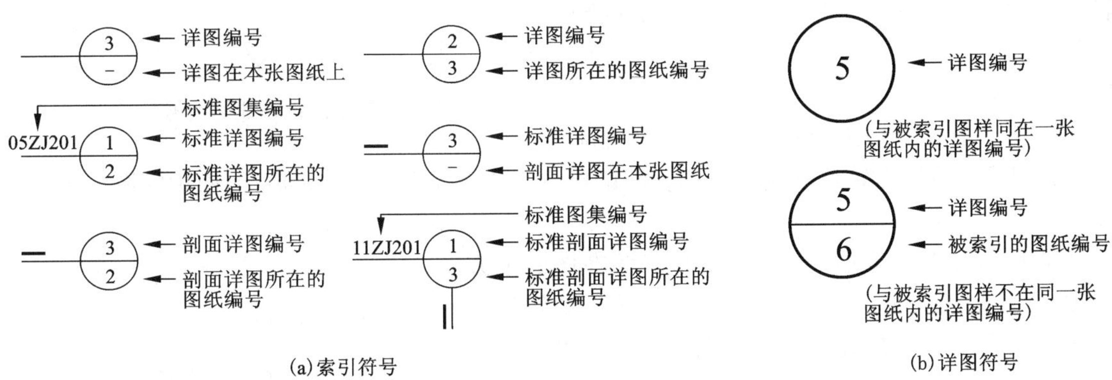

(a)索引符号　　(b)详图符号

图1.1.13　索引符号与详图符号

详图的位置和编号应以详图符号表示，详图符号的圆应以直径为14 mm的粗实线绘制[图1.1.13(b)]。

②零件、钢筋、杆件、设备等的编号宜以直径为5～6 mm的细实线圆表示，其编号应用阿拉伯数字按顺序编写。

3）其他符号

①对称符号：当房屋施工图的图形完全对称时，可以采用对称符号简化作图。对称符号由对称线和两端的两对平行线组成。对称线用细单点长画线绘制，平行线用细实线绘制，其长度为6～10 mm，每对的间距宜为2～3 mm，且在对称线两侧的长度应相等，如图1.1.14（a）所示。

②连接符号：当一部分构配件的图样还需与另一部分相接时，需用连接符号表达。连接符号应以折断线表示需要连接的部位，并以折断线两端靠图样一侧的大写拉丁字母表示连接编号。两个被连接的图样，必须用相同的字母编号，如图1.1.14（b）所示。

③指北针：指北针常用来表示建筑物的朝向。用直径为24 mm的细实线圆绘制，指北针尾部的宽度为3 mm，指针头部应注“北”或“N”，如图1.1.14（c）所示。

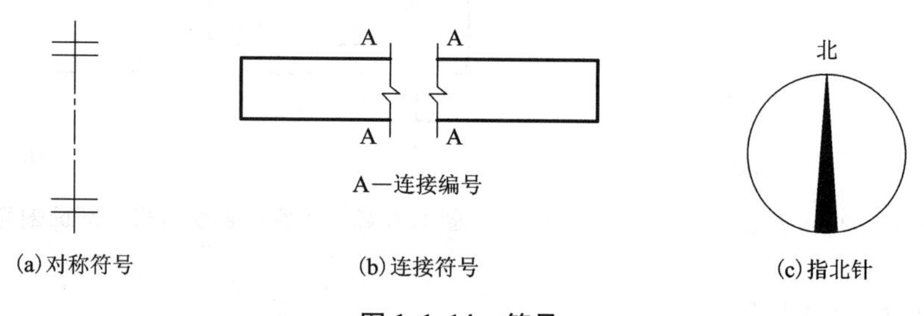

图1.1.14　符号

（6）定位轴线

房屋施工图中的定位轴线是确定建筑结构构件平面布置及标志尺寸的基线，是设计和施工中定位放线的重要依据。凡主要的墙和柱、大梁、屋架等主要承重构件，都应画上轴线并用该轴线编号来确定其位置。定位轴线的画法及编号有如下规定，如图1.1.15所示。

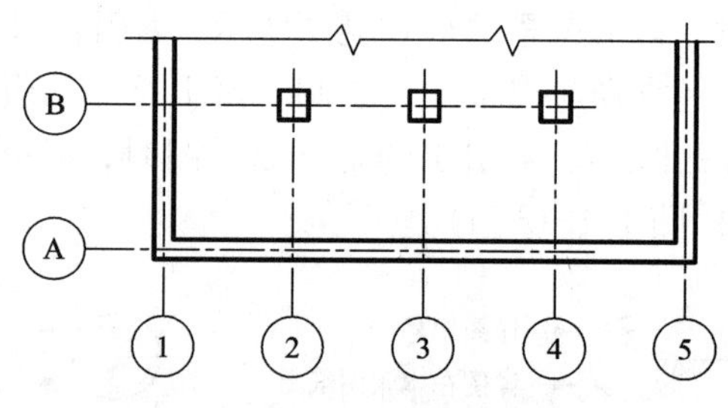

图1.1.15　定位轴线的编号顺序

①定位轴线应用细单点长画线绘制且应编号，编号应注写在定位轴线端部细实线的圆内，其直径为8～10 mm，但通用详图的定位轴线可不编号。

②平面图上定位轴线的编号，宜标注在图的下方与左侧（有时上、下、左、右均标注）。横向编号应用阿拉伯数字从左至右编写；竖向编号应用大写拉丁字母（但I、O、Z例外，以免与数字混淆）由下至上顺序编写。

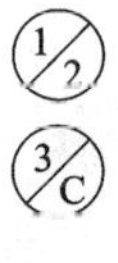

1/2　表示2轴线之后附加的第一根轴线

3/C　表示C轴线之后附加的第三根轴线

图1.1.16　附加轴线

③两根轴线之间，如需附加轴线时，应以分数形式表示。分母表示前一轴线的编号，分子表示附加轴线的编号，如图1.1.16所示。

(7)常用建筑材料图例

在建筑工程制图中，建筑材料的名称除了要用文字说明以外，还要画出它们标准规定的图例。《房屋建筑制图统一标准》(GB/T 50001—2010)中常用建筑材料图例，如表 1.1.13 所示。

表 1.1.13　常用建筑材料图例

序号	名称	图例	备注
1	自然土壤		包括各种自然土壤
2	夯实土壤		—
3	砂、灰土		—
4	砂砾石、碎砖三合土	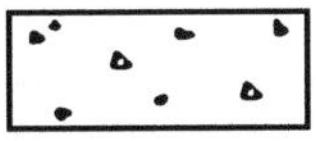	—
5	石　材	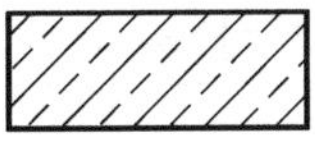	—
6	毛　石	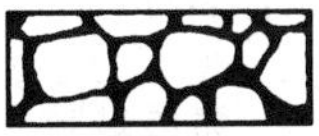	—
7	普通砖	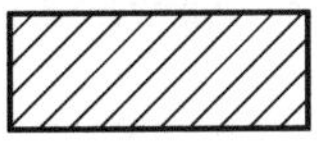	包括实心砖、多孔砖、砌块等砌体。断面较窄不易绘出图例线时，可涂红，并在图纸备注中加注说明，画出该材料图例
8	耐火砖	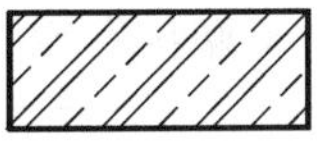	包括耐酸砖等砌体
9	空心砖		指非承重砖砌体
10	饰面砖	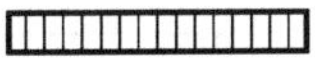	包括铺地砖、马赛克、陶瓷锦砖、人造大理石等
11	焦渣、矿渣	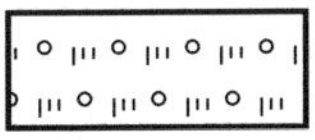	包括与水泥、石灰等混合而成的材料
12	混凝土	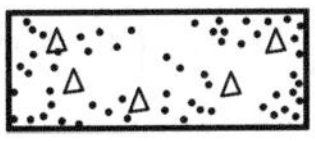	1. 本图例指能承重的混凝土及钢筋混凝土 2. 包括各种强度等级、骨料、添加剂的混凝土 3. 在剖面图上画出钢筋时，不画图例线 4. 断面图形小，不易画出图例线时，可涂黑
13	钢筋混凝土	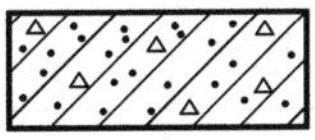	
14	多孔材料		包括水泥珍珠岩、沥青珍珠岩、泡沫混凝土、非承重加气混凝土、软木、蛭石制品等
15	纤维材料	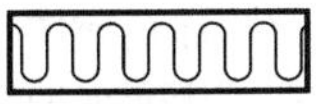	包括矿棉、岩棉、玻璃棉、麻丝、木丝板、纤维板等
16	泡沫塑料材料	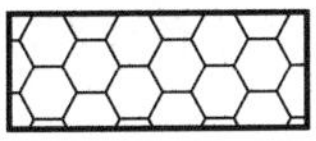	包括聚苯乙烯、聚乙烯、聚氨酯等多孔聚合物类材料

续表 1.1.13

序号	名称	图例	备注
17	木　材		1. 上图为横断面，上左图为垫木、木砖或木龙骨 2. 下图为纵断面
18	胶合板		应注明为×层胶合板
19	石膏板		包括圆孔、方孔石膏板、防水石膏板、硅钙板、防火板等
20	金　属		1. 包括各种金属 2. 图形小时，可涂黑
21	网状材料		1. 包括金属、塑料网状材料 2. 应注明具体材料名称
22	液　体		应注明具体液体名称
23	玻　璃		包括平板玻璃、磨砂玻璃、夹丝玻璃、钢化玻璃、中空玻璃、夹层玻璃、镀膜玻璃等
24	橡　胶		—
25	塑　料		包括各种软、硬塑料及有机玻璃等
26	防水材料		构造层次多或比例大时，采用上图例
27	粉　刷		本图例采用较稀的点

注：序号 1、2、5、7、8、13、14、16、17、18 图例中的斜线、短斜线、交叉斜线等均为 45°。

(8)建筑构造及配件图例

在建筑工程制图中，建筑构造及配件图例应符合表 1.1.14 的规定。

表 1.1.14　构造及配件图例

序号	名称	图　例	备　　注
1	墙体		1. 上图为外墙，下图为内墙 2. 外墙细线表示有保温层或有幕墙 3. 应加注文字或涂色或图案填充表示各种材料的墙体 4. 在各层平面图中防火墙宜着重以特殊图案填充表示
2	隔断		1. 加注文字或涂色或图案填充表示各种材料的轻质隔断 2. 适用于到顶与不到顶隔断

续表 1.1.14

序号	名称	图例	备注
3	玻璃幕墙		幕墙龙骨是否表示由项目设计决定
4	栏杆		—
5	楼梯	下 下 上 上	1. 上图为顶层楼梯平面，中图为中间层楼梯平面，下图为底层楼梯平面 2. 需设置靠墙扶手或中间扶手时，应在图中表示
6	坡道	下	长走道
		下 下 下	上图为两侧垂直的门口坡道，中图为有挡墙的门口坡道，下图为两侧找坡的门口坡道
7	台阶	下	—
8	平面高差	XX XX	用于高差小的地面或楼面交接处，并应与门的开启方向协调
9	检查孔		左图为可见检查孔 右图为不可见检查孔
10	孔洞		阴影部分亦可填充灰度或涂色代替
11	坑槽		—

续表 **1.1.14**

序号	名称	图　例	备　　注
12	墙预留洞、槽	宽×高或ϕ 标高 宽×高或ϕ×深 标高	1. 上图为预留洞，下图为预留槽 2. 平面以洞(槽)中心定位 3. 标高以洞(槽)底或中心定位 4. 宜以涂色区别墙体和预留洞(槽)
13	地沟		上图为有盖板地沟，下图为无盖板明沟
14	烟道		1. 阴影部分亦可填充灰度或涂色代替 2. 烟道、风道与墙体为相同材料，其相接处墙身线应连通 3. 烟道、风道根据需要增加不同材料的内衬
15	风道		
16	单面开启单扇门(包括平开或单面弹簧)		1. 门的名称代号用 M 表示 2. 平面图中，下为外、上为内(门开启线为 90°、60°或 45°，开启弧线宜绘出) 3. 立面图中，开启线实线为外开，虚线为内开，开启线交角的一侧为安装合页一侧，开启线在建筑立面图中可不表示，在立面大样图中可根据需要绘出 4. 剖面图中，左为外、右为内 5. 附加纱扇应以文字说明，在平、立、剖面图中均不表示 6. 立面形式应按实际情况绘制
	双面开启单扇门(包括双面平开或双面弹簧)		
	双层单扇平开门		

续表 1.1.14

序号	名称	图　例	备　　注
17	单面开启双扇门(包括平开或单面弹簧)	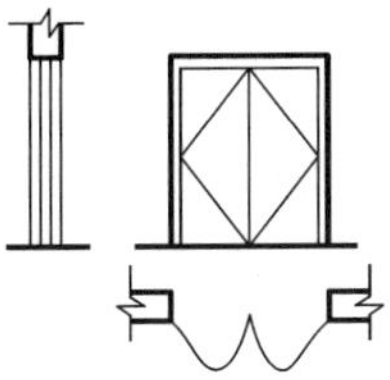	1. 门的名称代号用 M 表示 2. 平面图中，下为外、上为内(门开启线为 90°、60°或 45°，开启弧线宜绘出) 3. 立面图中，开启线实线为外开，虚线为内开，开启线交角的一侧为安装合页一侧，开启线在建筑立面图中可不表示，在立面大样图中可根据需要绘出 4. 剖面图中，左为外、右为内 5. 附加纱扇应以文字说明，在平、立、剖面图中均不表示 6. 立面形式应按实际情况绘制
	双面开启双扇门(包括双面平开或双面弹簧)	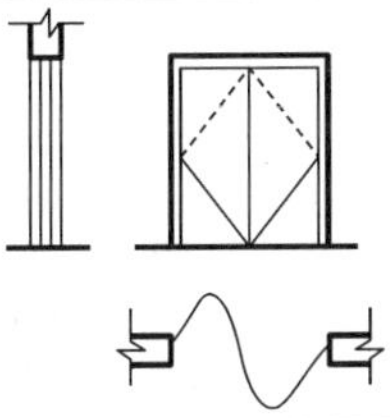	
	双层双扇平开门	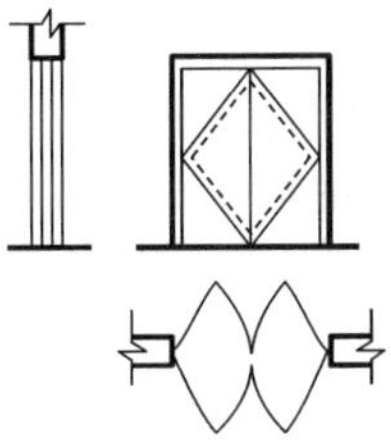	
18	折叠门	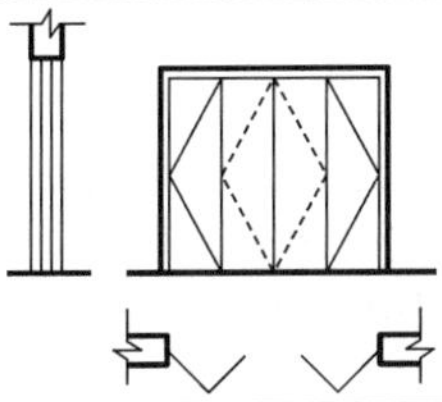	1. 门的名称代号用 M 表示 2. 平面图中，下为外、上为内 3. 立面图中，开启线实线为外开，虚线为内开，开启线交角的一侧为安装合页一侧 4. 剖面图中，左为外、右为内 5. 立面形式应按实际情况绘制
	推拉折叠门	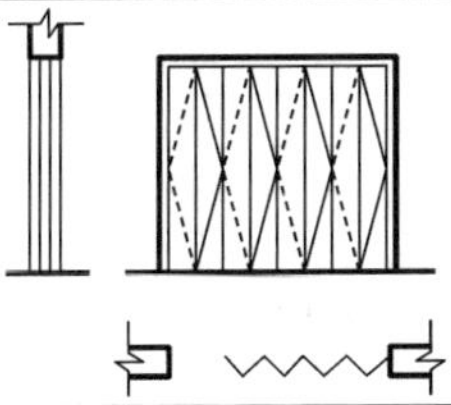	
19	墙洞外单扇推拉门	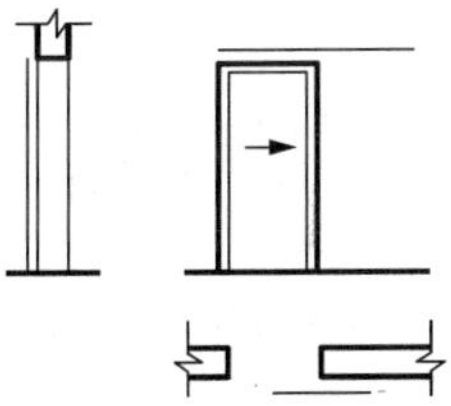	1. 门的名称代号用 M 表示 2. 平面图中，下为外、上为内 3. 剖面图中，左为外、右为内 4. 立面形式应按实际情况绘制
20	竖向卷帘门	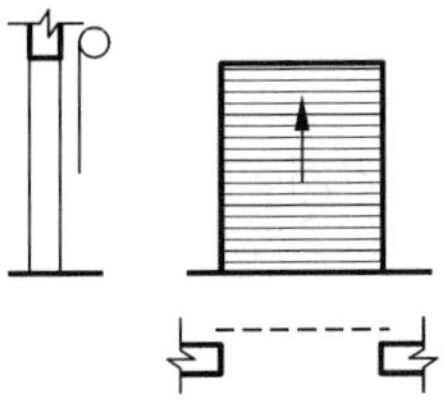	—

续表 1.1.14

序号	名称	图　例	备　　注
21	墙中单扇推拉门	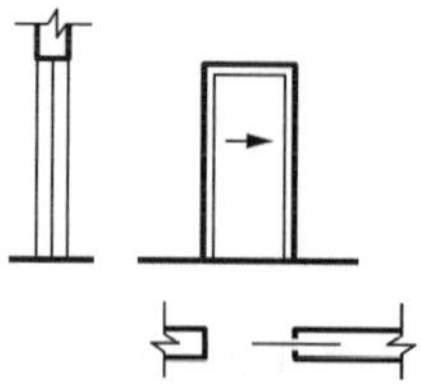	1. 门的名称代号用 M 表示 2. 立面形式应按实际情况绘制
21	推杠门	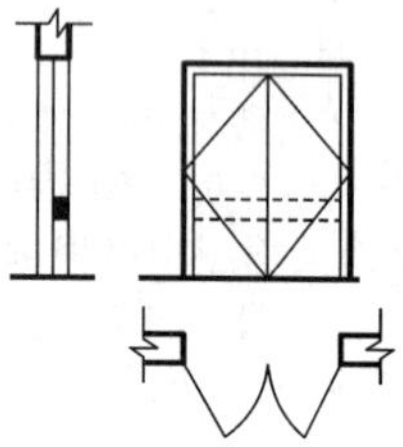	1. 门的名称代号用 M 表示 2. 平面图中，下为外、上为内(门开启线为 90°、60°或 45°，开启弧线宜绘出) 3. 立面图中，开启线实线为外开，虚线为内开，开启线交角的一侧为安装合页一侧，开启线在建筑立面图中可不表示，在室内设计门窗立面大样图中需要绘出 4. 剖面图中，左为外、右为内 5. 立面形式应按实际情况绘制
23	门连窗	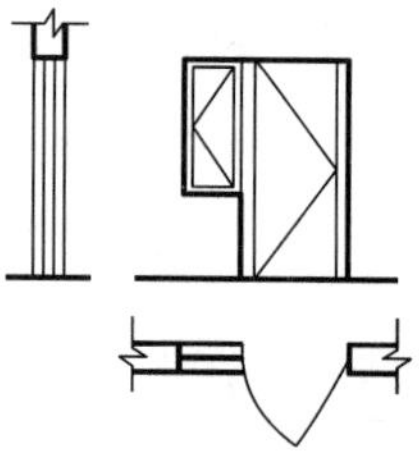	
24	旋转门	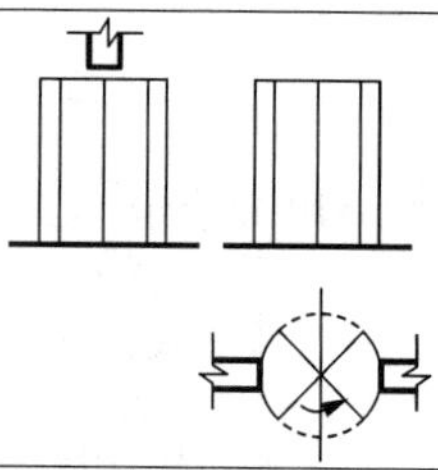	1. 门的名称代号用 M 表示 2. 立面形式应按实际情况绘制
25	自动门	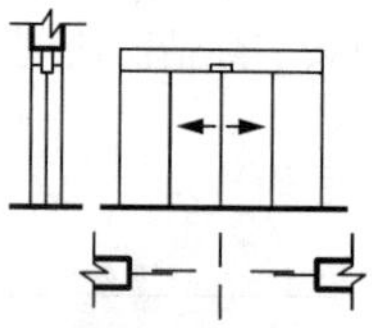	1. 门的名称代号用 M 表示 2. 立面形式应按实际情况绘制
26	折叠上翻门	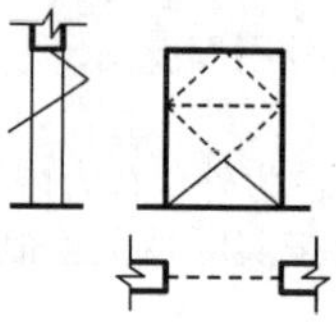	1. 门的名称代号用 M 表示 2. 平面图中，下为外、上为内 3. 剖面图中，左为外、右为内 4. 立面形式应按实际情况绘制
27	提升门	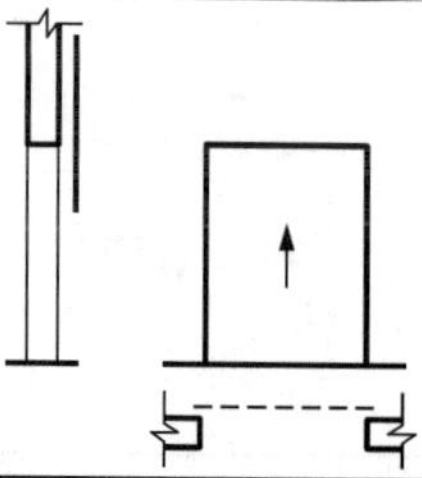	1. 门的名称代号用 M 表示 2. 立面形式应按实际情况绘制

续表 1. 1. 14

<table>
<tr><th>序号</th><th>名称</th><th>图　例</th><th>备　　注</th></tr>
<tr><td>28</td><td>固定窗</td><td> 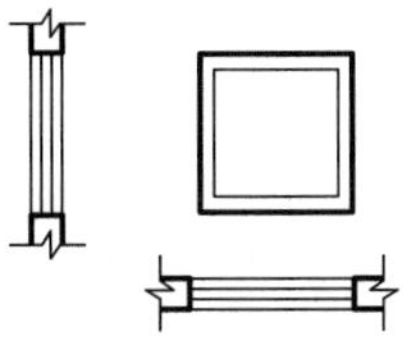</td><td rowspan="4">1. 窗的名称代号用 C 表示
2. 平面图中，下为外、上为内
3. 立面图中，开启线实线为外开，虚线为内开，开启线交角的一侧为安装合页一侧，开启线在建筑立面图中可不表示，在门窗立面大样图中需要绘出
4. 剖面图中，左为外、右为内。虚线仅表示开启方向，项目设计不表示
5. 附加纱窗应以文字说明，在平、立、剖面图中均不表示
6. 立面形式应按实际情况绘制</td></tr>
<tr><td rowspan="2">29</td><td>上悬窗</td><td></td></tr>
<tr><td>中悬窗</td><td></td></tr>
<tr><td>30</td><td>下悬窗</td><td></td></tr>
<tr><td>31</td><td>立转窗</td><td> 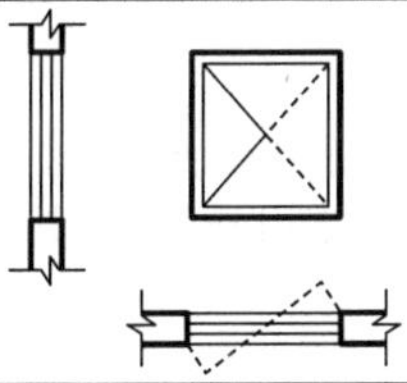</td><td rowspan="4">1. 窗的名称代号用 C 表示
2. 平面图中，下为外、上为内
3. 立面图中，开启线实线为外开，虚线为内开，开启线交角的一侧为安装合页一侧，开启线在建筑立面图中可不表示，在门窗立面大样图中需要绘出
4. 剖面图中，左为外、右为内。虚线仅表示开启方向，项目设计不表示
5. 附加纱窗应以文字说明，在平、立、剖面图中均不表示
6. 立面形式应按实际情况绘制</td></tr>
<tr><td rowspan="3">32</td><td>单层外开平开窗</td><td></td></tr>
<tr><td>单层内开平开窗</td><td></td></tr>
<tr><td>双层内外开平开窗</td><td></td></tr>
</table>

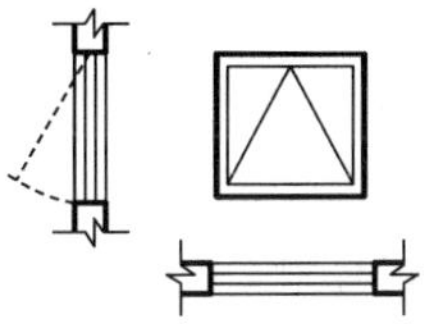

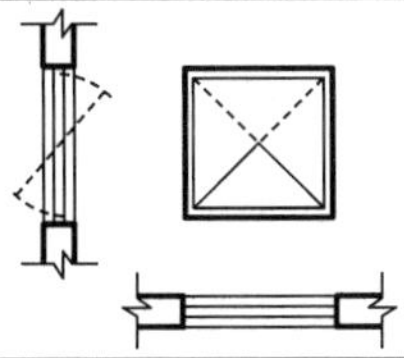

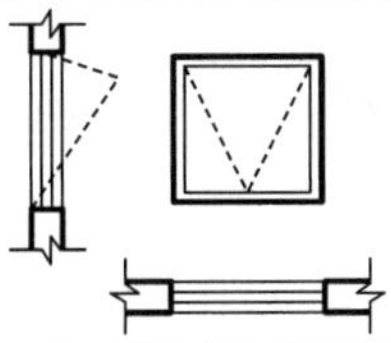

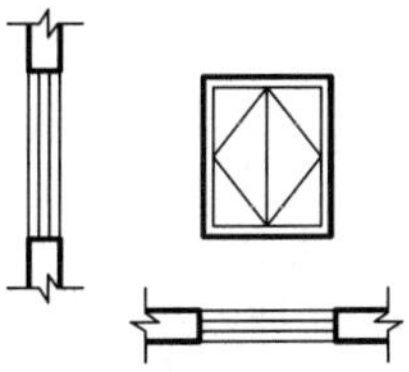

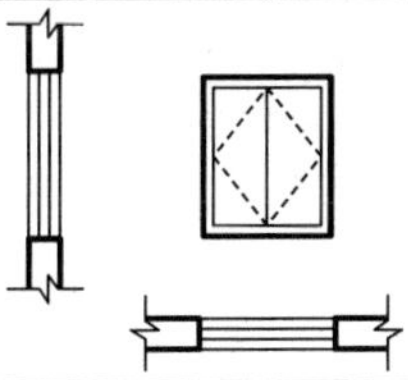

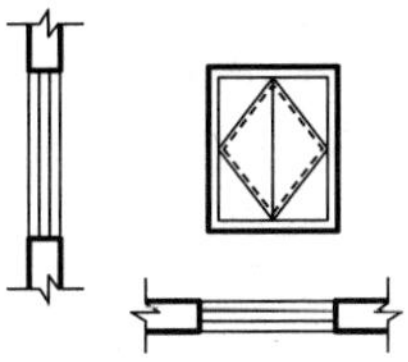

续表 1.1.14

序号	名称	图 例	备 注
33	单层推拉窗	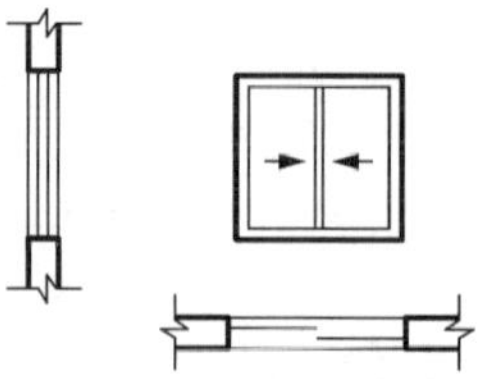	1. 窗的名称代号用 C 表示 2. 立面形式应按实际情况绘制
	双层推拉窗	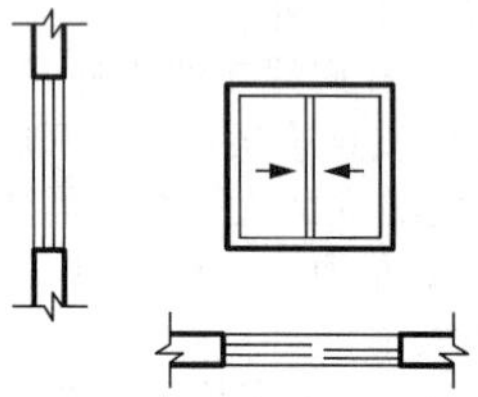	1. 窗的名称代号用 C 表示 2. 立面形式应按实际情况绘制
34	上推窗	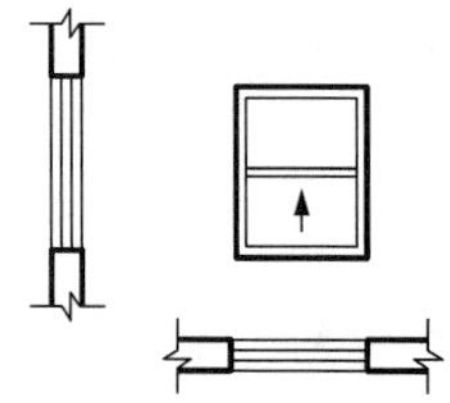	1. 窗的名称代号用 C 表示 2. 立面形式应按实际情况绘制
35	百叶窗	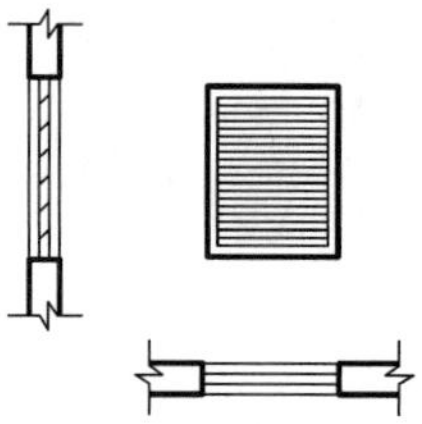	1. 窗的名称代号用 C 表示 2. 立面形式应按实际情况绘制
36	高窗	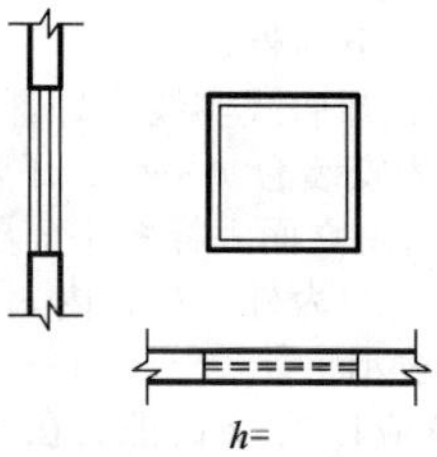 *h*=	1. 窗的名称代号用 C 表示 2. 立面图中，开启线实线为外开，虚线为内开，开启线交角的一侧为安装合页一侧，开启线在建筑立面图中可不表示，在门窗立面大样图中需要绘出 3. 剖面图中，左为外、右为内 4. 立面形式应按实际情况绘制 5. h 表示高窗底距本层地面高度 6. 高窗开启方式参考其他窗型
37	平推窗	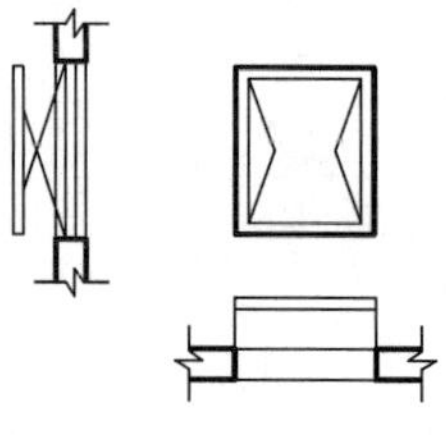	1. 窗的名称代号用 C 表示 2. 立面形式应按实际情况绘制

(9)建筑总平面图及道路与绿化图例

建筑总平面图及道路与绿化图例应符合表 1. 1. 15 的规定。

表 1. 1. 15　部分总平面图及道路与绿化图例

序号	名称	图　例	备　　注
1	新建建筑物	X= Y= ① 12F/2D H=59.00 m	新建建筑物以粗实线表示与室外地坪相接处 ±0. 00 外墙定位轮廓线 建筑物一般以 ±0. 00 高度处的外墙定位轴线交叉点坐标定位。轴线用细实线表示，并标明轴线号 根据不同设计阶段标注建筑编号，地下、地下层数，建筑高度，建筑出入口位置(两种表示方法均可，但同一图纸采用一种表示方法) 地下建筑物以粗虚线表示其轮廓 建筑上部(±0. 00 以上)外挑建筑用细实线表示 建筑物上部连廊用细虚线表示并标注位置
2	原有建筑物		用细实线表示
3	计划扩建的预留地或建筑物		用中粗虚线表示
4	拆除的建筑物		用细实线表示
5	围墙及大门		—
6	坐标	1. X=105.00 Y=425.00 2. A=105.00 B=425.00	1. 表示地形测量坐标系 2. 表示自设坐标系 坐标数字平行于建筑标注
7	填挖边坡		—

续表 1.1.15

序号	名称	图　例	备　　注
8	截水沟	1　40.00	“1”表示 1% 的沟底纵向坡度，“40.00”表示变坡点间距离，箭头表示水流方向
9	消火栓井		—
10	室内地坪标高	151.00 (±0.00)	数字平行于建筑物书写
11	室外地坪标高	143.00	室外标高也可采用等高线
12	新建的道路	0.30%　100.00　R=6.00　107.50	“R = 6.00”表示道路转弯半径；“107.50”为道路中心线交叉点设计标高，两种表示方式均可，同一图纸采用一种方式表示；“100.00”为变坡点之间距离，“0.30%”表示道路坡度，—►表示坡向
13	原有道路		—
14	计划扩建的道路		—
15	拆除的道路		—
16	人行道		—
17	常绿针叶乔木		—
18	落叶针叶乔木		—
19	常绿阔叶乔木		—
20	落叶阔叶乔木		—
21	常绿阔叶灌木		—

续表 1.1.15

序号	名称	图　例	备　　注
22	落叶阔叶灌木		—
23	草坪	1. 2. 3.	1. 草坪 2. 表示自然草坪 3. 表示人工草坪
24	棕榈植物		—

2. 建筑结构制图标准(GB/T 50105—2010)

(1)结构图中采用的图线(见表 1.1.16)

表 1.1.16　结构图中采用的图线

名称		线型	线宽	一 般 用 途
实线	粗		b	螺栓、主钢筋线、结构平面图中的单线结构构件线、钢木支撑及系杆线，图名下横线、剖切线
	中粗		$0.7b$	结构平面图及详图中剖到或可见的墙身轮廓线、基础轮廓线、钢、木结构轮廓线、钢筋线
	中		$0.5b$	结构平面图及详图中剖到或可见的墙身轮廓线、基础轮廓线，可见的钢筋混凝土构件轮廓线、钢筋线
	细		$0.25b$	标注引出线、标高符号线、索引符号线、尺寸线
虚线	粗		b	不可见的钢筋线、螺栓线，结构平面图中的不可见的单线结构构件线及钢、木支撑线
	中粗		$0.7b$	结构平面图中的不可见构件、墙身轮廓线及不可见钢、木结构构件线、不可见的钢筋线
	中		$0.5b$	结构平面图中的不可见构件、墙身轮廓线及不可见钢、木结构构件轮廓线、不可见的钢筋线
	细		$0.25b$	基础平面图中的管沟轮廓线、不可见的钢筋混凝土构件轮廓线

续表 1.1.16

名称		线型	线宽	一般用途
单点长画线	粗	— · — · —	b	柱间支撑、垂直支撑、设备基础轴线图中的中心线
	细	— · — · —	0.25b	定位轴线、对称线、中心线、重心线
双点长画线	粗	— ·· — ·· —	b	预应力钢筋线
	细	— ·· — ·· —	0.25b	原有结构轮廓线
折断线			0.25b	断开界线
波浪线			0.25b	断开界线

(2)钢筋一般表示方法(见表1.1.17、1.1.18、1.1.19)

当用光圆钢筋作为受力筋时，为加强它与混凝土的黏结力，常将其端部做成90°或180°弯钩形式。钢筋在接长时必须有一定的搭接尺寸，通常也用弯钩的形式表示其搭接端点，如表1.1.17、1.1.18、1.1.19所示分别为钢筋表示法以及钢筋的画法。

表 1.1.17　钢筋表示法(普通钢筋)

序号	名　　称	图　例	说　　明
1	钢筋横断面	●	—
2	无弯钩的钢筋端部		下图表示长、短钢筋投影重叠时，短钢筋的端部用45°斜画线表示
3	带半圆形弯钩的钢筋端部		—
4	带直钩的钢筋端部		—
5	带丝扣的钢筋端部		—
6	无弯钩的钢筋搭接		—
7	带半圆弯钩的钢筋搭接		—
8	带直钩的钢筋搭接		—
9	花篮螺丝钢筋接头		—
10	机械连接的钢筋接头		用文字说明机械连接的方式(如冷挤压或直螺纹等)

表 1.1.18　钢筋表示法(预应力钢筋)

序号	名　称	图　例
1	预应力钢筋或钢绞线	
2	后张法预应力钢筋断面 无黏结预应力钢筋断面	
3	单根预应力钢筋断面	
4	张拉端锚具	
5	固定端锚具	
6	锚具的端视图	
7	可动连接件	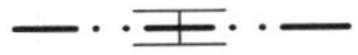
8	固定连接件	

表 1.1.19　钢筋画法

序号	说　　明	图　例
1	在结构楼板图中配置双层钢筋时，底层钢筋的弯钩应向上或向左，顶层钢筋的弯钩则向下或向右	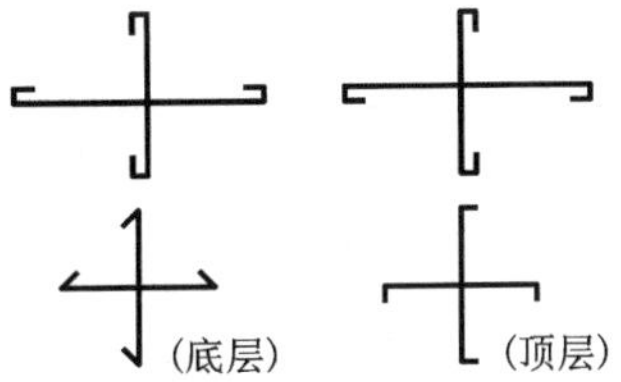 (底层)　(顶层)
2	钢筋混凝土墙体配双层钢筋时，在配筋立面图中，远面钢筋的弯钩应向上或向左，而近面钢筋的弯钩向下或向右 (JM 近面，YM 远面)	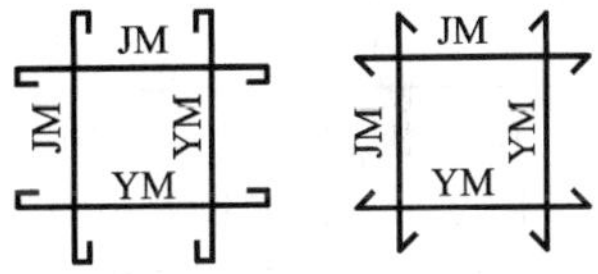 JM　YM　JM　YM　JM　YM　JM　YM
3	若在断面图中不能表达清楚的钢筋布置，应在断面图外增加钢筋大样图(如：钢筋混凝土墙、楼梯等)	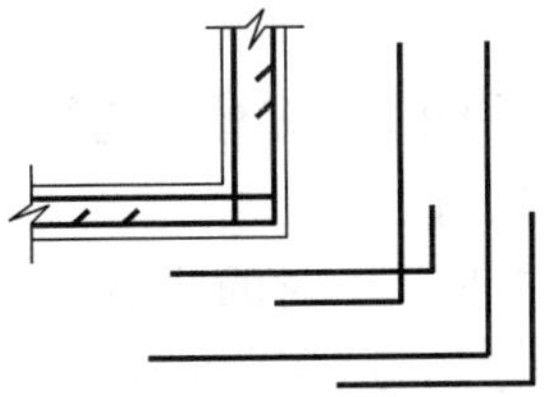
4	图中所表示的箍筋、环筋等若布置复杂时，可加画钢筋大样及说明	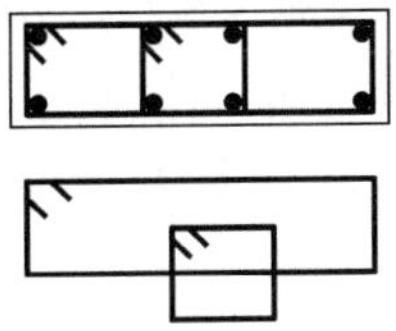
5	每组相同的钢筋、箍筋或环筋，可用一根粗实线表示，同时用一两端带斜短划线的横穿细线，表示其余钢筋及起止范围	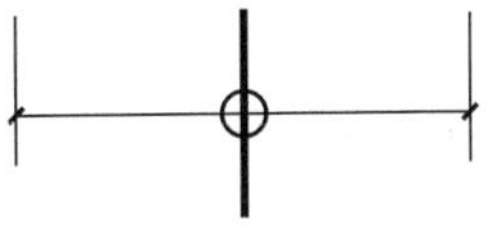

(3) 常用构件代号

为使结施图简明清晰，国标规定了有关常用构件的名称用代号表示，如表 1.1.20 所示。

表 1.1.20 常用构件代号

序号	名称	代号	序号	名称	代号	序号	名称	代号
1	板	B	19	圈梁	QL	37	承台	CT
2	屋面板	WB	20	过梁	GL	38	设备基础	SJ
3	空心板	KB	21	连系梁	LL	39	桩	ZH
4	槽形板	CB	22	基础梁	JL	40	挡土墙	DQ
5	折板	ZB	23	楼梯梁	TL	41	地沟	DG
6	密肋板	MB	24	框架梁	KL	42	柱间支撑	ZC
7	楼梯板	TB	25	框支梁	KZL	43	垂直支撑	CC
8	盖板或沟盖板	GB	26	屋面框架梁	WKL	44	水平支撑	SC
9	挡雨板或檐口板	YB	27	檩条	LT	45	梯	T
10	吊车安全走道板	DB	28	屋架	WJ	46	雨篷	YP
11	墙板	QB	29	托架	TJ	47	阳台	YT
12	天沟板	TGB	30	天窗架	CJ	48	梁垫	LD
13	梁	L	31	框架	KJ	49	预埋件	M -
14	屋面梁	WL	32	刚架	GJ	50	天窗端壁	TD
15	吊车梁	DL	33	支架	ZJ	51	钢筋网	W
16	单轨吊车梁	DDL	34	柱	Z	52	钢筋骨架	G
17	轨道连接	DGL	35	框架柱	KZ	53	基础	J
18	车挡	CD	36	构造柱	GZ	54	暗柱	AZ

注：1. 预制钢筋混凝土构件、现浇钢筋混凝土构件、钢构件和木构件，一般可以采用本表中的构件代号。在绘图中，除混凝土构件可以不注明材料代号外，其他材料的构件可在构件代号前加注材料代号，并在图纸中加以说明。

2. 预应力钢筋混凝土构件的代号，应在构件代号前加注“Y -”，如 Y - DL 表示预应力钢筋混凝土吊车梁。

3. 绘图工具及使用方法

(1) 图板

图板是作图时的垫板，用来固定图纸。其规格有 0 号(900 × 1200)、1 号(600 × 900)、2 号(450 × 600)。图板放在桌面上，板身宜与水平桌面倾斜 10° ~ 15°。要求板面平坦、光洁。左边是导边，必须保持平整，如图 1.1.17 所示。图板不可用水刷洗和在日光下曝晒，以防变形，不用时，以竖放保管为宜。

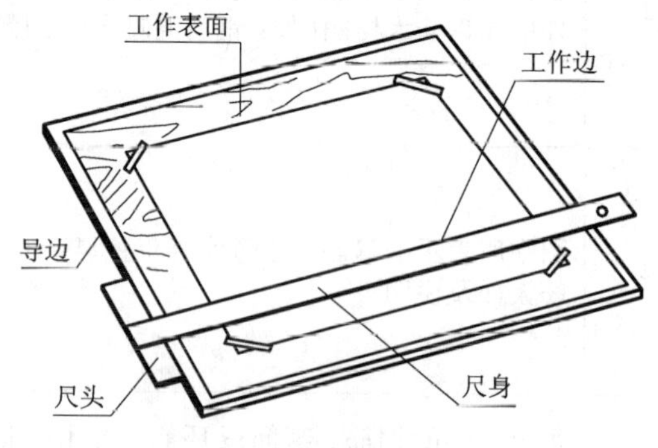

图 1.1.17 图板和丁字尺

(2) 丁字尺

丁字尺由相互垂直的尺头和尺身组成，如图 1.1.17 所示。尺身要牢固地连接在尺头上，尺头的内侧面必须平直，用时应紧靠图板的左侧——导边。在画同一张图纸时，尺头不可以在图板的其他边滑动，以避免图板各边不成直角时，画出的线不准确。丁字尺的尺身工作边必须平直光滑，不可用丁字尺击物和用刀片沿尺身工作边裁纸。丁字尺用完后，宜竖直挂起来，以避免尺身弯曲变形或折断。

丁字尺主要用来画水平线，并且只能沿尺身上侧画线。作图时，左手把住尺头，使它始终紧靠图板左侧，然后上下移动丁字尺，直至工作边对准要画线的地方，再从左向右画水平线。画较长的水平线时，可把左手滑过来按住尺身，以防止尺尾翘起和尺身摆动，如图 1.1.18 所示。

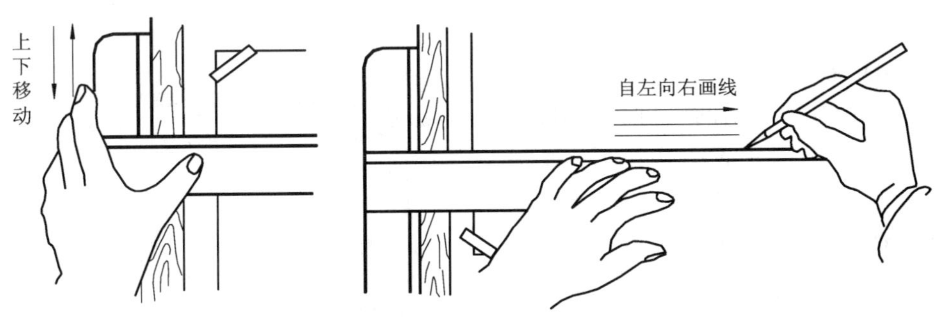

图 1.1.18　上下移动丁字尺及画水平线的手势

(3) 三角板

三角板有 30°和 45°两种规格。三角板的刻度应清晰、尺身光滑、无缺口。三角板除了直接用来画直线外，还可以配合丁字尺画铅垂线和画 30°、45°、60°等特殊角度的斜线，如图 1.1.19 所示。

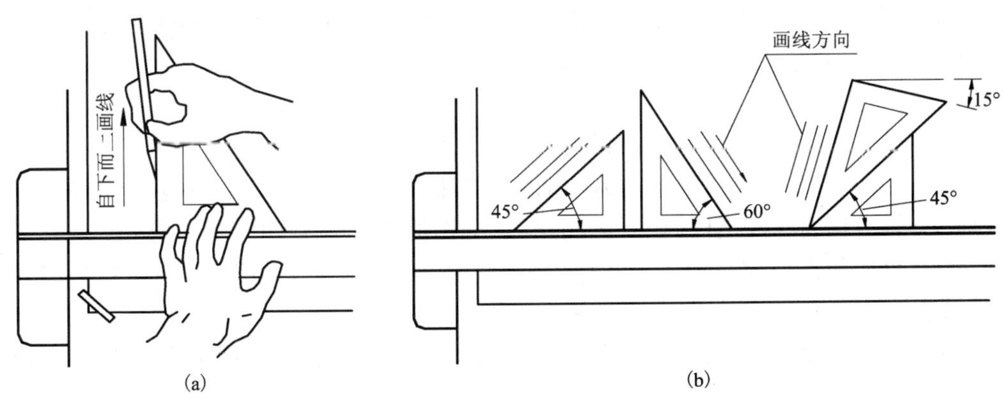

图 1.1.19　用三角板和丁字尺配合画垂直线和各种斜线

画铅垂线时，先将丁字尺移动到所绘图线的下方，把三角板放在应画线的右方，并使一直角边紧靠丁字尺的工作边，然后移动三角板，直到另一直角边对准要画线的地方，再用左手按住丁字尺和三角板，自下而上画线[图 1.1.19(a)]。

丁字尺与三角板配合画斜线及两块三角尺配合画各种斜度的相互平行或垂直的直线时，

其运笔方向如图 1.1.19(b)和图 1.1.20 所示。

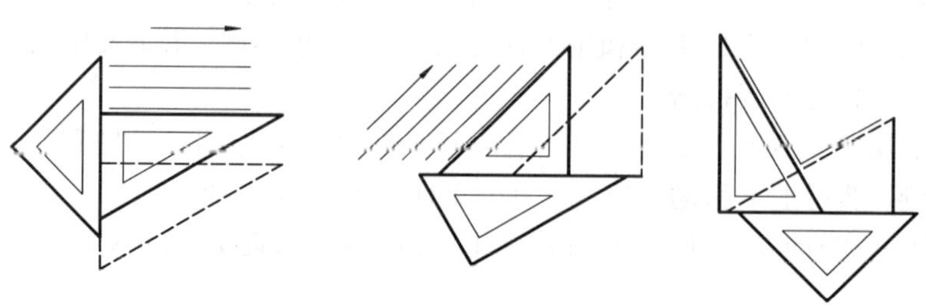

图 1.1.20　用三角板画平行线及垂直线

(4)绘图铅笔

绘图铅笔有各种不同的硬度，用 H、B 标明。标号 B、2B…6B 表示软铅芯，数字越大，表示铅芯越软。标号 H、2H…6H 表示硬铅芯，数字越大，表示铅芯越硬。标号 HB 表示中软。画底稿宜用 H 或 2H，徒手作图可用 HB 或 B，加重直线用 H、HB(细线)、HB(中粗线)、B 或 2B(粗线)。铅笔尖应削成锥形，铅芯露出 6 ~ 8 mm。削铅笔时要注意保留有标号的一端，以便始终能识别其软硬度，如图 1.1.21 所示。使用铅笔绘图时，用力要均匀，用力过大会划破图纸或在纸上留下凹痕，甚至折断铅芯。画长线时要边画边转动铅笔，使线条粗细一致。画线时，从正面看笔身应倾斜约 60°，从侧面看笔身应铅直，如图 1.1.21。持笔的姿势要自然，笔尖与尺边距离始终保持一致，线条才能画得平直准确。

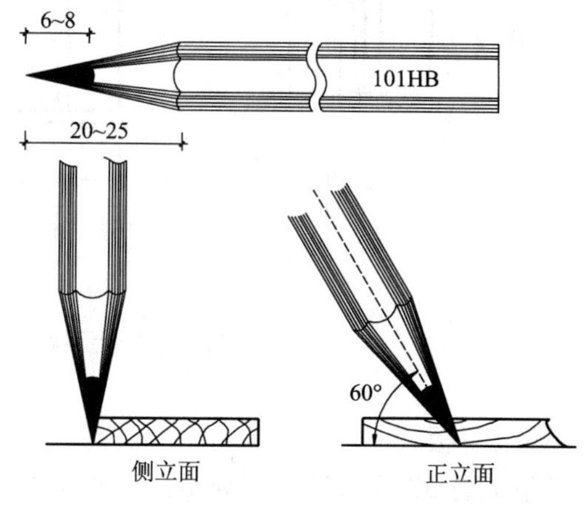

图 1.1.21　铅笔及其使用

(5)圆规

圆规是用来画圆及圆弧的工具，如图 1.1.22。圆规的一腿为可固定紧的活动钢针，其中有台阶状的一端多在加深图线时用。另一腿上附有插脚，根据不同用途可换上铅芯插脚、鸭嘴笔插脚、针管笔插脚、接笔杆(供画大圆用)。画图时应先检查两脚是否等长，当针尖插入图板后，留在外面的部分应与铅芯尖端平(画墨线时，应与鸭嘴笔脚平)，如图 1.1.22 所示。

(6)分规

分规是截量长度和等分线段的工具，它的两个腿必须等长，两针尖合拢时应会合成一点，如图 1.1.23(a)所示。

用分规等分线段的方法见图 1.1.23(b)。例如，分线段 AB 为 4 等分，先凭目测估计，将分规两脚张开，使两针尖的距离大致等于$\frac{1}{4}AB$，然后交替两针尖划弧，在该线段上截取 1、2、3、4 等分点；假设点 4 落在 B 点以内，距差为 e，这时可将分规再开$\frac{1}{4}e$，再行试分，若仍有差额(也可能超出 AB 线外)，则照样再调整两针尖距离(或加或减)，直到恰好等分为止。

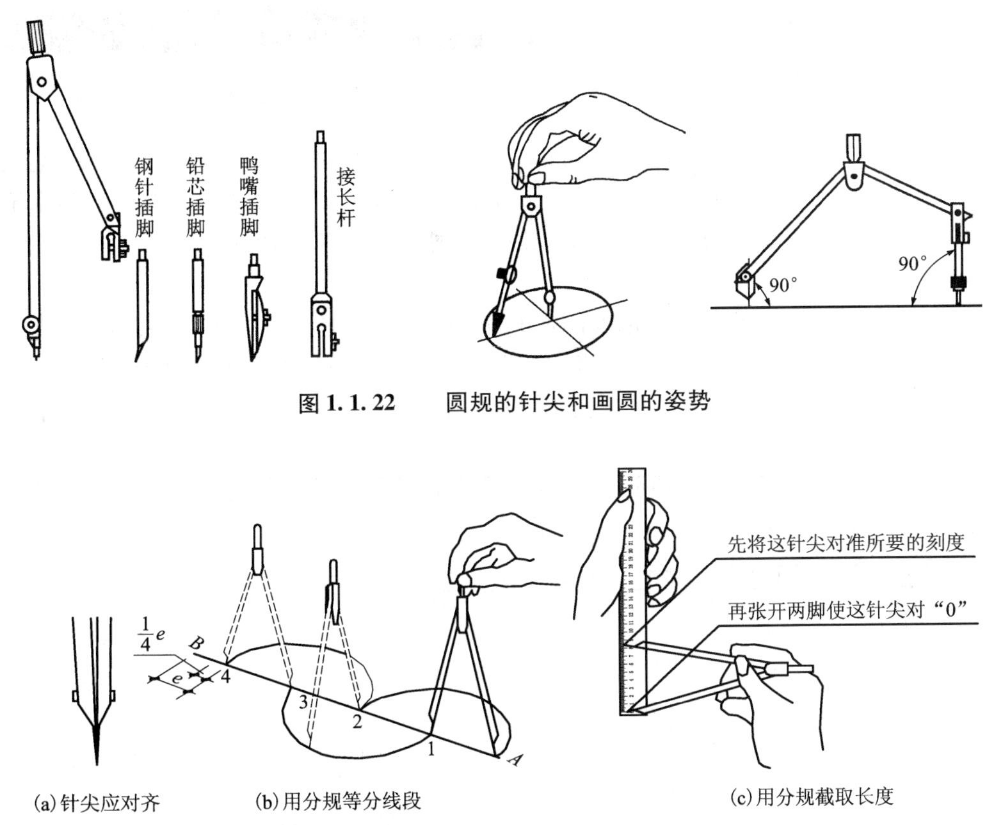

图 1.1.22　圆规的针尖和画圆的姿势

(a)针尖应对齐　(b)用分规等分线段　(c)用分规截取长度

图 1.1.23　分规的用法

(7)曲线板

曲线板是用来画非圆曲线的工具。绘图时，先定好要画的曲线上的若干点，用铅笔徒手顺着各点轻而流畅地画出，然后选用曲线板上的曲率合适的部分，分几段逐步描深，每段至少应有 3 个以上的点与曲线板吻合，如图 1.1.24 所示。

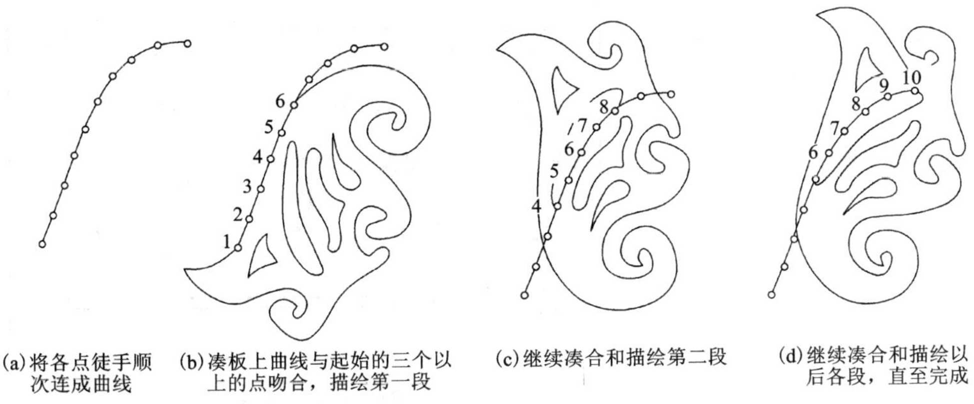

(a)将各点徒手顺次连成曲线　(b)凑板上曲线与起始的三个以上的点吻合，描绘第一段　(c)继续凑合和描绘第二段　(d)继续凑合和描绘以后各段，直至完成

图 1.1.24　曲线板及曲线板的使用

(8) **绘图墨水笔**

图 1.1.25　绘图墨水笔

绘图墨水笔的笔尖是一支细的针管，又名针管笔，如图 1.1.25 所示。绘图墨水笔能像普通钢笔一样吸取墨水。笔尖的管径从 0.1 mm 到 1.2 mm，有多种规格，可视线型粗细而选用。使用时笔尖可倾斜 10°～15°，且不能重压笔尖。长期不用时，应洗净针管中残存的墨水。用绘图墨水笔绘图时应注意要将尺身与图纸之间留出一点空隙以防墨水连带出来弄脏图纸。

(9) **建筑模板**

建筑模板主要用来画各种建筑标准图例和常用符号，如柱、墙、门开启线、大便器、污水盆、详图索引符号、轴线圆圈等。模板上刻有可以画出各种不同图例或符号的孔，如图 1.1.26 所示，其大小已符合一定的比例，只要用笔沿孔内画一周，图例就画出来了。

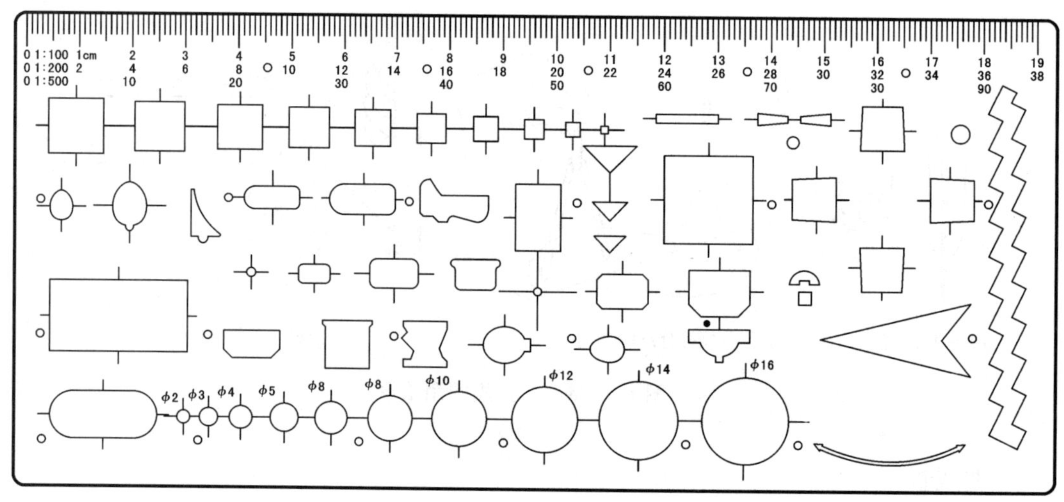

图 1.1.26　建筑模板

(10) **其他工具**

为方便绘图还需以下一些工具。例如：修正错误用的绘图橡皮擦及擦图片、削铅笔用的刀片、裁纸用的裁纸刀、粘贴图纸用的透明胶带纸等，如图 1.1.27 所示为擦图片。

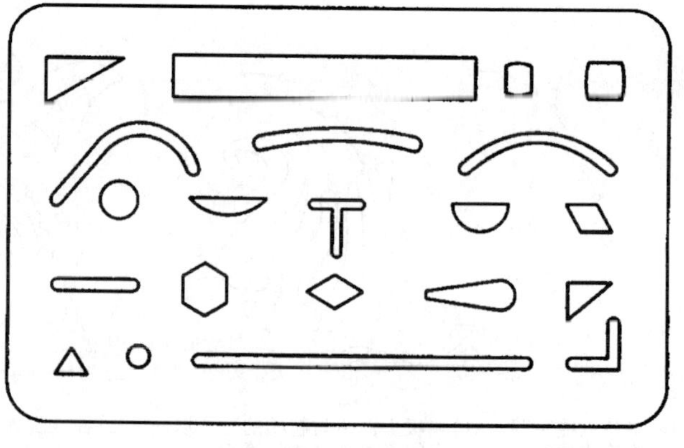

图 1.1.27　擦图片

小 结

本部分需要完成的任务是建筑平面图的绘制，绘制建筑平面图需要遵循建筑制图标准的相关规定，掌握画图的步骤和方法，并正确地使用绘图工具及用品。

1. 国家为统一制图规则，保证制图质量，提高制图效率，促使图面做到清晰、简明，符合设计、施工、存档等要求而制定了一系列建设工程制图标准。

2. 在《房屋建筑制图统一标准》(GB/T 50001—2010)、《建筑制图标准》(GB/T 50104—2010)和《建筑结构制图标准》(GB/T 50105—2010)中对施工图中有关图幅、图线、字体、尺寸标注、比例、符号、定位轴线和图例等内容都作了相应的规定，各相关专业人员应掌握这些规定并能够正确运用在识读和绘制施工图的任务中。

3. 绘图工具和绘图用品包括：图板、丁字尺、三角板、绘图铅笔、圆规、分规、曲线板、绘图墨水笔、建筑模板、擦图片等，正确使用这些工具是学习绘制工程图样的重要部分。

4. 绘制图样包括：制图前的准备工作、画底稿、加深图线三个阶段，而每个阶段都有各自的内容和要求，而掌握这些要求是提高绘图质量、掌握绘图技巧、加快绘图速度的前提条件。

模块二　建筑形体投影图的表达

模块任务

任务1　绘制形体的三面投影图

任务2　绘制建筑形体的轴测投影图

任务3　绘制建筑构配件的剖面图和断面图

能力目标

● 具有建筑形体三面投影图的表达能力、建筑形体轴测投影图的绘制能力、建筑构配件剖面图和断面图的画法能力；

● 具有分析三面投影图、轴测投影图、建筑构配件剖面图和断面图在实际工程的应用能力以及解决具体问题的综合素质能力；

● 具备团队协作能力。

知识目标

● 掌握投影及其投影的分类，了解工程上常用投影图的种类，掌握点、直线、平面的正投影基本性质，掌握正投影图及正投影规律，掌握建筑形体的基本投影图，掌握基本形体、组合形体和建筑形体的投影画法；

● 了解轴测投影的类型，掌握轴测投影的画法要求以及其实际应用；

● 了解剖面图和断面图的类型，掌握剖面图和断面图的画法要求以及其实际应用。

任务1　绘制形体的三面投影图

任务要求

根据已知形体或两面投影图绘制形体的三面投影图。

1. 作出下列基本形体的三面正投影图

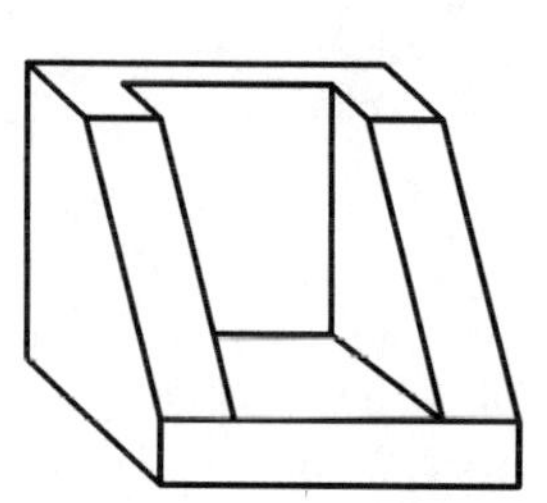

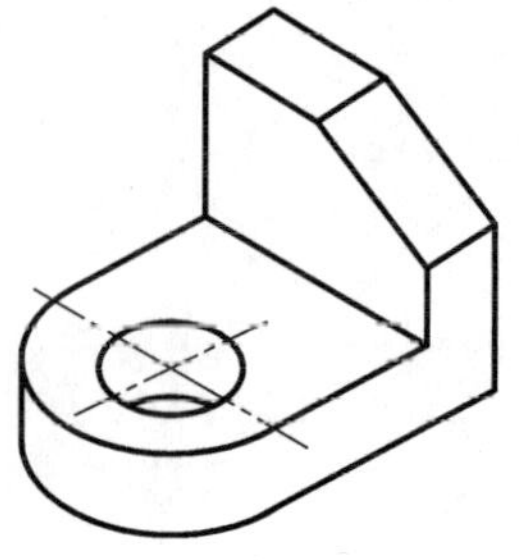

2. 补全下列组合形体的三面正投影图

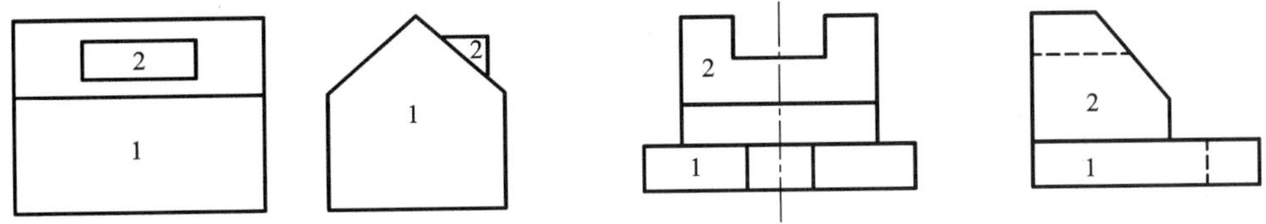

3. 补全建筑形体的三面正投影图

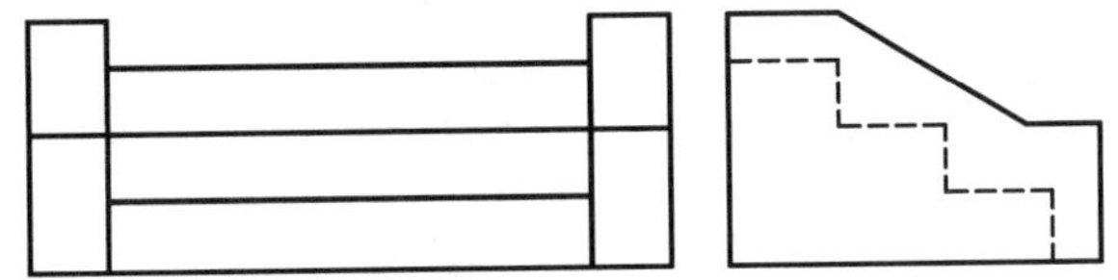

问题引入

1. 什么是三面正投影图?

2. 三面正投影图的形成原理是什么?

3. 三面正投影图与形体的关系，如水平投影(H 面)主要反映形体的哪两个方向的尺寸? V 面? W 面?

4. 组合形体的类型、构成及三面正投影图的绘制方法如何?

5. 识读组合体投影图时一般常用哪几种分析法?

实践指导

1. 根据已知形体绘制三面正投影图

(1)分析形体

(2)确定形体的安放位置

1)使形体安放平稳，并符合工作位置;

2)使形体的主要面或者说形体形状复杂而又反映形体形状特征的面平行于 V 面;

3)使作出的投影图虚线少，图形清楚。

(3)绘制展开的三面投影轴体系

(4)根据三面投影图的生成原理绘制形体的三面投影图

2. 根据形体的两面投影图补全第三面投影

(1)分析已知的两面投影图

(2)综合运用叠加法、切割法或线面分析法补绘形体的三面投影图，注意长对正、高平齐、宽相等的三面投影关系

知识链接

形体的投影

1. 投影的基本概念

(1) 投影的形成

在光线照射下，物体在地面或墙面上会出现影子。影子的形状大小会随着光线的角度或距离的变化而变化，这一现象就称为投影现象。人们从这些现象中认识到光线、物体和影子之间的关系并加以抽象分析和科学总结产生了投影原理。即投影线投射一形体，在投影面上产生投影图形。而在平面(纸)上绘出形体的投影图，以表示形状大小的方法，称为投影法。如图 2.1.1 所示。

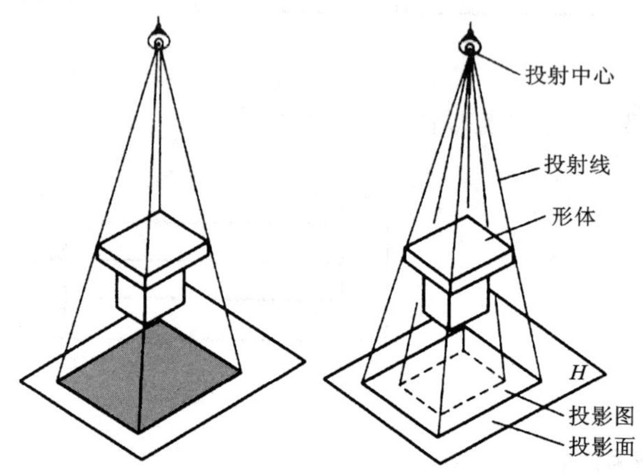

图 2.1.1　投影图的形成

(2) 投影的分类

投影法可依据投影中心的位置及投射线与投影面的关系不同分为中心投影法和平行投影法两大类(图 2.1.2)。

1) 中心投影法

投射线通过投影中心点引出，对形体进行投射所得到的投影图的方法，称为中心投影法。

2) 平行投影法

当投影中心点移到无限远处时，投射线即可看成为相互平行的一组射线，用相互平行的一组射线对形体进行投射所得到的形体投影图的方法，称为平行投影法。

平行投影法又分为两种：正投影法、斜投影法。

①正投影法

当投射线相互平行且与投影面垂直，对形体进行投影得到的形体投影图的方法，称为正投影法。

②斜投影法

当投射线相互平行且与投影面倾斜，对形体进行投影得到的投影图的方法，称为斜投影法。

(3) 平行投影法的基本特性(图 2.1.3)

1) 真实性：平行于投影面的直线，其投影反映实长。

2) 积聚性：垂直于投影面的直线，其投影积聚为一个点。

3) 类似性：倾斜于投影面的直线，其投影长度变短；倾斜于投影面的平面，其投影为边数相等的类似平面形。

4) 平行性：空间两条直线平行，其投影仍平行。

5) 定比性：直线上一点 M 分线段 AB 为一定比值，则其投影图仍分该投影线段为同样的比值，即：$AM:MB=am:mb$。

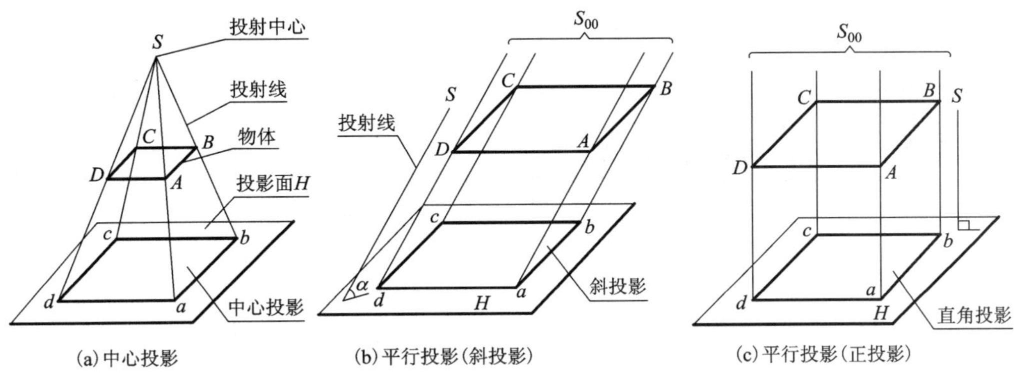

(a)中心投影　(b)平行投影(斜投影)　(c)平行投影(正投影)

图 2.1.2　投影的类型

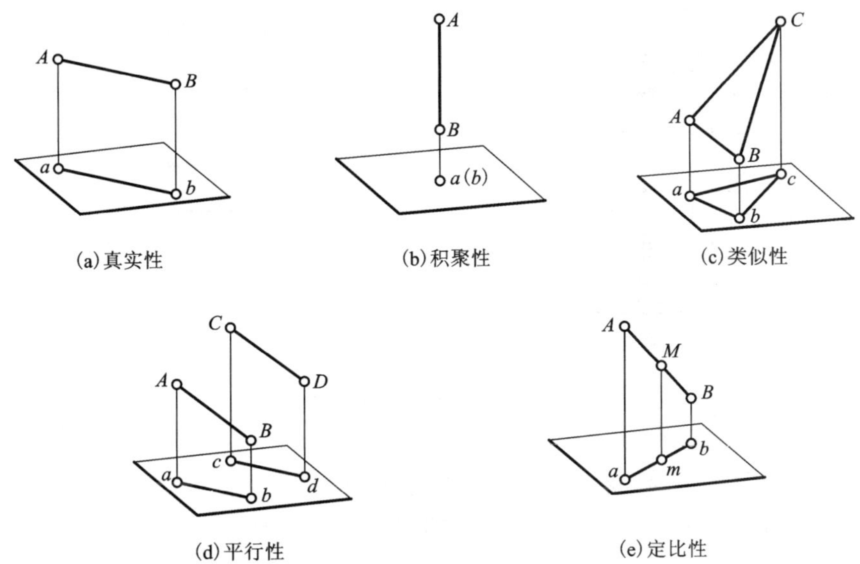

(a)真实性　(b)积聚性　(c)类似性

(d)平行性　(e)定比性

图 2.1.3　正投影的投影特性

(4)工程上常用投影图的种类

1)透视投影

用中心投影法绘出的投影图工程上也称透视投影图。由于透视图与人们眼睛看到的视觉形象和照片一样，十分逼真，加之配景和色彩所成的效果图在建筑设计的方案中应用非常普遍，如图 2.1.4(a)所示。透视图是一种单面中心投影图。

2)正投影图

正投影图是指用直角投影法绘制的多面直角投影图。其最大的优点就是表达准确、作图简便、度量性好，因而在工程上得到广泛的应用。缺点是缺乏立体感，读者需要接受一定的训练后才能看懂，如图 2.1.4(b)所示。

3)标高投影图

在表达不规则曲面(如地形)时，可假想用一系列等间距的水平面来截曲面，所得的交线

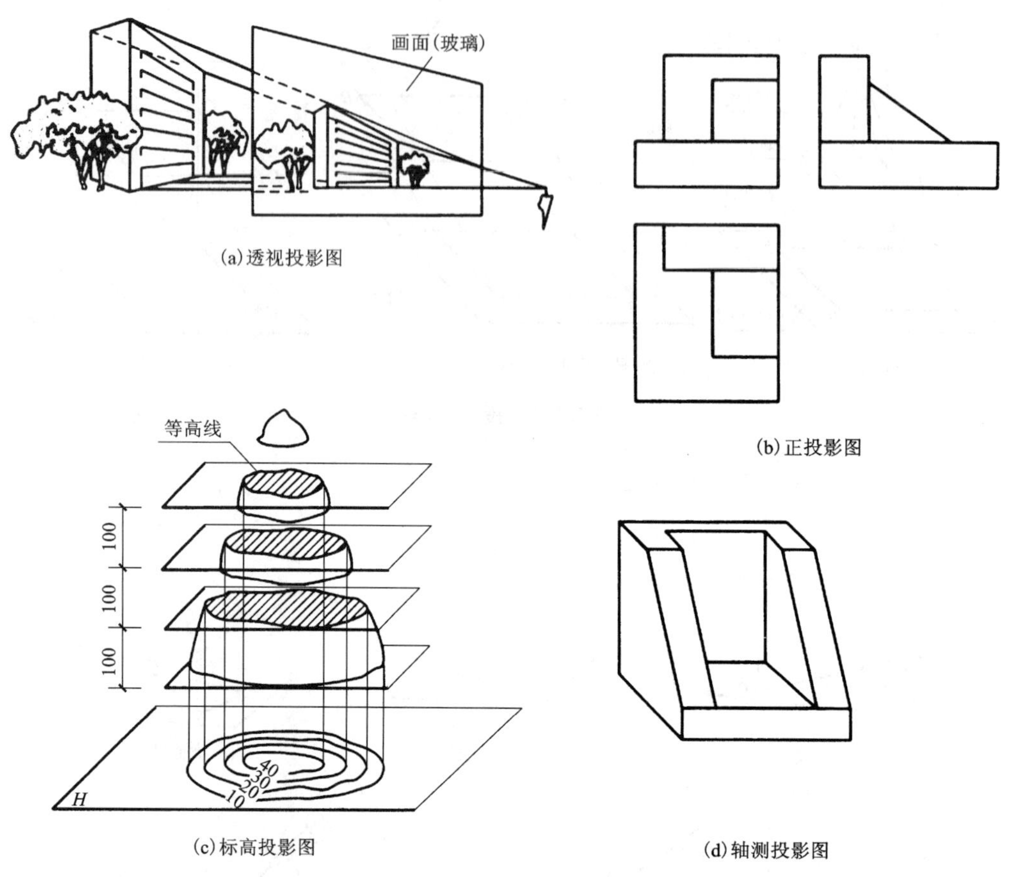

(a)透视投影图

(b)正投影图

(c)标高投影图

(d)轴测投影图

图 2.1.4　常用工程图的种类

为等高线。将不同高程的等高线用直角投影法投影到同一水平投影面上，并标出各等高线的高程数字，即得标高投影图，又称等高线图，如图 2.1.4(c)所示。标高投影图也是一种单面投影图。

4)轴测投影图

用平行投影法，选择适当的投影面和投影方向，可在一个投影面上得到能同时反映形体的长、宽、高三个向度的图，称为轴测投影图。依据轴测投影方向是否与投影面垂直，它又分为正轴测投影图和斜轴测投影图两种。轴测投影图虽然在度量方面不如正投影图，但其突出的优点是具有直观性，且较透视图而言，绘制起来相对容易一些。故在工程设计和工业生产中常用作辅助图样，如图 2.1.4(d)所示的是正轴测投影图。轴测投影图也是一种单面投影图。

2. 三面投影图

(1)三面正投影图的形成

从投影的分类中不难发现，正投影图是能获得形体某个面的真实形状和尺度的图形。因而正投影图便于度量尺寸，便于画图，是工程上最常采用的一种图示方法。但如图 2.1.5 所示，不难发现空间形体虽然不同，但却有着相同的正投影图。由此可见，仅凭形体的单面投影是不足以确定形体的空间形状和尺度的。因此，一般需要从几个方面对形体作投影图并综合起来识读，才能确定形体唯一的形状和大小。因此，工程上均要用三面投影体系来完成形体投影图的表达。

建立由三个相互垂直的平面组成的三面投影体系，如图 2. 1. 6 所示。再将形体放在该体系中，并使形体的主要面分别与三个投影面保持平行关系，由前向后投射得正面投影图（又称 V 面投影或称主视图），由上向下投影得水平投影图（又称 H 面投影或称俯视图），由左向右投射得侧面投影图（又称 W 面投影或称左视图）。

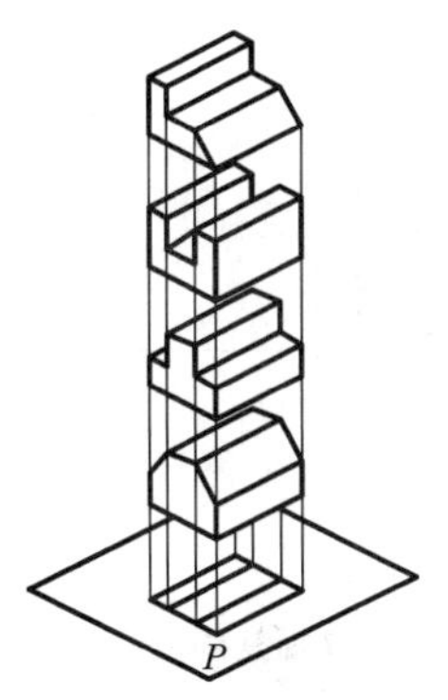

图 2. 1. 5　形体的单面投影图

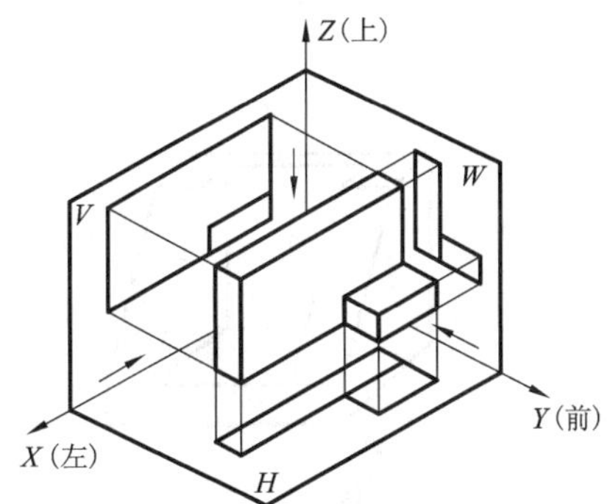

图 2. 1. 6　形体的三面正投影图的形成

为作图方便，还需将该投影体系展开，展开方法，即 V 面不动，H 面绕 X 轴向下旋转 90°；W 面绕 Z 轴向右旋转 90°，使其展开在一个平面上。当我们绘形体的正投影图时，需要将形体正放在建立好的三面投影坐标体系中，如图 2. 1. 7 所示的 V 面、H 面、W 面，并向这三个投影面作形体的正投影图。工程上此投影图还被称为三视图（V 面投影图称主视图、H 面投影图称俯视图、W 面投影图称左视图）。

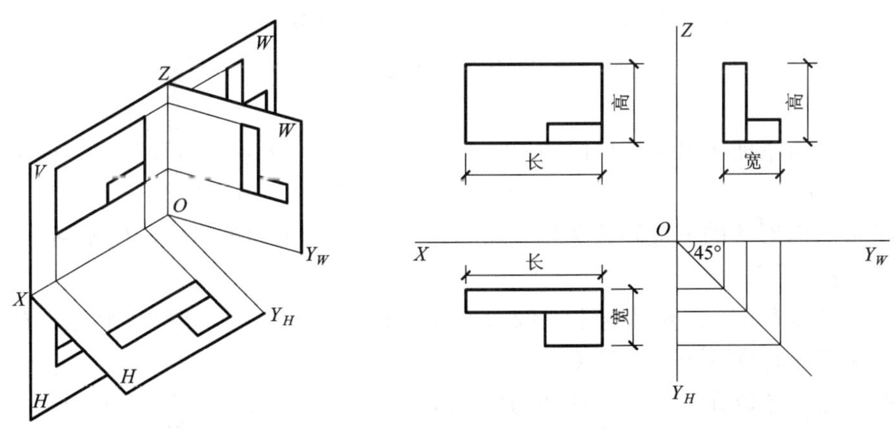

图 2. 1. 7　三面投影图的展开

展开后形体的三视图有着长对正、高平齐、宽相等的关系，又称“三等”关系。在作形体的三视图时，三等关系的应用非常重要。

(2) 三面投影图的画法

1) 作出形体的三面正投影图，图 2. 1. 8 所示。

作图步骤：

①将形体假想地放在三面投影体系当中，放平放正。选择形体的主要面或形体形状比较复杂的面平行于V面，先作出形体在V面上的投影图，如图2.1.8(b)所示。该形体V面投影图中，上面中间线框和下面线框反映了中间位置平面和下面位置平面投影的真实性；左右两个线框反映了左右两个平面投影的类似性；形体的其他位置平面均积聚成一条线，反映了投影的积聚性。

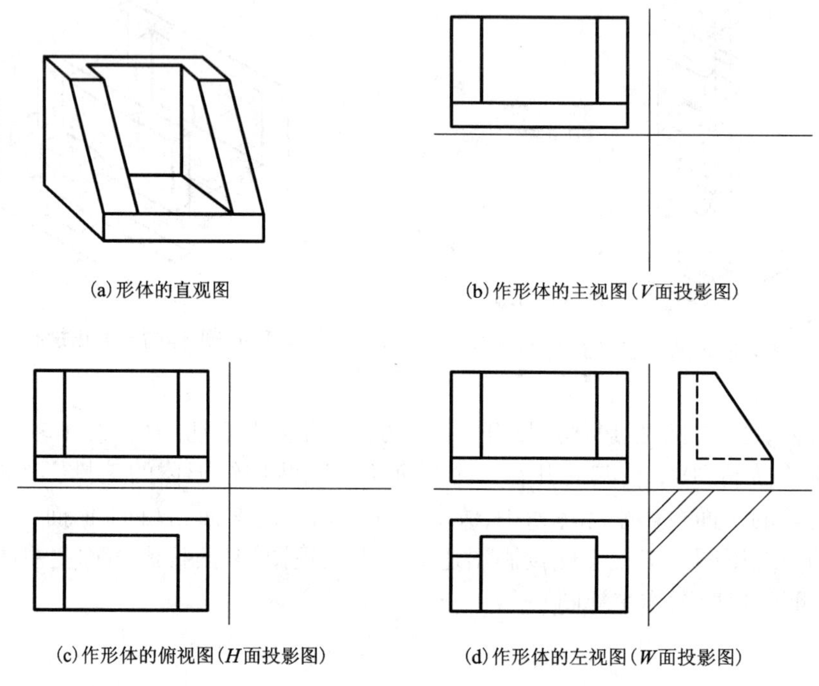

(a)形体的直观图　(b)作形体的主视图（V面投影图）

(c)作形体的俯视图（H面投影图）　(d)作形体的左视图（W面投影图）

图2.1.8　形体的三面正投影图(一)

②运用同样的原理作出该形体的H、W面的投影图。一定要注意投影图之间的对正关系（长对正、高平齐、宽相等），还要注意形体投影轮廓图线的不可见性。

2)作出带曲面形体的三面正投影图，如图2.1.9(a)所示为该形体的模型图。

作图步骤：

①分析：该形体的作图步骤与上一例题基本相似。但要注意，该形体中有曲面体，因此，要注意掌握曲面体轮廓的投影表达要求。

②将形体假想地放在三面投影体系当中，放平放正。选择形体的主要面或形体形状比较复杂的面平行于V面，先作出形体在V面上的投影图，如图2.1.9(b)所示，该形体V面投影图中，有两个实线线框，上面线框反映了平面投影的类似性，下面线框反映了平面实形的投影以及曲面轮廓的投影，虚线为圆形孔洞不可见轮廓的投影，形体的其他位置平面均积聚成一条线，反映了投影的积聚性。

③运用同样的原理作出该形体的H、W面的投影图。一定要注意投影图之间的对正关系（长对正、高平齐、宽相等），还要注意形体投影轮廓图线的不可见性。

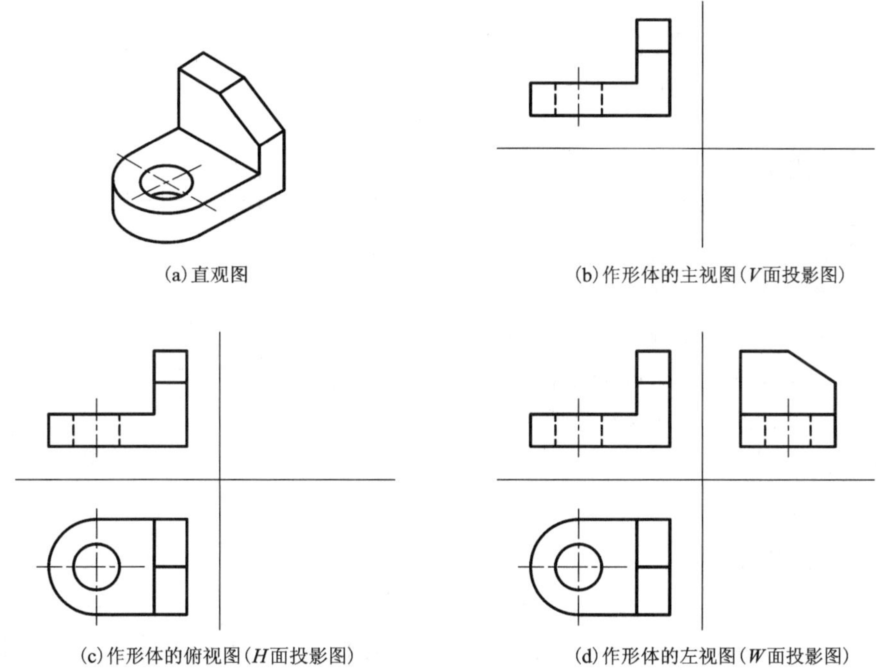

(a)直观图　(b)作形体的主视图(*V*面投影图)

(c)作形体的俯视图(*H*面投影图)　(d)作形体的左视图(*W*面投影图)

图 2.1.9　形体的三面正投影图(二)

3. 点、直线、平面的正投影

(1)点的投影

1)点的三面投影及其规律

如图2.1.10 所示，为空间点*A* 的三面投影图及展开图。总结其展开图的投影规律，可以得出点的三面投影规律：$a'a \perp OX$，$a'a'' \perp OZ$，$a_xa = a''a_z$。

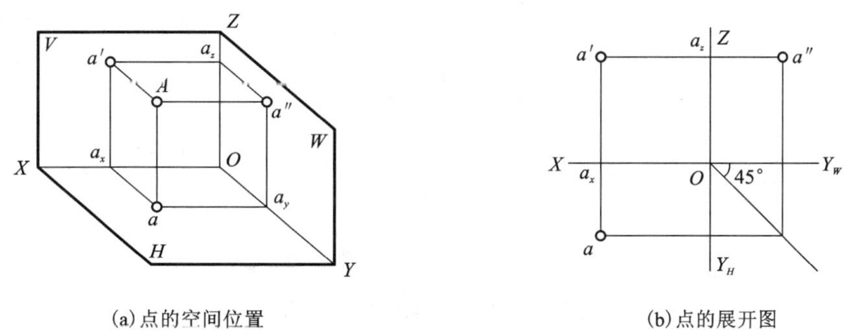

(a)点的空间位置　(b)点的展开图

图 2.1.10　点的投影

2)点的坐标

有时我们也可以用坐标值来确定空间点的投影，如*B*(*X*、*Y*、*Z*)。其中这三个坐标值*X*、*Y*、*Z* 分别代表了空间点到*W*、*V*、*H* 三个投影面的距离。如图 2.1.11 所示。当点的坐标中有一个坐标值为零时，就表示该点为平面上的点；若有两个坐标值为零时，就表示该点为投影轴上的点。

3）两点的相对位置

空间点的位置是根据它们对三个坐标轴的位置而定的。我们分别以 X 轴、Y 轴、Z 轴的正向表示左、前、上方。依此规定，则可确定两点的相对位置。当空间两点位于同一投影线上，即该两点只有一个相对位置。如图 2.1.12（a）所示，A 点在 B 点的正上方，则此两点在 H 面上的投影重叠。该两点即为重影点，其中 B 点不可见加以括号表示。同理可得 C 在 D 点的正前方，E 在 F 点的正左方，如图 2.1.12（b）所示，为重影点的正投影图。

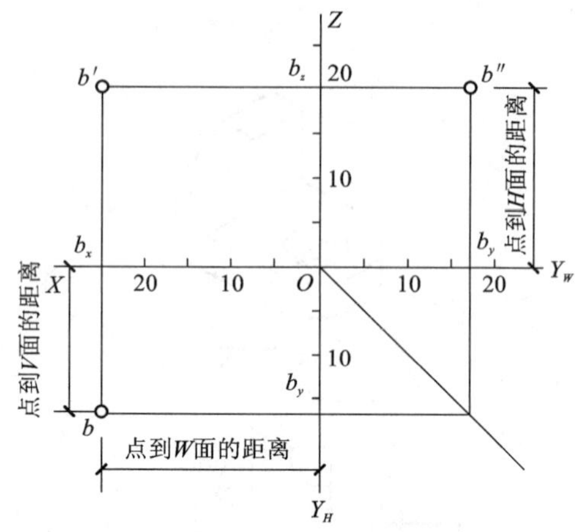

图 2.1.11　点的坐标

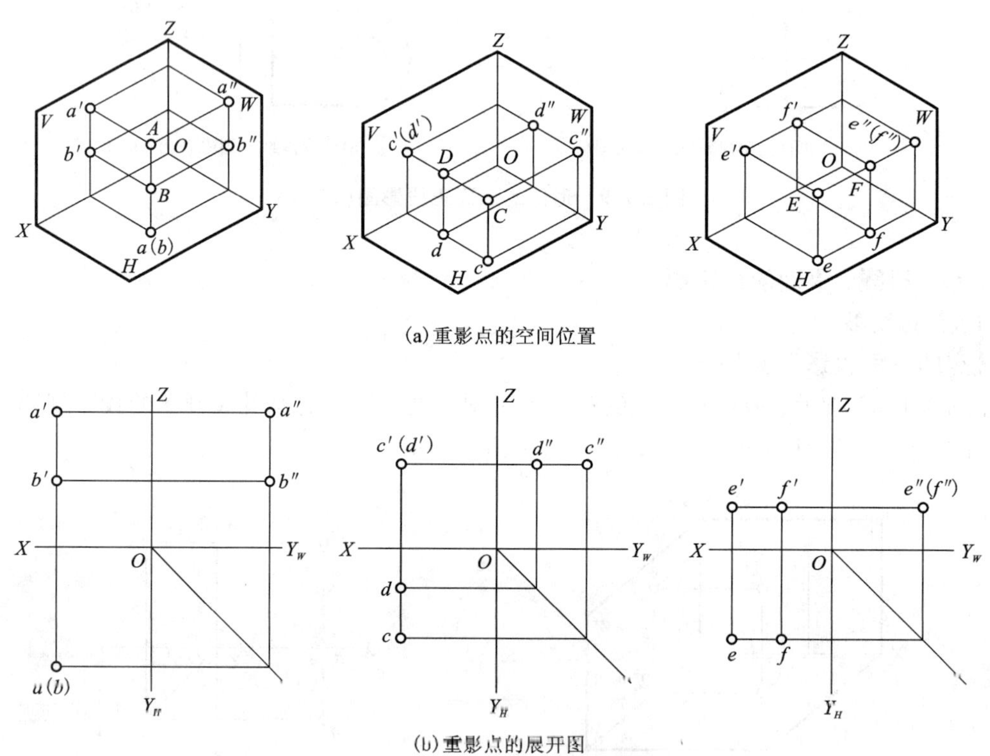

图 2.1.12　两点的相对位置

（2）直线的投影

1）直线的三面投影图

在三面投影体系中，据直线对投影面的位置，可分为三种情况：一般位置直线、投影面垂直线及投影面平行线，投影面垂直线和投影面平行线又称为特殊位置直线，直线对三个投影面 H、V、W 的倾角分别用 α、β、γ 表示。空间两点可以确定一条直线，因此，直线的三面投影可由直线两端点的三面投影来确定，连接两个端点的同面投影即可。

如表 2.1.1 所示，垂直于投影面的直线称为投影面垂直线，垂直于 V、H、W 面的直线分别称为正垂线、铅垂线、侧垂线；投影面垂直线在它所垂直的投影面上的投影积聚成一点，另外两个投影反映线段实长。

如表 2.1.1 所示，平行于一个投影面且与另外两个投影面倾斜的直线称为投影面平行线，平行于 V、H、W 面的直线分别称为正平线、水平线、侧平线；投影面平行线在它所平行的投影面上的投影反映线段实长，另外两个投影小于线段实长，投影长度变短。

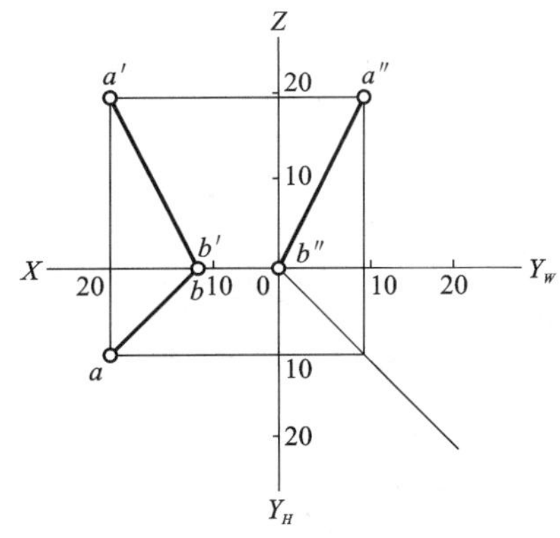

图 2.1.13　一般位置直线的投影图

与三个投影面都倾斜的直线称为一般位置直线，如图 2.1.21 中四棱台四条棱线均为一般位置直线，图 2.1.13 为一般位置直线的投影图，其三面投影均不反映线段实长，投影长度变短。

表 2.1.1　特殊位置直线的投影

	正垂线 AB	铅垂线 CD	侧垂线 ED
体表面上的直线			
直观图			
投影图			
投影特征	(1) V 面投影积聚成一点，$\beta=90°$ (2) H、W 面的投影分别垂直于决定 V 面的 X、Z 两轴，且反映实长，$\alpha=\gamma=0°$	(1) H 面投影积聚成一点，$\alpha=90°$ (2) V、W 面的投影分别垂直于决定 H 面的 X、Y 两轴，且反映实长，$\gamma=\beta=0°$	(1) W 面投影积聚成一点，$\gamma=90°$ (2) H、V 面的投影分别垂直于决定 W 面的 Y、Z 两轴，且反映实长，$\alpha=\beta=0°$

续表 2.1.1

	正平线 AB	水平线 CD	侧平线 EF
体表面上的直线	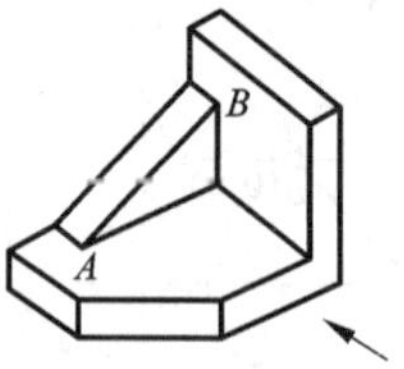	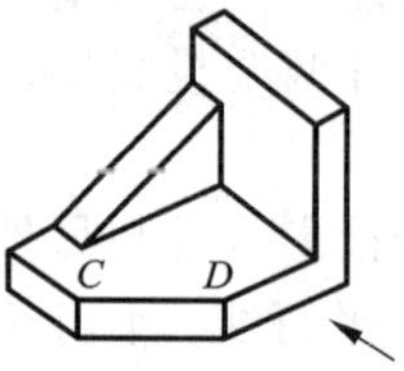	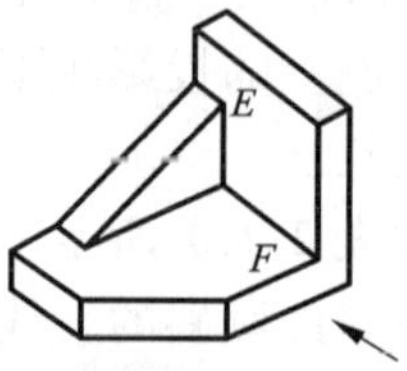
直观图	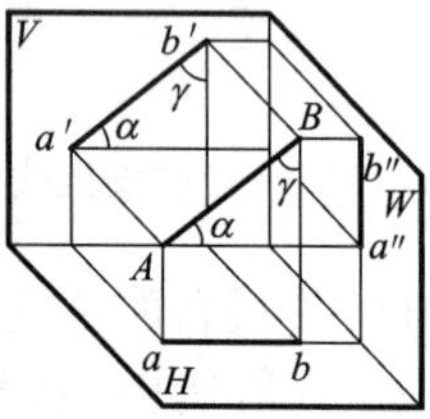	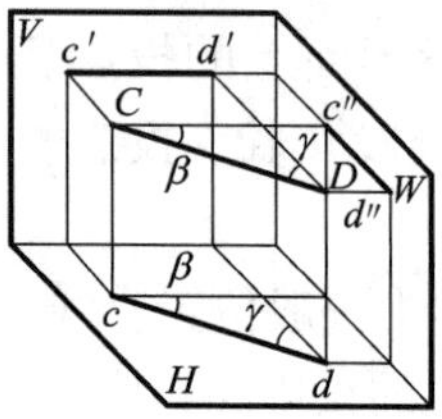	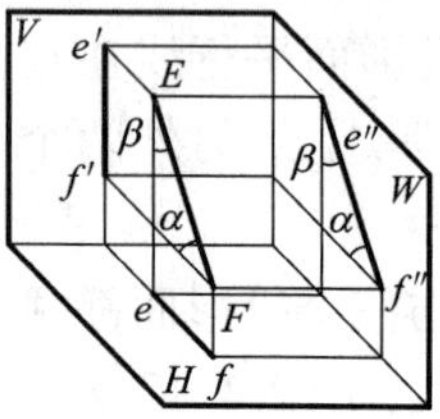
投影图	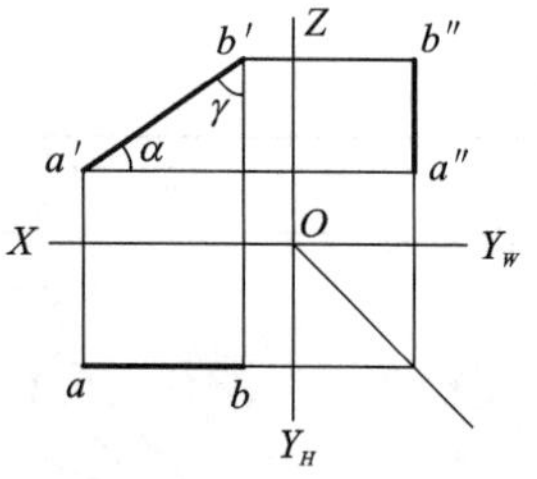	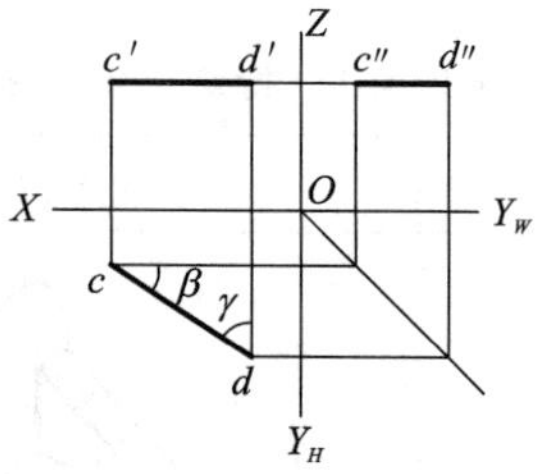	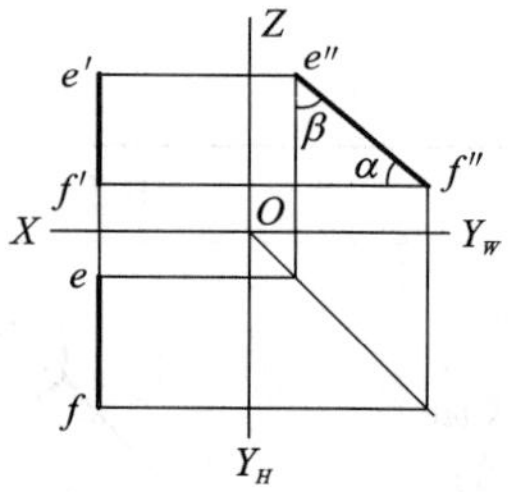
投影特性	(1)在 V 面的投影反映实长 (2)在 H、W 两面的投影分别平行于决定 V 面的 X、Z 两轴，且比实长短 (3)α、γ 分别反映 AB 与 H、W 面的倾角	(1)在 H 面的投影反映实长 (2)在 V、W 两面的投影分别平行于决定 H 面的 X、Y 两轴，且比实长短 (3)β、γ 分别反映 CD 与 V、W 面的倾角	(1)在 W 面的投影反映实长 (2)在 H、V 两面的投影分别平行于决定 W 面的 Y、Z 两轴，且比实长短 (3)α、β 分别反映 EF 与 H、V 面的倾角

2)直线上的点

从前所述正投影特性“定比性”中已知：点在直线上，其各投影必在直线的同名投影上，且该点分割线段的比值与投影线段中的比值相同。即 $AC:CB=ab:cb=a'b':c'b'=a''c'':c''b''$

例 2-1-1 如图 2.1.14(a)所示，已知 E 是 CD 线上的点，求 e。

解法 1：据已知条件，利用投影规律，先求出直线的第三投影即 W 面投影 $c''d''$，再求出 e'' 最后求出 e 点，如图 2.1.14(b)所示。

解法 2：利用定比性，将直线的 V 面投影度量到 H 面投影上，c、c' 点重合，连接 d、d'，过 e 点作 dd' 直线的平行线，与 $c'd'$ 直线相交得 e' 点，如图 2.1.14(c)所示。

(3)平面的投影

1)各种位置平面的投影

空间平面按其在三面投影体系中所处的位置分三种情况：一般位置平面、投影面垂直面、投影面平行面。后两种又称为特殊位置平面。

如表 2.1.2 所示，平行于投影面的平面称为投影面平行面，平行于 V、H、W 面的平面分别称为正平面、水平面、侧平面；投影面平行面在它所平行的投影面上的投影反映平面实形，另外两个投影积聚成一条直线。

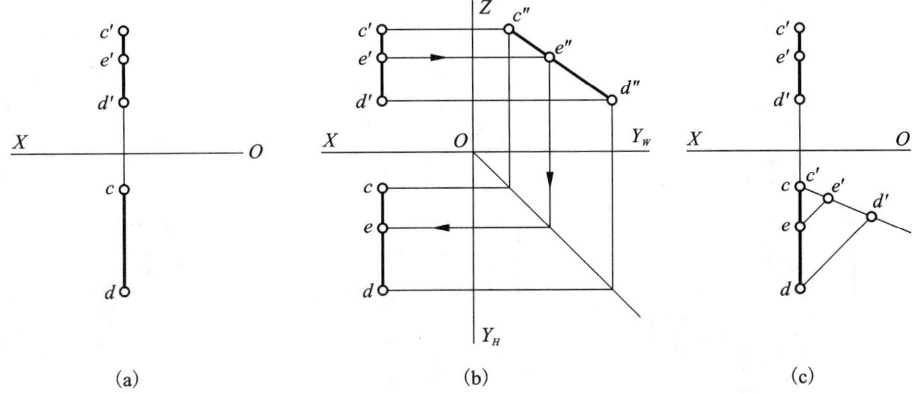

图 2.1.14　求直线上的点

表 2.1.2　特殊位置平面的投影

	正平面	水平面	侧平面
体表面上的平面			
直观图			
投影图			
投影特征	(1) V 面的投影反映实形 (2) H、W 面的投影积聚为一直线，且分别平行于决定 V 面的 X、Z 轴	(1) H 面的投影反映实形 (2) V、W 面的投影积聚为一直线，且分别平行于决定 H 面的 X、Y 轴	(1) W 面的投影反映实形 (2) H、V 面的投影积聚为一直线，且分别平行于决定 W 面的 Y、Z 轴

续表 2.1.2

	正垂面	铅垂面	侧垂面
体表面上的平面	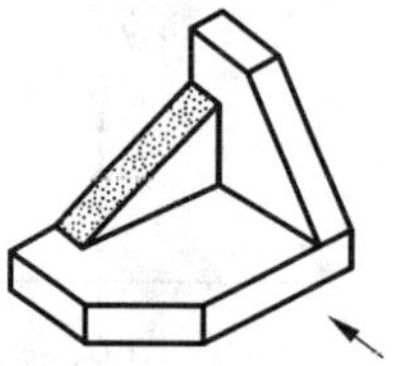	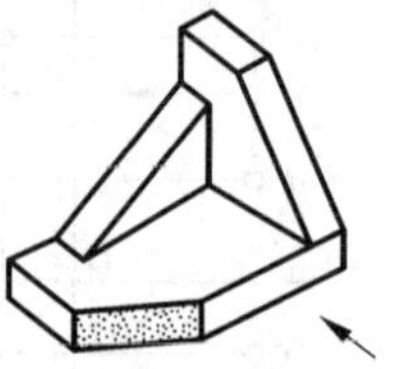	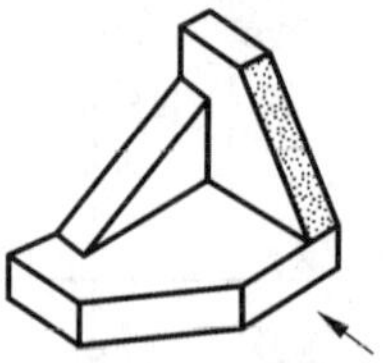
直观图	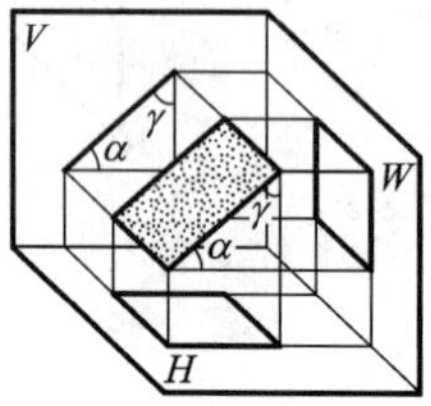	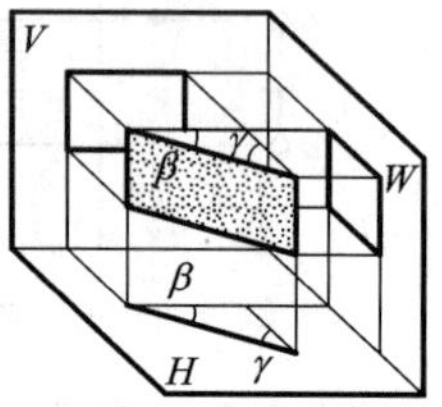	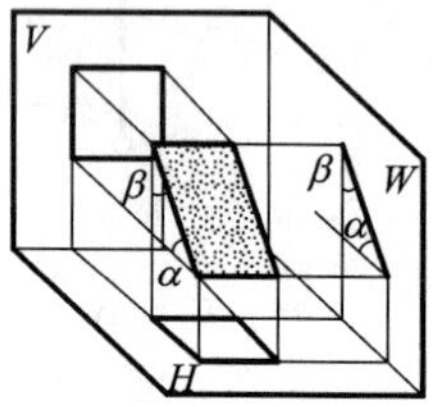
投影图	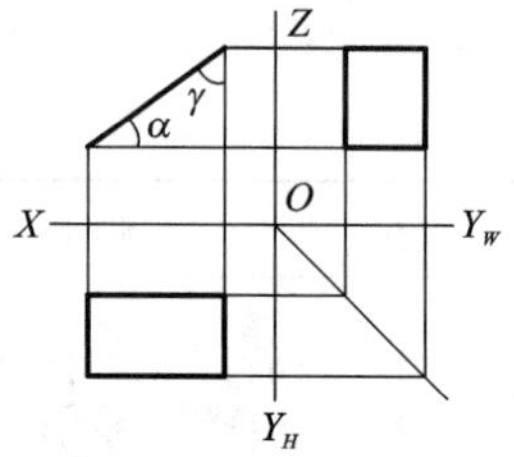	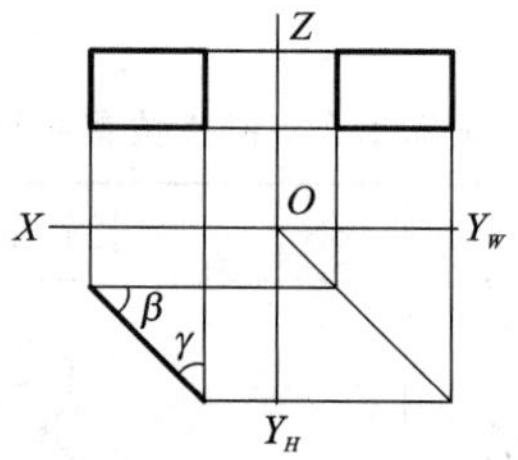	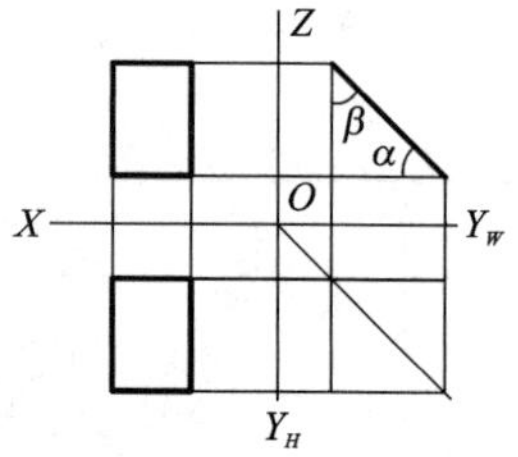
投影特征	(1) V 面投影积聚为一直线，$\beta=90°$ (2) H、W 面的投影是比实形小的类似形 (3) α、γ 反映平面为 H、W 面的倾角	(1) H 面投影积聚为一直线，$\alpha=90°$ (2) V、W 面的投影是比实形小的类似形 (3) β、γ 反映平面对 V、W 面的倾角	(1) W 面投影积聚为一直线，$\gamma=90°$ (2) V、H 面的投影是比实形小的类似形 (3) α、β 反映平面对 H、V 面的倾角

如表 2.1.2 所示，垂直一个投影面且与另外两个投影面倾斜的平面称为投影面垂直面，垂直于 V、H、W 面的平面分别称为正垂面、铅垂面、侧垂面；投影面垂直面在它所垂直的投影面上的投影积聚成一条直线，另外两个投影为小于平面实形的类似平面形。

与三个投影面都倾斜的平面称为一般位置平面，图 2.1.17(c) 为一般位置平面的三个投影图，其三面投影均反映类似平面形。

2) 平面上的点或直线

直线在平面上的几何条件：

若直线通过平面上的两个点，则此直线在该平面上。如图 2.1.15(a) 所示 L 在三角形 ABC 平面上。或若直线通过平面上的一点，且平行该平面上的另一条直线，则此直线必在该平面上。如图 2.1.15 (*a*) 中 N 直线平行 AB，且过 C 点，N 直线也在三角形 ABC 平面上。

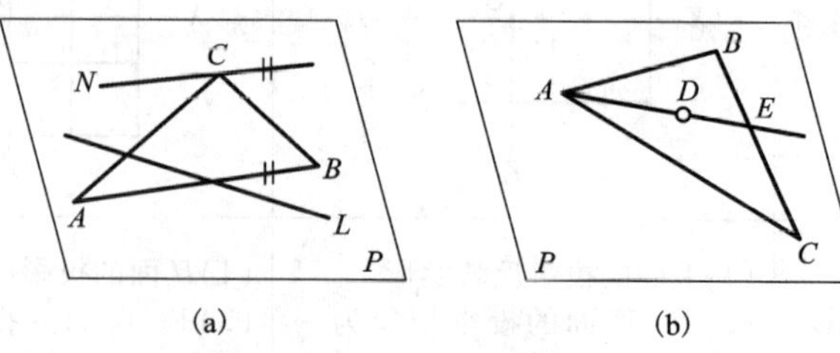

(a) (b)

图 2.1.15　平面上的点或直线

例 2－1－2　求平面上 M 点及 AB 直线的投影，如图 2. 1. 16 所示。

分析：据已知条件，只需过 m' 作一辅助直线，如 $d'm'$，该直线与 $c'e'$ 直线相交于点 1′，作出 $d1$ 直线即可求出 m 点。同理分析：求出 ad、bd 直线与 ce 直线的交点 2、3 点，再作出 2′、3′点，连接 $d'2'$、$d'3'$ 直线并延长即可求出 $a'b'$ 直线。

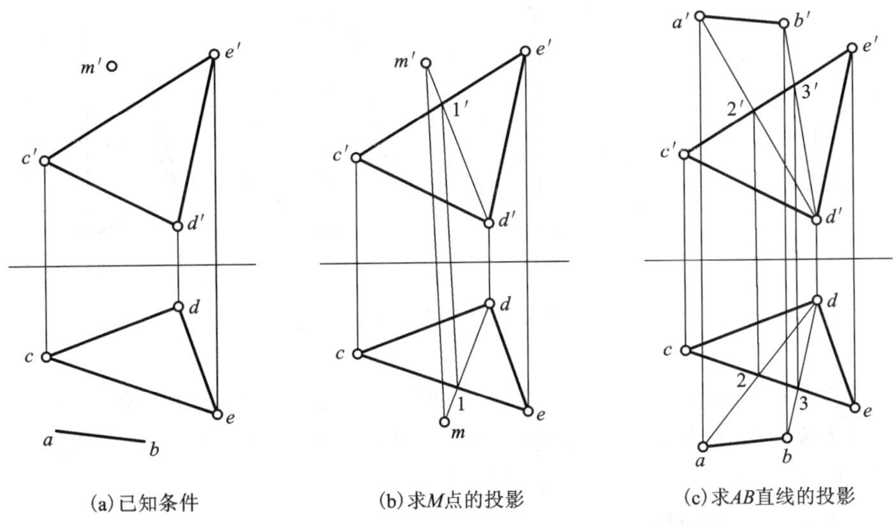

图 2. 1. 16　求平面上 M 点及 AB 直线的投影

例 2－1－3　补全平面图形。

分析：可利用平面上找点的方法，依次求出 D、E、F 点，也可利用平行性，如 $DE // AB$，求出 F 点，然后将图形连接完成，如图 2. 1. 17 所示。

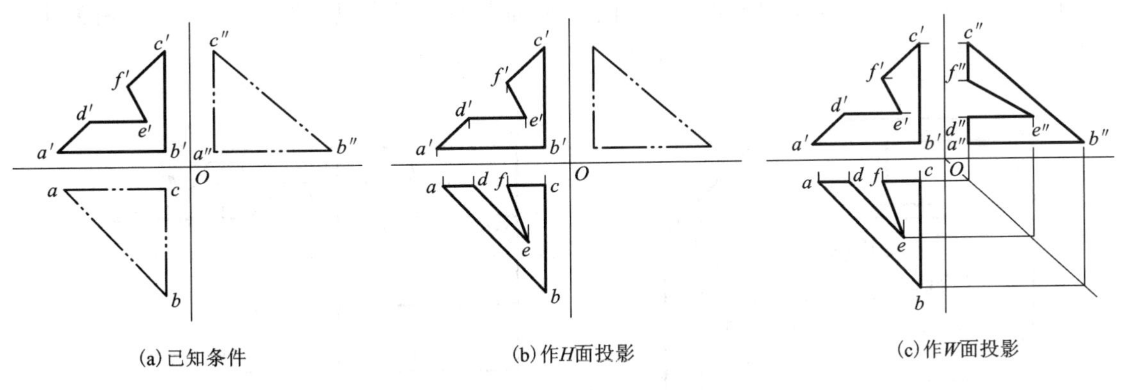

图 2. 1. 17　补全平面图形

4. 基本形体投影作图

基本形体又称基本几何体，几何体按其表面的几何性质，可分为平面立体和曲面立体。

(1) 平面立体的投影

平面立体是由若干平面所围成的立体，分为棱柱体和棱锥体。组成平面立体的表面称为棱面(侧面)和底面，各面的交线称为棱线，棱线的交点称为顶点。当底面为多边形，棱线垂直于底面时称为棱柱体，棱线相交于一点时称为棱锥体，它们的名称以底面的形状而命名，例如四棱柱、五棱柱、三棱锥、五棱锥台，见图 2. 1. 18 所示。

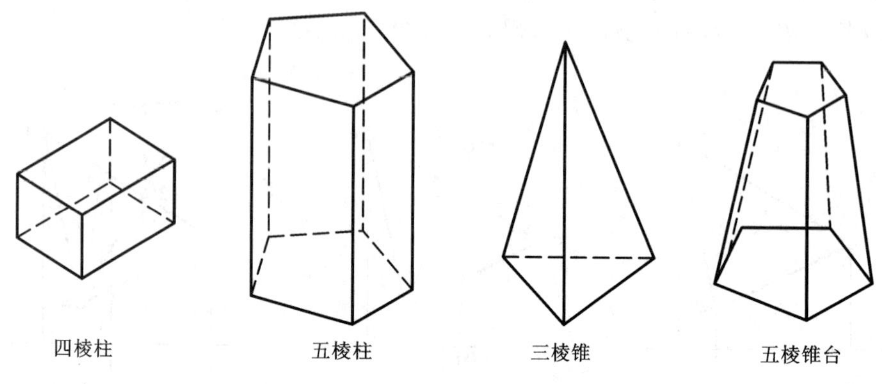

图 2. 1. 18　平面立体

由于平面立体的表面是由若干平面多边形围成，故求作平面立体的投影，就是作出围成该形体的各个表面或其表面与表面相交棱线或顶点的投影，因而平面立体的投影仍然符合点、线、面的正投影规律，作图时应注意重影性和可见性。

1）棱柱体及表面上点的投影

①棱柱体的投影

图 2. 1. 19（a）所示为一横放着的正三棱柱，即我们常见的两坡屋面，将其放在三面投影体系中向三个投影面投影。用平面的投影特点分析：三棱柱的两底面 *ABC*、*DEF* 为侧平面，在 *W* 面上的投影反映实形，而且重影，在另外两个面上的投影均积聚为一直线；三棱柱的棱面 *ADFC* 为水平面，在 *H* 面上反映实形，在另外两个面上的投影均积聚为一直线；三棱柱的另外两个棱面 *ABED*、*BCFE* 为侧垂面，它们在 *W* 面上的投影均积聚为一直线，在另外两个面上的投影均 为空间平面形状矩形的类似形。

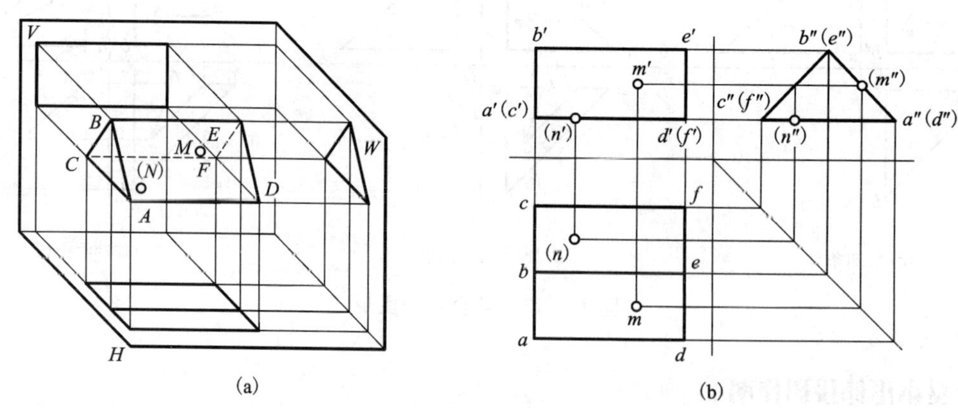

图 2. 1. 19　正三棱柱及表面上点的投影

同样，也可用直线的投影特点分析：图中 *AD*、*BE*、*CF*、*AC*、*DF* 是投影面的垂直线，它们在其所垂直的投影面上的投影积聚为一点，在另外两个投影面上的投影反映实长；而 *AB*、

BC、*DE*、*EF* 都是侧平线，它们在 *W* 面上的投影反映实长，在另外两个面的投影都小于实长。

作图时，先作出反映实形的 *H* 面和 *W* 面投影，然后根据三面正投影规律作出它的 *V* 面投影，如图 2.1.19(b)所示。

②棱柱体表面上点的投影

在棱柱体表面上确定点，其方法与平面内取点的方法相同，不同之处是棱柱体表面上的点存在着可见性的判别问题。

例 2-1-4　如图 2.1.19(b)所示，已知正三棱柱表面上 *M* 和 *N* 点的 *H* 面投影，求 *V*、*W* 面投影。

解： a)投影分析：由前面分析可知，正三棱柱三个棱面的 *W* 面投影均积聚为直线段，故其表面上点的投影也在其积聚线上。

b)作图：由 *m* 引宽相等方向线，与 *M* 点所在平面的 *W* 面积聚投影交于 *m″*，因 *M* 点的左方还有其他点，其他点的 *W* 投影摭住了 *m″*，*m″*不可见，故写成(*m″*)，由 *m* 向上作长对正方向线，由 *m″*向左引高平齐方向线，两投影连线相交于 *m′*，因 *M* 点位于三棱柱前棱面上，故 *m′*可见。同理可求得(*n′*)、(*n″*)。

以上两点所在的平面都具有积聚性，所以在已知点的一个投影、求其余两投影时，可利用平面的积聚性的特点直接求得，此法称为“积聚性法”。

2)棱锥体及表面上点和直线的投影

①棱锥体的投影

图 2.1.20(a)所示为一正三棱锥，将其放在三面投影体系中向三个投影面投影。

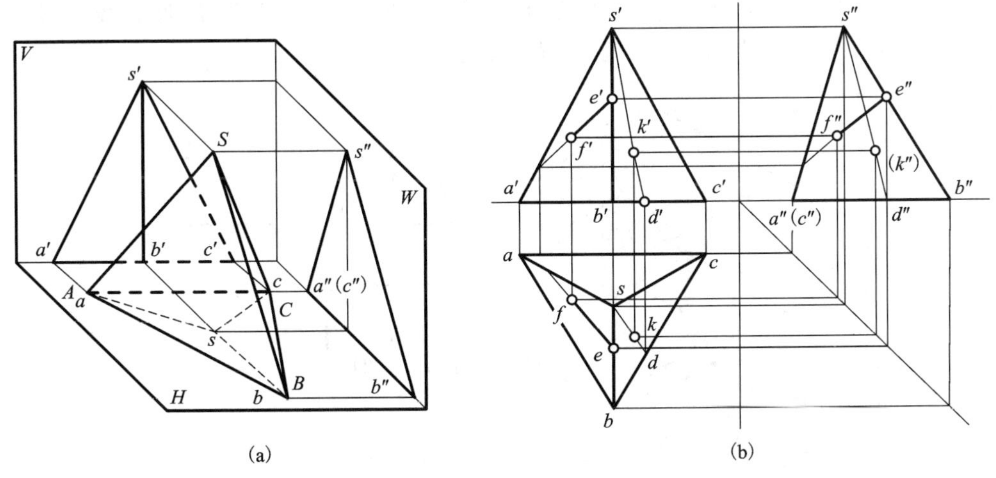

图 2.1.20　正三棱锥及表面上点和直线的投影

正三棱锥的底面△*ABC* 为水平面，其水平投影△*abc* 反映实形，另两个投影积聚为一直线；三棱线 *SA*、*SB*、*SC* 相交于顶点 *S*，将顶点 *S* 的投影与底面顶点 *A*、*B*、*C* 的同面投影相连，即得各棱面的投影。因棱面△*SAB* 和△*SBC* 为一般位置平面，故其三个投影均为类似形线框三角形；而棱面△*SAC* 为侧垂面，故其侧面投影积聚成一直线。

作图时，先作出底面△*ABC* 的 *H* 面投影和 *V*、*W* 面投影，根据正三棱锥体的高度作出顶点 *S* 的 *V* 面投影 *s′*，由正三棱锥的特性和 *s′*求得 *s*、*s″*，然后连接各顶点的同面投影，即得止三棱锥的三面投影，如图 2.1.20(b)所示。

②棱锥体表面上点和直线的投影

在棱锥体表面上确定点和直线同平面内取点和线的方法相同。

例 2-1-5 如图 2.1.20(b)所示，已知正三棱锥表面上 K 点和 EF 直线的 V 面投影 k'、$e'f'$，求其 H、W 面投影。

解：a)投影分析：由前面分析可知，K 点所在的棱面△SBC 为一般位置平面，故利用平面内取点的方法(辅助线法)作图求解。

b)作图：在 ΔSBC 内过 K 点作辅助线 SD，则点 K 为直线 SD 上的点，点 K 的三个投影均在直线 SD 的三面投影上，见图 2.1.20(b)所示，这种方法叫做辅助线法。

当已知点的一个投影，求作另两个投影时，可先作出辅助线的三个投影，再作点的另两个投影。

利用平面内取点的方法同理可求得 E、F 两点的另两个投影，连结它们的同面投影，即得直线 EF 的投影 ef、$e''f''$。

由此得出，已知体表面上直线的一个投影，求其余两个投影时，可先按体表面上的点作出它们的其余两个投影，再将其同面投影连起来即可。

3)棱台体的投影

棱锥的顶部被平行于底面的平面切割后而形成棱台，如图 2.1.21(a)所示。由上、下底面和各棱面与投影面的相对位置可知：上、下底面为水平面，在 H 面上的投影反映实形，另两个投影均积聚成一直线；棱台的棱面均为梯形，左、右棱面为正垂直，它们在 V 面上的投影积聚为左、右两条直线段，其他两个投影为类似形线框梯形；前、后棱面为侧垂面，同理，它们在 W 面上的投影积聚为前、后两条直线段，其他两个投影为类似形线框梯形，如图 2.1.21(b)所示。各棱线均处于一般位置，其延长汇交于一点。

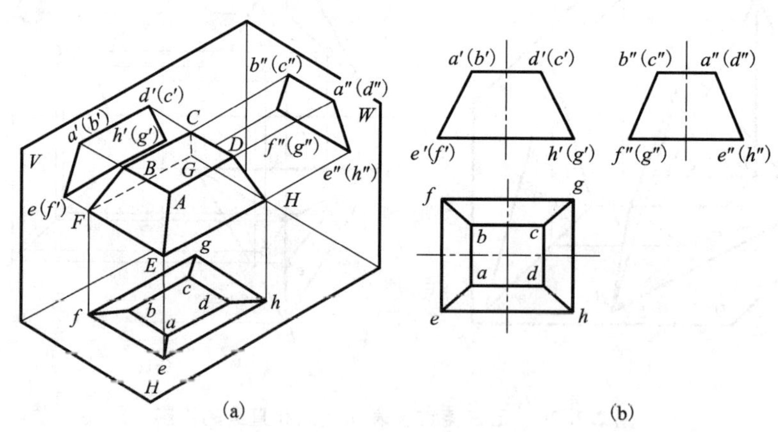

(a) (b)

图 2.1.21 正四棱台的投影

因空间形体到投影面的距离大小，不影响其形状表达，所以，我们在作形体的投影图时，为了作图简便，投影轮廓清晰，而将投影轴省略不画，但三投影之间仍应符合“长对正、高平齐、宽相等”的投影关系，如图 2.1.21(b)所示。

(2)曲面立体的投影

曲面立体是由曲面或曲面与平面围成的立体。当曲面是由一直线或曲线绕一轴回转运动而形成的曲面时，称为回转曲面，运动着的直线或曲线称为母线，母线在曲面上任一位置称为素线。由回转曲面或由回转曲面与平面所围成的立体称为回转体。常见的回转体有圆柱体、圆锥体、球体，如图 2. 1. 22 所示。

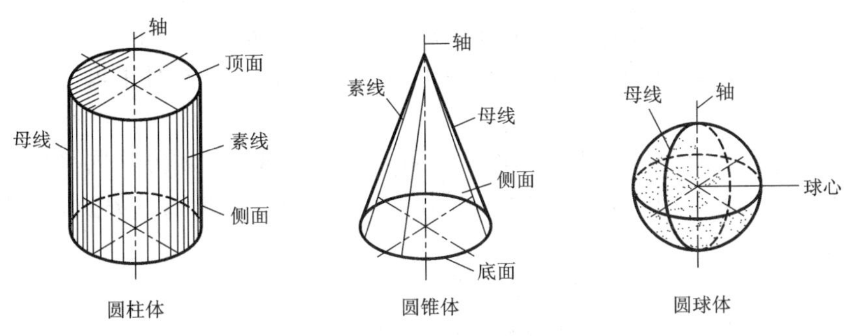

图 2. 1. 22　曲面立体

1）圆柱体及表面上点的投影

①圆柱体的投影

图 2. 1. 23（a）所示为一竖放着的圆柱体，它由圆柱面和顶面、底面组成，其三面投影如图 2. 1. 23（b）所示，投影分析如下：

该圆柱体的顶面和底面平行于 *H* 面，故在 *H* 面上的投影为圆，反映顶、底面实形，且两者重影，在 *V* 面和 *W* 面上的投影都积聚为平行于 *OX* 轴和 *OY* 轴的直线，其长度为圆的直径，在 *V* 面或 *W* 面上两个积聚投影之间的距离为圆柱体的高度。圆柱面为光滑的曲面，其上所有素线都是铅垂线，故圆柱面也垂直于 *H* 面，其 *H* 面投影是一个与顶面和底面投影相重合的圆。作 *V* 面投影时，圆柱面上最左和最右两条素线的投影构成圆柱面在 *V* 面上的投影中左右两条轮廓线，与圆柱体顶、底面的投影围成一个矩形。

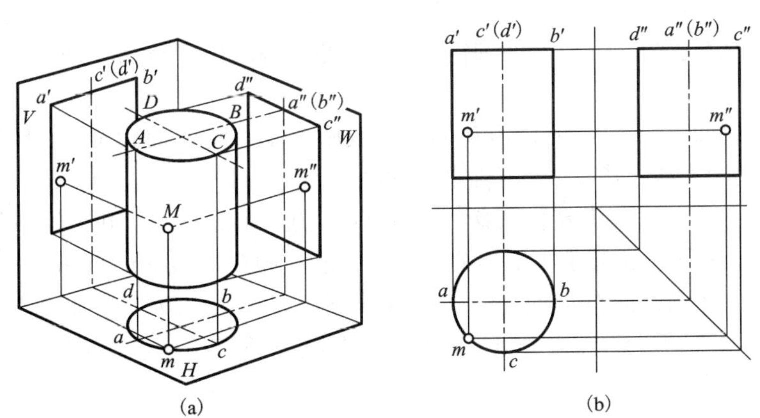

图 2. 1. 23　圆柱体及表面上点的投影

同理可作出 *W* 面投影为一矩形，矩形两侧轮廓线为圆柱面上最前、最后两条素线的投影。应注意，作圆柱体的投影时，首先应画出圆柱体轴线的投影和圆的中心线，对某一投影面投影时的轮廓素线，在向另一投影面投影时不要画出。其他回转体的投影，都具有此特点。

②圆柱体表面上点和线的投影

圆柱体表面上点的投影与平面立体表面上点的投影画法相似。如图 2.1.23(b)所示，已知圆柱体的三面投影及柱面上点 M 的 V 面投影 m'，求 m、m''。由于圆柱面的水平投影积聚为一个圆，故圆柱面上 M 点的水平投影 m 在积聚圆周上，根据长对正求得 m，由 m、m'求得 m''。

圆柱体表面上线的投影应利用点的投影求解。若为直线，求解方法同平面立体；若为曲线，除确定两端点之外，还应确定适当的中间点及可见与不可见的分界点，并判别可见性，然后光滑连线。

例 2-1-6 如图 2.1.24 所示，已知圆柱体的三面投影及柱面上线 MN 的 H 面投影 mn，求 $m'n'$、$m''n''$。

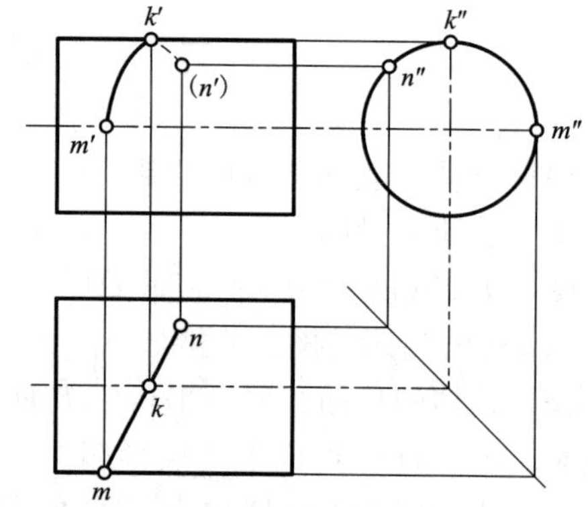

图 2.1.24 求圆柱面上线的投影

解： M 点在最前轮廓素线上，利用特殊位置线上的点求得 m'、m''；

N 点在圆柱面上，利用圆柱面的 W 面积聚投影圆，求得 n''，然后求 n'，因 N 在后面，故 n'不可见，写成(n')；

找可见与不可见的分界点 K，因 k 在 H 面投影中的回转轴线上，故 K 在前半圆柱与后半圆柱的可见与不可见的分界线上，因 k 可见，故 k'在最上轮廓素线上，求得 k'、k''；

根据可见性的判别情况，光滑地连结 $m'k'(n')$。

2)圆锥体及表面上点的投影

①圆锥体的投影

图 2.1.25(a)所示为一竖放着的圆锥体，它由圆锥面和一个底面组成，其三面投影如图 2.1.25(b)所示，投影分析如下：

该圆锥体的底面平行于 H 面，其 H 面投影反映实形，而 V 面和 W 面投影都积聚为平行于 OX 轴和 OY 轴的直线，其长度等于底圆的直径。

圆锥面为光滑的曲面，其 H 面投影是一个圆，与底面圆的投影相重合，其底圆圆心与锥顶的投影 S 相重合；作 V 面投影时，锥面上最左、最右两条素线 SA 和 SB 为正平线，其投影分别为 $s'a'$、$s'b'$，即圆锥面在 V 面上投影的轮廓线，等腰$\triangle s'a'b'$即为圆锥体在 V 面上的投影；圆锥体在 W 面上的投影与 V 面投影相同，但等腰三角形中 $s''c''$、$s''d''$分别为圆锥体最前、最后两条素线的投影。

②圆锥体表面上点的投影

例 2-1-7 如图 2.1.25 所示，已知圆锥面上一点 K 的 V 面投影 k'，求 k、k''。

解： 辅助素线法：

如图 2.1.25(b)所示，圆锥面上任一素线都是通过顶点的直线，要求圆锥面上点的投影，可过这点作素线，利用线上的点求解。过 k'作素线 SM 的 V 面投影 $s'm'$；由 m'求 m，连 sm；

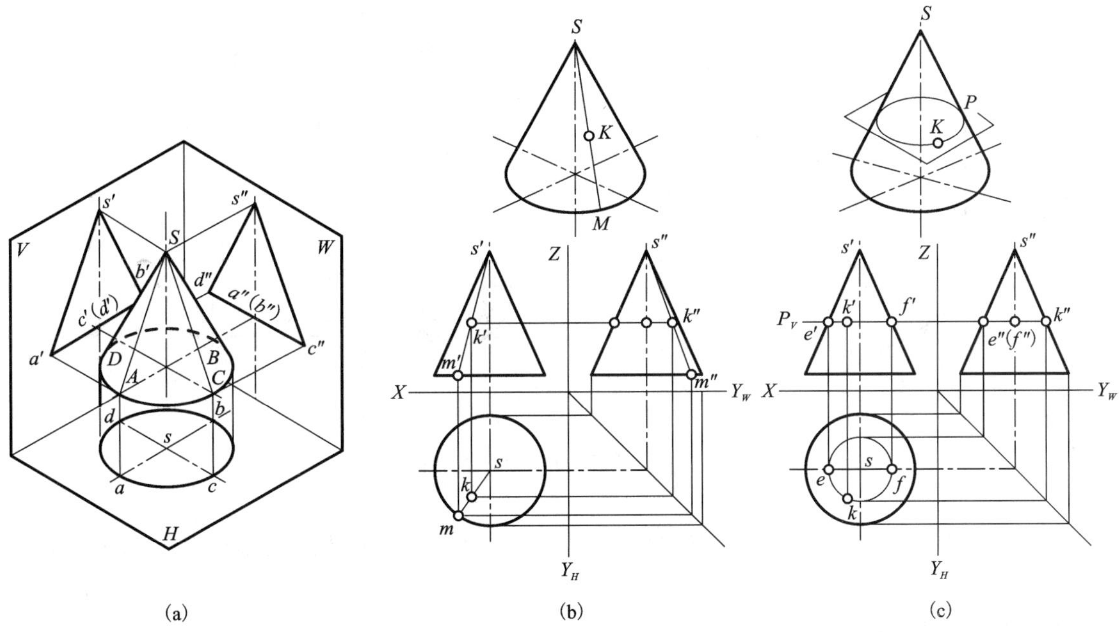

图 2.1.25　圆锥体及表面上点的投影

由 k' 求 k，并由 k、k' 求 k''。

辅助圆法：

如图 2.1.25(c)所示，圆锥体母线上任一点的运动轨迹是一个垂直于圆锥轴线的圆，该圆平行于 H 面，H 面投影反映实形，V、W 面投影是 OX、OY 轴的平行线段。在 V 面投影上过 k' 作 OX 轴的平行线 $e'f'$；在 H 面投影上，以 S 为圆心，以 $e'f'$ 的长度为直径画辅助圆；由 k' 向下引竖直线交辅助圆于 k，再由 k、k' 求 k''。

3)球体及表面上点的投影

①球体的投影

图 2.1.26(a)所示为一圆球，它是由球面围成的，球面可看作圆绕其直径为轴线旋转而成，其三面投影如图 2.1.26(b)所示，投影分析如下：

圆球的三面投影都是与球直径相等的圆，但各圆所代表的球面轮廓素线是不同的。H 面投影圆为可见的上半个球面和不可见的下半个球面的重合投影，此圆周轮廓的 V 面、W 面投影分别为过球心的水平线段，图中点划线所示；V 面投影圆为可见的前半个球面和后半个球面的重合投影，此圆周轮廓的 H、W 面投影分别为过球心且平行于 OX 轴、OZ 轴的线段，图中点划线所示；同理可分析 W 面投影圆。

②球体表面上点的投影

例 2－1－8　如图 2.1.26 所示，已知球面上点 A、B 的 V 面投影 a'、b'，求其余两面投影。

解：由图中 a' 可以看出，点 A 在上半球与下半球的轮廓素线圆上，即平行于水平面的最大圆周上，利用该圆周的投影求得 a、(a'')，因点 A 位于右半球上，故 W 面投影不可见。

利用辅助圆法求 b、b''。在 V 面投影上过 b' 作 OX 轴平行线交轮廓素线圆于 c'、d' 两点，

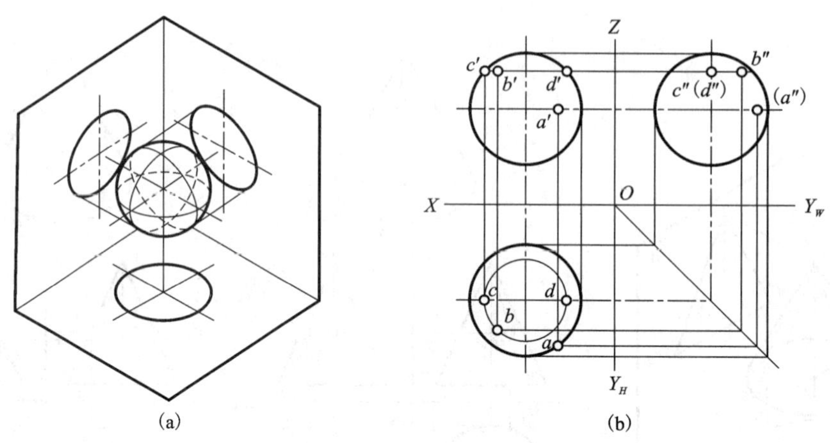

图 2.1.26　圆球及表面上点的投影

$c'd'$即为辅助圆在 V 面上的积聚投影和直径，由 $c'd'$求辅助圆的 H 面投影和 W 面投影，在圆上求 b、b''。

5. 截断体的投影

被平面截割后的形体称为截断体，用来截割形体的平面称为截平面，截平面与形体表面的交线，称为截交线，由截交线所围成的平面图形称为截断面，如图 2.1.27 所示。作截断体的投影，除了需要作出基本形体的投影外，主要是作出截交线的投影，由于线是由点组成，所以要求截交线，实质上就是求形体表面和截平面的共有点。

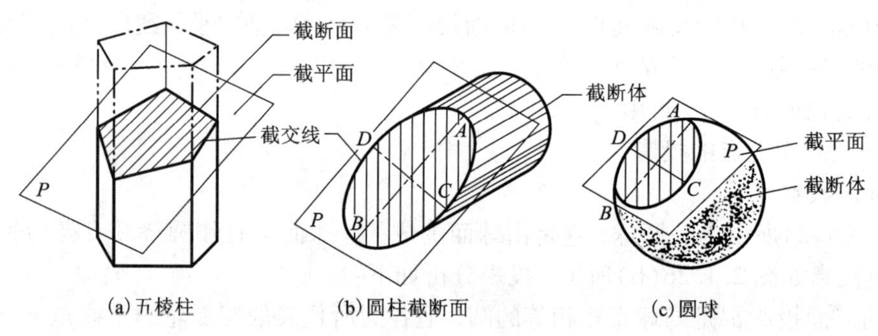

图 2.1.27　体的截断

(1)平面立体的截交线

平面立体的表面是由若干平面图形组成，被平面截切后产生的截交线是一条封闭的平面折线。如图 2.1.28 所示，平面 P 截切五棱柱，截交线为五边形，五边形的顶点就是侧棱与截平面的交点。

例 2-1-9　如图 2.1.28 所示，四棱柱被一正垂面 P 所截断，求截交线的投影，并完成截断体的投影。

解：从图 2.1.28 中可以看出，该四棱柱垂直于 H 面，故各棱面和各棱线在 H 面上的投影具有积聚性，而截交线在棱面上，所以截交线的 H 面投影与四棱柱的 H 面投影重合。设各棱

线与截平面 P 的交点为 A、B、C、D，其 H 面投影 a、b、c、d，见图中标注。由于截平面为正垂面，因此 P_V 具有积聚性，故截交线的 V 面投影与 P_V 重合为一直线，由 H 面投影 a、b、c、d 可找出对应的 V 面投影 a'、b'、c'、d'。然后根据点的三面正投影规律，求得 a''、b''、c''、d''，连接各点，得截交线的 W 面投影。最后判别可见性，完成截断体的投影。

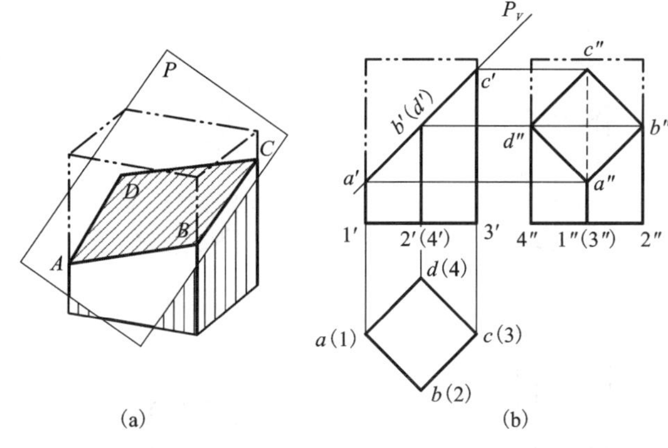

(a) (b)

图 2.1.28 作四棱柱的截交线

例 2－1－10 如图 2.1.29 所示，三棱锥被一正垂面 P 所截断，求截交线的投影。

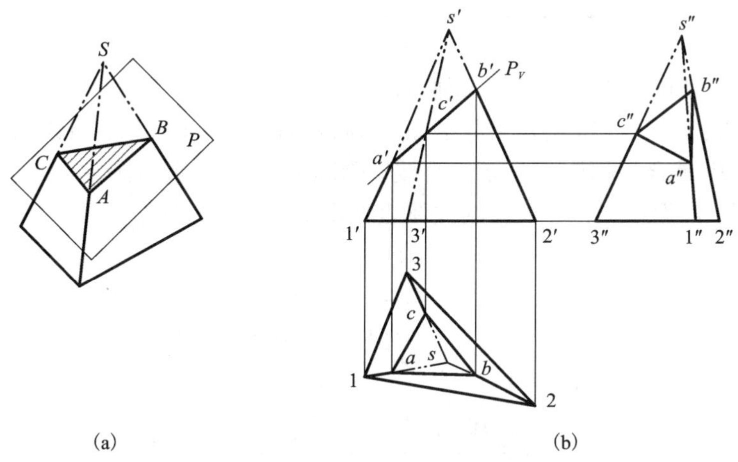

(a) (b)

图 2.1.29 作三棱锥的截交线

解：由于截平面 P 为一正垂面，因此 P 具有积聚性，故截交线的 V 面投影与 PV 重合为一直线，则棱线与截平面 P 的交点 A、B、C 的 V 面投影 a'、b'、c'可直接求得。然后自 a'、b'、c'各点分别向下、向右引垂线，并与三棱锥的 H 面、V 面投影对应的各棱线相交，得 a、b、c、a''、b''、c''，连结各同面投影，即得截交线的 H 面和 V 面投影。

(2) 曲面立体的截交线

曲面立体的表面是由曲面或曲面与平面所围成，被平面截切后产生的截交线一般为封闭的平面曲线或曲线与直线所围成的平面图形，截交线上的每一点均是截平面与曲面立体表面的一个共有点，求出若干共有点，并依次连接起来即可。求共有点的方法，常用素线法和纬圆法。

1) 圆柱体的截交线

根据截平面与圆柱体轴线相对位置的不同，圆柱体的截交线有三种情况，如表 2.1.3 所示。

表 2.1.3　圆柱体截交线的几种情况

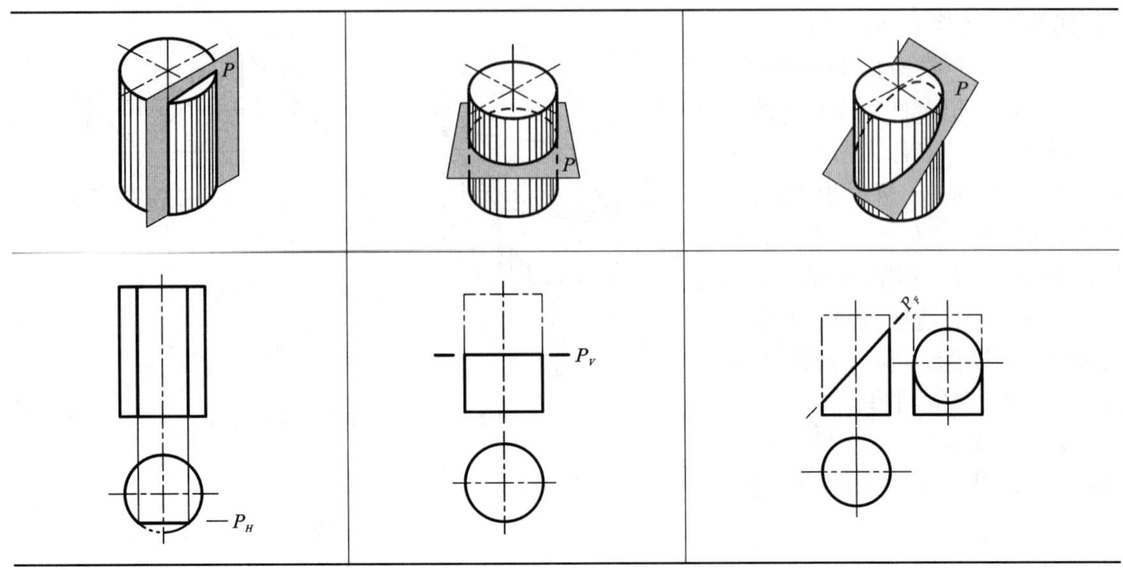

例 2－1－11　如图 2.1.30 所示，正圆柱体被正垂面 P 所截断，求截交线的投影。

解：形体分析：图 2.1.30 所示，截平面 P 倾斜圆柱的轴线截切，所以截交线为椭圆，椭圆的 V 面投影与 P_V 重合并积聚为一条斜直线，椭圆的 H 面投影与圆柱面的 H 面投影重合为一个圆，故椭圆的 W 面投影，可根据圆柱体表面上取点的方法求解。

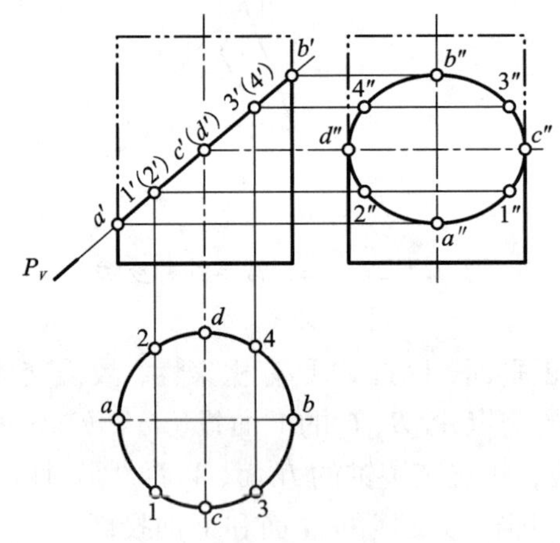

图 2.1.30　作圆柱体的截交线

作图步骤：先求椭圆上的特殊点，即椭圆长短轴 A、B、C、D 点，也即截交线上最低、最高、最前、最后的四个点；在 H、V 面上分别定出 A、B、C、D 的投影，根据点的投影规律求得 a''、b''、c''、d''；然后求椭圆上一般点，在 H 面上定出一般点 1、2、3、4，求出对应的 V 面投影 $1'$、$2'$、$3'$、$4'$，根据点的投影规律求得 $1''$、$2''$、$3''$、$4''$；最后判别可见性，将 W 面上求出的各点依次连接成光滑的曲线，即得截交线的 W 面投影。

2）圆锥体的截交线

根据截平面与圆锥轴线相对位置的不同，圆锥体的截交线有五种情况，如表 2.1.4 所示。

表 2.1.4　圆锥体截交线的几种情况

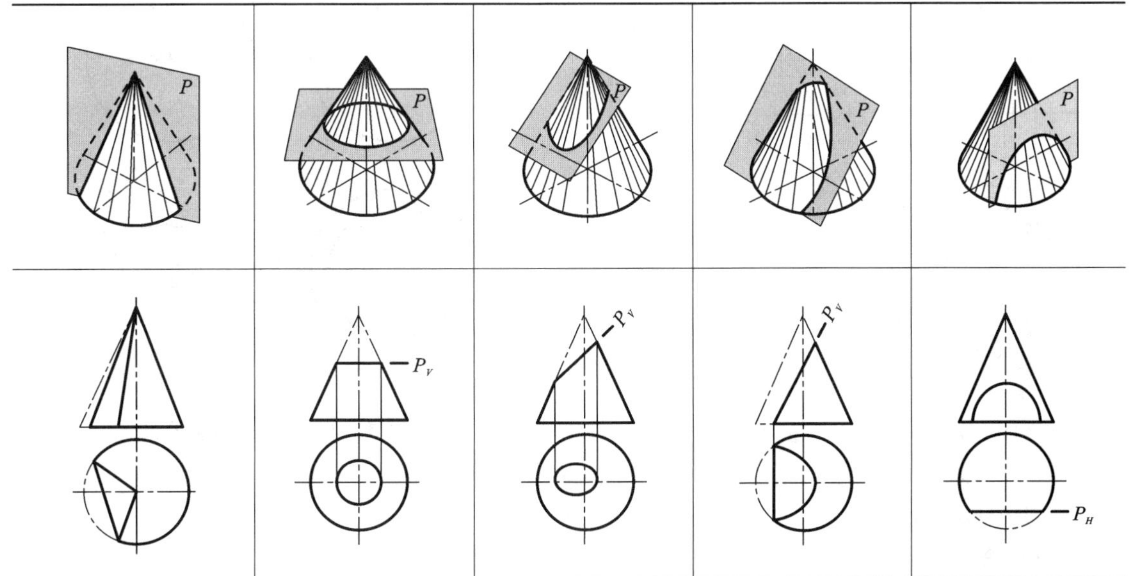

例 2-1-12　如图 2.1.31 所示，正圆锥体被正垂面 P 所截断，求截交线的投影。

解：形体分析：图 2.1.31 所示，截平面 P 倾斜圆锥体的轴线截切，所以截交线为椭圆，椭圆的 V 面投影与 P_V 重合并积聚为一条斜线，椭圆的 H 面、V 面投影均为椭圆，可根据圆锥体表面上求点的素线法或纬圆法求解。

作图步骤：先求椭圆上的特殊点，即椭圆长短轴 A、B、C、D 点，以及圆锥最前、最后轮廓素线上的Ⅰ、Ⅱ点。这些点的 V 面投影均已知，A、B 为椭圆长轴上的点，也即左右轮廓素线上的点，过 a'、b' 分别向下引竖直线、向右引水平线可求得 a、b、a''、b''；最前、最后轮廓线上Ⅰ、Ⅱ点的 V 面投影 $1'$、$(2')$ 在轴线上，W 面投影 $1''$、$2''$ 为两轮廓线与椭圆的切点，根据点的投影规律可求得 1、2；C、D 为椭圆短轴上的点，其 V 面投影 $c'(d')$ 在 $a'b'$ 的中点处，利用纬圆法或素线法可求得 c、d、c''、d''；然后求椭圆上的一般点，在 V 面上定出一般点 $3'$、$(4')$，同理利用纬圆法或素线法可求得 3、4、$3''$、$4''$。一般点取得越多，作图越准确，最后判别可见性，将求出的各点同面投影依次连接成光滑的曲线，即得截交线的投影。

3）圆球的截交线

平面截割圆球时，不管截平面的位置如何，其截交线均为圆。但由于截平面对投影面的相对位置不同，截交线圆的投影为圆、椭圆或直线段。当截平面平行投影面时，截交线圆在该投影面上的投影反映圆的实形；当截平面垂直投影面时，截交线圆在该投影面上的投影积聚为等于圆直径的一条直线段；当截面倾斜于投影面时，在该投影面上投影为椭圆。

图 2.1.32 中，圆球被水平面 P 截割，所得截交线为水平圆，其 H 面投影反映圆的实形，V 面、W 面投影积聚为一条线段反映圆的直径。

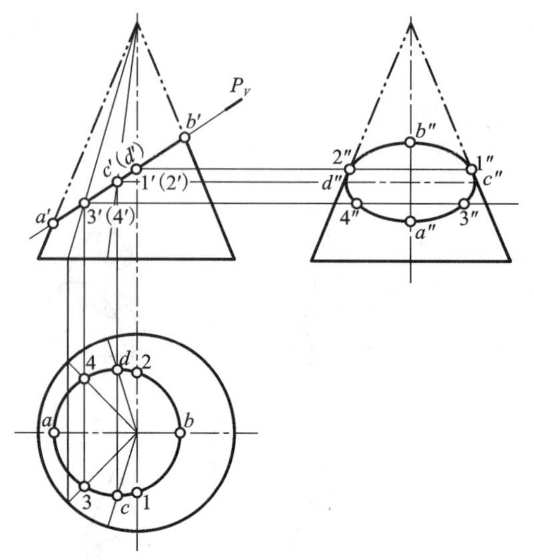

图 2.1.31　作圆锥体的截交线

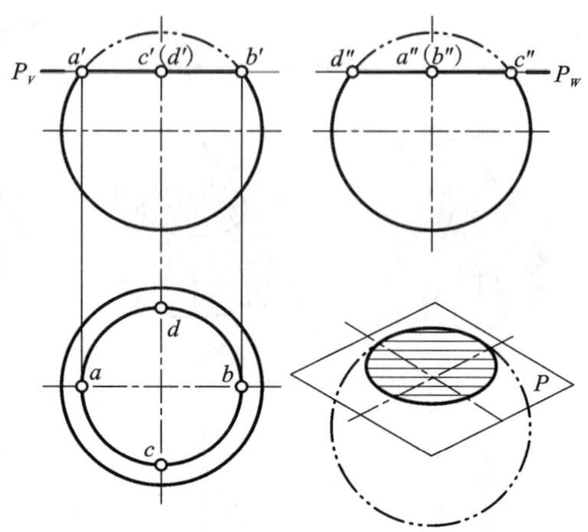

图 2.1.32　作圆球的截交线

6. 组合体的投影

(1)组合体的组合方式

前面我们讨论过，建筑物、构筑物及一切工程部件，从形体角度分析都可以看成是由基本形体按照某一种方式组合而成。这种由基本形体按一定形式组合而成的立体称为组合体，按组合体的构成方式可归纳为如下三种，如图 2.1.33 所示。

1)叠加型：把组合体看成由若干个基本形体叠加而成。

2)切割型：把组合体看作由一个基本形体切去了某些部分而成。

3)混合型：把组合体看成是由上述叠加型和切割型混合而成。

上述三种组合方式的划分，仅提供作形体分析时用，是人为假想的。事实上，组合体是一个完整的形体，是不能割裂开来的。我们之所以这样划分是便于形体分析和投影作图，故作图时各基本形体互相叠合产生的交线是否存在，要看各基本形体表面间真实的相互关系。

(2)组合体投影图的画法

1)形体分析

画组合体的投影图，就是画出构成它的若干基本形体的投影图。故应先进行形体分析，分析其组合方式，从而掌握作图技巧。

2)确定安放位置

组合体在三面投影体系中的安放位置应考虑以下几点：

①使形体安放平稳，并符合工作位置；

②尽量使形体的主要面或者说形体形状复杂而又反映形体形状特征的面平行于 V 面；

③尽量使作出的投影图虚线少，图形清楚。

3)确定投影图数量

在保证能完整清晰地表达出形体各部分形状和位置的前提下，投影图数量应尽量少，这是基本原则。

图 2.1.34(a)所示是一柱基础模型，属叠加型组合体，可分解为 1、2、3、4 四个平面立

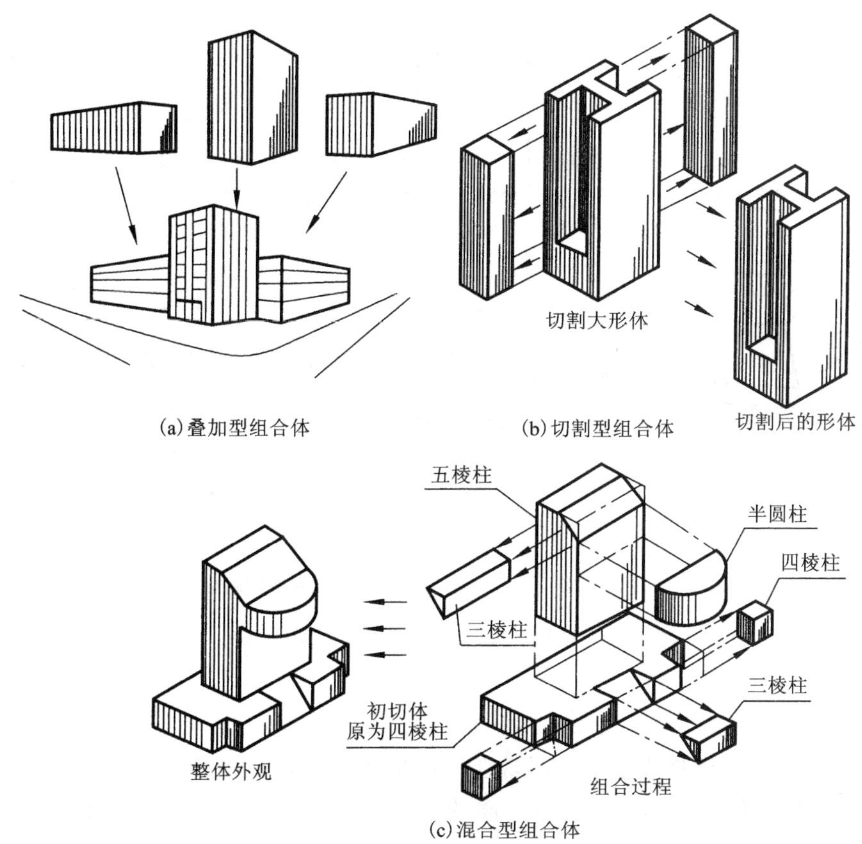

(a)叠加型组合体　(b)切割型组合体　(c)混合型组合体

图 2.1.33　组合体的组合方式

体，其画法步骤如图 2.1.34(b)所示。

(3)组合体投影图的识读

读图和画图是相反的思维过程。读图就是根据已经作出的投影图，运用投影原理和方法，想象出空间物体的形状。读图时，不但要熟悉各种位置直线、平面(或曲面)和基本形体的投影特征，掌握投影规律，而且还要有正确的读图方法，并将各个投影联系起来对照进行分析。如图 2.1.35 所示为一形体的三面投影图，不看 *W* 面投影就不能确定形体 2 的形状，它可能是一个四棱柱体、1/4 圆柱体、三棱柱体等。另外，读图时还要从形体的前后、上下、左右各个方位进行分析，并注意形体长、宽、高三个向度的投影关系。这样才能正确地判断出形体各部分的形状和位置。

识读投影图的基本方法，一般有形体分析法和线面分析法，二者是互相联系紧密配合的，读图时，一般先进行形体分析，了解组合体的大致形状，对有疑点的线和线框再用线面分析法分析。或者根据形体的形状特征，画出形体的轴测草图，进行比较识读。

1)形体分析法

形体分析法是以基本形体的投影特点为基础，分析组合体的组合方式和各组成部分的相对位置以及表面连接关系，然后综合起来想象出组合体的空间形状。

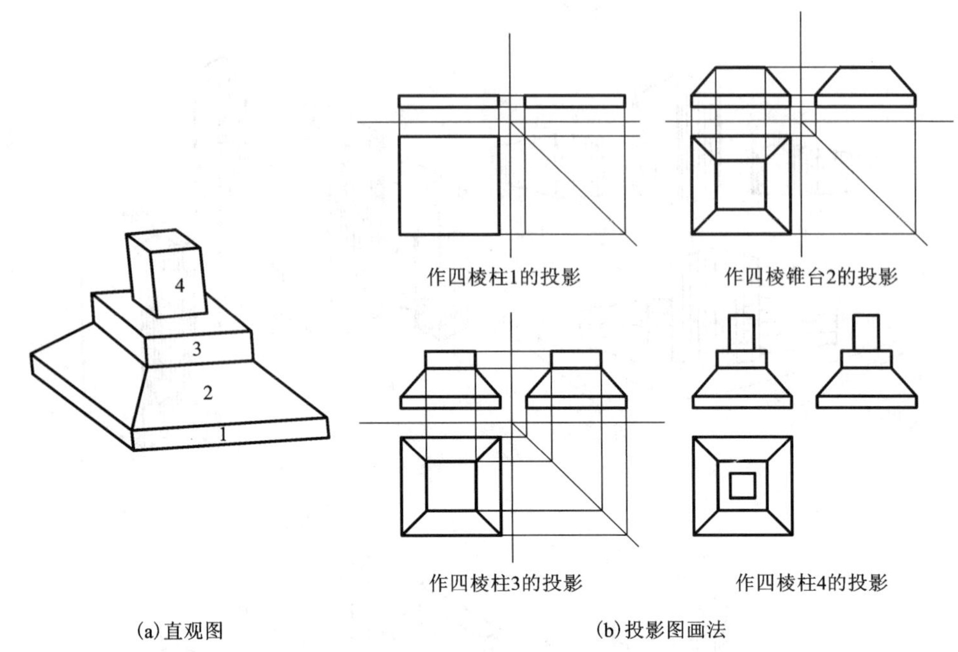

(a)直观图　　(b)投影图画法

图 2. 1. 34　叠加型组合体投影图画法

2)线面分析法

识读比较复杂的形体投影图时，通常在应用形体分析法的基础上，对于一些疑点，还要结合线、面分析法。线面分析法是以线、面的投影特点为基础，对投影图中的线和线框进行分析，弄清它们的空间形状和位置，然后综合起来想象出形体的空间形状。

投影图中线和闭合线框的含义：投影图中的一条线，可能代表形体上两表面交线的投影，也可能代表形体上某一表面的积聚投影，或者代表回转面轮廓素线的投影；投影图的一个闭合线框，可能代表形体的一个面(平面、曲面或两个相切的面)或者一个孔洞的投影。

(4)组合体投影图作图的实例

1)如图 2. 1. 35(a)所示。已知形体的 *V*、*W* 面投影，补绘其第三投影(*H* 面投影)。

作图步骤

①利用形体分析：该组合体可以分解为两个基本形体，识读时从反映形体形状特征的 *W* 面投影着手，把 *V*、*W* 面投影联系起来，可以看出，基本形体Ⅰ是一个五棱柱体(类似于双坡屋顶的建筑)，基本形体Ⅱ是一个三棱柱体，搁置在坡屋顶的斜面上。两基本形体构成一个叠加型的组合体，然后根据它们的相对位置(三棱柱体在五棱柱体的前方、上面中央)，想象出该组合体的空间形状，如图 2. 1. 35(b)所示。

②依据三面投影图的投影原理绘出其第三投影图(*H* 面投影图)，如图 2. 1. 35(c)所示。

2)已知组合体的 *V*、*W* 面投影图，如图 2. 1. 36(a)所示，补绘其第三投影图(*H* 面投影图)。

作图步骤：

①形体分析：该组合体可以分解为两个基本形体。识读时从反映形体形状特征的 *W* 面投影着手，把 *V* 面投影联系起来，可以看出，基本形状Ⅰ是一个四棱柱体，基本形体Ⅱ是一个五棱柱体；但是这两个基本形体的 *W* 面投影图各有一条虚线，它们在另外两个投影图中对

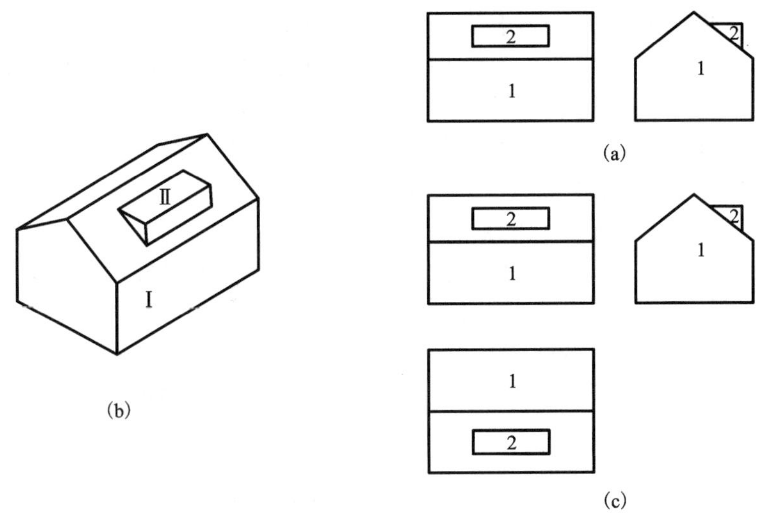

图 2.1.35　补图

应位置的投影均为闭合线框和一直线，故该虚线均代表一个平面，分别为水平面和正平面。另外，形体Ⅱ在 H 面和 V 面投影上均有一个“凹”形线框，具有类似性，它在 W 面上对应位置的投影是一条直线，故该直线代表一个“凹”形侧垂面的积聚投影。再看 H 面和 V 面投影中的缺口处，对照另外两个投影，可以看出实质上是Ⅰ、Ⅱ两个基本形体均开了一个槽。根据以上分析综合起来想象出形体的空间形状，如图 2.1.36(b)所示。

②依据三面投影图的投影原理绘出其第三投影图(H 面投影图)。如图 2.1.36(c)所示。

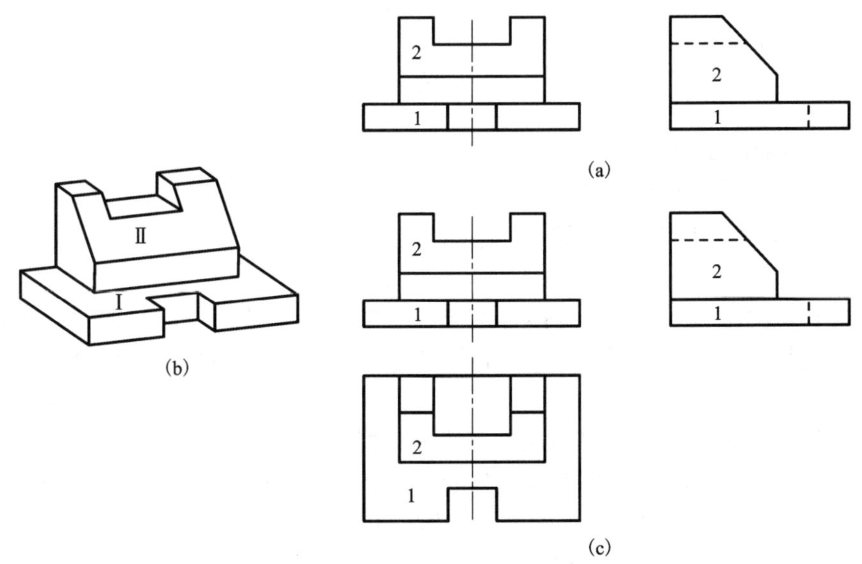

图 2.1.36　补图

3)建筑形体模型的补图，如图 2.1.37(a)所示。已知某建筑模型的 V、W 面投影图，作出它的第三投影图(H 面投影图。)

作图步骤：

①形体分析：如图 2.1.37(a)所示为一建筑台阶的两面正投影图，该投影图可以分解为

两大个基本形体。识读时先从 V 面投影图着手，可以将该台阶分解为两大个基本形体块(左右两边的挡板形状相同)，中间是三级踏步。其次从反映形体形状特征的 W 面投影着手，可以看出，基本形状挡板是一个四棱柱体，但被截切了一小部分的梯形块；中间的是一个三级踏步；且通过 V、W 两个面对照，可以得出台阶水平面(踏面)和垂直面(踢面)的宽和高。但台阶在该面的投影中，由于被挡板所遮挡，故均用虚线表示。再对照 V 面投影，挡板为一矩形，反映了它的高和长，中间的水平横线，表示了被截梯形块的截切位置和截面的积聚投影。三级台阶在 V 面投影图中，反映了台阶的长度和高度，形状和尺寸(即踏步的踢面形状和尺寸)，而踏步踏面则均积聚成了水平横线。

根据以上分析综合起来想象出建筑台阶的空间形状，如图 2.1.37(b)所示

②依据三面投影图的投影原理，综合 V、W 面投影的已知条件和形体分析，补画出 H 面投影。如图 2.1.37(c)所示。

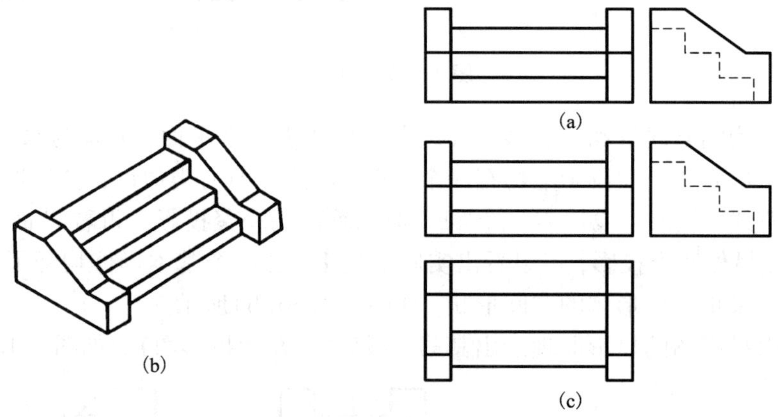

图 2.1.37 补图

(5)组合体投影图的尺寸标注

组合体投影图只能表达形体的形状和各部分的相互关系，而有足够的尺寸才能表明形体的实际大小和各组成部分的相对位置。

1)尺寸种类

以形体分析法为基础，注出组合体各组成部分的大小尺寸——定形尺寸，各组成部分相对于基准的位置尺寸——定位尺寸，及组合体的总长、宽、高尺寸——总体尺寸。

2)尺寸基准

欲注组合体的定位尺寸必须确定尺寸基准——标注尺寸的起点。组合体需有长、宽、高三个方向的尺寸基准，才能确定各组成部分的左右、前后、上下关系，组合体通常以其底面、端面、对称平面、回转体的轴线和圆的中心线作尺寸基准。

3)标注尺寸的顺序(如图 2.1.38 所示)

①首先注出定形尺寸，如底板四棱柱长 60、宽 40、高 6，中间四棱柱长 30、宽 20、高 21，左右两个三棱柱肋板底边长 15、高 15、厚 4，前后两个三棱柱肋板底边长 10、高 15、厚 4，底板上四个小圆孔 $\phi6$。

②再注定位尺寸，如底板上小圆孔距基准面为 7，而图中底板高 6(已标注)为中间四棱柱和四个三棱柱肋板的竖向定位尺寸，其他方向的端面或轴线位于基准线上，则该方向定位

尺寸为零，省略不注。

③最后注总体尺寸，如总长60、总宽40、总高27，已经标注了的不再重复注写。

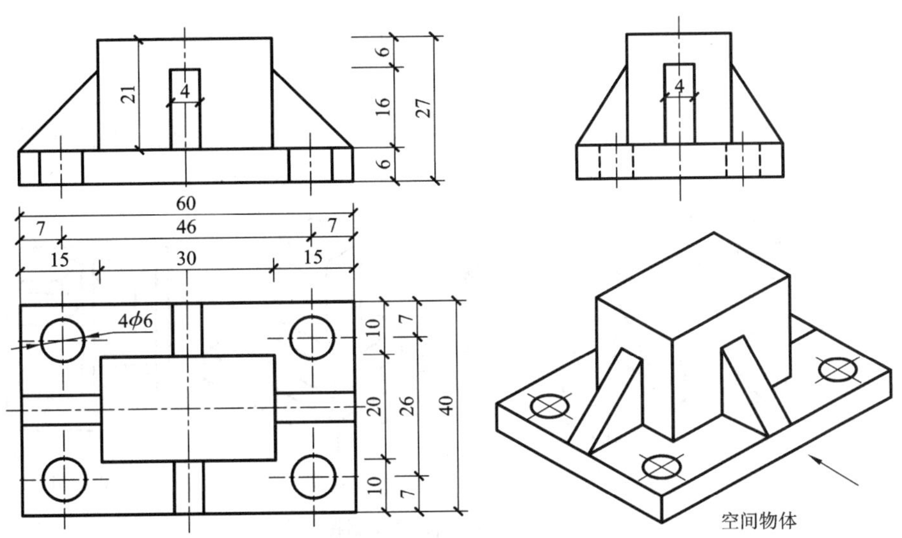

图2.1.38　组合体投影图的尺寸标注

④注意事项

(a)尺寸标注要求完整、清晰、易读；

(b)各基本体的定形、定位尺寸，宜注在反映该形体形状特征的投影上，且尽量集中排列；

(c)尺寸一般注在图形之外和两投影之间，便于读图；

(d)以形体分析为基础，逐个标注各组成部分的定形、定位尺寸，不能遗漏。

小　结

本部分需要解决的任务是绘制形体的三面投影图，建筑工程图样都是根据投影的原理表达的，大部分建筑工程图形都是用三面投影图来表达的，因此需要掌握投影图的形成、投影图的画法与识读以及投影图在实际中的应用。

1. 投影可分为中心投影和平行投影，平行投影又分为正投影和斜投影。不同的投影有不同的用途，中心投影主要用来画透视图；正投影用来画正投影图和正轴测图，斜投影用来画斜轴测图。实际工程中的标高投影图、建筑施工图、结构施工图、装饰施工图以及设备施工图中的平面布置图等均用正投影绘制；设备施工图中的系统轴测图用正面斜轴测图绘制。

2. 三面正投影的基本规律概括为：长对正、高平齐、宽相等。

3. 绘制组合形体的投影，应先分析组合形体的组合形式，然后用形体分析法或线面分析法作图。形体分析法是以基本形体的投影特点为基础，分析组合体的组合方式和各组成部分的相对位置以及表面连接关系，然后综合起来想象出组合体的空间形状。线面分析法是以线、面的投影特点为基础，对投影图中的线和线框进行分析，弄清它们的空间形状和位置，然后综合起来想象出形体的空间形状。

4. 识读比较复杂的形体投影图时，通常在应用形体分析法的基础上，对于一些疑点，还要结合线面分析法。

任务2　绘制建筑形体的轴测投影图

任务要求

1. 能够作出建筑形体的直观图，用作辅助图样，帮助理解，也可用作构件制作的参考，如图 2.2.1 所示。

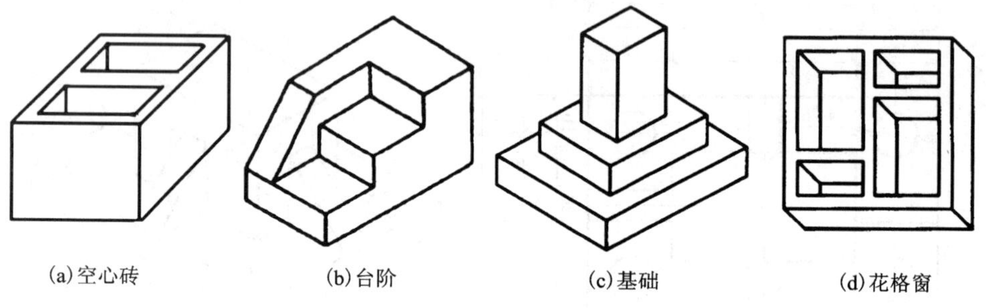

(a)空心砖　(b)台阶　(c)基础　(d)花格窗

图 2.2.1　建筑形体的轴测投影图

2. 实际工程中，管道系统图常采用轴测投影表达并用作指导施工，明确轴测投影在工程实际中的应用，如图 2.2.2 所示。

3. 能够作出区域规划鸟瞰图，用作规划布局或应用于广告画及展览画中，如图 2.2.3 所示。

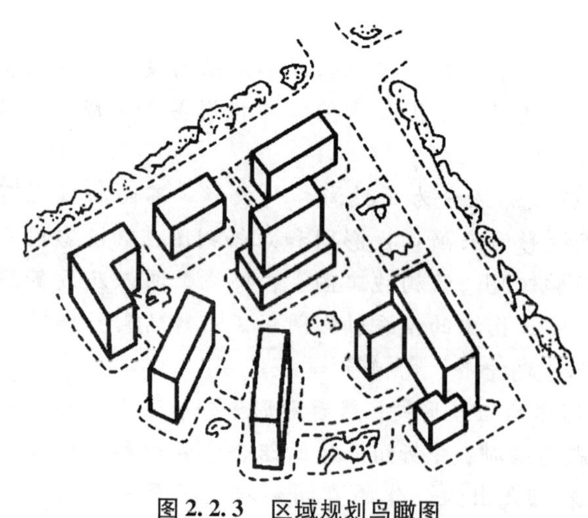

图 2.2.3　区域规划鸟瞰图

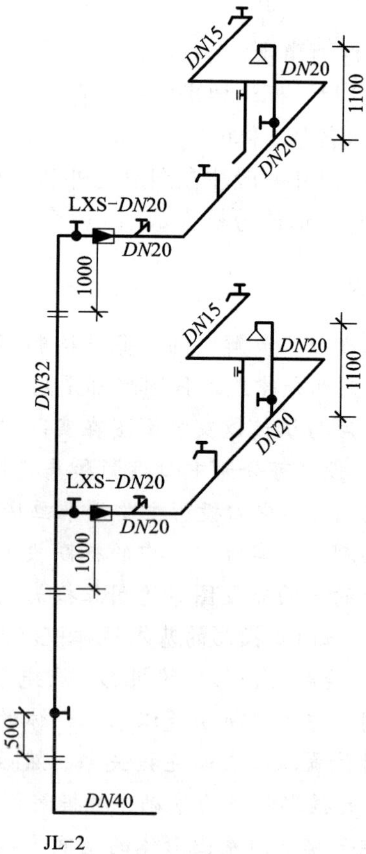

DN15
DN20
1100
DN20
LXS-DN20
DN20
1000
DN32
DN15
DN20
1100
DN20
LXS-DN20
DN20
1000
500
DN40
JL-2

图 2.2.2　给水管道系统轴测图

问题引入

1. 轴测投影是如何形成的？基本特性是什么？
2. 轴测投影的类型有哪些？其轴间角、轴向伸缩系数的取值如何？
3. 轴测投影的作图方法有哪些，作图步骤如何？
4. 轴测投影的用途有哪些？

实践指导

1. 轴测投影的作图步骤：

(1)读懂正投影图，进行形体分析并确定形体上的直角坐标的位置。坐标原点一般在形体的角点或对称中心上。

(2)选择合适的轴测图种类与合适的投影方向(应从两个方面考虑：一是轴测图的直观性好，立体感强，且尽可能多地表达清楚形体的形状结构；二是应使作图简便)，确定轴测轴的轴向伸缩系数。

(3)根据形体特征选择合适的作图方法。常用的作图方法有：坐标法、装箱法、叠加法、切割法、端面法、网格法、包络线法等。

(4)画底稿。作图时应先确定形体在轴测轴上的位置，并充分利用平行投影特性作图。

(5)检查底稿无误后，加深图线。为保持图形的清晰性，轴测图中的不可见轮廓线(虚线)一般不画，但为了使有些基本形体的立体感更好，也可根据需要画上虚线或阴影线。

2. 结合实际中的管道系统图，并与管道平面布置图对照识读，了解管道的空间走向。

知识链接

轴测投影

前面我们研究了形体的三面正投影图[图 2.2.4(a)]，因为正投影图度量性好，绘图简便，所以在工程实践中，常来表达建筑物的形状与大小，但三面正投影图中的每一个投影图只能反映形体的两个向度，立体感不强，不易看懂，而轴测投影图在一个投影图里能够同时反映形体的长、宽、高三个向度，因此具有立体感[图 2.2.4(b)]。在工程上轴测投影图常用作辅助图样帮助识图，或用来表达某些建筑构件或局部构造直接指导施工，用来表达纵横交错的管道或电路直接指导管道安装施工，用来表达区域规划鸟瞰图或应用于广告画及展览画中，如图 2.2.1、图 2.2.2、图 2.2.3 所示。

1. 轴测投影图的基本知识

(1)形成

如图 2.2.5 所示，根据平行投影的原理，将形体连同确定它们空间的直角坐标轴(OX、OY、OZ)一起，沿着不平行于坐标轴和坐标面的方向投影到新的投影面 P(或 R)上，所得到的具有立体感的新投影称为轴测投影。

(2)有关术语

新的投影面 P(或 R)称为轴测投影面，轴测投影 O_1X_1、O_1Y_1、O_1Z_1 称为轴测投影轴，简称轴测轴，相邻两轴测轴之间夹角称为轴间角。当物体斜放，轴测投影方向 S 垂直于轴测投

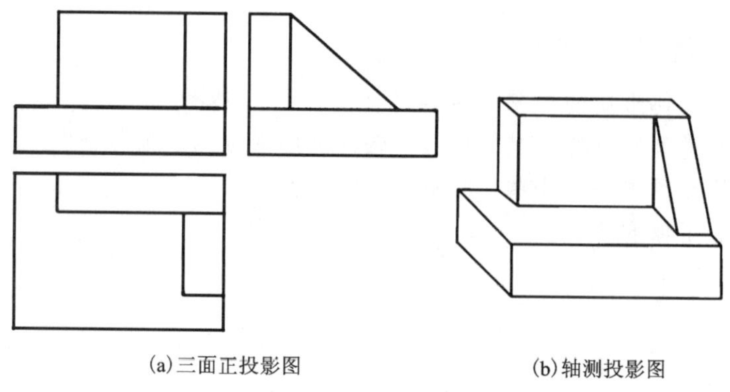

(a)三面正投影图　　(b)轴测投影图

图 2.2.4　三面投影图与轴测投影图

影面 P 时，所得的轴测投影称为正轴测投影。当物体正放，轴测投影方向 S 倾斜于轴测投影面 R 时，所得的轴测投影称为斜轴测投影。作轴测投影图时，通常把轴测轴 O_1Z_1 放置成铅直位置。

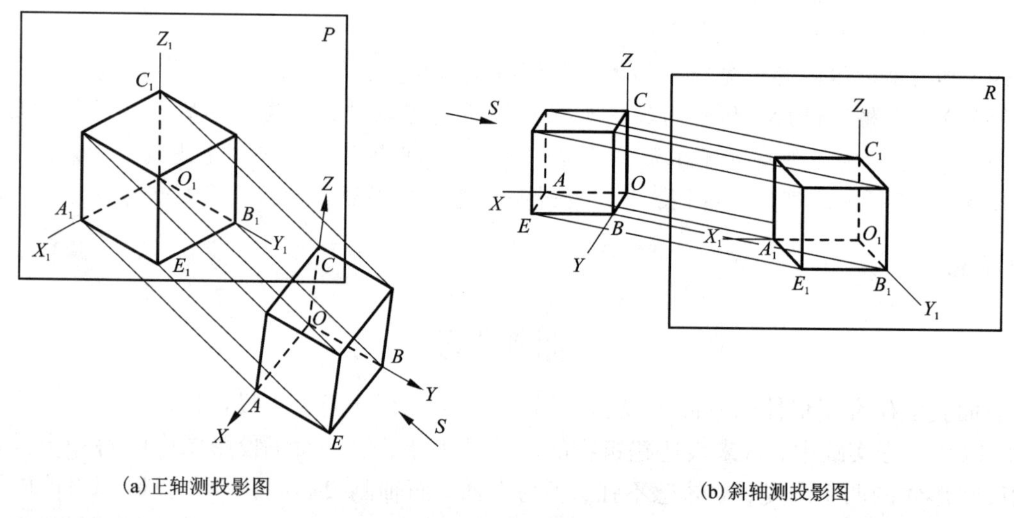

(a)正轴测投影图　　(b)斜轴测投影图

图 2.2.5　轴测投影图的形成

(3)基本特性

轴测投影图是根据平行投影原理作出的单面投影图，它具有平行投影的一切特性。利用下面这几个基本特性能更快、更准确地绘出轴测投影图。

1)直线的轴测投影一般仍为直线，特殊时为点；曲线的轴测投影一般是曲线。

2)空间相互平行的直线，它们的轴测投影仍然相互平行(平行性)。因此，形体上平行于三个坐标轴的线段，其轴测投影图也分别平行于相应的轴测轴。

3)空间互相平行的两线段长度之比，等于它们轴测投影长度之比(定比性)。因此，形体上平行于坐标轴的线段其投影尺度的变化率与相应投影轴的变化率相同。根据定比性，分别取 X、Y、Z 各轴的变化率为 p、q、r，如图 2.2.5，则 $p=A_1O_1/AO$，$q=B_1O_1/BO$，$r=C_1O_1/CO$，p、q、r 称为轴向伸缩系数。由于变化率的计算很麻烦，故在作图时，常取简化的伸缩系数或不考虑伸缩系数，如 $p=q=r=1$ 或 $p=r=1$、$q=0.5$ 等。

2. 轴测投影的类型及其应用

(1) 正轴测投影

常见的正轴测投影有正等测投影和正二测投影，如图 2.2.6 所示。

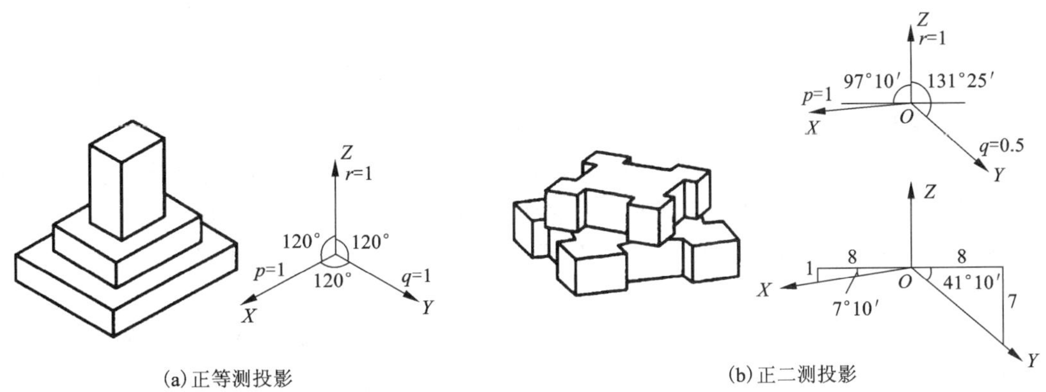

(a) 正等测投影　(b) 正二测投影

图 2.2.6　正轴测投影

如图 2.2.6 所示，正等测投影中，取轴向伸缩系数 $p=q=r=1$，轴间角均为 120°；正二测投影中，取轴向伸缩系数 $p=r=1$，$q=0.5$，轴间角为 131°25′、97°10′、131°25′。正轴测投影图常用作辅助图样，帮助理解，也可用作构件制作的参考，如图 2.2.1(b)、(c) 所示。

(2) 斜轴测投影

常见的斜轴测投影有正面斜轴测投影和水平斜轴测投影，如图 2.2.7 所示。

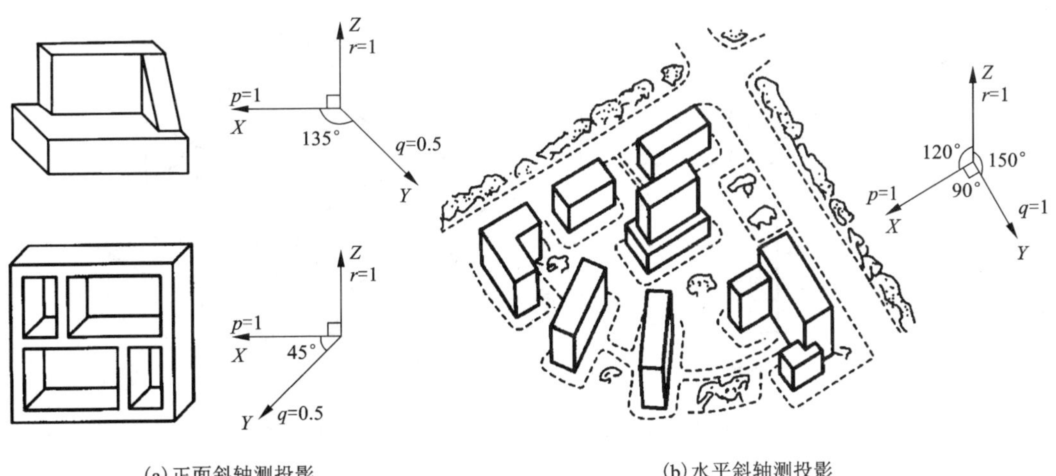

(a) 正面斜轴测投影　(b) 水平斜轴测投影

图 2.2.7　斜轴测投影

如图 2.2.7(a) 所示正面斜轴测投影中，轴间角为 135°或 45°和 90°，轴向伸缩系数 $p=r=1$，当 Y 轴方向的伸缩系数 $q=0.5$ 时，又称斜二测图，它特别适合表达 V 面形状较复杂或曲线较多的形体。当 Y 轴方向的伸缩系数 $q=1$ 时，又称斜等测图，在建筑工程上的管道系统图中被广泛采用，如图 2.2.2 所示。

如图 2.2.7(b)所示水平斜轴测投影中，轴间角为 90°、135°，轴向伸缩系数 $p = q = r = 1$，它适合用来表达区域规划鸟瞰图。

3. 轴测投影图的画法

(1)轴测投影的作图方法

轴测投影的作图方法通常有：坐标法、叠加法、端面法、切割法、装箱法、网格法、包络线法等。

1)坐标法适用于形体中的某些点的位置在空间很难确定的形体。可利用该点的三维坐标(X、Y、Z)来确定其空间位置，如图 2.2.10 所示。

2)叠加法适用于可以分割成几个独立的简单形体的形体。分别画出这几个独立简单形体的轴测投影图，再组合起来，完成整个形体的轴测投影图，如图 2.2.10 所示。

3)端面法适用于表达 V 面形状较复杂或曲线较多的形体，如图 2.2.7(a)、图 2.2.12 所示。

4)切割法主要适用于是由一个基本形体通过切去一个或几个部分后形成的空间几何体(如切槽、挖孔等)的形体。通常可以先画出该基本体的轴测投影图，再利用切割方式和切割位置将多余的部分形体切除后，完成整个形体的轴测投影图，如图 2.2.12 所示。

5)装箱法主要适用于由若干个基本形体组合而成的形体，可看作积木装箱。通常可以先根据该组合形体长、宽、高尺寸画出其轴测投影图，再利用叠加法或切割法、端面法、坐标法作出各基本形体的轴测投影图，完成整个形体的轴测投影图，如图 2.2.8 所示。

6)网格法、包络线法主要适用于形体形状多不规整或带有曲线、曲面之类的形体。

要注意的是，这几种作图方法在应用时并无主次之分，它们有各自的特色，作图时可根据需要选择其中的一种或全部。

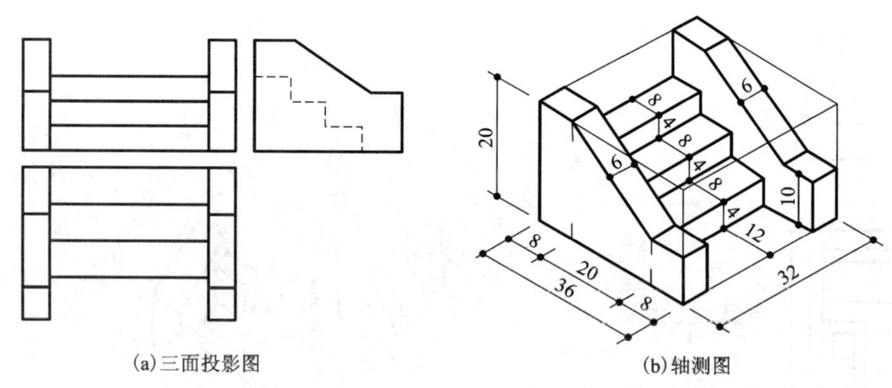

图 2.2.8　台阶的正等测图作图方法(装箱法、端面法及叠加法)

(2)轴测投影的画法示例

例 2-2-1　如图 2.2.9 所示，已知形体的三面正投影图，作其正等测投影图。

解：分析已知形体的三面正投影图，该形体由下部四棱柱体和上部四棱锥体叠加而成，可采用叠加法和坐标法作图。建立正等测坐标系(图 2.2.9)，根据正等测投影的轴间角(120°)，作正等测投影的轴测轴，作图步骤如图 2.2.10 所示。

①作底部四棱柱的轴测投影。由于 $p = q = r = 1$，故可以分别在轴测轴上度量该形体的

长、宽、高尺寸，利用轴测投影的平行性和定比性，作出各顶点及线段的正等测图，完成底部四棱柱的轴测投影，如图 2.2.10(a)所示。

②作上部四棱锥的轴测投影。在四棱柱的上表面确定锥体的顶点 x、y 方向的坐标，过该点作平行于 Z_1 轴方向的平行线，度量该形体的高度方向尺寸得锥顶，作出各线段的正等测图，完成上部四棱锥的轴测投影，如图 2.2.10(b)所示。

③擦去辅助线和形体的不可见轮廓线，加深图形轮廓线即得形体的正等轴测投影图，如图 2.2.10(c)所示。

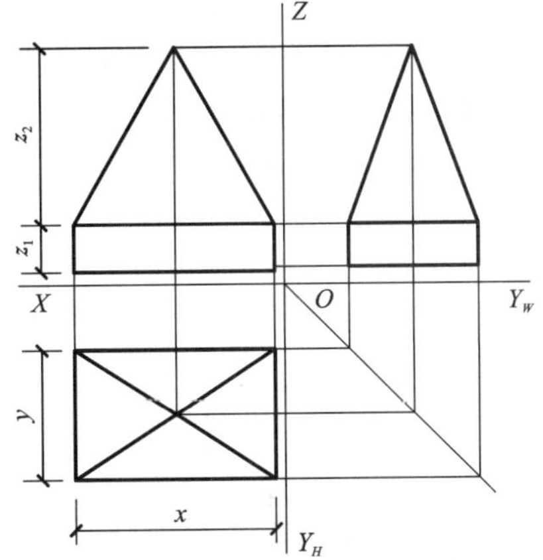

图 2.2.9　形体的三面正投影图

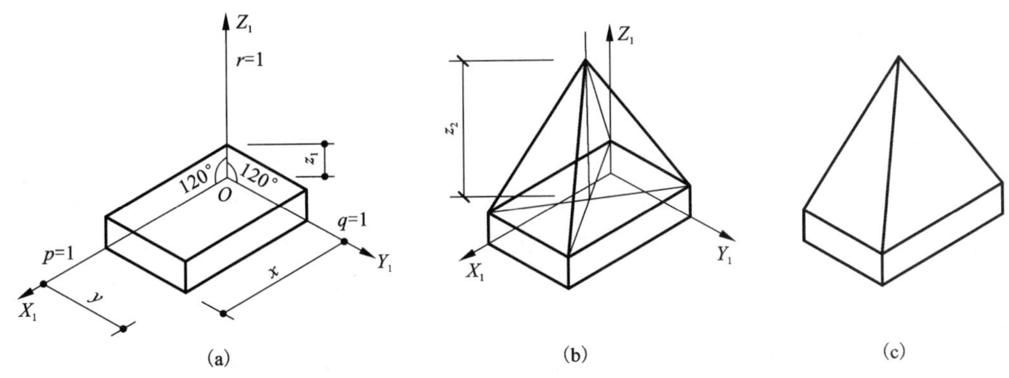

图 2.2.10　形体的正等测图作图步骤(坐标法及叠加法)

例 2-2-2　如图 2.2.11 所示，已知形体的三面正投影图，作其斜二测投影图。

解： 分析已知形体的三面正投影图，V 面投影图反映了形体的基本特征，该形体由一个带圆弧的侧板切去一个圆孔和一个四棱柱底板组合而成，可采用端面法、切割法和叠加法作图。建立斜二测坐标系(图 2.2.11 所示)，根据斜二测投影的轴间角(45°和 90°)，作斜二测投影的轴测轴。作图步骤如图 2.2.12 所示。

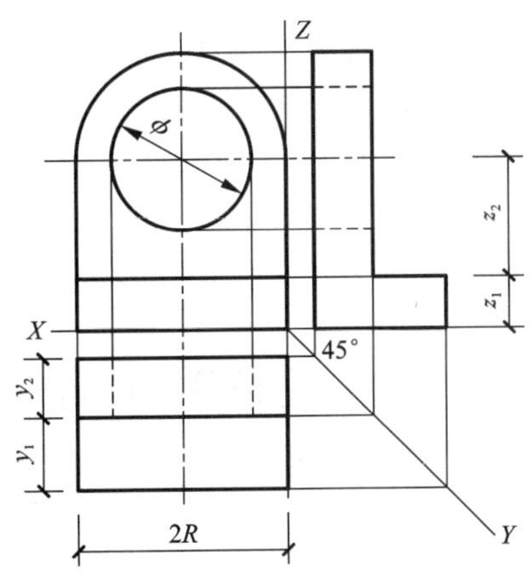

图 2.2.11　形体的三面正投影图

①作带圆孔侧板的轴测投影。该形体的 V 面投影反映了形体的形状特征，开了一个圆孔，故可以采用端面法和切割法作出该形体的轴测投影。由于 $p=r=1$，$q=0.5$，故在轴测轴 X_1、Z_1 上度量该形体的长、高尺寸，在轴测轴 Y_1 上度量该形体的宽度尺寸的一半，利用端面法和轴测投影的平行性，作出侧板各顶点及线段的斜二测图；然后利用切割法，分别找出切去两个圆孔的圆心点，利用已知半径绘出两个圆，完成带圆孔

侧板的轴测投影，如图 2.2.12(a)所示。

②利用叠加法作前部四棱柱的轴测投影，如图 2.2.12(b)所示。

③擦去辅助线和形体的不可见线，即得形体的轴测图。注意要绘出形体的回转轮廓切线，如图 2.2.12(c)所示。

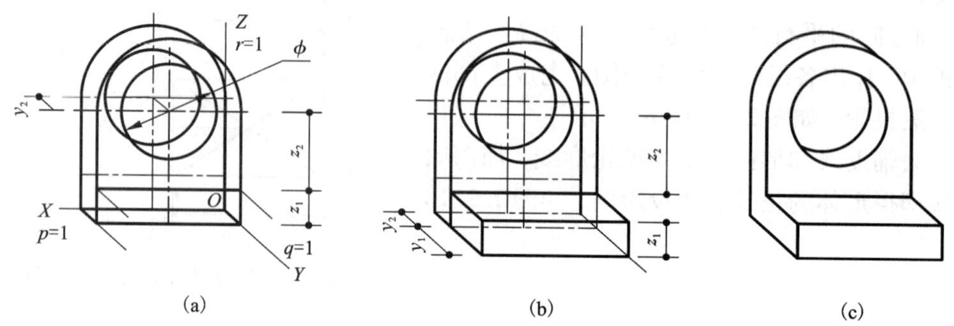

图 2.2.12　形体的正面斜轴测图作图步骤(端面法、切割法及叠加法)

小　结

本部分完成的任务是绘制建筑形体的轴测图，形体的轴测图具有立体感，在工程上轴测投影图常用作辅助图样帮助识图，或用来表达某些建筑构件或局部构造直接指导施工，用来表达纵横交错的管道或电路直接指导管道安装施工，用来表达区域规划鸟瞰图或应用于广告画及展览画中。因此，需要掌握轴测投影图的形成、轴测投影的画法以及轴测投影在实际工程中的应用。

1. 轴测投影是根据平行投影的原理，将形体连同确定它们空间的直角坐标轴一起，沿着不平行于坐标轴和坐标面的方向投影到新的投影面上，所得到的具有立体感的新投影。

2. 轴测投影的基本特性是平行性和定比性。

3. 轴测投影根据投影方向与轴测投影面的位置的不同分为正轴测投影和斜轴测投影。常见的正轴测投影有正等测投影和正二测投影；常见的斜轴测投影有正面斜轴测投影和水平斜轴测投影。

4. 轴测投影的作图方法通常有：坐标法、叠加法、端面法、切割法、装箱法、网格法、包络线法等。

任务3　绘制建筑构配件的剖面图和断面图

任务要求

1. 作出建筑构配件(基础、门窗、雨篷、台阶、水池等)的剖面图，表达建筑构配件的构造，用以指导施工，如图 2.3.1、图 2.3.2 所示。

2. 明确剖面图在工程实际中的应用，由于建筑物的内部结构和构造比较复杂，常采用建筑剖面图来表达建筑工程图样并用作指导施工，如图 1.1.1(十一)～(十四)所示 1—1 剖面图及各层平面图均为剖面图。

3. 要求作出建筑构件(梁、板、柱等)的断面图，表达建筑构件的构造，用以指导施工，如图 2. 3. 3、图 2. 3. 4、图 2. 3. 5 所示。

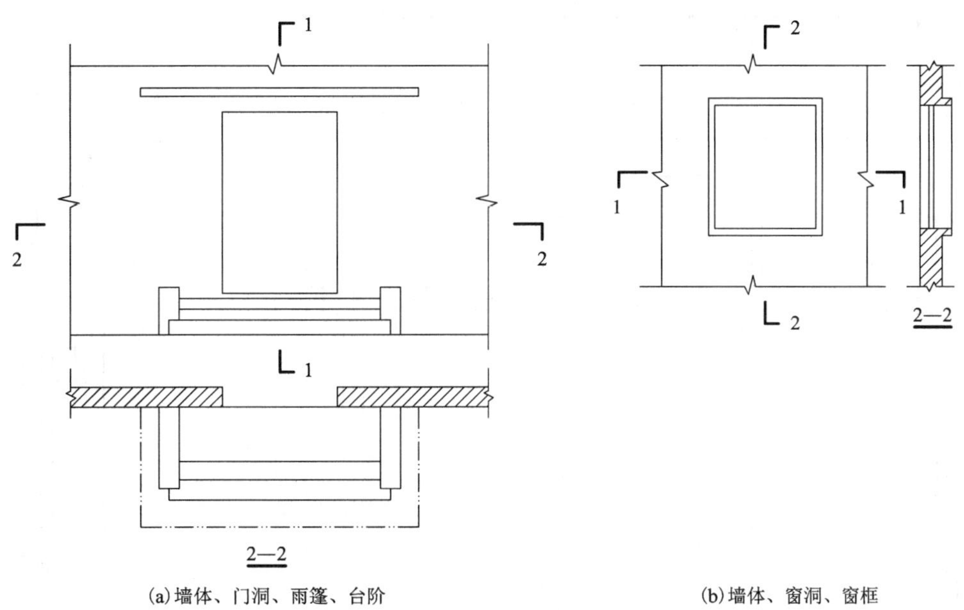

(a)墙体、门洞、雨篷、台阶　　(b)墙体、窗洞、窗框

图 2. 3. 1　作建筑构配件的剖面图(一)

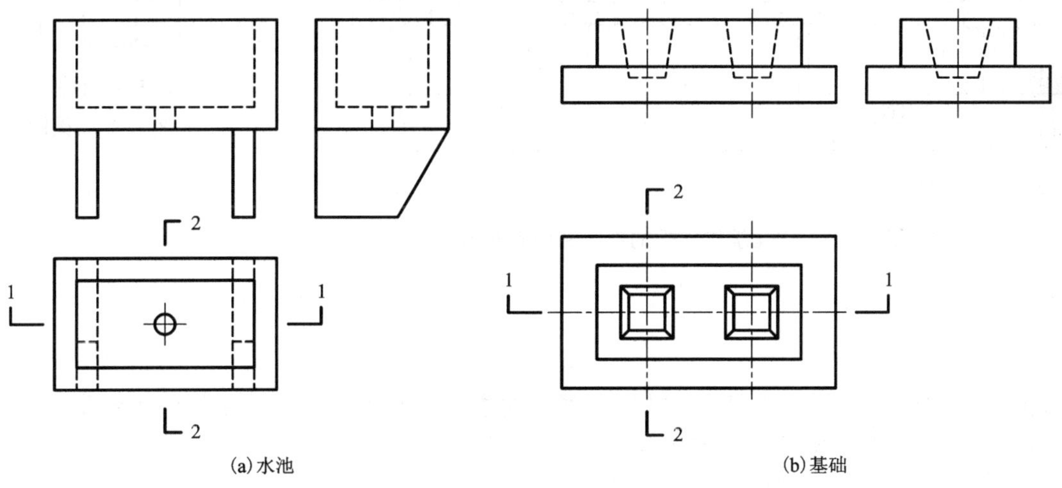

(a)水池　　(b)基础

图 2. 3. 2　作建筑构配件的剖面图(二)

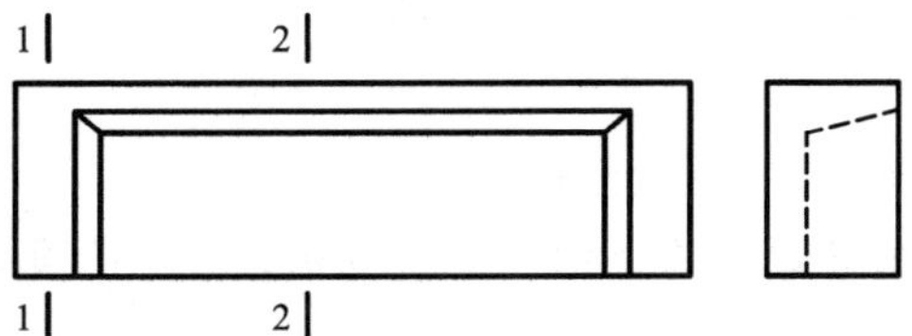

图 2. 3. 3　作建筑构件梁的断面图

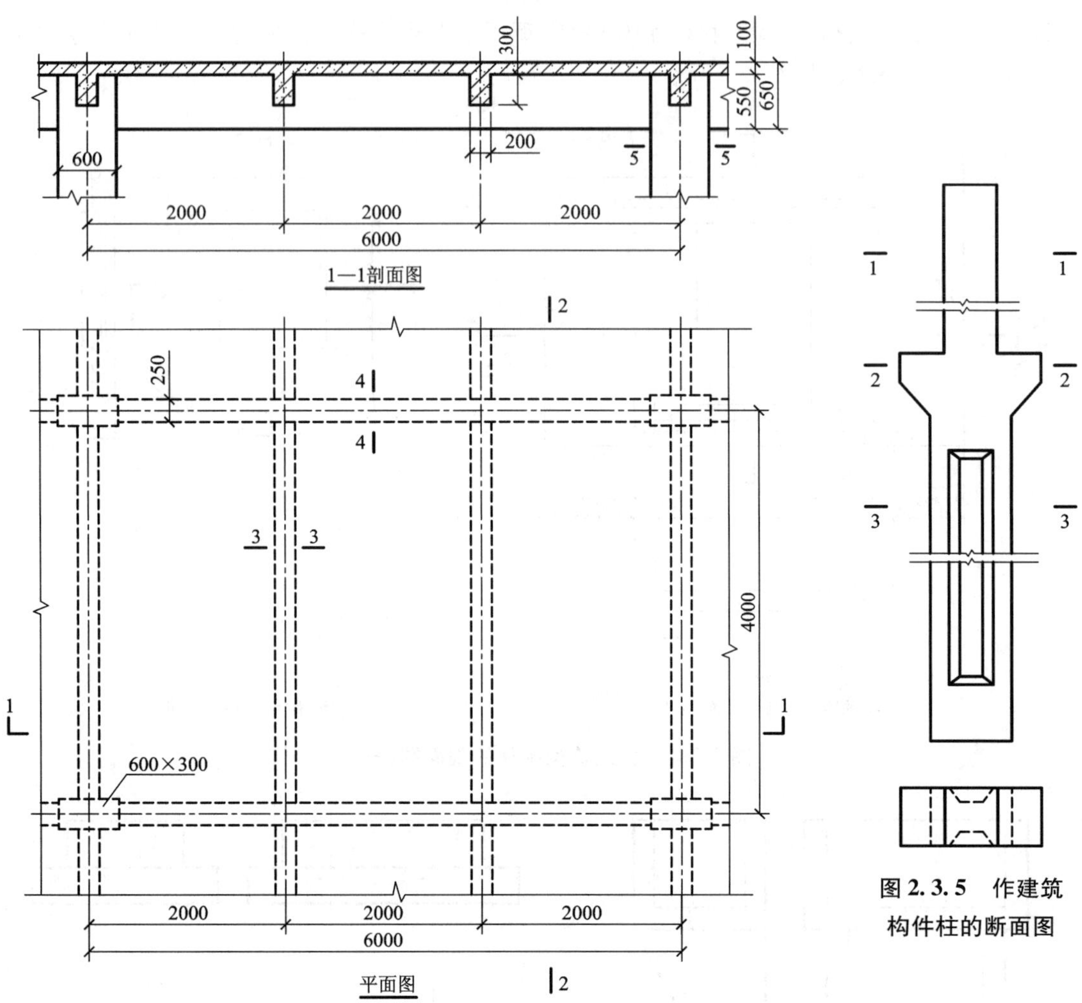

图2.3.5　作建筑构件柱的断面图

图2.3.4　作建筑构件板的剖面图和断面图

问题引入

1. 剖面图、断面图是如何形成的？其画法要求及其标注有哪些？两者有何不同？
2. 剖面图的类型有哪些？有何特点？
3. 断面图的类型有哪些？有何特点？
4. 举例说明剖面图、断面图应用在工程中的哪些图样中。

实践指导

1. 确定剖切平面的剖切位置和剖视方向；
2. 剖面图应分清剖到的轮廓和看到的轮廓及细部，采用不同的线型表达，而断面图只画出剖到的部分；
3. 根据建筑构配件材料，采用不同的图例符号表达；
4. 根据剖视的剖切符号的编号，在剖面图或断面图上注写图名和比例。

知识链接

剖面图和断面图

根据形体的三面正投影原理，可以把形体的外部形状和大小表达清楚，物体内部不可见部分则用虚线表示。对内部结构比较复杂的建筑形体，在投影图上将出现很多虚线而造成虚、实线纵横交错，致使图面不清晰，阅读困难。如图 2. 3. 6 所示为杯形基础的正投影图，其 V 面投影出现了虚线，难于识读。在工程图样中，为了解决这个问题，引入了剖面图和断面图，即假想在形体的适当位置进行剖切（图 2. 3. 7），让比较复杂的内部构造由不可见变为可见，从而使图中虚线变为实线。

1. 剖面图

(1) 剖面图的形成

如图 2. 3. 7 所示，假想用一个剖切平面，沿着形体的适当部位将形体剖切开来，移去观察者与剖切平面之间的那一部分，作出剩下部分的投影图，称为剖面图。应注意：剖切是假想的，只有画剖面图时，才假想切开形体并移走一部分，画其他投影时，要将未剖的完整形体画出，如图 2. 3. 8 中的 H 面投影。

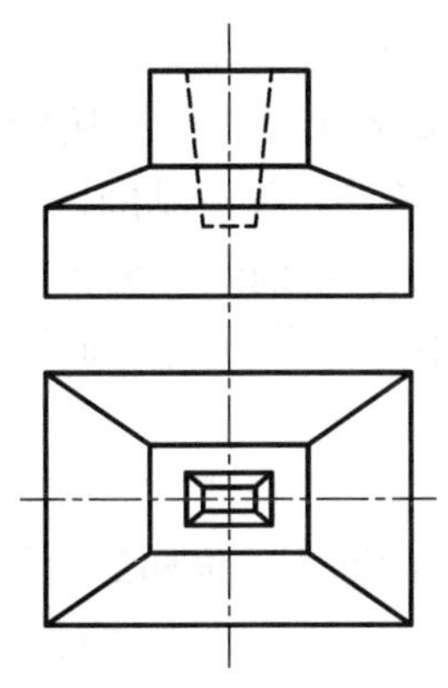

图 2. 3. 6　杯形基础投影图

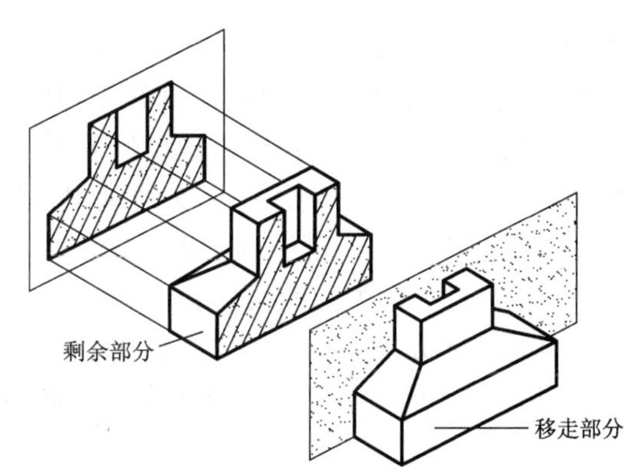

图 2. 3. 7　剖面图的形成

(2) 剖面图的画法要求及标注

1) 剖切位置

画剖面图时，一般使剖切平面平行于基本投影面且通过形体上的孔、洞、槽的对称轴线，这样使截断面的投影反映实形，在另外两个投影中就积聚成一条线，我们就用这条积聚线表示剖切位置，称为剖切位置线（图 2. 3. 8）。分层剖切的剖面图，应按层次用波浪线将各层隔开，波浪线不应与任何图线重合（图 2. 3. 9、图 2. 3. 11）。

2) 剖切符号

《房屋建筑制图统一标准》规定，剖视的剖切符号应由剖切位置线和剖视方向线组成，均应以粗实线绘制。剖视的剖切符号应符合下列规定：

①剖切位置线的长度宜为 6 ~ 10 mm，剖视方向线应垂直于剖切位置线，长度应短于剖切位置线，宜为 4 ~ 6 mm，如图 2. 3. 8 所示，剖视的剖切符号不应与其他图线相接触；

②剖视的剖切符号的编号宜采用粗阿拉伯数字，按剖切顺序由左至右、由下向上连续编排，并应注写在剖视方向线的端部；

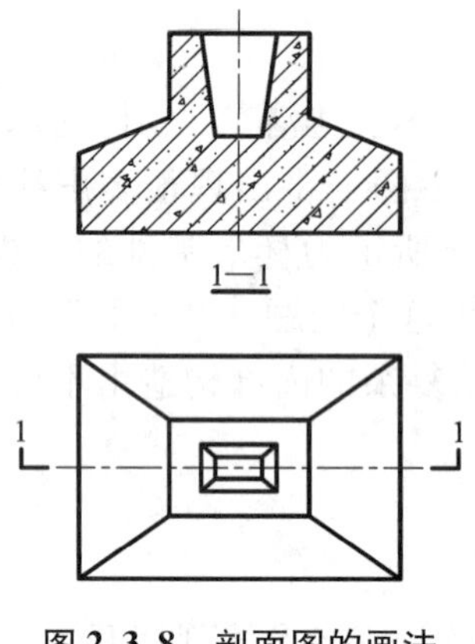

图 2.3.8　剖面图的画法

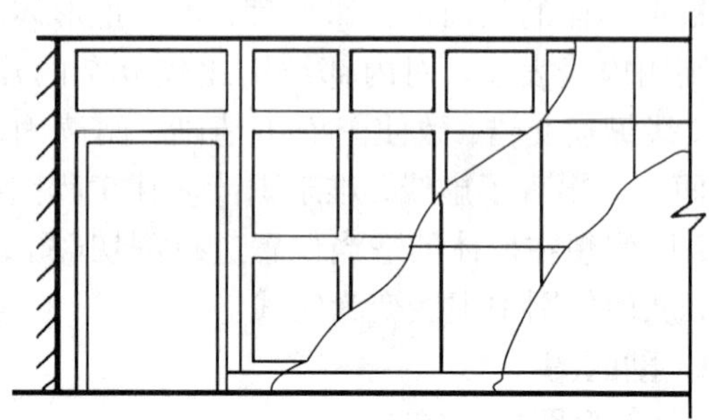

图 2.3.9　分层剖切的剖面图

③需要转折的剖切位置线，应在转角的外侧加注与该符号相同的编号(图 2.3.12)；

④建(构)筑物剖面图的剖切符号应注在 ±0.000 标高的平面图或首层平面图上。

3)线型及材料图例

剖面图除应画出剖切面切到部分的图形外，还应画出沿投射方向看到的部分。被剖切到的主要建筑构造(包括构配件)的轮廓线用粗实线画出，被剖切到的次要轮廓线用中粗实线画出，剖切面没有剖到、但沿投射方向可以看到的部分，用中实线绘制；看不见的部分不画，剖面图中一般不画虚线，图例线用细实线画出。同时为使剖到部分和未剖到部分区别开来，图样清晰，应在截面轮廓线范围内画上该物体采用的建筑材料图例，未指明材料时，画上间距相等的45°细实线，称为剖面线。

(3)剖面图的分类

按剖切方式的不同，剖面图分为全剖面图、半剖面图、局部剖面图、阶梯剖面图等。

1)全剖面图

假想的剖切平面将建筑形体全部剖开，如图 2.3.8 所示。全剖面图在建筑工程图中普遍采用，如房屋的各层平面图及剖面图均是假想用一剖切平面在房屋的适当部位进行剖切后作出的投影图(图 1.1.1 所示 1—1 剖面图和各层平面图)。

2)半剖面图

当形体外形比较复杂且内部形状为左右或前后对称时，可假想把形体剖切去四分之一，作出剩下部分的投影图。即投影的一半(一般在左方或后方)保留外形投影图，另一半(一般在右方或前方)画成表示内部形状的剖面图，中间用细点划线分开，如图 2.3.10 所示，这样在一个投影图上能同时表达出形体的外形和内部构造，半剖面图中剖切符号的标注规则同全剖面图，由于物体的内部形状已经在半剖面图中表达清楚，故在另一半投影图上可省略虚线。

3)局部剖面图

形体假想被局部地剖开后得到的剖面图，称为局部剖面图，如图 2.3.11 所示。当形体只需要显示其局部构造，并需要保留原形体投影图大部分外部形状时，可采用局部剖面图，局部剖面图与投影图之间用徒手画的波浪线分开。

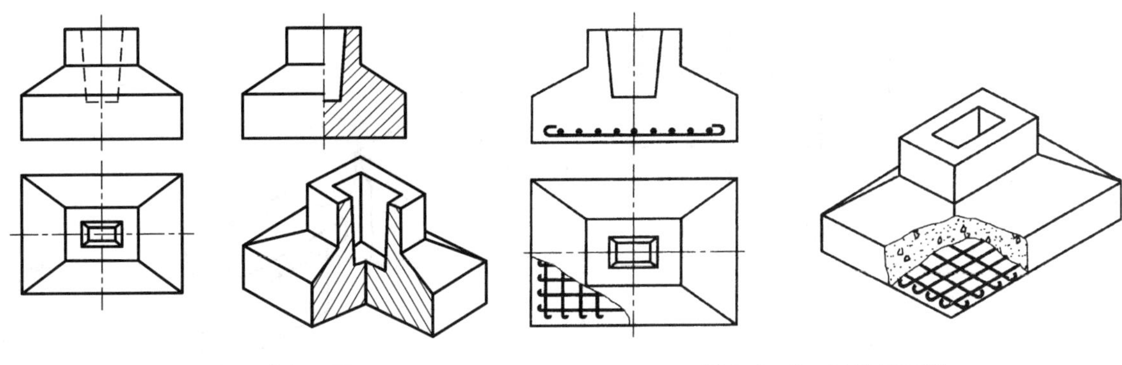

图 2.3.10　半剖面图　　　　图 2.3.11　局部剖面图

4）阶梯剖面图

当一个剖切平面不能将形体沿需要表达的部位剖切开时，可将剖切平面转折成阶梯形状，沿需要表达的部位将形体剖开，所作的剖面图称为阶梯剖面图，如图 2.3.12 所示。但需注意这种转折一般以一次为限，其转折后由于剖切而使形体产生的轮廓线在剖面图中不应画出。

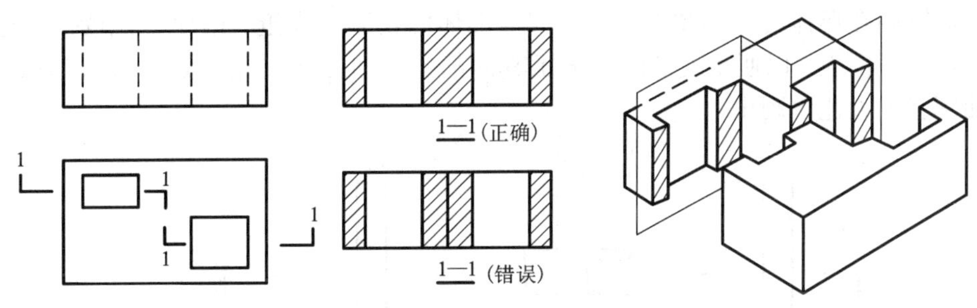

图 2.3.12　阶梯剖面图

2. 断面图

（1）断面图的形成

对于某些单一的杆件或需要表示某一局部的截面形状时，可以只画出形体与剖切平面相交的那部分图样，即断面图，如图 2.3.13 所示。断面图与剖面图的区别在于：断面图仅画出截断面的投影外，而剖面图除画出截断面的投影，还需画出沿剖视方向看得到的其他部分的轮廓线的投影，因此剖面图包含断面图，如图 2.3.14 所示。断面图在建筑工程中，主要用来表达建筑构配件的内部构造。

（2）断面图的画法要求及标注

1）剖切符号

①断面图的剖切符号应只用剖切位置线表示，并以粗实线绘制，长度宜为 6 ~ 10 mm；

②断面图的剖切符号的编号宜采用阿拉伯数字，按顺序连续编排，并应注写在剖切位置线的一侧；编号所在的一侧应为该断面的剖视方向，如图 2.3.13 所示，数字标注在剖切线的左侧，表示剖开后向左投影。

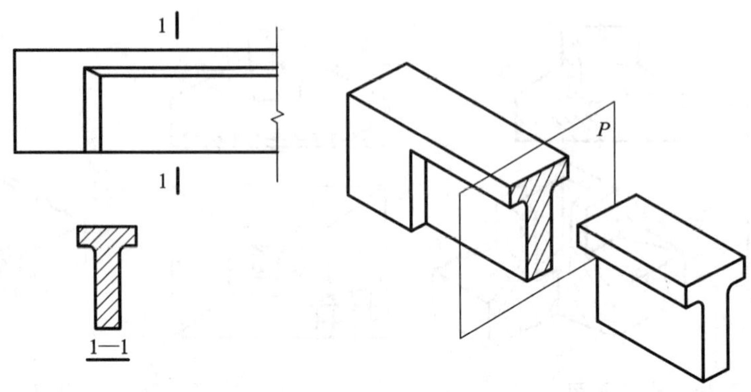

图 2.3.13　断面图的形成

2)线型及材料图例　断面图只画出剖切面切到部分的图形，其余沿投射方向看到的部分不需要画出。其余线型要求及材料图例同剖面图。

(3)断面图的种类

按断面图的配置不同，断面图可分为移出断面图、重合断面图、中断断面图。

1)移出断面图

将断面图画在形体的投影图之外，并应与形体的投影图靠近，以便于识读，此时，断面图的比例可较原图大，以便于更清晰地显示其内部构造和标注尺寸。如图 2.3.14(b)，即为移出断面图且放大比例画出。

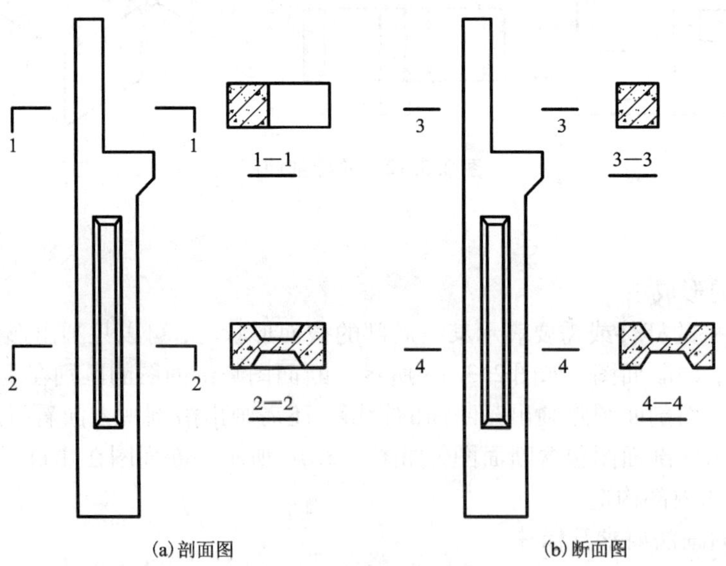

图 2.3.14　工字型牛腿柱的剖面图与断面图的区别

2)重合断面图

将断面图重叠在投影图之内，如图 2.3.15(a)所示。重合断面图的比例应与原投影图一致，断面轮廓线可以是闭合的，一般用细实线画出，且原图投影图的轮廓线需要完整地画出；在房屋建筑图中，为表达建筑立面装饰线脚时，断面轮廓线也可以是不闭合的，其重合断面的轮廓用粗实线画出，且在断面轮廓线的内侧加画剖面线，如图 2. 3. 16 所示。实际工程中，结构梁板的断面图可画在结构布置图上，如图 2. 3. 17 所示。

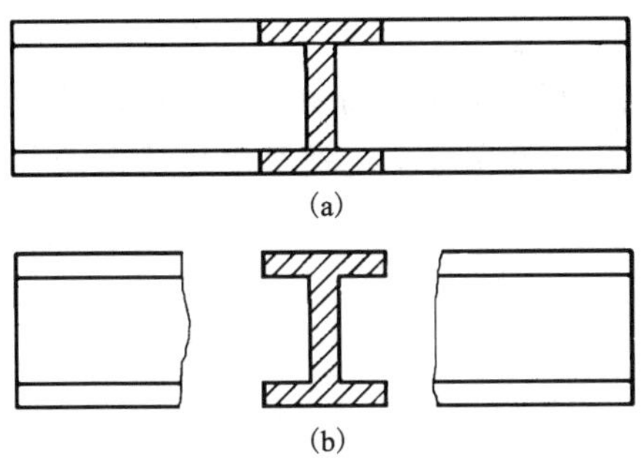

图 2. 3. 15　重合断面图与中断断面

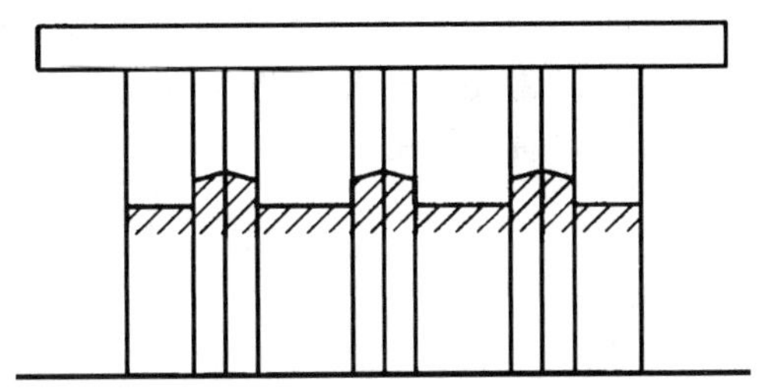

图 2. 3. 16　重合断面(建筑立面装饰线脚)

3) 中断断面图

将断面图画在形体投影图的中断处。如图 2. 3. 15(b)所示，用波浪线表示断裂处，并省略剖切符号。

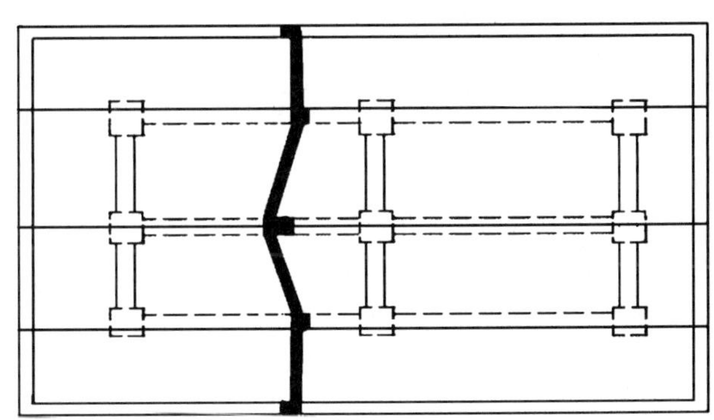

图 2. 3. 17　重合断面(断面图画在结构布置图上)

小　结

本部分完成的任务是绘制建筑构配件的剖面图和断面图。剖面图普遍应用在建筑工程图中各层平面图及剖面图中以及结构平面图中，而断面图常用在结构梁板的截面图中。因此，需要掌握剖面图和断面图的形成、画法以及其在实际中的应用。

1. 剖面图是假想用一个剖切平面，沿着形体的适当部位将形体剖切开来后作出的剩下部分的投影图；而断面图是将形体剖切开来后，仅作出截断面的投影图。

2. 断面图仅画出截断面的投影，而剖面图除画出截断面的投影，还需画出沿剖视方向看得到的其他部分的轮廓线的投影，因此剖面图包含断面图。凡被剖切到的主要建筑构造(包括构配件)的截面轮廓线用粗实线画出，并在截面轮廓线范围内画上该物体采用的建筑材料图例，未指明材料时，画上间距相等的45°细实线。

3. 剖面图按剖切方式的不同分为全剖面图、半剖面图、局部剖面图、阶梯剖面图等。全剖面图普遍应用在建筑工程图中各层平面图及剖面图中；半剖面图应用在外形比较复杂且内部形状为左右或前后对称的形体；局部剖面图应用在只需要显示其局部构造，并需要保留原形体投影图大部分外部形状的形体；阶梯剖面图用于当一个剖切平面不能将形体沿需要表达的部位剖切开时，将剖切平面转折成阶梯形状，沿需要表达的部位将形体剖切开来，这样可减少剖面图的数量。

4. 断面图按其配置不同分为移出断面图、重合断面图、中断断面图。断面图应用于某些单一的杆件或需要表示某一局部的截面形状；重合断面应用在房屋建筑图中建筑立面装饰线脚以及结构梁板的断面。

模块三　建筑工程图的识读与绘制

模块任务

任务1　识读并绘制建筑施工图

任务2　识读并绘制结构施工图

任务3　识读并绘制室内给排水施工图

能力目标

● 具有对建筑、结构、给排水施工图的识读与绘制能力；识读建筑工程图的能力也是建筑工程领域施工员、造价员、安全员、资料员等八大员十岗位的任职资格要求；

● 具有独立分析与解决具体问题的综合素质能力；

● 具备团队协作能力。

知识目标

● 了解建筑设计说明、门窗表、装修做法表的表述方法，了解总平面图的图示方法和图示内容，掌握建筑施工图(平面图、立面图、剖面图、建筑构造详图)的图示方法和图示内容、识读与绘制方法；

● 了解结构施工图的内容，掌握结构设计说明、基础、梁、板、柱、楼梯平法施工图的图示方法和图示内容、识读与绘制方法；

● 了解室内给排水施工图的内容，掌握室内给排水平面图、管道系统图、管道构配件详图的图示特点和识读与绘制方法。

任务1　识读并绘制建筑施工图

任务要求

1. 识读图1.1.1所示建筑施工图，按技能抽查要求完成表3.1.1所示的识读记录。

表3.1.1　读图记录表

问　　题	回　　答
1. 总平面图中新建建筑物与原来建筑物的表达有何不同?	
2. 装修表中门厅、会议室、男女卫生间各采用什么地面?	
3. 建筑平面图中散水暗沟、台阶、屋面防水、泛水、雨水口标准图集索引及含义是什么? 该建筑的开间和进深尺寸有哪些?	
4. 建筑立面图中勒脚、外墙装饰装修做法标准图集索引及含义是什么? 建筑立面图如何命名的?	
5. 1—1剖面图中屋面形状是什么? 楼地面标高和屋面标高是多少? 2—2剖面图中地面、楼面、屋面的构造做法如何?	
6. 楼梯剖面详图中楼梯的结构形式和建筑形式分别是什么?	

2. 用绘图纸、铅笔(或墨线)，选择合适的图幅和比例分别抄绘图 1.1.1(六)、(九)、(十一)所示建筑一层平面图、①~⑤轴立面图、1—1 剖面图、墙身节点详图、楼梯平面详图、楼梯剖面详图。要求图面布置适中、均匀、美观，图面整体效果好，投影关系正确，图纸内容清晰，图形表达完善，图面整洁清晰，满足国家有关制图标准要求(尺寸标注齐全、字体端正整齐、线型粗细分明)和中南地区建筑标准设计要求，并应用于实际中。

问题引入

1. 首页图和总平面图主要表达了哪些内容？

2. 建筑平、立、剖面图的图示方法和图示内容有哪些？如何识读与绘制？

3. 墙身节点详图、楼梯平、剖面详图的图示方法和图示内容有哪些？如何识读与绘制？

实践指导

1. 建筑平面图的画法[以图 3.1.2(d)所示一层平面图为例]

(1)画纵横向定位轴线，根据开间和进深尺寸定出各轴线[图 3.1.2(a)]；

(2)画墙身厚度及柱的轮廓线[图 3.1.2(b)]；

(3)定门窗洞位置(定门窗洞位置时，应从轴线往两边定窗间墙宽，这样门窗洞宽自然就定出了)，画窗的图例及门的开启线，画室内楼梯踏步、栏杆、卫生间、盥洗间设施，画室外台阶、散水暗沟等细部，画上轴线编号圆圈、剖视的剖切符号、索引符号、尺寸标注线、标高符号等[图 3.1.2(c)]；

(4)经检查无误后，擦去多余的作图线，按线型要求加深或加粗图线，或上墨线。并注写图名、比例、房间名称、尺寸及标高、索引以及门窗、轴线、剖视的剖切符号的编号和其他有关文字说明等，最后完成平面图形[图 3.1.2(d)]。

2. 建筑立面图的画法[以图 3.1.3(d)所示①~⑤立面图为例]

(1)先画两端定位轴线、外墙轮廓线、室外地平线(超出外墙轮廓线 10~15 mm)、层高控制线、檐口线和女儿墙压顶线[图 3.1.3(a)]。在合适的位置画上室外地平线，定外墙轮廓线时，如果平面图和正立面图画在同一张图纸上，则外墙轮廓线应由平面图的外墙外边线，根据“长对正”的原理向上投影而得。根据标高画出檐口线、女儿墙轮廓线(其他图中如无女儿墙时，则应根据侧面或剖面图上屋面坡度的脊点投影到正立面定出屋脊线)。

(2)定门窗、雨篷、阳台、勒脚、台阶位置，画门窗洞、窗台、遮阳板、雨篷、阳台、勒脚、台阶等细部[图 3.1.3(b)]。高度方向位置尺寸根据标高确定，平面方向位置尺寸根据对应平面图上外墙轴线墙身上的门窗宽及其他细部的投影(长对正)或尺寸所得，如①~⑤立面图为一层Ⓐ轴处雨篷和台阶以及其余Ⓑ轴墙面的投影，则立面图上门窗宽度在一、二层平面图的Ⓑ轴上，台阶、雨篷、檐口分别在一层、二层、屋顶平面图上。

(3)画门窗细部、轴线编号圆圈、索引符号、尺寸标注线、标高符号等[图 3.1.3(c)]，应注意各标高符号的45°等腰直角三角形的顶点应在同一条竖直线上。

(4)经检查无误后，擦去多余的线条，按线型要求加粗或加深图线，或上墨线，画出少量门窗扇、并注写图名、比例、尺寸及标高、索引以及轴线的编号和其他有关文字说明等，完成全图[图 3.1.3(d)]。

3. 建筑剖面图的画法[以图 3.1.4(d)所示 1—1 剖面图为例]

画剖面图应根据平面图中的剖视的剖切符号和编号，分析所画剖面图哪些是剖到的、哪些是看到的。

(1)定墙身轴线、室内外地平线、楼面线、顶棚线、屋面线和女儿墙高度。室内外地平线根据室内外高度差确定，若剖面图与立面图布置在一张图纸内的同高位置，则室外地平线可由立面图投影而来[图3.1.4(a)]。

(2)定墙厚、楼板厚，画出天棚、屋面坡度线和屋面厚度；定门窗、楼梯、檐口位置，画门窗、门窗过梁、窗台、遮阳板、梯段、平台、檐口、女儿墙、梁板、散水、暗沟、雨篷等细部[图3.1.4(b)]。

(3)画门窗细部、轴线编号圆圈、索引符号、尺寸标注线、标高符号、坡度符号等[图3.1.4(c)]；

(4)经检查无误后，擦去多余的线条，按线型要求加粗或加深图线，或上墨线。注写图名、比例、尺寸及标高、索引以及轴线的编号和其他有关文字说明等，完成全图[图3.1.4(d)]。

4. 墙身节点详图的画法[以图1.1.1(十二)所示2—2剖面图为例]

(1)先定定位轴线，根据墙厚画墙身轮廓线，根据标高尺寸定墙身节点位置(注意折断位置和标高尺寸)；

(2)根据标高尺寸确定室外地坪、室内地面、楼面、屋面位置，根据构造层次和构造厚度画出楼地面和屋面，画散水暗沟、勒脚、踢脚、窗台、窗顶、檐口、女儿墙等细部及保温层、粉刷层等；

(3)画门窗细部、轴线编号圆圈、索引符号、引出线、尺寸标注线、标高符号、坡度符号等；

(4)经检查无误后，擦去多余的线条，按线型要求加粗或加深图线，或上墨线，注写图名、比例、尺寸及标高、索引以及轴线的编号和其他有关文字说明等，完成墙身节点详图。

5. 楼梯详图的画法

(1)楼梯平面图的画法

1)确定绘图比例，画出楼梯间的定位轴线和墙身轮廓线，定出平台宽度、楼梯段长度和宽度；

2)画门窗、箭头、标高符号、踏步线、栏杆扶手等，填充墙柱材料图例符号；

3)画上轴线编号圆圈、剖视的剖切符号、索引符号、尺寸标注线、标高符号等；

4)经检查无误后，擦去多余的作图线，按线型要求加深或加粗图线，或上墨线，并注写图名、比例、尺寸及标高、索引以及门窗、轴线、剖视的剖切符号的编号和其他有关文字说明等，最后完成楼梯平面详图。

(2)楼梯剖面图的画法(屋面有时可以省略)

1)确定绘图比例，一般同楼梯平面图，画出墙身的定位轴线和室内外地面线、各层楼面、平台的位置；

2)定墙厚、平台厚、楼板厚，画出楼梯踏步(图3.1.1所示)、栏杆扶手以及门窗、梁等，并填充材料图例；

3)画轴线编号圆圈、索引符号、尺寸标注线、标高符号等；

4)经检查无误后，擦去多余的线条，按线型要求加粗或加深图线，或上墨线，注写图名、比例、尺寸及标高、索引以及轴线的编号和其他有关文字说明等，最后完成楼梯剖面详图。

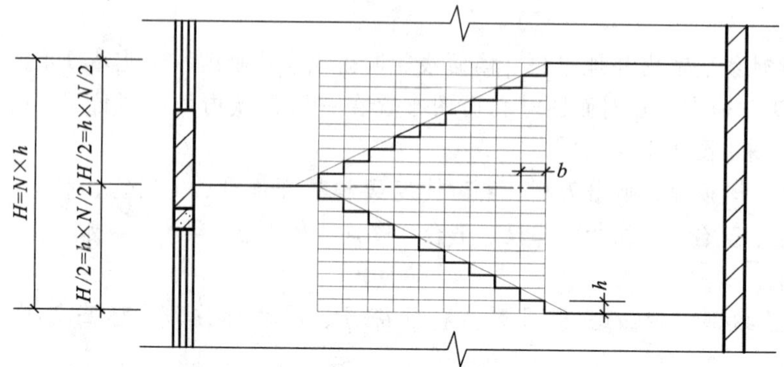

图 3. 1. 1　楼梯踏步的画法

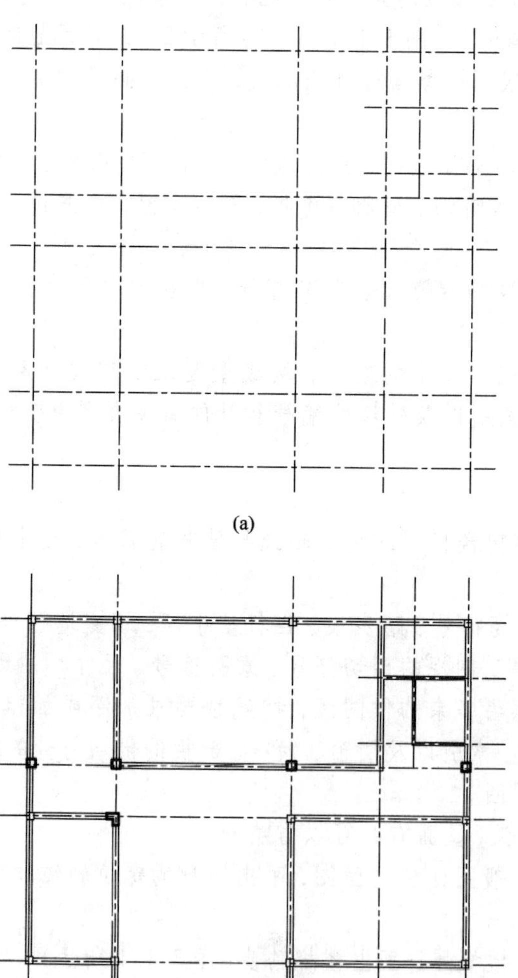

(a)

(b)

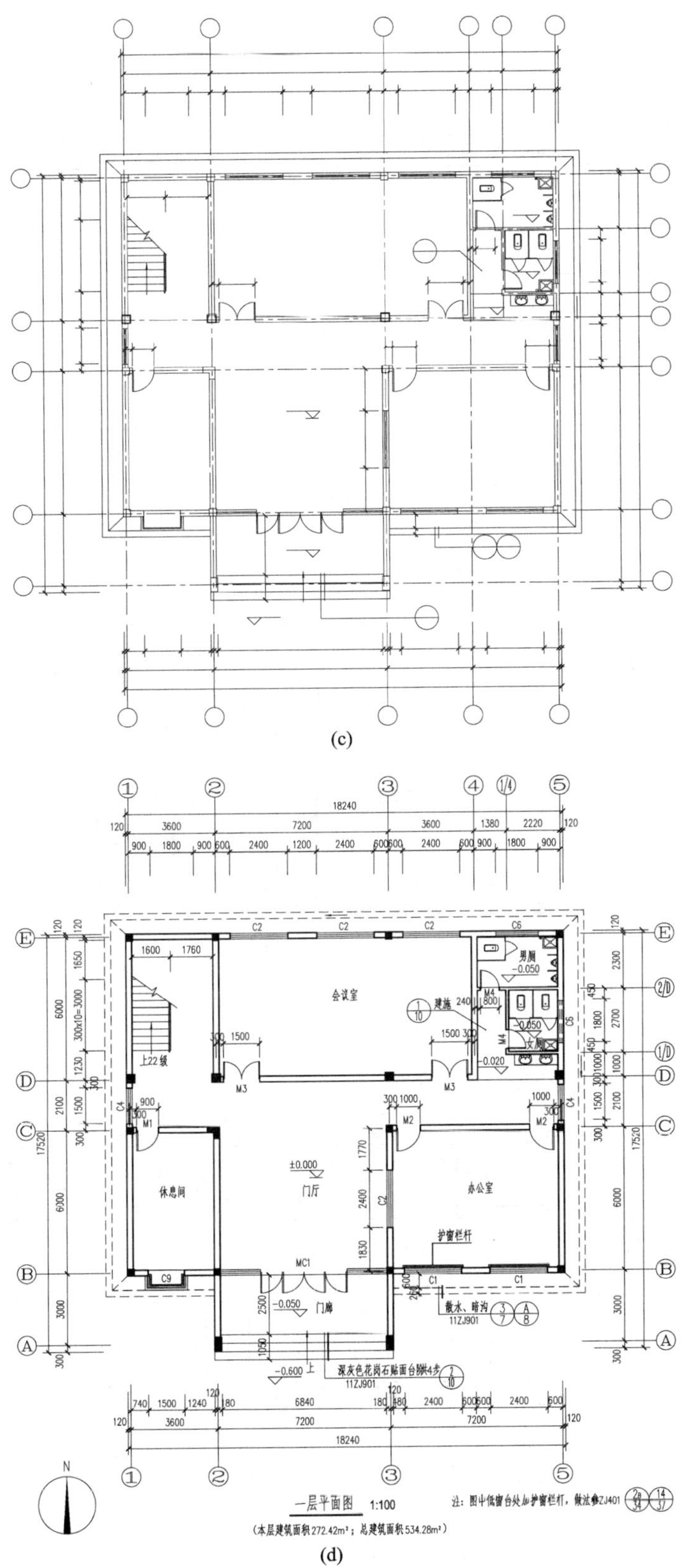

图 3.1.2　建筑平面图的画法

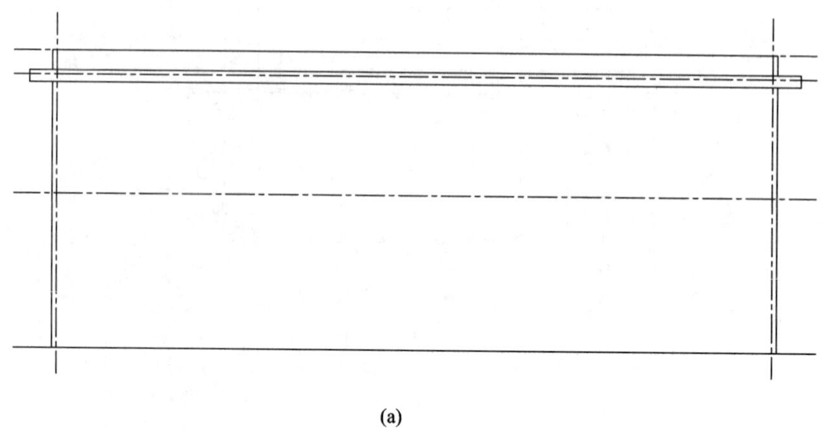

(a)

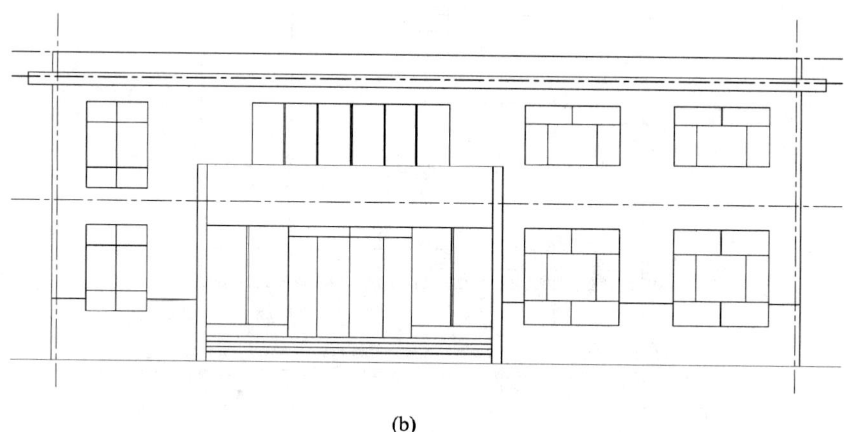

(b)

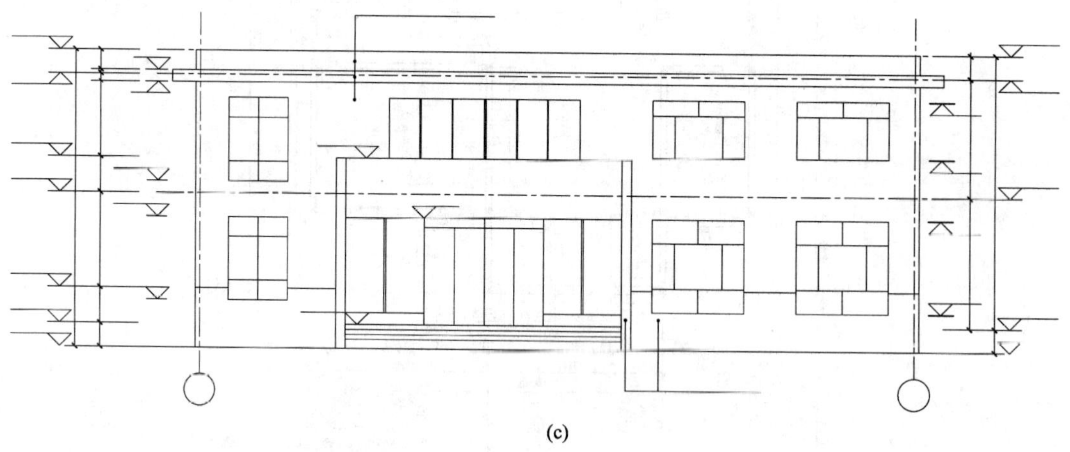

(c)

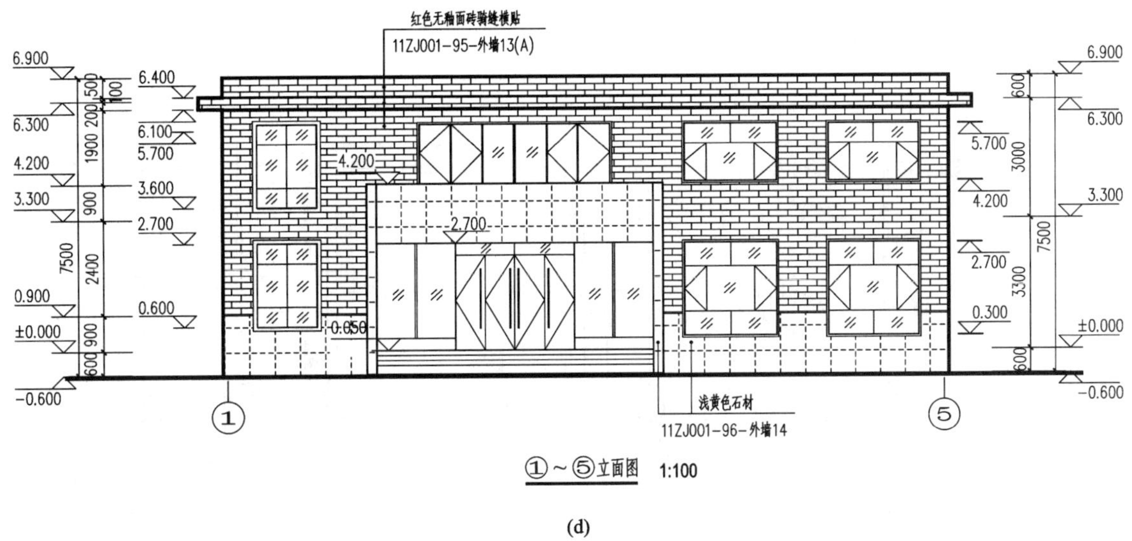

(d)

图 3.1.3　建筑立面图的画法

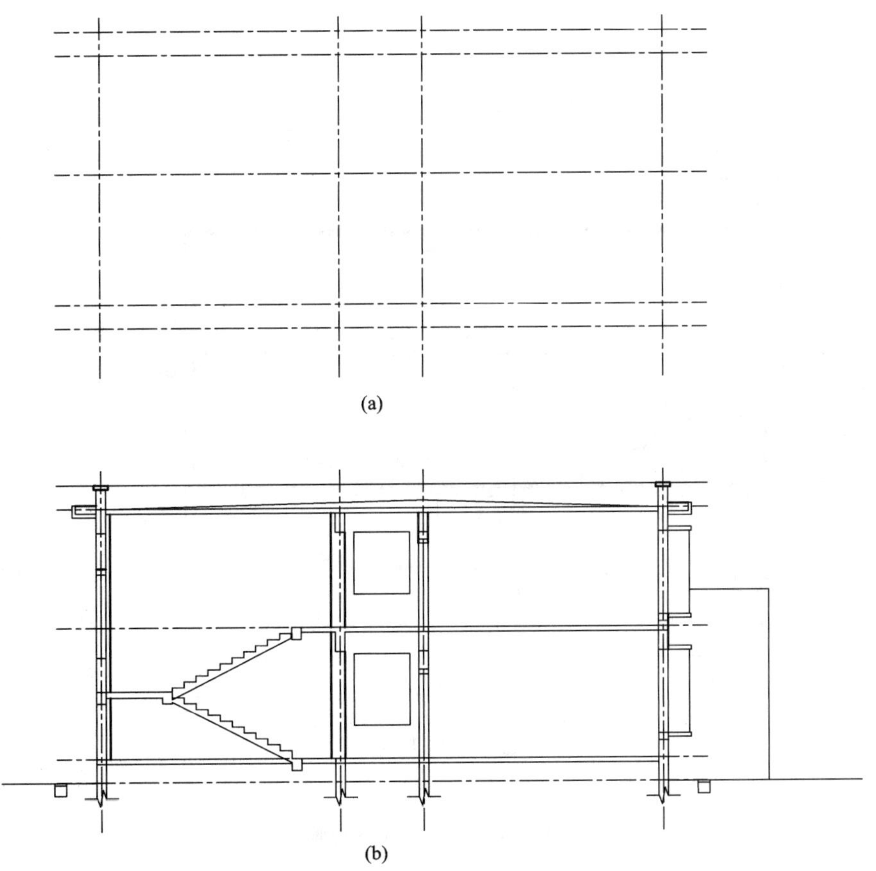

(a)

(b)

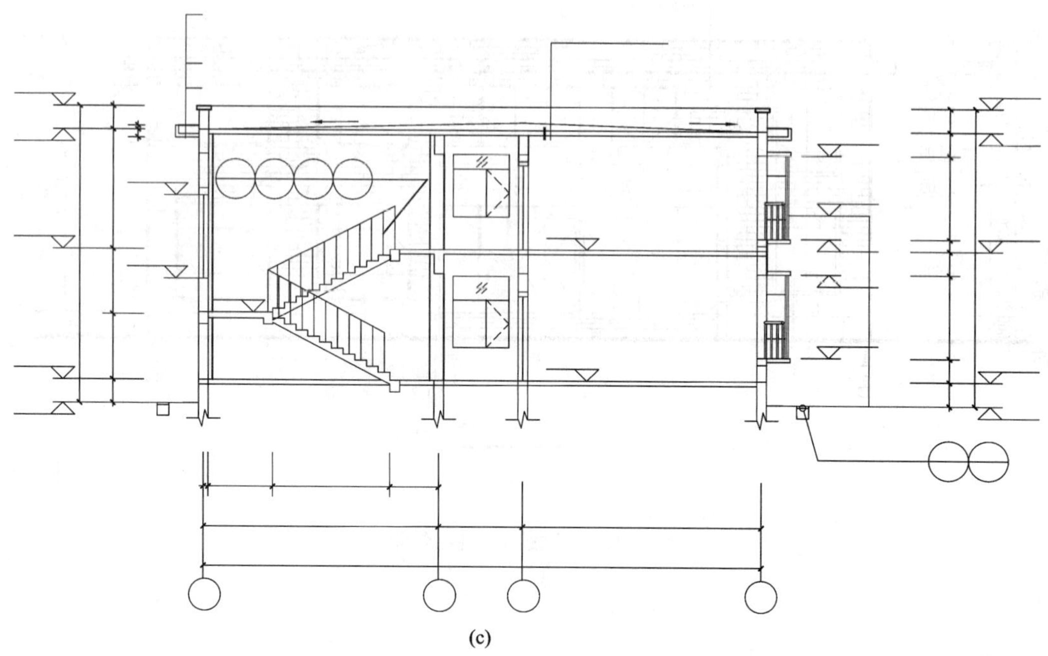

(c)

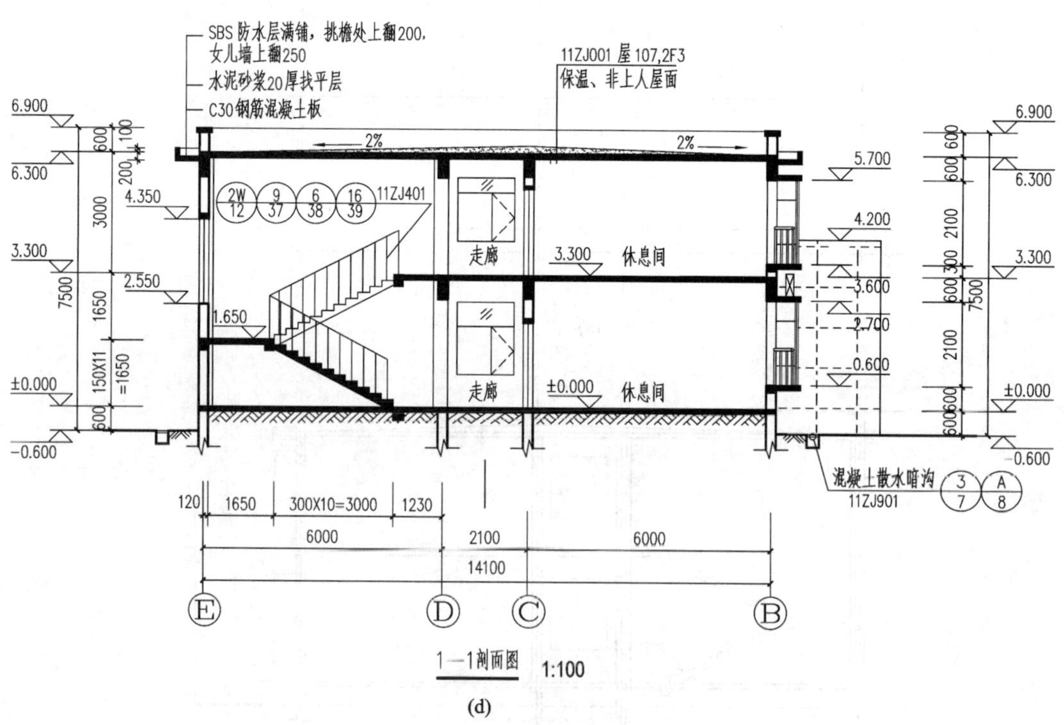

1—1剖面图 1:100

(d)

图 3.1.4 建筑剖面图的画法

知识链接

建筑施工图

1. 首页图与建筑总平面图

(1)首页图[如图1.1.1(一)、(二)、(三)、(四)所示]

首页图是全套施工图纸的第一张。为了便于查阅全套施工图，了解房屋的构造做法及构件数量，对要施工的建筑有一个总体的大致了解。首页图的内容包括全套图纸的目录、设计说明、建筑装修及工程做法、构配件统计表和门窗表等。

1)图纸目录：说明该工程由哪几个专业的图纸所组成、图号顺序和各专业图纸名称，如图1.1.1(一)或表3.1.2所示。其目的为便于查阅图纸、掌握内容、方便施工。

2)设计说明：主要说明工程概况和总的要求。

①工程概况(总建筑面积、占地面积、设计使用年限、耐火、防水等级、层数、户数等内容)：图1.1.1(二)建筑设计总说明中，本工程结构形式为钢筋混凝土框架结构；建筑类别为3类，设计使用年限为50年，建筑耐火等级为二级，屋面防水等级为Ⅱ级；总建筑面积为534.28 m^2，占地面积为283.28 m^2，建筑层数为二层，一层层高为3.3 m，二层层高为3.0 m，建筑高度为6.7 m。

表3.1.2　图纸目录

图别	图号	图纸名称	备注
首页	00	图纸目录、建筑设计总说明、门窗表、室内装修表、总平面图	
建施	01	一层平面图、①～⑤轴立面图、1—1剖面、工程做法表	
	02	二层平面图、⑤～①轴立面图、Ⓔ～Ⓐ轴立面、Ⓐ～Ⓔ轴立面	
	…		
结施	01	结构设计说明	
	02	基础平面图、基础大样图、基础表	
	03	柱平面布置图、柱表	
	04	板平法施工图、梁平法施工图	
	…		
水施	1	给排水设计说明	
	…	给排水管道平面布置图、给水系统轴测图、排水系统轴测图、卫生器具或用水设备的安装详图	
电施	1	电气照明设计说明	
	…	电气照明平面图、电气照明系统图	
暖施	1	采暖设计说明	
	…	采暖平面图、系统轴测图、详图	
装施	1	装饰设计说明	
	…	装饰平面图、装饰立面图、装饰详图	
…	…		

②设计依据：本工程的设计依据包括建设、规划主管单位和消防、人防有关部门对初步设计或方案设计的批复，工程初步设计或方案设计文本和图纸，现行的国家、省、市有关政策、规范、规定和标准，以及国家有关的工程施工及验收规范和标准图集(图中采用的标准图集为中南地区标准图集)等。

③本工程图面标注(标高、尺寸单位、标准图集等)：本工程设计标高 ±0.00 = 54.80 m (黄海高程基准)，尺寸单位标高为米(m)，其他为毫米(mm)，各层标高为建筑完成面标高，屋面标高为结构面标高。

④墙体工程：墙体未注明者均为 240 mm 厚，卫生间隔墙均为 120 mm 厚；±0.000 以下墙体采用 MU10 实心砖，M7.5 水泥砂浆砌筑，±0.000 以上墙体为 M5.0 混合砂浆砌筑 MU10 烧结多孔砖，烧结多孔砖砌筑建筑构造见国标 04J101；墙身防潮层为 20 mm 厚 1∶2.5 水泥砂浆加 5% 的防水剂置于标高 -0.060 m 处(地梁在室外地面以上者不设)。

⑤楼地面工程：除注明外，门廊、盥洗间、厕所较相应楼地面低 50 mm、20 mm、50 mm，楼地面做法见工程做法表[图 1.1.1(三)、(四)]。

⑥屋面工程：屋面为钢筋混凝土平屋面，柔性防水、水泥砂浆保护层、保温、非上人屋面，做法详 11ZJ001 屋 107，2F3。屋面排水采用 ϕ110 硬质 PVC 塑料雨水管，做法见 11ZJ201 4/37。

⑦门窗工程：见门窗表[图 1.1.1(三)]。

⑧装饰装修：外墙装饰做法见各立面图标注，其他见标准图集和装修表[图 1.1.1(三)、(四)]。

⑨楼梯栏杆：采用不锈钢栏杆、硬木扶手，做法见 11ZJ401 2W/12，9/37，6/38，16/39。

⑩其他事项均按国家有关施工及验收规范执行。

(2)建筑总平面图[图 1.1.1(五)]

1)建筑总平面图的含义和作用及常用绘图比例

建筑总平面图，简称总平面图，它是将新建建筑工程一定范围内的建筑物、构筑物及其自然状况，用水平投影图和相应的图例画出来的图样，用以表明新建建筑物及其周围的总体布局情况，主要反映新建建筑物的平面形状、位置和朝向及其与原有建筑物的关系、标高、道路、绿化、地貌、地形等情况。

建筑总平面图可作为新建房屋定位、施工放线、土方施工以及绘制水、暖、电等管线总平面图和施工总平面图布置的依据。

建筑总平面图的比例一般为 1∶500、1∶1000、1∶2000 等，因区域面积大，故采用小比例，房屋只用外围轮廓线的水平投影表示，通常用图例说明。

2)建筑总平面图表达的内容

①总平面图例：采用图例来表明新建建筑、扩建建筑等的总体布置，表明各建筑物及构筑物的位置、道路、广场、室外场地和绿化、河流、池塘等的布置情况以及新建建筑物的层数等。图例见《总图制图标准》(GB/T 50103—2010)，如表 1.1.15 所示是选用的部分总平面图及道路与绿化图例。

②新建建筑的定位尺寸：确定新建工程的平面位置，一般可以根据原有建筑、道路、用地红线或坐标来定位，以米(m)为单位标出定位尺寸。

③确定标高：以米为单位，包括建筑物首层地面的绝对标高、室外地坪及道路的标高。

表明土方挖填情况、地面坡度及雨水排除方向。附近的地形情况一般用等高线或室外地坪标高表示，由等高线或室外地坪标高可以分析出地形的高低起伏情况。

④朝向和风向：用指北针表示房屋的朝向或用风向频率玫瑰图表示当地常年各方位吹风频率和房屋的朝向。风向玫瑰图是根据某一地区气象台观测的风向资料绘制出的图形，因图形似玫瑰花朵而得名。风向玫瑰图表示风向的频率。风向频率是在一定时间内各种风向出现的次数占所有观察次数的百分比。根据各个方向风的出现频率，以相应的比例长度按风向中心吹，描在用 8 个或 16 个方位所表示的图上，然后将各相邻方向的端点用直线连接起来，绘成一个形成一个宛如玫瑰的闭合折线，就是风向玫瑰图。风向玫瑰图用于反映建筑场地范围内常年主导风向（用实线表示）和夏季（6、7、8 三个月）的主导风向（用虚线表示），图中线段最长者即为当地主导风向，为城市规划、建筑设计和气候研究所常用。

⑤其他：如管线综合、竖向设计、道路剖面及绿化布置等内容视各工程设计情况而定。

3）建筑总平面图识读示例[以图 1.1.1（五）所示总平面图为例]

①读图名、比例。该图为总平面图，比例为 1∶500。

②读图例，了解工程性质、用地范围、地形地貌和周围环境情况。从图中可知，该总平面图表示的是某单位用地红线范围内的局部平面总体布局，新建建筑为二层（图中 2F 表示）办公楼，平面形状为 T 形（用粗实线表示），位于用地红线东南角；该区域范围内原有建筑物和构筑物有办公楼、教学楼、住宅楼、食堂、门卫、停车棚等（用细线表示），还有计划扩建的实验楼和宿舍楼（用中虚线表示）；主要出入口在南边，图中还表示了中心广场、停车坪、道路和绿化等情况，该区域北向和东南角上均有护坡，且东南角上有沟渠。

③读尺寸，了解新建建筑平面尺寸和定位尺寸。新建建筑以坐标或用地红线与原有建筑来定位，本建筑用测量坐标定位，根据角点坐标可以知道建筑物的长度方向两端定位轴线之间的距离为 18.00 m、宽度方向（除突出部分外）两端定位轴线之间的距离为 14.10 m。

④读标高，了解室内外地面的高差、地势的高低起伏变化和雨水排除方向。从图中可以看出新建办公楼室内一层地面 ±0.00 相当于绝对标高 54.80 m；从图中等高线可知，该区域西北方向地势较高，东南方向地势较低，雨水排除应考虑从北向流向南向。

⑤读指北针或风向频率玫瑰图，了解建筑物的位置、朝向和风向。读图中风向频率玫瑰图可知新建办公楼位于用地红线东南角，坐北朝南，全年主导风向以东南和东北方向为主，明确风向有助于建筑构造的选用和材料堆场的布置以及其他一些注意事项。

2. 建筑平面图

（1）建筑平面图的图示方法和图示内容

1）建筑平面图的图示方法

建筑平面图是假想用一个水平剖切平面沿各层门、窗洞口部位（指窗台以上、过梁以下的适当部位）水平剖切开来，对剖切平面以下的部分所作的水平投影图（如图 3.1.5 所示）。建筑平面图主要表达房屋的平面形状、大小和房间的布置、用途、墙或柱的位置、厚度、材料、门窗的位置、大小和开启方向等。作为施工时定位放线、砌墙、安装门窗、室内装修及编制预算等的重要依据，是施工图中的重要图纸。

建筑平面图常用 1∶50、1∶100、1∶200 的比例绘制。凡被水平剖切到的墙、柱等断面轮廓线用粗实线（b）画出，门的开启线、门窗轮廓线、屋顶轮廓线等构配件用中粗实线（0.7b）画出，其余可见轮廓线均用中实线（0.5b）画出，图例填充线、家具线、纹样线用细实线（0.25b）

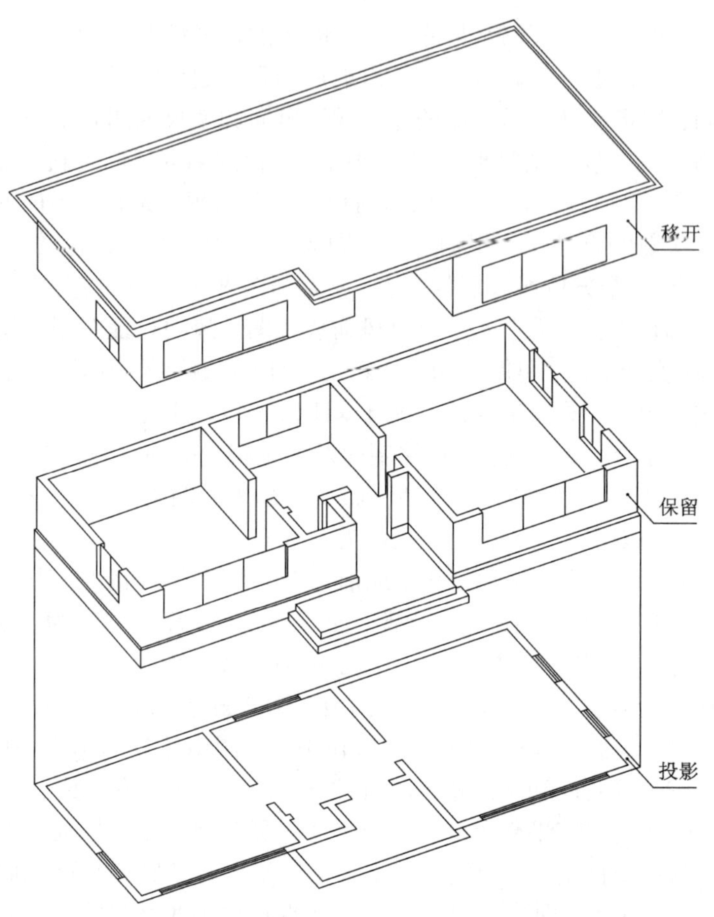

图 3.1.5　建筑平面图的形成

画出，如需表达高窗、通气孔、搁板等不可见部分，则应以中粗虚线或中虚线绘制，如模块一的表 1.1.8 所示。由于房屋的体形很大，画图的比例通常较小，对于某些构造及配件不可能也没必要按真实投影画出，故可采用《建筑制图标准》(GB/T 50104—2010)规定的图例表示，如模块一的表 1.1.14 所示。

当建筑物各层的房间布置不同时，应分别画出各层平面图，如一层平面图、二层平面图、三、四……各层平面图、顶层平面图、屋顶平面图等。相同的楼层可用一个平面图来表示，称为标准层平面图。如平面对称，可用对称符号将两层平面图各画一半合并成一个图，并在图的下方左、右分别注写图名和比例。

2)建筑平面图的图示内容

①一层平面图：表示一层房间的平面布置、用途、名称、房屋的出入口、走道、楼梯等的位置，门窗类型、水池、搁板等，室外台阶、散水、雨水管、指北针、轴线编号、剖切符号、索引符号、门窗编号等内容。

②楼层平面图：楼层平面图的图示内容与一层平面图基本相同，不同之处在于：在楼层平面图中，不必再画出一层平面图中已表示的指北针、剖切符号，以及室外地面上的台阶、花池、散水或明沟等。但应该按投影关系画出在下一层平面图中未表达的室外构配件和设

施，如下一层窗顶的可见遮阳板、出入口上方的雨篷等。楼梯间上行的梯段被水平剖断，绘图时用45°倾斜折断线分界。

③屋顶平面图：屋顶平面图是将高于屋顶女儿墙水平投影后或楼梯间（有上人屋面楼梯间时）水平剖切后，用适当比例绘出的屋顶俯视图。在屋顶平面图中，一般表明突出屋顶的楼梯间、电梯机房、水箱、管道、烟囱、上人口等的位置和屋面排水方向（用箭头表示）及坡度、分水线、女儿墙、天沟、雨水口的位置以及隔热层、屋面防水、细部防水构造做法等。图中屋面为平屋面，前后两个方向排水，中间设分水线，排水坡度为2%，屋面防水构造做法为11ZJ001 屋 107，2F3（保温、非上人屋面），细部构造做法如泛水构造为 11ZJ201 1/11。

（2）建筑平面图识读示例［**以图** 3.1.2（d）**所示一层平面图为例**］

1）读图名、比例。在平面图下方应注出图名和比例，从图中可知是一层平面图，比例为1∶100。

2）读指北针，了解建筑物的方位和朝向。图中所示建筑正面朝南，背面朝北。

3）读定位轴线及编号，了解各承重墙、柱的位置。图中横向定位轴线①～⑤轴间有 5 根主轴线和 1 根分轴线（1/4 轴线），纵向定位轴线Ⓐ～Ⓔ轴间有 5 根主轴线和 2 根分轴线（(1/D)、(2/D)），定位轴线均位于墙中间。

4）读房屋的内部平面布置和外部设施，了解房间的分布、用途、数量及相互关系。图中平面形状为 T 形内廊式建筑。主要出入口大门和门厅在南向中间偏左，南向门厅两侧还设有休息间和办公室；北边中间为会议室，东头为男女卫生间，西头为楼梯间，上行的梯段被水平剖切面切断，用45°倾斜折断线表示；出入口室外台阶设有 4 个踏步，房屋四周设有散水和排水沟。

5）读门、窗及其他构配件的图例和编号，了解它们的位置、类型和数量等情况。门、窗代号分别为 M、C（汉语拼音首写字母大写），如图中大门为门连窗，编号为 MC1，只有 1 个，宽度为6900（结合门窗表）。施工图中对于门窗型号、数量、洞口尺寸及选用标准图集的编号等一般都列有门窗表，见模块一的图 1.1.1（三）所示门窗表。

6）读尺寸和标高，可知房屋的总长、总宽、开间、进深和构配件的型号、定位尺寸及室内外地坪的标高。平面图中，外墙一般要标注三道尺寸，最外一道为建筑物的总长和总宽，如图中房屋总长 18240 mm，总宽 17520 mm；中间一道是轴线间尺寸，表示房屋的开间和进深、走廊等尺寸，如图中房间开间 3600 mm、7200 mm 等，进深 6000 mm，走廊 2100 mm 宽等；最里面一道为细部尺寸，表示门窗等的定位和定形尺寸，如图中 C2 窗的定形尺寸为 2400 mm、定位尺寸为 600 mm 等。此外还应注出必要的内部尺寸、外部尺寸和某些局部尺寸以及楼地面的标高等，如图中 M3 门洞的定形尺寸为 1500 mm、定位尺寸为 300 mm；散水的宽度 600 mm、排水沟的宽度 260 mm；楼梯的定位尺寸 1230 mm、1650 mm，梯段的定形尺寸（长度）为 3000 mm、宽度为 1600 mm；室内外地面标高 ±0.000 m、−0.050 m、−0.600 m 等。

7）读剖切符号，了解剖切平面的位置和编号及投影方向；读索引符号，了解详图的编号和位置。在图样中的某一局部或构配件，如需另见详图时，常常用索引符号注明画出详图的位置、详图的编号以及详图所在的图纸编号。图中 1—1 剖视的剖切符号在①～②轴间，剖切后均向右投影；2—2 剖视的剖切符号在②～③轴间，剖切后均向左投影；图中还画出了索引符号，11ZJ901 2/10、3/7、A/8 分别表示台阶、散水暗沟的做法，见 2011 年版中南建筑标准图集编号 901 的第 10 面的第 2 个详图和第 7 面的第 3 个详图以及第 8 面的详图 A；厕所详图索引建施 1/10，表示厕所的布置及做法见本设计建施第 10 张图中编号为 1 的详图。

8）读标题栏，可以了解到设计单位名称、注册师签章、工程项目名称、图纸编号及内容、审核人员、设计人员、绘图人员姓名、日期等内容。

3. 建筑立面图

（1）建筑立面图的图示方法和图示内容

1）建筑立面图的图示方法

建筑立面图简称立面图，它是在与房屋立面平行的投影面上所作的房屋正投影图。立面图反映建筑的高度（尺寸和标高）、层数、外貌、线脚、门窗、窗台、雨篷、阳台、台阶、雨水管、烟囱、屋顶檐口等构配件以及立面装修的做法，它是表达房屋建筑图的基本图样之一，是确定门窗、檐口、雨篷、阳台等的形状和位置以及指导房屋外部装修施工和计算有关预算工程量的依据。

建筑立面图的比例一般与平面图一致。通常用特粗线（1.4*b*）表示地平线，用粗实线（*b*）表示立面图的外轮廓线，墙上构配件阳台、门窗、窗台、雨篷、勒脚、台阶、花台等轮廓线用中粗实线（0.7*b*）；其余细部图形线，如门窗分格线、详图材料做法引出线、墙面装饰分格线、栏杆、尺寸线等用中实线（0.5*b*）；图例线、纹样线等用细实线（0.25*b*）。

建筑立面图的名称，有定位轴线的建筑物，宜根据两端定位轴线号编注立面图名称，如①～⑤轴立面、⑤～①轴立面等；无定位轴线的建筑物可按平面图各面的朝向确定名称，如东、西、南、北立面；一般民用房屋以坐北朝南布置，这时南立面主要反映该房屋的外貌特征，作为主要立面，故又称正立面。相应的则有东、西立面，又称侧立面，北立面又称背立面。若房屋左右对称时，正立面图和背立面图也可合成一个图，同时画上对称符号，并在图的下方注写各自的图名。立面图上的门、窗扇等细部难以详细表达出来，则只用图例表示。它们的构造和做法另有详图、表格、文字说明或标准图集索引，习惯上在立面图上只画一两个门窗的图例作为代表，其他都可简化，只画出它们的轮廓线。

2）建筑立面图的图示内容

①外形和构配件：表明建筑物的外形、门窗、阳台、雨篷、台阶、雨水管、烟囱等的位置。

②装修与做法：外墙的装修与做法、要求、材料和色泽，窗台、勒脚、散水等的做法，其装饰做法和建筑材料也可用图例表示并加注文字说明。

③尺寸标注：立面图上的尺寸主要标注标高尺寸，室外地坪、勒脚、窗台、门窗顶等处完成面的标高，一般注在图形外侧，标高符号要求大小一致，整齐地排列在同一竖线上。

（2）建筑立面图识读示例［以图 3.1.3（d）所示①～⑤立面图为例］

1）从图名、比例及轴线编号，了解该图是哪一向立面图。如图中为①～⑤轴立面图，对照一层平面图的指北针可知是南向立面，比例为 1∶100。

2）读房屋的层数、外貌、门窗和其他构配件。图中房屋层数为二层，采用平屋顶。将立面图与各层平面图结合起来，可知该立面图表达的是一层Ⓐ轴处雨篷和台阶以及其余Ⓑ轴墙面的外貌，设门窗、檐口等，主要出入口大门位于房屋中部靠左，雨篷在出入口上方。

3）读外墙装修做法、装饰节点详图的索引符号。外墙面各部位（如墙面、檐口、雨篷、阳台、窗台、窗顶、勒脚等）的装修做法（包括用料和色彩），在立面图中常用引出线引出文字说明。立面图上有时标出各部分构造、装饰节点详图的索引符号。本图中勒脚、雨篷采用浅黄色石材，做法见 11ZJ001－96－外墙 14；墙面及装饰线子采用红色无釉面砖骑缝横贴，做法见 11ZJ001 – 95 – 外墙 13(A)。

4)读室外地坪、各层、门窗、檐口、女儿墙等完成面标高和竖向尺寸等。从图中可知室外地坪标高为 – 0.600，二层标高为 3.300，屋面标高为 6.300，门窗标高为 0.300、0.500、2.600、2.700、4.200、5.700、5.900 等，檐口标高为 6.100，女儿墙标高为 6.900。

4. 建筑剖面图

(1)建筑剖面图的图示方法和图示内容

1)建筑剖面图的图示方法

建筑剖面图，简称剖面图，它是假想用一铅垂剖切面将房屋剖切开后移去靠近观察者的部分，作出剩下部分(图 3.1.6 所示)的投影图。建筑剖面图主要反映建筑物内部的结构或构造方式、屋面形状、分层情况和各部位的联系、材料、构配件以及其必要的尺寸、标高等。它与平、立面图互相配合用于计算工程量，指导各层楼板和屋面施工、门窗安装和内部装修等，是不可缺少的重要图样之一。

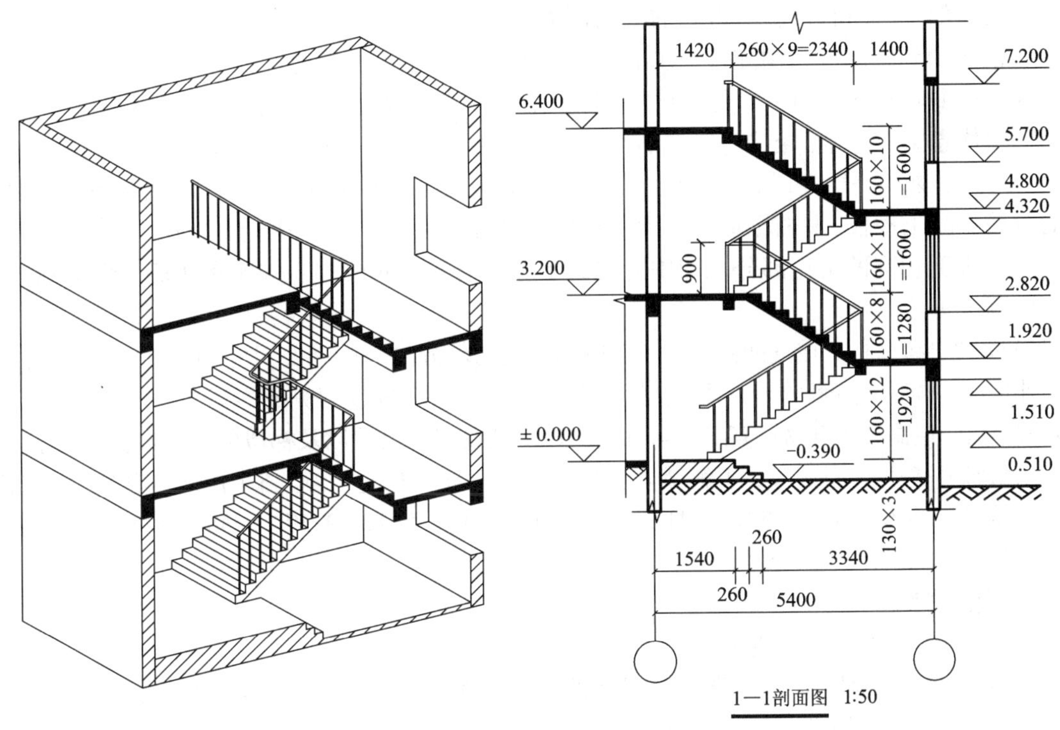

图 3.1.6　建筑剖面图的剖切

剖面图一般不画基础，图形比例及线型要求同平面图。剖面图的剖切部位和数量应根据房屋的用途或设计深度，在平面图上选择能反映全貌、构造特征以及有代表性的部位剖切；剖切面的位置一般为横向或纵向，应选择在房屋内部构造比较复杂或有代表性的部位，如门窗洞口和楼梯间等位置，剖视的剖切符号标注在一层平面图中，剖面图的图名应与平面图上所标注的剖视的剖切符号的编号一致，如 1—1 剖面图、2—2 剖面图等。剖面图中被剖切到的构配件应画上截面材料图例，如模块一的表 1.1.13 所示。当比例大于 1∶50 时，应画出抹灰层、保温隔热层等与楼地面、屋面的面层线，并宜画出材料图例；当比例等于 1∶50 时，宜画出保温隔热层、楼地面、屋面的面层线，抹灰层的面层线应根据需要确定；当比例小于

1:50 时，可不画出抹灰层，但宜画出楼地面、屋面的面层线；当比例为 1:100 ~ 1:200 时，可简化材料图例，钢筋混凝土断面涂黑，但宜画出楼地面、屋面的面层线；当比例小于 1:200 时，可不画材料图例，且楼地面、屋面的面层线可不画出。

2）建筑剖面图的图示内容

①剖面图中用标高尺寸和线性尺寸注写完成面标高及高度方向的尺寸，表明建筑物高度，表示构配件以及室内外地面、楼层、檐口、屋脊等完成面标高以及门窗、窗台高度等。

②表明建筑物各主要承重构件间的相互关系，各层梁、板及其与墙、柱的关系，屋顶结构及天沟构造形式等。

③可表示室内吊顶，室内墙面和地面的装修做法、要求、材料等各项内容。

(2)建筑剖面图识读示例[以图 3.1.4(d)所示 1—1 剖面图为例]

1）读图名、比例、定位轴线，与平面图对照，了解剖切位置、剖视方向。从图中可知是 1—1 剖面图、比例为 1:100，对照一层平面图中的剖切符号及其编号可知该剖面图是在①轴与②轴之间剖切后向右投影所得到的横向剖面图。

2）读剖切到的部位和构配件，在剖面图中应画出房屋室内外地坪以上被剖切到的部位和构配件的断面轮廓线。与平、立面对照，1—1 剖面图中所表达的被剖切到的部位有一、二层平面图中休息室、走廊、楼梯等，被剖切到的构配件有Ⓑ、Ⓒ、Ⓓ、Ⓔ轴上墙体及墙体上的门和窗、门窗过梁和一层地面、二层楼板、顶上屋面板及天沟，还有室外散水、暗沟等；其中剖到的钢筋混凝土楼板、楼梯、屋顶、梁、天沟等钢筋混凝土构件采用涂黑表示。

3）读未剖切到的可见部分。图中有走廊上窗、未剖到的楼梯、屋顶女儿墙、飘窗侧板以及门廊侧板等。

4）读尺寸和标高。在剖面图中，一般应标注剖切部分的一些必要尺寸和标高，图中标注了室内外地面、楼层、梯间平台、雨篷、女儿墙、檐口、窗台、窗顶等完成面标高以及门窗、窗台、女儿墙高度、层高、建筑物总高等，同时还注写了轴线间的尺寸以及梯段的长度和高度等。

5）读索引符号、图例等，了解节点构造做法、楼地面构造层次。图中涂黑部分表示钢筋混凝土构件，硬木扶手、不锈钢栏杆做法详见 11ZJ401 2W/12、9/37、6/38、16/39，混凝土散水暗沟详见 11ZJ901 3/7、A/8。

5. 建筑详图

(1)建筑详图的作用和内容

建筑详图是将房屋细部构造及构配件的形状、大小、材料做法等用较大的比例(1:1 ~ 1:50)按正投影法详细准确地表达出来的图样。详图下方应标注详图符号(或××剖面图、或××大样)，与被索引(或被剖切)的图样上的索引符号(或剖切符号)相对应，且在详图符号(或××剖面图、或××大样)的右下侧注写比例。详图比例大，表达详尽清楚，尺寸标注齐全，文字说明详尽，是房屋细部施工、室内外装修、门窗立口、构配件制作和编制工程预算等的重要依据。一幢房屋施工图通常需表达外墙剖面详图、某些局部详图[如卫生间布置，如图 1.1.1(十四)所示卫生间大样]、厨房布置以及楼梯间详图等]和构配件详图(如门窗、阳台、壁柜等，这些构配件详图一般可以查找标准图集或采用通用详图，不必再画详图)等。

(2)墙身节点详图

外墙剖面详图一般是由被剖切墙身的各主要部位的局部放大图组成，因此又称为墙身剖面节点详图，其节点表达外墙与地面、楼面、屋面的构造连接情况以及檐口、门窗顶、窗台、勒脚、散水、明沟的尺寸、材料、做法等构造情况。在墙身剖面详图上，应根据各构件分别画出所用材料图例。并在屋面、楼面和墙面画出抹灰线，表示粉刷层的厚度。对于屋面和楼地面的构造做法，一般用文字加以说明，被说明的地方均用引出线引出。凡引用标准图的部位，如勒脚、散水和窗台等其他构配件，均可标注有关的标准图集的索引编号，而在详图上只画出其简略的投影或图例来表示，并合理标注各部位的定形、定位尺寸，这是保证正确施工的主要依据。多层房屋中，若各层的构造情况一样，可只表达一层、中间层(楼层)、屋顶三个墙身节点的构造，如图 1. 1. 1(十二)所示 2—2 剖面图，识读方法如下：

1)读详图编号和墙身轴线编号，知道剖切位置。外墙剖面详图编号为 2—2 剖面，墙身轴线编号为Ⓔ轴，外墙的剖视的剖切符号表达在一层平面图中的Ⓔ轴线上。

2)从图中引出线读屋面、楼面、地面等的构造层次和做法。图中屋面因防水要求采用 9 层构造(从上往下)：①25 厚 1∶2. 5 或 M15 水泥砂浆，分格面积宜为 1 m^2；②满铺 0. 3 厚聚乙烯薄膜一层；③3. 0 厚 SBS 或 APP 改性沥青防水卷材；④1. 2 厚合成高分子防水涂料；⑤基层处理剂；⑥20 厚 1∶2. 5 水泥砂浆找平；⑦20 厚(最薄处)1∶8 水泥憎水膨胀珍珠岩找 2% 坡；⑧干铺 120 厚水泥聚苯板；⑨钢筋混凝土屋面板，表面清扫干净。图中还表达了楼面、地面的构造做法。

3)读檐口构造及排水形式。檐口是房屋的一个重要节点，当不画墙身剖面详图时，必须单独画出檐口节点详图或用索引符号查找标准图集。檐口节点主要表达屋面与墙身相接处的排水构造，如图中采用外天沟有组织的排水形式，图中还表达了女儿墙、压顶的形式及要求。

4)读门窗过梁(或圈梁)、窗台的构造及窗框的位置。如图中门窗过梁为钢筋混凝土矩形过梁，窗台做成斜坡以利排水，窗框位于墙的中间靠外侧。

5)读内、外墙装修、保温和勒脚、散水暗沟、踢脚、防潮层等墙身细部构造和索引。如图中混凝土散水做法索引 11ZJ901 3/7、A/8，排水坡度为 4%。

6)读各部分标高和墙身细部的具体尺寸。墙身剖面应标注室内外地坪、防潮层、各层楼面、屋面、窗台、圈梁或过梁、檐口、女儿墙等处的标高，以及墙身、散水、勒脚、窗台、檐口等细部的具体尺寸。如图中标高室内地面 ±0. 000、室外地坪 -0. 600、防潮层 -0. 060、二层楼面 3. 300、屋面 6. 300、窗台 0. 900、4. 200、窗顶过梁 2. 700、5. 700、檐口 6. 100 m 等，散水宽度 600，暗沟尺寸 260，檐沟挑出尺寸 600、立边高度 300，墙身厚度 240，轴线位于墙中心。

(3)楼梯详图

楼梯是多层房屋上下交通的主要设施，它除应满足人流通行及疏散外，还应有足够的坚固耐久性，楼梯由梯段(包括踏步和斜梁)、平台(包括平台梁和平台板)、栏杆(或栏板)等组成。楼梯详图主要表示楼梯的类型、结构形式、各部位尺寸及做法，是楼梯施工的主要依据。

楼梯详图一般包括楼梯平面图、剖面图、踏步及栏杆等节点详图，并尽可能把它们画在同一张图纸内。楼梯详图一般用 1∶50 的比例画出，节点详图一般采用 1∶2 ~ 1∶20 的比例画出。楼梯详图有建筑详图和结构详图，分别编入“建施”和“结施”中。

1)楼梯平面图

楼梯平面详图是房屋平面图中楼梯间部分的局部放大图。多层房屋的楼梯，当中间各层的楼梯位置、梯段数、踏步数、踏步尺寸均相同时，一般只表达底层、二层或中间层和顶层楼梯平面详图(如图 3. 1. 7 所示)。当为两跑楼梯时，楼梯平面图是沿两跑楼梯之间的休息平台的下表面作水平剖切向下投影而得。按《建筑制图标准》规定，应在楼梯底层、中间层平面图

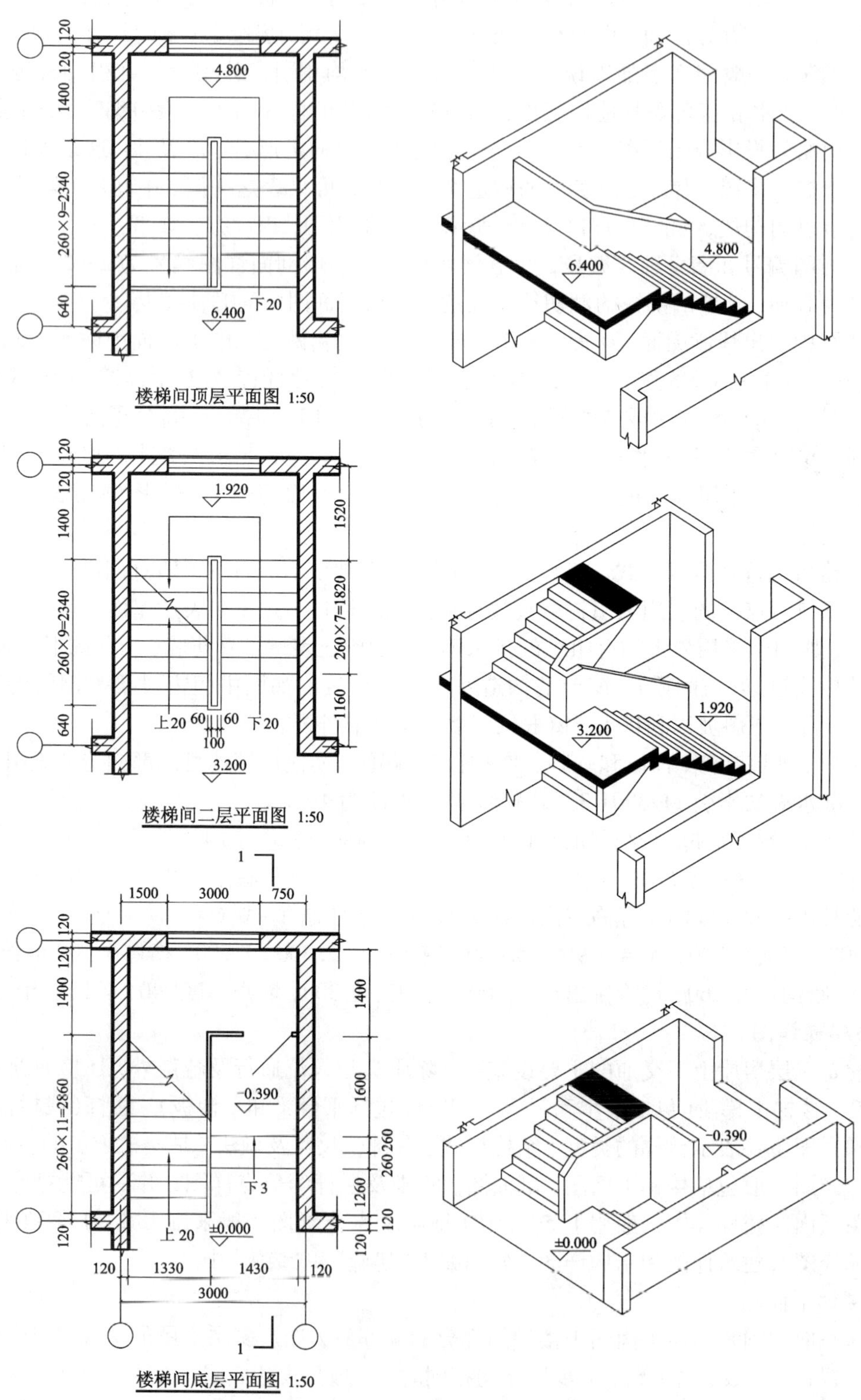

图 3.1.7 楼梯平面图的形成

上行的梯段中以45°细斜折断线表示水平剖切面剖断的投影，并表达该段楼梯的全部踏步数，图中箭头表示上或下的方向，并注明“上”或“下”字样，表示人站在该层的地面(或楼面)从该层往上或往下走。

如图3.1.7所示楼梯平面详图，比例为1∶50，除注出楼梯间的开间和进深尺寸、楼地面和平台面的标高尺寸外，还需注出各细部的详细尺寸。通常把梯段长度尺寸与踏面数、踏面宽的尺寸合并写在一起。图中底层楼梯平面图中的260×11=2860，表示该梯段有11个踏面，每一个踏面宽为260 mm，梯段长为2860 mm。为便于阅读、简化标注，通常将各楼梯平面详图画在同一张图纸内，互相对齐标出楼梯间的轴线，且在底层楼梯平面图标注楼梯剖面图的剖视的剖切符号。读楼梯平面图时，应注意梯段最高一级的踏面与平台或楼面重合，因此在楼梯平面图中，每一梯段画出的踏面数，总比踢面及踏步级数少1。

2)楼梯剖面图

楼梯剖面详图是假想用一铅垂面通过房屋各层的一个梯段和门窗洞口将楼梯剖开(图3.1.6)，向另一未剖到的梯段方向投影所作的剖面图。它应能完整、清晰地表示出各梯段踏步级数、梯段类型、平台、栏杆(栏板)等的构造及它们的相互关系。如图3.1.6所示1—1楼梯剖面图，比例为1∶50，为一双跑现浇钢筋混凝土板式楼梯(底层不等跑、二层等跑)，表达了地面、平台、楼面、门窗洞(屋面可省略)等处的标高以及梯段、栏杆扶手的高度尺寸，梯段的高度尺寸是踏步高与梯段踏步级数的乘积表示的，如图中标注的160×12=1920，表示该梯段有12个踏步，每一个踏面高为160 mm，梯段高为1920 mm。踏步、扶手和栏杆等细部构造一般采用标准设计图集通用详图(11ZJ401)或用更大的比例另画详图[见图1.1.1(十四)楼梯剖面详图]，画出它们的型式、大小、材料以及构造情况。

小　结

按技能抽查标准要求，本部分完成的任务是识读并绘制建筑施工图。重点讲述首页图和总平面图包含的内容和作用以及建筑施工图(平、立、剖面图、墙身节点详图和楼梯平、剖面及节点详图)的图示内容、图示方法及识读示例和画法步骤。

1. 首页图是一套建筑施工图的第一张图纸，包括设计说明、图纸目录、门窗表、装修做法表等。建筑设计说明主要说明工程的概况和总的要求。内容包括工程设计依据(如工程地质、水文、气象资料)、设计标准(建筑标准、抗震要求、耐火等级、防水等级、结构荷载等级、采暖通风要求、照明标准)、建设规模(建筑面积、占地面积、工程造价)、工程做法及材料要求(如墙体、楼地面、门窗、屋面、装饰、节能等)。

2. 建筑总平面图是将新建建筑工程一定范围内的建筑物、构筑物及其自然状况，用水平投影图和相应的图例画出来的图样，用以表明新建建筑物及其周围的总体布局情况，它主要反映新建建筑物的平面形状、位置和朝向及其与原有建筑物的关系、标高、道路、绿化、地貌、地形等情况，作为新建房屋定位、施工放线、土方施工以及绘制水、暖、电等管线总平面图和施工总平面图的依据。

3. 建筑平面图是假想用一个水平剖切平面沿各层门、窗洞口部位(指窗台以上、过梁以下的适当部位)水平剖切开来，对剖切平面以下的部分所作的水平投影图，它主要表达房屋的平面形状、大小和房间的布置、用途、墙或柱的位置、厚度、材料、门窗的位置、大小和开启方向等，作为施工时定位放线、砌墙、安装门窗、室内装修及编制预算等的重要依据，是施工图中的重要图纸。

4. 建筑立面图是在与房屋立面平行的投影面上所作的房屋正投影图，它主要反映建筑的高度(尺寸和标高)、层数、外貌、线脚、门窗、窗台、雨篷、阳台、台阶、雨水管、烟囱、屋顶檐口等构配件以及立面装修的做法，它是表达房屋建筑图的基本图样之一，是确定门窗、檐口、雨篷、阳台等的形状和位置以及指导房屋外部装修施工和计算有关预算工程量的依据。

5. 建筑剖面图是假想用一铅垂剖切面将房屋剖切开后移去靠近观察者的部分，做出剩下部分的投影图，它主要反映建筑物内部的结构或构造方式、屋面形状、分层情况和各部位的联系、材料、构配件以及其必要的尺寸、标高等。它与平、立面图互相配合用于计算工程量，指导各层楼板和屋面施工、门窗安装和内部装修等，是不可缺少的重要图样之一。

6. 建筑详图是将房屋细部构造及构配件的形状、大小、材料做法等用较大的比例(1:1～1:50)按正投影法详细准确地表达出来的图样。详图下方应标注详图符号(或××剖面图、或××大样)，与被索引(或被剖切)的图样上的索引符号(或剖切符号)相对应，且在详图符号(或××剖面图、或××大样)的右下侧注写比例。详图比例大，表达详尽清楚，尺寸标注齐全，文字说明详尽，是房屋细部施工、室内外装修、门窗立口、构配件制作和编制工程预算等的重要依据。一幢房屋施工图通常需表达外墙剖面详图、某些局部详图(如卫生间、厨房布置，楼梯间详图等)和构配件详图(如门窗、阳台、壁柜等，这些构配件详图一般可以查找标准图集或采用通用详图，不必再画详图)等。

任务2　识读并绘制结构施工图

任务要求

1. 识读图1.1.1所示结构施工图，按技能抽查要求完成表3.2.1所示的识读记录。

表3.2.1　读图记录表

问　　题	回　　答
1. 结构设计说明中，本工程的结构安全等级是多少？结构类型是什么？	
2. 结构设计说明中，主要结构材料混凝土和钢筋强度等级有何要求？	
3. 基础图中，DJ_J01、DJ_P01 的含义？DJ_J02 基底尺寸、坡形基础边缘高度、坡高、底板配筋、柱基插筋各是多少？	
4. 柱平法施工图中，KZ的数量、截面尺寸、标高、不同标高段的钢筋配置(纵筋和箍筋)是多少？箍筋类型是什么？	
5. 梁平法施工图中是采用何种方式表达的？指出图中KL2集中标注和原位标注的含义，并采用截面注写法表达。	
6. 板平法施工图中是采用何种方式表达的？指出图中LB1集中标注和Ⓔ轴支座原位标注的含义。	
7. 楼梯平法施工图是采用何种方式表达的？指出图中集中标注和外围标注的含义。	

2. 用绘图纸、铅笔(或墨线)，选择合适的图幅和比例分别抄绘图1.1.1(十八)~(二十五)所示基础图、柱、梁、板、楼梯平法施工图中有关图样。要求图面布置适中、均匀、美观，图面整体效果好，投影关系正确，图纸内容清晰，图形表达完善，图面整洁清晰，满足国家有关制图标准要求(尺寸标注齐全、字体端正整齐、线型粗细分明)和国家建筑标准设计图集(11G101—1、11G101—2、11G101—3)要求，并应用于实际中。

问题引入

1. 结构施工图是如何形成的？其主要内容有哪些？其作用如何？

2. 结构设计说明的内容有哪些？其作用如何？

3. 规范规定的混凝土强度等级有哪些？配置在混凝上中的钢筋，按其作用和位置不同分有哪些？

4. 基础图表达了哪些内容？其作用如何？

5. 什么是基础、柱、梁、板、楼梯的平法施工图？其作用如何？

6. 平法制图规则规定，基础、柱、梁、板、楼梯等平法施工图各采用何种方法表达？有何要求？

实践指导

1. 查阅国标(11G101—1、11G101—2、11G101—3)，对照图纸阅读图1.1.1(十七)~(二十五)结施图。

《混凝土结构施工图平面整体表示方法制图规则和构造详图(现浇混凝土框架、剪力墙、梁、板)》(11G101—1)；

《混凝土结构施工图平面整体表示方法制图规则和构造详图(现浇混凝土板式楼梯)》(11G101—2)；

《混凝土结构施工图平面整体表示方法制图规则和构造详图(独立基础、条形基础、筏形基础及桩基承台)》(11G101—3)。

2. 理解独立基础平法施工图平面注写方式(集中标注和原位标注)和截面注写方式(截面标注和列表注写)的含义，绘制图1.1.1(十八)、(十九)中基础图的方法和要点如下：

(1)基础平面图

1)画定位轴线；

2)根据墙体尺寸和柱子尺寸(见柱平法图)画墙身厚度及柱的轮廓线；

3)根据基础详图和基础列表尺寸画基坑、基槽边线等；

4)经检查无误后，擦去多余的作图线，按线型要求加深或加粗图线，或上墨线，画尺寸标注线并对柱和基础编号，注写尺寸、轴线编号、图名、比例及其他文字说明。

(2)基础详图

1)按表中某一对应基础数据和柱子尺寸(见柱平法图)画独立基础通用图，画上轴线、尺寸标注线、标高符号等；

2)根据条形基础尺寸画墙身厚度和基础，画上轴线、尺寸标注线、标高符号等；

3)完成独立基础配筋表；

4)经检查无误后，擦去多余的作图线，按线型要求加深或加粗图线，或上墨线，并注写尺寸、标高、轴线编号、图名、比例及其他文字说明。

3. 理解柱平法施工图列表注写方式和截面注写方式含义，绘制图1.1.1(二十)中柱平法施工图的方法和要点如下：

(1)画定位轴线；

(2)根据柱子截面尺寸，画平面图中柱的轮廓线；

(3)完成柱表；

(4)经检查无误后，擦去多余的作图线，按线型要求加深或加粗图线，或上墨线，画尺寸标注线并注写尺寸、轴线编号、图名、比例及其他文字说明。

4. 理解中梁平法施工图平面注写方式(集中标注和原位标注)和截面注写方式的含义，绘制图1.1.1(二十一)、(二十三)中梁平法施工图的方法和要点如下：

(1)画定位轴线；

(2)根据梁的宽度尺寸(见集中标柱)和柱子尺寸(见柱平法图)，画梁和柱的轮廓线；

(3)画集中标注引出线，进行梁的集中标柱和原位标注；

(4)经检查无误后，擦去多余的作图线，按线型要求加深或加粗图线，或上墨线，画尺寸标注线并注写尺寸、轴线编号、图名、比例及其他文字说明。

5. 理解板平法施工图平面注写方式(包括板块集中标注和板支座原位标注)的含义，绘制图1.1.1(二十二)、(二十四)中板平法施工图的方法和要点如下：

(1)画定位轴线。

(2)画梁和柱的轮廓线。由梁的宽度尺寸(见梁平法图)和柱子尺寸(见柱平法图)确定。

(3)确定集中标注的板块，并进行集中标注。两向均以一跨为一板块，根据板块尺寸、板厚、贯通钢筋以及当板面标高不同时的标高高差等内容编号(如LB1)，所有板块应逐一编号，相同编号的板块可择一做集中标注，其他仅注写置于圆圈内的板编号。

(4)板支座原位标注。按板支座上部非贯通钢筋和悬挑板上部受力筋长度尺寸，在配置相同跨的第一跨，垂直于板支座梁绘制一段适宜长度的中粗实线代表支座上部非贯通纵筋，并在线段上方注写钢筋编号、配筋值、横向连续布置的跨数，在线段的下方位置标注板支座上部非贯通筋自支座中线向跨内的伸出长度。

(5)经检查无误后，擦去多余的作图线，按线型要求加深或加粗图线，或上墨线，画尺寸标注线并注写尺寸、轴线编号、图名、比例及其他文字说明。

6. 理解楼梯平法施工图平面注写方式(集中标注和外围标注)、剖面注写方式(平面注写和剖面注写)和列表注写方式的含义，绘制图1.1.1(二十五)楼梯平法施工图的方法和要点如下：

(1)楼梯平面图

1)画定位轴线。

2)画梁和柱的轮廓线以及梯段踏步和平台梁。

3)画集中标注引出线，进行楼梯的集中标注。

4)画尺寸标注线、上下楼梯标注线，进行楼梯的外围标注(楼梯间和梯板的平面尺寸、上下方向、平台板配筋、梯梁及梯柱配筋等)。

5)经检查无误后，擦去多余的作图线，按线型要求加深或加粗图线，或上墨线，注写轴线编号、图名、比例及其他文字说明。

(2)楼梯剖面图

1)画定位轴线。

2)画楼层、平台、梯段，由楼层结构标高、层间结构标高、平台尺寸、梯段尺寸确定。因在楼梯平面图已经表达梯板等配筋和尺度，未标注标高，故只画楼梯剖面示意，表达梯段、平台板、平台梁等在空间的布置和楼层结构标高、层间结构标高。

3)经检查无误后，擦去多余的作图线，按线型要求加深或加粗图线，或上墨线，画尺寸标注线、标高符号并注写尺寸、标高、轴线编号、图名、比例及其他文字说明。

知识链接

结构施工图

1. 结构施工图的基本知识

(1)结构施工图的形成与作用

结构施工图(简称结施图)，是在房屋的施工图设计阶段，设计人员将一幢房屋的结构构件的形状、尺寸大小，材料、作法、钢筋的分布、连接等内容，按照“国标”的规定，用正投影的基本原理，详细准确地表达出来的图样。它主要是表明结构构件中的设计内容，如房屋的屋顶、楼板、楼梯、梁、柱、基础等的结构设计情况。在建筑工程中它是基础施工，柱、梁、板、楼梯等钢筋混凝土构件制作、构件安装、编制预算和施工组织的重要依据。

(2)结构施工图的主要内容

结构施工图的组成一般包括结构图纸目录、结构设计总说明、基础、柱、梁、板、楼梯等结构平面图和结构构件详图等。

1)结构设计总说明：包括主要设计依据如地基情况，自然环境条件，选用结构材料的类型、规格、强度等级、施工要求以及所选用的标准图集和通用图集的名称和编号等。

2)结构平面图：主要表示房屋结构中的各种承重构件总体平面布置的图样，包括有基础、柱、梁、楼板、屋顶、楼梯等结构平面图。

3)结构构件详图：主要表示各承重构件的形状、大小、材料和配筋等构造的图样以及各承重结构间的连接节点、细部节点等构造的图样。包括：基础、柱、梁、板、楼梯等构件的详图。

(3)结构施工图的图示特点和识读方法

1)图示特点

结施图与建施图一样均是采用直接正投影方法绘制并配合剖面图和断面图等几种基本表达方式。但由于它们反映的侧重点不同，在线型、尺寸标注上有所区别，如表 1. 1. 16 所示。在构件的立面图和断面图中，主要表示钢筋的配置状况，假定混凝土是透明的，混凝土轮廓线用中实线画出，在立面图上用粗实线表示钢筋，在断面图上用黑圆点表示钢筋横断面，轮廓内不再画出材料图例。

2)识读方法

一般识读的顺序是总说明—结构平面图—结构构件详图。在阅读时还应做到：结施图与建施图对照；详图与结构平面布置图对照；结施图与设备施工图(简称设施图)对照。

(4)钢筋混凝土结构基本知识

1)混凝土的基本知识

混凝土是由水泥、砂、石和水按一定比例配合、拌制、浇捣、养护后硬化而成。其抗压强度高，但抗拉强度较低。用标准方法测得的混凝土抗压强度称为混凝土的强度等级。规范规定的混凝土强度等级有 C15、C20、C25、C30、C35、C40、C45、C50、C55、C60、C65、C70、C75、C80 共 14 个等级。在混凝土构件的受拉区域内配置一定数量的钢筋，这种材料即称为钢筋混凝土。钢筋混凝土结构是目前建筑工程中应用最广泛的承重结构。

2）钢筋混凝土构件的种类

钢筋混凝土构件按施工方式不同可分为现浇整体式、预制装配式以及部分装配部分现浇的装配整浇式三类。

钢筋混凝土构件，按钢筋是否施加预应力又可分为普通钢筋混凝土和预应力钢筋混凝土。预应力钢筋混凝土构件是在制作时，通过预先张拉钢筋，使构件在承受荷载前预先给混凝土构件的受拉区施加一定的压力，以提高构件的抗裂性能和抵抗变形的能力。

3）钢筋在构件中的名称和作用

建筑构件常用钢筋按其强度、品种的不同，分别用不同的直径符号表示。配置在混凝土中的钢筋，按其作用和位置不同分为以下几种，如图 3.2.1 所示，为防止钢筋锈蚀等，在构件中的钢筋外面要留有一定厚度的混凝土保护层，在图中一般不用标注，一般在结构设计总说明中说明。

①受力筋：承受构件内拉、压应力的钢筋，其配置应通过结构计算确定，且满足构造要求。

②架立筋：一般设在梁的受压区，与纵向受力钢筋平行，用以固定箍筋的正确位置，并能承受收缩和温度变化产生的内应力。

③箍筋：用于承受梁、柱中的剪力、扭矩，固定纵向受力钢筋的位置。

④分布筋：板中与受力筋方向垂直，按构造要求配置的钢筋。用于固定受力筋的位置，并承担垂直于板跨方向的收缩及温度变化产生的内应力。

⑤构造钢筋：因构件构造要求或施工安装需要而配置的构造筋。用于考虑计算模型和实际结构构件的偏差，承受收缩和温度变形，在梁、柱中尚可增加钢筋骨架的刚度，如腰筋、吊环、预埋锚固筋等。

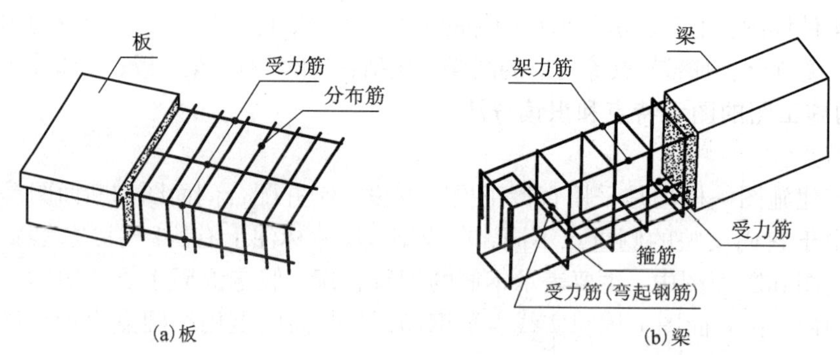

图 3.2.1　钢筋在构件中的名称

2. 结构设计总说明

结构设计总说明是对一个建筑物的结构形式和结构构造要求等的总体概述，在结构施工图中占有重要的地位，位于结施图纸的最前面。在结构设计总说明中应表达的内容很多，各个单体设计的内容也不尽相同，但概括起来，一般包括以下一些内容，以模块一的图 1.1.1（十七）结构设计总说明为例。

(1)工程概况

说明工程的结构类型和屋顶类型。本工程采用钢筋混凝土框架结构，屋顶为平屋顶。

(2)一般说明

说明图中的尺寸单位以及高程定位等。

(3)工程结构设计的主要依据。

1)本结构设计依据的规范、规程有:《建筑结构荷载规范》(GB 50009—2012)、《建筑地基基础设计规范》(GB 50007—2011)、《建筑抗震设计规范》(GB 50011—2010)、《混凝土设计规范》(GB 50010—2010);

2)工程设计梁、板、柱、基础、墙体所采用的标准图集:《混凝土结构施工图平面整体表示方法》(11GB101-1、11GB101-2、11GB101-3);

3)应用软件:结构整体分析所使用的结构分析软件为中国建筑科学研究院编制的《PKPM系列计算程序》中的PK、PMCAD、SATWE、JCCAD等辅助设计软件。

4)勘查报告:由地质勘查单位提供的相应工程地质勘查报告及主要内容。

(4)建筑分类等级

包括工程的建筑类别、耐火等级、抗震设防类别和烈度、建筑结构的安全等级、地基基础设计等级、建筑场地类别、土壤类别、混凝土环境类别等。

(5)主要结构材料

混凝土的强度等级、保护层厚度，钢筋的强度等级等。

(6)基础工程

说明基础的类型、持力层的情况以及地基承载力特征值等。

(7)砌体工程

砌体填充墙与钢筋混凝土结构的连接，构造柱的做法和要求，门窗过梁的设置等。

(8)施工方案

土方开挖和运土等。

(9)其他

本说明未尽事宜，均按国家有关施工及验收规范执行。

3. 基础图

基础图是建筑物地下部分承重结构的施工图，包括基础平面图、基础详图和设计说明等。基础设计说明的主要内容是明确室内地面的设计标高及基础埋深、基础持力层及其承载力特征值、基础的材料，以及对基础施工的具体要求(当在结构设计说明中未表达时)。基础图是基础施工定位放线、开挖基础(坑)、基础施工、计算基础工程量的依据。

(1)基础图的表达要求与识读方法

1)基础图的表达要求

基础平面布置图的形成是在基坑未回填土以前用一个假想的水平剖切平面沿室内地坪附近将基础进行水平剖切后，向下投影得到的水平投影图，如图1.1.1(十八)所示基础平面图。基础平面布置图的绘制比例和定位轴线与建筑平面图相同。基础详图主要表示基础的类型、各个部分的断面形状、尺寸、材料和构造做法，如图1.1.1(十九)所示基础详图。

2)基础平面布置图的识读方法[以图1.1.1(十八)所示基础平面图为例]

①读图名、比例:基础平面布置图，比例为1∶100。

②读柱和基坑：图中涂黑的矩形和L形为框架柱，柱外矩形框为柱基础基坑的边线。一般用细实线绘制。由于房屋内部荷载分布的复杂性和地质自身的复杂性，使得基础的大小、埋置深度等均有所不同，在图中则以不同的编号标出以示区别。从图中可以看出，该基础图共有3种不同的基坑大小（DJ_J01、DJ_J02、DJ_P01、）；除柱基础外还有条形基础，基础宽度500、380，轴线居中。

③读轴线、尺寸标注及文字说明：图中的定位轴线及其编号均同“建施”图，并标注了轴线间的尺寸，如横向定位轴线之间距离3600、7200，纵向定位轴线之间距离3000、6000、2100等。

3）基础详图的识读方法[以图1.1.1（十九）所示基础详图]

在识读中，首先应注意详图的编号对应于基础平面布置图的位置；其次应了解大放脚的形式及尺寸、垫层的材料与尺寸；同时了解防潮层的做法、材料和尺寸；最后了解各部分的标高尺寸如基底标高、室内（外）地坪标高、防潮层的标高等。

如图1.1.1（十九）所示基础详图分别为独立基础详图（DJ_J01、DJ_J02、DJ_P01、）和条形基础详图。

①独立基础（DJ_J01、DJ_J02、DJ_P01）采用独立基础通用图和列表的形式表达。

结合图和表中数据可以看出基础的形状及尺寸、配筋情况等，如基础的底标高H为-1.800 m，基础垫层为100厚的C15混凝土，DJ_J01基底尺寸为1400×1400，坡形基础边缘高度为300，坡高为0，则DJ_J01为阶形（平板）独立基础，底板配筋为双向ф10@150，柱基下配有两根箍筋2 Φ8；DJ_P01基底尺寸为3500×3200，坡形基础边缘高度为350，坡高为200，则DJ_P01为坡形截面基础，基础顶部周边尺寸50方便装模，底板配筋为双向ф12@150，柱基下配有两根箍筋2 Φ8。

②条形基础采用断面图形式表达。

基础墙厚为240（120），基础宽500（380），基础底标高-0.900 m，基础垫层为100厚的C15混凝土，-0.300 m处设钢筋混凝土圈梁240（120）×240，内配钢筋上下各2 ф12纵筋、Φ8@200双肢箍筋，本基础中的圈梁同时又兼做防潮层。

（2）基础施工图的平面整体表示方法

基础、柱、梁、板、楼梯平面整体表示方法是一种常见的施工图标注方法。它是将基础、柱、梁、板、楼梯的尺寸和配筋，按照平面整体表示方法的制图规则，整体直接表达在基础、柱、梁、板、楼梯的结构平面布置图上，再与基础、柱、梁、板、楼梯的构造详图配合，构成一套完整的平法结构设计施工图。这种表达可大大降低传统设计中大量同值性重复表达的内容，从而使结构设计方便、表达准确、全面、数值唯一，易随机修正，提高设计效率；使施工看图、记忆和查找方便，表达顺序与施工一致，利于施工检查。

《混凝土结构施工图平面整体表示方法制图规则和构造详图》（11G101-3）规定，按平法设计绘制的现浇混凝土的独立基础、条形基础、筏形基础及桩基础承台施工图，以平法注写方式为主、截面注写方式为辅表达各类构件的尺寸和配筋。下面主要介绍独立基础平法施工图的表达。

1）独立基础平法施工图的表示方法

独立基础平法施工图，有平法注写与截面注写两种表达方式，设计者可根据具体工程情况选择一种，或两种方式相结合进行独立基础的施工图设计。

在独立基础平面布置图上应将独立基础平面与基础所支承的柱一起绘制，应标注基础定位尺寸；当独立基础的柱中心线或杯口中心线与建筑轴线不重合时，应标注其定位尺寸。编号相同且定位尺寸相同的基础，可仅选择一个进行标注。当设置基础联系梁时，可根据图面的疏密情况，将基础联系梁与基础平面布置图一起绘制，或将基础联系梁布置图单独绘制。

2）独立基础编号，如表 3. 2. 2 所示。

表 3. 2. 2　独立基础和条形基础梁编号

类型	基础底板截面形状	代号	序号	说明
普通独立基础	阶形	DJ_J	××	1. 单阶截面即为平板独立基础； 2. 坡形截面基础底板可为四坡、双坡及单坡
	坡形	DJ_P	××	
杯口独立基础	阶形	BJ_J	××	
	坡形	BJ_P	××	
基础梁	—	JL	××	（××）端部无外伸，（××A）一端有外伸，（××B）两端有外伸

3）独立基础的平面注写方式（如图 3. 2. 2 所示）

独立基础的平面注写方式，分为集中标注和原位标注两部分内容（图 3. 2. 3），图中含义如表 3. 2. 3 所示。

独立基础的集中标注，是在基础平面图上集中引注：基础编号、截面竖向尺寸、配筋三项必注内容，以及基础底面标高和必要的文字注解两项选注内容。独立基础的原位标注，是在基础平面布置图上标注独立基础的平面尺寸。

表 3. 2. 3　普通独立基础的平面注写含义

标注方式	含　　义
集中标注（①~③为必注内容，④~⑤为选注内容）	①DJ_J01：表示普通独立基础阶形 01 号。 ②h_1/h_2：表示独立基础的截面竖向尺寸，由下而上注写，各阶尺寸用“/”分开，h_1/h_2 表示该独立基础由两阶构成，下面一阶高度为 h_1、上面一阶高度为 h_2，基础底板总厚度为 h_1+h_2。 ③配筋：以 B(T)代表各种独立基础底板的底部（顶部）配筋。X 向配筋以 X 打头、Y 向配筋以 Y 打头注写；当两向配筋相同时，则以 X&Y 打头注写；B：X ⌀16@150，Y ⌀16@200；表示基础底板底部配置 HRB400 级钢筋，X 向直径为 16，分布间距 150；Y 向直径为 16，分布间距 200。 ④注写基础底面标高，当独立基础的底面标高与基础底面标高不同时，应将独立基础底面标高直接注写在“(　)”内。 ⑤必要的文字注解。当独立基础的设计有特殊要求时，宜增加必要的文字注解。例如，基础底板配筋长度是否采用减短方式等等，可在该项内注明
原位标注	独立基础的平面尺寸，以 x、y，x_c、y_c（或圆柱直径 d_c），x_i、y_i，$i=1$，2，3…来代表。其中 x、y 为普通独立基础两向长度，x_c、y_c 为柱截面尺寸，x_i、y_i 为阶宽或坡形平面尺寸。当平面图形较小时，可将所选定进行原位标注的基础按比例适当放大。图 3. 2. 3 为对称阶形截面普通独立基础的原位标注，$x=3500$、$y=3500$，$x_1=750$、$y_1=750$，$x_2=750$、$y_2=750$，$x_c=500$、$y_c=500$

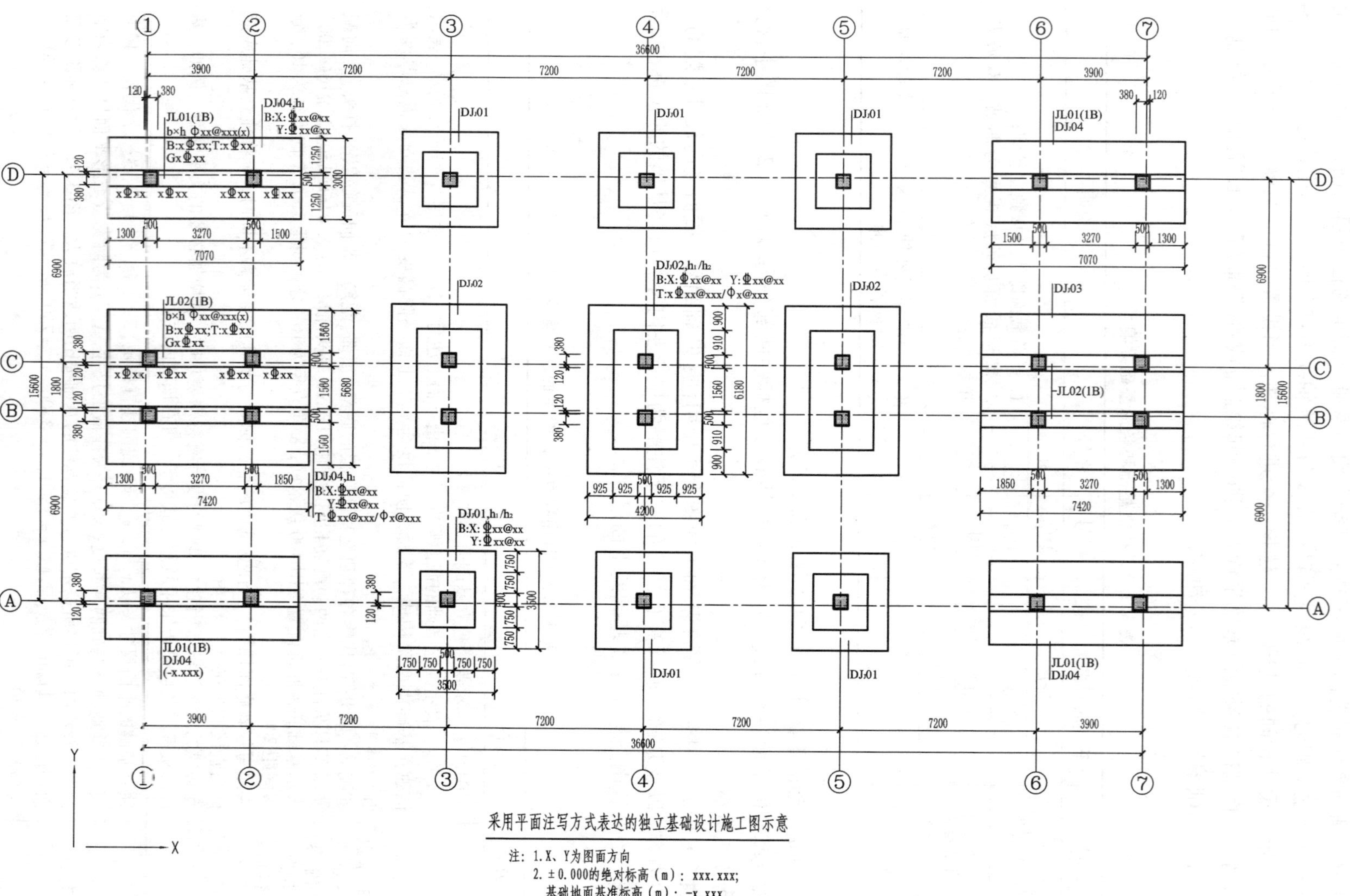

图3.2.2　基础平面布置图(独立基础的平面注写方式)

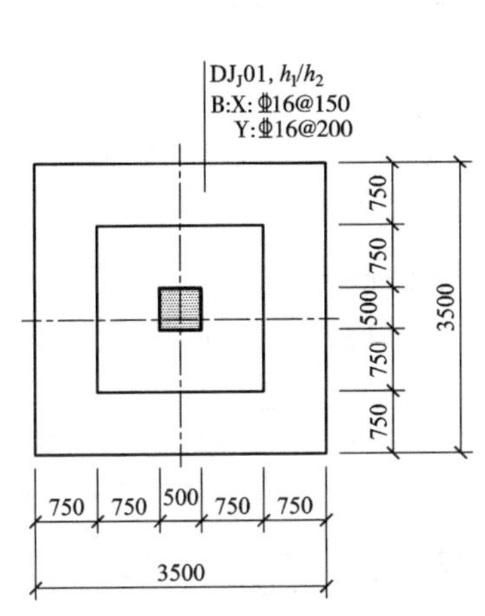

图 3.2.3　普通独立基础的平面注写方式

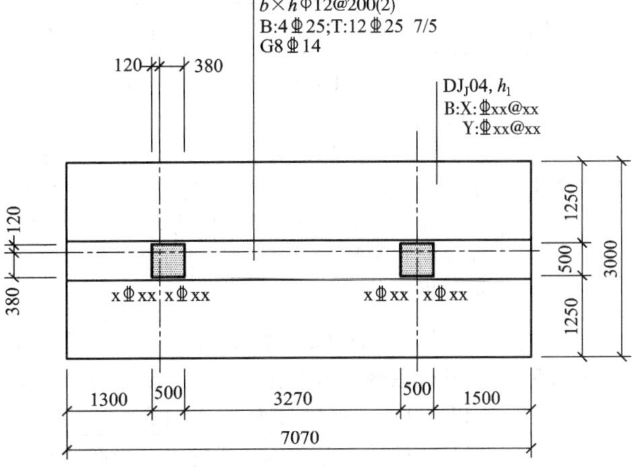

图 3.2.4　双柱独立基础的基础梁配筋注写方式

独立基础通常为单柱独立基础，也可为多柱独立基础(双柱或四柱等)。多柱独立基础的编号、几何尺寸和配筋的标注方法与单柱独立基础相同。

当为双柱独立基础且柱距较小时，通常仅配置基础底部钢筋；当柱距较大时，除基础底部配筋外，尚需在两柱间配置基础顶部钢筋(图 3.2.5)或设置基础梁(图 3.2.4、图 3.2.6)，图中含义如表 3.2.4 所示。基础梁宽度宜比柱截面宽出不小于 100 mm(每边不小于 50 mm)。

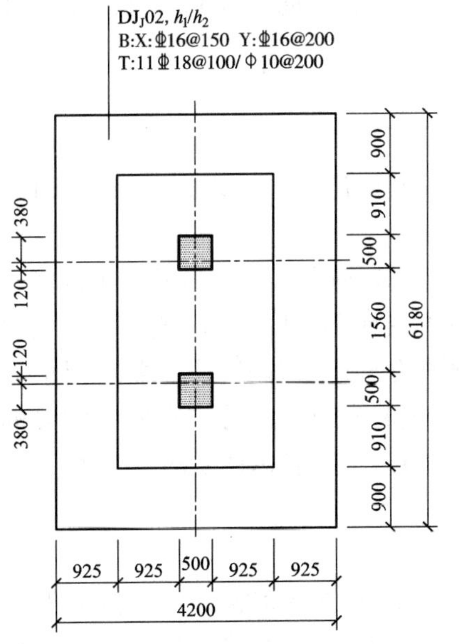

图 3.2.5　双柱独立基础的顶部配筋注写方式

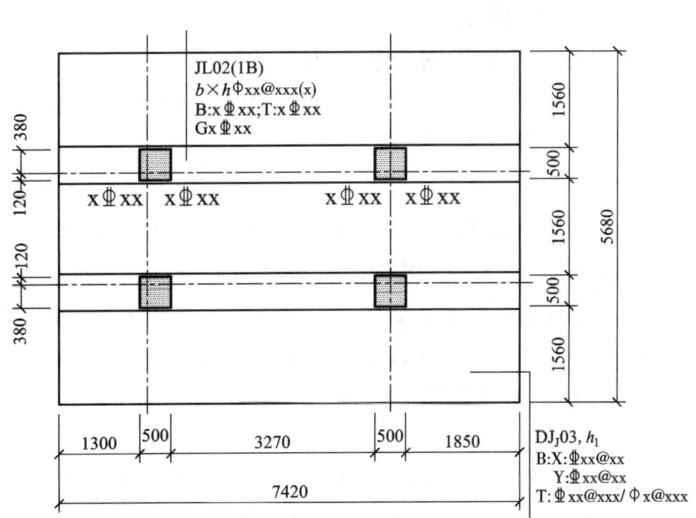

图 3.2.6　四柱独立基础基础梁配筋加顶部配筋注写方式

表 3.2.4　多柱基础的平面注写方式

图形示例	两柱间配置基础顶部钢筋或设置基础梁
图 3.2.4	①集中标注：DJ_J04 双柱基础，两柱间设置基础梁 JL01(1B)；截面尺寸 b×h；箍筋Φ12@200(2)(表示梁内配置 HPB300 级箍筋，间距为 200 的双支箍)；基础梁底部贯通纵筋 4 Φ25，基础梁顶部贯通纵筋 12 Φ25，上一排 7 Φ25，下一排 5 Φ25，共 12 Φ25；G8 Φ14，表示梁每个侧面配置纵向构造钢筋 4 Φ14，共配置 8 Φ14。 ②原位标注：x Φxx 标注基础梁端或梁在柱下区域的底部全部纵筋。支座两边不同时，在支座两边分别标注；支座两边相同时，仅在支座一边分别标注；与集中标注相同时，不再重复做原位标注
图 3.2.5	集中标注：DJ_J02 双柱基础，两柱间配置基础顶部钢筋 T：11 Φ18@100/Φ10@200；表示独立基础顶部配置纵向受力钢筋 HRB400 级，直径为Φ18 设置 11 根，间距 100；分布筋 HPB300 级，直径为 Φ10，分布间距 200
图 3.2.6	当为四柱独立基础时，通常可设置两道平行的基础梁，需要时可在两道基础梁之间配置基础顶部钢筋。DJ_J03 四柱基础，设置两道平行基础梁 JL02(1B)，在双梁之间及梁的长度范围内配置基础顶部钢筋 T

4)独立基础的截面注写方式[如图 1.1.1(十九)所示基础平面布置图和基础详图]

独立基础的截面注写方式，又可分为截面标注和列表注写(结合截面示意图)两种表达方式。采用截面注写方式，应在基础平面布置图上对所有基础进行编号，对单个基础进行截面标注的内容与形式，与传统的表达方式相同。对多个同类基础，可采用列表注写(结合截面示意图)的方式进行集中表达。表中内容为基础截面的几何数据和配筋等，在截面示意图上应标注与表中栏目相对应的代号。注意，图 1.1.1(十九)所示基础平面图和基础详图是设计单位自行制表，故与 11G101－3 表达有出入。

4. 柱平法施工图

(1)柱平法施工图表示方法

柱平法施工图系在柱平面布置图上采用列表注写方式或截面注写方式表达，如图 1.1.1(二十)柱平面布置图所示。

1)列表注写方式，如图 3.2.7 所示，系在柱平面布置图上，分别在同一编号的柱中选择一个(有时需要选择几个)截面标注几何参数代号；在柱表中注写柱编号、柱段起止标高、几何尺寸与配筋的具体数值，并配以各种柱截面形状及其箍筋类型图的方式，来表达柱平法施工图。

2)截面注写方式，如图 3.2.8 所示，系在柱平面布置图的柱截面上，分别在同一编号的柱中选择一个截面，以直接注写截面尺寸和配筋具体数值的方式，来表达柱平法施工图。

(2)柱平法施工图的识读

1)列表注写方式

采用列表注写方式，一般只需要采用适当比例绘制一张柱平面布置图，包括框架柱(KZ)、框支柱(KZZ)、芯柱(XZ)、梁上柱(LZ)和剪力墙上柱(QZ))，分别在同一编号的柱中选择一个(有时需要选择几个)截面标注几何参数代号。

如图 3.2.7 所示，KZ1 选择了三个截面标注几何参数代号，在柱表中注写柱编号 KZ1、XZ1 等；柱表中 KZ1 柱段起止标高分别为－0.030～19.470、19.470～37.470、37.470～59.070，柱段－0.030～19.470 的几何尺寸 $b\times h$ 为 750×700，与轴线关系的几何参数代号

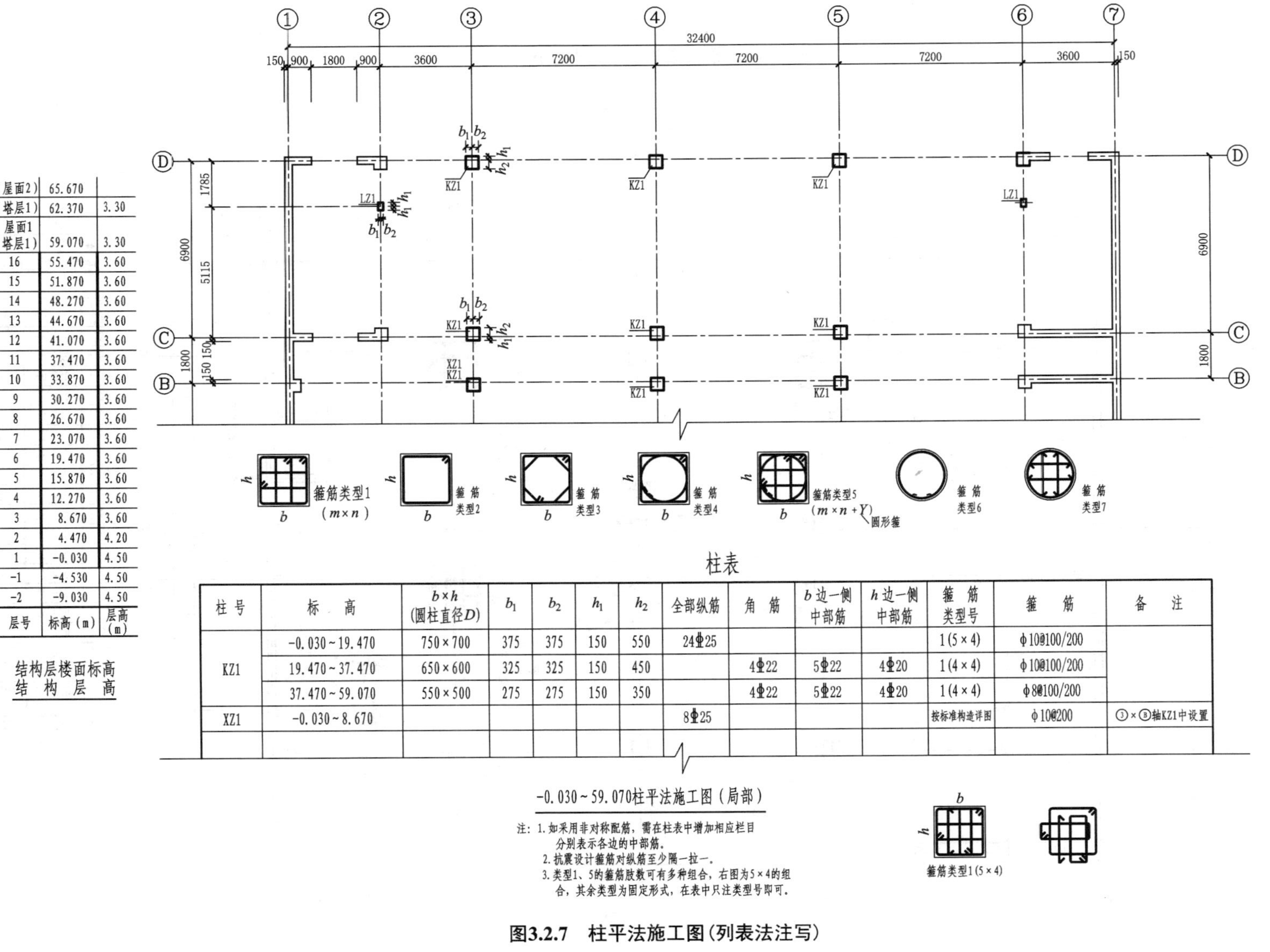

层号	标高(m)	层高(m)
(屋面2)	65.670	
(塔层1)	62.370	3.30
屋面1(塔层1)	59.070	3.30
16	55.470	3.60
15	51.870	3.60
14	48.270	3.60
13	44.670	3.60
12	41.070	3.60
11	37.470	3.60
10	33.870	3.60
9	30.270	3.60
8	26.670	3.60
7	23.070	3.60
6	19.470	3.60
5	15.870	3.60
4	12.270	3.60
3	8.670	3.60
2	4.470	4.20
1	-0.030	4.50
-1	-4.530	4.50
-2	-9.030	4.50

结构层楼面标高
结构层高

柱表

柱号	标高	$b \times h$（圆柱直径D）	b_1	b_2	h_1	h_2	全部纵筋	角筋	b边一侧中部筋	h边一侧中部筋	箍筋类型号	箍筋	备注
KZ1	-0.030~19.470	750×700	375	375	150	550	24Φ25				1(5×4)	Φ10@100/200	
	19.470~37.470	650×600	325	325	150	450		4Φ22	5Φ22	4Φ20	1(4×4)	Φ10@100/200	
	37.470~59.070	550×500	275	275	150	350		4Φ22	5Φ22	4Φ20	1(4×4)	Φ8@100/200	
XZ1	-0.030~8.670						8Φ25				按标准构造详图	Φ10@200	③×Ⓑ轴KZ1中设置

-0.030~59.070柱平法施工图（局部）

注：1.如采用非对称配筋，需在柱表中增加相应栏目分别表示各边的中部筋。
2.抗震设计箍筋对纵筋至少隔一拉一。
3.类型1、5的箍筋肢数可有多种组合，右图为5×4的组合，其余类型为固定形式，在表中只注类型号即可。

图3.2.7　柱平法施工图（列表注写）

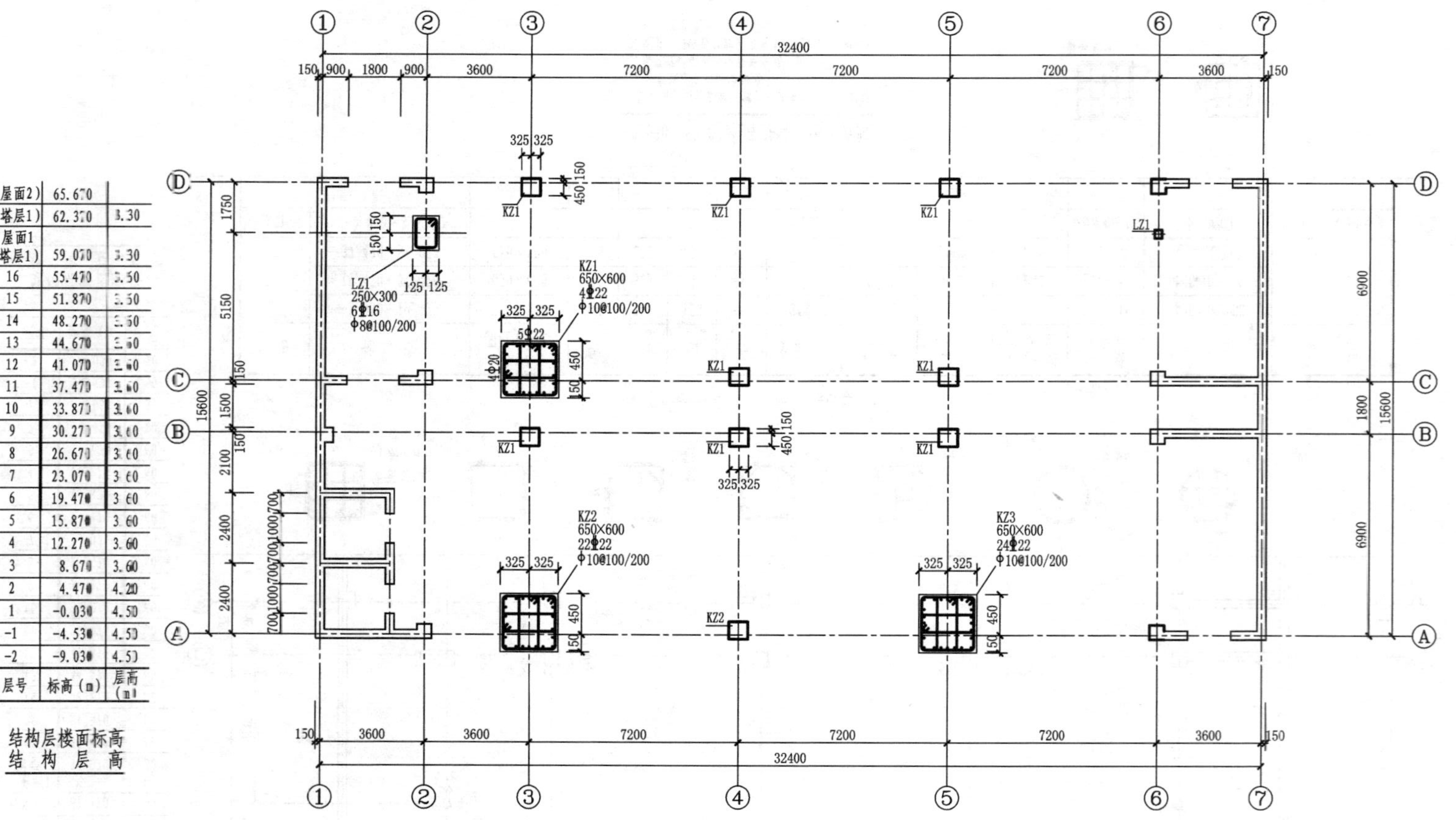

(屋面2)	65.670	
(塔层1)	62.370	3.30
屋面1 (塔层1)	59.070	3.30
16	55.470	3.60
15	51.870	3.60
14	48.270	3.60
13	44.670	3.60
12	41.070	3.60
11	37.470	3.60
10	33.870	3.60
9	30.270	3.60
8	26.670	3.60
7	23.070	3.60
6	19.470	3.60
5	15.870	3.60
4	12.270	3.60
3	8.670	3.60
2	4.470	4.20
1	-0.030	4.50
-1	-4.530	4.50
-2	-9.030	4.50
层号	标高(m)	层高(m)

结构层楼面标高
结 构 层 高

图3.2.8 柱平法施工图(截面法注写)

b_1、b_2 和 h_1、h_2 的具体数值分别为 375、375 和 150、550，配有全部纵筋 24 ⌀25，柱的箍筋类型 1(5×4)，配有箍筋Φ10@100/200。

2)截面注写方式

截面注写方式，是在柱平面布置图的柱截面上，分别在同一编号的柱中选择一个截面，以直接注写截面尺寸和配筋具体数值的方式来表达柱平法施工图。

如图 3.2.8 所示以截面法注写的柱平法施工图中，分别在很多相同编号的柱中选择一个截面来表达 KZ1、KZ2、KZ3、KZ4、KZ5、KZ6、KZ7 和 LZ1、LZ2。如图中 KZ1 截面尺寸 $b \times h$ 为 650×600，与轴线关系的几何参数代号 b_1、b_2 和 h_1、h_2 的具体数值分别为 325、325 和 150、450，配有角筋 4 ⌀22，左右两边中部筋均为 4 ⌀20，上下两侧中部钢筋为 5 ⌀22，箍筋为Φ10@100/200，柱标高为 19.470～37.470 m。

5. 梁平法施工图

(1)梁平法施工图的表示方法(11G101－1)

梁平法施工图系在梁平面布置图上采用平面注写方式或截面注写方式表达，一般采用平面注写方式来表示，如图 1.1.1(二十一)、(二十三)所示 3.270 m、6.300 m 梁平面配筋图。

1)平面注写方式

平面注写方式，是在梁平面布置图上，分别在不同编号的梁中各选一根，在其上注写截面尺寸和配筋等具体数值的方式来表达梁平法施工图。平面注写方式包括有集中标注和原位标注法，如图 3.2.9、图 3.2.10 所示。

集中标注是表达梁的通用数值，原位标注是表达梁的特殊数值，在施工中，原位标注值优于集中标注，如图 3.2.9 所示，原位标注Φ8@100(2)优于集中标注Φ8@100/200(2)。梁编号由梁类型代号、序号、跨数及有无悬挑代号几项组成。梁集中标注的内容，包括梁编号、梁截面尺寸、梁箍筋、梁上部通长筋或架立筋配置、梁侧面纵向构造钢筋或受扭配置钢筋等五项必注值(从梁的任一跨引出注写)和顶面标高高差一项选注值。梁原位标注的内容包括梁支座上部纵筋、梁下部纵筋以及与集中标注的内容不同的数值、附加箍筋或吊筋。

图 3.2.9 中四个梁截面系采用传统表示方法绘制，用于对比按平面注写方式表达相同的内容，实际采用平面注写方式表达时，不需要绘制梁截面配筋图和图中的相应截面号。

主次梁相交处的附加箍筋或吊筋直接画在平面图中主次梁交点的主梁上，并加以标注。如图 3.2.10、图 3.2.11 所示，2 ⌀18 为附加吊筋(又称元宝筋)，8 Φ10(2)为附加箍筋。

2)截面注写方式

截面注写方式，是在梁平面布置图上，分别对不同编号的梁各选一根用剖面号引出配筋图，并在其上注写截面尺寸和配筋等具体数值的方式来表达梁平法施工图，如图 3.2.11 所示。

对所有梁按平面注写方式集中标注的规定进行编号，从相同编号的梁中选择一根梁，先将“单边截面号”画在该梁上，再将截面配筋详图画在本图上，在截面配筋详图上要注写截面尺寸 $b \times h$、上部钢筋、下部钢筋、侧面构造钢筋或受扭钢筋和箍筋，如图 3.2.11 所示。梁截面注写方式适应于平面图中局部区域的梁布置过密或用于表达异形截面梁的尺寸和配筋。

(2)梁平法施工图(平面注写方式)的识读

如图 3.2.9 所示为梁平法施工图(局部)平面注写方式，图中标注[集中标注 1)～6)，原位标注 7)～9)]的含义如下：

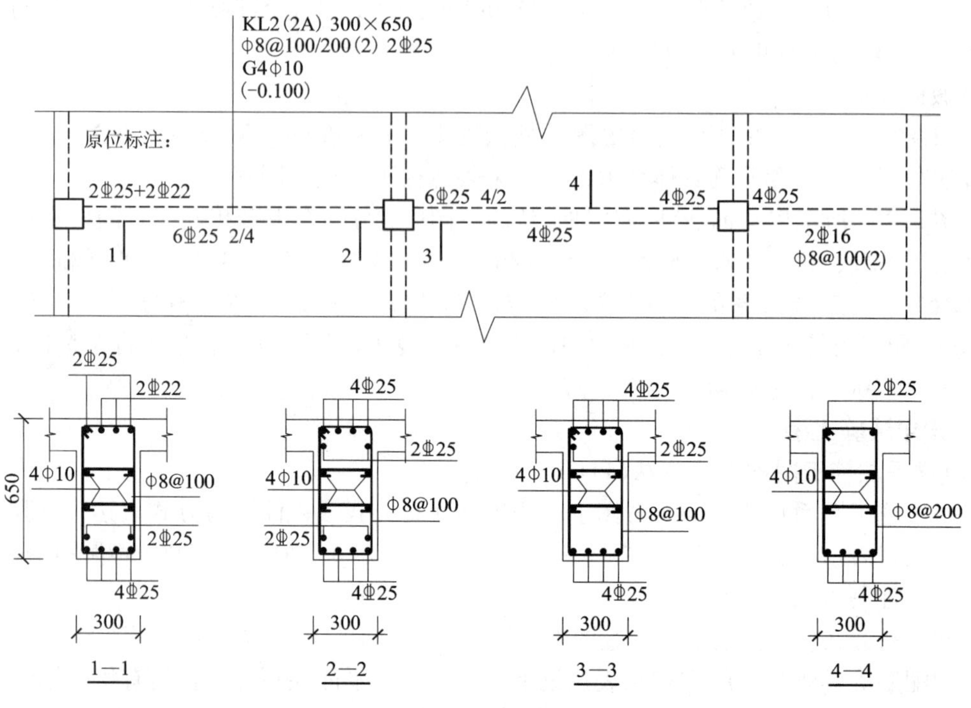

图 3.2.9　平面注写方式示例

1）KL2（2A），表示第 2 号框架梁，2 跨，一端悬挑（如果标 B 表示两端悬挑，无 A、B 则无悬挑）；

2）300 ×650，表示梁的断面尺寸为 300 宽、650 高；

3）Φ8@ 100/200（2），表示箍筋为 HPB300 钢筋，直径 φ8，加密区间距 100，非加密区间距为 200，均为两肢箍（如果是 4 表示四肢箍）；

4）2 Φ25，表示梁的上部配置 2 根直径为 25 的通长钢筋 HRB400；

5）G4 Φ10，表示梁的两个侧面共配置 4 Φ10 的纵向构造钢筋，每侧各配置 2 Φ10；

6）（ −0. 100），表示该梁顶面标高相对于某结构楼层的楼面标高低 0. 1 m；

7）2 Φ25 +2 Φ22，表示梁支座上部有四根纵向钢筋，2 Φ25 放在角部，2 Φ22 放在中部；

8）梁支座上部纵筋注写为 6 Φ25 4/2，表示上一排纵筋为 4 Φ25，下一排纵筋为 2 Φ25；

9）梁下部纵筋注写为 6 Φ25 2/4，表示上一排纵筋为 2 Φ25，下一排纵筋为 4 Φ25，全部伸入支座。

6. 板平法施工图

现浇板配筋图的表达在平法施工图中分有梁楼盖平法施工图和无梁楼盖平法施工图，如图 1. 1. 1（二十二）、（二十四）所示 3. 270 m、6. 300 m 板平面配筋图。下面以有梁楼盖平法施工图为例说明，它适应于以梁为支座的楼面与屋面板平法施工图。

现浇楼盖中板的配筋图表达方式有两种，一种是传统表示法，一种是平面表示法。传统表示法主要有两种，一种是用平面图与剖面图相结合，表达板的形状、尺寸及配筋；另一种是在结构平面布置图上，直接表示板的配筋形式和钢筋用量。板的平面表示法则是在第二种传统表示法的基础上，进一步简化配筋图表达的一种新方法，如图 3. 2. 12 所示。

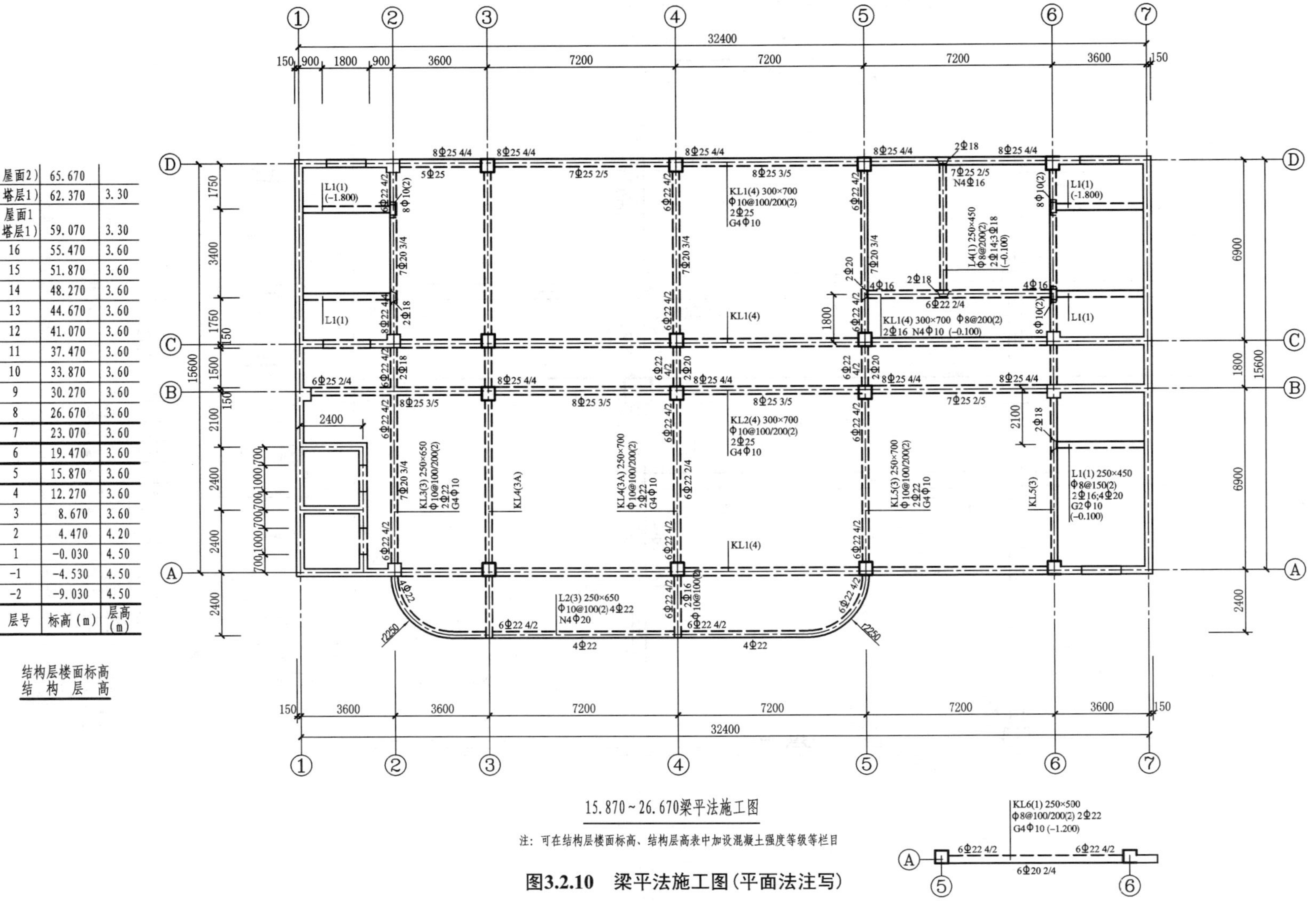

层号	标高(m)	层高(m)
(屋面2)	65.670	
(塔层1)	62.370	3.30
屋面1(塔层1)	59.070	3.30
16	55.470	3.60
15	51.870	3.60
14	48.270	3.60
13	44.670	3.60
12	41.070	3.60
11	37.470	3.60
10	33.870	3.60
9	30.270	3.60
8	26.670	3.60
7	23.070	3.60
6	19.470	3.60
5	15.870	3.60
4	12.270	3.60
3	8.670	3.60
2	4.470	4.20
1	-0.030	4.50
-1	-4.530	4.50
-2	-9.030	4.50

结构层楼面标高
结构层高

15.870～26.670梁平法施工图

注：可在结构层楼面标高、结构层高表中加设混凝土强度等级等栏目

图3.2.10　梁平法施工图(平面法注写)

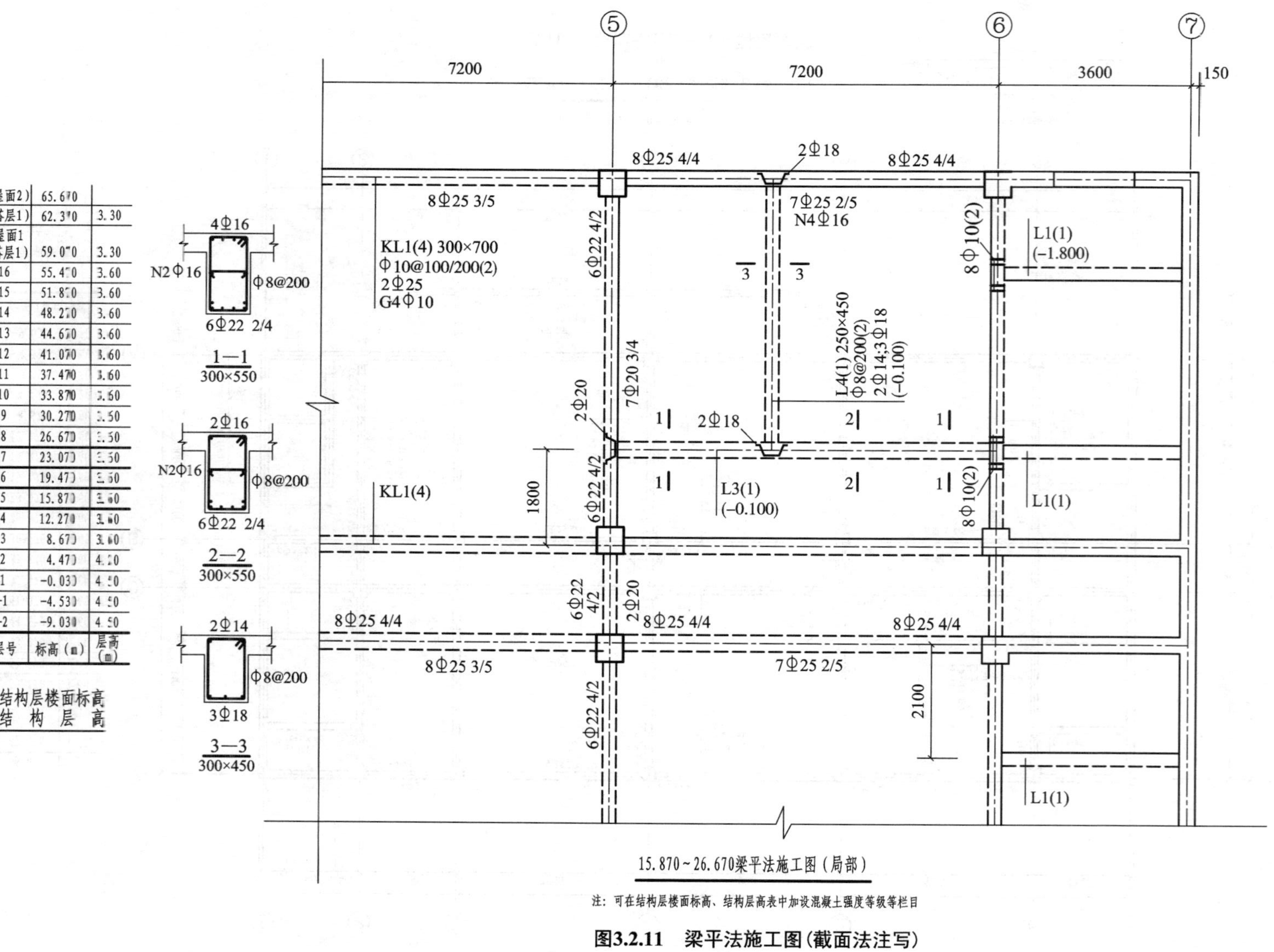

(屋面2)	65.670	
(塔层1)	62.370	3.30
屋面1 (塔层1)	59.070	3.30
16	55.470	3.60
15	51.870	3.60
14	48.270	3.60
13	44.670	3.60
12	41.070	3.60
11	37.470	3.60
10	33.870	3.60
9	30.270	3.60
8	26.670	3.60
7	23.070	3.60
6	19.470	3.60
5	15.870	3.60
4	12.270	3.60
3	8.670	3.60
2	4.470	4.20
1	-0.030	4.50
-1	-4.530	4.50
-2	-9.030	4.50
层号	标高（m）	层高（m）

结构层楼面标高
结 构 层 高

注：可在结构层楼面标高、结构层高表中加设混凝土强度等级等栏目

图3.2.11　梁平法施工图（截面法注写）

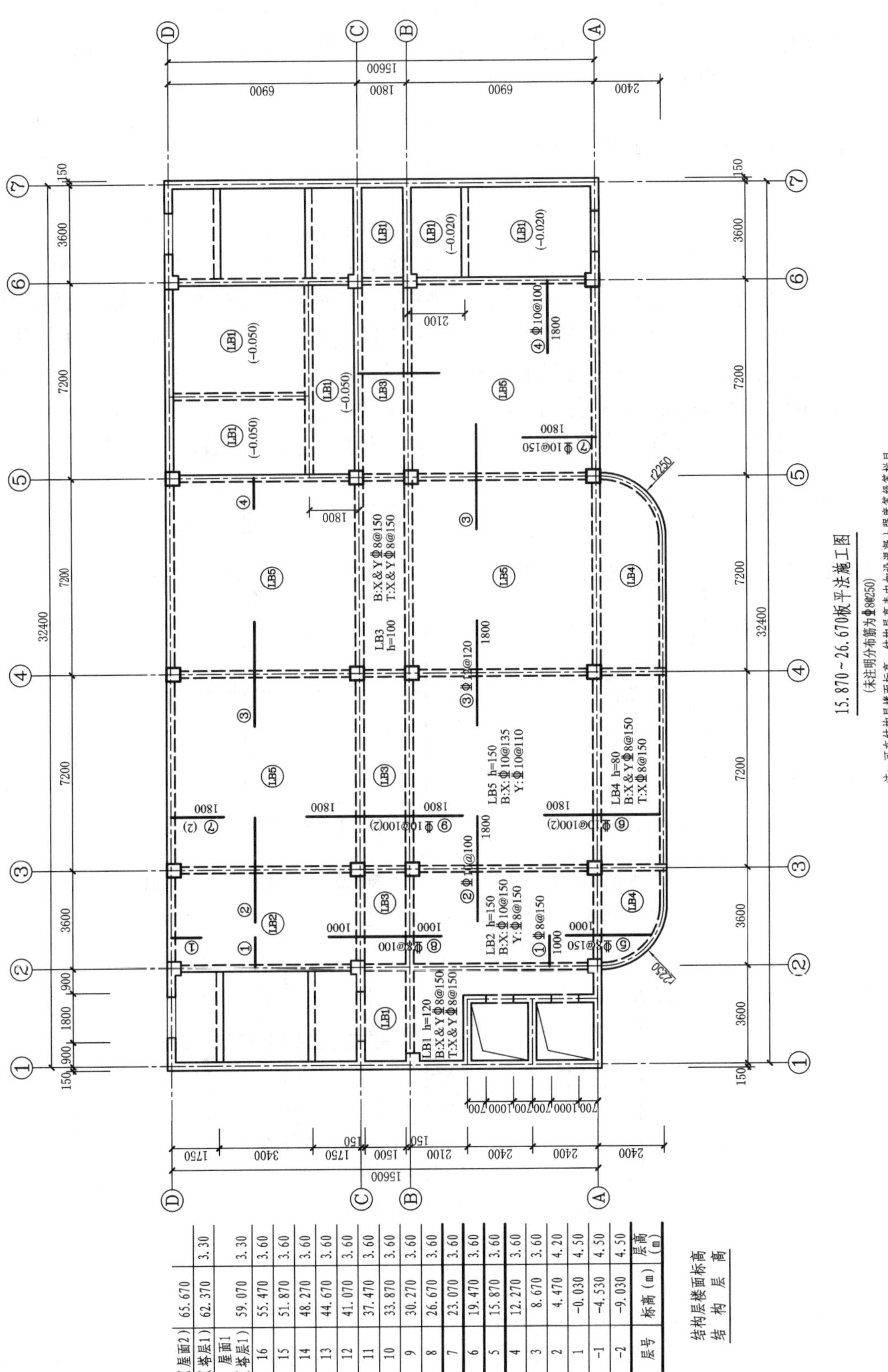

层号	标高（m）	层高（m）
(屋面2)	65.670	
(塔层1)	62.370	3.30
屋面1(塔层1)	59.070	3.30
16	55.470	3.60
15	51.870	3.60
14	48.270	3.60
13	44.670	3.60
12	41.070	3.60
11	37.470	3.60
10	33.870	3.60
9	30.270	3.60
8	26.670	3.60
7	23.070	3.60
6	19.470	3.60
5	15.870	3.60
4	12.270	3.60
3	8.670	3.60
2	4.470	4.20
1	-0.030	4.50
-1	-4.530	4.50
-2	-9.030	4.50

图3.2.12　板平法施工图

板平面注写方式主要包括板块集中标注和板支座原位标注两种方式。

(1)板块集中标注的内容为：板块编号(两向均以一跨为一块板)、板厚、上部(T)下部(B)纵向贯通钢筋以及当板面标高不同时的标高高差。板块编号分楼面板 LB、屋面板 WB、悬挑板 XB 等。图 3. 2. 12 中：LB5，$h=150$，B：X ⏀10@135；Y ⏀10@110，表示5号楼面板，板厚150，板下部配置的贯通纵筋 X 向为⏀10@135，Y 向为⏀10@110；板上部未配置贯通钢筋。

(2)板支座原位标注的内容为：板支座上部非贯通纵筋和悬挑板上部受力筋，应在配置相同跨的第一跨表达(当在梁悬挑部位单独配置时则表达在原位标注)，如图 3. 2. 12、图 3. 2. 13 所示。在配置相同跨的第一跨(或梁悬挑部位)，垂直于板支座(梁或墙)绘制一段适宜长度的中粗实线(当该筋通长设置在悬挑板或短跨板上部时，实线段应画至对边或贯通短跨)，以该线段代表支座上部非贯通纵筋，并在线段上方注写钢筋编号(如①、②等)、配筋值、横向连续布置的跨数(注写在括号内，且当为一跨时可不注)，以及是否横向布置到梁的悬挑端。板支座上部非贯通筋自支座中线向跨内的伸出长度，注写在线段的下方位置。

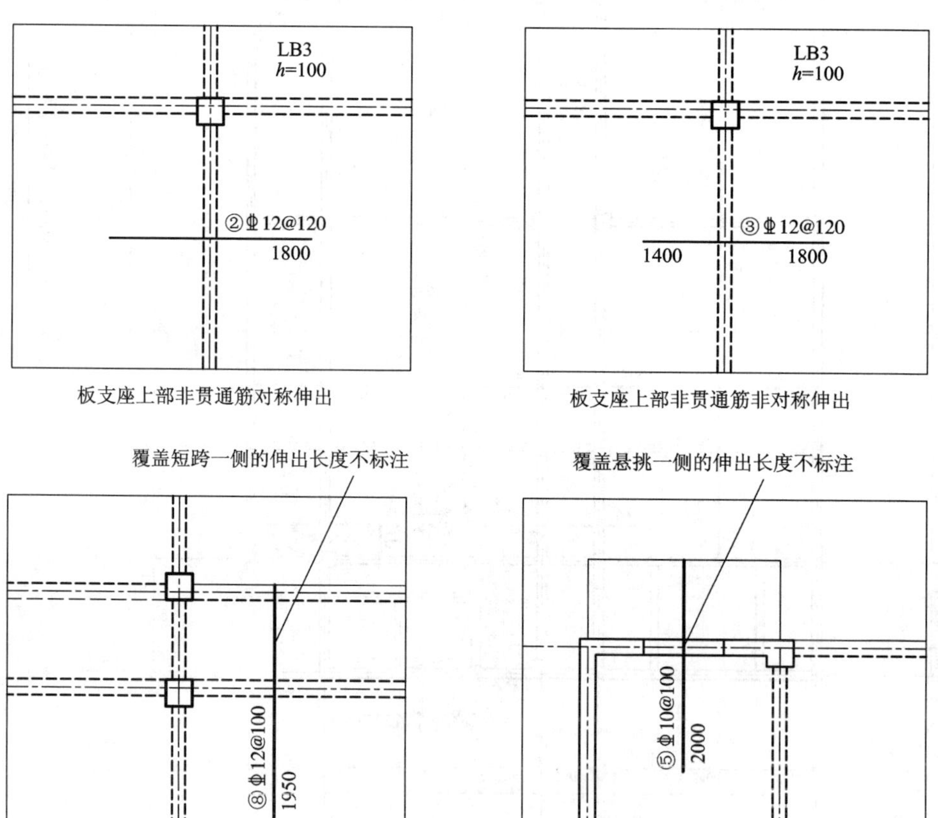

图 3. 2. 13　板支座原位标注

(3)平法施工图的识读(如图 3. 2. 12 所示)

从图中可以看出集中标注的板块 LB1 ~ LB5，其中 LB2(楼板 2)，$h=150$(板厚)，B：X ⏀10@150；Y ⏀8@150，板下部配置的贯通纵筋 X 向为⏀10@150，Y 向为⏀8@150，板上部未配置贯通纵筋。LB3(楼板3)，$h=100$(板厚)，B：X& Y ⌀8@150；T：X& Y ⌀8@150；表示3号楼板，板厚100，板上下部均配置⌀8@150的两向贯通纵筋。

从图中原位标注可以看出，板支座上部非贯通钢筋①~④、⑦~⑩号和悬挑板上部受力筋⑤和⑥号，分别在配置相同跨的第一跨和梁悬挑部位表达，垂直于板支座(梁)绘制一段适宜长度的中粗实线。悬挑板上部受力筋⑥号钢筋通长设置在悬挑板上部，配筋值为⌀10@100(2)，沿支承梁连续布置两跨，且无梁悬挑端布置，自支座中线向跨内的伸出长度分别为1800；板支座上部非贯通筋②，配筋值为⌀10@100，自支座中线向跨内对称伸出各1800；板支座上部非贯通筋⑨，配筋值为⌀10@100(2)，该筋通长设置在短跨板上部，沿支承梁连续布置两跨，自支座中线向跨内对称伸出各1800。

7. 楼梯平法施工图

现浇混凝土楼梯按结构形式可分为板式楼梯和梁板式楼梯，下面以板式楼梯平法施工图(11G101－2)为例说明。

(1)现浇混凝土板式楼梯平法施工图有平面注写、剖面注写和列表注写三种表达方式。楼梯平面布置图，应按照楼梯标准层，采用适当比例集中绘制，需要时绘制其剖面图。

(2)楼梯类型，11G101－2把常见的钢筋混凝土板式楼梯按梯段类型的不同分为11种常用类型，如表3.2.5所示。

表3.2.5　楼梯类型

<table>
<tr><th rowspan="2">梯板代号</th><th colspan="2">适应范围</th><th rowspan="2">是否参与结构整体抗震计算</th><th rowspan="2">备注</th></tr>
<tr><th>抗震构造</th><th>选用结构</th></tr>
<tr><td>AT</td><td rowspan="2">无</td><td rowspan="2">框架、剪力墙、砌体结构</td><td rowspan="2">不参与</td><td rowspan="11">1. ATa低端设滑动支座支承在梯梁上；ATb低端设滑动支座支承在梯梁的挑板上；
2. ATa、ATb、ATc均用于抗震设计，设计者应指定楼梯的抗震等级。</td></tr>
<tr><td>BT</td></tr>
<tr><td>CT</td><td rowspan="2">无</td><td rowspan="2">框架、剪力墙、砌体结构</td><td rowspan="2">不参与</td></tr>
<tr><td>DT</td></tr>
<tr><td>ET</td><td rowspan="2">无</td><td rowspan="2">框架、剪力墙、砌体结构</td><td rowspan="2">不参与</td></tr>
<tr><td>FT</td></tr>
<tr><td>GT</td><td rowspan="2">无</td><td>框架结构</td><td rowspan="2">不参与</td></tr>
<tr><td>HT</td><td>框架、剪力墙、砌体结构</td></tr>
<tr><td>ATa</td><td rowspan="3">有</td><td rowspan="3">框架结构</td><td>不参与</td></tr>
<tr><td>ATb</td><td>不参与</td></tr>
<tr><td>ATc</td><td>参与</td></tr>
</table>

(3)现浇混凝土板式楼梯平法施工图的表达方式。

1)平面注写方式，是在楼梯平面布置图上注写截面尺寸和配筋的具体数值方式来表达楼梯施工图，包括集中标注和外围标注，如图3.2.14所示；如图3.2.15所示为AT型楼梯板配筋构造，表达梯板支座上、下部纵筋和分布筋的形状、尺寸和位置。

楼梯集中标注的内容有五项，如图3.2.14所示，包括：

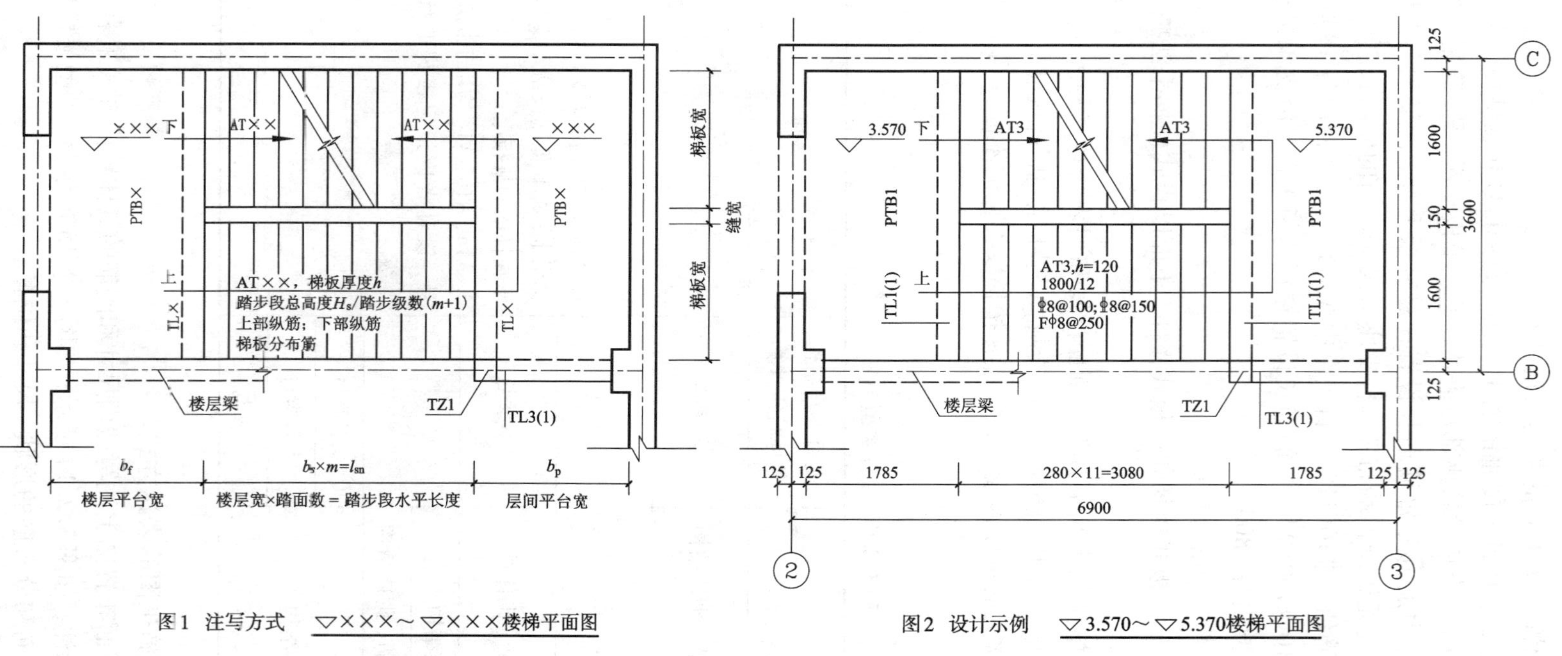

图1 注写方式 ▽×××～▽×××楼梯平面图

图2 设计示例 ▽3.570～▽5.370楼梯平面图

注：1. AT型楼梯的使用条件为：两梯梁之间的矩形梯板全部由踏步段构成，即踏步段两端均以梯梁为支座。凡是满足该条件的楼梯均可为AT型，如双跑楼梯(图1及图2)，双分平行楼梯，交叉楼梯和剪刀楼梯等。

2. AT型楼梯平面注写方式如图1所示。其中：集中注写的内容有5项，第一项为梯板类型代号与序号AT××；第2项为梯板厚度h；第3项为踏步段总高度H_s/踏步级数$(m+1)$；第4项为上部纵筋及下部纵筋；第5项为梯板分布筋。设计示例如图2。

3. 梯板的分布钢筋可直接标注，也可统一说明。

4. 平台板PTB、梯梁TL、梯柱配筋可参照《混凝土结构施工平面图整体表示方法制图规则和构造详图(现浇混凝土框架、剪力墙、梁、板)》(11G101-1)标注。

图3.2.14 AT型楼梯平面注写方式与适用条件

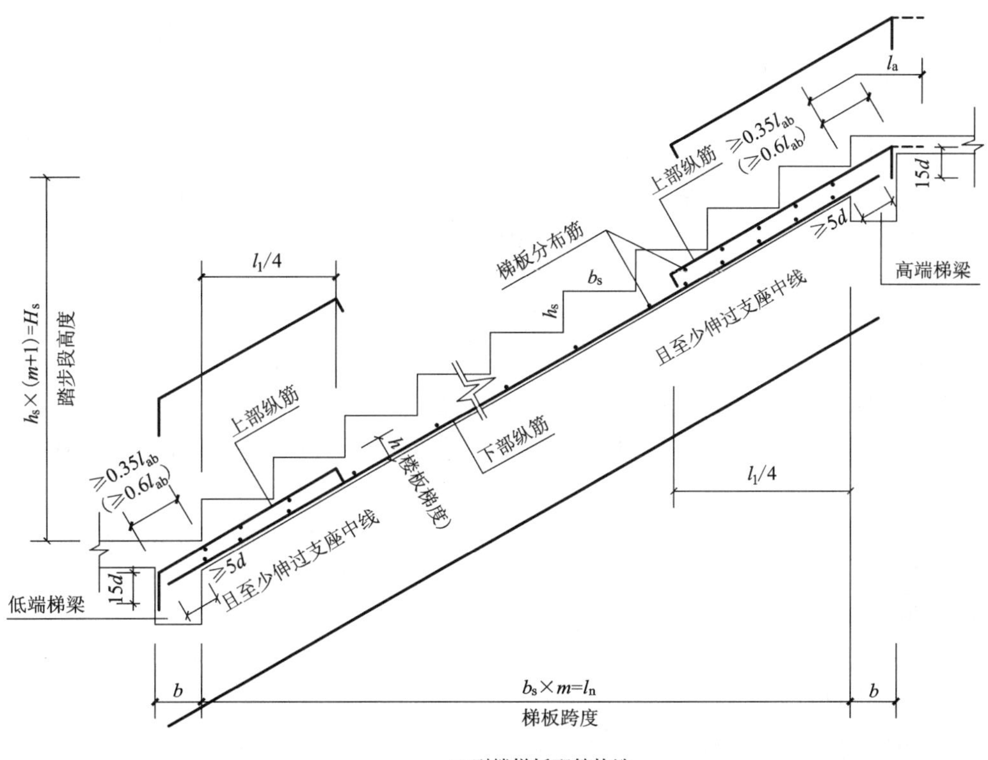

AT型楼梯板配筋构造

注：1. 当采用HPB300光面钢筋时，除梯板上部纵筋的跨内端头做90° 直角弯钩外，所有末端应做180° 的弯钩。
2. 图中上部纵筋锚固长度35l_{ab}用于设计按铰接的情况，括号内数据0.6l_{ab}用于设计考虑充分发挥钢筋抗拉强度的情况，具体工程中设计应指明采用何种情况。
3. 上部纵筋有条件时可直接伸入平台板内锚固，从支座内边算起总锚固长度不小于 l_a，如图中虚线所示。
4. 上部纵筋需伸至支座对边再向下弯折。

图 3.2.15 AT 型楼梯板配筋构造

①梯板类型代号与序号，图中 AT3；

②梯板厚度，图中 $h=120$；

③踏步段总高度和踏步级数之间以“/”分隔，图中 1800/12；

④梯板支座上、下部纵筋，之间用“；”分隔，图中Φ10@200；Φ12@150；

⑤梯板分布筋，以 F 打头注写分布钢筋值，该项也可在图中统一说明，图中 F Φ8@250。

楼梯外围标注的内容，如图 3.2.14 所示，包括：

①楼梯间的平面尺寸，图中 3600、6900；

②楼层结构标高，图中 3.570；

③层间结构标高，图中 5.370；

④楼梯上下方向，图中标注；

⑤梯板的平面几何尺寸，图中梯宽为 1600、梯长为 3080 = 280 × 11、楼层平台宽 1785、梯井宽 150；

⑥平台板配筋、梯梁及梯柱配筋等，图中 PTB1、TL1(1)、TL2(1)、TZ1 配筋等应按照平

法施工图 11G101－1 标注。

2)剖面注写方式，需在楼梯平法施工图中绘制楼梯平面布置图和楼梯剖面图，注写方式分平面注写、剖面注写两部分。

楼梯施工图剖面注写示例(平面图)，如图 3. 2. 16 所示，图中注写的内容包括：

①楼梯间的平面尺寸，图中 3100、5700；

②楼层结构标高，图中标准层 5. 570、8. 370、11. 170、13. 970、16. 770；

③层间结构标高，图中标准层 4. 250、7. 050、9. 850、12. 650、15. 450；

④楼梯的上下方向，图中标注；

⑤梯板的平面几何尺寸，图中标准层梯宽为 1410、梯长为 2240＝280×8、楼层平台宽 1410、梯井宽 100；

⑥梯板类型及编号，图中标准层所示 AT1、CT2；

⑦平台板配筋，图中 PTB1，$h=100$，B：X&Y ⌀8@200，T：X ⌀8@200；Y ⌀10@200；

⑧梯梁及梯柱配筋，图中 TL1，250×350，2 ⌀12；2 ⌀18，ф8@200。

楼梯施工图剖面注写示例(剖面图)，如图 3. 2. 17 所示，图中注写的内容包括：

①梯板集中标注，如 DT1，$h=100$，⌀10@200；⌀12@200，F ф8@250；

②梯梁编号 TL1；

③梯板水平及竖向尺寸，如图中水平尺寸 280×5＝1400、280×7＝1960，竖向尺寸 166×5＝830、165×8＝1320 等；

④楼层结构标高－0. 030、2. 770、5. 570 等；

⑤层间结构标高－0. 860、1. 450、4. 250 等。

3)列表注写方式，是用列表方式注写梯板截面尺寸和配筋具体数值的方式来表达楼梯施工图，如图 3. 2. 17 所示。列表注写方式的具体要求同剖面注写方式，仅将剖面注写方式中梯板集中标注的梯板配筋注写项改为列表注写项即可。

小　结

本部分完成的任务是识读并绘制结构施工图。重点讲述结构施工图中基础图的表达要求与识读方法以及混凝土结构施工图(基础、柱、梁、板、楼梯)平面整体表示方法。

1. 结构施工图(简称结施图)，是在房屋的施工图设计阶段，设计人员将一幢房屋的结构构件的形状、尺寸大小，材料、作法、钢筋的分布、连接等内容，按照“国标”的规定，用正投影的基本原理，详细准确地表达出来的图样。它主要是表明结构构件中的设计内容，如房屋的屋顶、楼板、楼梯、梁、柱、基础等的结构设计情况。在建筑工程中它是基础施工，柱、梁、板、楼梯等钢筋混凝土构件制作、构件安装、编制预算和施工组织的重要依据。

结构施工图的组成一般包括结构图纸目录、结构设计总说明、基础、柱、梁、板、楼梯等结构平面图和结构构件详图等。

2. 规范规定的混凝土强度等级有 C15、C20、C25、C30、C35、C40、C45、C50、C55、C60、C65、C70、C75、C80 共 14 个等级。在混凝土构件的受拉区域内配置一定数量的钢筋，这种材料即称为钢筋混凝土。配置在混凝土中的钢筋，按其作用和位置不同分为以下几种，有受力筋、架立筋、箍筋、分布筋以及构造钢筋等。

3. 基础图是建筑物地下部分承重结构的施工图，包括基础平面图、基础详图和设计说明

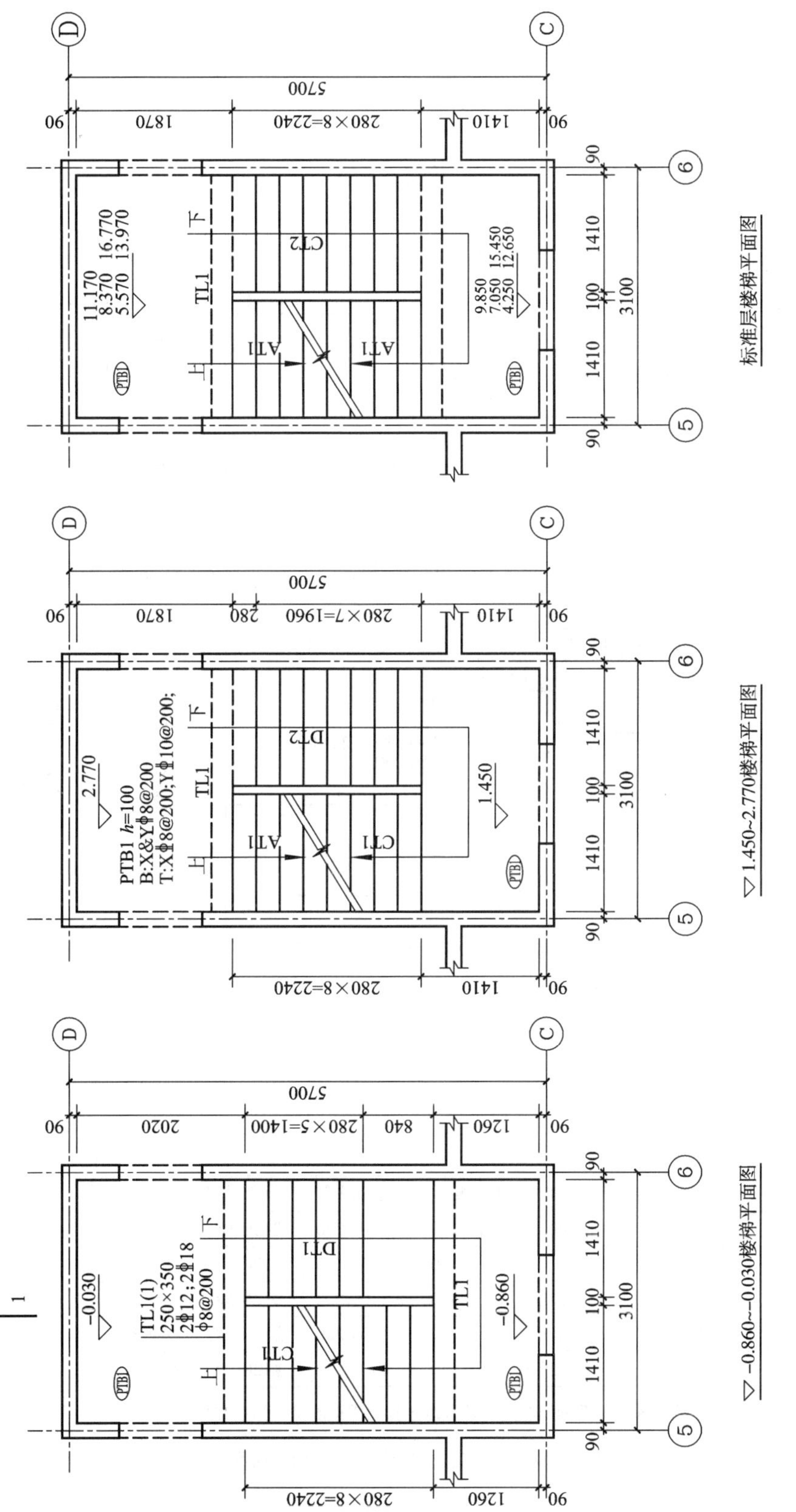

图3.2.16　楼梯施工图剖面注写示例（平面图）

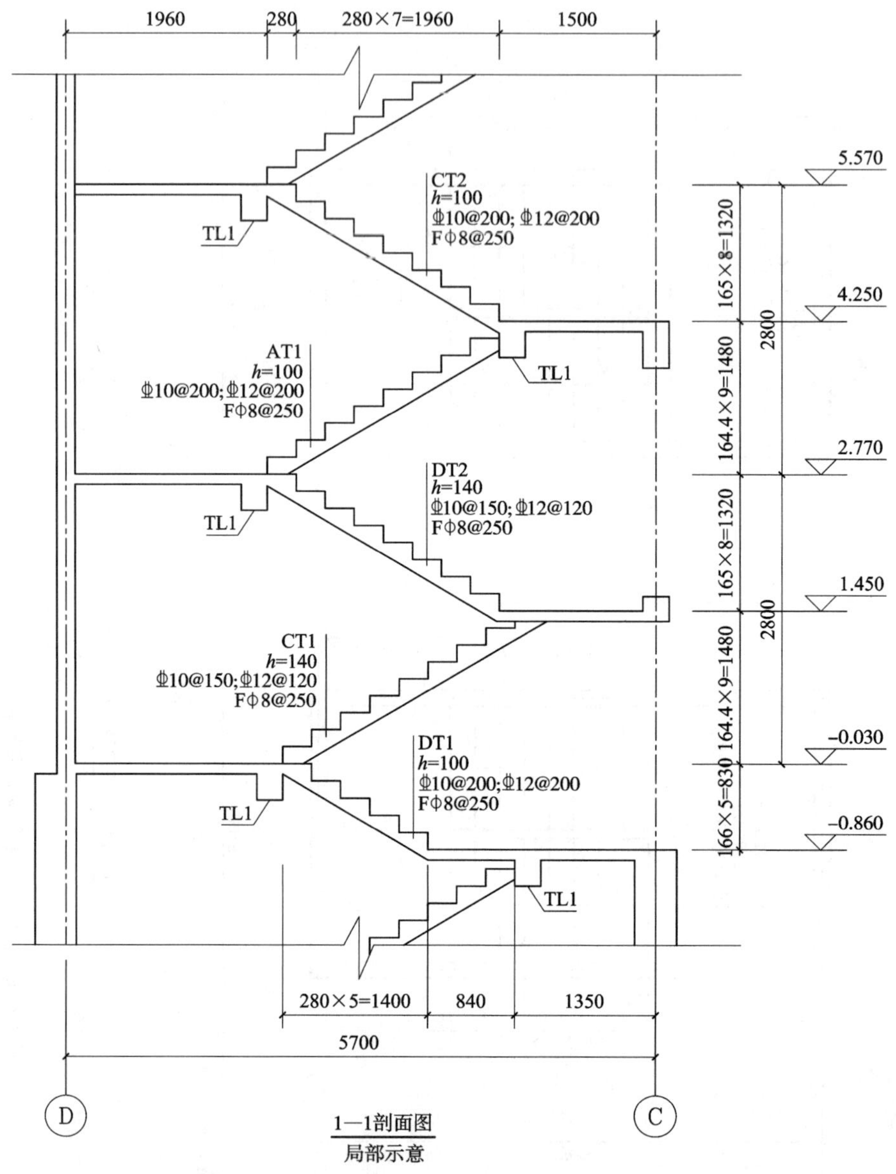

1—1剖面图
局部示意

列表注写方式见下：

梯板类型编号	踏步高度/踏步级数	板厚 h	上部纵筋	下部纵筋	分布筋
AT1	1480/9	100	⏀10@200	⏀12@200	ϕ8@250
CT1	1480/9	140	⏀10@150	⏀12@120	ϕ8@250
CT2	1320/8	100	⏀10@200	⏀12@200	ϕ8@250
DT1	830/5	100	⏀10@200	⏀12@200	ϕ8@250
DT2	1320/8	140	⏀10@150	⏀12@120	ϕ8@250

注：本示例中梯板上部钢筋在支座处考虑充分发挥钢筋抗拉强度作用进行锚固。

图 3.2.17　楼梯施工图剖面注写示例(剖面图)

等。基础设计说明的主要内容是明确室内地面的设计标高及基础埋深、基础持力层及其承载力特征值、基础的材料，以及对基础施工的具体要求。基础图是基础施工定位放线、开挖基础(坑)、基础施工、计算基础工程量的依据。

4. 基础、柱、梁、板、楼梯平面整体表示方法是一种常见的施工图标注方法，特别是框架结构中非常有效且适用。它是将基础、柱、梁、板、楼梯的尺寸和配筋，按照平面整体表示方法的制图规则，整体直接表达在基础、柱、梁、板、楼梯的结构平面布置图上，再与基础、柱、梁、板、楼梯的构造详图配合，构成一套完整的平法结构设计施工图。这种表达可高度降低传统设计中大量同值性重复表达的内容，从而使结构设计方便，表达准确、全面，数值唯一，易随机修正，提高设计效率；使施工看图、记忆和查找方便，表达顺序与施工一致，利于施工检查。

5. 平法制图规则规定基础、柱、梁、板、楼梯平法施工图的表示方法及表达要求，如表3.2.6所示。

表3.2.6 基础、柱、梁、板、楼梯平法施工图的表示方法及表达要求

平法图名	表示方法		表达要求
独立基础	平法注写	集中标注	集中引注基础编号、截面竖向尺寸、配筋三项必注内容，以及基础底面标高和必要的文字注解两项选注内容
		原位标注	在基础平面布置图上标注独立基础的平面尺寸
	截面注写	截面标注	采用截面注写方式，应在基础平面图上对所有基础进行编号
		列表注写	对多个同类基础，可采用列表注写(结合截面示意图)的方式进行集中表达。表中内容为基础截面的几何数据和配筋等，在截面示意图上应标注与表中栏目相对应的代号
柱	列表注写		系在柱平面布置图上，分别在同一编号的柱中选择一个(有时需要选择几个)截面标注几何参数代号；在柱表中注写柱编号、柱段起止标高、几何尺寸与配筋的具体数值，并配以各种柱截面形状及其箍筋类型图的方式，来表达柱平法施工图
	截面注写		系在柱平面布置图的柱截面上，分别在同一编号的柱中选择一个截面，以直接注写截面尺寸和配筋具体数值的方式，来表达柱平法施工图
梁	平法注写	集中标注	集中标注是表达梁的通用数值。梁集中标注的内容，包括梁编号、梁截面尺寸、梁箍筋、梁上部通长筋或架立筋配置、梁侧面纵向构造钢筋或受扭配置钢筋等五项必注值(从梁的任一跨引出注写)和顶面标高高差一项选注值
		原位标注	原位标注是表达梁的特殊数值。在施工中，原位标注值优于集中标注。梁原位标注的内容包括梁支座上部纵筋、梁下部纵筋以及与集中标注的内容不同的数值、附加箍筋或吊筋
	截面注写		截面注写方式，是在梁平面布置图上，分别对不同编号的梁中各选一根梁用剖面号引出配筋图，并在其上注写截面尺寸和配筋具体数值的方式来表达梁平法施工图

续表 3.2.6

<table>
<tr><th>平法图名</th><th colspan="2">表示方法</th><th>表 达 要 求</th></tr>
<tr><td rowspan="2">板</td><td colspan="2">板块集中标注</td><td>板块编号、板厚、贯通纵筋，以及当板面标高不同时的标高高差</td></tr>
<tr><td colspan="2">板支座原位标注</td><td>板支座上部非贯通纵筋和悬挑板上部受力筋</td></tr>
<tr><td rowspan="5">楼梯</td><td rowspan="2">平面注写</td><td>集中标注</td><td>梯板类型代号与序号、梯板厚度、踏步段总高度和踏步级数、梯板支座上部纵筋、下部纵筋、梯板分布筋</td></tr>
<tr><td>外围标注</td><td>楼梯间的平面尺寸、楼层结构标高、层间结构标高、楼梯的上下方向、梯板的平面几何尺寸、平台板配筋、梯梁及梯柱配筋</td></tr>
<tr><td rowspan="2">剖面注写</td><td>平面注写</td><td>楼梯平面布置图注写内容，包括楼梯间的平面尺寸、楼层结构标高、层间结构标高、楼梯的上下方向、梯板的平面几何尺寸、梯板类型及编号、平台板配筋、梯梁及梯柱配筋等</td></tr>
<tr><td>剖面注写</td><td>楼梯平面布置图注写内容，包括梯板集中标注、梯梁梯柱编号、梯板水平及竖向尺寸、楼层结构标高、层间结构标高等</td></tr>
<tr><td colspan="2">列表注写</td><td>采用列表方式注写梯板截面尺寸和配筋具体数值的方式来表达楼梯施工图，列表注写方式的具体要求同剖面注写方式，仅将剖面注写方式中梯板集中标注的梯板配筋注写项改为列表注写项即可</td></tr>
</table>

任务3　识读并绘制室内给排水施工图

任务要求

用绘图纸、铅笔(或墨线笔)，选择合适的图幅和比例绘制如图 3.3.1 所示的一层给排水平面布置图和二至四层①~③轴局部给排水平面布置图以及给水、排水管道系统轴测图。要求图面布置适中、均匀、美观，图面整体效果好，投影关系正确，图纸内容清晰，图形表达完善，图面整洁清晰，满足国家有关制图标准要求(尺寸标注齐全、字体端正整齐、线型粗细分明)，并应用于实际中。

问题引入

1. 室内给水排水系统的基本组成有哪些?
2. 室内给水排水系统的图示特点是什么? 制图标准有关规定和图例符号是如何表达的?
3. 给排水平面布置图表达了哪些内容?
4. 给水、排水管道系统图是如何表达的?
5. 给排水管道构配件详图有何要求?

实践指导

1. 比例、线型及表达要求

(1)室内给排水平面布置图一般采用与房屋建筑平面图相同的比例，重点突出管道、卫生器具、构配件等，当只要求单独画出给水用水房间时，比例可适当放大。

(2)用粗实线表示管道，用中实线表示各种卫生器具等设备，用细实线表示房屋建筑平面的墙身和门窗等。

(3)相交的两根管线，如有一根管线断开，表明被断开的管线在没有断开管线的后面或下面，表明两根管线在空间是交叉的。

(4)管道、管径、管材及连接方式、卫生设备及安装等见设计说明。

2. 画图步骤

(1)室内给水管网平面布置图

①画建筑平面图，画法与建筑平面图相同。

②画卫生器具平面图。

③画给水管网平面布置图，画给水管网平面布置图是沿墙用直线连接各用水点。一般先画立管，然后画给水管引入管，最后按水流方向画出各干管、支管及管道附件。

④画必要的图例。

⑤布置应标注的尺寸(轴线尺寸、管径等，单位为 mm)、标高(标高尺寸，单位为 m)、编号和必要的文字。

(2)给水管道系统轴测图

①设定 OX、OY、OZ 坐标轴在图幅的适宜位置。

②从引入管开始，再画出靠近引入管的立管。

③根据水平干管的标高画出平行于 OY 轴和 OX 轴的水平干管。

④画出立管 1 和立管 2。在立管上定出地坪、楼地面和各支管的高度。

⑤根据各支管的轴向，画出与立管 1、2 相连的支管。

⑥画出水嘴等图例符号。

⑦标注各管道的直径和标高。

(3)室内排水管网平面布置图

1)建筑平面图、卫生器具与配水设备平面图的内容、要求同给水管网平面布置图。

2)管道平面布置

①每条水平的排水管道通常用单线条粗虚线表示。立管用中实线空心小圆表示。

②各种管道须按系统分别予以标志和编号。排水管以检查井承接的每一排出管为一系统。

③排水系统基本上为粪便污水与生活废水分流系统。

④图例、说明、尺寸、标高等与给水管网平面布置图相似。

(4)排水管网轴测图的画法

①轴向选择与给水管网应一致，从排出管开始，再画水平干管，最后画立管。

②根据设计标高确定立管上的各地面、楼面和屋面。

③根据卫生器具、管道附件(如地漏、存水弯、清扫口等)的安装高度以及管道坡度确定横支管的位置。

④画卫生器具的存水弯、连接管，并画管道附件，如检查口、清扫口、通气帽等的图例符号。

⑤在适宜的位置标注管径、坡度、标高、编号以及必要的文字说明等。

设计说明

一、设计依据：根据建设方委托要求、有关规范要求及建筑施工图进行设计。

1. 工程概况：本工程建筑总面积为1079.02m²，总体积约为4225.27m³。

2. 设计依据：建设单位所提供的有关市政给水、污水、雨水管网资料。

建筑给水排水设计规范　GB50015-2003(2009年版)

室外给水设计规范　GB50013-2006

室外排水设计规范　GB50014-2006

建筑设计防火规范　GB50016-2006

建筑灭火器配置设计规范　GB50140-2005

《工程建设标准强制性条文》（房屋建筑部分）2009年版

各专业提供的设计要求。

二、本图平面尺寸以毫米计，高程以米计、给水管标高指管中心线，排水管标高指管内底。

1. 给水系统：最高日用水量：10立方米；最大小时用水量为1.3立方米/时。本工程水源接自市政给水管，市政可资利用水压为0.35MPa。引入管DN65，供水方式为水箱供水。

2. 排水系统：污水经化粪池预处理后排至排入市政污水管网。

3. 雨水系统：统一由建筑考虑，雨水排至室外雨水管。

4. 空调冷凝水：经PVC-U管收集后均间接排放至散水。

三、管材及连接。

1. 室内给水管采用PPR管，热熔连接；
2. 室外给水管采用PE管，热熔连接；
3. 室内排水管及出户管采用UPVC管，承插粘接；
4. 室外排水管采用混凝土管，水泥砂浆抹带连接；
5. 室内消防给水管采用镀锌钢管，丝扣连接；
6. 室外消防给水管采用给水铸铁管，承插连接；
7. 空调排水采用普通UPVC排水管，承插粘接。
8. 雨水管采用普通UPVC排水管，承插粘接。

四、卫生设备选型及安装：

采用普通洗脸盆，安装参考见99S304-27大样；

采用台式洗脸盆，安装参考见99S304-38大样；

低位水箱冲洗蹲式大便器，按99S304-80大样；

参考安装：厨房洗涤池，安装见99S304-22大样；

淋浴器安装按 99S304-128大样安装。

坐式大便器低位水箱冲洗，按99S304-71

浴盆安装按 99S304-107大样安装。

住宅部分地漏均采用深水封地漏(≥d50mm)及存水弯。

洗衣机地漏采用洗衣机专用地漏。

五、消防设备选型及安装。

建筑灭火器按中危险级设置，详见平面布置图。

均为磷酸铵盐干粉(手提式) - MFzL4型 - 4公斤 - 5A

室外消火栓为SS100型，按国标01S201-6大样安装、建筑100米范围内设室外消火栓，建筑耐火等级为二级，设计室外消火栓用水量为20L/S，由小区统一规划设计，详见总图。

六、室外检查井均为ø700圆形检查井，井内干管管顶平接，图中所示H系指该处管内底标高；室外排水管施工前应对其标高进行复核。

七、标准图选用：阀门井按S143，水表井按S145，隔油井按01S519化粪池按 02S701(可视现场情况调整其位置)检查井按 02S515，管道支、吊架按 S161。

八、施工安装应按照GBJ50242-2000中有关规定进行，并配合土建预留好孔洞、给排水管穿过楼面均设金属套管。

九、保温：屋面的消防管道需要防漏处理。管道保温材料用石棉瓦，外包玻璃布涂油漆。详见 S159-23（图Ⅲ）。

十、管径表示：钢管、铸铁管、复合管、塑料管等公称管径以“DN”表示，混凝土管、钢筋混凝土管等的管径以“D”表示。

塑料管公称直径与外径对照表

公称直径(mm)	DN15	DN20	DN25	DN32	DN40	DN50	DN65	DN80	DN100	DN150
外　径(mm)	De20	De25	De32	De40	De50	De63	De75	De90	De110	De160

十一、排水横管宜按以下标准坡度敷设，如有困难，可采用最小坡度。

管　径	DN50	DN75	DN100	DN150	DN200
标准坡度	0.035	0.025	0.020	0.010	0.008
最小坡度	0.025	0.020	0.012	0.007	0.005

十二、未尽事项，按有关规定进行.市自来水供水压力0.35MPa。

图3.3.1（一）　给排水设计说明

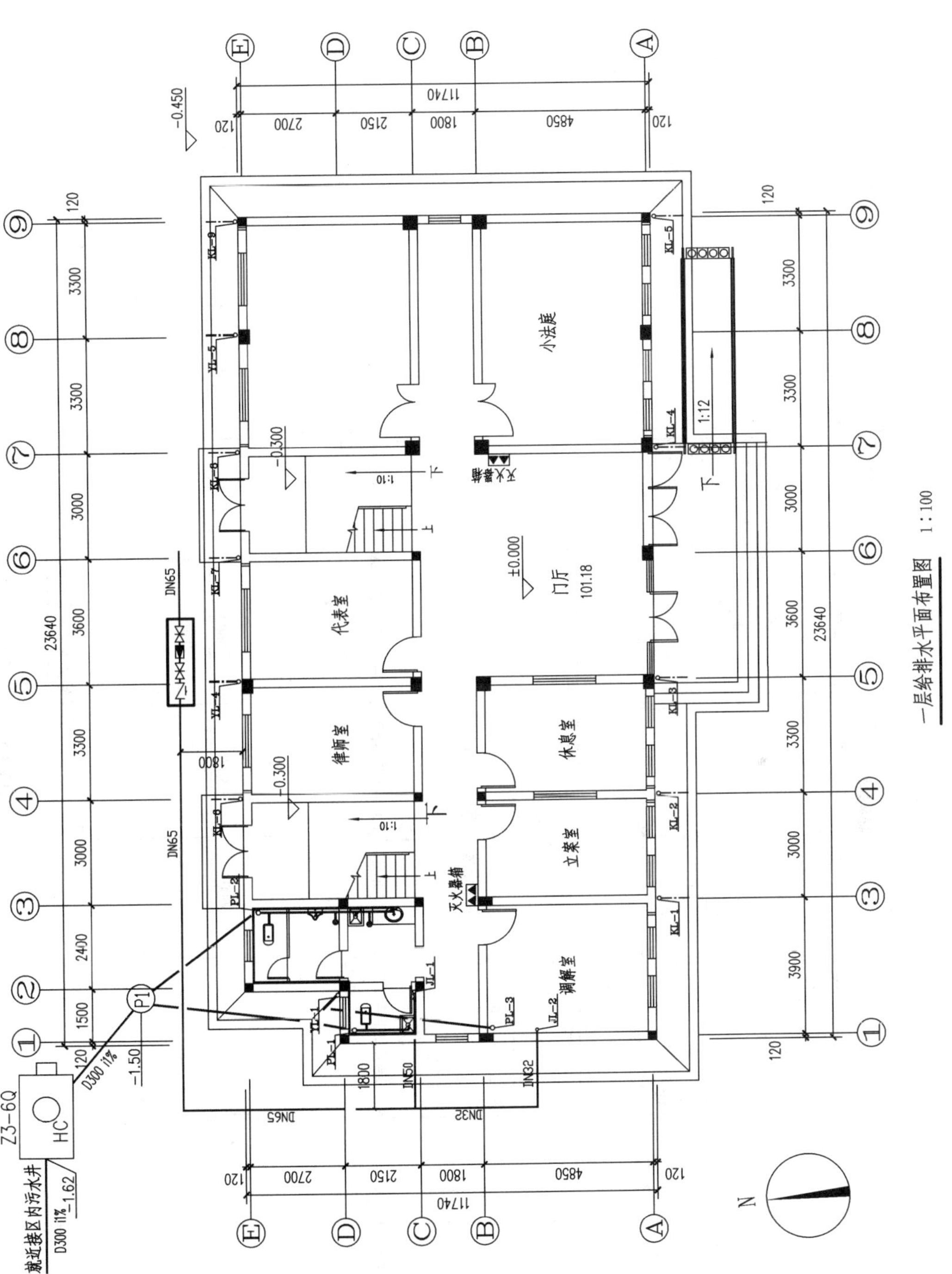

图3.3.1（二） 一层给排水平面布置图

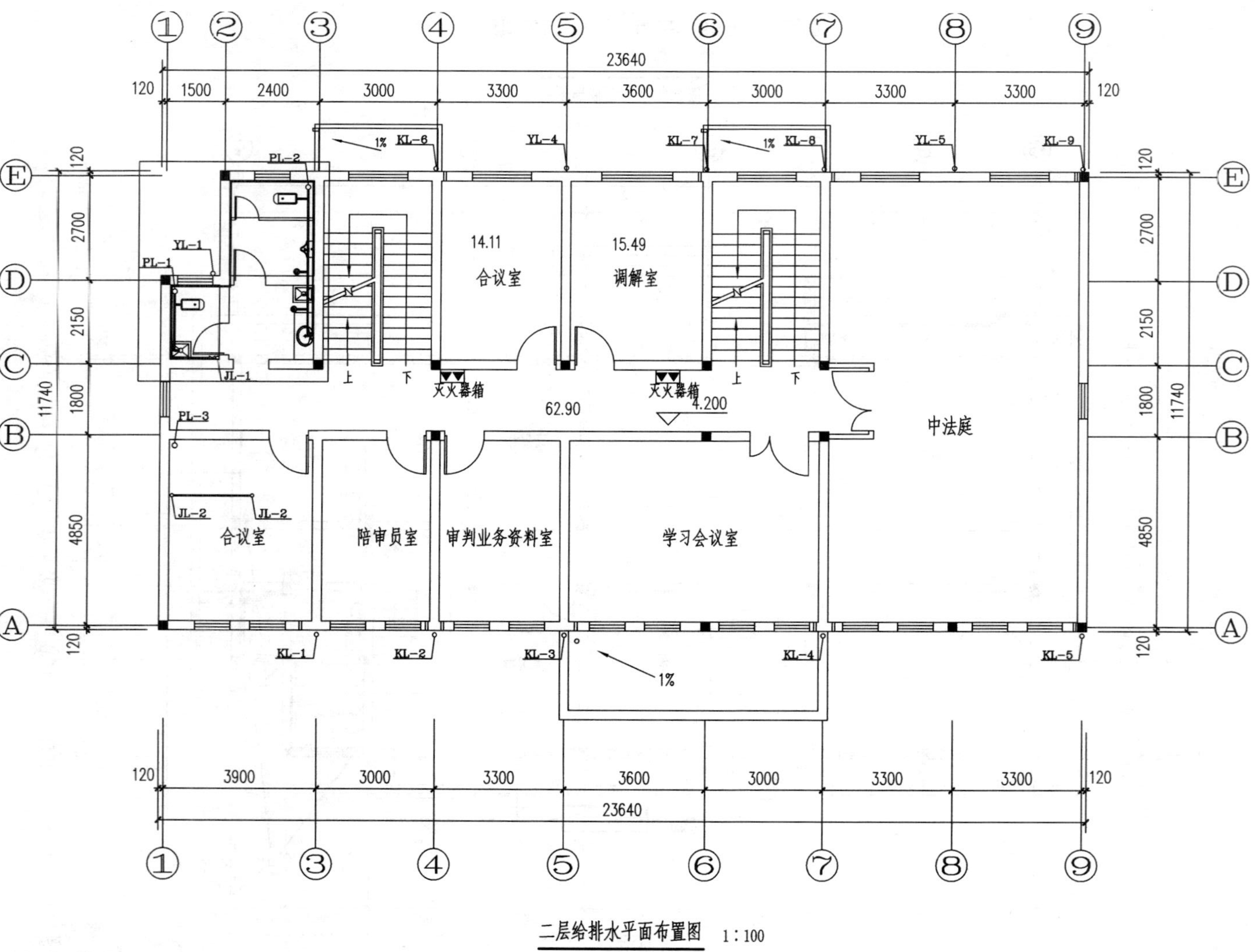

图3.3.1（三） 二层给排水平面布置图

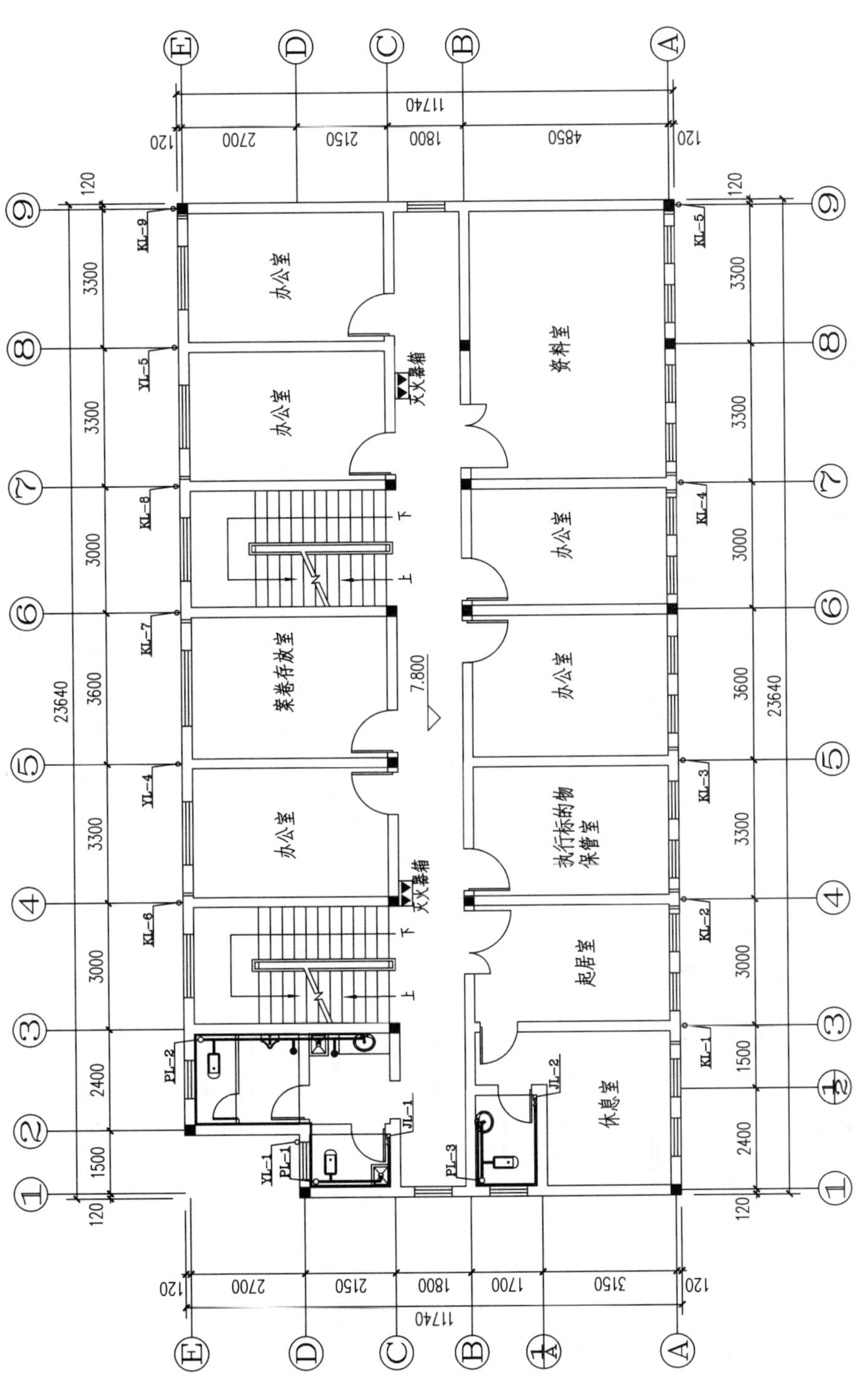

图3.3.1(四)　三层给排水平面布置图

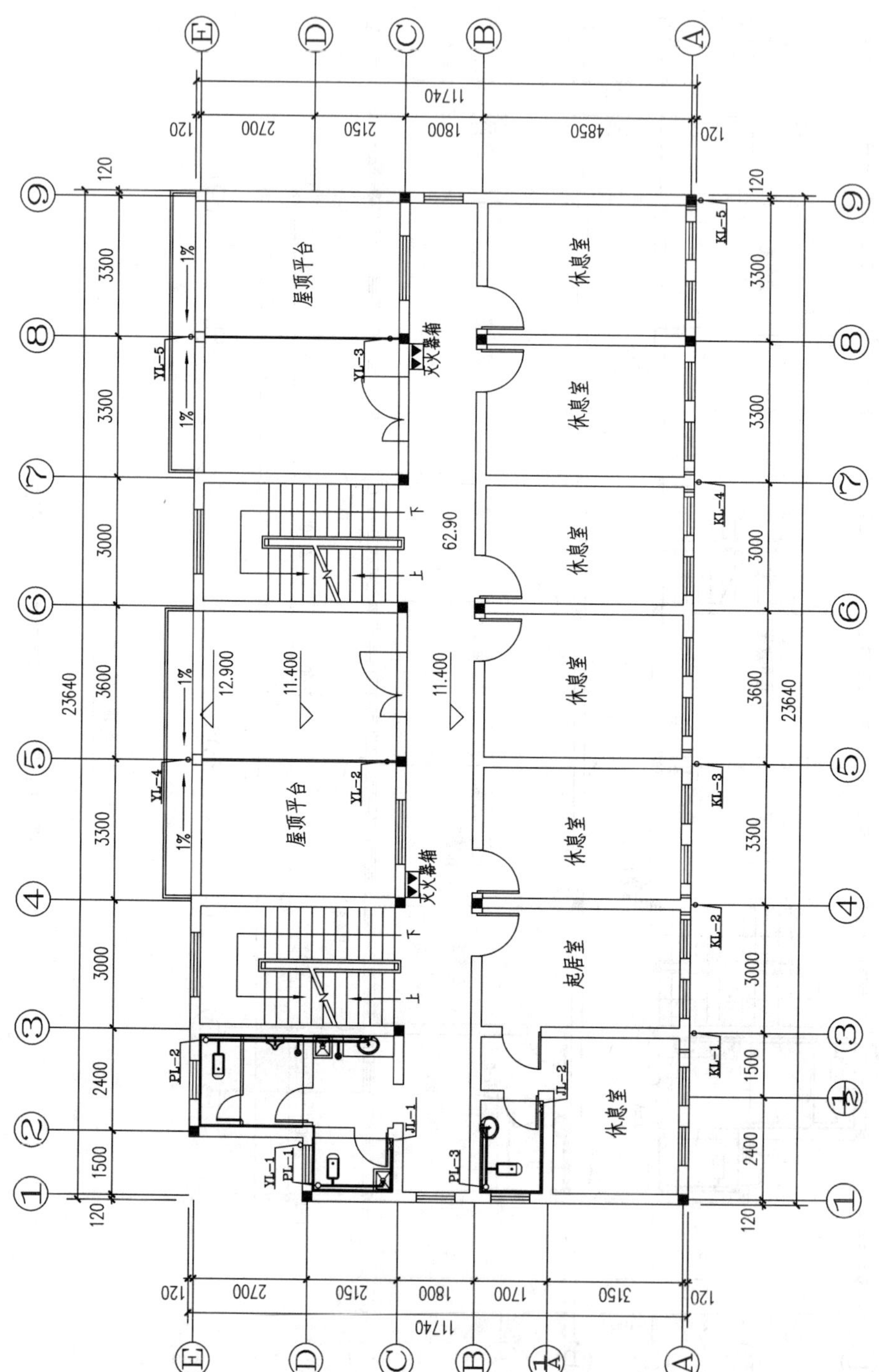

图3.3.1（五） 四层给排水平面布置图

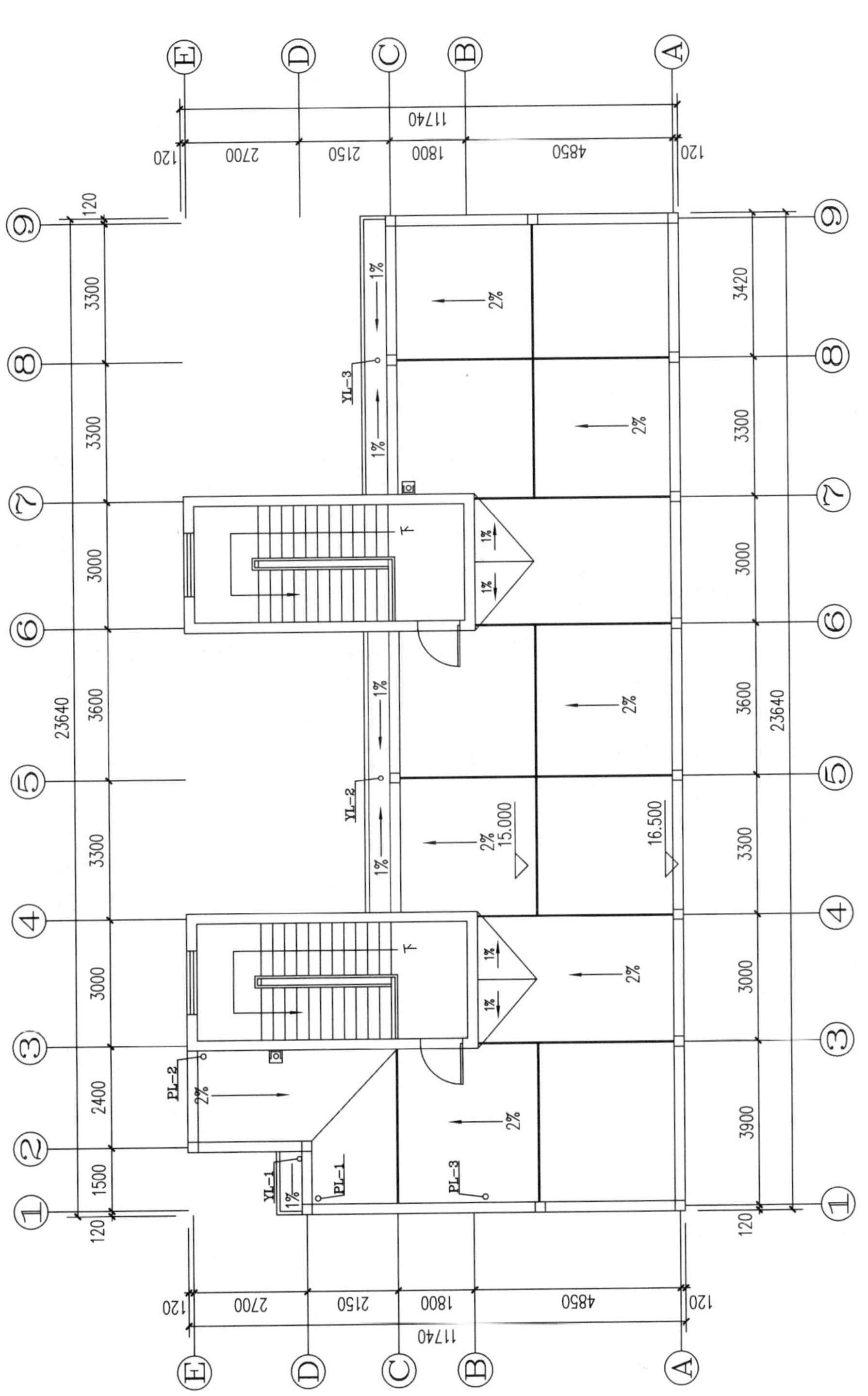

图3.3.1(六) 屋顶给排水平面布置图

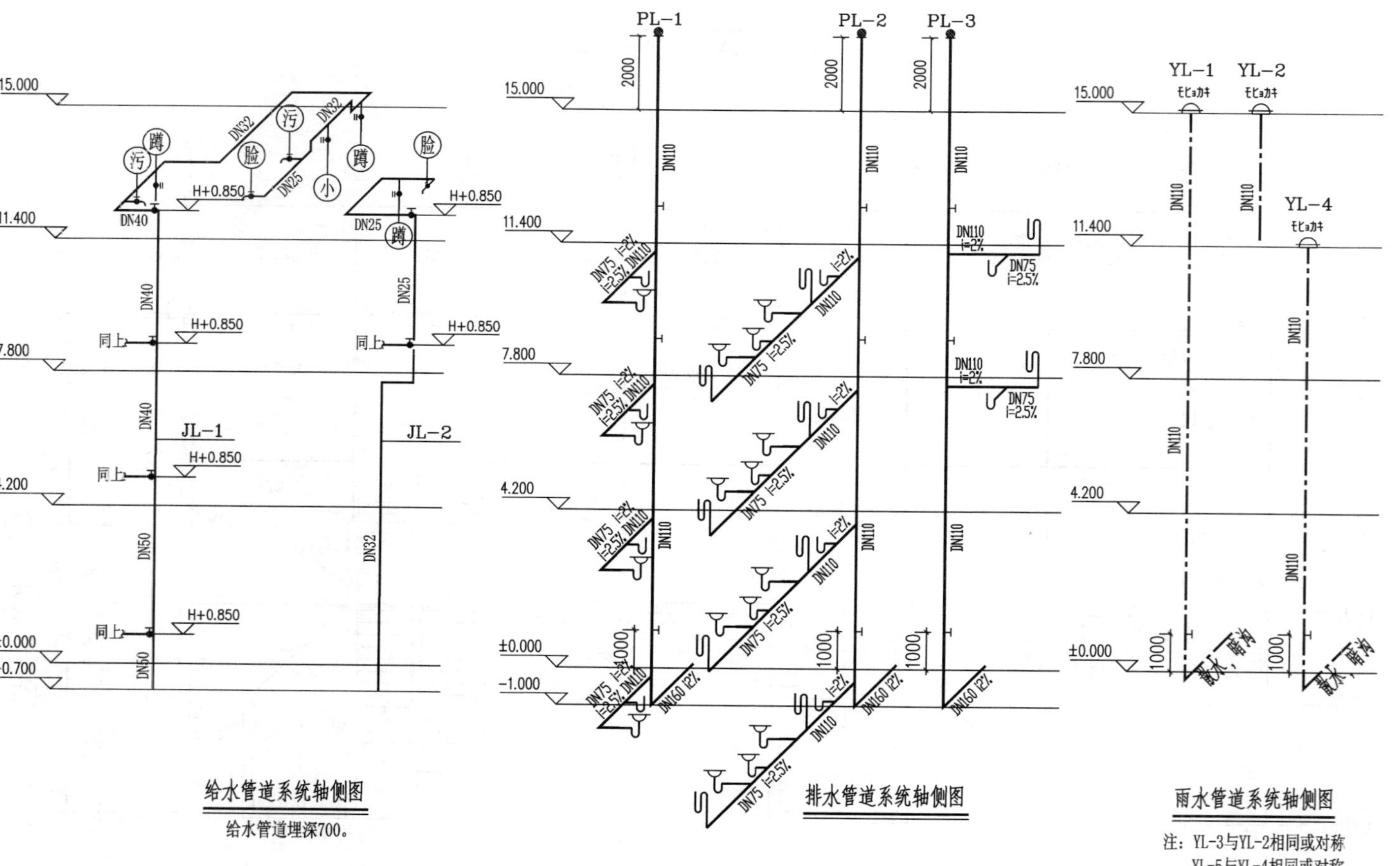

图3.3.1（七） 给水、排水、雨水管道系统轴测图

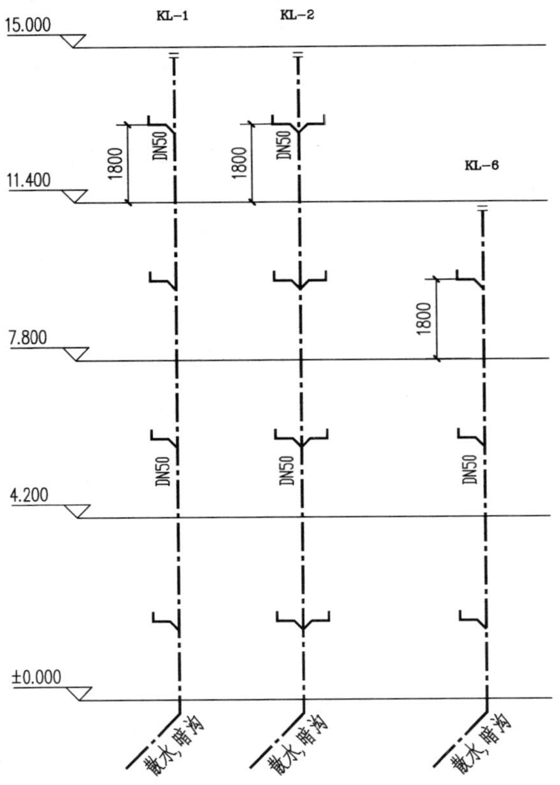

15.000
KL–1
KL–2
KL–6
11.400
7.800
4.200
±0.000
1800
DN50
截水暗沟

空调冷凝水管道系统轴侧图

注：KL-3, 5与KL-1相同或对称
KL-4与KL-2相同或对称
KL-7, 8, 9与KL-6相同或对称

图例表

图例	名称	图例	名称
	给水管		水表
	排水管		蹲便器（平面）
	雨水管		洗涤池
	空调管		台式洗脸盆
	闸阀		小便器
	截止阀	JL–1	给水立管
	止回阀	PL–1	排水立管
	地漏	YL–1	雨水立管
	雨水斗	KL–1	空调冷凝水立管
	清扫口		水龙头
	检查口		大便器低位水箱进水阀
	透气球		自闭式冲洗阀
	P型存水弯		
	S型存水弯		
P1	检查井		
HC	化粪池		

图3.3.1（八）　图例及空调冷凝管系统轴测图

知识链接

室内给排水施工图

设备施工图(简称设施图)。主要包括给水排水(水施)、室内照明电气施工图(电施)、采暖工程图(暖施)。本章主要介绍室内给水排水工程图的图示方法与识读方法。

1. 概述

(1)给水排水系统工程的作用

在给水排水工程中，给水工程是指水源取水、水质净化、净水运输、配水使用等工程。排水工程是指雨水排除、污水排除和处理后的污水排入江河湖泊等的工程。

1)室内给水是指通过自来水厂输送来的净水进入到某一个建筑物内后，进行用户给水分配的过程。

2)室内排水是指用户将用脏的污水通过各种排水管网排到建筑物外进行再处理的过程。

如图 3.3.2 所示，为某建筑物的室内给水排水管网系统直观图。

(2)室内给水排水系统的基本组成

1)给水系统

①引入管：穿过建筑物外墙或基础，自室外给水管将水引入室内给水管网的水平管。

②水表节点：需要单独计算用水量的建筑物，应在引入管上装设水表；有时根据需要也可以在配水管上装设水表。水表一般设置在易于观察的室内或室外水表井内，水表井内设有闸阀、水表和泄水阀门等。

③室内配水管网：由水平干管、立管和支管所组成的管道系统网。

④用水设备及附件：卫生器具的配水龙头、用水设备(如洗脸池、淋浴喷头、大便器、浴缸等)、闸门、止回阀等。

⑤升压蓄水设备：水泵、水箱、气压给水装置等。

⑥室内消防设备：按建筑物的防火规范要求设置的消防设备。如消防水箱、自动喷洒消防、水幕消防等设备。

2)排水系统

①卫生器具及地漏等的排水泄水口：如洗脸盆、大便器、污水池及用水房间地面排水设施地漏等泄水口。

②排水管网及附件：由污水口连接排水支管再到排水水平干管及立管最后排出室外所组成的排水管道系统网；以及为方便清理维修排水管道而设置的存水弯、连接管、排水立管、排出管、管道清通装置等附件。

其中存水弯的主要作用是利用弯管部的存水封隔绝有害、有味、易燃气体以及防止寄生虫通过卫生器具泄水口侵入室内。连接管是指连接卫生器具和排水横支管之间的短管。排水立管是指接纳排水横支管的污水并转送到排出管排出室外的竖直管。立管在底层和顶层之间应设有检查口，且检查口距离地面高度一般为 1000 mm。管道清通装置包括有：清扫口，常设在排水横管上，为单向清通装置；检查口，常设在排水立管上，为双向清通装置。

③通气管道：是指为排除污水管道中的废气，以防这些气体通过污水管窜入室内而设置的通向屋顶的管道，通常设在建筑物顶层排水管检查口以上。通气管道的顶部一般要设置通

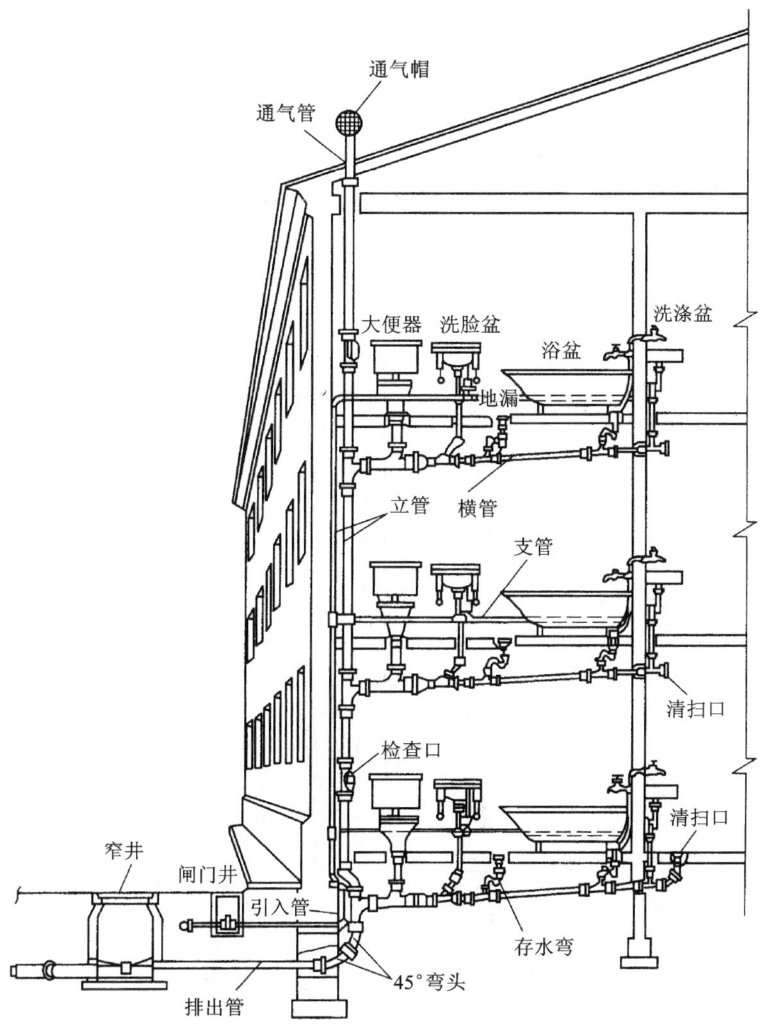

图 3.3.2　某建筑物室内给水排水管网系统直观图

气帽，以防有杂物落入。

(3)给水排水工程图的图示特点

室内给水排水施工图主要包括给水排水管道平面布置图、管道系统轴测图、卫生器具或用水设备的安装详图。由于给水排水管道的构件、配件其断面尺寸与其长度相比小很多，当采用较小的比例(如 1∶100)绘图时很难表达清楚。因此，在绘给水排水管道平面图、管道系统轴测图时，一般均采用图例来表示。所画出的图例应遵照《给水排水制图标准》(GB/T 50106—2010)中统一规定的图例，常用的统一规定的图例如表 3.3.1 所示。要注意的是为了突出管道及用水设备，建筑的平面轮廓线一般均用细实线表示，且无论管道是明装还是暗装，管道线仅表示所在范围，并不表示它的平面位置尺寸。管道与墙面的距离应在施工时以现场施工要求而定。

(4)给水排水工程图的图示种类

1)给水排水管道平面布置图

主要表示建筑物同一楼层平面内给水排水管道及用水设备的布置和它们相互间关系。

2) 给水排水管道系统轴测图

主要表示建筑物从管道进入室内的基础部位至建筑物顶层立面的给水排水管道及用水设备的布置和它们相互间的关系。这是一个轴测图，它同时表达了管道三维立体空间的布置。

3) 用水设备、管道安装等构件详图

主要表示用水房间用水设备的安装、管道穿墙、穿楼层的安装等构造。

表 3.3.1　给排水工程图图例

序号	名　称	图　例	序号	名　称	图　例
1	生活给水管	—— J ——	14	水嘴	平面　系统
2	热水给水管	—— RJ ——	15	皮带水嘴	平面　系统
3	热水回水管	—— RH ——	16	通气帽	成品　蘑菇形
4	中水给水管	—— ZJ ——	17	圆形地漏	平面　系统
5	污水管	—— W ——	18	清扫口	平面　系统
6	立管检查口		19	坐式大便器	
7	截止阀		20	蹲式大便器	
8	自动喷洒头（闭式，下喷）	平面　系统	21	自动喷洒头（闭式上喷）	平面　系统
9	多孔管		22	污水池	
10	延时自闭冲洗阀		23	淋浴喷头	
11	存水弯	P形　S形	24	矩形化粪池	HC
12	立式洗脸盆		25	水表井（与流量计同）	
13	台式洗脸盆		26	室内消火栓（双向）	平面　系统

2. 给水排水管道平面布置图的识读

识读顺序一般是以流水的方向进行依次识读。给水工程的识读顺序是：引入管—给水水平干管和立管—给水支管—用水阀门、龙头；而排水工程的识读顺序正好与此相反，顺序是：卫生器具泄水口—排水支管—排水水平干管和立管—排出管。识读时，还应了解设计说明，熟悉有关图例，区分给水与排水管道。

(1) 给水管道平面布置图（图中用粗实线表示的管道）

1) 室内给水平面布置图一般采用与建筑平面图相同的比例，重点表示管道、卫生器具、用水设备的布置情况。通常用粗实线表示给水管道，用中实线表示各种用水设备图例，用细实线表示房屋建筑平面的墙身和门窗等内容。

2）给水立管是指每个给水管道穿过地坪及各楼层的竖向的给水管，在平面图中，立管均采用指示符号和编号，如：JL－1、JL－2 等。

3）由图 3.3.1（二）一层给排水平面布置图所示，给水布置是由 DN65 的 PE 引入管经室外水表阀门井到水平干管 DN65 和 DN32（由房屋 E 轴北向①轴西向附近沿着建筑物的外围布置总管）。并在其中的①轴线和②轴线的东西两侧共两处位置设置了两根引入管（DN50、DN32）经穿墙进入该建筑物的一层，并在两个房间分别设置了给水立管 JL－1、JI－2。JL－1 立管进入的是该建筑物的卫生间和盥洗间，利用水平的干管连接各支管分别到女厕污水池、蹲式大便器，男厕蹲式大便器、小便斗、污水池，盥洗间的洗脸盆等用水水嘴；JI－2 通向楼层。

4）由图 3.3.1（三）二层给排水平面布置图所示，室内给水布置同一层。由图 3.3.1（四）、（五）三、四层给排水平面布置图所示，JL－1 室内给水布置同一层；JL－2 立管进入的是该建筑物休息室专用卫生间，利用水平的干管连接各支管分别到蹲式大便器、洗脸盆等用水水嘴。

（2）排水管道平面布置图（图中用粗虚线表示的管道）

识读顺序与给水管道平面布置图正好相反。由顶层用水设备泄水口及用水房间的地漏开始识读，如图 3.3.1 所示。通过每个用水设备的排水支管先排向水平的排水干管再集中到排水立管排往楼下。每个排水支管都要设存水弯，连接大便器的排水干管一般要设清扫口，而排水立管一般要设检查口。排水立管的代号为 PL－1、PL－2、PL－3 等。排出管到室外后排向检查井，最后排向化粪池进行污水处理。室外排水管径为 D300 mm 的混凝土管。

图 3.3.3 为专用卫生间的用水房间的平面大样图，从图中可以更清晰地了解管道的平面布置情况。

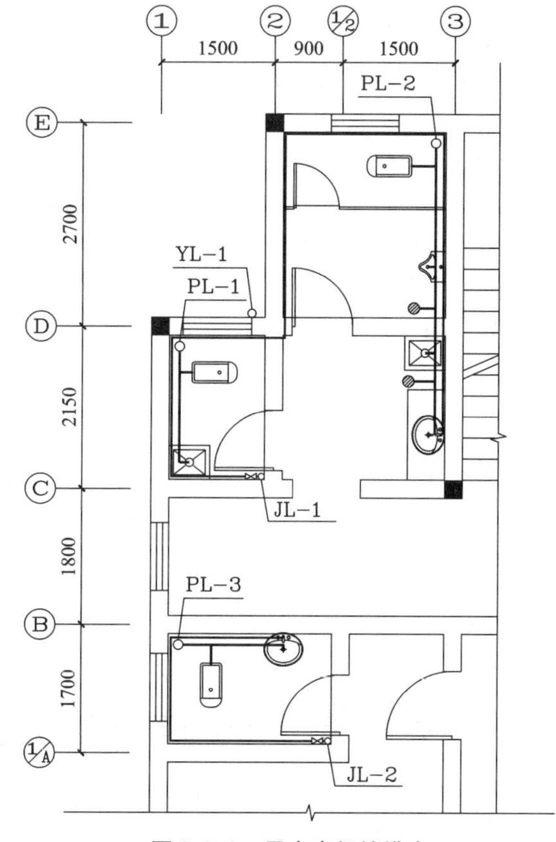

图 3.3.3　用水房间给排水管道平面布置大样图

3. 给水排水管道系统布置图的识读

（1）给水管道系统布置图（用粗实线表示）

如图 3.3.1 中的给水管道系统轴测图所示，JL－1 是由室外标高 －0.700 m 的基础墙身处引进，通向各层的用水房间；到每层的用水房间时，在离地 850 mm 处设一水平干管接闸阀，再通过支管连接到女厕污水池的用水水嘴、蹲式大便器的延时自闭式冲洗阀，男厕蹲式大便器的延时自闭式冲洗阀、小便斗、污水池的用水水嘴，盥洗间的洗脸盆用水水嘴等，每层管道分布完全相同；采用 PPR 给水干管（DN40）和支管（DN32、DN25）。

JL－2 也是由室外标高－0.700 m 的基础墙身处引进，一直通向三、四层专用卫生间；在离地 850 mm 处设一水平干管接闸阀，再通过支管连接到蹲式大便器的延时自闭式冲洗阀和洗脸池的用水水嘴；采用 DN25 mm 的 PPR 给水干管和支管；三、四层的管道分布完全相同。

(2)排水管道系统布置图(用粗虚线表示)

如图 3.3.1 中的排水管道系统轴测图所示，PL－1 通过各层女厕污水池的存水弯支管、蹲式大便器存水弯支管排向横向的水平干管，排往立管，再通过立管排向一层，最后排出室外。其中污水池的排水支管的管径为 DN75 mm，大便器的排水支管、横向排水干管和排水立管的管径为 DN110 mm；且横向排水干管还设有 2.5% 的排水坡度，排向立管；在底层－1.000 m 的基础墙身处横向排水干管设有 2% 的排水坡度排出室外管径为 DN160 mm 的 UPVC 管；在顶层的排水立管检查口的上方还设有通气管及通风帽，PL－2、PL－3 的识读方法同 PL－1。

注意在识读给排水管道系统轴测图时，一定要和管道平面布置图结合起来识读，才能更准确地了解管道的整体布置。

4. 管道构配件详图

管道构配件详图的画法与“建施”详图画法基本一致，同样要求图样完整详尽、尺寸齐全、标注材料规格、有详细的施工说明等。常用的卫生器具及设备施工详图，可直接套用有关给水排水标准图集，只需要在图例或说明中注明所采用图集的编号即可；对不能直接套用的则需要自行画出详图。

如图 3.3.4 所示是给水管道穿墙防漏套管安装详图，如图 3.3.5 所示是低水箱坐式大便器安装详图。

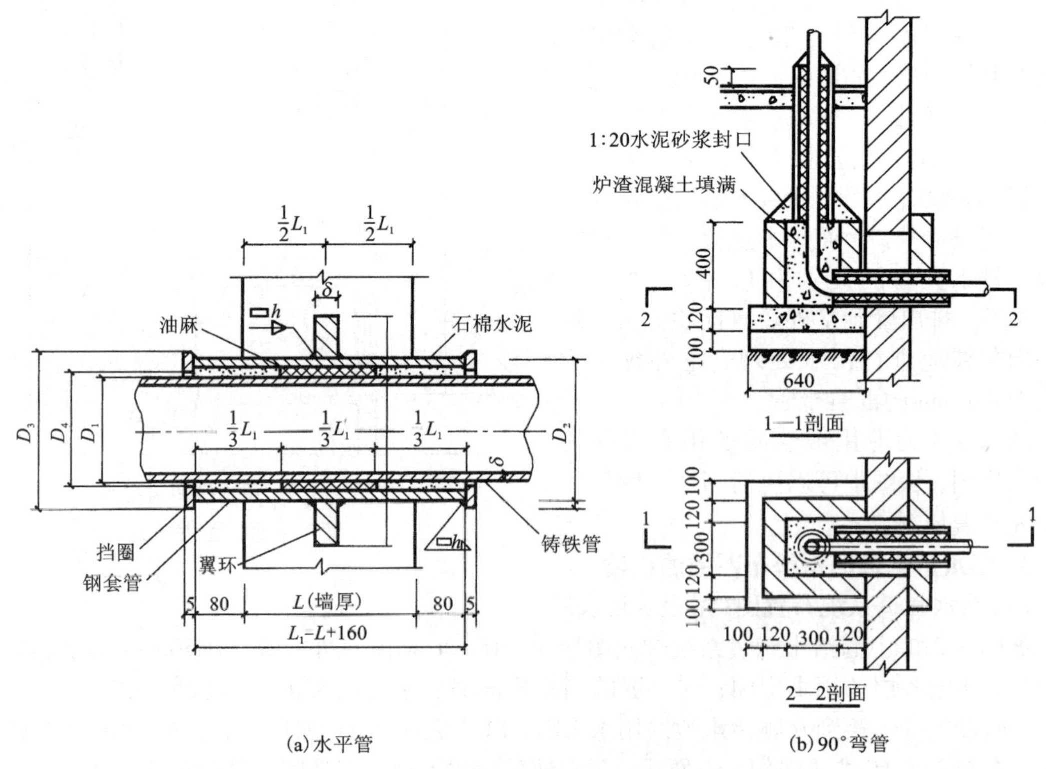

图 3.3.4　给水管道穿墙防漏套管安装详图

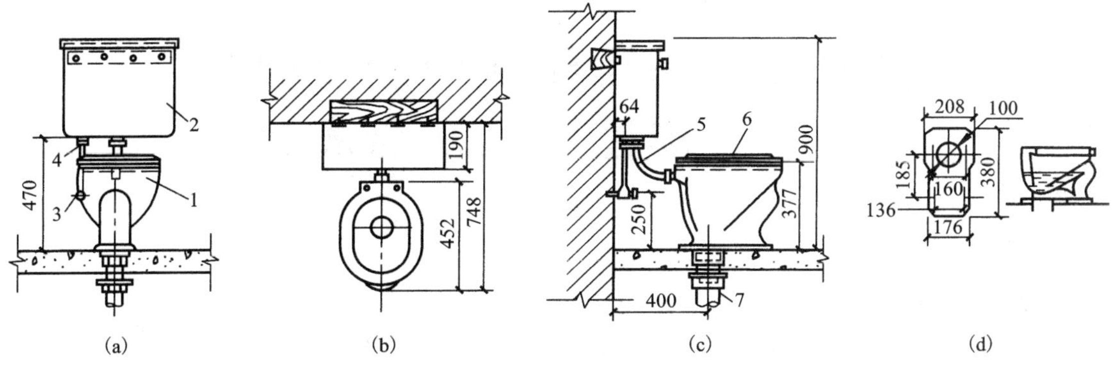

图 3.3.5 低水箱坐式大便器安装详图

1—坐式大便器；2—低水箱；3—DN15 角型阀；4—DN15 给水管；5—DN50 冲水管；6—盖板；7—DN100 排水管

小 结

本部分完成的任务是识读并绘制室内给排水施工图。重点讨论室内给排水施工图的图示特点、图示内容、图示方法及识读示例和画法步骤。

1. 室内给水排水系统的基本组成包括给水系统和排水系统。给水系统包括引入管、水表节点、室内配水管网、用水设备及附件、升压蓄水设备、室内消防设备等；排水系统包括卫生器具及地漏等的排水泄水口、排水管网及附件、通气管道等。

2. 室内给水排水系统的图示特点：室内给水排水施工图主要包括给水排水管道平面布置图、管道系统轴测图、卫生器具或用水设备的安装详图。由于给水排水管道的构件、配件其断面尺寸与其长度相比小很多，当采用较小的比例绘图时很难表达清楚，因此，在给水排水管道平面图、管道系统轴测图中，一般均采用统一的图例来表示，所画出的图例应遵照《给水排水制图标准》中统一规定的图例。为了突出管道及用水设备，建筑的平面轮廓线一般均用细实线表示，且无论管道是明装还是暗装，管道线仅表示所在范围，并不表示它的平面位置尺寸，管道与墙面的距离应在施工时以现场施工要求而定。

3. 给排水管网平面图布置图主要表达给水管道的平面布置(用粗实线表示的管道)和排水管道的平面布置(用粗虚线表示的管道)。给水管道的平面布置包括引入管、给水水平干管和立管、给水支管、用水阀门、龙头、卫生器具、用水设备等；排水管道的平面布置包括用水设备泄水口及用水房间的地漏、排水支管、排水干管、排水立管、检查井、化粪池等。

4. 给水、排水管网系统轴测图是采用正面斜轴测图(取轴向伸缩系数均为1)的原理来表达管道的空间走向的。

5. 给排水管道构配件详图要求图样完整详尽、尺寸齐全、标注材料规格、有详细的施工说明。

模块四　民用建筑构造及构造详图的认知与表达

模块任务

任务1　基础图的认知与表达

任务2　墙身剖面构造详图的认知与表达

任务3　楼层结构图的认知与表达

任务4　楼梯构造详图的认知与表达

任务5　屋面排水与节点构造详图的认知与表达

能力目标

- 具有对民用建筑房屋的基础、墙体、门窗、楼盖板、楼梯、屋顶等构造组成部分相关图样的认知能力以及构造详图的表达能力；
- 具有独立分析与解决具体问题的综合素质能力；
- 具备团队协作能力。

知识目标

- 认识基础及基础的埋置深度和影响因素，掌握基础的类型及常用基础的构造，能正确识读并绘制基础平面图和基础详图；
- 了解墙体、门窗的基本知识，掌握建筑剖面上墙体与其他构件的连接方法、构造要求及常见做法，掌握如何从建筑施工图的角度正确表达建筑剖面详图，了解墙体节能构造的基本知识；
- 了解楼板层和地坪层的基本知识，学会观察、分析和表达楼盖结构平面布置的方法，掌握如何从专业的角度用图例表达建筑楼盖结构图；
- 了解楼梯的构造组成和形式，掌握楼梯各部分的尺度和表达方法，掌握钢筋混凝土楼梯构造及踏步、栏杆扶手、台阶坡道等细部构造，根据已知条件能正确计算楼梯的相关尺寸并绘制楼梯详图，了解电梯和自动扶梯的构造；
- 了解屋顶的类型、组成部分及屋面排水、屋面防水、屋面保温隔热的主要内容，掌握卷材防水屋面、刚性防水屋面的泛水构造和刚性防水屋面分格缝设置原则及构造，能根据防水、排水及保温隔热要求正确绘制平屋顶平面图及泛水等细部构造节点详图；
- 能够学会在分析问题的过程中，寻求解决方案。

任务1　基础图的认知与表达

任务要求

掌握基础工程图的识读方法和绘制步骤及绘制要求，在理解的基础上用A3绘图纸绘制如图4.1.1、图4.1.2所示基础图平面图和基础详图。

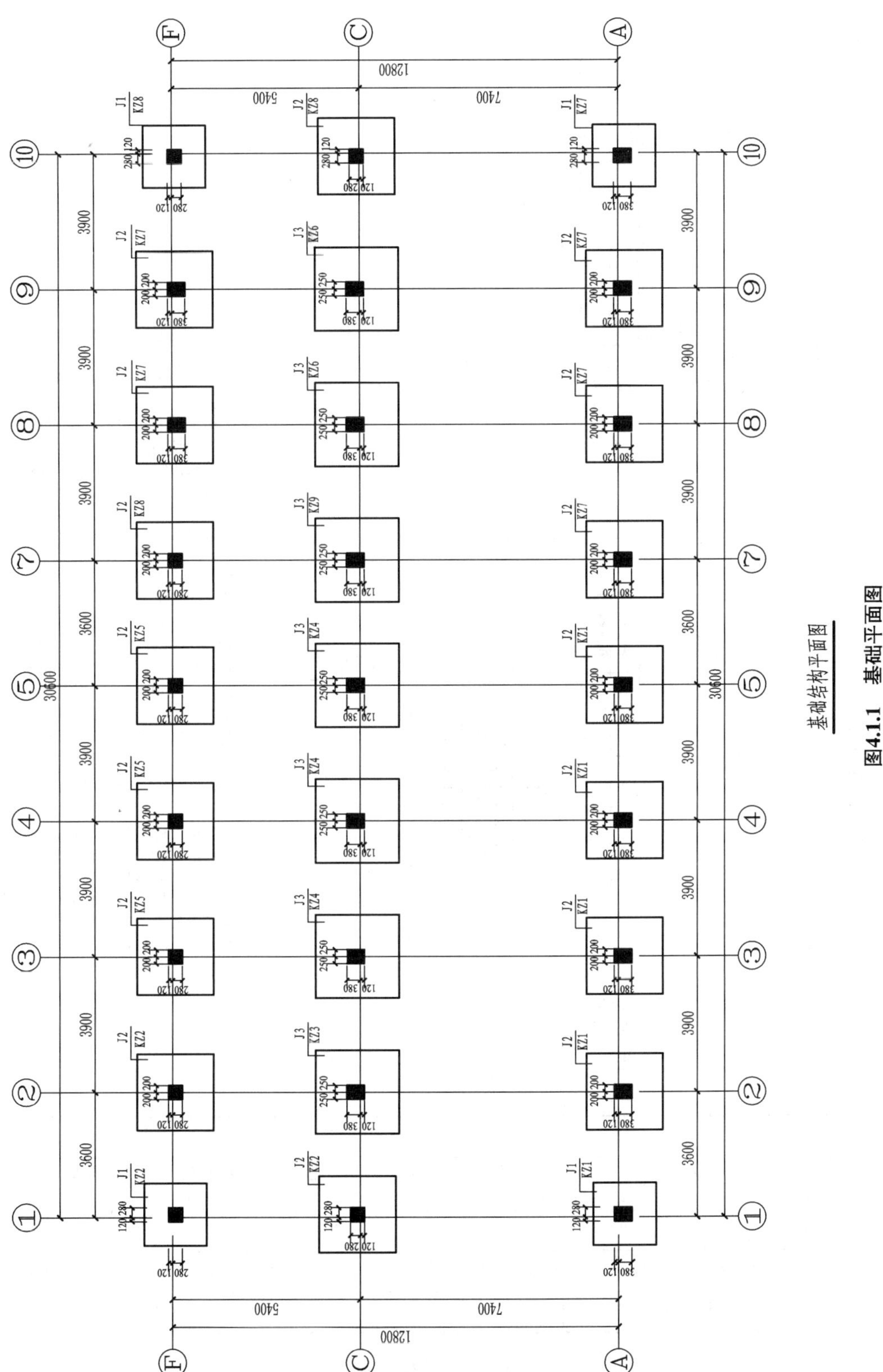

图4.1.1　基础平面图

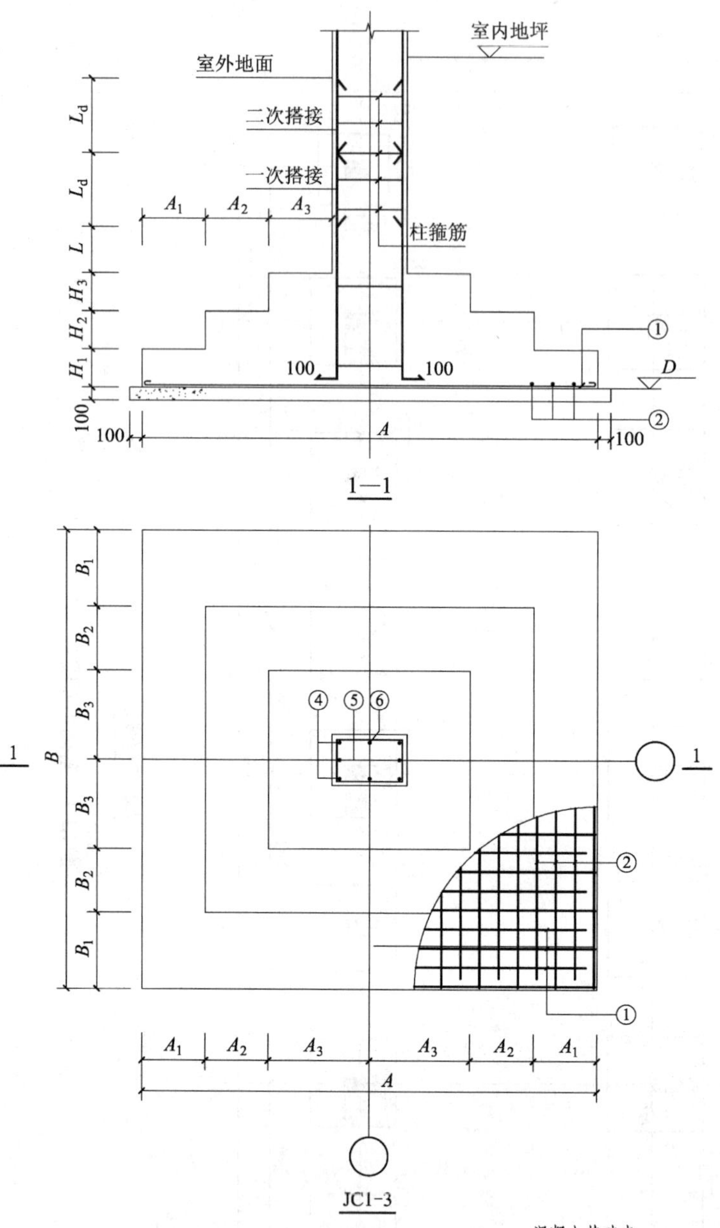

基础设计说明

1. 本工程基础根据建设方提供的地质勘察报告进行设计。
2. 本工程采用天然地基，根据地质勘察报告，基础持力层采用强风化泥质粉砂岩，地基承载力特征值为f_{ak}=400 kPa，基底埋深约为室内地面以下2.000 m，基底要挖至指定土层，基坑开挖后，须经有关部门验槽认可后，才能进行基础垫层施工。
3. 本表尺寸单位为mm，标高为m，±0.000相对绝对标高详建施。
4. 本工程基础混凝土用C25，垫层C15。钢筋 HRB335 级（Φ），f_y = 300 N/mm^2 及 HPB300级（ϕ），f_y=270 N/mm^2，基础钢筋保护层为40 mm，柱钢筋为30 mm。
5. 本表以柱中心线为准，柱中心线与轴线关系及基础。柱位尺寸详见基础平面图所注尺寸，并以基础平面图为准。
6. 与柱断面h方向平行的基础底板筋放在下层。
7. 基础的预留柱子插筋位置、数量、直径、搭接次数，柱箍直径和形式应与首层柱配筋相同并以该柱施工图为准。接头区段及L范围柱箍筋加密为100，基础内稳定箍筋为三个，其直径同首层柱箍，柱纵筋搭接长度为40d。
8. 地基基础设计等级为丙级。

混凝土基础表

基础编号	柱编号	柱截面 $b\times h$	基础底板平面尺寸								基底标高 D	基础高度					底板配筋	
			A	A_1	A_2	A_3	B	B_1	B_2	B_3		H	H_1	H_2	H_3	H_0	①	②
J1	KZ1 KZ7 KZ2 KZ8	400×400 400×500	1800		350	550	1800		350	550	-2.000	700		350	350	1300	ϕ12@150	ϕ12@150
J2	KZ1 KZ7 KZ2 KZ8 KZ5	400×400 400×500	2200		450	650	2200		450	650	-2.000	700		350	350	1300	ϕ12@150	ϕ12@150
J3	KZ3 KZ9 KZ4 KZ6	500×500	2400		500	700	2400		500	700	-2.000	800		400	400	1200	ϕ12@100	ϕ12@100

图 4.1.2 基础详图

问题引入

1. 影响基础埋深的因素有哪些？要求如何？
2. 砖、混凝土基础的断面形式有哪些？构造如何？
3. 基础按构造形式划分为哪几种？
4. 何谓半地下室？半地下室的采光井构造如何？
5. 何时作地下室的防潮和防水？
6. 地下室的防潮和防水的构造如何？

实践指导

具体绘图步骤和要求：

1. 基础平面图的画法

(1)定轴线：先定横向和纵向的最外两道轴线，再根据开间和进深尺寸定出各轴线。

(2)画柱子和基坑轮廓线，应从轴线往两边定柱和基坑轮廓尺寸(注意不同代号的柱子和基坑尺寸是不一样的)。

(3)经检查无误后，擦去多余的作图线，按施工要求加深或加粗图线或上墨水线。并标注轴线、尺寸、图名、比例及其他文字说明，最后完成该平面图。

基础平面图中线型要求是：剖到的柱子可涂黑表示，看到的基坑轮廓线用中粗实线绘制，其他细部和尺寸线、引出线均用细实线绘制。

2. 基础详图的画法

(1)先定定位轴线，根据墙厚画墙身轮廓线，画基础台阶(三级)，由于该图是基础详图的通用图，故绘图者可根据图纸需要选择图形的轮廓尺寸。

(2)由于是通用图，绘制该基础的底部钢筋布置时，可按表中某一基础的钢筋配置，示意作图即可。

(3)检查无误后，擦去多余的线条，按要求加深、加粗线型或上墨线。画尺寸线、标高符号并标注尺寸和文字，完成全图。

基础详图中线型要求：为了突出钢筋的配置，基础的断面轮廓线用细实线绘制，基础中配置的钢筋用粗实线绘制，其他细部和尺寸线、引出线均用细实线绘制。

知识链接

基础与地下室

1. 概述

(1)基础与地基的概念与作用

基础是房屋最底层与土壤直接接触的那一部分。它支撑着房屋由墙或柱子传来的所有荷载，并将它们均匀地传给下面的土层。基础是房屋组成的一部分。

地基是基础下面的土层，它承受着房屋的所有荷载。

(2)地基的分类

地基主要分为两大类：天然地基和人工地基。天然地基是指土层本身具有足够的强度，能直接接受建筑物的荷载。人工地基是指需要对土壤进行人工加工或加固处理后才能承受建筑物荷载的地基。人工加固的方法有：压实法、换土法、打桩法等。压实法就是利用重锤或机械碾压将土壤中的空气排除，从而提高土的密实性而增强了地基土壤承载能力。换土法就是将地基中的部分软弱土层挖去，换以承载力高的坚实土层从而达到提高地基土壤承载能力的目的。打桩法就是将钢筋混凝土桩打入或灌入土中，把土壤挤实或把桩直接打入地下坚实的土壤层中，达到提高地基土壤承载能力的目的。

(3)基础的埋置深度

1)基础的埋置深度

室外设计地面至基础底面的垂直距离称基础的埋置深度，简称基础的埋深，如图 4.1.3 所示。当基础的埋深大于5 m时称为深基础。原则上在保证安全使用的前提下应优先采用浅基础以降低房屋的工程造价。浅基础的埋深值一般在0.5 ~5 m之间。

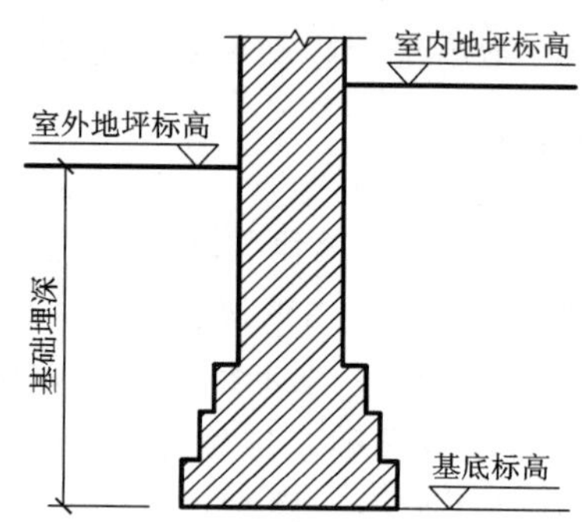

图 4.1.3　基础的埋置深度

2)影响因素

实践中影响基础埋置深度的因素有很多，归纳起来主要有以下几种。

①地基土层构造的影响：地基土大致可分为好土层及软土层。房屋的基础必须优先考虑建造在坚实可靠的好土层上。如图 4.1.4 所示。

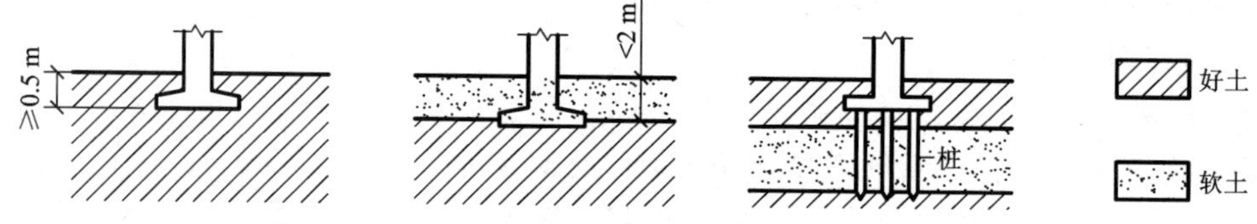

图 4.1.4　地基土层分布与埋深的关系

地基由均匀的良好土构成，基础应尽量浅埋；地基上层为软土，厚度在 2 m 以内，下层为好土，基础应埋在下层好土上；地基由好土和软土交替组成。总荷载小的建筑可将基础埋在好土内，总荷载大的建筑应采用人工地基或把基础埋在下面的好土上或利用桩基础。

②地下水位的影响：因为地基土中含水量的大小直接影响地基的承载能力，含水量越大，地基的承载力越小，故房屋的基础应尽量埋在最高地下水位线之上。但当地下水位较高，基础不能埋在地下水位线之上时，则应将基础底面埋置在最低地下水位 200 mm 以下，以免使基础底面处于地下水位变化的范围之内，如图 4.1.5 所示。

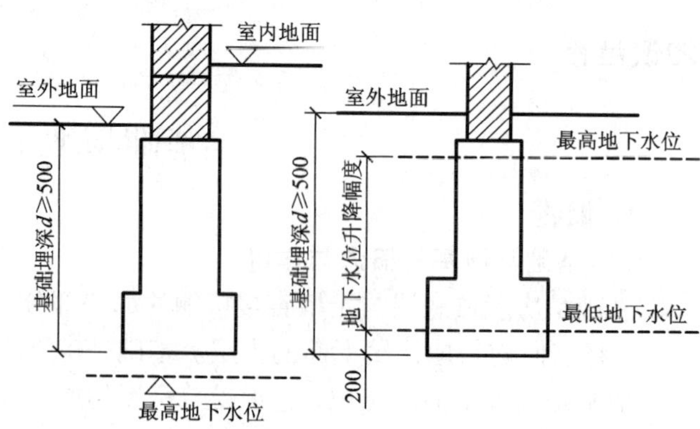

图 4.1.5　地下水位的影响

③冰冻深度的影响：冰冻土与非冻土的分界线称为冰冻线。各地

由于气候不同，冰冻线的深度也不相同，如北京地区为0.6～1.0 m，哈尔滨地区则达到2 m，而南方炎热地区冰冻线深度很小，甚至无冻土，如湖南、广东。

土层的冻结与解冻时，将会使基础分别产生拱起和下沉的不良影响。因此，一般要求基础底面应埋在冰冻线200 mm以下处。如图4.1.6所示。

④相邻房屋的影响：两相邻建筑中，新建房屋的基础不宜深于原有房屋的基础。但当不能满足这项要求时，则两基础之间的水平距离应大于或等于两基础底面高差值的1～2倍，即$L \geqslant (1 \sim 2)\Delta h$，如图4.1.7所示。

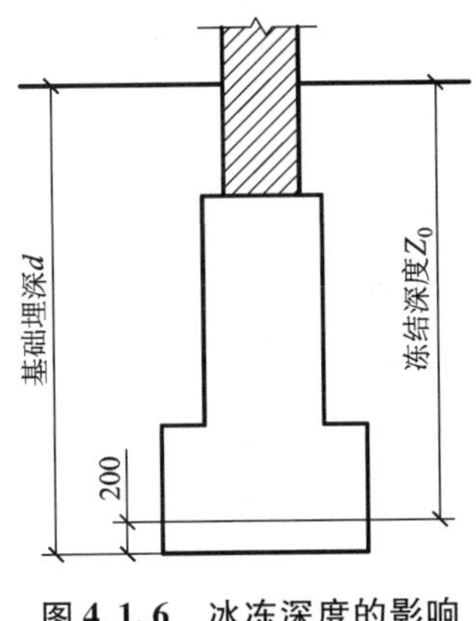

图4.1.6　冰冻深度的影响

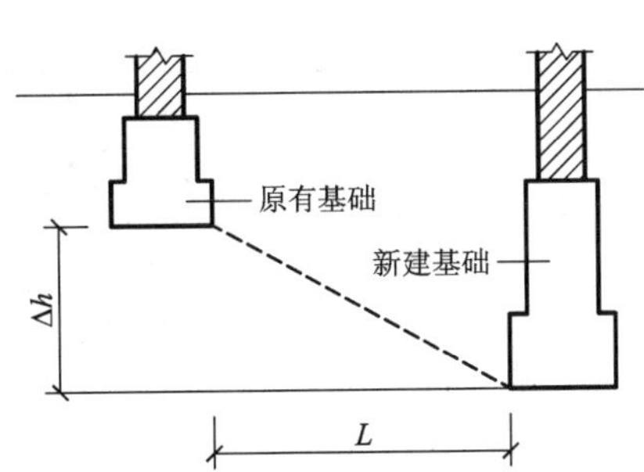

图4.1.7　相邻建筑物与埋深的关系

此外，房屋的用途，基础的形式与构造等均对基础的埋置深度有一定的影响。

2. 基础的类型与构造

(1)按材料及受力特点分类

1)刚性基础

由砖、石、混凝土等属刚性材料制作的基础称为刚性基础。刚性材料主要指其材料属性为抗压强度高，而抗拉、抗剪强度较低。为了满足地基容许承载力的要求，基底的宽度均要大于上部墙宽，加宽挑出部分的基础相当于一个悬臂梁，当它挑出的部分过长且较薄时，其挑出部分的底面受拉区的拉应力超过材料的抗拉强度时，基础底面将因受拉而开裂，使基础破坏。

实验证明，在刚性材料构成的基础中，墙或柱传来的压力是沿一个角度分布的，这个控制范围的夹角称为刚性角，用α表示。只要基础的加宽部分在刚性角范围之内，基础就不会被破坏，如图4.1.8所示。其中砖、石材料其刚性角的宽度与高度比为(1∶1.50～1∶1.25)之间。而混凝土的宽高之比为1∶1，由于刚性角的限制，则刚性基础的断面形式相对较固定。如图4.1.9所示。

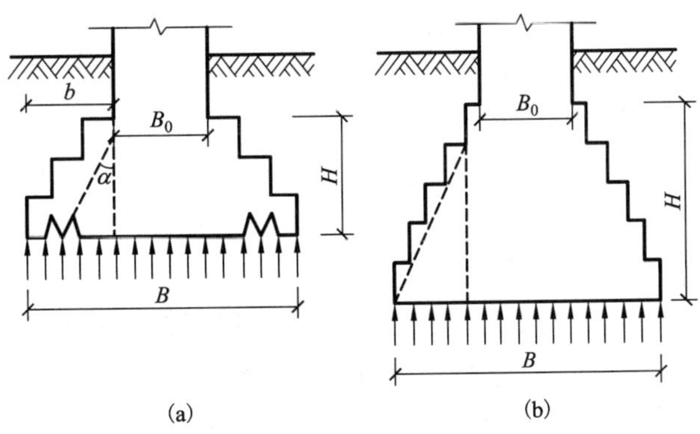

图4.1.8　基础的受力分析

一般情况，刚性基础多用于地基承载力较高的低层或多层的民用建筑中。

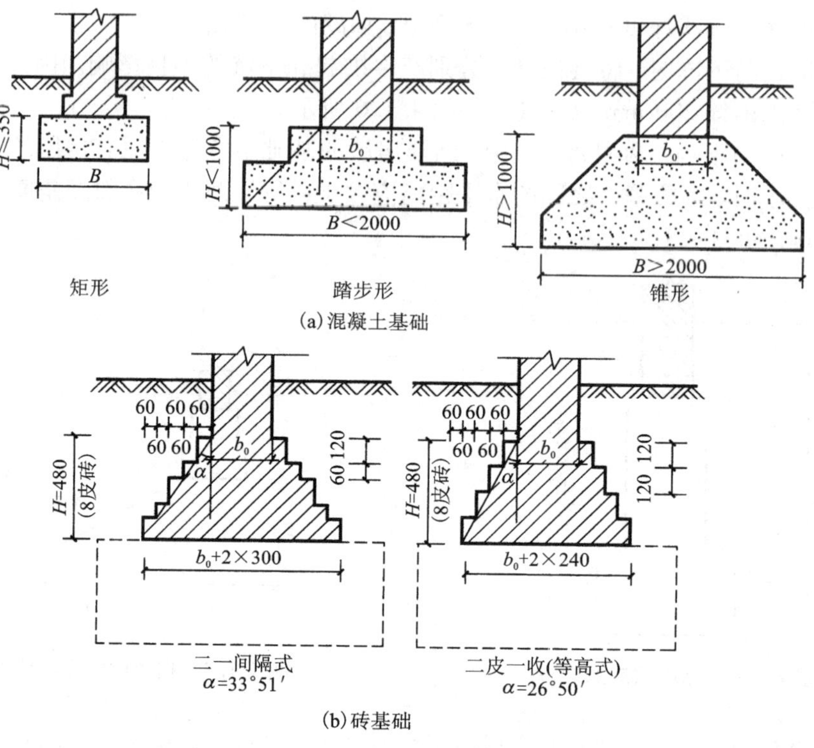

(a)混凝土基础

(b)砖基础

图4.1.9 混凝土基础、砖基础的断面形式

2)扩展基础(钢筋混凝土基础)

在混凝土基础的受拉区增设了受拉钢筋，而形成的钢筋混凝土扩展基础，大大提高了材料的抗拉、抗剪能力，故该基础宽度加大不受刚性角的限制，工程上又称其为柔性基础或非刚性基础。因此，该基础常作成宽而薄的锥形，但应注意基础最薄处不应小于200 mm。

通常，钢筋混凝土扩展基础适用于荷载较大、层数较多的建筑。如图4.1.10所示，为柱下钢筋混凝土独立基础断面形式，图4.1.11所示为柱下钢筋混凝土基础施工现场照片，图4.1.12为墙下钢筋混凝土条形基础断面形式。

(2)按基础构造形式分类

1)条形基础

条形基础是连续的带状基础，故也称带形基础，常用于墙下，是墙基础的基本形式。如图4.1.13所示。

2)独立基础

当房屋上部结构采用框架或单层排架结构承重时，基础常采用方形或矩形的单独基础。常用于柱下，是柱下基础的基本形式。当地基条件较差时，为了提高房屋的整体性，防止柱子之间产生不均匀沉降，要将柱下基础沿纵横两个方向扩展连接起来，做成十字交叉的井格式，也称为井格式基础，如图4.1.14所示。

3)满堂基础

由成片的钢筋混凝土板支承着整个房屋，板直接支承在地基土层上或支承在柱基上。满堂基础整体性好，可以跨越基础下部的局部软弱土层。其常见形式又分为：筏式基础、箱形基础、连续薄壳基础等。其中筏式基础适用于下部土层较弱且刚度较好的 5 ~6 层的居住建筑中，如图 4. 1. 15 所示。而箱形基础常用于高层建筑或在软弱地基上建造的重型建筑物，如图 4. 1. 16 所示。如图 4. 1. 17 所示，为筏式基础施工现场照片。

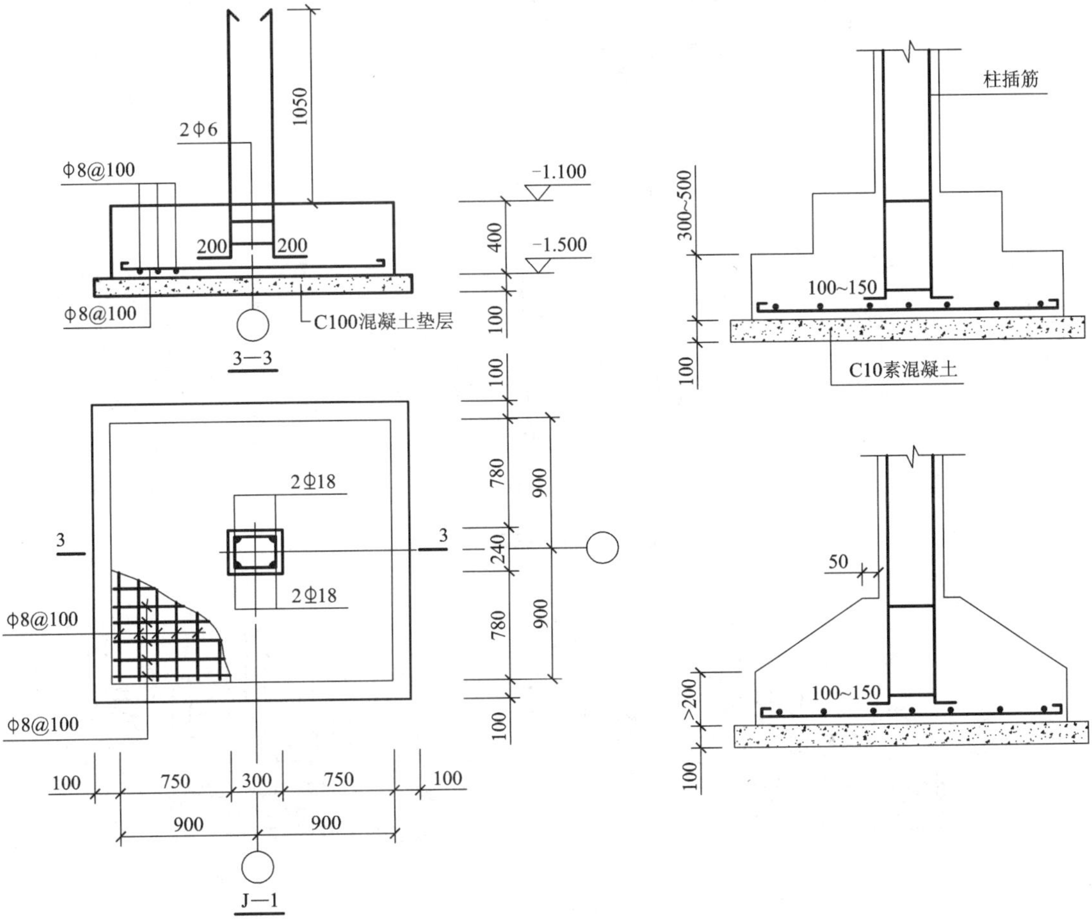

图 4. 1. 10　柱下钢筋混凝土独立基础断面形式

图 4. 1. 11　柱下钢筋混凝土基础施工现场照片

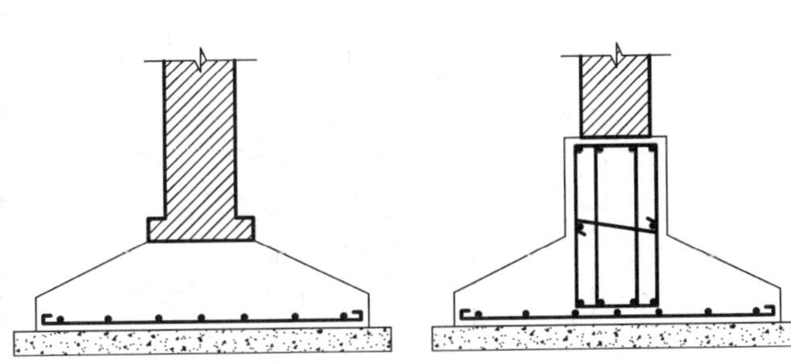

图 4. 1. 12　墙下钢筋混凝土条形基础断面形式

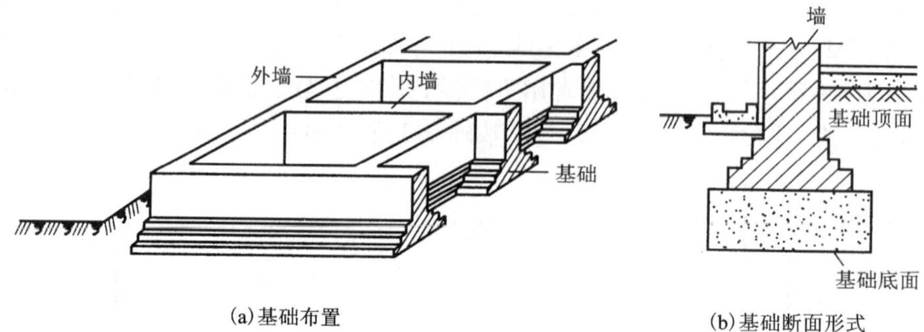

(a)基础布置

(b)基础断面形式

图 4.1.13　条形基础

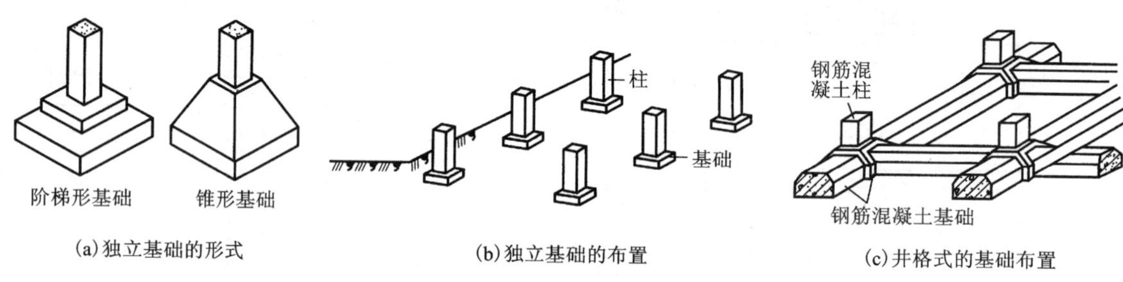

(a)独立基础的形式

(b)独立基础的布置

(c)井格式的基础布置

图 4.1.14　独立基础

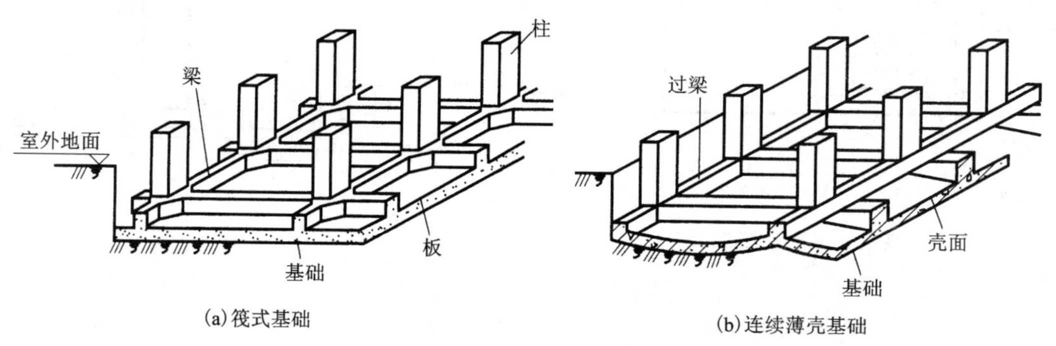

(a)筏式基础

(b)连续薄壳基础

图 4.1.15　满堂基础

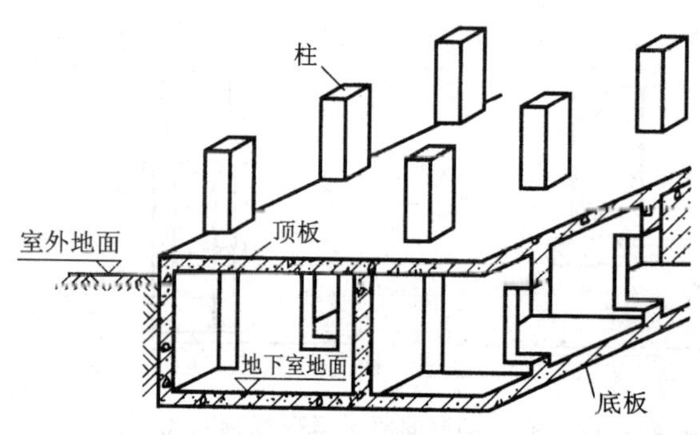

图 4.1.16　箱形基础

图 4.1.17　筏式基础施工现场照片

4）桩基础

当地下软弱土层很深，而上部房屋荷载又很大，不宜采用浅基础时，常采用桩基础。采用桩基础能节省基础材料，减少挖填土方工程量，缩短工期，其工作原理是：房屋的荷载通过柱子似的桩穿过深达十多米甚至几十米的软弱土层，直接支承在坚硬的岩层上。桩基础由桩和承台两部分构成。目前常见的桩为钢筋混凝土桩分预制桩与灌注桩，如图 4.1.18、图 4.1.19 所示。图 4.1.20 为预制桩基础施工现场照片。

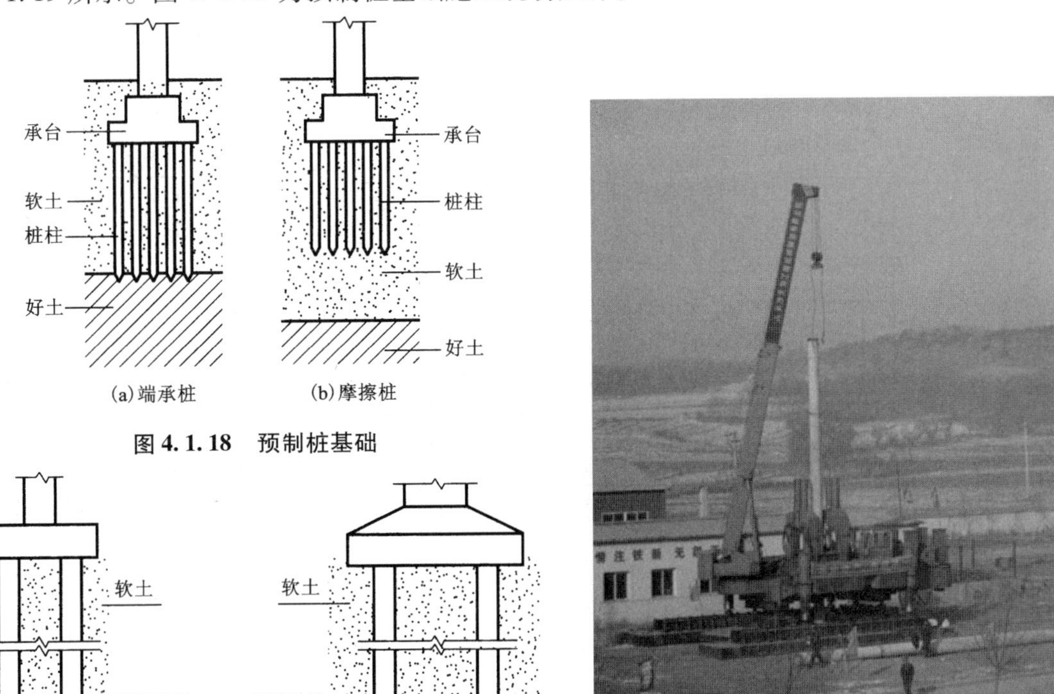

图 4.1.18　预制桩基础

图 4.1.19　灌注桩基础

图 4.1.20　预制桩基础施工现场照片

3. 地下室的构造

(1)地下室的类型

房屋下部的地下使用空间称为地下室，一些高层建筑基础埋深很大，充分利用这一深度建造地下室可大大提高建筑用地的利用率。

地下室按埋入深度不同，可分为全地下室和半地下室，全地下室是指地下室地面低于室外地坪的高度超过该房间净高的 1/2，半地下室是指地下室地面低于室外地坪的高度超过地下室净高的 1/3 但不超过 1/2，如图 4.1.21 所示。按其功能不同又分为普通地下室和防空地下室，防空地下室除应按防空部门的要求建造外，还应考虑和平时期的利用，做到平战结合。按其结构材料分为砖墙结构地下室及钢筋混凝土墙结构地下室。砖墙结构的地下室适用于上部荷载不大及地下水位较低的房屋。

地下室通常是由墙身、顶板、底板、门窗、楼梯等构造组成。对于半地下室还可以设置采光井采光，如图 4.1.22 所示。图 4.1.23 为采光井的实物照片。

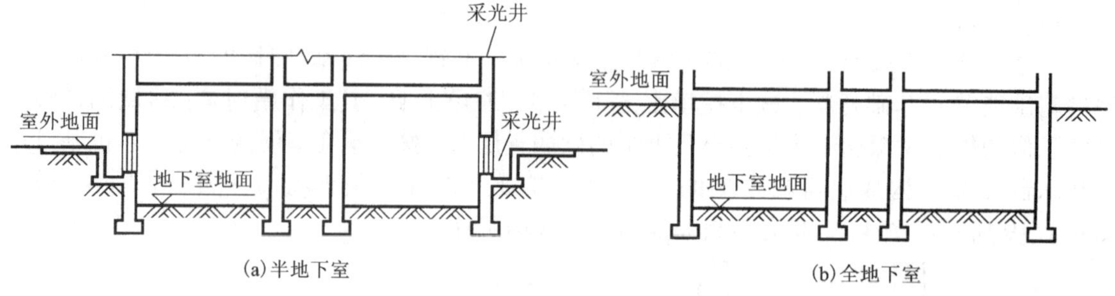

图 4.1.21　地下室的类型

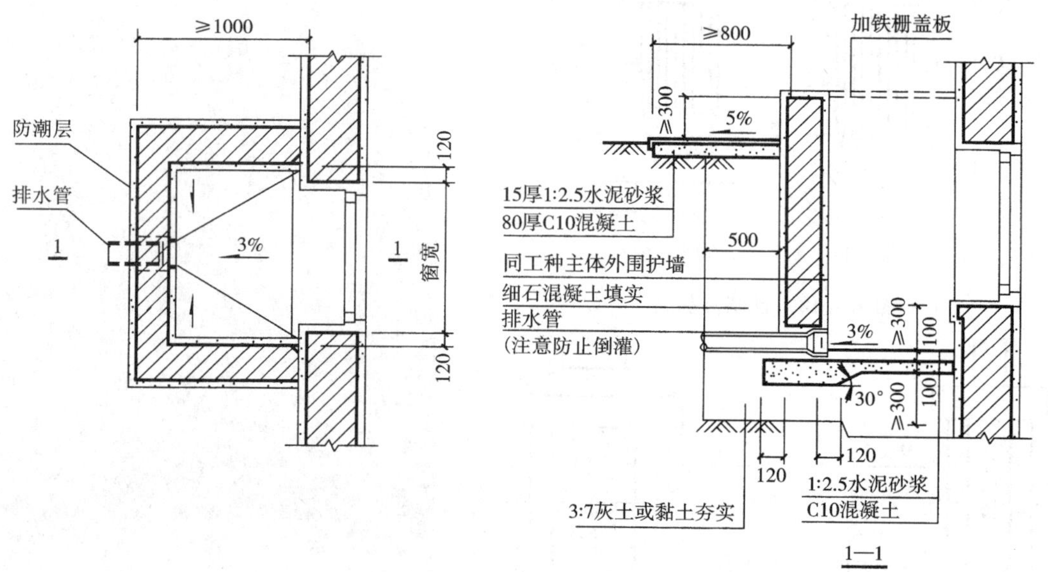

图 4.1.22　采光井构造

图 4.1.23　采光井实物照片

(2)地下室的防潮与防水

1)地下室的防潮

由于地下室的墙身及底板设置在地面以下，长期受到地潮及地下水的侵蚀，因此其防潮、防水是地下室构造设计的主要内容。当地下水的常年水位和最高水位均在地下室室内地坪标高以下且没有渗水的可能时，地下室只须做防潮处理。对于砖墙或石墙其防潮的构造做法是：先在墙身外侧用1∶3水泥砂浆抹20 mm厚作找平层，再涂上一道冷底子油和两道热沥青，高度到室外地坪以上300 mm处。外侧墙的回填土应用低渗透性土壤，如黏土、灰土等，并逐层夯实，以防地面雨水或其他地表水的影响，同时墙身在地下室墙及室外地坪附近作两道水平防潮层，以防地潮沿地下墙身或勒脚处侵入室内，如图4.1.24所示。

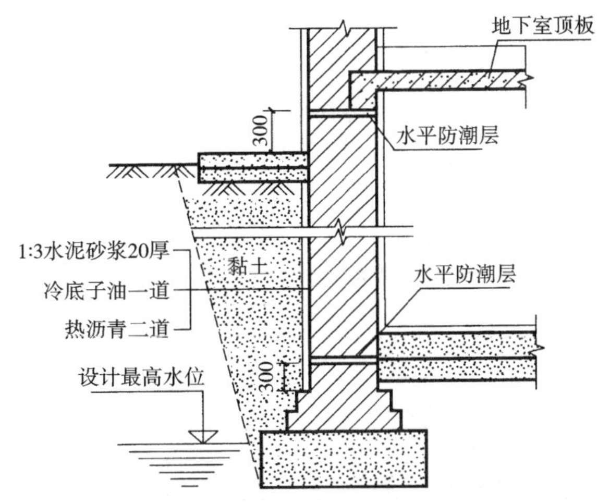

图4.1.24　地下室的防潮

2)地下室的防水

当最高地下水位高于地下室室内地坪时，地下室的外墙和地坪都浸泡在水中，这时地下室外墙受到地下水的侧压力，地坪受到水的浮力的影响，因此，须对地下室外墙和地坪作防水处理。因其防水位置不同又分为外防水和内防水两种，其中，内防水常用于修缮时用，如图4.1.25所示。当地下室地坪和墙体均为钢筋砼结构时，采用防水砼材料为佳，或在其外侧再作防潮或防水处理。

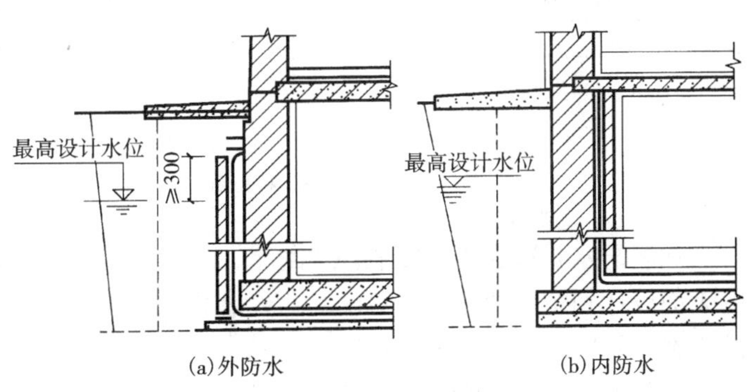

图4.1.25　地下室的防水位置

目前，地下室的防水方案有材料防水和构件自防水两大类。

①材料防水：常用卷材、涂料和防水水泥砂浆等，在外墙和底板表面敷设防水材料以阻止水的渗入。

沥青卷材是一种传统的防水材料，有一定的抗拉强度和延伸性，价格便宜。但沥青卷材防水属于热操作，并污染环境，易老化。一般为多层做法，如图4.1.26所示。卷材的层数依据最大计算水头而定(最大计算水头是指最高地下水位高于地下室底板下皮的高度，见表4.1.1所示)。

表4.1.1　防水卷材层数

最大计算水头/m	卷材所受压力/MPa	卷材层数
<3	0.01～0.05	3
3～6	0.05～0.1	4
6～12	0.1～0.2	5
>12	0.2～0.5	6

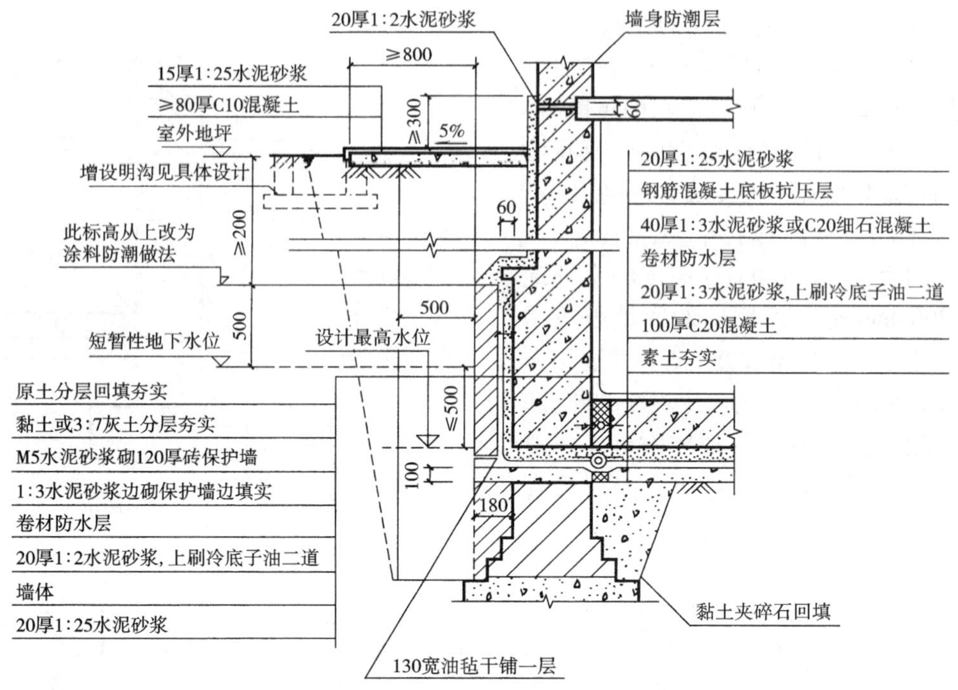

图 4.1.26　地下室的卷材防水

涂料防水是指在现场以刷涂、刮涂、滚涂等方法将无定型液态冷涂料在常温下涂敷于结构的表面以达到防水的作用。目前常用经乳化或改性的沥青材料为主，也用高分子合成材料制成的涂料。一般为多层敷设，且常在中间夹铺 1 ~2 层纤维制品(玻璃纤维、玻璃丝网格布)。

水泥砂浆防水是指在水泥砂浆中掺入防水剂，以提高砂浆的密实性达到防水的作用。

②混凝土防水：借助于混凝土的不同的集料级配，或在混凝土中掺入一定量的外加剂以提高混凝土的密实性，从而达到防水的效果。一般混凝土外墙厚要达 200 mm 以上，底板厚要达 150 mm 以上，否则会影响抗渗效果，如图 4.1.27 所示。

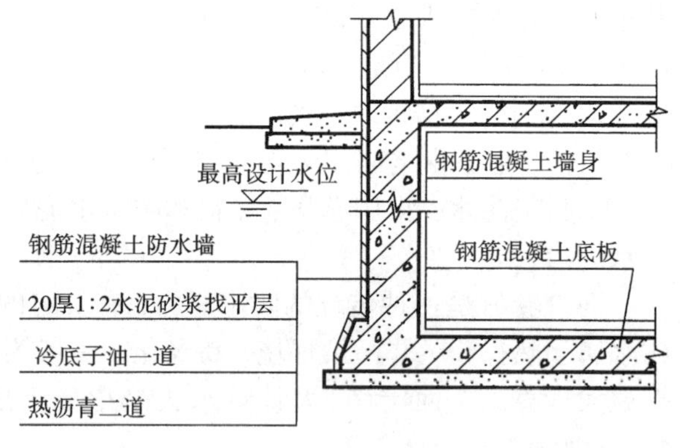

图 4.1.27　地下室的钢筋混凝土防水示意

小　结

本部分完成的任务是基础图的认知与表达，重点讨论基础的构造类型、地下室的防潮、防水。

1. 基础是建筑物墙体或柱子埋在地下的扩大部分，而地基是基础下面的土层。地基可分天然地基和人工地基，一般工程应优先选用天然地基。

2. 基础的埋置深度是从室外设计地面到基础底面的垂直距离。影响埋深的因素有土层构造、地下水位、冰冻深度、相邻房屋等，一般工程应选用浅基础。

3. 基础按材料和受力特点分为刚性基础和扩展基础。刚性基础的构造受刚性角限制，一般情况，刚性基础多用于地基承载力较高的低层或多层的民用建筑。而扩展基础是在混凝土中设置钢筋，用以承受拉力和剪力，不受刚性角限制，多用于荷载较大、层数较多的建筑。

4. 基础按构造形式分为条形基础、独立基础、满堂基础、桩基础等。

5. 地下室通常是由墙身、顶板、底板、门窗、楼梯等构造组成。地下室的防潮或防水做法取决于设计最高地下水位是在地下室地面标高以下还是以上以及是否有渗水的可能。

任务2　墙身剖面构造详图的认知与表达

任务要求

任务：识读施工图中的墙体相关图样(参考图4.2.1)，然后根据以下条件设计并用A3图纸以1:20比例绘制墙身剖面详图，该详图中要表达清楚地面构造、楼板层构造、墙面装修及墙身上各部位构造，如窗过梁与窗、窗台、勒脚及其防潮处理、明沟和散水等，需上墨线。

已知条件：

1. 住宅的外墙，层高3.0 m，室内外高差450 mm，窗台距室内地面900 mm高，女儿墙高1400 mm。

2. 承重砖墙240 mm厚。

3. 采用钢筋混凝土预制楼板，板的类型由学生自己确定(中南建筑标准设计中，板厚有120 mm、180 mm两种，板宽有500 mm、600 mm、900 mm、1200 mm四种，常用120 mm厚、500 mm或600 mm宽的板)。

4. 墙面装修自定。

要求：

1. 绘定位轴线及编号圆圈。

2. 绘墙身、勒脚、内外装修厚度，绘出材料符号。

3. 绘水平防潮层，注明材料和作法，并注明防潮层的标高。

4. 绘散水(或明沟)和室外地面，用多层构造引出线标注其材料、做法、强度等级和尺寸；标注散水宽度、坡度方向和坡度值；标注室外地面标高。注意标出散水和勒脚之间的构造处理。

5. 绘室内首层地面构造，用多层构造引出线标注，绘踢脚板，标注室内地面标高。

6. 绘室内外窗台，表明形状和饰面，标注窗台的厚度、宽度、坡度方向和坡度值，标注窗台顶面标高。

7. 绘窗框轮廓线，不绘细部(也可参照图集绘窗框，其位置应正确，断面形状应准确，与内外窗台的连接应清楚)。

8. 绘窗过梁，注明尺寸和下皮标高。

9. 绘楼板、楼层地面、顶棚，并用多层构造引出线标注，标注楼面标高。

问题引入

1. 墙身节点详图主要表达哪些内容？

2. 墙体在建筑物中的作用是什么？设计墙体时应考虑哪些因素？

3. 墙体的类型有哪些？不同类型的墙体构造如何？各适用于哪些地方？

4. 墙体中的门和窗构造如何？

5. 绘制墙身节点详图的方法和步骤是什么？

实践指导

1. 在画墙身节点详图前，先要了解墙体的构造知识，掌握如何从建筑施工图的角度正确表达建筑墙身剖面图，同时要清楚任务要求，获取要表达的墙体的基本信息；

2. 确定墙体的轴线，再根据墙体厚度要求绘制墙线；

3. 确定室内外地坪线、窗洞位置、楼面线、女儿墙边线。先根据室内外高差定出室内外地坪线，根据层高确定楼面线，然后根据窗台高度在每层楼的墙身上确定窗洞的位置（注意运用折断线省略窗高尺寸），最后在屋顶根据女儿墙高度要求绘制女儿墙边线；

4. 选择地坪做法绘制首层地面的细部构造；

5. 在任务中提供的钢筋混凝土预制板类型中选择一种，按尺寸绘制楼板层的细部构造；

6. 绘制屋顶楼板的细部构造，做法自定；

7. 绘制散水、窗台、檐口等细部；

8. 检查无误后，擦去多余的线条，画尺寸线、标高符号并标注尺寸，然后按要求加深、加粗线型或上墨线，完成全图。

知识链接

墙体和门窗

1. 墙体

(1) 墙身节点详图展示

如图 4.2.1 所示为某建筑工程施工图中的墙身节点详图。

(2) 墙体概述

在大量性民用建筑中，墙体的造价占建筑工程总造价的 30% ~40%，重量占房屋总重量的 40% ~65%。由此可见，墙体在建筑中占有十分重要的位置，如何选择墙体材料，采用什么样的构造方法，将直接影响房屋的质量、自重、造价及施工工期等。人们长期以来一直对墙体的技术问题和经济问题进行着改进，并取得了一定的进展。

1) 墙体的作用

墙或柱是房屋的重要组成部分，其作用主要有如下三个方面：

一是承重作用，墙或柱作为房屋竖直方向的承重构件，要承受由楼面及屋顶传来的竖直荷载以及水平风荷载，并将荷载传给基础；

二是围护作用，外墙要抵御自然界的风霜雨雪的侵袭及太阳辐射、声音干扰等，为室内提供良好的生活与工作条件；

三是分隔作用，内墙将房屋分隔成大小不同的空间，以满足不同的使用要求，减少相互干扰。

2) 墙体的类型

①按墙体在平面上所处位置及方向分类

墙体按在平面上所处的位置不同，可分为外墙和内墙。房屋外围的墙称为外墙，能抵抗

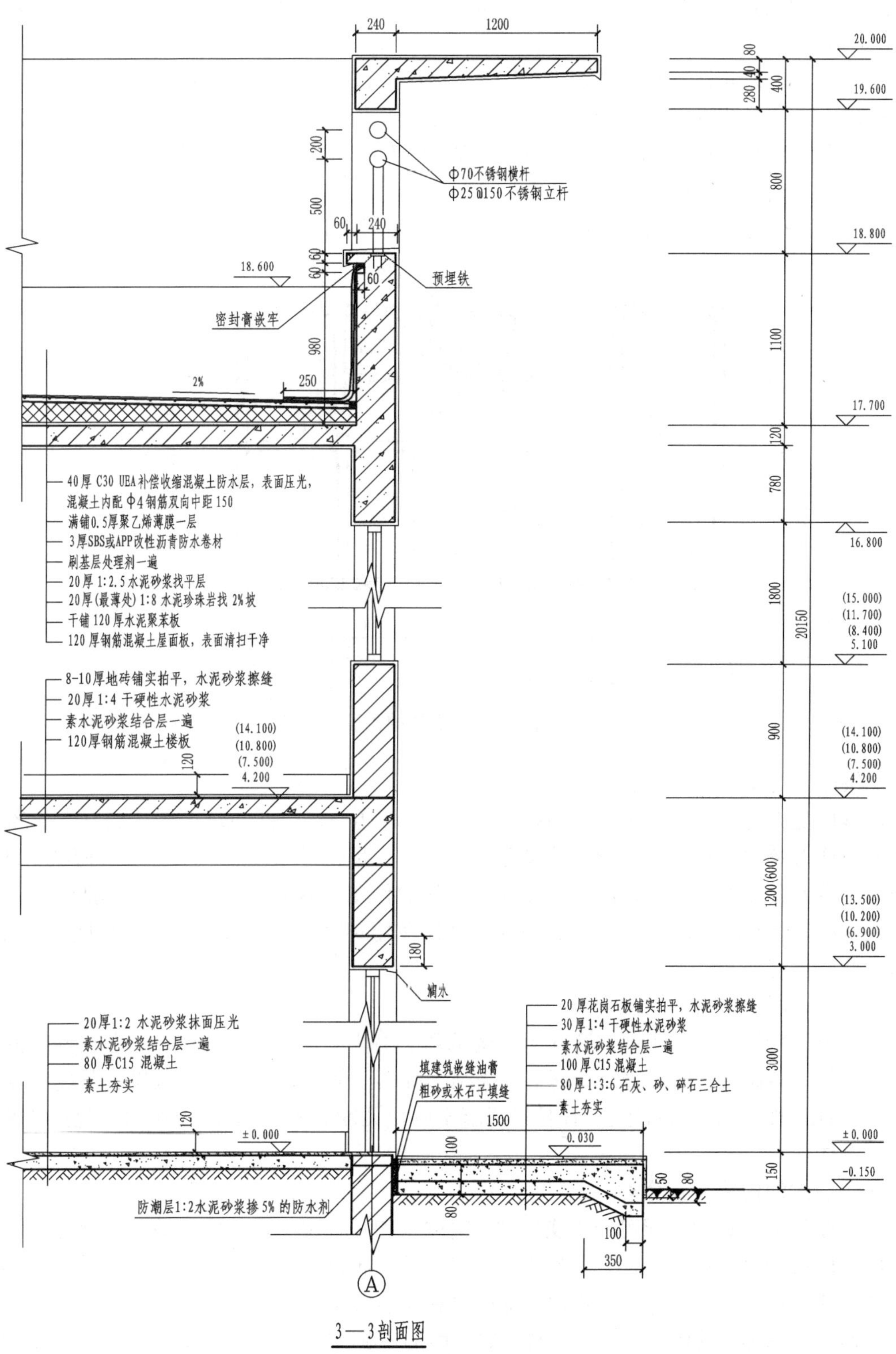

3—3剖面图

图 4.2.1　墙身节点详图

大气的侵袭，保证内部空间舒适，故又称为外围护墙；房屋内部的墙称为内墙，起分隔内部空间的作用。

按墙的方向又可分为纵墙和横墙，沿建筑物长轴线（常用英文字母 A、B、C…编号的轴）方向布置的墙称为纵墙，有外纵墙和内纵墙之分，两纵墙间的距离常称为房间的进深；沿建筑物短轴线（常用阿拉伯数字 1、2、3…编号的轴）方向布置的墙称为横墙，有外横墙和内横墙之分，两横墙间的距离常称为房屋的开间。

习惯上，外纵墙称为檐墙，外横墙称为山墙，如图 4.2.2 所示。

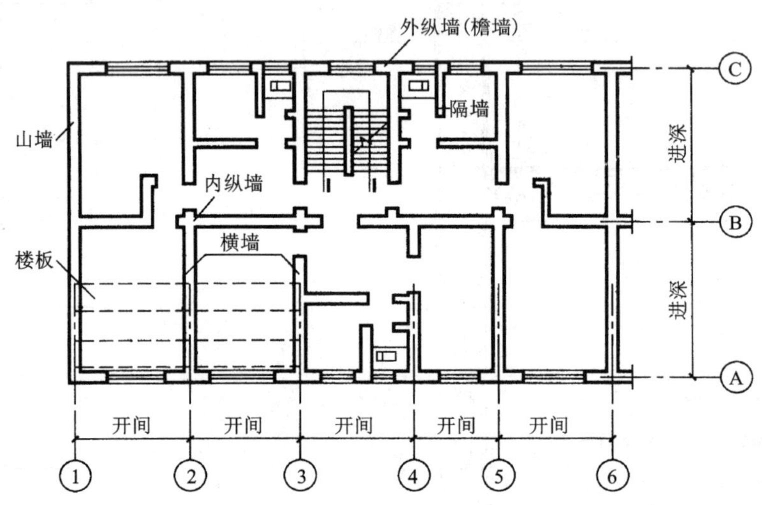

图 4.2.2　墙体的类型

②按墙体的受力情况分类

墙体按受力情况的不同可分为两种：承重墙和非承重墙。承重墙要承受梁板等上部结构传来的荷载以及墙体自重。非承重墙又分为两种：一是自承重墙，不承受外来荷载，只承受自身的重量并传至基础；二是隔墙，起分隔房间的作用，不承受外来荷载，并把自身重量传给梁或楼板，框架填充墙就是隔墙的一种。悬挂在建筑物外部的轻质墙称为幕墙，包括金属幕墙和玻璃幕墙。

③按墙体所用材料的类型分类

墙体根据所用材料的不同，可分为砖砌墙体、砌块墙体、石砌墙体、现浇或预制的钢筋混凝土墙体。砖砌体，包括烧结普通砖、烧结多孔砖、蒸压灰砂砖、蒸压粉煤灰砖无筋和配筋砌体；砌块砌体，包括混凝土、轻骨料混凝土砌块无筋和配筋砌体；石砌体，包括各种料石和毛石砌体。

④按墙体的构造方式分类

墙体按构造方式的不同可分为实体墙、空体墙和复合墙三种。实体墙是由普通黏土砖及其他实体砌块砌筑而成的墙体；空体墙是由普通黏土砖砌筑的空斗墙或由空心砖砌筑的具有空腔的墙体；复合墙是由两种或两种以上的材料组合而成的墙体，通常是由普通砖和其他材料组合而成的墙体，其构造方法有多种，如在墙的一侧或墙中附加保温材料，或在墙中构成密闭空气间层，从而大大提高砖墙的保温效力。

3）墙体的设计要求

①结构要求

对墙承重体系建筑，要求各层的承重墙上、下必须对齐；各层的门、窗洞孔也以上、下对齐为佳。此外，还需考虑以下两方面的要求。

(a)具有足够的强度和稳定性

墙体的强度是指其承受荷载的能力，应根据墙体材料、断面尺寸、荷载大小，由结构计算及施工质量来保证；墙体的稳定性取决于墙体的高度、厚度与长度，应通过高厚比进行验算。在墙体的长度和高度确定之后，一般可以采用增加墙体厚度、设置刚性横墙、加设圈梁、壁柱、墙垛的方法增加墙体稳定性。

(b)选择合理的墙体结构布置方案

横墙承重：凡以横墙承重的称横墙承重方案或横向结构系统。这时，楼板、屋顶上的荷载均由横墙承受，纵向墙只起纵向稳定和拉结的作用。它的主要特点是横墙间距密，加上纵墙的拉结，使建筑物的整体性好、横向刚度大，对抵抗地震力等水平荷载有利。但横墙承重方案的开间尺寸不够灵活，适用于房间开间尺寸不大的宿舍、住宅及病房楼等小开间建筑。

纵墙承重：凡以纵墙承重的称为纵墙承重方案或纵向结构系统。这时，楼板、屋顶上的荷载均由纵墙承受，横墙只起分隔房间的作用，有的起横向稳定作用。纵墙承重可使房间开间的划分灵活，多适用于需要较大房间的办公楼、商店、教学楼等公共建筑。

纵横墙承重：凡由纵向墙和横向墙共同承受楼板、屋顶荷载的结构布置称纵横墙(混合)承重方案。该方案房间布置较灵活，建筑物的刚度亦较好。混合承重方案多用于开间、进深尺寸较大且房间类型较多的建筑和平面复杂的建筑中，前者如教学楼、住宅等建筑。

部分框架承重：在结构设计中，有时采用墙体和钢筋混凝土梁、柱组成的框架共同承受楼板和屋顶的荷载，这时，梁的一端支承在柱上，而另一端则搁置在墙上，这种结构布置称部分框架结构或内部框架承重方案。它较适合于室内需要较大使用空间的建筑，如商场等。

②热工方面的要求

为贯彻国家的节能政策，改善寒冷地区居住建筑采暖能耗大、热工效率差的状况，必须通过建筑设计和构造措施来节约能耗。外墙是建筑围护结构的主体，其热工性能的好坏会对建筑的使用及能耗带来直接的影响。

(a)墙体的保温要求

在北方寒冷地区要求建筑的外墙应具有良好的保温能力，在采暖期尽量减少热量损失，降低能耗。为使墙体具有足够的保温能力，有以下措施：

增加墙体的厚度。墙体的热阻与其厚度成正比，欲提高墙身的热阻，可增加其厚度，但这种做法很不经济，也会增加结构自重。

选择导热系数小的墙体材料。要增加墙体的热阻，也可选用导热系数小的保温材料，如泡沫混凝土、加气混凝土、陶粒混凝土、膨胀珍珠岩、膨胀蛭石、浮石及浮石混凝土、泡沫塑料、矿棉及玻璃棉等。其保温构造有单一材料的保温结构和复合保温结构之分，但这种材料的强度往往较低。

采取隔汽措施。为防止墙体内部产生冷凝结成冷凝水，使室内装修变质损坏，并降低材料的保温性能，缩短材料使用年限，常在墙体的保温层靠高温的一侧，即蒸汽渗入的一侧设置隔汽层，以防止或控制墙体表面及其内部产生冷凝水。隔蒸汽材料一般采用沥青、卷材、隔汽涂料以及铝箔等防潮、防水材料，但这种做法会提高施工工艺的复杂度。

所以尽快生产出轻质高强、价格经济、施工方便的墙体材料，是墙体改革所面临的主要问题之一。

(b)墙体的隔热要求

南方炎热地区要求建筑的外墙应具有良好的隔热能力，以隔阻太阳的辐射热传入室内，防止室内温度过高。为使墙体具有隔热能力，除了合理选择建筑的朝向、创造良好的通风条件外，还可采取以下措施：

外墙采用浅色而平滑的外饰面，如白色外墙涂料、玻璃马赛克、浅色墙地砖、金属外墙板等，以反射太阳光，减少墙体对太阳辐射的吸收；

在外墙内部设通风间层，利用空气的流动带走热量，降低外墙内表面温度；

在窗口外侧设置遮阳设施，以遮档太阳光直射室内；

在外墙外表面种植攀援植物使之遮盖整个外墙，吸收太阳辐射热，从而起到隔热作用。

③隔声方面的要求

墙体是在建筑水平方向划分空间的构件，为了使人们获得安静舒适的工作和生活环境，提高私密性，避免相互干扰，墙体必须要有足够的隔声能力，并应符合国家有关隔声标准的要求。

声音是以空气传声和固体传声两个途径实现的，而墙体主要隔离由空气直接传播的噪声。可采取以下措施：

(a)加强墙体缝隙的填密处理；

(b)增加墙厚和墙体的密实性；

(c)设置中空墙体。

④防火方面的要求

作为建筑墙体的材料及厚度，应满足有关防火规范中对燃烧性能和耐火极限的要求。当建筑的单层建筑面积或长度达到一定指标时，应划分防火分区，以防止火灾蔓延。防火分区一般利用防火墙进行分隔。

⑤其他要求

墙体还应满足防潮、防水、减轻自重、降低造价及适应建筑工业化等要求。

(3)砖墙构造

砖墙是用砂浆将一块块砖按一定技术要求砌筑而成的砌体。

1)砖墙的材料

砖墙主要由砖和砂浆砌筑而成。

①砖

砖的种类有很多，依其材料分有黏土砖、炉渣砖、灰砂砖等；依其生产形状分有实心砖、多孔砖和空心砖等。常用的是烧结普通砖、烧结多孔砖、蒸压灰砂砖、蒸压粉煤灰砖。其中，常用的是普通黏土砖，如图 4. 2. 3 所示。

普通黏土砖是以黏土为主要原料，经成型、干燥焙烧而成，有红砖和青砖之分，青砖比红砖强度好、耐久性好。

我国标准砖的规格为 240 × 115 × 53，砖的长∶宽∶厚 = 4∶2∶1(包括 10 mm 宽灰缝)。采用标准砖砌筑墙体时，以砖宽度的倍数，即 115 + 10 = 125 mm 为模数。这与我国现行《建筑模数协调统一标准》(GBJ 2—1986)中的基本模数 M = 100 mm 不协调，因此，在使用中，应注

图 4.2.3　砖的种类

意标准砖的这一特征。为满足建筑模数及节能、保护耕地等要求，近年来开发了许多砖型。现在常用的一些砌筑材料的规格尺寸及强度等级如表 4.2.1 所示。

表 4.2.1　常用砌筑材料规格及强度等级

名称	主要规格尺寸/(mm × mm × mm)	强度等级
普通黏土砖	240 × 115 × 53	MU30、MU25、MU20、MU15、MU10
多孔砖	长、宽、高尺寸应符合 290、240、190、180、175、140、115、90 要求	
蒸压灰砂砖	240 × 115 × 53	MU25、MU20、MU15、MU10
蒸压粉煤灰砖	240 × 115 × 53	
砼小型空心砌块	390 × 190 × 190、190 × 190 × 190、390 × 190 × 90	MU20、MU10、MU7、MU5、MU3.5
蒸压加气混凝土砌块墙	长度 L 600，宽度 B 100、150、200、250、300，高度 H 200、250、300	按体积密度级别分 B05、B06、B07
石材		MU100、MU80、MU60、MU50、MU40、MU30、MU20
砂浆		M20、M15、M10、M7.5、M5、M2.5

注：MU30 表示砖的极限抗压强度平均值为 30 MPa，即每平方毫米可承受 30N 的压力。

②砂浆

砂浆是由胶凝材料和细骨料组成。

根据胶凝材料的不同，建筑砂浆又可分为水泥砂浆、石灰砂浆和混合砂浆。

(a)水泥砂浆：水泥、砂和水拌合而成的混合物。水泥砂浆属于水硬性材料，强度高、但可塑性和保水性差，常用于砌筑有水位置的墙体(如基础、地下室)。

(b)石灰砂浆：用石灰、砂和水拌合而成的混合物。石灰砂浆的可塑性很好，但它的强度较低，且属于气硬性材料，雨水时强度降低，所以多用于砌筑荷载不大的墙体或临时性建筑墙体。

(c)混合砂浆：由水泥、砂、石灰膏加水拌合而成的混合物。混合砂浆既有较高的强度，也有良好的可塑性和保水性，故在民用建筑中被广泛采用。

根据用途的不同，建筑砂浆分为砌筑砂浆和抹面砂浆。

(a)砌筑砂浆

用于砌筑砖、石及各种砌块的砂浆。砌筑砂浆主要起着胶结砖石、传递荷载的作用，此外还起着填充砖石缝隙、提高砌体绝热和隔声性能的作用。因此要求它必须具有一定的强度，以保证整个砌体的强度能满足结构的强度要求。

(b)抹面砂浆

涂抹在建筑物或建筑构件表面的砂浆，统称为抹面砂浆。抹面砂浆要求具有良好的和易性，容易抹成均匀平整的薄层，便于施工。还应有较高的黏结力，砂浆层应能与底面黏结牢固，长期不致开裂或脱落。处于潮湿环境或易受外力作用部位(如地面和墙裙等)，还应具有较高的耐水性和强度。

此外还有装饰砂浆、防水砂浆、勾缝砂浆以及耐酸、耐热特种砂浆等。

2)砖墙的尺寸和组砌方式

墙体的基本尺寸包括墙体的厚度、墙段长度和墙体高度。决定墙体基本尺寸应考虑诸多因素，如荷载、门窗洞口的大小和数量、横墙间距、支承楼板的情况以及保温(隔热)、隔声、防火等要求。砖墙的尺寸和组砌方式以实心砖墙为例来进行说明。

①实心砖墙的尺寸

(a)墙厚

实心砖墙指用烧结普通砖(240 mm×115 mm×53 mm)等砌筑的墙，如包括灰缝，其长、宽、厚之比为4:2:1。普通砖的这个尺寸关系便于组砌成以砖厚为基数的任何尺寸的墙体。其厚度尺寸见表4.2.2，墙厚与砖规格尺寸的关系如图4.2.4所示。

表4.2.2　实心砖墙厚度尺寸

墙厚名称	1/4砖	1/2砖	3/4砖	1砖	1砖半	2砖	2砖半
标志尺寸/mm	60	120	180	240	370	490	620
构造尺寸/mm	53	115	178	240	365	490	615
习惯称呼	60墙	12墙	18墙	24墙	37墙	49墙	62墙

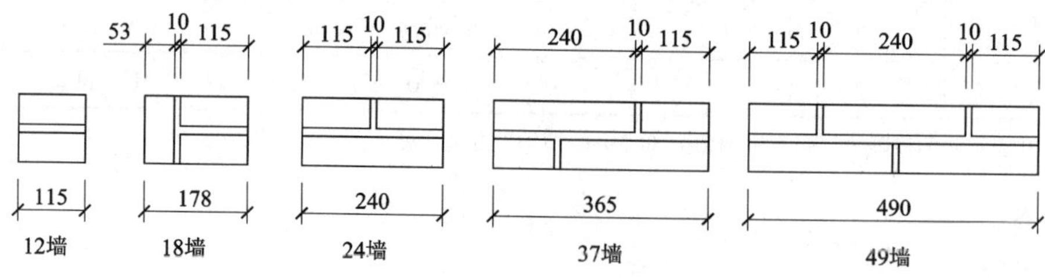

图4.2.4　墙厚与砖规格尺寸的关系

(b)墙段长度和洞口尺寸

在工程实践中常以一个砖宽加一个灰缝(115 mm+10 mm=125 mm)的尺寸为基数确定砖墙各部分的尺寸，故墙段长度和洞口尺寸应由砖宽的倍数组成，如图4.2.5所示(墙段长度$=125n-10$，洞口宽度$=125n+10$)。

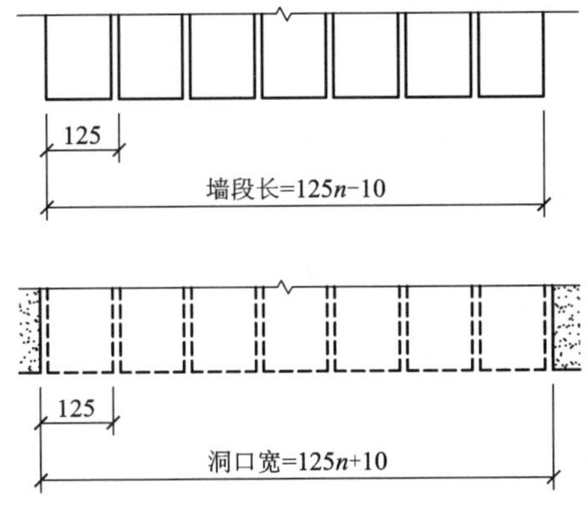

图 4.2.5　墙段长度与洞口宽度

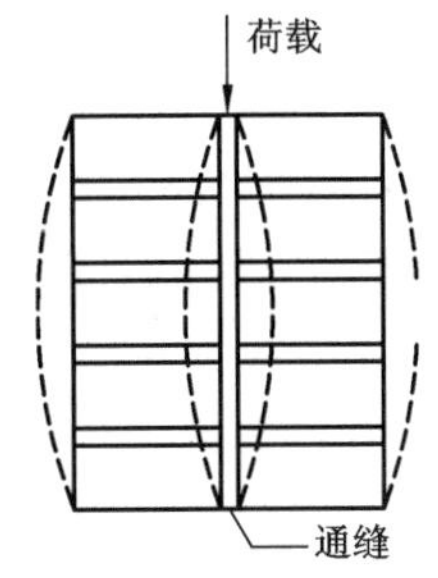

图 4.2.6　砖墙砌通缝的情况

（c）墙身的高度

墙身的高度是根据实际需要由设计决定的，但高度与厚度之比应小于容许高厚比，以保证墙体的稳定性。

②实心砖墙的组砌方式

砖墙的砌筑方式是指砖在墙内的排列方式。为了保证墙体的强度，砖砌体的砖缝必须横平竖直、内外搭接、上下错缝，上下错缝不小于 60 mm，砖缝砂浆必须饱满，厚薄均匀。错缝和搭接能够保证墙体不出现连续的垂直通缝（图 4.2.6），以提高墙体的强度和稳定性。

常用的错缝方法是将丁砖和顺砖上下皮交错砌筑。将砖的长边垂直于砌体长边砌筑时称为丁砖，将砖的长边平行于砌体长边砌筑时称为顺砖，每排列一层称为一皮。常见的砖墙砌筑方式有一顺（或多顺）一顶式、每皮顶顺相间式、两平一侧式、全顺式等（图 4.2.7 所示）。

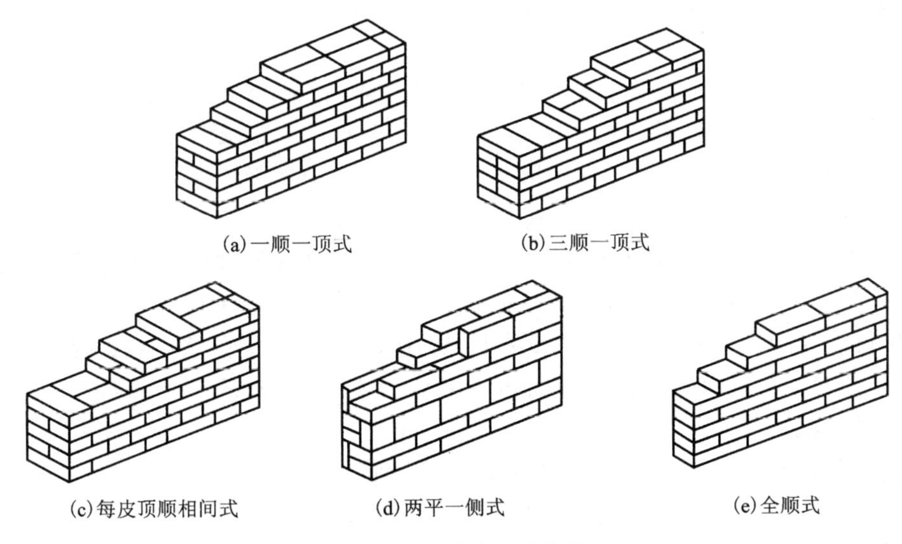

图 4.2.7　砖墙砌筑方式

3）砖墙的细部构造

砖墙的细部构造包括勒脚、散水与明沟、墙身防潮层、门窗过梁、窗台、圈梁、构造柱等。

①勒脚

勒脚是外墙与室外地面接近的部位。其作用主要是保护这部分墙身免受雨雪浸蚀和各种机械性损伤以及增加美观，故勒脚高度 H 一般不应低于 600 mm。

勒脚的构造应满足防水、坚固、耐久、美观的原则。其做法有：抹水泥砂浆、做水刷石、镶砌石块、贴面砖、局部墙体加厚或按单项工程设计，如图 4.2.8 所示。

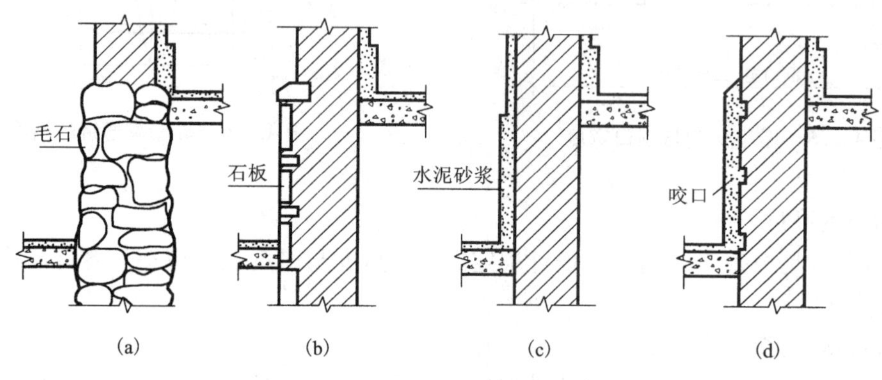

图 4.2.8　勒脚的构造

②散水与明沟

为了排除外墙脚下地表雨水及屋面雨水管排下的屋顶雨水，须在室外地坪靠外墙脚处设置散水或明沟，以保护基础。

散水的宽度应根据当地的降雨量、地基土质情况及建筑物来确定，一般不少于 800 mm，同时应比建筑物挑檐宽度大 200 ~ 300 mm，且外缘较周围地坪高出 20 ~ 50 mm，散水表面要有 3% ~5% 向外的坡度。

散水有多种做法，如砖砌散水、水泥砂浆散水、碎石(砖)散水、混凝土散水、块石散水等。若采用混凝土散水，其具体做法一般如图 4.2.9 所示。要求素土夯实宽度比散水加宽 300 mm，散水外口应局部加深，以保护散水下土壤；散水整体面层纵向距离每隔 20 ~ 30 m 做一道伸缩缝；勒脚与散水、明沟交接处设变形缝，缝宽 20 mm，灌建筑嵌缝油膏。

明沟是设置在房屋四周的排水沟，它将屋面落水和地面积水有组织地导向地下排水管网，保护外墙基础。明沟的做法有砖砌明沟、现浇混凝土明沟(C15 砼)等。若采用砖砌明沟，其具体做法如图 4.2.10 所示。要求采用 MU10 砖、M5 水泥砂浆砌筑，沟底设有不小于 0.5% 的纵向坡度，起点深度 120 mm，每 30 ~ 40M 设变形缝，缝宽 30 mm 灌建筑嵌缝油膏。

③墙身防潮层

墙身防潮层的作用是阻止地基土中的水分因毛细管作用进入墙身，以提高墙身的坚固性和耐久性并保持室内干燥卫生。防潮层的位置要设在室内地面标高以下、室外地坪标高以上，通常设在室内地面的混凝土垫层中部的墙身上，位于室内地面以下 60 mm 处(室内 ±0.000 一皮砖的下面)，如图 4.2.11 所示。其做法有多种：

做法一：防水砂浆防潮层，即用 20 厚的 1∶2 水泥砂浆加入水泥重量 5% 的防水剂。

做法二：防水砂浆砌筑砖防潮层，即用防水砂浆砌筑 3 ~ 5 皮砖防潮。

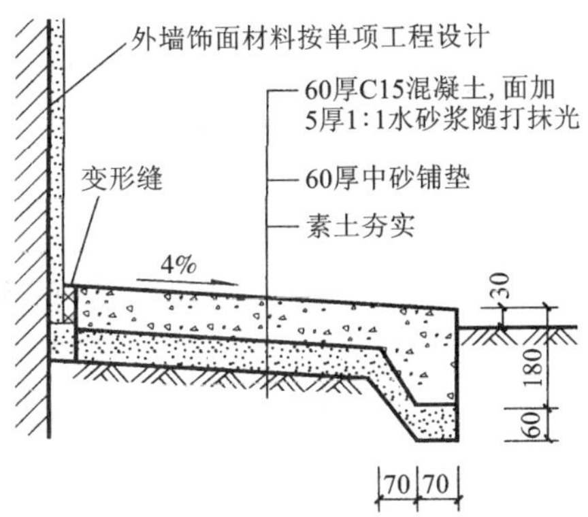

图 4.2.9　混凝土散水

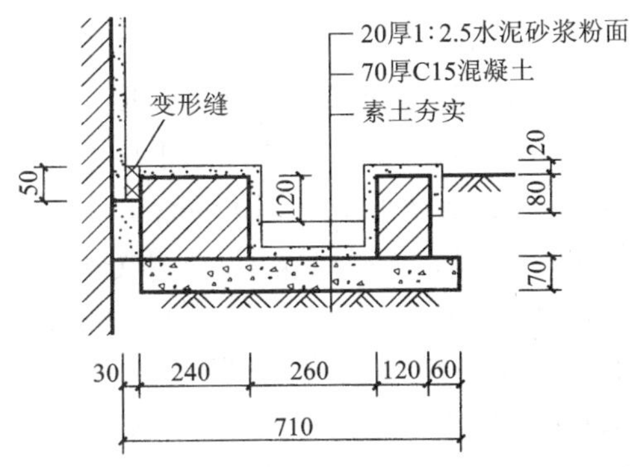

图 4.2.10　砖砌明沟

做法三：油毡防潮层，采用干铺油毡或一毡二油防潮层，要求油毡搭接长度不小于 100 mm，油毡比墙体每侧宽出 10 mm，油毡防潮效果好，但砖墙与基础墙连接不好，不利于抗震，故不宜用于地震地区或有振动荷载作用的建筑。

做法四：钢筋混凝土带防潮层。捣制 60 mm 厚 C15 或 C20 混凝土带，内配 3Φ6 或 3Φ8 纵筋，Φ6@250 分布筋。由于它的防潮性能和抗裂性能都很好，且与砖砌体结合紧密，故适应于整体刚度要求较高的建筑中。

在有地圈梁的建筑中，当地圈梁标高合适时，也可用地圈梁兼做墙身防潮层。

墙身水平防潮层应连续封闭，当建筑物两侧地面标高不同，在每侧地表下 60 mm 处应分别设置防潮层，并在两个防潮层间加设垂直防潮层，在接触土的墙上勾缝或用水泥砂浆抹灰 15 ~ 20 mm 后，再涂刷热沥青两道，见图 4.2.11(b)所示。

④门窗过梁、窗台

门窗洞口上的横梁叫门窗过梁，其作用是承受门窗洞口上部的荷载，并将荷载传到洞口两侧的墙体上。过梁的种类有：砖砌平拱过梁、钢筋砖过梁、钢筋混凝土过梁。过梁的跨度不应超过下列规定：砖砌平拱过梁为 1.2 m、钢筋砖过梁为 1.5 m、对有较大振动荷载或可能产生不均匀沉降的房屋，应采用钢筋混凝土过梁。目前常用的是钢筋混凝土过梁。

砖砌平拱过梁：砖砌平拱过梁系砖石建筑中的传统做法，它是利用砖抗压强度较高的特点，

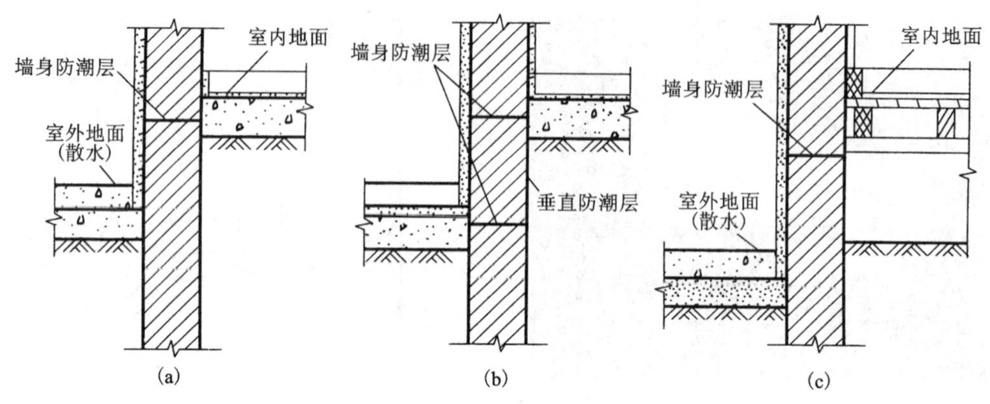

图 4.2.11　墙身防潮层位置

由拱体传递上部荷载，其构造如图 4.2.12 所示。它由普通砖侧砌而成，要求砖强度等级不低于 MU10，砖应为单数并对称于中心向两边倾斜，平拱高度不小于 240 mm；砂浆强度等级不低于 M5，灰缝呈楔形，上宽（不大于 15 mm）下窄（不小于 5 mm）；平拱的底面中心要较两端提高跨度的 1/100，称起拱，起拱的目的是拱受力下沉后使底面平齐。

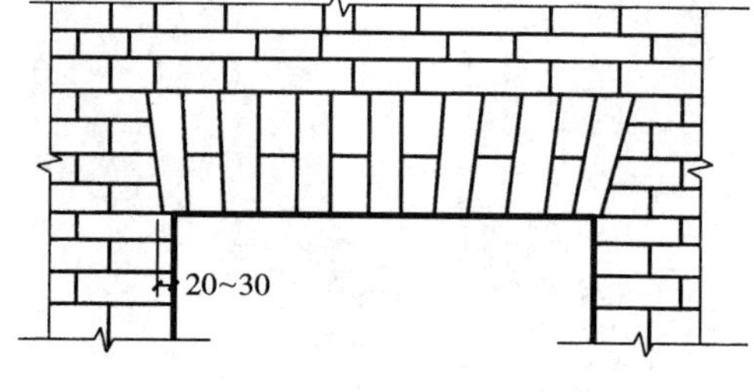

图 4.2.12　砖砌平拱过梁

砖砌平拱过梁两端下部应伸入墙内 20 ~30 mm，不得用于有较大振动荷载、集中荷载或可能产生不均匀沉降的房屋。

钢筋砖过梁：钢筋砖过梁是在砖缝里配置钢筋，形成可以承受荷载的加筋砖砌体，如图 4.2.13 所示。钢筋砖过梁底面砂浆层处的钢筋，其直径不应小于 5 mm，间距不宜大于 120 mm，钢筋伸入支座砌体内的长度不宜小于 240 mm，砂浆层的厚度不宜小于 30 mm，砂浆强度等级不低于 M5。

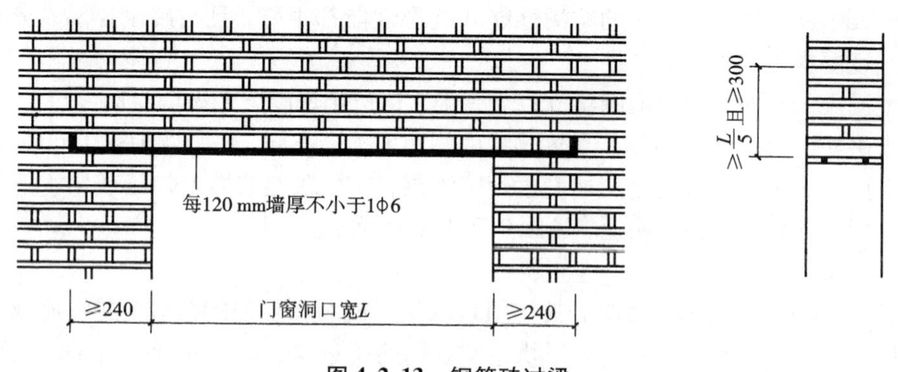

图 4.2.13　钢筋砖过梁

钢筋混凝土过梁：钢筋混凝土过梁宽度一般与墙厚相同，在墙内的支承长度不小于 250

mm，梁高及钢筋配置由结构计算确定，为了施工方便，梁高应与砖的皮数相适应，以方便墙体连续砌筑，故常见梁高为 60 mm、120 mm、180 mm、240 mm。梁的截面常做成矩形或 L 形，如图 4. 2. 14(a)所示。它适用各种洞口宽度及荷载较大和各种振动荷载作用情况，可预制也可现浇，施工方便，采用最普遍。其中 L 形过梁主要用于外墙，如图 4. 2. 14(b)所示，挑出部分又称为遮阳板；由于钢筋混凝土比砖砌体的导热系数大，热工性能差，故钢筋混凝土构件比相同面积砖砌体部分的热损失多，表面温度也就相对低一些，出现“冷桥”现象，在寒冷地区因保温要求，为了减少热损失，外墙上过梁布置常采用如图 4. 2. 14(c)所示形式。

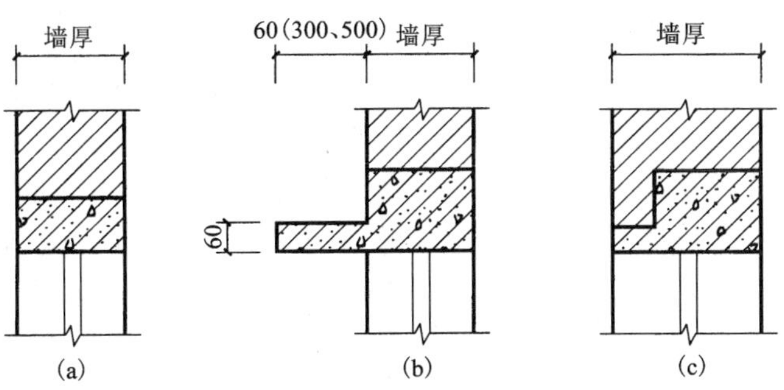

图 4. 2. 14　钢筋混凝土过梁

窗台是窗洞下部的泄水构件，为排除窗外侧流下的雨水，窗台一般应凸出墙面 60 mm 左右，上表面做成向外倾斜的不透水表面层，下表面设滴水。

窗台的做法如图 4. 2. 15 所示，有砖砌窗台和预制钢筋混凝土窗台，上粉水泥砂浆或水刷石或贴面砖等。

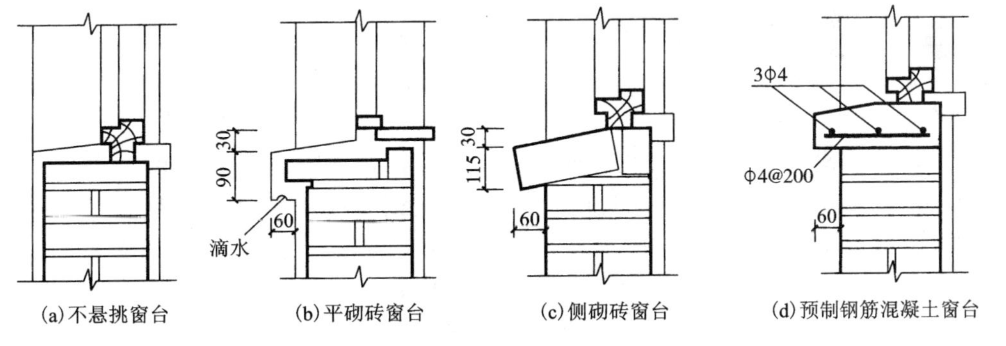

图 4. 2. 15　窗台构造

当窗框安装在墙中部时，窗洞下靠室内一侧要求做内窗台，以方便清扫并防止墙身被破坏，内窗台一般用水泥砂浆粉面，标准较高的房屋或窗台下设暖气片槽时，内窗台可采用预制水磨石板、大理石板或木板。

⑤圈梁

圈梁又称腰箍，它是沿外墙四周及部分内墙设置的连续封闭的梁。其作用是增强房屋的整体刚度和稳定性，防止由于地基的不均匀沉降或较大振动荷载对房屋的不利影响。

圈梁的数量与房屋层数、高度、地基土状况及当地地震烈度等因素有关。圈梁常设于基础内、楼盖处、屋顶檐口处，宜连续地设在同一水平面上并形成封闭状。当圈梁被门窗洞口截断时，应在洞口上部增设相同截面的附加圈梁，附加圈梁与圈梁的搭接长度不应小于其中到中垂直距离的两倍，且不得小于1 m，如图4.2.16所示。

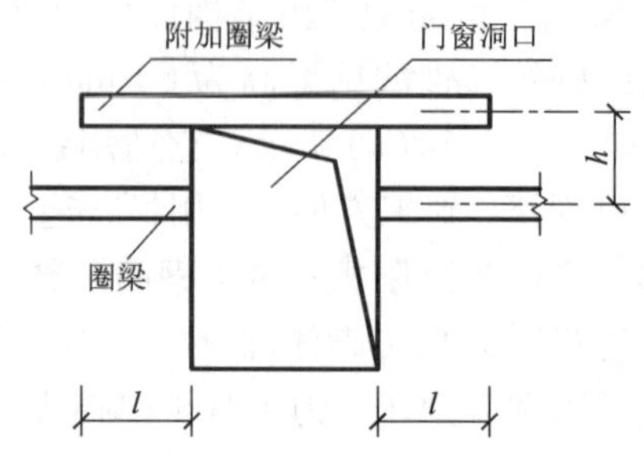

图4.2.16 附加圈梁($l \geqslant 2h$ 且 $\geqslant 1$ m)

圈梁常采用钢筋混凝土圈梁，也可采用钢筋砖圈梁。钢筋混凝土圈梁的宽度宜与墙厚相同，当墙厚≥240 mm，其宽度不宜小于$2h/3$。高度应为砖厚的整数倍，并不小于120 mm，纵向钢筋不少于4Φ10，绑扎接头的搭接长度按受拉钢筋考虑，箍筋间距不大于300 mm，圈梁兼作过梁时，过梁部分的钢筋应按计算用量另行增配。混凝土强度等级不应低于C15。地震地区钢筋混凝土圈梁的配筋要求更高。而钢筋砖圈梁应采用不低于M5水泥砂浆砌筑，高度为4~6皮砖，纵向钢筋不少于6 Φ6，水平间距不大于120 mm，分上下两层设在圈梁顶部和底部的水平灰缝内。

⑥构造柱

在墙中设置的钢筋混凝土小柱称为构造柱，如图4.2.17所示。它不承受竖向压力和弯矩，而是作为墙体的一部分，对墙体起约束作用，提高墙体的抗剪能力和延性，进而提高整幢房屋的抗侧力性能，防止或延缓房屋在地震影响下发生突然倒塌。

砖砌体房屋依据建筑层数和地震烈度的不同，在外墙四角、错层部位横墙与外墙交接处、较大洞口两侧、大房间内外墙交接处以及某些较长墙体中部均应设置构造柱。这是因为这些部位受力较复杂，地震时容易破坏。此外楼、电梯间四角也常设置，以保证它们作为地震时的安全疏散通道。

构造柱必须与圈梁及墙体紧密相连。构造柱与墙体的连接处宜砌成马牙槎，构造柱可不单独设置基础，但应伸入室外地面下500 mm，或锚入距室外地面小于500 mm的基础圈梁内。当遇有管沟时，应伸到管沟下，上端锚固于顶层圈梁或女儿墙压顶内，柱内沿墙高每500 mm伸出2Φ6锚拉筋和墙体连接，每边伸入墙内不少于1 m，构造柱的最小截面尺寸为180 mm×240 mm，混凝土强度等级不低于C15，纵向钢筋宜采用4Φ12，箍筋直径不应小于ϕ6，箍筋间距不宜大于200 mm，并在柱的上、下端及钢筋搭接处、在圈梁相交的节点处等适当加密，加密范围在圈梁上下均不应小于1/6层高及450 mm中之较大者，箍筋间距不宜大于100 mm，房屋四大角的构造柱可适当加大截面及配筋。

(4)砌块墙构造

砌块墙是指用预制厂生产的砌块和砂浆砌筑成的墙体，可作工业与民用建筑的承重墙和围护墙，如图4.2.18所示。近年来，我国利用本地区资源及工业废渣制成了很多具有不同特点的砌块。根据砌块所用材料的不同可分为加气混凝土墙、硅酸盐砌块墙、水泥煤渣空心墙等，此外，根据砌块尺寸大小的不同，可分为小型砌块、中型砌块和大型砌块墙体。

1)砌块的材料及其规格和类型

①砌块的材料

生产砌块应结合各地区的实际情况，因地制宜，就地取材。目前各地广泛采用的材料有

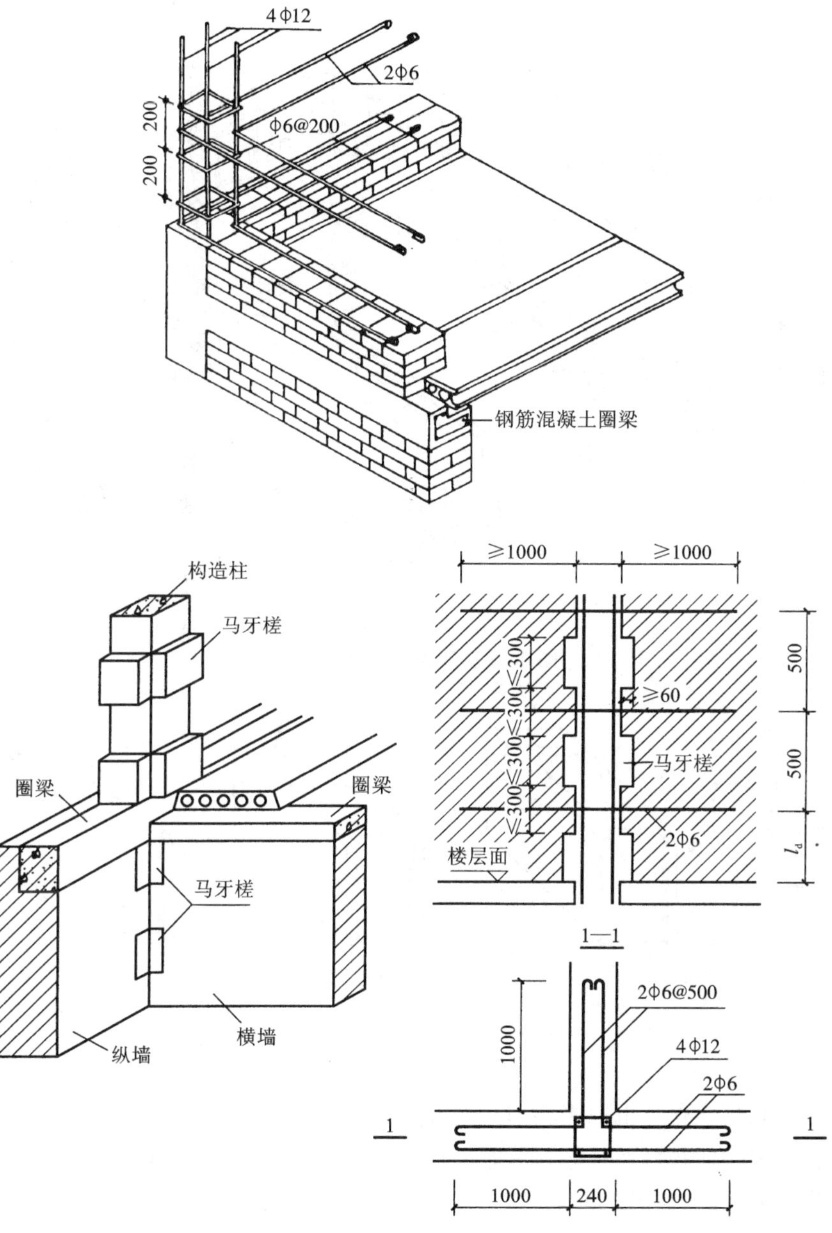

图 4.2.17　构造柱

混凝土、加气混凝土、各种工业废料、粉煤灰、煤矸石、石碴等。

②砌块的规格及其类型

我国各地生产的砌块，其规格、类型极不统一，但从使用情况看，以中、小型砌块和空心砌块居多，如图 4.2.19 所示。

在考虑砌块规格时，首先必须符合《建筑统一模数制》的规定；其次是砌块的型号愈少愈好，且其主要砌块在排列组合中，使用的次数愈多愈好；另外砌块的尺度应考虑到生产工艺条件，施工和起重、吊装的能力以及砌筑时错缝、搭接的可能性；最后，在确定砌块时既要考

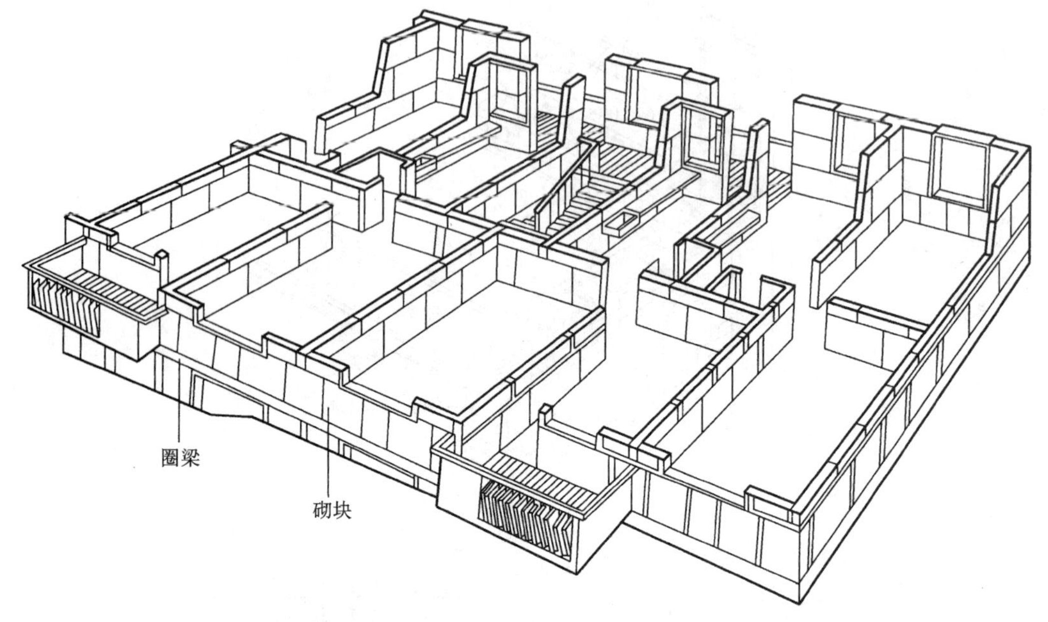

图 4.2.18　砌块建筑示意图

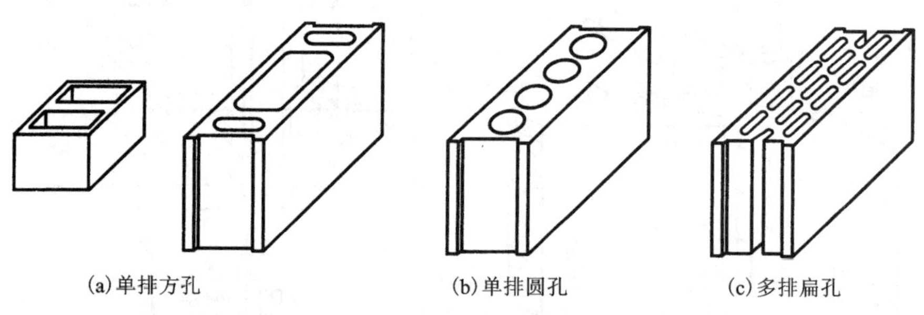

图 4.2.19　空心砌块的形式

虑到砌体的强度和稳定性，也要考虑到墙体的热工性能。

(a)混凝土小型砌块：目前我国各地采用的小型砌块，有实心砌块和空心砌块之分。其外形尺寸多为 390 mm × 190 mm × 190 mm，辅助砌块尺寸为 190 mm × 190 mm × 90 mm 和 190 mm × 190 mm × 190 mm。

(b)中型砌块：当前我国采用的中型砌块也有空心砌块和实心砌块之分。中型砌块各地尺寸均不统一，由各地区使用材料的力学性能和成型工艺确定。

(c)蒸压加气混凝土砌块：是以钙质材料和硅质材料为基本材料，用铝粉作加气剂，经适宜工艺制成的多孔轻质材料。

2)砌块的尺寸、组合与墙体构造(以加气混凝土砌块墙为例)

①加气混凝土砌块墙的尺寸

加气混凝土砌块墙厚应根据建筑结构、防火、热工和节能等要求确定，砌块外墙、楼梯间墙和分户内墙的厚度不应小于 200 mm，其他砌块内墙厚度不应小于 100 mm，窗间墙宽度不宜小于 600 mm。

②加气混凝土砌块墙的构造

(a)砌筑缝

砌块墙的接缝有水平缝和垂直缝，缝的形式一般有平缝、凹槽缝和高低缝等。平缝制作方便，多用于水平缝；凹槽缝和高低缝可使砌块连接牢固，增强墙的整体性，而且凹槽缝灌浆方便，因此多用于垂直缝。

(b)砌块的排列组合与砌块墙的拉结

砌块的组合是件复杂而重要的工作，为使砌块墙合理组合并搭接牢固，必须根据建筑的初步设计，作砌块的试排工作。即按建筑物的平面尺寸、层高，对墙体进行合理的分块和搭接，以便正确选定砌块的规格、尺寸。在设计时，必须考虑使砌块整齐划一，有规律性，不仅要满足上下皮排列整齐，考虑到大面积墙面的错缝、搭接，避免通缝，而且还要考虑内、外墙的交接、咬砌，使其排列有致。此外，应尽量多使用主要砌块，并使其占砌块总数的 70% 以上，采用空心砌块时，上下皮砌块应孔对孔、肋对肋，使上下皮砌块之间有足够的接触面，以保证具有足够的受压面积。

加气混凝土砌块一般不宜与其他块材混砌。墙体砌筑时，墙底部应先砌实心砖(如灰砂砖，页岩砖)或先浇筑 C20 混凝土坎台，其高度≥200 mm，宽度同墙厚。加气混凝土砌块切锯、开槽、设置预埋件等均应使用专用工具，不得用斧子、瓦刀任意砍劈、剔凿。为便于配料和减少施工中现场切锯工作量，要求砌块施工前应进行排块设计。加气混凝土填充墙砌体的拉结钢筋，预埋位置应与块体皮数相符合以准确置于灰缝中，竖向位置偏差不应超过一皮高度。当垂直灰缝大于 30 mm，须用 C20 细石混凝土灌实。

(c)砌块墙体在室内地坪以下，室外明沟或散水以上的砌体内，应设置水平防潮层。一般采用防水砂浆或配筋混凝土。同时，应以水泥砂浆作勒脚抹面。

(d)过梁与圈梁

过梁是砌块墙的重要构件，它既起连系梁和承受门窗洞孔上部荷载的作用，同时又是一种调节砌块。当层高与砌块高出现差异时，过梁高度的变化可起调节作用，从而使得砌块的通用性更大。

为加强砌块建筑的整体性，多层砌块建筑应设置圈梁。当圈梁与过梁位置接近时，往往圈梁、过梁一并考虑。现浇圈梁整体性强，对加固墙身较为有利，但施工支模较繁琐。

(e)设构造柱

为加强砌块建筑的整体刚度，常于外墙转角和必要的内、外墙交接处设置构造柱。构造柱多利用空心砌块将其上下孔洞对齐，于孔中配置Φ12 钢筋分层插入，并用 C20 细石混凝土分层填实，如图 4.2.20 所示。构造柱与圈梁、基础须有较好的连结，这对抗震加固也十分有利。

(5)隔墙构造

隔墙是分隔建筑物内部空间的非承重内墙，其自重由楼板或梁来承担，所以隔墙应尽量满足轻、薄、隔声、防火、防潮和易于拆卸、安装以及经济方面等要求。常用隔墙有砌筑隔墙、立筋隔墙和板材隔墙三种。

1)砌筑隔墙

砌筑隔墙有砖砌隔墙和砌块隔墙两种。

①砖砌隔墙

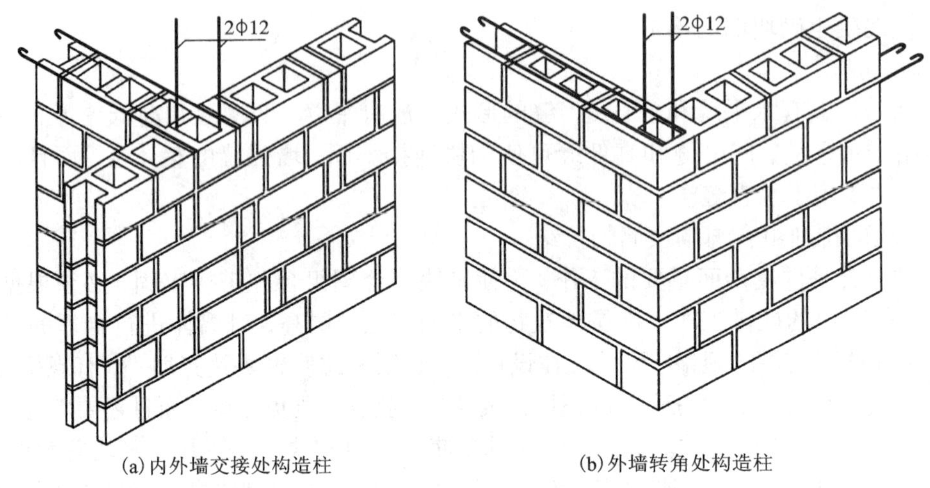

图 4.2.20 砌块墙构造柱

半砖墙用普通黏土砖全顺式砌筑而成，砌筑砂浆强度等级不低于 M5，当墙长超过 6 m 时应设砖壁柱，墙高超过 4 m 时在门过梁处应设通长钢筋混凝土带。为增强隔墙的稳定性，隔墙两端应沿墙高每 500 mm 设 2 Φ6 钢筋与承重墙拉结。为了保证砖隔墙不承重，在砖墙砌到楼板底或梁底时，将砖斜砌一皮，或将空隙塞木楔打紧，然后用砂浆填缝，如图 4.2.21 所示。

1/4 砖墙用普通黏土砖侧砌而成，砌筑砂浆强度等级不低于 M5。因稳定性差，一般用于不设门窗的部位，如厨房、卫生间之间的隔墙，并采取加固措施。

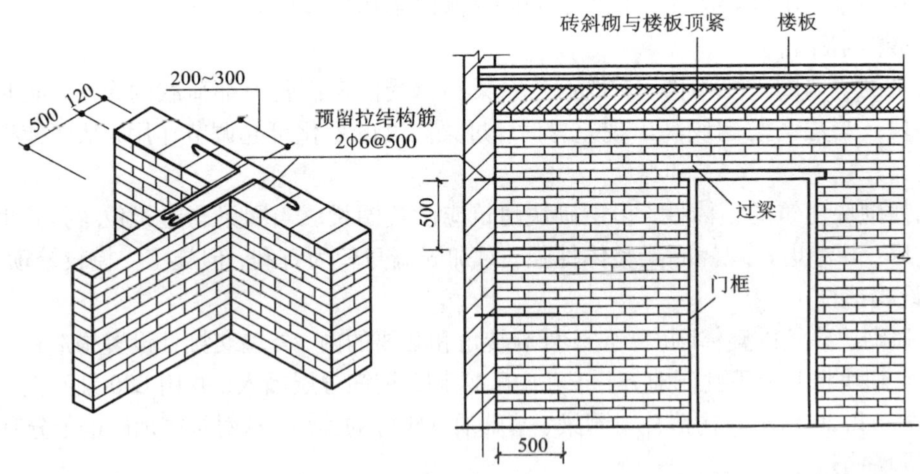

图 4.2.21 半砖隔墙

②砌块隔墙

为减轻隔墙自重，可采用轻质砌块，如加气混凝土块、粉煤灰砌块、空心砌块等。墙厚由砌块尺寸决定，加固措施同半砖墙，且每隔 1200 mm 墙高铺 30 mm 厚砂浆一层，内配 2 Φ4 通长钢筋或钢丝网一层。加气混凝土砌块一般不宜与其他块材混砌。墙体砌筑时，因砌块吸水量大，墙底部应先砌实心砖（如灰砂砖、页岩砖）或先浇筑 C20 混凝土坎台，其高度≥200 mm，宽度同墙厚。

2）立筋隔墙

立筋隔墙由骨架和面板两部分组成，骨架又分为木骨架和金属骨架，面板又分为板条抹灰、钢丝网板条抹灰、胶合板、纤维板、石膏板等。

①板条抹灰隔墙

板条抹灰隔墙是由立筋、上槛、下槛、立筋斜撑或横档组成木骨架，其上钉以板条再抹灰而成，如图 4. 2. 22 所示。这种隔墙耗费木材多，施工复杂，易受潮，不宜大量采用。

板条抹灰隔墙木骨架各断面尺寸为 50 mm×70 mm 或 50 mm×100 mm，斜撑或横档中距为 1200～1500 mm。立筋间距为 400 mm 时，板条采用 1200 mm×24 mm×6 mm；立筋间距为 500～600 mm，板条采用 1200 mm×38 mm×9 mm。钉板条时，板条之间要留 7～10 mm 的缝隙，以便抹灰浆能挤到板条缝的背面以咬住板条墙。板条垂直接头每隔 500 mm 要错开一档龙骨，考虑到板条抹灰前后的湿胀干缩，板条接头处要留出 3～5 mm 宽的缝隙，以利伸缩。考虑防潮防水及保证踢脚线的质量，在板条墙的下部砌 3～5 皮砖。隔墙转角交接处钉一层钢丝网，避免产生裂缝。板条墙的两端边框立筋应与砖墙内预埋的木砖钉牢，以保证板条墙的牢固。隔墙内设门窗时，应加大门窗四周的立筋截面或采用撑至上槛的长脚门框。

为提高板条抹灰隔墙的防潮、防火性能，隔墙表面可采用水泥砂浆或其他防潮、耐火材料，并在板条外增钉钢丝网。也可直接将钢丝网钉在立筋上（注意立筋间距应按钢丝网规格排列），然后在钢丝网上抹水泥砂浆等面层，这种隔墙称为钢丝网板条抹灰隔墙。

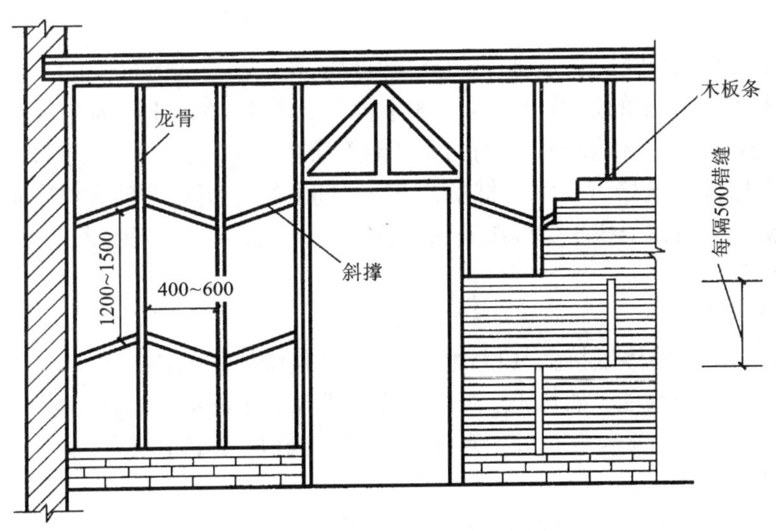

图 4. 2. 22　板条抹灰隔墙构造

②立筋面板隔墙

立筋面板隔墙是在木质骨架或金属骨架上镶钉人造胶合板、纤维板等其他轻质薄板的一种隔墙。木质骨架做法同板条抹灰隔墙，但立筋与斜撑或横档的间距应按面板的规格排列。金属骨架一般采用薄型钢板、铝合金薄板或拉眼钢板网加工而成，并保证板与板的接缝在立筋和横档上，留出5 mm宽的缝隙以利伸缩，用木条或铝压条盖缝。采用金属骨架时，可先钻孔，用螺栓固定，或采用膨胀铆钉将面板固定在立筋上，然后在面板上刮腻子再裱糊墙纸或喷涂油漆等。

立筋面板隔墙为干作业，自重轻，可直接支撑在楼板上，施工方便，灵活多变，应用广泛，但隔声效果较差。

③板材隔墙

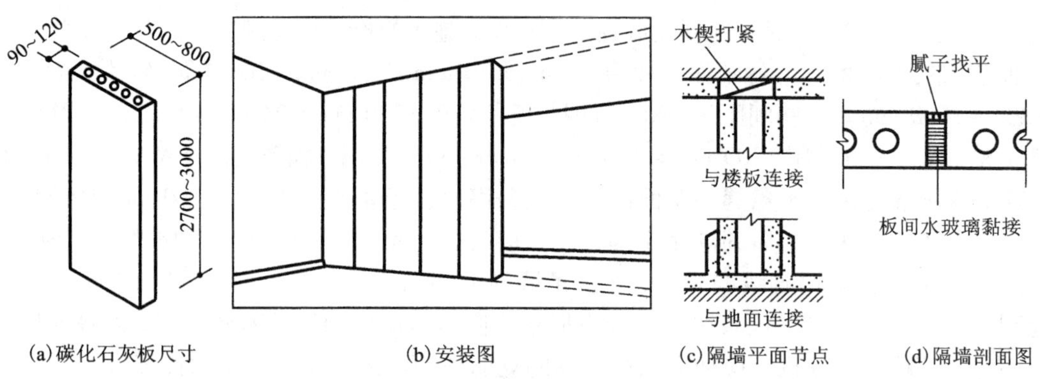

图4.2.23　碳化石灰板隔墙

板材隔墙是一种由条板直接装配而成的隔墙。由工厂生产各种规格的定型条板，高度相当于房间的净高，面积也较大。常见的有加气混凝土板、多孔石膏板、碳化石灰空心板等隔墙。

碳化石灰空心板长、宽、厚分别为2700～3000 mm、500～800 mm、90～120 mm。它是用磨丝生石灰掺入3%～4%的短玻璃纤维，加水搅拌入模振动，进行碳化成型而成。制作简单、造价较低、容重轻、干作业施工，有可加工性(可刨、锯、钉)，有一定的防火、隔音能力。安装时板顶与上层楼板连接可用木楔打紧，条板之间的缝隙用水玻璃黏结剂或107聚合水泥砂浆连接，安装完毕刮腻子找平，再在表面进行装修，如图4.2.23所示。

(6)墙面装修

1)墙面装修的作用

①保护墙体，提高墙体抵抗大气侵蚀的能力，延长墙体的使用年限。

②改善墙体的物理性能，如热工、声学和光学性能，保证室内的使用要求。

③美观作用，使墙面平整、光滑、美观，满足装饰和居住卫生要求。

2)墙面装修的分类

①按装修的位置，可分为室内装修和室外装修两大类。室外装修应采用强度高、耐水性好、抗冻性强、能抵抗自然侵蚀的材料；室内装修材料由室内使用功能决定，装修层应平整、光洁、不易起尘、无毒无害等。

②按装修材料及施工方法，可分为抹灰类、贴面类、涂料类、裱糊类和铺钉类等，如表4.2.3所示。

表 4.2.3　墙面装修分类

类　别	室　外　装　修	室　内　装　修
抹灰类	水泥砂浆、混合砂浆、水刷石、干黏石、斩假石、假砖墙面等	石灰砂浆、混合砂浆、水泥砂浆、防水砂浆、石膏砂浆、石膏珍珠岩保温砂浆、水泥珍珠岩保温砂浆等
贴面类	外墙面砖、陶瓷锦砖、玻璃锦砖、天然石板等	釉面砖、面砖、人造石板、天然石板等
涂料类	石灰浆、油漆、涂料、彩砂涂料、彩色弹涂等	石灰浆、大白浆、油漆、乳胶漆、涂料、弹涂等
裱糊类		PVC 塑料墙纸、纺织物面墙纸、金属面墙纸、天然木纹面墙纸、玻璃纤维装饰墙布、织锦墙面等
铺钉类	各种金属饰面板、玻璃等	木条板、石膏板、纤维板、胶合板、钙塑板等各种装饰面板

3）墙面装修的构造（常用装修构造做法，各地均有标准图集可供选用，如表 4.2.4 所示的构造做法为中南地区建筑标准设计）

①抹灰类墙面装修

为了避免砂浆层的开裂，有时需要加入一些纤维材料；有时为了使其具有某些特殊功能，需要选用特殊骨料或掺合料。抹面砂浆根据其功能的不同，可分为普通抹面砂浆、装饰抹面砂浆及其他特种砂浆。一般抹灰有石灰砂浆、混合砂浆、水泥砂浆等；装饰抹灰有水刷石、干黏石、斩假石等。

这类抹灰均系现场湿作业施工。为保证抹灰牢固、平整、颜色均匀和面层不开裂脱落，施工时须分层操作，且每层不宜抹得太厚，外墙抹灰一般在 20 ~ 25 mm，内墙抹灰在 15 ~ 20 mm。

表 4.2.4　常用墙面装修构造

名　　称	用　料　做　法
石灰砂浆内墙面	· 18 mm 厚 1∶3 石灰砂浆 · 2 mm 厚麻刀（或纸筋）石灰面
水泥砂浆内（外）墙面	· 15 mm 厚 1∶3 水泥砂浆 · 5（8） mm 厚 1∶2 水泥砂浆
面砖内（外）墙面	· 15 mm 厚 1∶3 水泥砂浆 · 刷素水泥浆一遍 · 4 ~ 5 mm 厚 1∶1 水泥砂浆加水重 20% 建筑胶镶贴 · 8 ~ 10 mm 厚面砖，1∶1 水泥砂浆勾缝或水泥浆擦缝
花岗石内（外）墙面（灌浆法）	· 30 mm 厚 1∶2.5 水泥砂浆，分层灌浆 · 20 ~ 30 mm 厚花岗石板（背面用双股 16 号铜丝绑扎与墙面固定），水泥浆擦缝
干挂石材外墙面	· 外墙表面清洗干净，用 15 mm 厚 1∶3 水泥砂浆找平 · 刷 1.5 mm 厚聚合物水泥防水涂料 · 按石材板高度安装配套不锈钢挂件 · 30 mm 厚石材板，用环氧树脂胶固定梢钉；石材接缝宽 5 ~ 8 mm，用硅酮密封胶填缝

续表 4.2.4

名　　称	用　料　做　法
白水泥浆	· 清理基层 · 局部刮腻子，砂纸磨平 · 白水泥浆二遍（重量配合比为白水泥 100∶建筑胶 20）
裱糊壁纸	· 清理基层，打磨平整 · 刮腻子，砂纸磨平 · 建筑胶水溶液一遍（重量配合比为建筑胶 10∶水 5 ~ 10） · 建筑胶裱糊壁纸

普通标准的装修，抹灰由底层和面层组成。采用分层构造可使裂缝减少，表面平整光滑。底层厚 10 ~ 15 mm，主要起粘接和初步找平作用，施工上称刮糙；中层厚 5 ~ 12 mm，主要起进一步找平作用；面层抹灰又称罩面，厚 3 ~ 5 mm，主要作用是使表面平整、光洁、美观，以取得良好的装饰效果。一般民用建筑中，常用抹灰做法，各地均有标准图集可供选用。

在内墙抹灰中，对门厅、走廊、楼梯间、厨房、卫生间等处因常受到碰撞、摩擦、潮湿的影响而变质，常对这些部位采取适当保护措施，称为墙裙或台度，墙裙高度一般为 1.2 ~ 1.8 m。有水泥砂浆饰面、釉面砖、面砖、人造石板、天然石板等。

此外，在外墙抹灰中，由于墙面抹灰面积较大，为防止面层开裂，方便操作和立面设计的需要，常在抹灰面层做分格，称为引条线。引条线的做法是在底灰上埋设梯形、三角形或半圆形的木引条，面层抹灰完成后，即可取出木引条。再用水泥砂浆勾缝，以提高其抗渗能力。

②贴面类墙面装修

贴面类装修指在内外墙面上粘贴各种天然石板、人造石板、陶瓷面砖等。

(a)天然石板贴面有大理石和花岗石。

大理石又称云石，呈层状结构，有显著的结晶或斑纹条纹，色彩鲜艳，花纹丰富多彩，材质密实，是很好的装饰石材。由于大理石是石灰变质岩，在大气中易受水汽、二氧化碳、二氧化硫的侵蚀，易风化和溶蚀，而使经精磨、抛光的表面很快失去光泽，因此，除白色大理石又称汉白玉外，一般大理石面板用于室内较好。

花岩石具有良好的耐酸、耐磨和耐久性，不易风化变质，外观色泽可保持百年以上。经过细磨抛光的石材面板，可用于室内外的墙面、柱面、地面，经过粗加工的石材面板，宜用于室外，如室外勒脚饰面和室外台阶踏步。

(b)人造石板具有天然石材的花纹和质感，重量轻，强度高，厚度薄，耐酸碱，抗污染，易按设计意图制作。

对于一些重型或单块面积较大的装饰面板，例如大理石等，出于安全考虑及施工的方便，无论用在室内外，都应该用金属连接件来固定。根据连接件的形式，这些石板需要在侧边或是靠近墙体有内侧开孔或开槽以使连接件能够插入，如图 4.2.24(a)所示；近年来还有在工厂里机械化生产直接在石板中打入带螺口的锚栓，再运到工地安装，称为背栓法，如图 4.2.24(b)所示。连接石板的连接件应具有调节的功能，以方便调整板面的平整度和板缝的宽度。对于外墙面特别是高大建筑物外墙面上的装饰石材，连接件应具有适应风压以及因热胀冷缩产生的应力所引起的变形的能力。可以根据具体情况，在装饰石材与基层墙体之间的空隙中填入具有隔声、防水、保温等功能的材料，也可灌入水泥砂浆使基层与面层之间牢固黏结。但实际中也有很多是要保持基层与面层之间的独立性的，俗称"干挂"，这样有助于面层的维修更换。

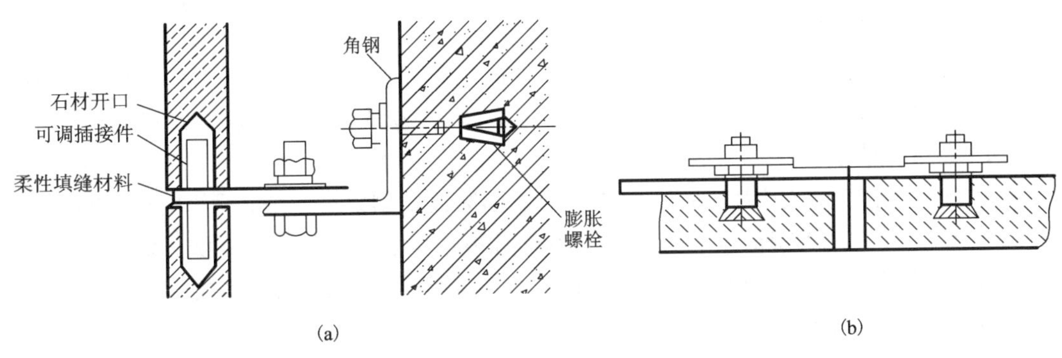

图 4.2.24　石材挂装连接构造

(c)陶瓷面砖种类很多，最常用的有釉面砖、墙面砖、陶瓷锦砖等。

釉面砖又称瓷砖，主要用于建筑物内墙饰面，又称为内墙面砖，是一种表面挂釉的薄板状的精陶制品。瓷砖色彩稳定，表面光洁美观，易于清洗，多用于厨房、卫生间、浴室等处墙裙、墙面和池槽面层。安装时采用 15 mm 厚 1∶3 水泥砂浆打底并划出纹道，以 3 ~4 mm 厚水泥胶粘贴，用白水泥浆擦缝。瓷砖粘贴前应在水中浸泡，以免过多地吸收水泥浆中的水分，造成粘贴不牢而脱落。

铺贴墙面砖时，用 15 mm 厚 1∶3 水泥砂浆打底并划出纹道，刷素水泥浆一道，4 ~5 mm 厚水泥胶，将面砖贴于墙上，用木锤轻轻敲实使其与底灰粘牢。一般面砖背面有凹凸纹路，更有利于面砖粘贴牢固。此外，贴于外墙面砖常常在面砖之间留出一定缝隙，以利于湿气的排除，并用 1∶1 水泥砂浆勾缝。

(d)陶瓷锦砖(又称为马赛克)是由很多不同色彩、不同形状的小瓷片拼制而成的。生产时将小瓷片拼贴在 300 mm×300 mm 的牛皮纸上，它质地坚硬，色彩柔和典雅，可组合成各种花饰，且具有耐热、耐寒 、耐腐蚀、不龟裂、不退色、表面光滑、雨后自洁、自重轻等优点。玻璃锦砖尺寸为 15 mm×15 mm×3 mm 和 20 mm×20 mm×4 mm，生产时将小玻璃片按设计需要拼贴在 325 mm×325 mm 的牛皮纸上，又称纸皮砖，安装时先用 15 mm 厚 1∶3 水泥砂浆打底并划出纹道，用 3 ~4 mm 厚水泥胶满刮在玻璃锦砖背面，然后将整张纸皮砖粘贴在基层上，用木板轻轻挤压，使其粘牢，然后洒水润湿牛皮纸，轻轻揭掉，将个别不正的玻璃锦砖修正贴牢，再用水泥浆擦缝即可。玻璃锦砖的使用质量和效果均优于陶瓷锦砖，是目前外墙装修中较为理想的材料之一，被广泛采用。

③涂料类墙面装修

涂料系指涂敷于物体表面后，能与基层有很好黏结，并形成完整而牢固的保护膜的物质，对被涂物体有保护、装饰作用。

建筑涂料的品种繁多，应根据建筑物的使用功能、所处部位、构件材料、地理环境、施工条件等，选择装饰效果好、黏结力强、耐久性好、对人气无污染和造价较低的涂料。如外墙涂料要求具有足够的耐久性、耐候性、耐污染性和耐冻融性；而内墙涂料除对颜色、平整度、丰满度等有一定要求外，还应具有一定的硬度，能耐干擦又能湿擦；另外建筑构件的材料不同，对涂料也有具体要求。如用于水泥砂浆和混凝土等基层的涂料，必须具有较好的耐碱性，并能有效地防止基层的碱分析出涂膜表面，引起“返碱”现象而影响装饰效果；对于钢铁等金属构件，则应注意防锈。

④裱糊类墙面装修

裱糊类墙面装修是将各种装饰性的墙纸、墙布、织锦等卷材类的装饰材料裱糊在墙面上的一种装修饰面。墙纸品种很多，目前国内使用最多的是塑料墙纸和玻璃纤维墙布等。

(a)PVC 塑料墙纸

PVC 塑料墙纸是当前国内外最流行的室内墙面装修材料之一。它除了具有色彩艳丽、图案雅致、美观大方等艺术特征外，在使用上还具有不怕水、抗油污、耐擦洗、易清洁等优点，是较理想的室内装饰材料。如以聚氯乙烯塑料或发泡塑料为面层材料，衬底为纸质或布质。

(b)玻璃纤维墙布

玻璃纤维墙布是以玻璃纤维织物为基层，表面涂布树脂，经印花而成的一种装饰卷材。由于纤维织物的布纹感强，经套色后的花纹色彩品种繁多，耐水可擦洗，遇火不燃烧，不产生有毒气体，抗拉力强，坚韧牢固以及价格低廉，故应用较广。其缺点是覆盖力较差，易泛色，特别是当基层颜色深浅不一时，易在裱粘面上显示出来，同时，由于玻璃纤维本身系碱性材料，使用日久即成黄色。

(c)其他墙纸、墙布

纺织物面墙纸系采用各种动(植)物纤维以及人造纤维等纺织物作面料复合于纸基而制成的墙纸。这类墙纸质感细腻，古朴典雅，多用于高档房间装修，缺点是不耐脏，不能擦洗。

无纺贴墙布是采用棉、麻等天然纤维或涤腈等合成纤维，经过无纺成型，上树脂、印花而成的一种新型饰面材料。具有表面挺括、富有弹性、不易折断、色彩鲜艳、图案雅致、不退色、耐磨、耐晒、耐潮、可擦洗、强度高等优点，并具有一定的吸声性能和透气性。

⑤铺钉类墙面装修

铺钉类装修系指采用天然木板或各种人造薄板借助于镶钉胶等固定方式对墙面进行装饰处理。铺钉类墙面由骨架和面板组成，骨架有木骨架和金属骨架，面板有硬木板、胶合板、纤维板石膏板等各种装饰面板和近年来应用日益广泛的金属面板。常见的施工构造方法如下：

(a)木质板墙面

木质板墙面系用各种硬木板、胶合板、纤维板以及各种装饰面板等作的装修。木质面板墙面装修构造美观大方、装饰效果好，且安装方便等优点，但防火、防潮性能欠佳，一般多用作宾馆、大型公共建筑的门厅以及大厅墙面的装修。

(b)金属薄板墙面

金属薄板墙面系指利用薄钢板、不锈钢板、铝板或铝合金板作为墙面装修材料。

由于铝板、铝合金板不仅重量轻，而且可进行防腐、轧花、涂饰、印制等加工处理，制成各种花纹板、波纹板、压型板以及冲孔平板等。作为墙面装修，不但外形美观，而且经久耐用，故在建筑上应用较广。商店、宾馆的入口和门厅以及大型公共建筑的外墙装修也采用较多。

对薄钢板必须经过表面处理后才能使用。

不锈钢板具有良好的耐蚀性、耐候性和耐磨性，它强度高，具有比铝高 3 倍的抗拉能力，同时，它质软富有韧性，便于加工。此外，不锈钢表面呈银白色，高贵华丽。因此，多用作高级宾馆等的门厅内墙、柱表面的装修。

金属薄板墙面装修构造，也是先立墙筋，然后外钉面板。墙筋用膨胀铆钉固定在墙上，间距为600～900 mm。金属板用自攻螺丝或膨胀铆钉固定，也可先用电钻打孔后用木螺丝固定。

(7)节能墙体

1)节能墙体的作用

建筑物耗热量主要由围护结构的传热量构成，其数值约占总耗热量的73%～77%。在传热耗热量中，外墙约占25%，楼梯间隔墙的传热耗热量约占15%，因此改善墙体的传热耗热量将明显提高建筑节能的效果。墙体的节能主要考虑外墙的保温与隔热两方面。

2)外墙保温构造

①外墙保温层构造设计的要求

(a)适应基层的正常变形而不产生裂缝及空鼓；

(b)长期承受自重而不产生有害的变形；

(c)承受风荷载的作用而不产生破坏；

(d)在室外气候的长期反复作用下不产生破坏；

(e)罕遇地震时不从基层上脱落；

(f)防火性能符合国家有关规定；

(g)具有防止水渗透的功能；

(h)各组成部分具有物理－化学稳定性，所有的组成材料彼此相容，并具有防腐性。

②外墙保温的类型及构造做法

工程实践中，外墙保温按使用的材料分，可分为单一材料保温和复合材料保温。而复合材料保温又可根据保温层所在的位置分为：外墙内保温、外墙外保温及外墙夹芯保温三类，如图4.2.25所示。

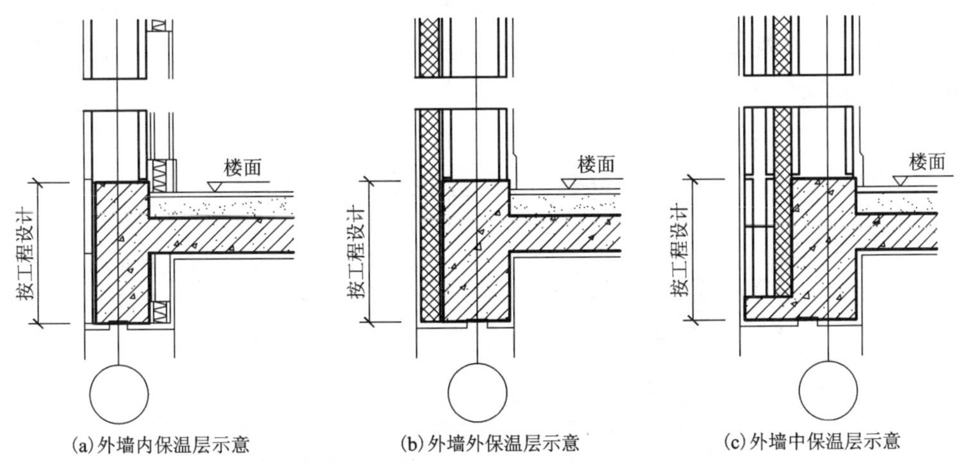

图4.2.25　复合材料保温墙体构造

(a)单一材料保温墙体

单一材料保温墙体是指采用绝热材料、新型墙体材料以及配套专用砂浆为主要材料的墙体，又称为自保温墙体。这种墙体具有较高的保温性能，不需要再做保温层，常用的有蒸压加气混凝土砌块、烧结保温空心砖、节能型空心砌块等。

(b)复合材料保温墙体

复合材料保温墙体由保温材料和墙体材料复合构成。

外墙内保温：外墙内保温是将保温材料做在外墙内侧的一种形式，做法包括粘贴式、挂装式和粉刷式三种。

转贴式做法是在外墙内侧用胶贴剂粘贴增强石膏聚苯板等硬质保温制品，然后在其表面抹粉刷石膏，并在里面压入中碱玻纤涂塑网格布，用腻子嵌平，再在表面刷涂料，如图 4. 2. 26 所示。

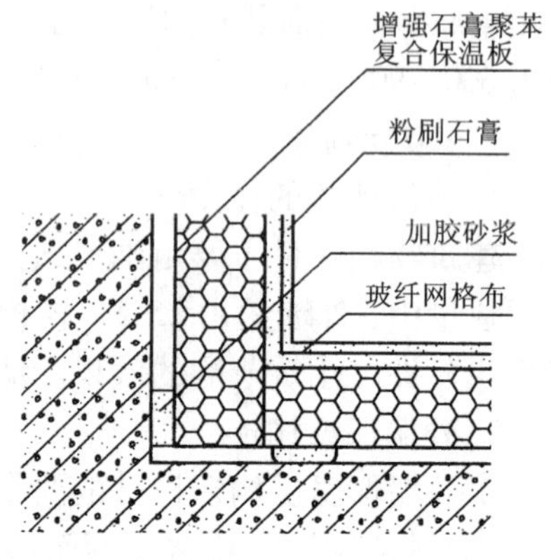

图 4. 2. 26　粘贴式内保温墙体构造

挂装式做法是在外墙内侧固定衬有保温材料的保温龙骨，在龙骨的间隙中填入岩棉等保温材料，然后在龙骨表面安装纸面石膏板。

粉刷式做法是在墙体结构层抹膨胀珍珠岩保温砂浆或聚苯颗粒保温砂浆等。这种做法在施工时要确保质量和保温层厚度，以免影响保温效果。

外墙内保温的做法不影响外墙外饰面及防水等构造的做法，施工简便、保温隔热效果好，综合造价低，但占据较多的室内空间，给用户自主装修会造成一定的麻烦，且在热桥处保温困难，容易出现“结露”现象。这种做法多用于夏热冬冷的地区，不宜用在卫生间、厨房等较潮湿的房间。

外墙外保温：外墙外保温是在建筑外墙的外表面上加设保温层的一种形式，做法包括外贴式、粉刷式和现浇式三种。

外贴式是在外墙外侧用黏结胶浆与辅助机械锚固的方法一起固定保温板材，然后用聚合物砂浆加上耐碱玻纤布做保护层，用柔性耐水腻子嵌平饰面，表面涂刷涂料的一种形式，如图 4. 2. 27 所示。这种做法中用的保温板材最好是自防水及阻燃型的，可以省去做隔汽层及防水层的麻烦，较安全。

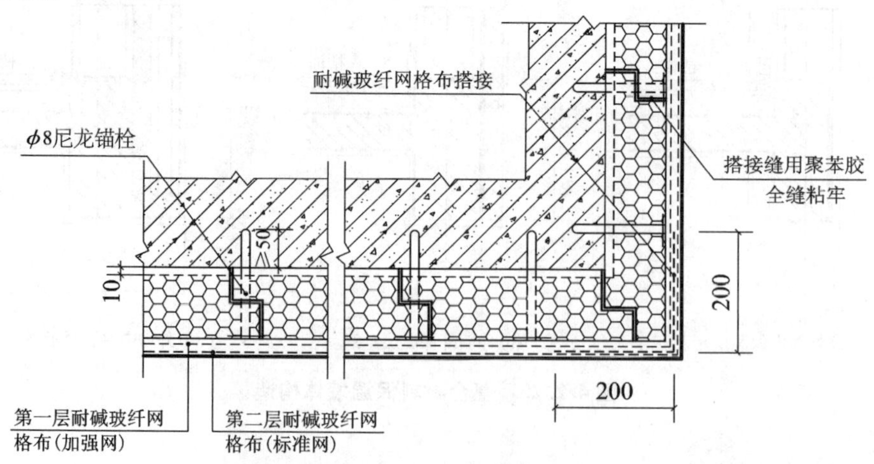

图 4. 2. 27　外挂型外保温墙体构造

粉刷式是在外墙外侧做一道界面砂浆，然后粉刷胶粉聚苯颗粒保温浆料等保温砂浆，再用聚合物砂浆加上耐碱玻纤布做饰面保护层，最后用柔性腻子嵌平，涂刷表面涂料。这种做法施工简单、抗裂性能较好，适用于基层为钢筋混凝土墙、混凝土空心砌块墙、高层建筑等节能改造工程。

现浇式是在浇筑外墙混凝土时，将聚苯板直接放在外模板内侧，并加适当数量的钢筋锚栓与聚苯板连接，使墙体与保温板两者结合。然后在外侧再做一层耐碱玻纤布与聚合物砂浆组成的抗裂保护层。

外墙外保温具有较强的耐候性、防水性和防蒸汽渗透性。同时具有绝热性能优越、避免热桥，减少保温材料内部凝结的可能性，不占用室内空间，便于室内装修等优点。但由于保温材料直接做在室外，需承受的自然因素影响较多，因此对这种外保温做法的构造要求很高，必须对外墙面另加保护层和防水饰面，在我国寒冷地区外保护层厚度要达到 30 ~ 40 mm。

外墙夹芯保温：外墙夹芯保温的做法是将保温材料放置在墙板或砌体墙的夹层中或设置多道墙板，在夹层形成封闭的空气间层的做法，如图 4. 2. 28 所示。这种做法可使保温材料不易受潮，且对保温材料的要求较低。但这种做法的前提条件是要设置多道墙板或者做双层砌体墙。

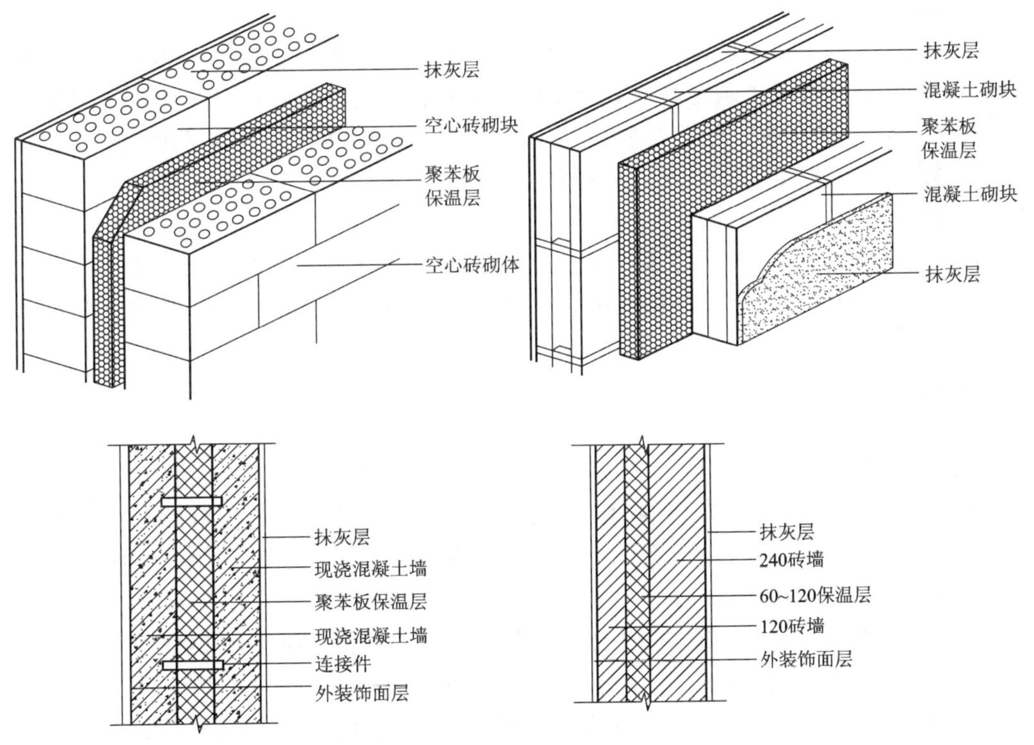

图 4. 2. 28　外墙夹芯保温构造

③外墙隔热构造

(a)浅色饰面外墙面

浅色饰面可以反射太阳的辐射热，以减少维护结构外表面对太阳辐射热的吸收率，从而降低维护结构外表面的温度。

(b)复合隔热外墙面

目前隔热保温新型复合墙体材料的技术使建筑室内受室外温度变化影响小，且有利于保护主体结构，避免热桥产生。这种措施在节能建筑中有许多优点，但要合理选择外围护结构的材料和构造形式。

(c)通风墙

将需要隔热的外墙做成空心夹层墙。利用热压原理，将通风墙的进风口和出风口的距离加大，增加通风效果以降低墙体内表面的温度。通风间层厚度一般为 30 ~ 100 mm。外墙加通风间层后，期内表面最高温度可降低 1 ~ 2℃，而且，日辐射照度越大，通风空气间层的隔热效果越显著。

(d)外墙绿化

外墙绿化又称墙体绿化、立体绿化、垂直绿化。由于城市土地资源有限，为充分利用空间面积，改善城市环境，在建筑物外墙上栽种各种植物或高攀藤本植物，具有美化环境、降低污染、遮阳隔热等多方面的功能。但由于缺乏绿化隔热技术的基础研究，目前建筑绿化多数是作为景观点缀，尤其是外墙绿化，仍在进一步探索之中。目前的外墙绿化的种植方式有骨架加花盆、模块化墙体绿化、铺贴式墙体绿化等。

2. 门和窗

门和窗是房屋的重要组成部分，它们均是房屋的维护构件。在设计门窗时，必须根据建筑的使用要求和有关规范来确定其形式、尺寸大小及洞口位置等，满足造型美观，构造坚固、耐久，开启灵活，关闭严密，便于维修和清洁等要求。其中规格类型应尽量统一，并符合现行《建筑模数统一协调标准》，以降低成本和适应建筑工业化生产的需要。

(1)门窗的作用

门主要起着分隔房间、交通联系、安全疏散并兼采光与通风的作用，而窗的作用主要是采光、通风、眺望和递物。在不同情况下，门和窗还有其他如分隔、保温、隔声、隔火、防水、防风沙等要求。

(2)门窗的类型与尺度

1)门的类型

门按开启方式通常有：平开门、弹簧门、推拉门、折叠门、转门等，如图 4. 2. 29 所示。

①平开门：平开门是水平开启的门，它的铰链装于门扇的一侧与门框的竖框相连。其门扇有单扇、双扇，向内开和向外开之分。平开门构造简单、开启灵活，是建筑中最常用、使用最广泛的门。

②弹簧门：弹簧门的开启方式为平开，与普通平开门相同，所不同的是用弹簧替代了普通的铰链，是一种可自动关闭的门。

③推拉门：推拉门开启时门扇沿轨道向左右滑行，开启时门扇可隐藏于墙内或悬靠于墙外。根据轨道所设位置，推拉门可分为上挂式和下滑式。上挂式就是在门扇的上部装置滑轮，滑轮悬吊在门过梁的预埋铁轨上；下滑式就让在门扇下部安装滑轮，将滑轮置于预埋地面的铁轨之上。推拉门没有设置轨道的一端应设置导向装置，以保证门扇稳定运行。

④折叠门：分为门扇侧挂式折叠门和门扇上下设有滑轮和导向装置的推拉式折叠门。

⑤转门：由固定弧形门套和垂直旋转的门扇构成，绕竖轴旋转，适合于寒冷地区公共建筑的外门。

⑥上翻门：特点是充分利用上部空间，门扇不占用面积，五金及安装要求高。它适用于不经常开关的门，如车库大门。

⑦升降门：特点是开启时门扇沿轨道上升，它不占使用面积，常用于空间较高的民用与工业建筑。

⑧卷帘门：卷帘门是由很多金属页片连接而成的门，开启时，门洞上部的转轴将页片向上卷起。它的特点是开启时不占使用面积，但加工复杂、造价高，常用于不经常开关的商业建筑的大门。

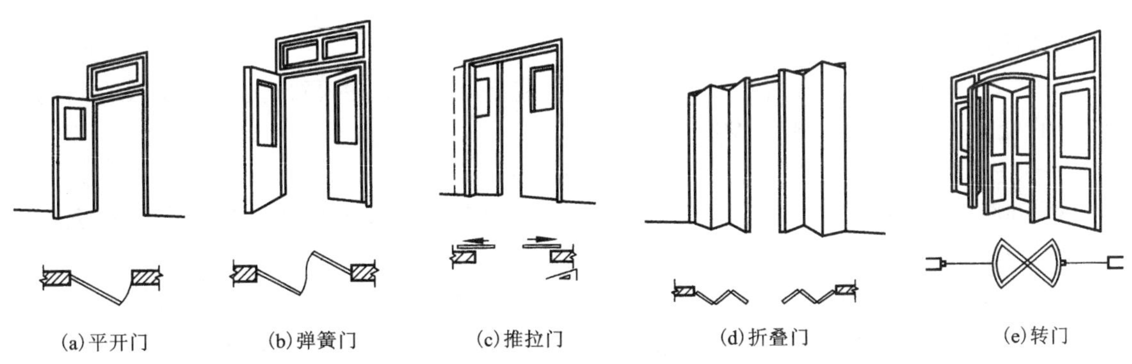

图 4.2.29　门的开启方式

2)门的尺度

门的尺寸通常指门洞的高宽尺寸，门作为交通疏散，其尺度取决于通行能力的要求和安全疏散能力的要求，还有家具设备的搬运及洞口尺寸与建筑物的比例关系等，并符合现行《建筑模数协调统一标准》的规定。

一般民用建筑门的高度不宜小于 2100 mm。若门设有亮子时，亮子高度一般为 300 ~ 600 mm，则门洞高度一般为 2400 ~ 3000 mm。公共建筑大门高度可视需要适当提高。

门的宽度：单扇门为 700 ~ 1000 mm，双扇门 1200 ~ 1800 mm。宽度在 2100 mm 以上时，则多做成三扇、四扇门或双扇带固定扇的门，因为门扇过宽容易产生翘曲变形，也不利于开启。辅助房间门的宽度可窄些，一般为 700 ~ 800 mm，如住宅建筑的厨房和厕所的门。

一般民用建筑的门均已编制成标准图集，设计时可按需要直接选用。

3)窗的类型

窗按开启方式不同，可分为平开窗、推拉窗、悬转窗、固定窗等几种类型。如图 4.2.30 所示。

①平开窗：铰链安装在窗一侧与窗框相连，向外或向内水平开启。有单扇、双扇、多扇及向内开与向外开之分。平开窗构造简单，开启灵活，制作维修均方便。

②推拉窗：窗扇沿导轨或滑槽滑动，分水平推拉和垂直推拉两种。推拉开启时不占室内空间，窗扇受力状态好，适于安装大玻璃，通常用于金属及塑料窗。

③固定窗：无窗扇、不能开启的窗为固定窗。固定窗的玻璃直接嵌固在窗框上，可供采光和眺望之用，不能通风。固定窗构造简单，密闭性好，多与门亮子和开启配合使用。

④悬转窗：根据铰链和转轴位置的不同，可分为上悬窗、中悬窗、下悬窗和立转窗。

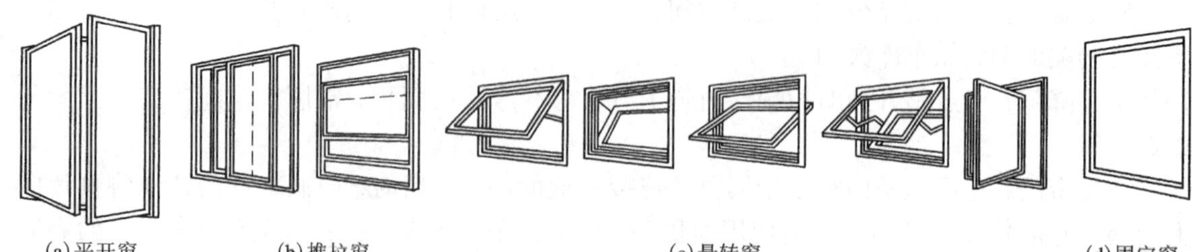

图 4.2.30　窗的开启方式

4)窗的尺度

窗的尺度主要取决于房间的采光通风，建筑造型等要求，并要符合《建筑模数协调统一标准》的规定。窗台高度一般为 900 mm。

一般平开木窗的窗扇高度为 800 ~ 1200 mm，宽度为 400 ~ 500 mm；上下悬窗的窗扇高度为 300 ~ 600 mm；中悬窗窗扇高不宜大于 1200 mm，宽度不宜大于 1000 mm；推拉窗高宽均不宜大于 1500 mm。

各类窗的高度与宽度尺寸通常采用扩大模数 3M 数列作为洞口的标志尺寸，常用的如 600 mm、900 mm、1200 mm、1500 mm、1800 mm 等。一般民用建筑的窗均有通用图可选用。

(3)木门窗的构造

1)平开木门的组成

门一般由门框、门扇、五金零件及其附件组成，如图 4.2.31 所示。

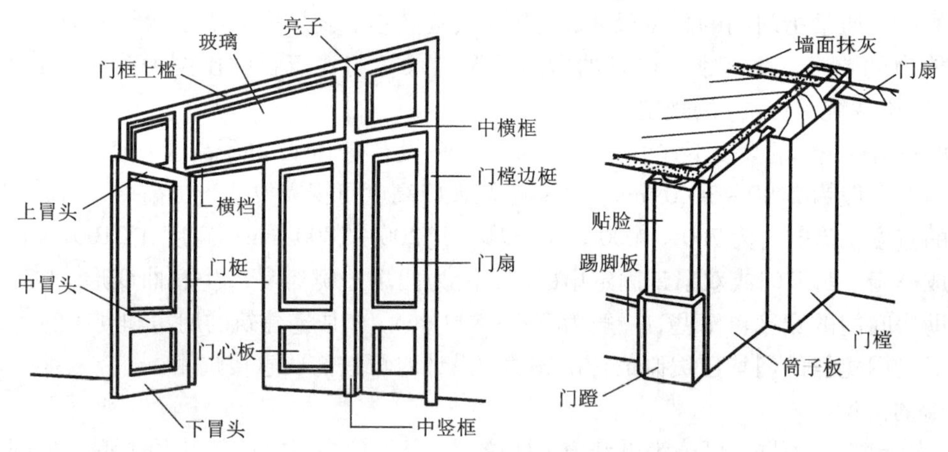

图 4.2.31　平开木门的组成

门框一般由边框、中横框榫接而成。如果门不设门亮子，门框就只由边框榫接而成。门扇按其构造方式不同，有镶板门、夹板门、拼板门等。亮子在门扇的上方，为辅助采光和通风之用，开启方式有平开、固定及上、中、下悬几种。五金零件有铰链、插销、门锁、拉手等。附件有贴脸、筒子板、盖缝条等。

2)平开木门的构造

①门框

门框的断面形式与门的类型、门扇的层数有关，断面尺寸主要考虑接榫牢固与门的类型和木工在制作时刨光损耗。下料尺寸应大于净断面尺寸，一般单刨光 3 mm，双刨光 5 mm 计算。故门框的下料尺寸：安装两层门扇时，厚度 × 宽度为(60 ~ 70) mm × (130 ~ 150) mm，安装一层门扇时为(50 ~70 mm) × (100 ~ 120) mm。

为了便于门扇与门框的密闭，门框上要有铲口，铲口宽度一般比门扇厚度大 2 mm，铲口深一般为 8 ~ 10 mm，如图 4. 2. 32 所示。

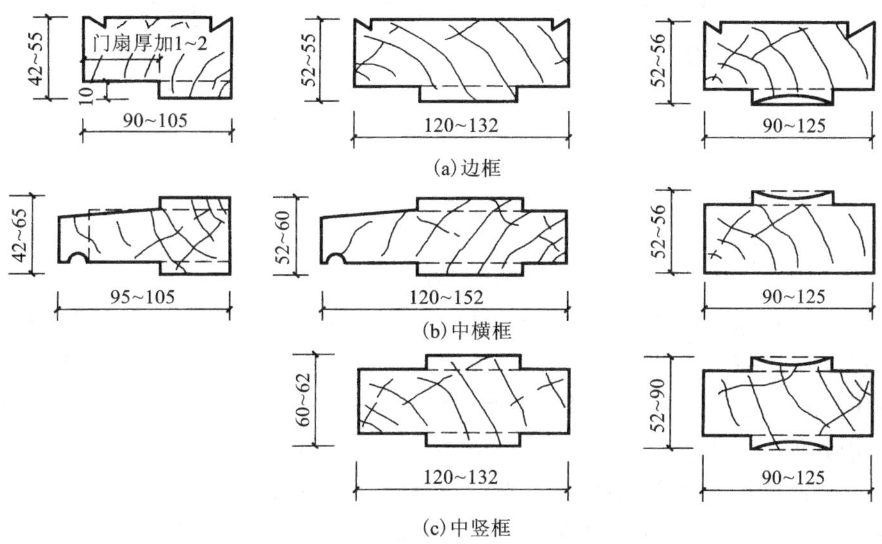

图 4. 2. 32　门框的断面形式及尺寸

门框与墙的连接构造，如图 4. 2. 33 所示。为了有利于门框的嵌固和门框与墙体抹灰层的密闭性，在靠墙的一面常开 1 ~2 道凹槽(裁口)。凹槽的形状可分为矩形或三角形。门框的安装按施工方法分塞口和立口两种。塞口是在墙砌好后再安装门框。立口是用支撑先立门框然后再砌墙。门框与墙的固定，通常在门洞两侧每隔 500 ~600 mm 预埋木砖，用圆钉与门框固定。立口还可将门的上横框各向外伸出 120 mm 砌入墙体中。门框在墙中间与墙的一边平齐，如图 4. 2. 34 所示。

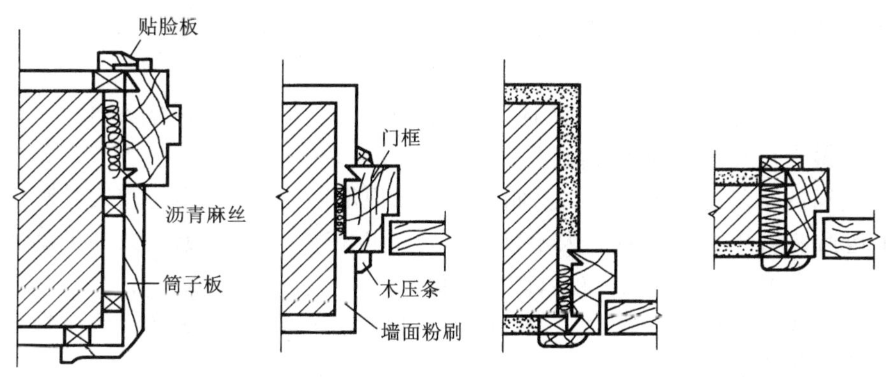

图 4. 2. 33　门框与墙的连接构造

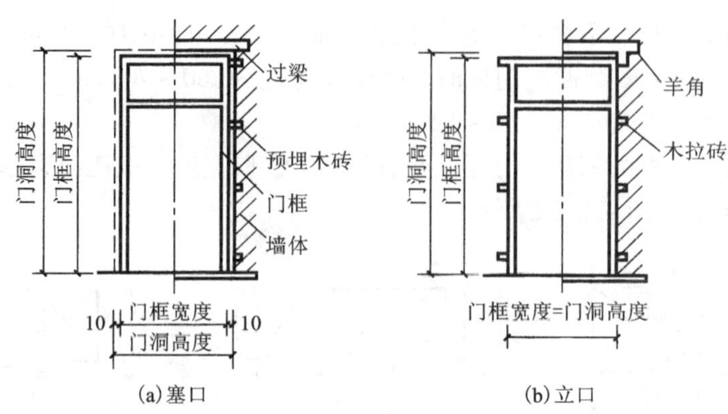

图 4.2.34　门框的安装

②门扇

常用的木门扇有镶板门和夹板门、拼板门等。

镶板门：是一种常用的门，它由边梃、上冒头、中冒头和下冒头构成骨架，然后骨架内镶装门芯板或玻璃而构成门扇的边梃与上、中、冒头的断面尺寸相同，厚度为40～50 mm，宽度为100～200 mm，下冒头宽度般为160～250 mm。门芯板一般采用10～12 mm厚的木板拼成，也可采用其他人工板材，如胶合板、纤维板、塑料板等，如图4.2.35所示。

夹板门：用断面较小的方木做成骨架，两边粘贴面板而成。骨架一般由边框与中间的肋条构成。骨架要求满足一定的刚度和强度，间距要满足一定的规范要求，在门锁处需另加上木方满足其强度要求。门扇面板常用人工板材如胶合板、塑料板和硬质纤维板等，如图4.2.36所示。

③门的五金零件

门的五金零件主要由铰链、插销、门锁、拉手和闭门器等。

(4)金属门窗构造

1)铝合金门窗的构造

铝合金门窗具有重量轻，密闭性、隔声性、隔热性能较好，且耐腐蚀、坚固耐用，开闭轻便灵活，无噪声，安装速度快，造型新颖大方，表面光洁，外形美观，色泽牢固等特点。

2)铝合金门窗的设计要求

①应根据使用和安全要求确定铝合金门窗的风压强度性能、雨水渗透性能、空气渗透性能等综合指标。

②组合门窗设计宜采用定型产品门窗作为组合单元。非定型产品的设计应考虑洞口最大尺寸和开启扇最大尺寸的选择和控制。

③外墙门窗的安装高度应有限制。如广东地区规定，外墙铝合金门窗安装高度小于或等于60 m(不包括玻璃幕墙)、层数不大于20层，若高度在大于60 m或层数多于20层，则应进行更细致的设计。必要时，尚应进行风洞模型试验。

④铝合金门窗框料传热系数大，一般不能单独作为节能门窗的框料，应采取表面喷塑或断热处理技术来提高热阻。

3)铝合金门窗的构造及安装

铝合金门窗是由表面处理过的铝材经下料、打孔、铣槽、攻丝等加工工序，制作成门窗框料，然后与连接件、密封件、门窗五金一起组合而成。

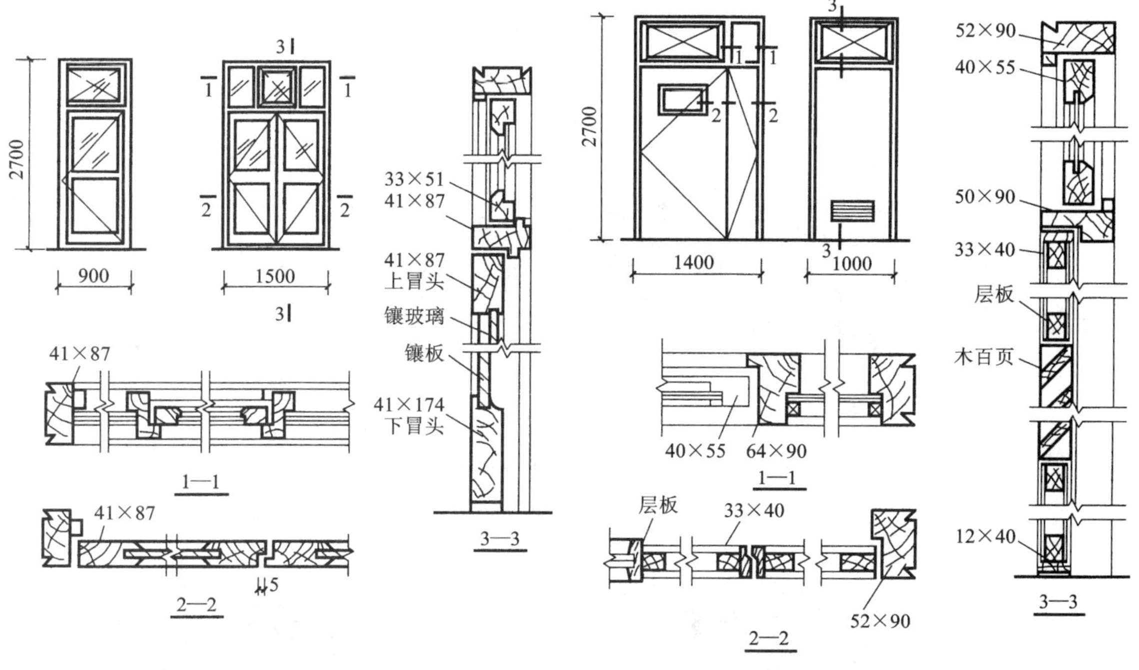

图 4.2.35　镶板门的构造　　　　图 4.2.36　夹板门的构造

①铝合金窗框料系列及窗料断面形状及尺寸

铝合金窗的开启方式有平开窗、推拉窗、固定窗、悬转窗等。其中推拉窗因具有造形美观、采光面积大、开启不占空间等优点而被广泛使用。下面就推拉窗的构造作简单介绍。

铝合金窗框系列名称是以铝合金窗框的厚度构造尺寸来确定的，包括 50 系列、55 系列、60 系列、70 系列、80 系列、90 系列，所谓 50 系列即窗框的厚度尺寸为 50 mm。而推拉窗常用 90 系列、70 系列、60 系列、55 系列等。

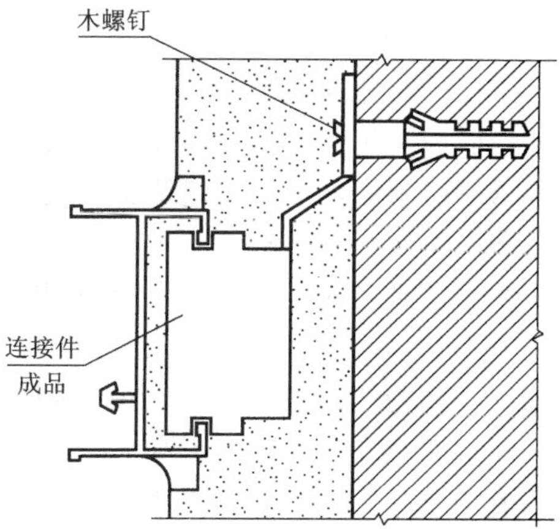

②铝合金窗窗框的安装

铝合金窗安装时，将窗框在抹灰前立于窗洞处，与墙内预埋件对正，然后用木楔将三边固定。校正后用焊接、膨胀螺栓和射钉固定，如图 4.2.37 所示，其固定点不得少于 2 点。窗框安装好后与窗洞口的缝隙，一般采用软质材料堵塞。不得将窗外框直接埋入墙体，防止碱对窗框的腐蚀。

图 4.2.37　铝合金窗与墙的连接

4）塑钢窗的构造

塑钢窗是以硬质聚氯乙烯（简称 UPVC）为原料，挤压成各种中空异型材，内腔衬以型钢加强筋，并焊接成型。塑钢窗具有强度高、耐冲击，耐候性佳，节约能源、隔热性佳，耐腐蚀性强，隔音性佳，具备阻燃性，电绝缘性好热膨胀低，外观精致、保养容易等特点。因此它具有较强的发展前景。塑钢窗的构造与铝合金窗的构造基本相似，如图 4. 2. 38 所示。

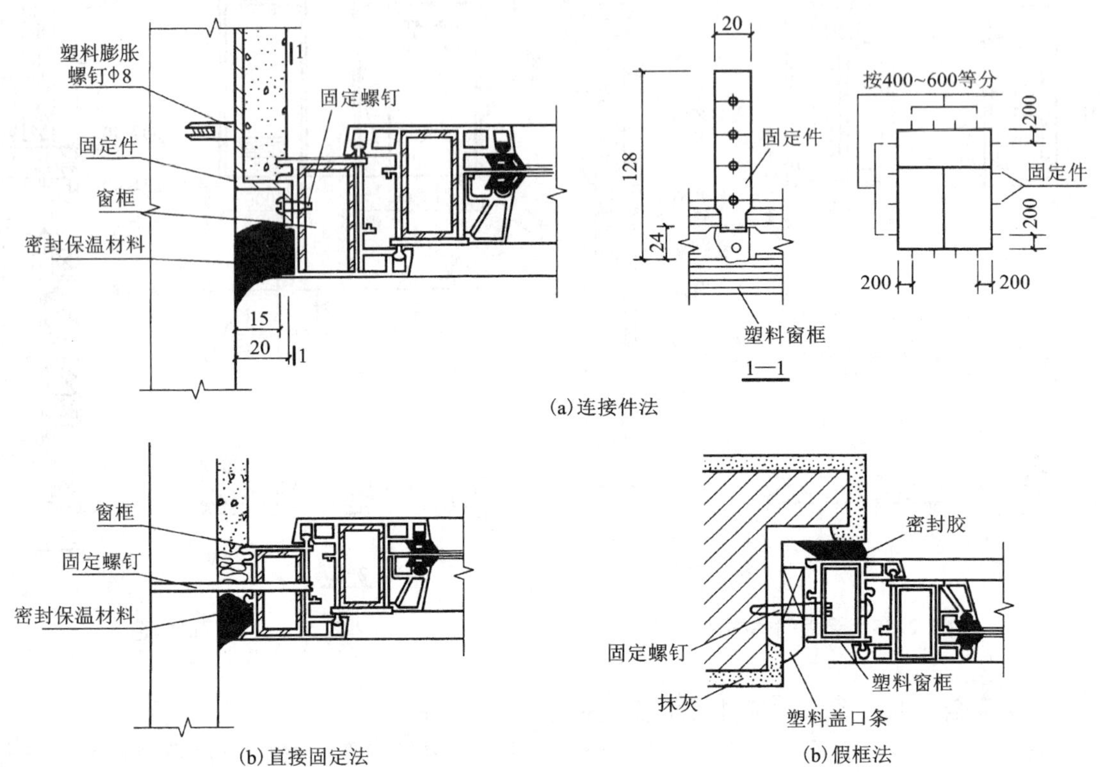

图 4. 2. 38　塑钢窗的构造

(5) 节能门窗构造

由于窗框、窗扇、窗玻璃等热阻太小，还有经缝隙渗透的冷风和窗洞口的附加热损失使建筑外窗成为建筑保温的薄弱环节。我国严寒地区在整个采暖期内通过窗与阳台门的传热和冷风渗透所引起的热损失占建筑总能耗的 48% 以上。所以，门窗节能是建筑节能的重点。

节能门窗常用的方法：

①适当控制各向墙面的开窗面积即窗墙比，可以减少窗的温差传热，是建筑节能一项有效措施。

②提高窗的气密性，减少冷风的渗透。完善的密封措施是保证窗的气密性、水密性以及隔声性能和隔热性能达到一定水平的关键。我国的国家标准《建筑外窗空气渗透性能分级及其检测方法》(GB 7107—2002) 中将窗的气密性能分为五级。

③减少窗的传热耗能。如采用导热系数较小的框料以提高窗框的保温性能；采用双层窗或双层真空玻璃或利用能发射红外线的玻璃或利用贴有反射红外线的合成树脂薄膜的玻璃来减少窗玻璃的传热。

④门一般采用金属门板，中间采用 15 mm 厚玻璃棉或 18 mm 厚岩棉板为保温、隔音材料。若为落地玻璃门则采用同外窗一样的方法作节能处理。

(6)建筑遮阳

①遮阳的作用：遮阳是为了防止直射阳光照入室内，以减少太阳辐射热，避免夏季室内过热、产生眩光以及保护室内物品不受阳光照射而采取的一种建筑措施。

②遮阳的方式：窗帘、百叶窗、窗前绿化、雨篷、外廊等都可以达到一定的遮阳效果。但对一般建筑而言，当室内气温在29℃以上；太阳辐射强度大于240 kcal/m^2·h；阳光照射室内超过1 h；照射深度超过0.5 m时，应采取遮阳措施。本节主要介绍根据专门的遮阳设计在窗前加设遮阳板进行遮阳的措施。

③遮阳板的基本形式

窗户遮阳板按其形状和效果而言，可分为水平遮阳、垂直遮阳、混合遮阳、挡板遮阳四种形式，如图4.2.39所示。

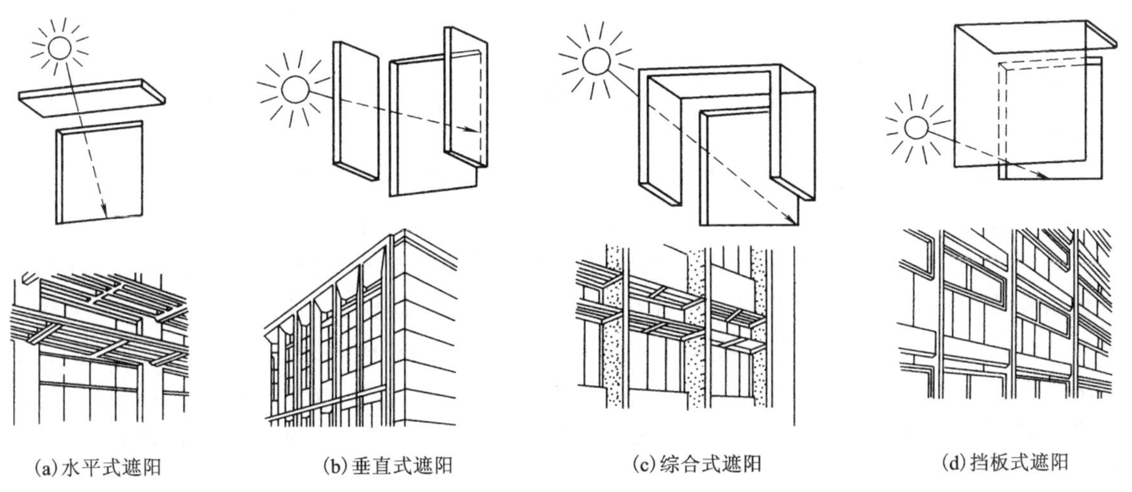

图4.2.39　遮阳板的基本形式

水平遮阳：在窗的上方设置一定宽度的遮阳板，能够遮挡高度角较大的从窗户上方照射下来的阳光，适用于窗口朝南及其附近朝向的窗户。水平式遮阳有实心板、百叶板等多种形式[图4.2.39(a)]。

垂直遮阳：在窗的两侧设置一定宽度的垂直方向的遮阳板，能够遮挡高度角较小的从窗户两侧斜射进来的阳光，适用于窗口朝南及北偏东及偏西朝向的窗户[图4.2.39(b)]。

混合遮阳：是以上两种遮阳板的综合，能够遮挡高度角较大的从窗户上方照射下来的阳光，也能够遮挡高度角较小的从窗户两侧斜射进来的阳光。遮阳效果比较明显，适用于南向、东南向及西南向的窗户[图4.2.39(c)]。

挡板遮阳：在窗户的前方离窗户一定距离设置与窗户平行方向的垂直的遮阳板，能够有效地遮挡高度角较小的从窗户正方照射进来的阳光，适用于窗口朝东、西及其附近朝向的窗户。但此种遮阳板遮挡了视线和风[图4.2.39(d)]，为此，可做成花格式或百叶式或活动式的挡板。

如图4.2.40所示，为可活动的遮阳板示意图。

图 4.2.40　可活动的遮阳板

小　结

本部分完成的任务是墙身剖面构造详图的认知与表达。重点讨论砖墙及砖墙的细部构造和门窗构造。

1. 墙体是建筑构造的重要组成部分，它有承重、围护和分隔作用。门窗是房屋的围护配件，窗的主要作用是日照采光与通风，门的主要作用是出入联系和分隔。

2. 墙体的构造方式的不同可分为实体墙、空体墙和复合墙三种。墙体按受力情况分为承重墙和非承重墙。承重就是指承受自身以外的荷载。承重墙就是承受由梁、板、屋架传来的荷载的墙。非承重墙就是不承受荷载的墙体，如自承重墙和框架墙。隔墙、隔断属于自承重墙；位于梁、柱框架之间的墙，起分隔和围护作用，称框架墙（或填充墙）。这就要求墙体具有足够的强度和稳定性，满足热工、隔声、防火、防水、防潮等方面的要求以及减轻自重、合理选材，逐步达到建筑工业化要求。

3. 砖墙的组砌原则是内外搭接、上下错缝、横平竖直。

4. 墙体细部构造包括墙身防潮层、勒脚、散水、明沟、窗台、门窗过梁、圈梁、构造柱等。墙身防潮层的目的是阻止地基土中的水分因毛细管作用进入墙身，防止墙身受潮；勒脚主要是保护外墙外侧底部免受雨雪浸蚀和各种机械性损伤；散水和明沟是用来排除外墙脚下地表雨水及屋顶排水的；窗台是窗洞下部的泄水构件，防止雨水污染墙面和进入室内；门窗过梁是为承受门窗洞口上部荷载，并将荷载传到洞口两侧的墙体上而设置，过梁的种类有：砖砌平拱过梁、钢筋砖过梁、钢筋混凝土过梁；圈梁又称腰箍，它是沿外墙四周及部分内墙设置的连续封闭的梁，其作用是增强房屋的整体刚度和稳定性，防止由于地基的不均匀沉降或较大振动荷载对房屋的不利影响；构造柱是从墙体的抗震角度考虑而设置的，作为墙体的一部分，它对墙体起约束作用，通过提高墙体的抗剪能力和延性，进而提高整幢房屋的抗侧力性能。

5. 砌块墙在设计时，应做出砌块的排列、并给出砌块排列组合图，施工时按图进料和安装。

6. 隔墙是分隔建筑物内部空间的非承重内墙，类型主要有砌筑隔墙、立筋隔墙和板材隔墙三种。

7. 墙面装修是保护墙体、改善墙体使用功能、增加建筑物美观的一种有效措施。依部位不同可分为内墙装修和外墙装修；依材料和构造不同，可分为清水墙、抹灰类墙面、贴面类墙面、涂料类墙面、裱糊类墙面、板材类墙面等。

8. 墙体的节能主要考虑外墙的保温与隔热两方面。外墙保温又分单一材料保温和复合材料保温两类。复合材料保温墙体由保温材料和墙体材料复合构成，有外墙外保温、外墙内保温、夹芯保温三种做法。而外墙隔热做法包括浅色饰面外墙、符合隔热外墙面、通风墙、绿化外墙等。

9. 门和窗作为与墙体衔接的构件，门起着交通出入，分隔和联系内外空间，兼具采光、通风的作用。而窗的主要起着是采光、通风及眺望的作用。设计这两个构件时，还应根据情况考虑保温、隔热、隔声、防水、防火、节能、装饰和工业化生产的要求。

12. 门按其开启方式可分为平开门、弹簧门、推拉门、折叠门、转门、上翻门、升降门等；窗按其开启方式可分为平开窗、推拉窗、悬转窗、固定窗等几种类型。

13. 平开木门一般由门框、门扇、五金零件及其附件组成。门窗的安装方法根据施工方式的不同可分为立口法和塞口法。

14. 铝合金门窗和塑钢门窗以其用料省、重量轻、密闭性好、耐腐蚀、坚固耐用、色泽美观、维修费用低等优点已得到广泛应用。产品的型号名称是以门窗框厚度的构造尺寸来区分的。金属门窗安装时宜采用塞口法。

15. 门窗节能措施：增加门框窗料的保温性能；控制窗墙面积比；缩减缝隙；利用空气间层增加窗户热阻；采用密封和密闭措施。

16. 遮阳是为了防止直射阳光照入室内，以减少太阳辐射热，避免夏季室内过热，产生眩光以及保护室内物品不受阳光照射而采取的一种建筑措施。遮阳方式包括窗帘、百叶窗、窗前绿化、雨篷、外廊、窗户遮阳板等。窗户遮阳板按其形状和效果分类，有水平遮阳、垂直遮阳、混合遮阳、挡板遮阳四种形式。

任务3　楼层结构图的认知与表达

任务要求

任务：

1. 根据技能抽查标准要求，识读图1.1.1所示的建筑工程图样，完成下表识读记录表。

表4.3.1　读图记录表

1. 图1.1.1(十二)所示的墙身节点详图表达的楼板层由哪几部分组成？各部分有什么作用？	
2. 结合与楼板有关的相关图样看，楼板层在设计的时候应该考虑哪些基本要求？	
3. 从施工方式看，图1.1.1(二十二)、(二十四)表达的楼板属于哪种类型？	
4. 从受力和传力方式看，图1.1.1(二十二)、(二十四)表达的楼板属于哪种类型？	
5. 从施工图上看，该建筑的楼地面做法如何？	

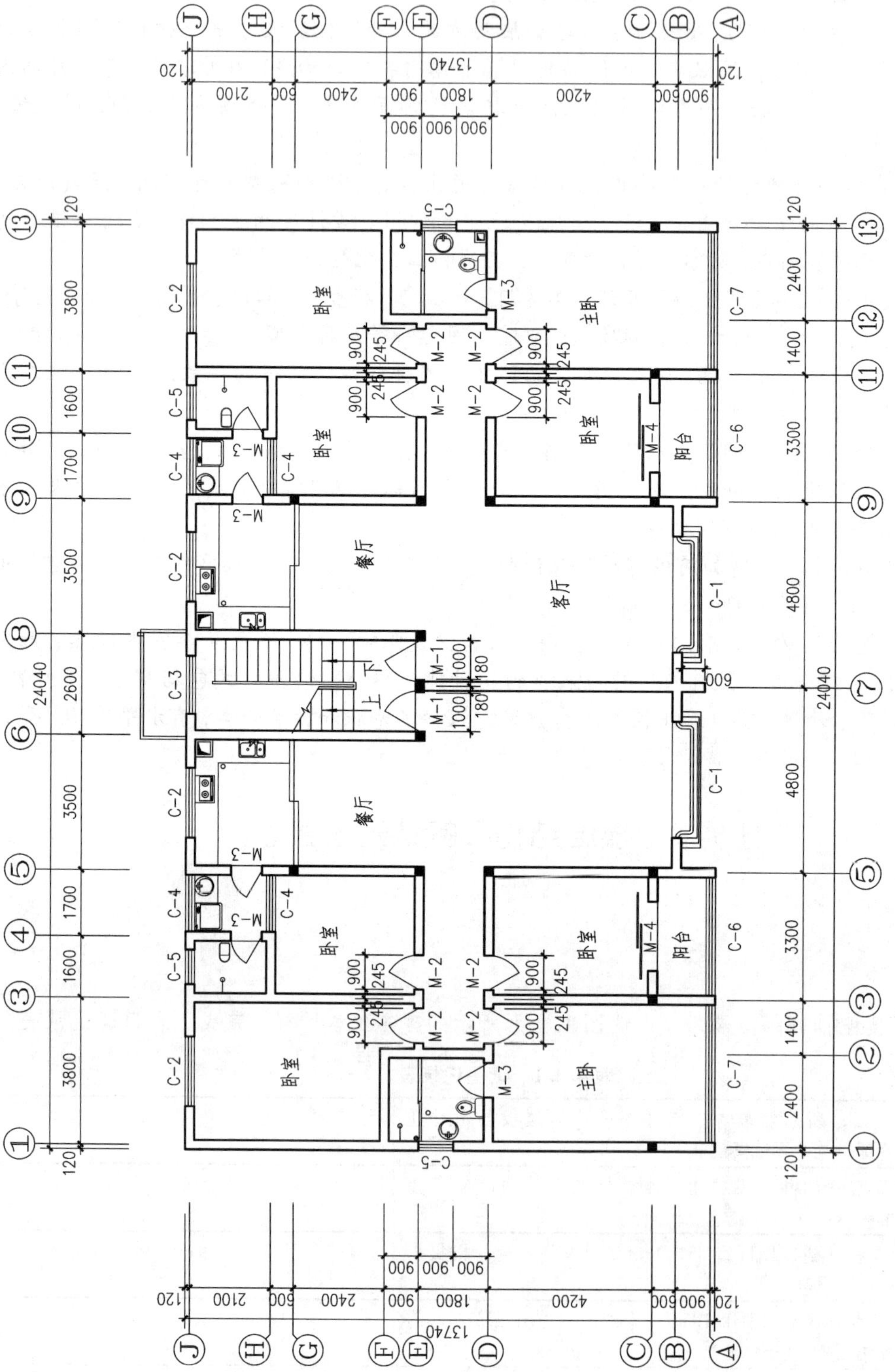

一层平面图 1:100

图4.3.1 某建筑平面布置图

2. 已知某建筑的一层平面图(如图 4.3.1 所示，除雨篷、楼梯外，楼层平面图同一层平面图，图中门窗尺寸的确定请在教师的指导下完成，并列出门窗表)，设计该建筑除楼梯外的二层楼板平面布置图，因不涉及结构计算，故该结构平面图采用传统的布置方法，要求用相应构件代号表示受力柱、构造柱、过梁、支承楼板的梁、现浇板、预制板等，并以 1∶100 的比例绘制在 A3 图纸上，需上墨线。

问题引入

1. 楼板层由哪几部分组成？各部分有什么作用？

2. 楼板层有哪些设计要求？

3. 楼板根据施工方式的不同可以分为哪些类型？按照受力和传力情况分又可分为哪些类型？不同类型的楼板布置要求如何？

4. 常用的预制板有哪几种？在平面布置图中应如何表达？

5. 预制板的搁置有哪些要求？板缝有哪几种形式？

6. 顶棚有哪几种类型？悬吊式由哪几个部分组成？

7. 阳台在结构布置中上有哪几种形式？阳台排水如何处理？

8. 雨篷按照材料和结构形式的不同,可分为哪几种？

实践指导

1. 根据“建施”图中楼层平面图来布置楼层结构平面布置图轴线网，然后合理地确定和布置竖向承重构件和抗侧力构件，这些构件一般包括承重墙体、柱、框架和支撑等。

2. 布置楼盖结构，楼盖结构一般包括梁、板和柱。

(1)预制楼板的表达方法和注意事项

预制楼板一般搁置在墙或梁上，相互平行，可按实际布置画在结构布置平面图上，或者画一根对角的细实线，并在线上写出构件代号和数量(图 4.3.2)，“中南地区通用建筑标准设计图集”中预应力空心板(预制楼板)的代号含义如图 4.3.3、表 4.3.1 所示，如 YKB3362 表示预应力空心板、标志长度 3300、标志宽度 600、荷载等级 2 级。

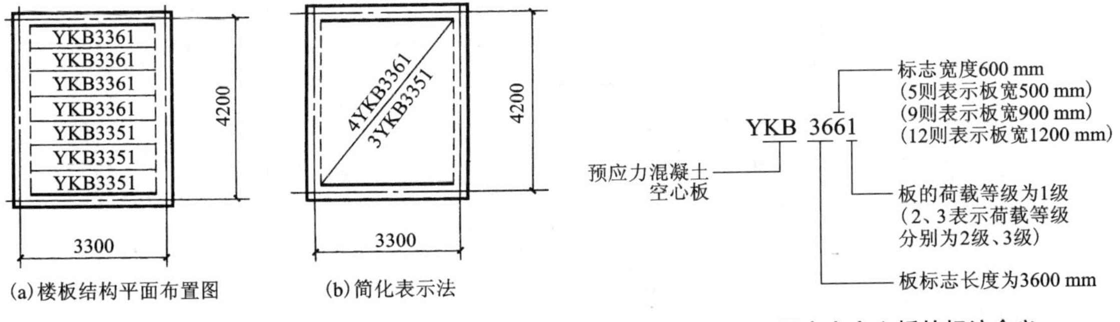

(a)楼板结构平面布置图　(b)简化表示法

图 4.3.2　预制楼板的布置

图 4.3.3　预应力空心板的标注含义

表 4.3.1　预应力混凝土空心板(YKB)构件的几何尺寸

板厚 H	标志宽度 B	标志长度(跨度)L
120	500、600、900	2400、2700、3000、3300、3600、3900
180	600、900、1200	4200、4500、4800、5100、5400

预制板在布置时应注意以下问题：

①预制板的两端必须有支承点，该支承点可以是墙，也可以是梁；

②当建筑有砌体结构时，预制板的侧边不得进墙；

③预制板的板端，不得伸入墙体内的构造柱，当遇到构造柱时，应在构造柱位置拉开设置板缝；

④当有阳台或雨罩需要楼板作为平衡条件时，与阳台(雨罩)相连部分宜局部采用现浇板和阳台(雨罩)连成整体；

⑤在一个楼板区格内，可根据情况部分采用预制板、部分采用现浇板；

⑥当楼板因使用要求需要开洞时，则不宜采用预制板，而宜采用现浇板，如厕所、浴室、厨房等部位；

⑦预制板除有固定长度尺寸外，其承载力也是固定的，故当楼层的使用荷载超过预制板的允许承载力时，则不能采用预制板，而需采用现浇板。

(2)梁的表示方法

在结构布置图中，配置在板下的梁等钢筋混凝土构件轮廓线可用中虚线表示，并应在构件旁侧标注其编号和代号，如QL(圈梁)、GL(过梁)及LL(连系梁)等(表1.1.20)。过梁可直接写在门窗洞口的位置上，为防止墙上线条过多，省略过梁的图例，而只注写代号。“中南地区通用建筑标准设计图集”中过梁的代号含义如图4.3.4、表4.3.2所示，如GL09242表示矩形过梁、过梁净跨900、墙厚240、荷载等级2级。

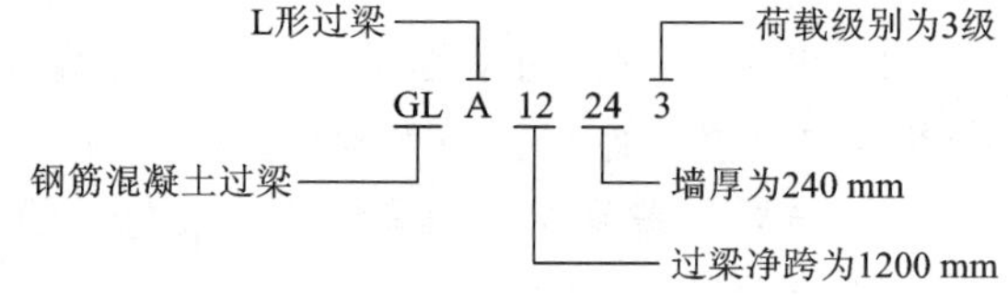

图 4.3.4　过梁的标注含义

表 4.3.2　过梁

断面类型	墙厚/mm	过梁净跨 l_n /mm	均布外荷载效应基本组合值 /(kN·m^{-1})
矩形过梁(GL)	90	700, 800, 900	0
	120	700, 800, 900, 1000, 1200	
	190	700, 800, 900, 1000, 1200, 1500	0, 10. 15, 20
	240 370	700, 800, 900, 1000, 1200	0, 10, 15, 20, 25, 30, 35
		1500, 1800, 2100, 2400	
		2700, 3000, 3300	
L形过梁(A表示翼宽120, B表示翼宽300, C表示翼宽500)	240 370	700,900, 1000, 1200, 1500, 1800, 2100, 2400, 2700, 3000, 3300	0, 10, 15, 20

注：均布外荷载设计值0、10、15、20、25、30、35分别表示荷载级别代号为1、2、3、4、5、6、7级，100 mm、200 mm厚墙体分别按90、190厚的选用，仅将墙厚相应改成100 mm、200 mm。

3. 检查无误后，擦去多余的线条，然后按要求加深、加粗线型或上墨线，完成全图。

知识链接

楼地层

楼地层包括楼板层和地坪层，是房屋的重要组成部分。

1. 楼板层的基本概念

楼板层是建筑物中分隔上下楼层的水平构件，它一方面承受来自楼板层的全部活荷载和自重，并把这些荷载合理、有序地传给墙或柱；另一方面也对墙体起着水平支撑的作用，以减少风力和地震产生的水平力对墙体的影响，加强建筑物的整体刚度。此外，楼板层还应具备一定的隔声、防火、防水、防潮等功能。

(1)楼板层的组成(图 4.3.5)

1)楼板地面层：即楼板层的表面层，直接承受各种物理作用和化学作用，有保护楼板和美化室内作用。

2)楼板结构层：即楼板，它是楼板层水平承重构件。

3)楼板附加层：也称功能层，用以满足楼板层诸如隔声、防水、管线敷设等某些建筑的特殊使用要求。

4)楼板顶棚层：它具有保护楼板、保温隔热、安装灯具、管线敷设和美化室内的功能。

(2)楼板的类型

楼板的类型按所用材料可分为木楼板、砖拱楼板、钢筋混凝土楼板和压型钢衬板组合楼板等。钢筋混凝土楼板具有强度高，刚度好，耐久和耐火性能强，应用最为广泛。压型钢衬板组合楼板(图 4.3.6)是一种以压型钢板为底模上浇混凝土的组合楼板，主要适用于钢结构的大空间、高层建筑及大跨度工业厂房。

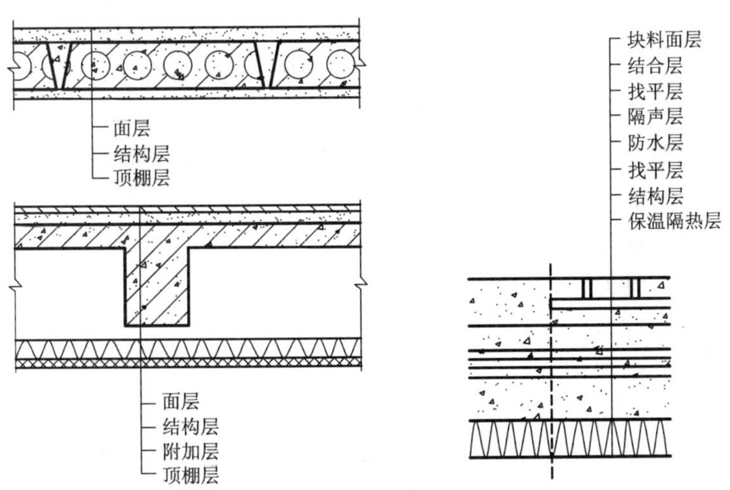

图 4.3.5　楼板层的组成

(3)楼板的设计要求

1)要有足够的强度和刚度。楼板层必须具有足够的强度和刚度才能保证楼板的正常和

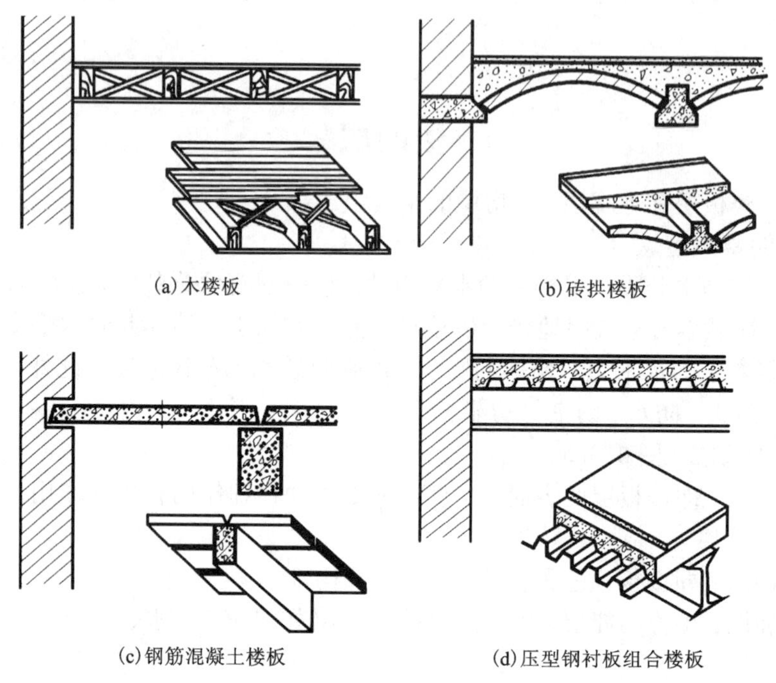

图 4.3.6　楼板的类型

安全使用。足够的强度是指楼板能够承受自重和活荷载(如人群、家具设备等)而不损坏。足够的刚度使楼板在一定的荷载作用下，不发生超过规定的形变挠度，以及人走动和重力作用下不发生显著的振动，否则就会使面层材料以及其他构配件损坏，产生裂缝等。

2)满足隔声要求。为了防止噪声通过楼板传到上下相邻的房间，影响其使用，楼板层应具有一定的隔声能力。不同使用要求的房间对隔声的要求不同，如居住建筑因为量大面广，所以必须考虑经济条件，我国对住宅楼板的隔声标准中规定：一级隔声标准为 65dB，二级隔声标准为 75dB 等。对一些有特殊使用要求的公共建筑使用空间，如医院、广播室、录音室等，则有着更高的隔声要求。

楼板的隔声包括隔绝空气传声和固体传声两方面，后者更为重要。提高楼层隔声能力的措施有以下几种：

①选用空心构件来隔绝空气传声；

②在楼板面铺设弹性面层，如橡胶、地毡等；

③在面层下铺设弹性垫层；

④在楼板下设置悬吊顶棚。

3)满足热工、防火、防水、防潮等要求。在冬季采暖建筑中，假如上下两层温度不同时，应在楼板层构造中设置保温材料，尽可能使采暖方面减少热损失，并应使构件表面的温度与房间的温度相差不超过规定数值。在不采暖的建筑中，像起居室、卧室等房间，从满足人们卫生和舒适出发，楼面铺面材料亦不宜采用蓄热系数过小的材料，如红砖、石块、锦砖、水磨石等，因为这些材料在冬季容易传导人们足部的热量而使人缺乏舒适感。

采暖建筑中楼板等构件搁入外墙部分应具备足够的热阻，或可以设置保温材料提高该部分的隔热性能；否则热量可能通过此处散失，而且易产生凝结水，影响卫生及构件的寿命。

从防火和安全角度考虑，一般楼板层承重构件，应尽量采用耐火与半耐火材料制造。如果局部采用可燃材料时，应作防火特殊处理；木构件除了防火以外，还应注意防腐、防蛀。

潮湿的房间如卫生间、厨房等应要求楼板层有不透水性。除了支承构件采用钢筋混凝土以外，还可以设置有防水性能，易于清洁的各种铺面，如面砖、水磨石等。与防潮要求较高的房间上下相邻时，还应对楼板层作特殊处理。

4）满足合理安排各种设备管线穿过的要求。

5）经济方面的要求。在多层房屋中，楼板层的造价一般占建筑造价的20%～30%，因此，楼板层的设计应力求经济合理。应尽量就地取材和提高装配化的程度，在进行结构布置和确定构造方案时，应与建筑物的质量标准和房间的使用要求相适应，并须结合施工要求，避免不切合实际而造成浪费。

6）满足地面平整、光洁、耐磨、易于清洁等要求。

7）建筑工业化的要求。在多层或高层建筑中，楼板结构占相当大的比重，要求在楼板层设计时，应尽量考虑减轻自重和减少材料的消耗，并为建筑工业化创造条件，以加快建设速度。

2. 钢筋混凝土楼板构造

钢筋混凝土楼板是工业和民用建筑中应用最为广泛的一种楼板。按施工方式可分现浇钢筋混凝土楼板、预制装配式钢筋混凝土楼板和钢筋混凝土叠合楼板等类型。

（1）现浇钢筋混凝土楼板构造

现浇钢筋混凝土楼板是指通过施工现场按支模板、绑扎钢筋和浇灌混凝土等施工程序而成型的楼板。

1）现浇板式楼板

楼板内不设置梁，将板直接搁置在墙上的楼板称为板式楼板。板式楼板有单向板与双向板之分，如图4.3.7所示。当板的长边与短边之比大于2时，板基本上沿短边方向传递荷载，这种板称为单向板，板内受力钢筋沿短边方向设置；双向板长边与短边之比不大于2，荷载沿双向传递，短边方向内力较大，长边方向内力较小，受力主筋平行于短边，并摆在下面，如图4.3.8所示。板式楼板底面平整、美观、施工方便，适用于小跨度房间，如走廊、厕所和厨房等。跨度一般控制在3 m以内，单向板板厚70～100 mm，双向板板厚80～160 mm。对楼板层防水质量要求较高的地方，可将这些部位的现浇板四周做成上翻约180 mm的凹槽形式再砌分隔墙，以防水外溢后造成墙角渗水。

2）现浇梁板式楼板

由板、梁组合而成的楼板称为梁板式楼板（又称为肋形楼板），根据梁的构造情况又可分为单梁式、复梁式和井梁式楼板。

①单梁式楼板：当房间有一个方向的平面尺寸相对较小时，楼板可以只沿短向设梁，梁直接搁置在墙上，这种梁板式楼板属于单梁式楼板。单梁式楼板荷载的传递途径为：板→梁→墙，适用于教学楼、办公楼等建筑，如图4.3.9所示。

②复梁式楼板：当房间两个方向的平面尺寸都较大时，则需要在板下沿两个方向设梁，一般沿房间的短向设置主梁，沿长向设置次梁，这种由板和主、次梁组成的梁板式楼板属于复梁式楼板。复梁式楼板荷载的传递途径为：板→次梁→主梁→墙。其中，主梁的经济跨度

5 ~ 8 m，截面高为跨度的 1/12 ~ 1/8，宽高比为 1/3 ~ 1/2；次梁跨度即为主梁间距，一般为 4 ~ 6 m，次梁截面高为次梁跨度的 1/18 ~ 1/14，宽高比为 1/3 ~ 1/2；当梁支承在墙上时，为避免墙体局部压坏，支承处应有一定的支承面积，一般情况下，主梁、次梁在墙上的支承长度(搭接尺寸)应不小于 240 mm，主梁宜采用 370 mm；板跨度 1. 5 ~ 3 m，板厚不小于 60 mm，荷载大时需要增加板的厚度。这种楼板主要适用于平面尺寸较大的建筑，如教学楼、办公楼、小型商店等，如图 4. 3. 10 所示。

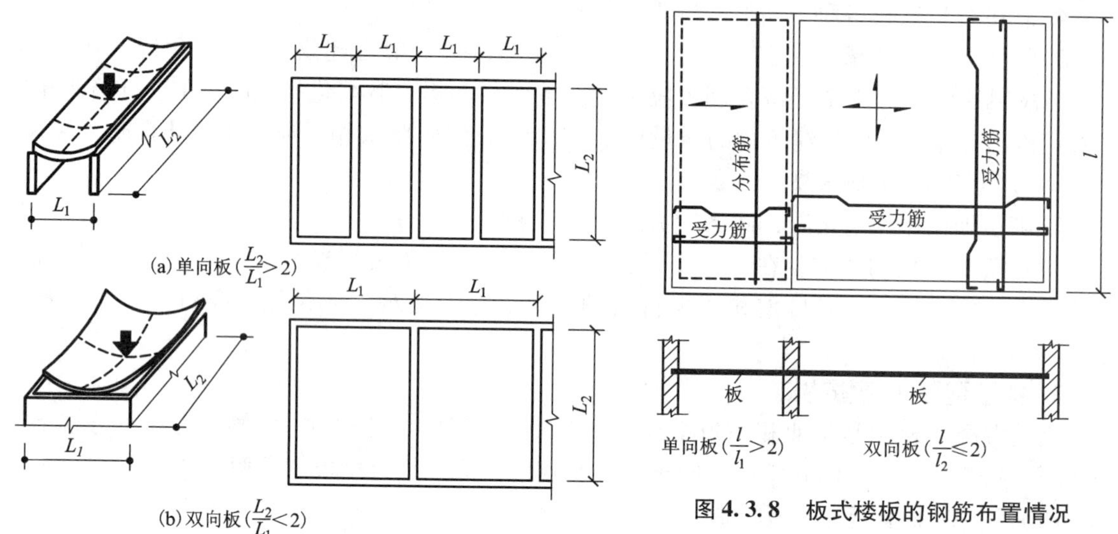

(a) 单向板($\frac{L_2}{L_1}>2$)

(b) 双向板($\frac{L_2}{L_1}<2$)

图 4. 3. 7　楼板的受力、传力方式

图 4. 3. 8　板式楼板的钢筋布置情况

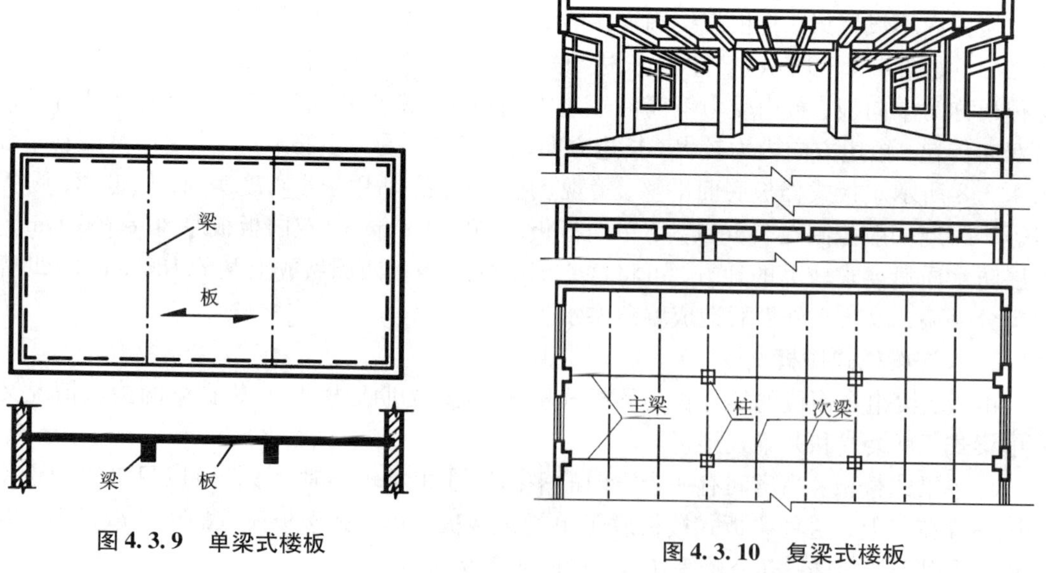

图 4. 3. 9　单梁式楼板

图 4. 3. 10　复梁式楼板

③井梁式楼板：当房间的跨度超过 10 m，并且平面形状近似正方形时，常在板下沿两个方向设置等距离、等截面尺寸的井字形梁，这种楼板称井式楼板。井式楼板是一种特殊的双

梁式楼板，梁无主次之分，通常采用正交正放和正交斜放的布置形式。由于其结构形式整齐，所以具有较强的装饰性，一般多用于公共建筑的门厅和大厅式的房间（如会议室、餐厅、小礼堂、歌舞厅等），如图 4. 3. 11 所示。井式楼板的跨度一般为 6 ~ 10 m，板厚为 70 ~ 80 mm，井格边长一般在 2. 5 m 之内。井式楼板常用于跨度为 10 m 左右、长短边之比小于 1. 5 的公共建筑的门厅、大厅。如果在井格梁下面加以艺术装饰处理，抹上线腰或绘上彩画，则可使顶棚更加美观。

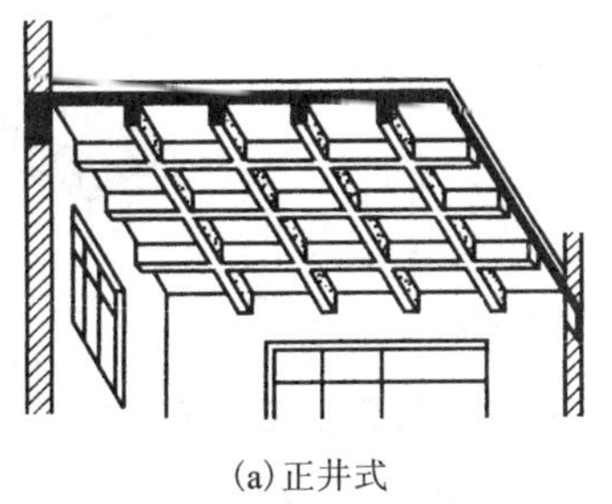

(a) 正井式

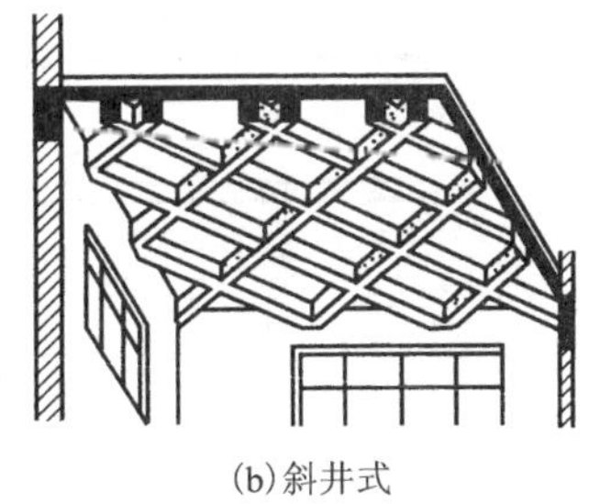

(b) 斜井式

图 4. 3. 11　井格式楼板

3) 无梁楼板

无梁楼板是将板直接支承在柱和墙上，不设梁的楼板。它顶棚平整，室内净空大，采光、通风好，施工时模板的架设也简单，这种楼板适合采用升板法施工。

为了增大柱的支承面积和减小板的跨度，要在柱顶加设柱帽和托板。无梁楼板的柱应尽量按方形网格布置，间距 6 m 左右较为经济。由于板的跨度较大，一般板的厚度不小于 120 mm，无梁楼板多用于楼板上活载较大（5 kN/m^2 以上）的商店、仓库、展览馆等建筑中，如图 4. 3. 12 所示。

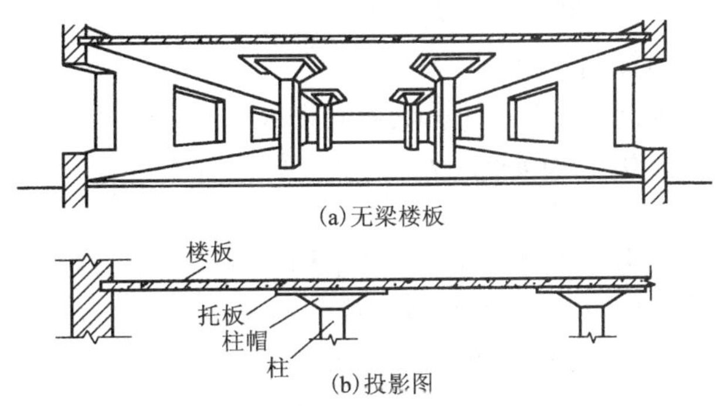

(a) 无梁楼板

(b) 投影图

图 4. 3. 12　无梁楼板

4) 压型钢衬板组合楼板

压型钢衬板组合楼板是一种钢板与混凝土组合的楼板形式。这种楼板利用凹凸相间的压型薄钢板作为一种永久性的模板支承在钢桁架上，上浇细石混凝土以构成整体楼板。有些根据使用功能和楼板受力情况在板内配置钢筋。其特点是压型钢衬板起到了现浇混凝土的永久性模板和受拉钢筋的双重作用，同时又是施工的台板，简化了施工程序，加快了施工进度。它适用于大空间、大跨度建筑的楼板布置。板底可根据需要设置吊顶。压型钢衬板组合楼板主要由楼板饰面层、楼面层、组合钢衬板和钢桁架或钢梁几部分所构成。组合楼板的跨度为 1. 5 ~ 4. 0 m，其经济跨度为 2. 0 ~ 3. 0 m，如图 4. 3. 13 所示。

(2) 预制装配式钢筋混凝土楼板构造

预制装配式钢筋混凝土楼板是将楼板的梁、板等构件在工厂或现场预制，再用机械运输、装配而成。按构件的应力状况，它可分预应力钢筋混凝土楼板和普通钢筋混凝土楼板。

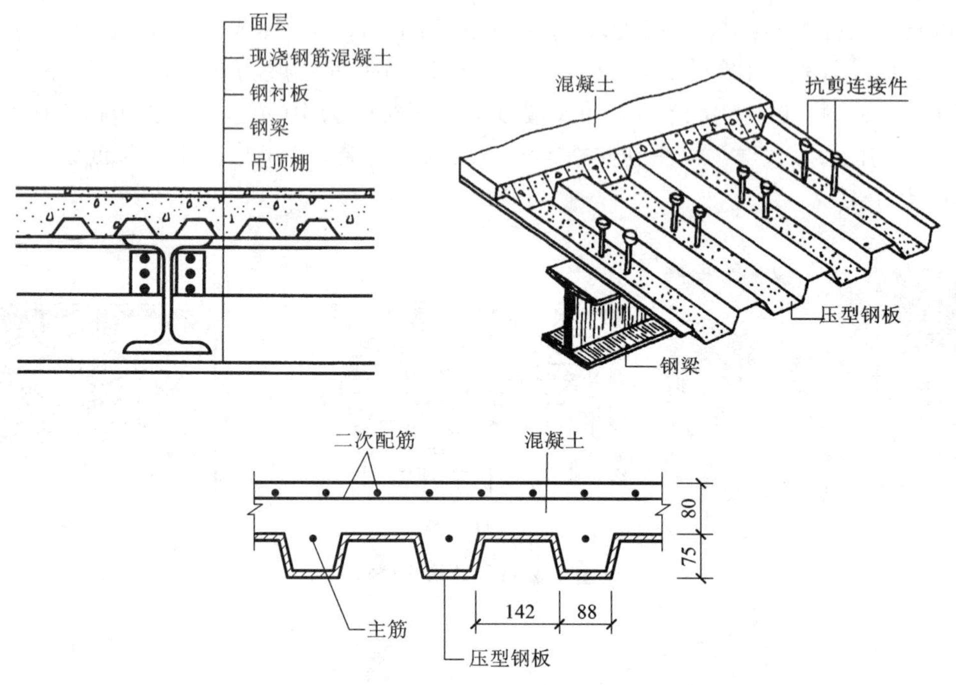

图 4.3.13　压型钢衬板组合楼板

目前普遍采用预应力钢筋混凝土构件，因为它具有节省材料，自重轻的优点。

1) 预制楼板类型及规格

预制楼板类型可分为实心平板、空心板等。预制楼板的基本规格：板宽 600 ~ 1500 mm，板厚 120 ~ 240 mm，板的长度 1800 ~ 7200 mm，且应符合 300 mm 的模数。

①实心平板

中南地区建筑标准设计结构设计图集中，实心平板的代号用“B”表示，B 后面数字的含义同空心板。实心平板宜用于跨度小的部位，如走廊板、阳台板、管沟盖板等处。板的两端支承在墙或梁上，板厚一般为 50 ~ 80 mm，跨度在 2.4 m 以内为宜，板宽为 500 ~ 900 mm，常用的板宽为 500 ~ 600 mm，如图 4.3.14 所示。实心平板上下板面平整，制作简单，安装方便，但自重较大，隔声效果差。

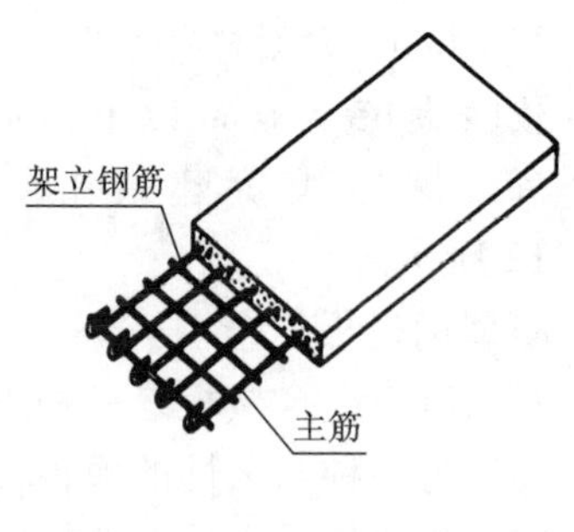

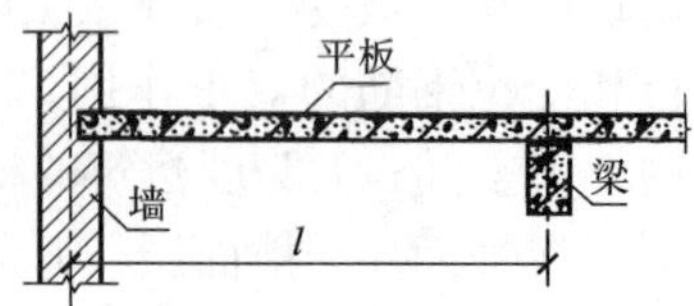

图 4.3.14　实心板平板

②空心板

根据板的受力情况，结合考虑隔声的要求，并使板面上下平整，可将预制板抽孔做成空心板。按孔洞的形状分空心板有矩形、方形、圆形、椭圆形的孔等。按是否施压有预应力和非预应力之分。根据板的宽度，孔数有单孔、双孔、三孔、多孔。目前我国预应力空心板的跨度尺寸可达到 6 m、6.6 m、7.2 m 等。板的厚度为 120 ~ 300 mm(常用 120 ~ 240 mm)。

空心板的优点是用料省、自重轻、隔音隔热性能较好，缺点是板面不能任意打洞。矩形孔较为经济但抽孔困难，圆形孔的板受力合理，刚度较好，以圆孔板的制作最为方便，目前应用最广，如图 4. 3. 15 所示。

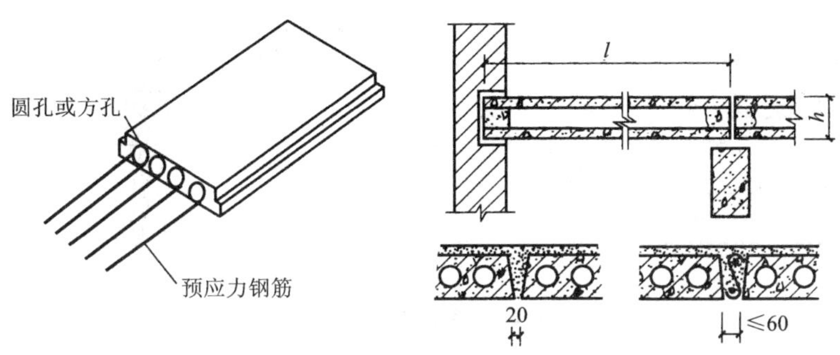

图 4. 3. 15　空心板

2）预制楼板的细部构造

①板的搁置要求

预制楼板的结构承重构造分为墙承重和梁承重。前者一般适合小开间或跨度较小的房间，后者一般适用于开间、跨度较大的房间。当预制楼板搁于梁上时，应根据梁的断面形式确定楼板的长度。梁的断面形式一般为矩形梁、十字梁和花篮梁，如图 4. 3. 16 所示。预制板直接搁置在砖墙上或梁上时，均应有足够的支承长度。当圈梁未设在板的同一标高时，板端伸进墙内的长度不应小于 100 mm，支承于钢筋混凝土梁上时不应小于 80 mm。

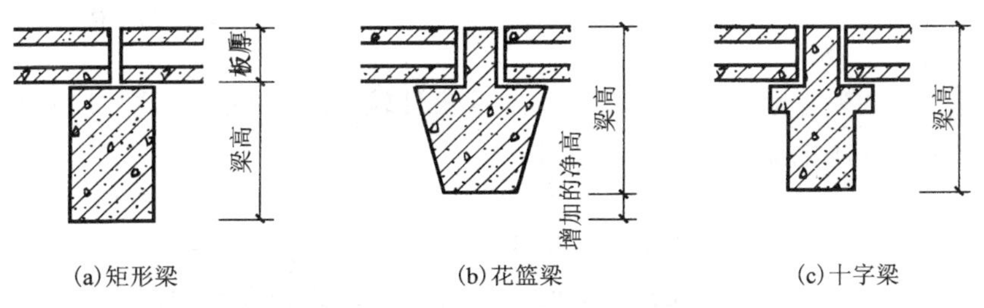

图 4. 3. 16　梁的断面形式

②预制楼板的排板布置原则：一是应尽量减少预制楼板的规格类型，并应优先选用宽板，窄板作调剂用。二是应避免出现三面支承情况，即板的长边不得伸入墙内。因空心楼板是按单向受力状态考虑的，否则在荷载作用下板会发生纵向裂缝，如图 4. 3. 17 所示。

③板缝处理

为了便于板的安装铺设，板与板之间常留有 10 ~ 20 mm 的缝隙。为了加强板的整体性，板缝内须灌入细石混凝土，并要求灌缝密实，避免在板缝处出现裂缝而影响楼板的使用和美观，如图 4. 3. 15 所示。板的侧缝构造一般有三种形式：V 形缝、U 形缝和凹槽缝，如图 4. 3. 18 所示。V 形缝与 U 形缝板缝构造简单，便于灌缝，所以应用较广，凹形缝有利于加强楼板的整体刚度，板缝能起到传递荷载的作用，使相邻板能共同工作，但施工较麻烦。

板的排列受到板宽规格的限制，因此，排板的结果常出现较大的缝隙。根据排板数量和

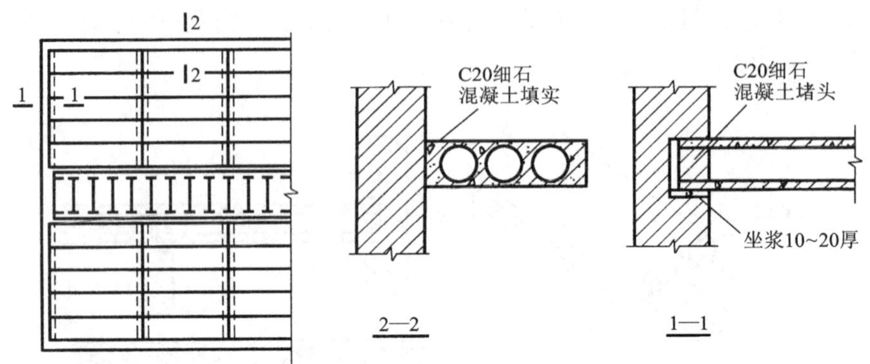

图 4.3.17　空心楼板的搁置方式

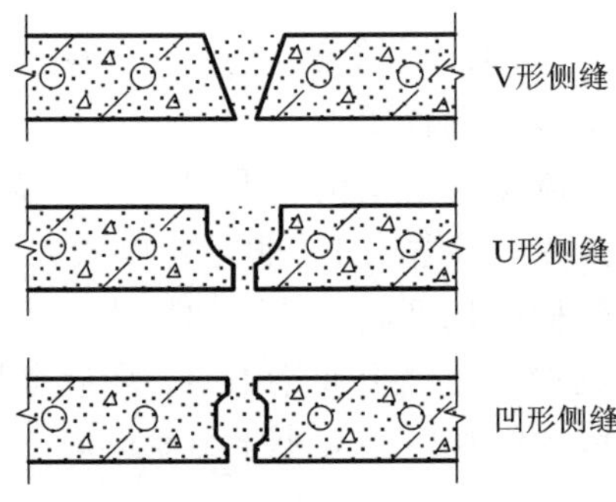

图 4.3.18　板缝形式

缝隙的大小，可考虑采用调整板缝的方式解决。当板缝宽在不大于 40 mm 时，用细石混凝土灌实即可，当板缝宽大于 40 mm 时，常在缝中配置钢筋再灌以细石混凝土，如图 4.3.19(a)、(b)；也可以将板缝调至靠墙处，当缝宽≤120 mm 时，可沿墙挑砖填缝，当缝宽≥120 mm 时，采用钢筋骨架现浇板带处理，如图 4.3.19(d)、(e)；由于抽孔预应力空心板一般不宜凿洞，当遇有上下管道穿越时，应采用现浇板带，如图 4.3.19(c)。

④板的锚固

为增强建筑物的整体刚度，特别是处于地基条件较差地段或地震区，应在板与墙及板端与板端连接处设置锚固钢筋，如图 4.3.20 所示。

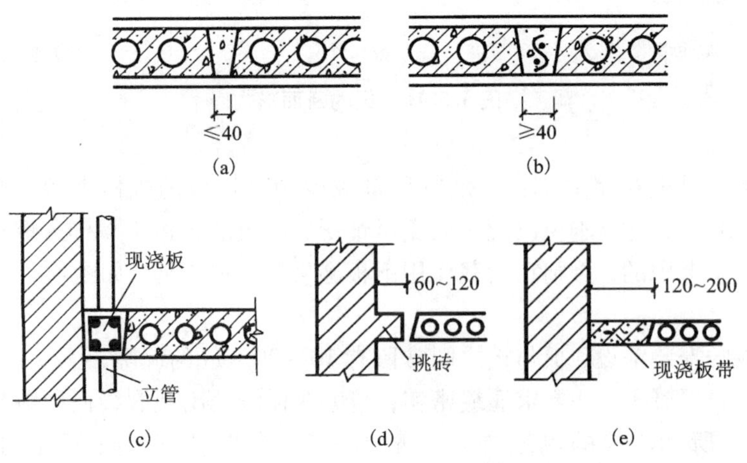

图 4.3.19　板缝处理

⑤楼板与隔墙

隔墙若为轻质材料时，可直接立于楼板之上。如果采用自重较大的材料，如黏土砖等作

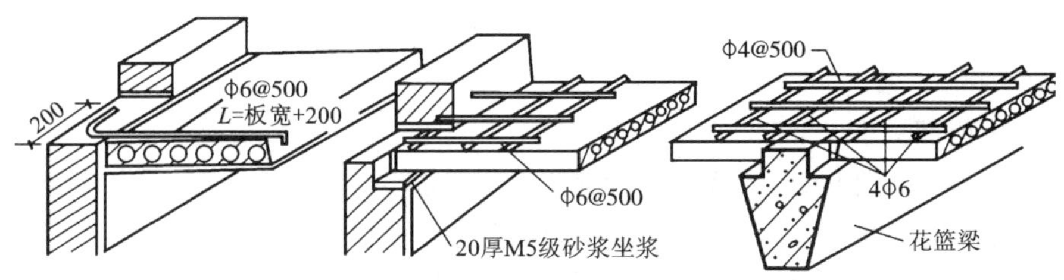

图 4.3.20　板与墙、梁的搭接

隔墙，则不宜将隔墙直接搁置在楼板上，特别应避免将隔墙的荷载集中在一块楼板上。对有小梁搁置的楼板，通常将隔墙搁置在小梁上，如果是空心板作楼板，可在隔墙下作现浇板带或设置预制梁解决，如图 4.3.21 所示。

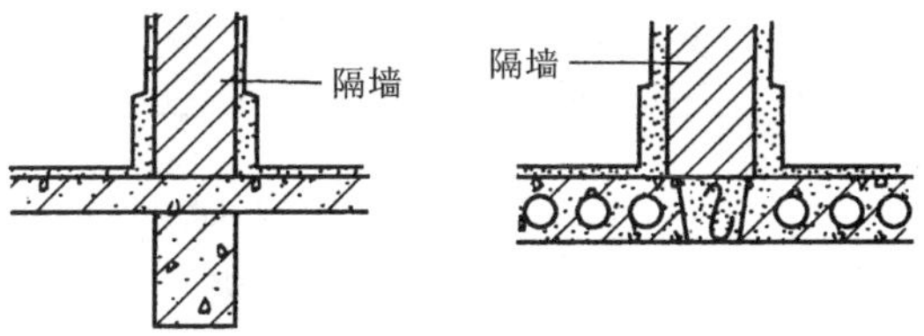

隔墙　隔墙

(a)隔墙支承在梁上　(b)隔墙支承在配筋的板缝上

图 4.3.21　楼板上隔墙的搁置

⑥板的面层处理

由于预制构件的尺寸误差或施工上的原因造成板面不平，需做找平层，通常采用 20～30 mm 厚水泥砂浆或 30～40 mm 厚的细石混凝土找平，然后再做面层，电线管等小口径管线可以直接埋在整浇层内。装修标准较低的建筑物，可直接将水泥砂浆找平层或细石混凝土整浇层表面抹光，即可作为楼面，如果要求较高，则须在找平层上另做面层。

(3)钢筋混凝土叠合楼板

钢筋混凝土叠合楼板是指预制钢筋混凝土薄板与现浇混凝土面层两者叠合而成的预制装配整体式楼板，又简称叠合楼板。近年来为适应城市高层建筑和大开间建筑的发展，楼板一般采用现浇钢筋混凝土结构的形式，以加强建筑物的整体性。

叠合楼板板跨一般 4～6 m，最大可达 9 m。为便于现浇面层与薄板有较好的连接，薄板上表面一般加工成排列有序直径 50 mm、深 20 mm 的圆形凹槽，或在薄板面上露出较规则的三角形状的结合钢筋。现浇叠合层采用 C20 细石混凝土浇筑，厚度一般为 70～120 mm。叠合楼板的总厚度取决于楼板的跨度，楼板的厚度以大于或等于薄板厚度的 2 倍为宜，一般为 150～250 mm，如图 4.3.22 所示。

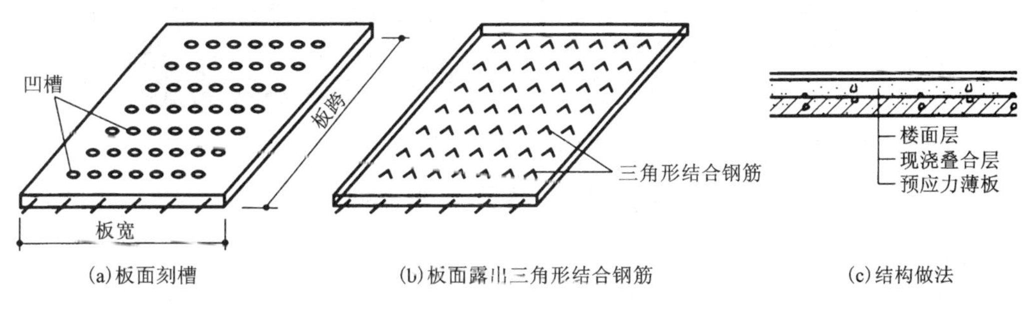

(a)板面刻槽　(b)板面露出三角形结合钢筋　(c)结构做法

图 4.3.22　钢筋混凝土叠合楼板

3. 顶棚构造

顶棚又称平顶或天花板，是楼板最下面的部分，是建筑物室内主要饰面之一。顶棚的作用是改善室内环境，满足使用要求，装饰室内空间。

(1) 直接式顶棚构造

直接式顶棚即直接利用楼板底作为顶棚形式，一般要求在楼板底先用水加 10% 火碱清除板底油腻(现浇板刷素水泥浆一道)后再进行抹灰。也有利用板底粉平整后直接粘贴装饰吸音板、泡沫塑胶板及墙纸等材料，这些板底饰面材料均借助于胶结剂粘贴，如图 4. 3. 23 所示，为直接式顶棚构造。

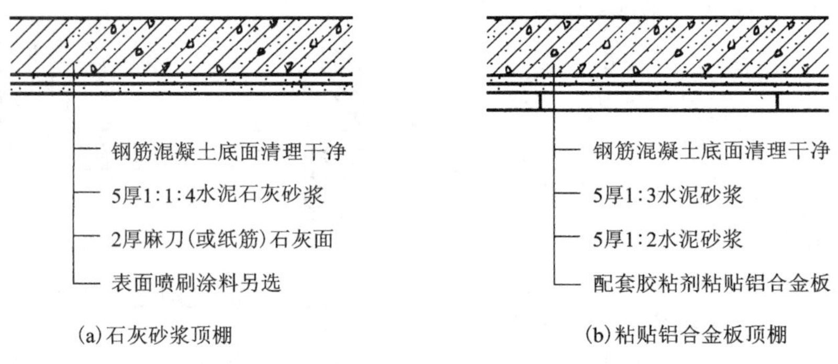

图 4. 3. 23　直接式顶棚构造

(2) 悬吊式顶棚构造

悬吊式顶棚简称吊顶，是指顶棚的装修表面与屋面板或楼板之间留有一定距离，这段距离形成的空腔可以将设备管线和结构隐藏起来，也可使顶棚在这段空间高度上产生变化，形成一定的立体感，增强装饰效果。

悬吊式顶棚的空间造型可根据室内设计的变化具有多种不同的处理方式。组成部分包括吊筋、骨架和面层，如图 4. 3. 24 所示。

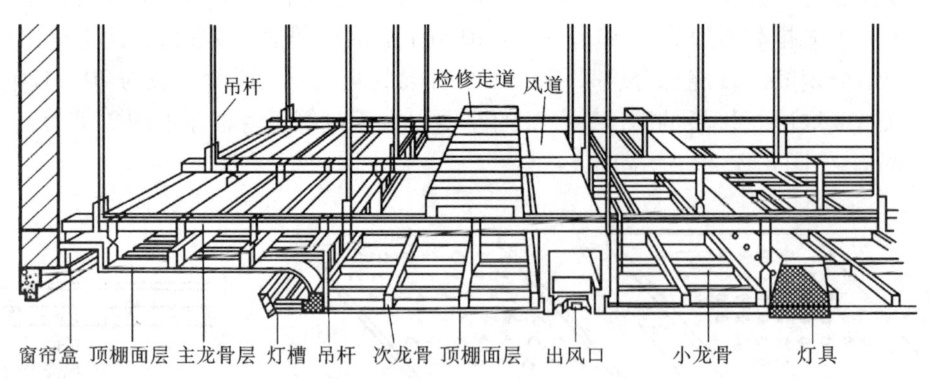

图 4. 3. 24　上人吊挂顶棚构造

1) 吊筋

吊筋是连接骨架(吊顶基层)与承重结构层(屋面板、楼板、大梁等)的承重传力构件。吊筋与钢筋混凝土楼板的固定方法有预埋件锚固、预埋筋锚固、膨胀螺栓锚固和射钉锚固。如

图 4. 3. 25 所示。

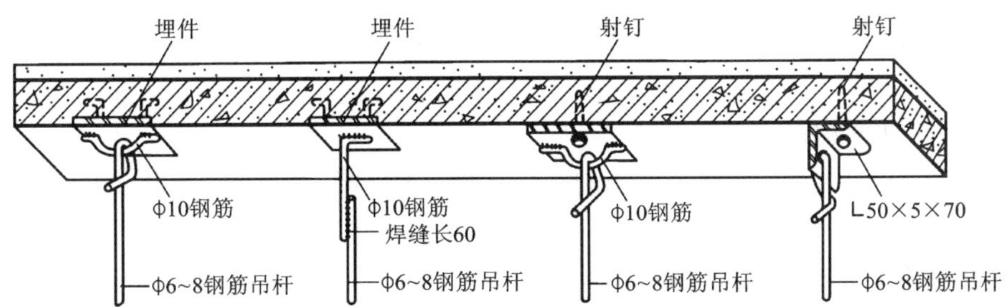

图 4. 3. 25　吊筋与楼板的固定

2）骨架

骨架主要由主、次龙骨组成，其作用是承受顶棚荷载并由吊筋传递给屋顶或楼板结构层。按材料分有木骨架和金属骨架两类，后者是目前建筑中应用广泛的一种骨架。轻型灯具应吊在主龙骨或附加龙骨上；重型灯具或吊扇等均不得与吊顶龙骨连接，应单独另设吊钩，如图 4. 3. 26 所示。

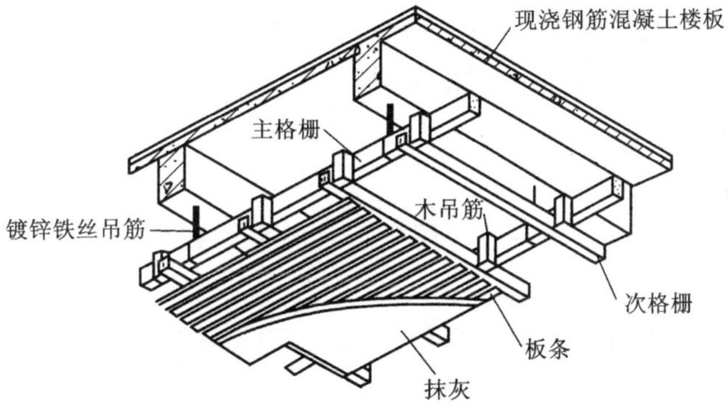

(a)现浇楼板吊木格栅板条抹灰

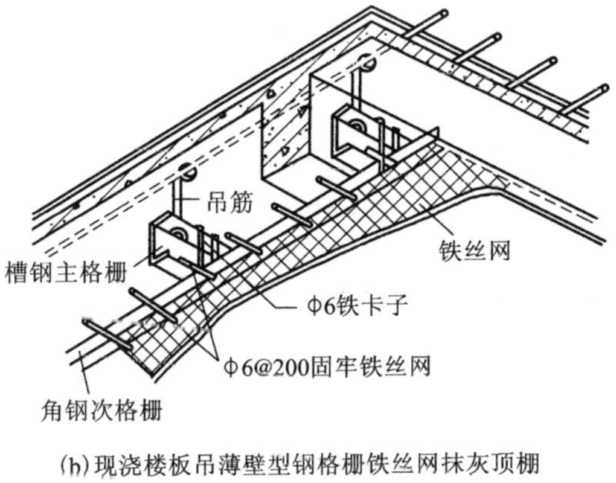

(b)现浇楼板吊薄壁型钢格栅铁丝网抹灰顶棚

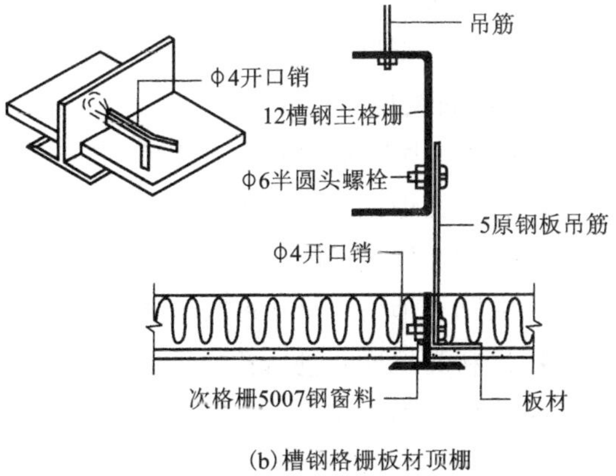

(b)槽钢格栅板材顶棚

图 4. 3. 26　悬吊式顶棚构造

3)面层　面层的作用是装饰室内空间，同时起一些特殊的作用，如吸声、反射光等。构造做法一般分为抹灰类(板条抹灰、钢板网抹灰、苇箔抹灰等)和板材类(纸面石膏板、穿孔石膏吸声板、钙塑板、铝合金板等)两种，在设计和施工时要结合灯具、风口布置等一起进行。

4. 地坪层与地面构造

地坪层是建筑物中与土壤直接接触的水平构件。所起作用是承受地坪上的荷载，并均匀地传给地坪以下土层。

(1)地坪层组成

地坪层由面层、垫层、基层和附加层等组成。地坪面层是室内地坪层的表面层，直接承受各种物理作用和化学作用，有保护结构层和美化室内作用。其做法和楼面相同。垫层是基层和面层之间的填充层，其作用是承重传力，一般采用60 ~ 100 mm 厚的 C20 混凝土，也有用碎砖、三合土、砂、炉渣等。地坪基层即地基，一般为原土层或填土分层夯实。也称地坪结构层，主要有承受荷载和传递荷载作用，一般采用不小于60 mm 厚 C20 混凝土。地坪层有时候根据需要要增加附加层，位于面层与结构层之间。用以满足室内地面的保温层、防潮层、防水层、管道敷设层等某些建筑的特殊使用要求，如图 4. 3. 27 所示。

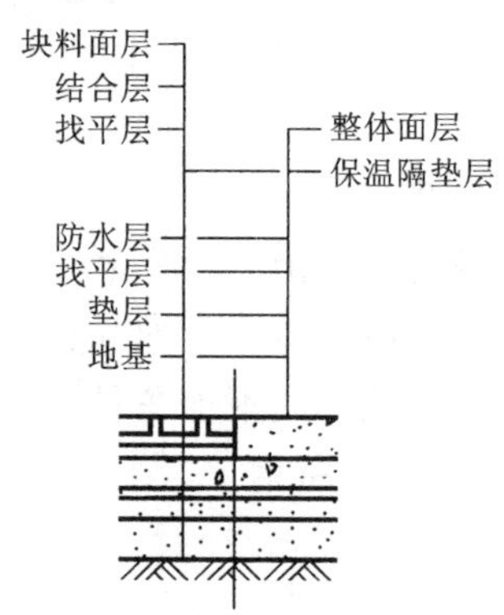

图 4. 3. 27　地坪层组成

(2)地面的设计要求

1)具有足够的坚固性。在家具设备等作用下不宜磨损和破坏，且表面平整、光洁、易清洁和不起灰。

2)保温性能好。要求地面材料的导热系数小，给人以温暖舒适的感觉，冬季时走在上面不致感到寒冷。

3)具有一定的弹性。当人们行走在地面上时不致有过硬的感觉，同时，有弹性的地面对防撞击声有利。

4)满足某些特殊要求。满足防水、防潮、防火、隔声、耐腐蚀、美观等要求。

(3)地面类型

地面按所用面层材料和施工方式的不同，可分为以下几大类：

1)整体类地面：包括水泥砂浆、细石混凝土、水磨石及菱苦土地面等；

2)镶铺类地面：包括各种铺地砖、马赛克、天然石板及木地板等；

3)粘贴类地面：包括橡胶地毡、塑料地毡及无纺织地毯等；

4)涂料类地面：包括各种高分子合成涂料所形成的地面。

(4)地面构造

1)常用地面构造

①水泥砂浆地面：水泥砂浆地面构造简单，强度较高，防水性好，造价最低。但耐磨和起尘性一般，热工性能较差。

②水磨石地面：水磨石地面面层是用大理石等中等硬度石料的石屑与水泥拌和，浇抹硬结后经磨光而成。水磨石具有与天然石料近似的耐磨性、耐久性、耐蚀性和不透水性。但由于它的热工性能差，故不宜用于采暖房间。水磨石地面的面层材料为1:1.5或1:2.5的水泥石屑浆。为了美观，常用铜条或玻璃条把面层分成方格并作成各种图案。同时这样也能防止面层因温度变化而产生不规则裂缝，如图4.3.28所示。

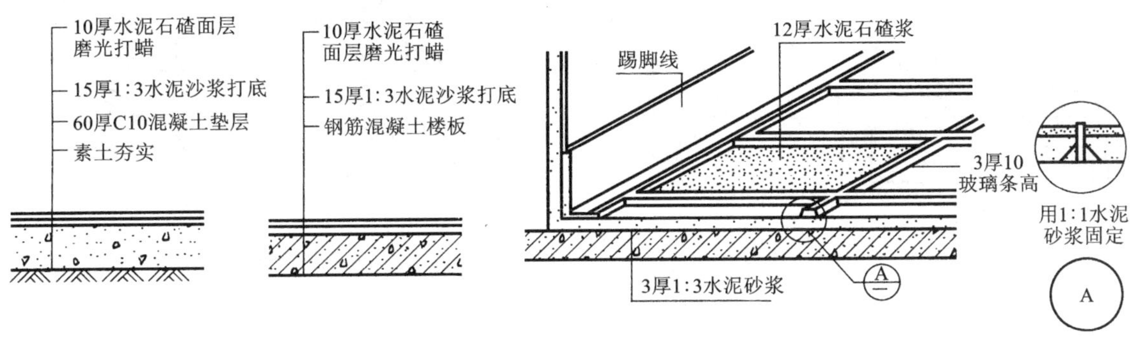

图4.3.28　水磨石地面构造

③块材地面：常见的块材有水磨石板、大理石板、花岗石板、混凝土板、水泥花砖等。当预制板块小而薄时，采用15~20 mm厚的1:3水泥砂浆胶结在基层上，然后再用1:1水泥砂浆嵌缝；当预制板或板的尺寸较大且很厚时，往往在板下干铺一层20~40 mm砂子，待校正平整后再用砂子或砂浆填缝。

④木地面：它是由木板铺钉或粘贴而成的地面。木地面具有较小的导热系数，温暖，富于弹性，清洁，不起尘。这是一种高级地面，常用于高级住宅、宾馆、舞剧院台等。木地面的面层分为普通木地板、硬木条地板和拼花木地板三种，根据需要可作成单层或双层。木地板常用的构造方式有实铺式、空铺式和粘贴式三种，如图4.3.29所示。

a)实铺式木地面　即在楼板上或刚性垫层上直接放置木搁栅，断面为50 mm×60 mm，中距500 mm，同时作好涂沥青或涂防腐油的防腐处理。面层钉松木板或硬木板或拼花地板块。

b)空铺式木地面　即是用地垅墙架空的木地面。在地垅墙上先放垫木，再依次布置木搁栅，钉松木企口板或钉硬木长条地板。在外墙和地垅墙上应留通风洞口，与外连通，排除潮气。

c)粘贴式木地面　是采用石油、环氧树脂、聚胺脂、聚醋酸乙烯等胶结材料将木地板粘贴在找平层上。

2)踢脚板和墙裙

踢脚板是地面和墙面相交处的构造处理。踢脚板的作用是保护墙的根部，故高度为100 mm左右。踢脚板所用的材料，除陶瓷锦砖、混凝土等地面处，一般均与地面材料相同。在厕所、厨房、盥洗室房间，墙的下部容易污染，需经常洗刷，常将不透水墙面加高至900~1800 mm，称为墙裙。一般建筑多采用粘贴瓷砖的墙裙。

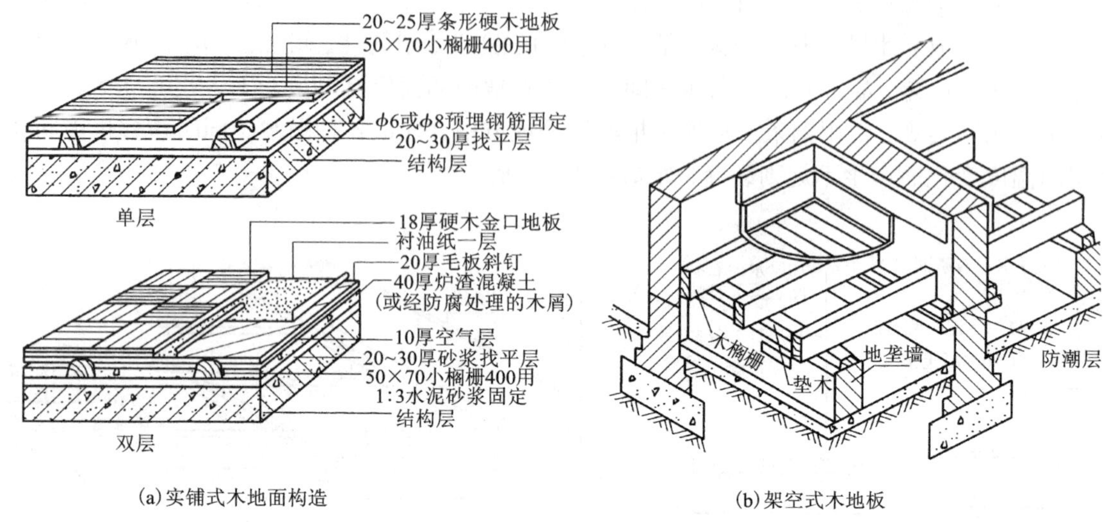

(a)实铺式木地面构造

(b)架空式木地板

图 4.3.29　木地面构造

5. 阳台与雨篷构造

阳台是突出于外墙或凹在两侧外墙间的带有栏杆的平台。在建筑使用中满足楼层住户进行休闲、眺望和接触室外等功能；根据阳台与其外墙相对位置不同，阳台可分为挑阳台、凹阳台和半挑半凹阳台和转角阳台等几种形式。阳台板一般有现浇和预制两种形式。阳台的挑出长度一般为 1.5 m 左右，当挑出长度超过 1.5 m 时，应采取可靠的防倾覆措施。

(1)阳台的结构布置

阳台的结构布置有墙承式、悬挑式等，如图 4.3.30 所示。

1)墙承式是将阳台板直接搁置在墙上，其板型和板跨与房间的楼板一致。这种支撑方式结构简单，施工方便，多用于凹阳台，如图 4.3.30(a)所示。

2)悬挑式：是将阳台板挑出墙外，按悬挑的方式不同又分为挑梁式及挑板式。

①挑梁式是从横墙上伸出挑梁，阳台板搁置在挑梁上。挑梁压入墙内的长度为悬挑长度的 2.5 倍左右。阳台板的类型与楼板一致，其悬挑的长度一般为 1.2 ~ 1.8 m，如图 4.3.30(b)所示，或利用纵墙的承重墙挑阳台板，如图 4.3.30(c)所示。

②挑板式是将阳台板悬挑，可以与墙梁现浇外挑板，也可以将房间的现浇板楼板直接外挑形成阳台板。其悬挑的尺寸一般为 1.0 ~ 1.5 m。

(2)阳台的细部构造

阳台的地面比室内地面要低 20 ~ 30 mm，并要有 1% ~ 2% 的排水坡度；应设置排水设施，如地漏和水舌。其中水舌外挑尺寸应大于 80 mm。一般采用地漏进行有组织排水，也可以将排水设施与雨水管连接，如图 4.3.31 所示。

阳台栏杆高度要求不低于 1050 mm，也不应超过 1200 mm；在中高层、高层及寒冷、严寒地区住宅的阳台宜采用实体栏板，高度不低于 1100 m。阳台栏杆一般由金属杆或混凝土杆制作，其垂直栏杆净间距不应大于 110 mm，如图 4.3.32 所示。

(3)雨篷构造

雨篷是建筑物出入口上部设置的水平挡雨构件，它主要的作用是保护大门免受风吹雨

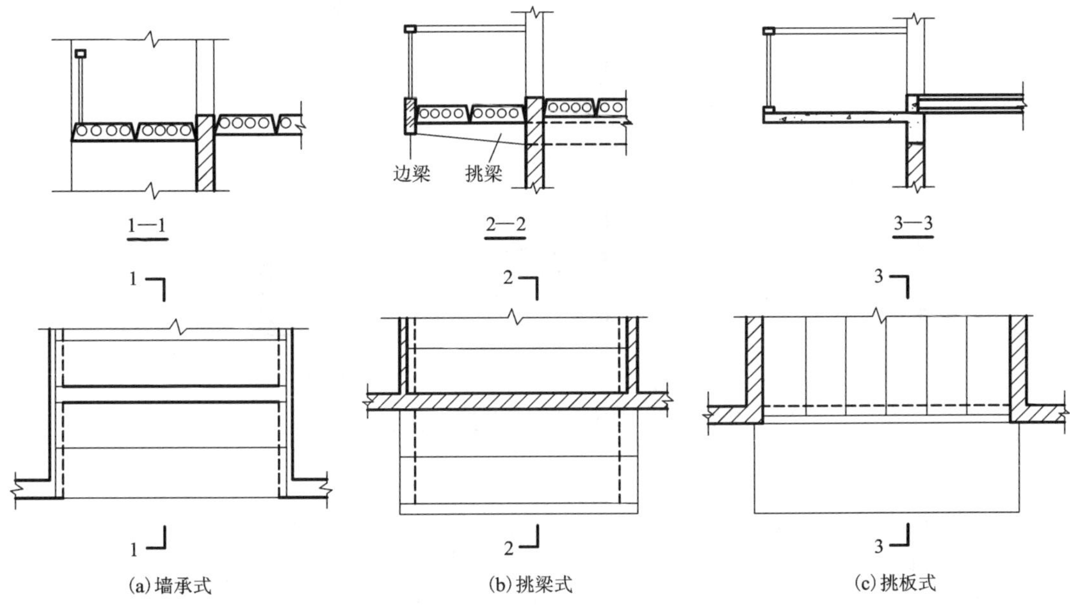

图 4.3.30　阳台的结构布置

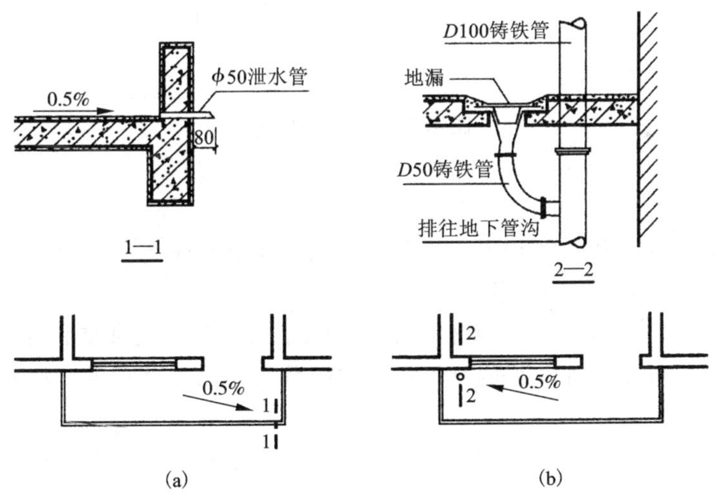

图 4.3.31　阳台的细部构造

淋。它多采用钢筋混凝土悬臂板，悬挑长度一般为 1.0～1.5 m。当采用其他结构形式，其挑出长度可以更大。雨篷的排水要求与阳台也基本相同。

雨篷按照材料和结构形式的不同，可分为钢筋混凝土雨篷、钢结构悬挑雨篷、玻璃采光雨篷等。图 4.3.33 所示为钢筋混凝土板式和梁板式雨篷。其中板式雨篷多为变截面式，板的根部厚度不小于 70 mm，端部厚度不小于 50 mm。梁板式雨篷为使底面平整常采用翻梁形式。当雨篷外伸很大时，可采用立柱式，形成门廊。立柱式雨篷多为翻梁板式。

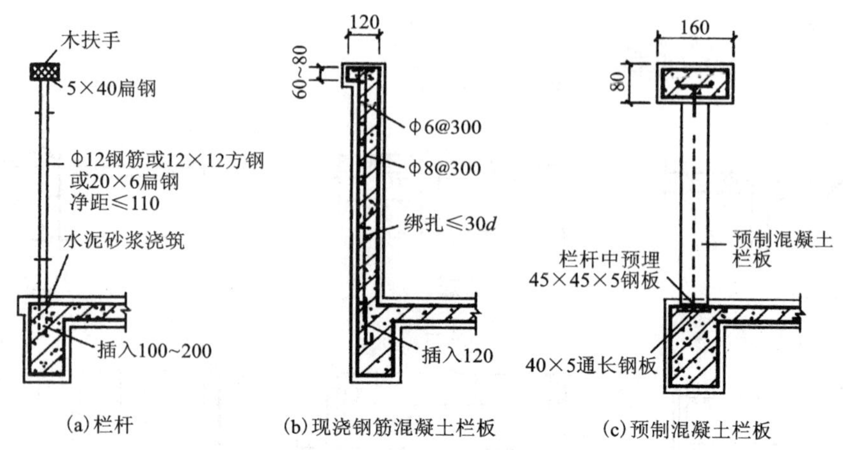

(a)栏杆　(b)现浇钢筋混凝土栏板　(c)预制混凝土栏板

图 4.3.32　阳台栏杆(栏板)与扶手构造

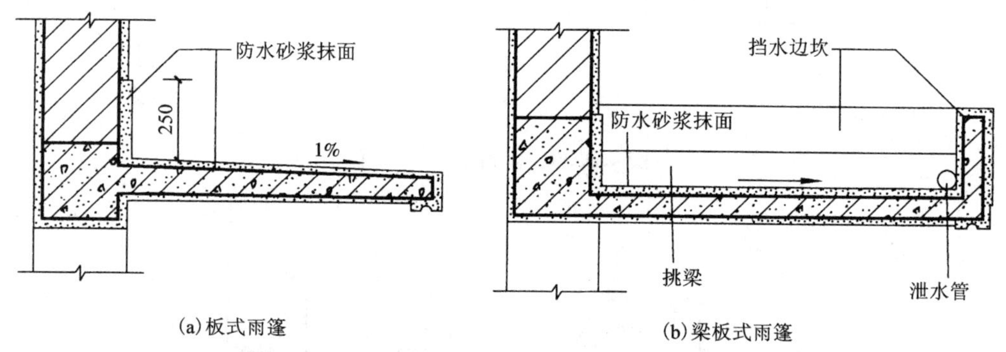

(a)板式雨篷　(b)梁板式雨篷

图 4.3.33　雨篷构造

小　结

本部分完成的任务是楼层结构图的认知与表达。重点讨论钢筋混凝土楼板的构造以及顶棚、地坪层与地面、阳台与雨篷的构造。

1. 楼板层是建筑物中分隔上下楼层的水平构件，它不仅承受自重和其上的使用荷载，并将其传递给墙或柱，而且对墙体也起着水平支撑的作用。它由楼面层、结构层、顶棚层和附加层部分组成。

2. 楼板的类型按所用材料可分为木楼板、砖拱楼板、钢筋混凝土楼板和压型钢衬板组合楼板等。

3. 楼板在设计时应有足够的强度和刚度；能满足隔声、热工、防火、防水、防潮的要求，能安排各种设备管线穿过并且经济适用；此外，地面要平整、光洁、耐磨、易于清洁，同时满足建筑工业化的要求。

4. 钢筋混凝土楼板按施工方式可分现浇钢筋混凝土楼板、预制装配式钢筋混凝土楼板和钢筋混凝土叠合楼板等类型。现浇板常用的有板式楼板、梁板式楼板、无梁式楼板以及压型钢衬板组合楼板。预制板的类型主要有实心板、槽形板、空心板等。

5. 顶棚有直接式顶棚和悬吊式顶棚两种类型，直接式顶棚构造简单、施工方便、造价较低。悬吊式顶棚由吊筋、骨架、面层三部分组成。

6. 阳台在结构布置中分挑阳台、凹阳台和半挑半凹阳台等几种形式。其主要包括栏杆、栏板、扶手、排水等部分的细部处理。

7. 雨篷按照材料和结构形式的不同，可分为钢筋混凝土雨篷、钢结构悬挑雨篷、玻璃采光雨篷等。

任务4　楼梯构造详图的认知与表达

任务要求

1. 任务：

识读施工图中的楼梯相关图样，然后根据以下条件设计并用A2图纸绘制楼梯详图，包括6个图：底层平面图(1∶50)、标准层平面图(1∶50)、顶层平面图(1∶50)、剖面图(1∶50)、栏杆(栏板)详图(1∶10)和踏步详图(1∶10)，需上墨线。

2. 已知条件：

(1)五层单元式住宅楼梯(双跑式楼梯)；

(2)层高3 m，楼梯间的开间2700 mm、进深5100 mm，为封闭式平面，有对外出入口；

(3)现浇钢筋混凝土板式楼梯，梯段形式、步数、踏步尺寸、栏杆(栏板)形式、所选用材料及尺寸均自定；

(4)楼梯间的墙体厚度为240 mm；

(5)踏步表面做了防滑处理，防滑做法和地面做法自定；

(6)楼梯间窗尺寸为1500 mm×1500 mm。

3. 要求：

(1)在楼梯各平面图和剖面图中绘出定位轴线，标出定位轴线至墙边的尺寸。给出门窗、楼梯踏步、折断线(注意折断线为一条)。以各层地面为基准标注楼梯的上、下指示箭头，并在上下行指示线旁注明到上层的步数和踏步尺寸。

(2)在楼梯各层平面图中注明中间平台及各层地面的标高，室外地坪标高(室内外高差学生通过设计确定)。

(3)在底层楼梯平面图上注明剖面剖切线的位置及编号，注意剖切线的剖视方向。剖切线应通过楼梯间的门和窗。

(4)平图上标注三道尺寸：

1)进深方向

第一道：平台净宽、梯段长(梯段长为踏面宽×踏面数)；第二道：楼梯间净长；第三道：楼梯间进深轴线尺寸。

2)开间方向

第一道：楼梯段宽度和楼梯井宽；第二道：楼梯间净宽；第三道：楼梯间开间轴线尺寸。

(5)底层平面图上要绘出室外(内)台阶、散水。如绘二层平面图应绘出雨篷，三层及三层以上平面图不再绘雨篷。

(6)剖面图应注意剖视方向，不要把方向弄错。剖面图可绘制顶层栏杆扶手，其上用折断线切断，暂不绘屋顶。

(7)剖面图的内容为楼梯的断面形式，栏杆(栏板)、扶手的形式，墙、楼板和楼层地面、顶棚、台阶、室外地面、底层地面等。

(8)注出材料符号。

(9)标注标高：室内地面、室外地面、楼层平台、中间平台、各层地面、窗台及窗顶、门顶、雨篷上、下皮等处。

(10)在剖面图中绘出定位轴线，并标注定位轴线间的尺寸，注出详图索引符号。

(11)详图应注明材料、作法和尺寸。与详图无关的连续部分可用折断线断开。注出详图编号。

问题引入

1. 楼梯的类型有哪些?
2. 楼梯各组成部分及作用是什么?
3. 楼梯梯段和平台宽度、踏步宽和踏步高等尺度如何确定?
4. 楼梯的设计计算步骤如何?
5. 楼梯踏步防滑常用哪些做法?
6. 现浇钢筋混凝土楼梯的类型有哪些，各自特点如何?
7. 楼梯栏杆、扶手常见的做法有哪些?
8. 室外台阶有哪些形式? 坡道的坡度与什么因素有关? 有何要求?
9. 供轮椅通行的无障碍设计的坡道有何要求?
10. 电梯的设备构成有哪些? 电梯的土建构造要求如何?

实践指导

1. 结合楼梯构造知识和图形表达要求，正确识读楼梯平面详图和剖面详图，明确楼梯的构造组成部分及其作用;

2. 解读任务要求，合理地进行楼梯尺度计算，确定各构造组成部分的尺寸大小，并按要求及比例绘制出底层、标准层和顶层楼梯平面草图;

3. 结合楼梯的类型、特点、结构形式、构造特点与要求及细部构造，确定楼梯的结构和构造方案、细部构造;

4. 根据楼梯平面图及已计算出来的数据，画出楼梯剖面草图，并按要求标注尺寸;

5. 对楼梯平面、剖面草图进行检查、调整，按任务要求完成楼梯平面详图、剖面图和节点详图的正图绘制。

知识链接

楼梯

1. 楼梯概述

楼梯是房屋上下楼层之间的垂直交通实施，供人们在正常情况下垂直交通、搬运家具和紧急状态下安全疏散之用。建筑中的垂直交通设施除了楼梯之外，还有电梯、自动扶梯、台阶、坡道及爬梯等。电梯通常在高层或部分多层建筑中使用，自动扶梯用于人流量较大的大型公共建筑中，台阶一般用来联系室内或室外有局部高差的地面，坡道可做无障碍垂直交通设施或供车辆通行的室内外高差处理，爬梯则主要做检修梯。在设有电梯、自动扶梯作为主要垂直交通手段的多层和高层建筑中也要设置楼梯，以供火灾时逃生或其他特殊情况下使用，所以，楼梯在楼房建筑中使用最广泛。

(1)楼梯的类型

1)按照楼梯的材料分，楼梯可分为钢筋混凝土楼梯、钢楼梯、木楼梯、玻璃楼梯及组合材料楼梯。

2)按照楼梯的位置分，楼梯可分为室内楼梯和室外楼梯。

3)按照楼梯的使用性质分，楼梯可分为主要楼梯、辅助楼梯、疏散楼梯及消防楼梯等。而根据消防的要求，楼梯间的平面形式又可分为开敞式楼梯间、封闭式楼梯间和防烟楼梯间，见图 4.4.1。在建筑物中，布置楼梯的房间称为楼梯间。

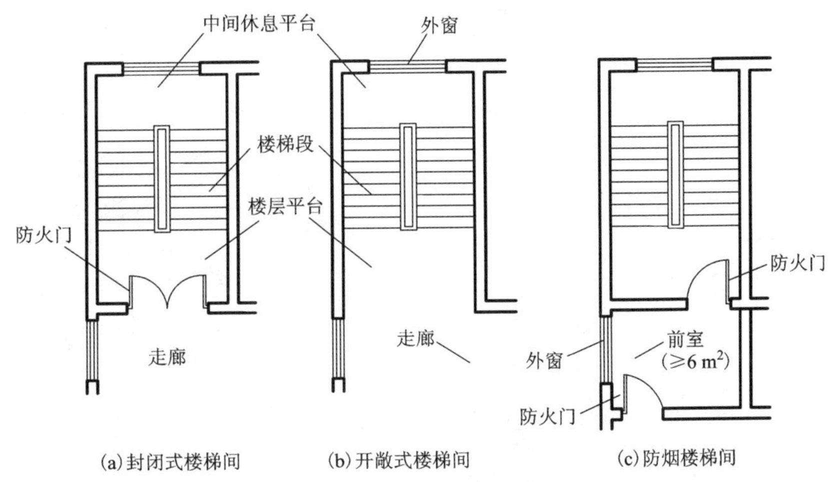

图 4.4.1　楼梯间的平面形式

4)按照楼梯间的平面形式分，楼梯可分单跑直楼梯、多跑直楼梯、转角楼梯、双跑平行楼梯、双分平行楼梯、双合平行楼梯、三跑楼梯、四跑楼梯、八角形楼梯、螺旋楼梯、弧形楼梯、剪刀楼梯、交叉楼梯等，见图 4.4.2 所示。

5)按照楼梯的平面形式分，楼梯可分直跑式、双跑式、双分式、双合式、转角式、三跑式、四跑式、八角式、螺旋式、曲线形、剪刀式、交叉式等，如图 4.4.2 所示。

(2)楼梯的组成

楼梯主要由楼梯段、楼梯平台、栏杆或栏板组成(如图 4.4.3 所示)。

1)楼梯段

设有踏步以供层间上下行走的通道段落，称为楼梯段。也就是说两个休息平台之间的一段楼梯即为一个楼梯段，一个楼梯段又称为一跑。楼梯段由若干踏步组成，踏步的表面称踏面，与踏步面相连的垂直或倾斜部分称踏面。为了减轻人们上下楼梯时的疲劳和适应人行的习惯，规定一个楼梯段的踏步数一般不应过 18 级，不应少于 3 级。

2)楼梯平台

楼梯平台包括楼层平台和中间平台两部分。连接楼板层与梯段端部的水平构件，称为楼层平台，平台面标高与该层楼面标高相同。位于两层楼(地)面之间连接梯段的水平构件称为中间平台，其主要作用是减少疲劳，也起转换梯段方向的作用。

3）栏杆（或栏板）、扶手

栏杆（或栏板）是为了保证人们在楼梯上行走安全而设置的有一定刚度的安全维护构件。栏杆或栏板上部供人用手扶持的配件称扶手，扶手也可附设于墙上，称为靠墙扶手。

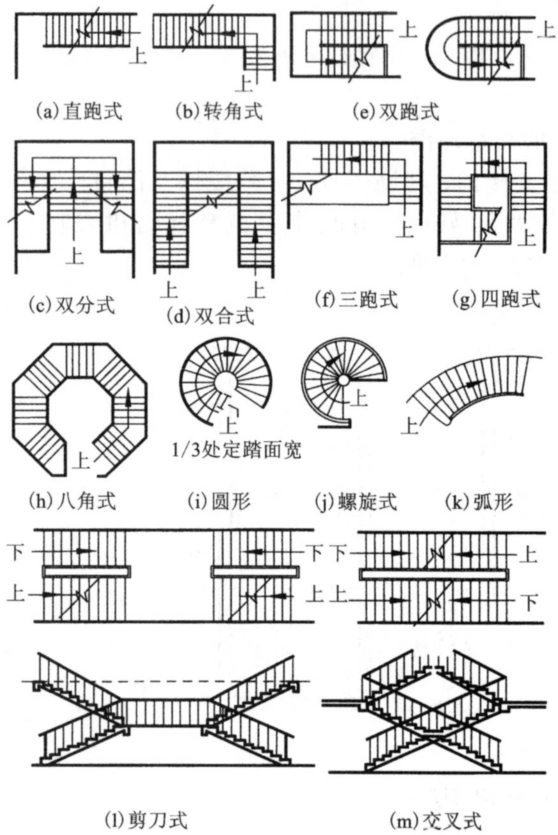

上
(a)直跑式
(b)转角式
(e)双跑式
(c)双分式
(d)双合式
(f)三跑式
(g)四跑式
1/3处定踏面宽
(h)八角式
(i)圆形
(j)螺旋式
(k)弧形
下
(l)剪刀式
(m)交叉式

图 4.4.2　楼梯的平面形式类型

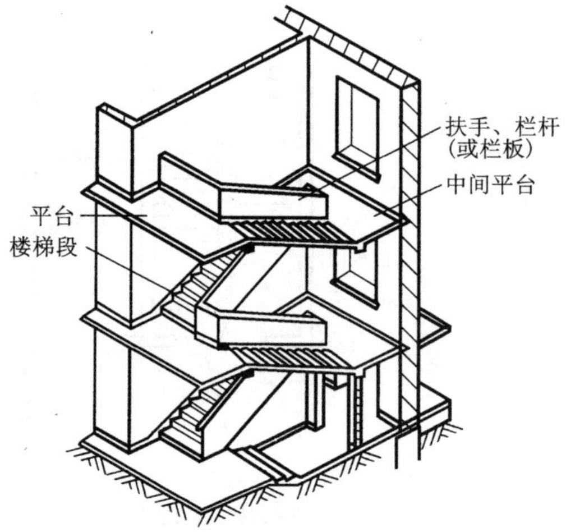

扶手、栏杆
(或栏板)
中间平台
平台
楼梯段

图 4.4.3　楼梯的组成

(3) 楼梯的尺度

楼梯设计涉及到梯段、平台、栏杆扶手、坡度、踏步、净空高度等多个尺寸，如图 4.4.4 所示。

层高
梯段高度
梯段高度
梯段净高
≥2200
平台深度
平台净高
≥2200
梯段长度
平台深度
楼梯间开间
梯井宽度
梯段宽度
下
上
楼梯间进深

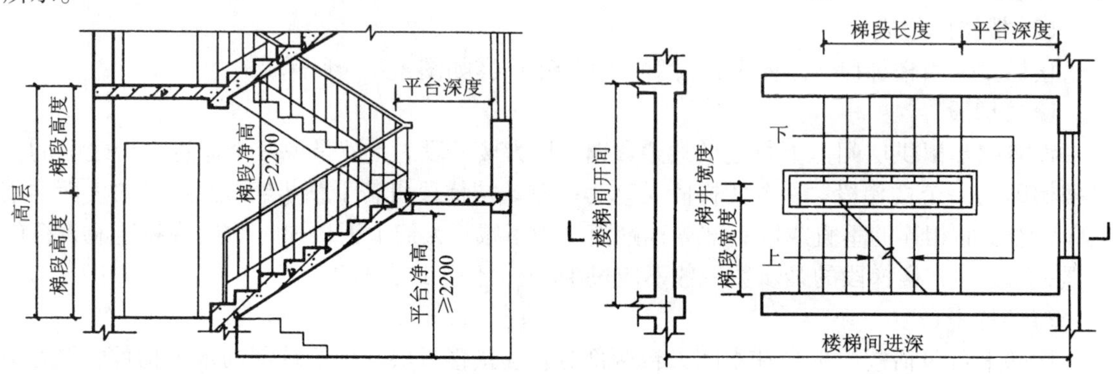

图 4.4.4　楼梯各部位尺度

1）楼梯梯段的宽度

楼梯段宽度是指墙面至扶手中心线或扶手中心线之间的水平距离，如图 4.4.4 所示。楼梯段的宽度除应符合防火规范的规定外，供日常主要交通用的楼梯的梯段宽度还应根据建筑物使用特征，按每股人流宽度 0.55 +（0 ~0.15）m 的人流股数确定，不应少于两股人流，同时需满足各类建筑设计规范中对梯段宽度的限定，其中 0 ~0.15 m 为人流在行进中人体的摆幅，公共建筑人流众多的场所应取上限值。有关规范对楼梯段的宽度规定见表 4.4.1。

表 4.4.1　楼梯梯段宽度

计算依据：每股人流宽度为 0.55 +（0 ~0.15）m		
类别	梯段宽	备注
单人通过	≥900 mm	满足单人携物通过
双人通过	1100 ~ 1400 mm	
多人通过	1650 ~ 2100 mm	

一部疏散楼梯的最小宽度不应小于 1.10 m。低于六层的单元式住宅中一边设有栏杆的疏散楼梯，其最小宽度可不小于 1 m。

2）平台宽度

为保证正常情况下人流通行和非正常情况下安全疏散，以及搬运家具设备的方便，一般楼梯的平台宽度要不小于梯段的宽度，同时应不小于 1.2 m。在开敞式楼梯中，楼层平台宽度可利用走廊或过厅的宽度，但为防止走廊上的人流与从楼梯上下的人流发生拥堵或干扰，楼层平台应有一个缓冲空间，其宽度不得小于 500 mm。直跑楼梯的中间平台宽度不应小于 1.2 m，如图 4.4.5 所示。

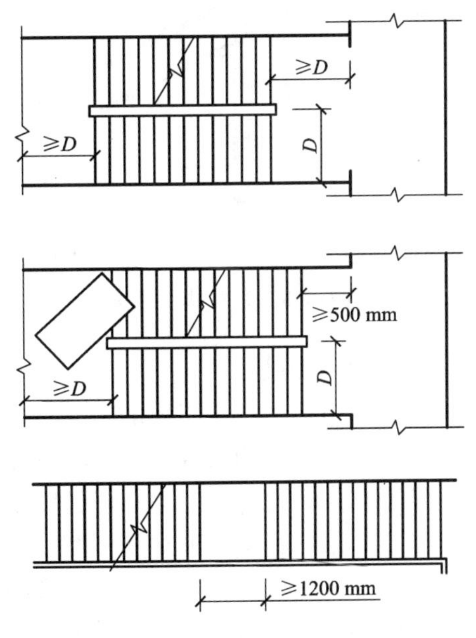

图 4.4.5　楼梯平台宽度

3）楼梯井宽度

楼梯井是指梯段和平台的内侧面围绕空间，该空间从底层到顶层贯通。楼梯井宽度是指上下行梯段内侧面之间的水平距离。考虑梯段的施工，应有一定的楼梯井宽度，一般在 60 ~200 mm 之间，对于儿童经常活动场所，当楼梯井净宽大于 0.20 m 时，必须采取防止少年儿童攀滑的措施，楼梯栏杆应采取不易攀登的构造，当采用垂直栏杆做栏杆时，其栏杆净距不应大于 0.11 m。

4）栏杆扶手的高度

楼梯栏杆扶手的高度是指踏面前缘至扶手顶面的垂直距离。扶手高度应与人体重心高度协调，避免人们倚靠栏杆扶手时因重心外移而发生意外，其高度的设定应考虑到楼梯的坡度、楼梯的使用要求等因素，很陡的楼梯，扶手的高度矮些，坡度平缓时高度可稍大。一般室内楼梯的扶手高度不宜小于 900 mm，常取 1000 mm；供儿童出入的场所应增设一道不高于 600 mm 的扶手（见图 4.4.6）；靠楼梯井侧水平栏杆长超过 500 mm 时，其扶手高度不应小于 1050 mm。此外，室外楼梯栏杆高度不应小于 1050 mm，高层建筑的栏杆高度应再适当提高，但不宜超过 1200 mm。

5）楼梯的坡度和踏步的尺寸

①楼梯的坡度

楼梯坡度是指楼梯段的坡度，即楼梯段的倾斜角度，其大小可用角度法和比值法表示。楼梯坡度不宜过大或过小，坡度过大，行走易疲劳；坡度过小，楼梯占用的面积增加，不经济。楼梯的坡度应根据建筑物的使用性质和层高来确定。对人流集中、交通量大的建筑，楼梯的坡度应小些。对使用人数较少、交通量小的建筑，楼梯的坡度可以略大些。楼梯常见的坡度范围为 23°～45°，其中 30°为适宜坡度，最大坡度不宜超过 38°，如图 4.4.7 所示。

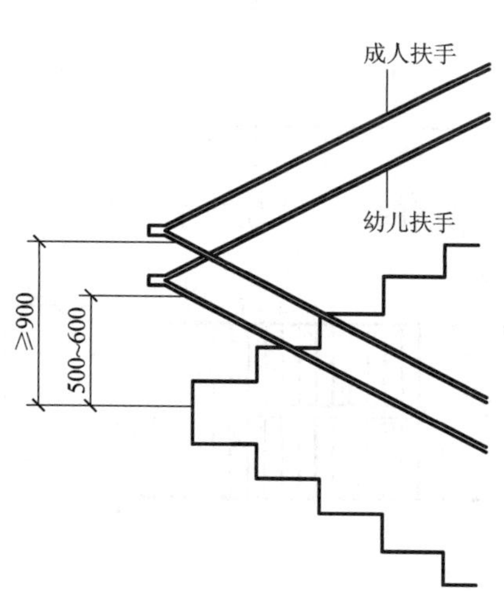

图 4.4.6　栏杆扶手高度

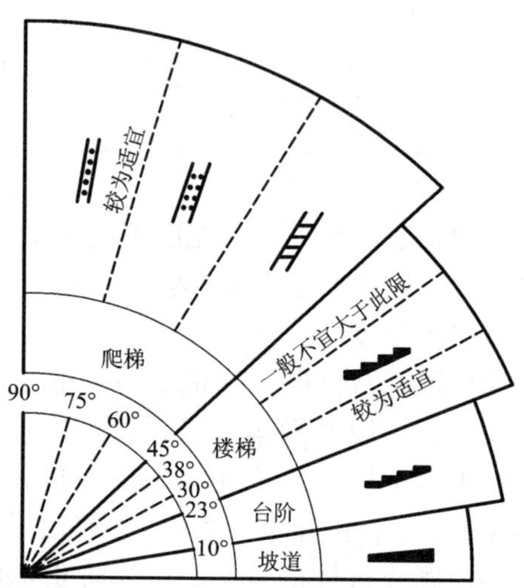

图 4.4.7　楼梯、台阶和坡道坡度的适用范围

②楼梯的踏步尺寸

梯梯段是由若干踏步组成的，每个踏步尺寸由踏步高度和踏步宽度组成。楼梯踏步的尺寸可以直接控制楼梯的坡度，因此选择合适的踏步尺寸在楼梯设计中非常重要。踏步高度与人们的步距有关，宽度则应与人脚长度相适应。确定和计算踏步尺寸的方法和公式有很多，但通常采用 2 倍的踏步高度加踏步宽度等于一般人行走时的步距的经验公式确定，即：

$$2h + b = 600 \sim 620$$

式中：h 为踏步高度；b 为踏步宽度；600～620 mm 为一般人行走时的平均步距。

对成年人而言，楼梯踏步高度以 150 mm 左右较为舒适，不应高于 175 mm。踏步的宽度以 300 mm 左右为宜，不应窄于 260 mm。当踏步宽度过大时，将导致梯段长度增加；而踏步宽度过窄时，会使人们行走时产生危险。在实际中经常采用出挑踏步面的方法，使得在梯段总长度不变情况下增长踏步面宽，如图 4.4.8 所示，一般踏步的出挑长度为 20～30 mm。

民用建筑中，楼梯适宜的踏步尺寸见表 4.4.2。

表 4.4.2 楼梯适宜的踏步尺寸 mm

名　称	住　宅	学校、办公室	剧院、公堂	医院(病人用)	幼儿园
踏步高	156 ~ 175	140 ~ 160	120 ~ 150	150	120 ~ 150
踏步宽	260 ~ 300	280 ~ 340	300 ~ 350	300	260 ~ 300

6)楼梯的净空高度

楼梯的净空高度包括楼梯段上的净空高度和平台上的净空高度，如图 4.4.9 所示，其高度的设定主要考虑要保证这些部位通行或搬运物件时不受上部结构的影响。

①楼梯段上的净空高度。楼梯段上的净空高度指踏步前缘(包括踏步前缘线以外 0.30 m 范围内)到上部结构下表面之间的垂直距离，其高度不应小于 2.2 m。

②平台上的净空高度。平台上的净空高度是指平台表面到上部结构最低处之间的垂直距离，其高度不应小于 2 m。

当楼梯底层中间平台下的空间做通道时，为使其下方净高满足不小于 2 m 的要求，常采用以下几种处理方法：①降低室内地坪，但仍要高于室外地坪为妥；②增加第一梯段踏步数，作不等跑式的梯段；③作直跑式楼梯(南方地区或层高不高时可用)；④将①、②综合起来考虑，如图 4.4.10 所示。

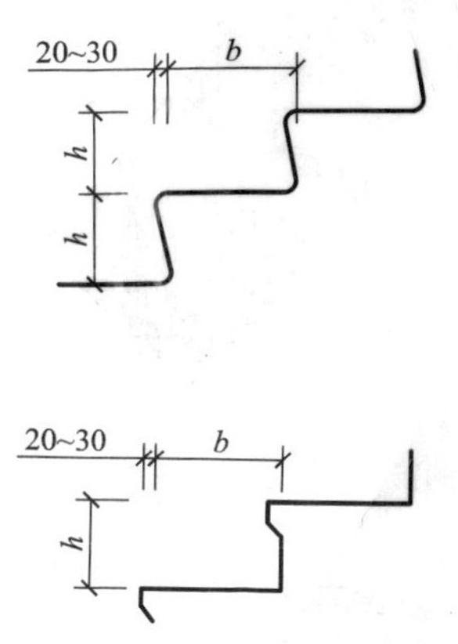

图 4.4.8 增加踏步宽度的方法

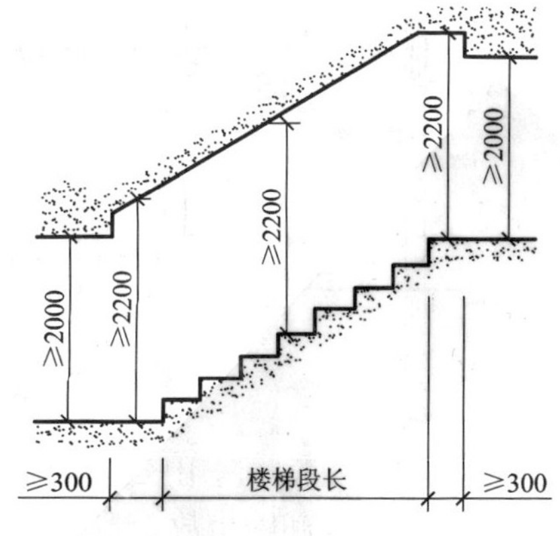

图 4.4.9 楼梯的净空高度

(4)楼梯的设计

1)楼梯在设计，应注意以下几点：

①楼梯的设计应严格遵守《民用建筑设计通则》、《建筑设计防火规范》、《高层民用建筑防火规范》等相关国家标准的规定；

②为考虑采光和通风，楼梯常沿外墙设置；

③在建筑剖面设计中，要注意楼梯坡度和建筑层高、进深的相互关系，根据平台下净高的要求，应选择最合理的处理方式。

2)设计步骤(这里以已知楼梯间开间、进深和层高为前提，进行双跑式楼梯设计为例)。

①选择楼梯形式

根据已知的楼梯间尺寸，选择合适的楼梯形式。进深较大而开间较小时，可考虑选用双跑式楼梯，如图 4.4.11 所示；开间和进深均较大时，可考虑选用双分式楼梯；进深不大且与

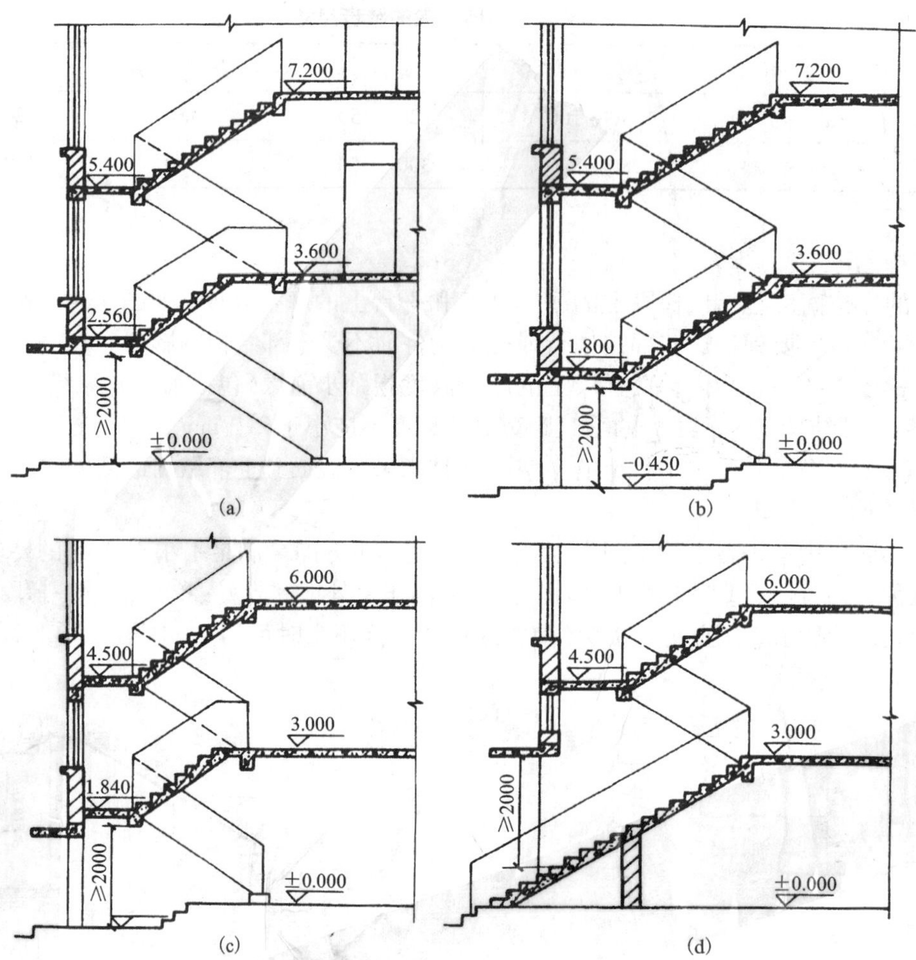

图 4.4.10　满足楼梯的净空高度的方法

开间尺寸接近时，可考虑选用三跑楼梯。

②确定踏步尺寸和踏步数量

根据建筑物的性质和楼梯的使用要求，参照表4.4.2，先初选踏步高 h 的尺寸，确定踏步数 N，$N=H/h$（H 为层高），为减少构件类型，应尽量采用双跑等跑楼梯，所以 N 宜为偶数。若所求的 N 为奇数或非整数，取 N 为偶数或整数后再反过来调整踏步高 h。而踏步宽 $b=$ 层高/踏步数求取初步值，然后再结合经验公式 $2h+b=600\sim620$ mm，综合踏步尺寸。

③确定梯段长度

根据步数 N 和踏步宽度 b，可求梯段长度 $L=(N/2-1)\times b$

④确定楼梯井宽度和梯段宽度

梯井宽度 $C=60\sim200$ mm，其尺度的选择应尽量考虑能让楼梯段的宽度满足基本模数的整数倍数。

$$梯段宽度\ B=(开间尺寸-C-2\times 半墙厚)/2$$

⑤确定平台宽度

先初步确定中间平台宽度 D_1，$D_1\geqslant$梯段宽 B，然后根据 D_1 和梯段长度 L，计算楼层平台

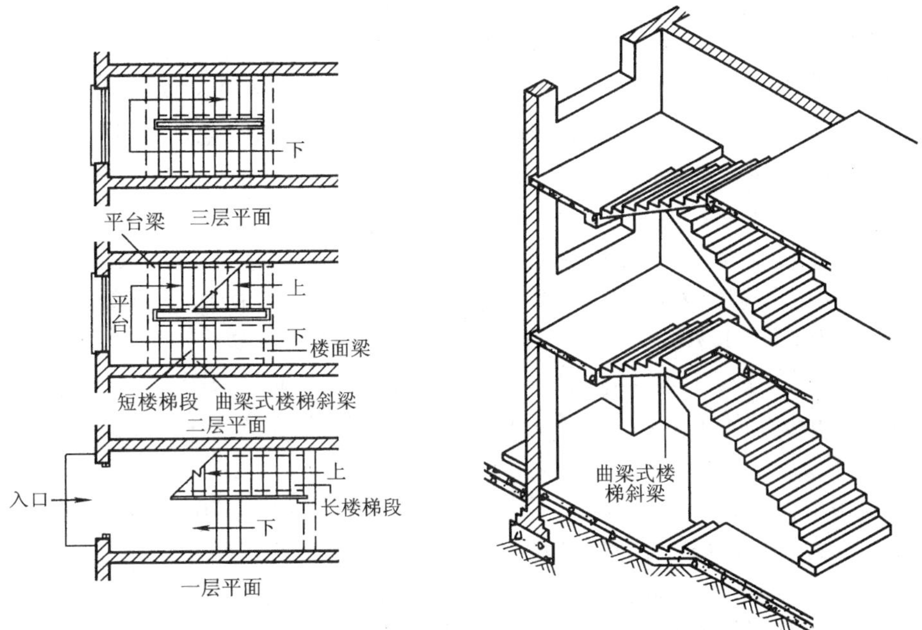

图 4.4.11　双跑式钢筋混凝土楼梯的平、剖面内视图

宽度 D_2，D_2 = 进深尺寸 $- D_1 - L - 2 \times$ 半墙厚。若楼梯为封闭式平面，D_2 应不小于梯段宽 B；若为开敞式楼梯，当楼梯间外为走廊或其他空间时，D_2 可略小，但应满足 $D_2 \geqslant 500$ mm。

⑥确定底层楼梯中间平台下的地面标高和中间平台面标高

进行楼梯净高验算，若底层中间平台下设通道，那么平台梁底面与地面之间的垂直距离应满足平台净高的要求，即不小于 2000 mm。否则，应将地面标高降低，或同时抬高中间平台面标高。此时，底层楼梯各梯段的踏步数量、梯段长度和梯段高度需进行相应调整。

⑦绘制楼梯间各层平面图和剖面图

楼梯平面图通常有底层平面图、标准层平面图和顶层平面图。

3）绘图时应注意以下几点：

a）尺寸和标高的标注应整齐、完整。平面图中应主要标注楼梯间的开间和进深、梯段长度和平台宽度、梯段宽度和楼梯井宽度等尺寸，以及室内外地面、楼层和中间平台面等处的标高。剖面图中应主要标注层高、梯段高度、室内外地面高差等尺寸，以及室内外地面、楼层和中间平台面等标高。

b）楼梯平面图中应标注楼梯上行和下行指示线及踏步数量。上行和下行指示线是以各层楼面（或地面）标高为基准进行标注的，踏步数量应为上行或下行楼层踏步数。

例 4－4－1　某 5 层住宅楼梯，层高 3 m，楼梯间开间 2700 mm，进深尺度 5400 mm，室内外地面高差为 700 mm，要求在底层平台下设出入口，墙厚为 240 mm，轴线居中，试设计一个封闭式的平行双跑楼梯。

解：

①根据题意可知，本楼梯为封闭式的住宅楼梯，其形式要求为平行双跑楼梯；

②根据表 4.4.2，暂定踏步高 h = 170 mm，则每层楼踏步数 N = 3000 mm/170 mm ≈

17.64，N 宜为偶数，故 N 取 18 级，而踏步高 $h = 3000\ \text{mm}/18 \approx 166.7\ \text{mm}$。按照 $2h + b = 600 \sim 620\ \text{mm}$，得出 $b = (600 - 2 \times 166.7)\text{mm} = 266.6\ \text{mm} \approx 270\ \text{mm}$，符合表 4.4.2 的范围要求；

③根据梯段长度 $L = (N/2 - 1) \times b$ 的公式得出，$L = (18/2 - 1) \times 270\ \text{mm} = 2160\ \text{mm}$；

④根据梯井宽 $C = 60 \sim 200\ \text{mm}$ 的要求，取 $C = 60\ \text{mm}$，而梯段宽 $B =$（开间尺寸 $- C - 2 \times$ 半墙厚）$/2 = (2700\ \text{mm} - 60\ \text{mm} - 2 \times 120\ \text{mm})/2 = 1200\ \text{mm}$；设扶手宽度为 60 mm，梯段净宽为 $1200 - 60/2 = 1170\ \text{mm} > 1100$，符合要求；

⑤因为中间平台宽 $D_1 \geqslant$ 梯段宽 B，且要求 $D_1 - 60$（扶手宽）$/2 \geqslant 1200$，所以确定 $D_1 = 1230\ \text{mm}$，而楼层平台宽度 $D_2 =$ 进深尺寸 $- D_1 - L - 2 \times$ 半墙厚，故 $D_2 = 5400\ \text{mm} - 1230\ \text{mm} - 2160\ \text{mm} - 2 \times 120\ \text{mm} = 1770\ \text{mm} > 1230\ \text{mm}$，符合要求；

⑥底层平台下做出入口时，净高 $H = N_1 \times h -$ 平台梁高，而平台梁高一般取值为 350 mm，故 $H = 9 \times 166.7\ \text{mm} - 350\ \text{mm} = 1150\ \text{mm} < 2000\ \text{mm}$，不满足净高要求。因此，需尝试以下解决办法：

a）降低底层平台下局部地坪标高。因题目要求室内外高差为 700 mm，故设底层平台下局部地面标高降为 −0.600 m，比室外地坪高 100 mm。

净高 $H = 1150\ \text{mm} + 600\ \text{mm} = 1750\ \text{mm} < 2000\ \text{mm}$，不满足净高要求。

b）将底层设计成长短跑楼梯。第一跑为长跑，其踏步数为 N_1，则 $N_1 \times 166.7\ \text{mm} - 350\ \text{mm}$（平台梁高）$\geqslant 2000\ \text{mm}$，得 $N_1 \geqslant 14.09$ 级，故 $N_1 = 15$ 级。

由此可得出：

第一跑梯段长 $L_1 = (N_1 - 1) \times b = (15 - 1) \times 270 = 3780$，$D_2 = 5400\ \text{mm} - 1230\ \text{mm} - 3780\ \text{mm} - 2 \times 120\ \text{mm} = 150\ \text{mm}$，小于梯段宽度 1230 mm，不可取。

c）结合前两种方法。

设第一跑踏步数为 N_1，同时降低底层平台下局部地坪标高到 −0.600 m，则 $N_1 \times 166.7\ \text{mm} - 350\ \text{mm} + 600\ \text{mm} \geqslant 2000\ \text{mm}$，所以 $N_1 \geqslant 10.2$ 级，取值 11 级。

第一跑梯段长 $L_1 = (N_1 - 1) \times b = (11 - 1) \times 270 = 2700$，$D_2 = 5400\ \text{mm} - 1230\ \text{mm} - 2700\ \text{mm} - 2 \times 120\ \text{mm} = 1230\ \text{mm}$，大于梯段宽度 1200 mm，满足要求，而 $N_2 = 18 - 11 = 7$ 级。

根据以上内容，绘制楼梯平面图及剖面图，如图 4.4.12 所示：

2. 钢筋混凝土楼梯

工程中，钢筋混凝土楼梯多为现浇，它是把楼梯段和平台整体浇筑在一起的楼梯类型。这种楼梯形式的结构整体性好，刚度大、坚固耐久，可塑性强，抗震性能好，但模板耗费大，施工工期长。一般适用于抗震要求较高、楼梯形式和尺寸特殊、施工吊装有困难的建筑。现浇钢筋混凝土楼梯按照楼梯结构形式分为板式楼梯和梁板式楼梯。

(1) 现浇钢筋混凝土板式楼梯

整个梯段相当于一块斜置于平台梁间的板。楼梯的荷载是由板传到平台梁，再由平台梁传到两端的支撑结构上。因此板式楼梯适用于梯段跨度不大，荷载相对较小的楼梯中。板式楼梯具有板底平齐，美观，便于施工、便于装修等优点，如图 4.4.13 所示。

(2) 现浇钢筋混凝土梁板式楼梯

楼梯的梯段是由板与斜梁组成。楼梯的荷载依次由板传到梯段的斜梁上，再由斜梁传到平台梁上，进而传到两端的支撑结构上。因此梁板式楼梯比板式楼梯能承受更大的荷载。梁板式楼梯节省材料，减轻了自重，但板底由于有梁突出不平整且施工相对较复杂。

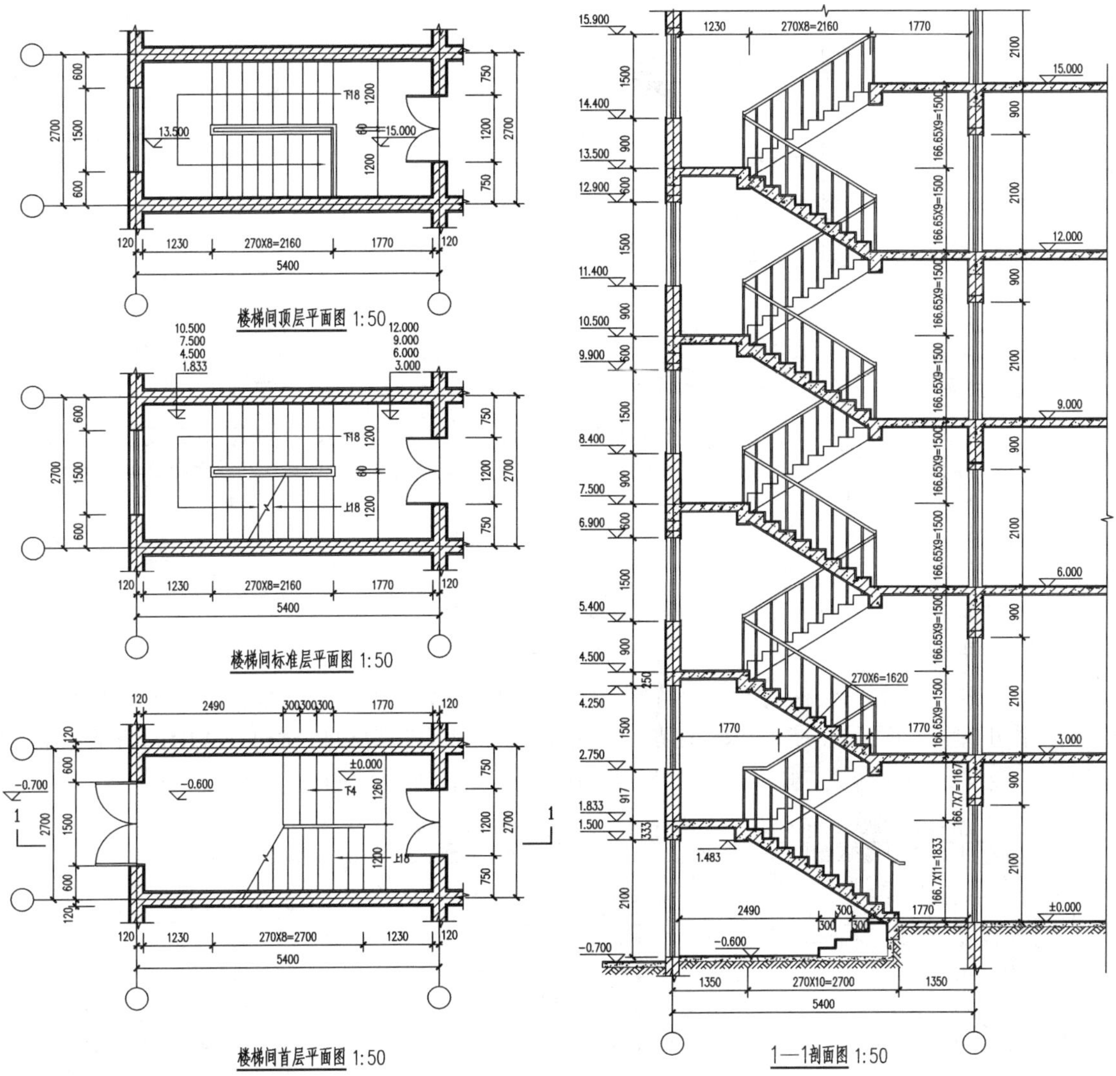

楼梯间顶层平面图 1:50
楼梯间标准层平面图 1:50
楼梯间首层平面图 1:50
1—1剖面图 1:50

图 4.4.12　楼梯平面图、剖面图

梁板式楼梯中根据斜梁与板的位置不同，又分为明步和暗步两种，如图 4.4.14 所示。

横段横剖面
平台梁

图 4.4.13　板式楼梯

3. 楼梯的细部构造

(1) 踏步面层及防滑措施

1) 踏步面层

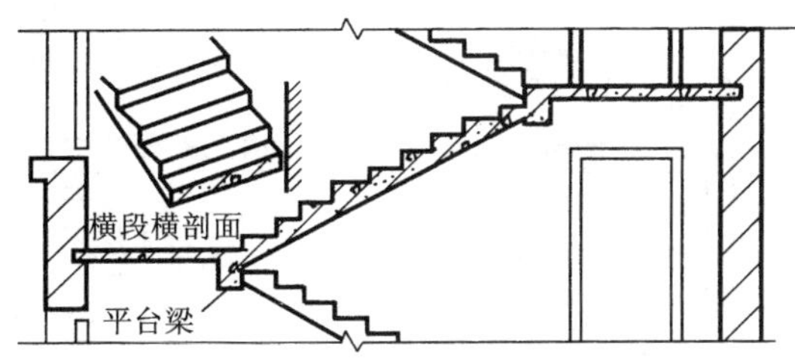

踏步由踏步面层(踏面)和踢面所构成。踏步面层要求平整光滑、便于行走、耐磨性好并便于清洁。踏步面层的材料一般与门厅或走道的楼地面相同，并满足室内空间的整体装饰要求，常用的踏步面层有水泥砂浆、水磨石、天然或人造石材、缸砖等。为了适应人在踏步上行走舒适，踏面可适当放宽 20 mm 做成踏口或将踢面做成倾斜。

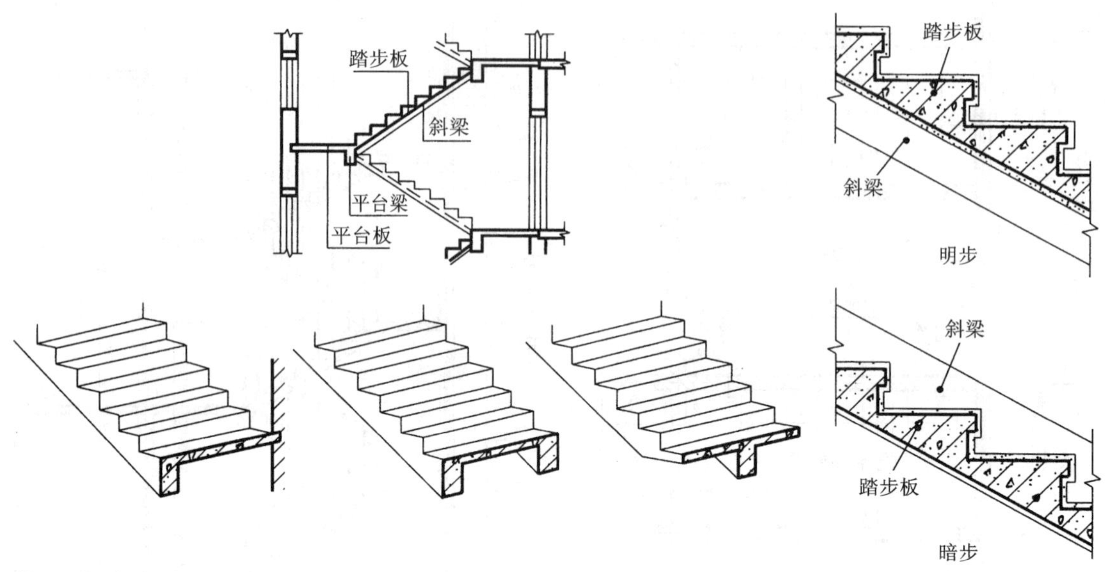

图 4.4.14　梁板式楼梯

2)防滑措施

为防止人们在上下楼梯时滑倒，特别是面层材料比较光滑或人流量比较大时，踏步表面应做防滑处理，如图 4.4.15 所示，在踏口处填嵌防滑条或防滑包口材料，常用的防滑材料有金刚砂、金属条、马赛克、缸砖等。在踏步两端接近栏杆处或墙边，一般不设防滑条。

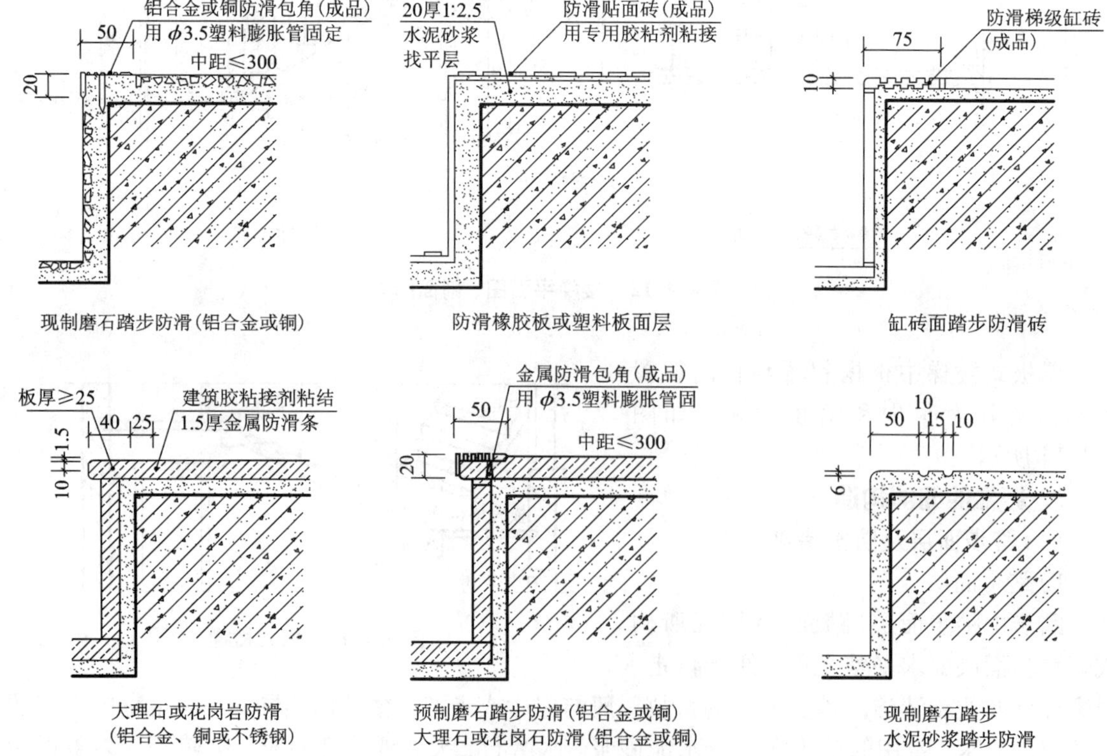

图 4.4.15　踏步面层及防滑措施

(2)楼梯栏杆、栏板和扶手

栏杆扶手是楼梯边沿处的围护构件。它通常只在楼梯梯段和平台的临空一侧设置，但梯段宽度达到三股人流时，应在靠墙一侧增设靠墙扶手；当梯段宽度达到四股人流时，须在中间增设栏杆扶手。

栏杆扶手主要起保护、依附和装饰等功能，所以在设计和施工时，应考虑让楼梯栏杆具有坚固、安全、适用、美观等性能。

1)栏杆、栏板

楼梯栏杆按其构造的不同，有空花式栏杆、栏板式栏杆和组合式栏杆等；按其材料的不同，有钢筋楼梯栏杆、不锈钢楼梯栏杆、钢木楼梯栏杆、混凝土栏板楼梯栏杆等。如图 4. 4. 16 所示。有儿童活动的场所，为防止儿童穿过栏杆空档发生危险，栏杆垂直杆件间的净距不应大于 110 mm，且不应采用易于攀登的花式。栏杆与梯段应有可靠的连接，连接方法主要有预埋件焊接、预留孔洞插接和螺栓连接等，如图 4. 4. 17 所示。

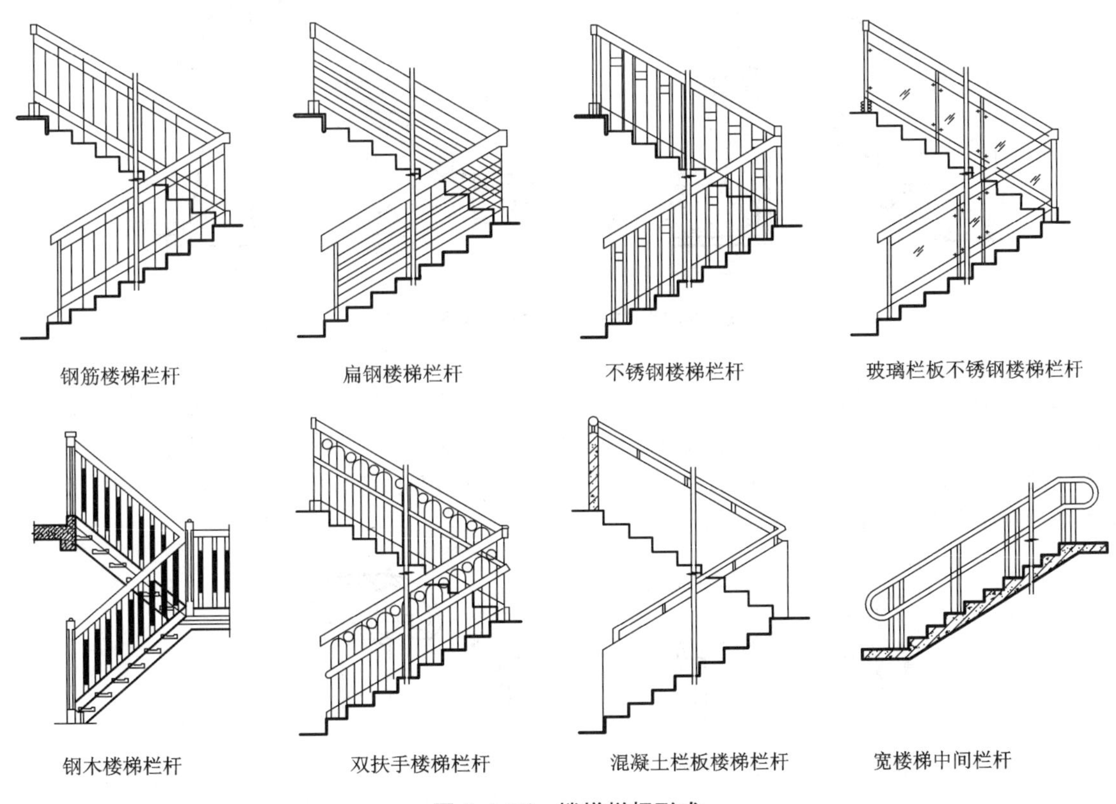

图 4. 4. 16　楼梯栏杆形式

栏板主要采用现浇或预制的钢筋混凝土板、钢丝网水泥板、砖砌栏板、有机玻璃或钢化玻璃等实体材料制作。当采用砖砌栏板时，宜采用高强度等级的水泥砂浆砌筑 1/2 砖或 1/4 砖栏板，并在适当部位加设拉筋，在顶部浇筑钢筋混凝土把它连成整体，以加强强度，如图 4. 4. 18 所示。

2)扶手

楼梯扶手一般用硬木、塑料、圆钢管等材料制作。作为栏杆顶部的扶手，应与栏杆有可

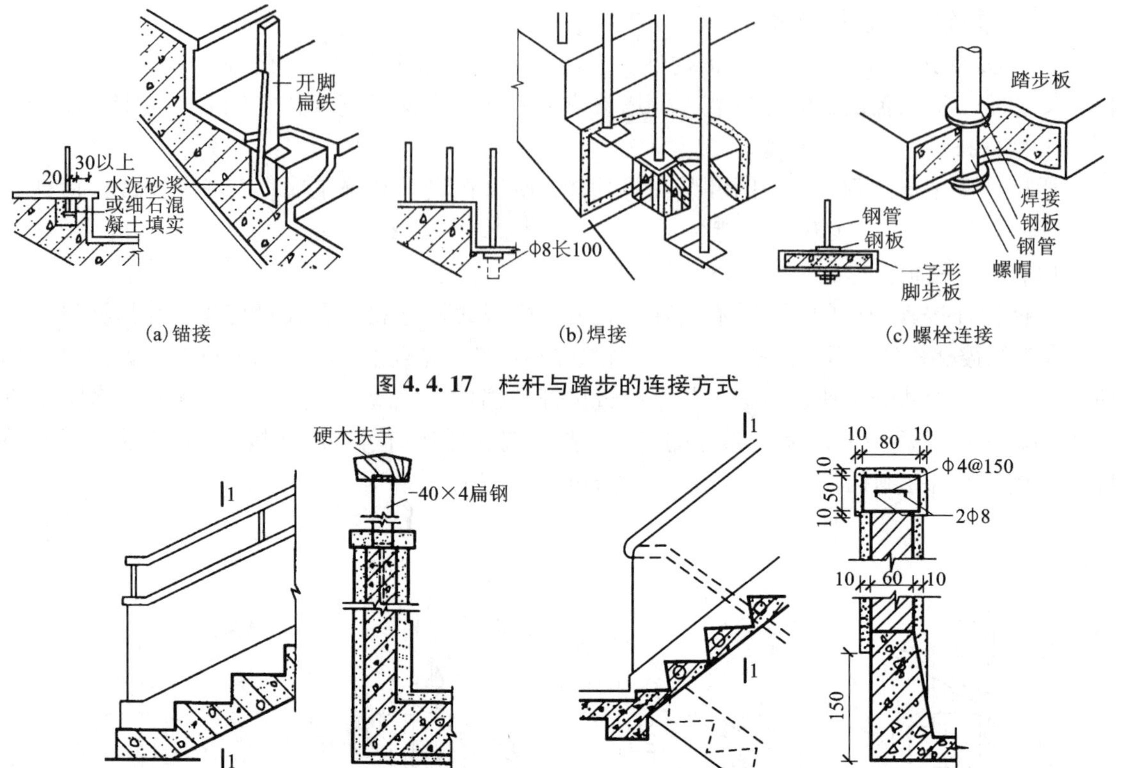

图 4.4.17　栏杆与踏步的连接方式

图 4.4.18　栏板、栏杆及扶手构造

靠的连接，连接方法视扶手材料而定。硬木扶手与金属栏杆的连接一般通过木螺丝拧在栏杆上部的通长扁铁上；塑料扶手通过预留的卡口直接卡在扁铁上；圆钢管扶手则直接焊接在金属栏杆的顶面上。而靠墙扶手常通过铁脚使扶手与墙得以相互联接，如图 4.4.19 所示。图 4.4.20 是为幼儿增设的栏杆构造图。

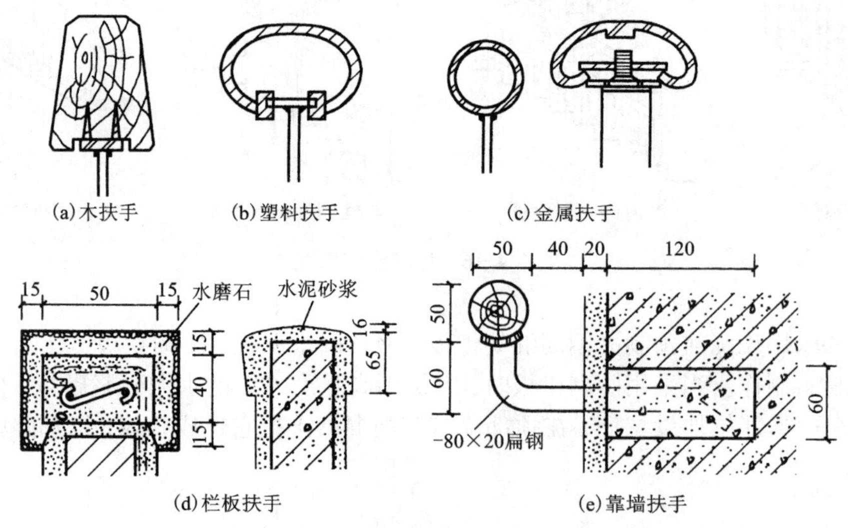

图 4.4.19　栏杆及栏板的扶手构造

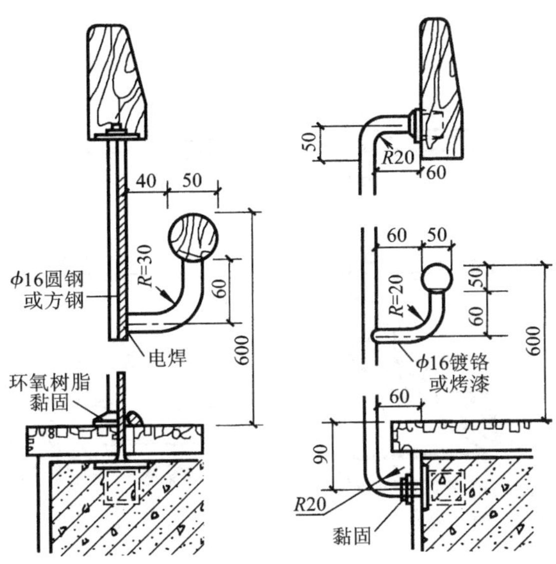

图 4.4.20　幼儿栏杆、扶手构造

顶层平台上的水平扶手端部与墙体的连接，一般是在墙上预留孔洞，用细石混凝土或水泥砂浆填实；也可将扁钢用木螺丝固定在墙内预埋的防腐木砖上；当为钢筋混凝土墙或柱时，则可预埋铁件焊接，如图 4.4.21 所示。

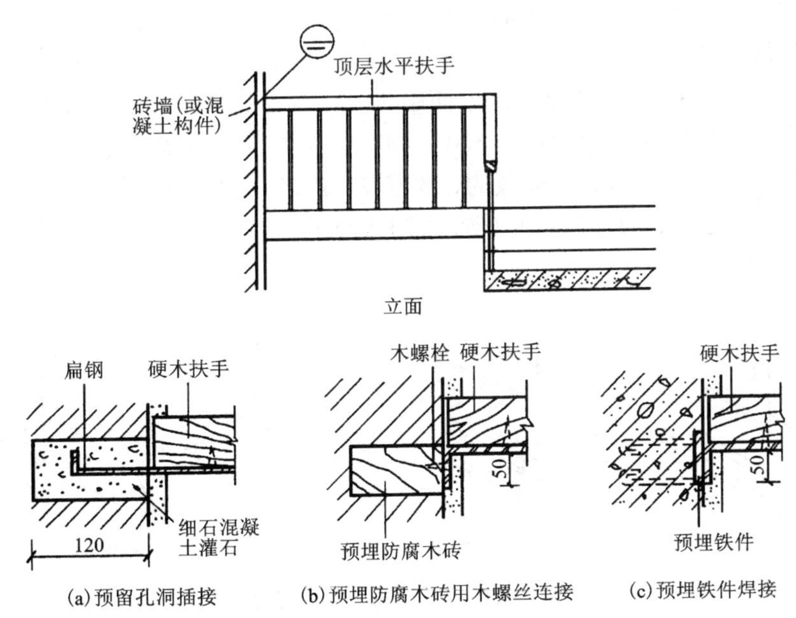

(a)预留孔洞插接　(b)预埋防腐木砖用木螺丝连接　(c)预埋铁件焊接

图 4.4.21　扶手端部与墙的连接

(3)楼梯基础的构造

钢筋混凝土楼梯底层的第一个楼梯段不能直接搁置在地坪层上，需在其下面设置基础。

其做法有两种：一种是直接设砖、石或混凝土基础；另一种是楼梯支承在钢筋混凝土地基梁上，如图 4. 4. 22 所示。

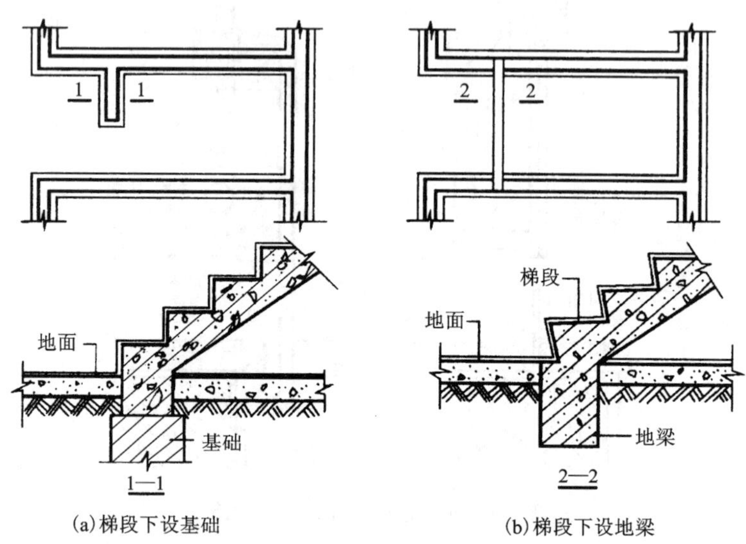

(a)梯段下设基础 (b)梯段下设地梁

图 4. 4. 22 梯基的构造

4. 室外台阶与坡道

室外台阶与坡道是设在建筑物出入口的垂直交通设施，用来解决建筑物室内外的高差问题。一般建筑物多采用台阶，当有车辆出入或高差较小时，可采用坡道。

(1) 台阶与坡道的形式

台阶由踏步和平台组成。其形式有单面踏步式、三面踏步式等。台阶坡度较楼梯平缓，每级踏步高为 100 ~ 150 mm，踏面宽为 300 ~ 400 mm。当台阶高度超过 1 m 时，宜有护栏设施。坡道多为单面坡形式，也有三面坡的，坡道坡度应以有利推车通行为佳，一般为 1∶10 ~ 1∶8。有些大型公共建筑，为考虑汽车能在大门入口处通行，常采用台阶与坡道相结合的形式，如图 4. 4. 23 所示。

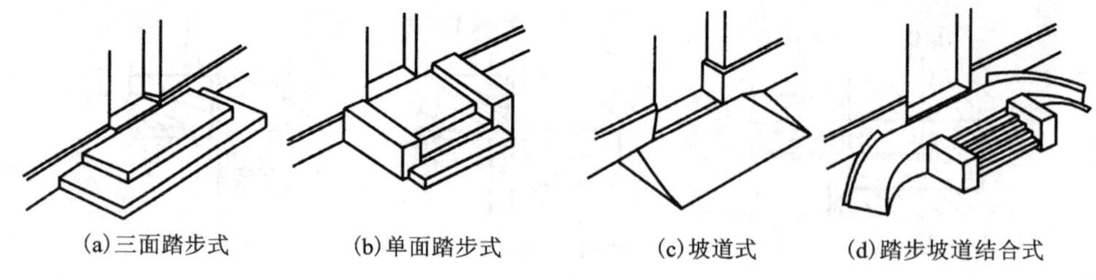

(a)三面踏步式 (b)单面踏步式 (c)坡道式 (d)踏步坡道结合式

图 4. 4. 23 台阶与坡道的形式

(2) 台阶构造

台阶顶部平台的宽度应大于所连通的门洞宽度，一般每边至少宽出 500 mm；室外台阶顶部平台的深度不应小于 1000 mm。台阶的坡度较小，踏步的踏面宽度为 300 ~ 400 mm，踢面高度不应大于 100～150 mm，如图 4. 4. 24 所示。同时，为防止室外台阶雨水倒流，台阶表面应做 1% ～2% 的外排水坡。

台阶应等建筑物主体工程完成后再进行施工，并与主体结构之间留出约 10 mm 的沉降缝。台阶构造与地坪构造相似，由面层和结构层构成。结构层材料应采用抗冻、抗水性能好且质地坚实的材料，常见的台阶基础有就地砌造、勒脚挑出、桥式三种。台阶踏步有砖砌踏步、混凝土踏步、钢筋混凝土踏步等，如图 4. 4. 25 所示。

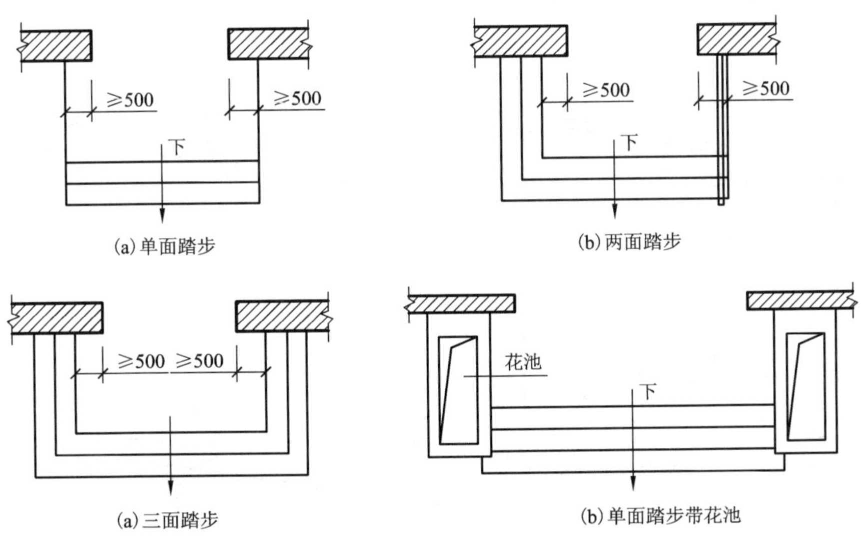

图 4. 4. 24　室外台阶的形式及部分尺度要求

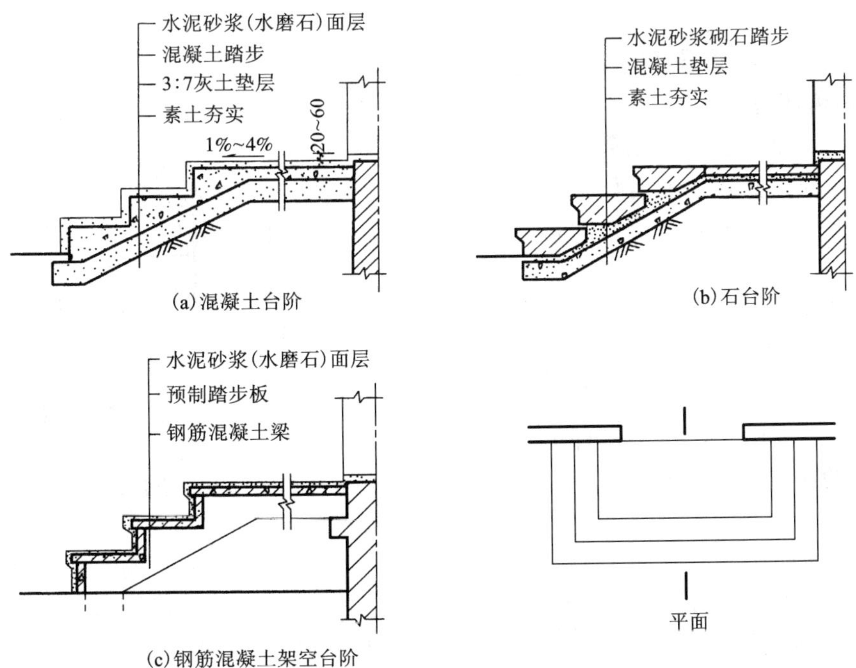

图 4. 4. 25　台阶构造

(3) 坡道构造

坡道主要供车辆行驶使用，可单独设置，也可与台阶结合设置。坡道的构造与台阶基本相同，垫层的强度和厚度应根据坡道上的荷载来确定，季节冰冻地区的坡道需在垫层下设置非冻胀层。坡道面层的做法应考虑行人或行车的安全性，材料常见的有混凝土或石块等，面层亦以水泥砂浆居多，对经常处于潮湿、坡度较陡或采用水磨石作面层的，坡道的表面一般必须作防滑处理，如图 4. 4. 26 所示。坡道坡度的设置和面层材料有关，光滑面层坡道坡度不大于 1∶12，粗糙面层坡道不大于 1∶6，带防滑齿的坡道不大于 1∶4。

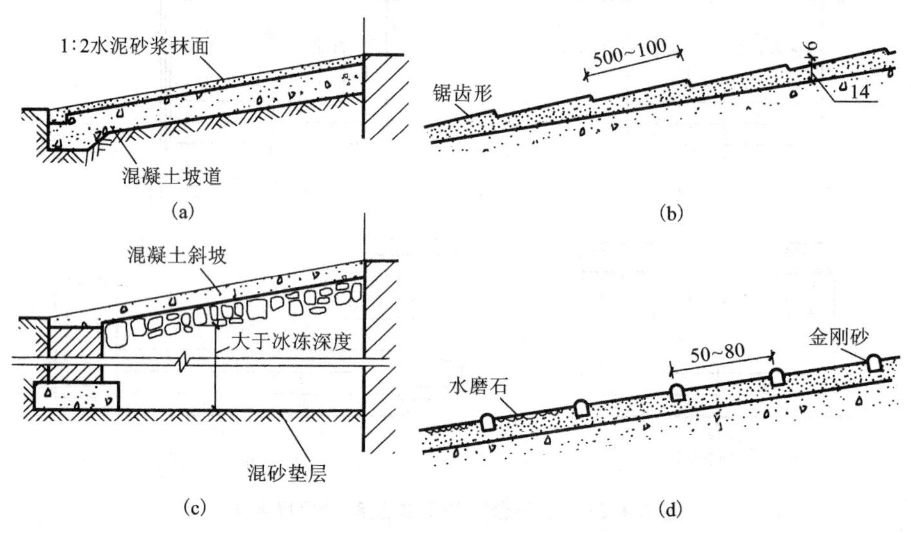

图 4. 4. 26　坡道构造

5. 有高差处无障碍设计的构造问题

(1) 无障碍坡道

有高差处无障碍设计的服务对象是下肢残疾及视力残障的人员。无障碍设计的主要方式是采用坡道来代替楼梯和台阶及对楼梯采取特殊构造处理。

建筑入口为无障碍入口时，入口室外的地面坡度不应大于 1∶50。供轮椅通行的坡道应设计成直线形、直角形或折返形，不宜设成弧形。坡道的两侧应设扶手。在扶手栏杆下端设高不小于 50 mm 的坡道安全挡台，如图 4. 4. 27 所示。不同位置的坡道的坡度及宽度应符合表 4. 4. 3 所示。

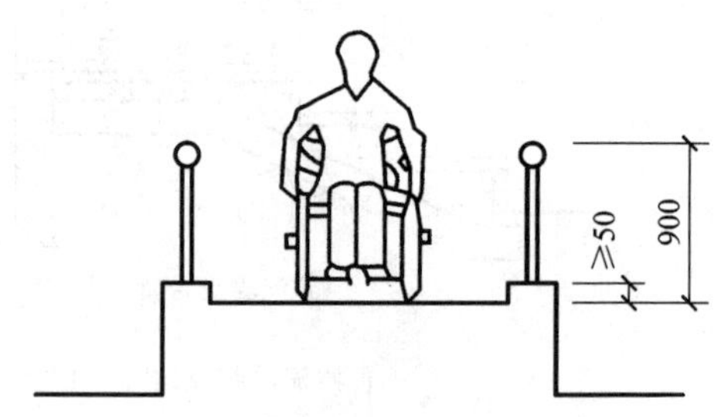

图 4. 4. 27　坡道扶手和安全挡台

坡道的坡面应平整，不应光滑。坡道的起点、终点和休息平台的水平长度不应小于 1. 50 m。人行通路和室内地面应平整、不光滑、不松动、不积水。使用不同的材料铺装地面应相互取平，如有高差时不应大于 15 mm，并应以斜面过渡，如图 4. 4. 28 所示，为坡道的起点、终点和休息平台的水平长度。

表 4.4.3 不同位置的坡道的坡度及宽度

坡道位置	最大坡度	最小宽度/m
有台阶的建筑入口	1:12	≥1.20
只设坡道的建筑入口	1:20	≥1.50
室内走道	1:12	≥1.00
室外通道	1:20	≥1.50
困难地段	1:10～1:8	≥1.20

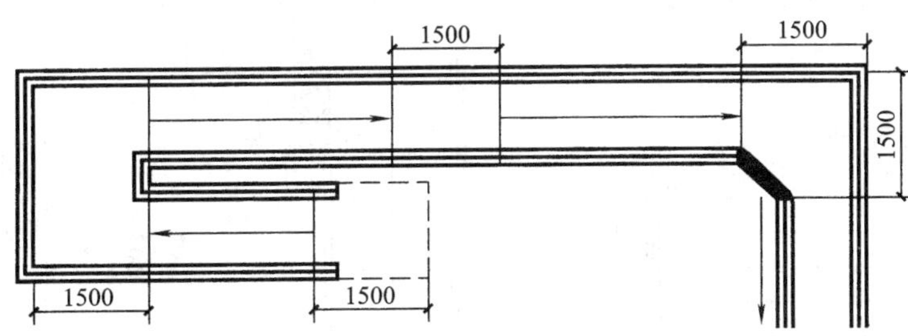

图 4.4.28 坡道的起点、终点和休息平台的水平长度

(2)残疾人使用的楼梯与台阶

残疾人使用的楼梯与台阶应从各方面考虑安全性，其设计要求见表 4.4.4、4.4.5 所示。

表 4.4.4 残疾人使用的楼梯与台阶的设计要求

类别	设计要求
楼梯与台阶形式	1. 应采用有休息平台的直线形梯段和台阶
	2. 不应采用无休息平台的梯段和弧形楼梯
	3. 不应采用无踢面和突缘为直角形踏步
宽度	1. 公共建筑，梯段宽不应小于 1.50 m
	2. 居住建筑，梯段宽不应小于 1.20 m
扶手	1. 楼梯两侧应设扶手
	2. 从三级台阶起应设扶手
踏面	1. 应平整而不光滑
	2. 明步踏面应设高不小于 50 mm 安全挡台
盲道	距踏步起点和终点 25～30 cm 应设提示盲道
颜色	踏面与踢面地的颜色应有区分和对比

表 4.4.5　不同坡度高度和水平长度

坡度	1∶20	1∶16	1∶12	1∶10	1∶8
最大高度/m	1.50	1.00	0.75	0.60	0.35
水平长度/m	30.00	16.00	9.00	6.00	2.80

1）残疾人使用的楼梯形式及尺度

残疾人使用的楼梯应采用有休息平台的直线形梯段，如图 4.4.29 所示。

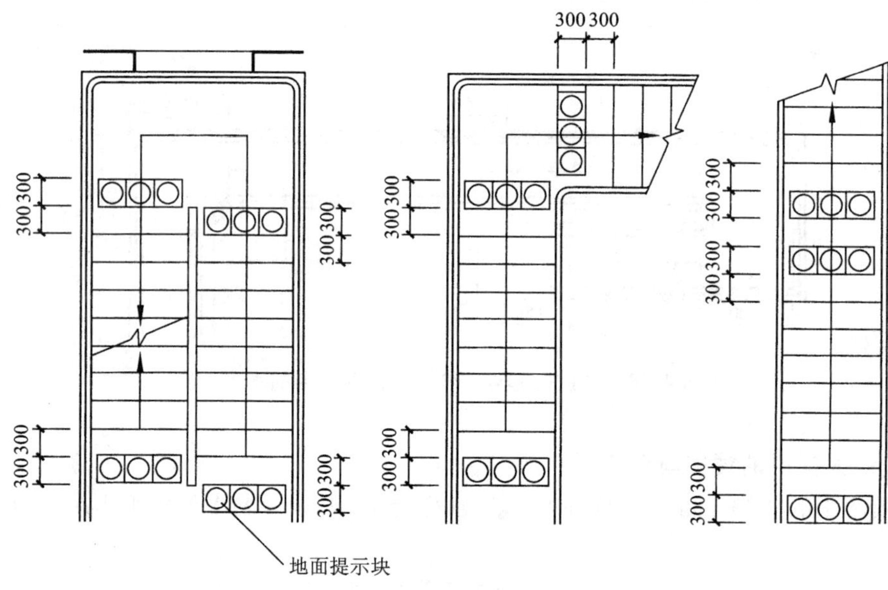

图 4.4.29　楼梯形式及尺度

2）踏步细部处理

楼梯、台阶踏步的宽度和高度见表 4.4.6。梯段凌空一侧翻起不小于 50 mm；踏步无突缘，如图 4.4.30 所示。

表 4.4.6　楼梯、台阶踏步的宽度和高度

建筑类别	最小宽度/m	最大高度/m
公共建筑楼梯	0.28	0.15
住宅、公寓建筑公用楼梯	0.26	0.16
幼儿园、小学楼梯	0.26	0.14
室外台阶	0.30	0.14

3）楼梯、坡道的扶手、栏杆

楼梯的扶手应便于抓握，在两侧要设置连续扶手，高度为 900 mm。当设两层扶手时，下

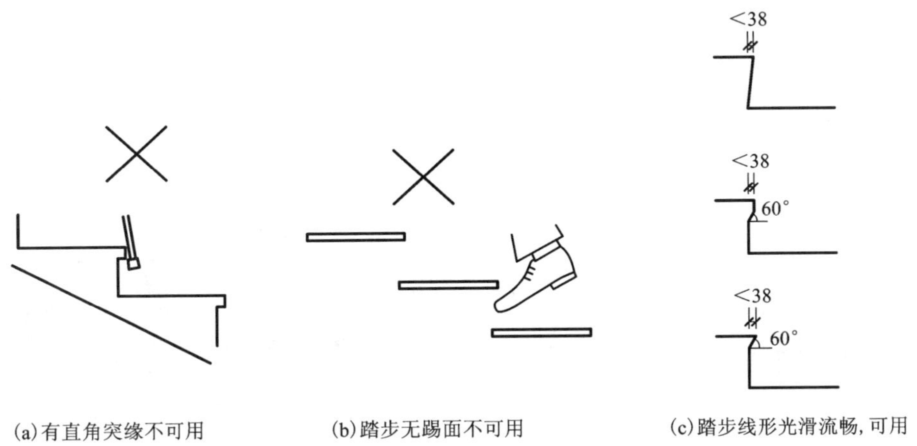

图 4.4.30　踏步的构造形式

层扶手高应为650 mm；扶手在梯段起点处及终点处外伸大于或等于300 mm，栏杆式扶手应向下成弧形或延伸到地面上固定。若设置靠墙扶手，为方便抓握，扶手与墙之前应留有不小于40 mm的空隙，如图4.4.31所示。

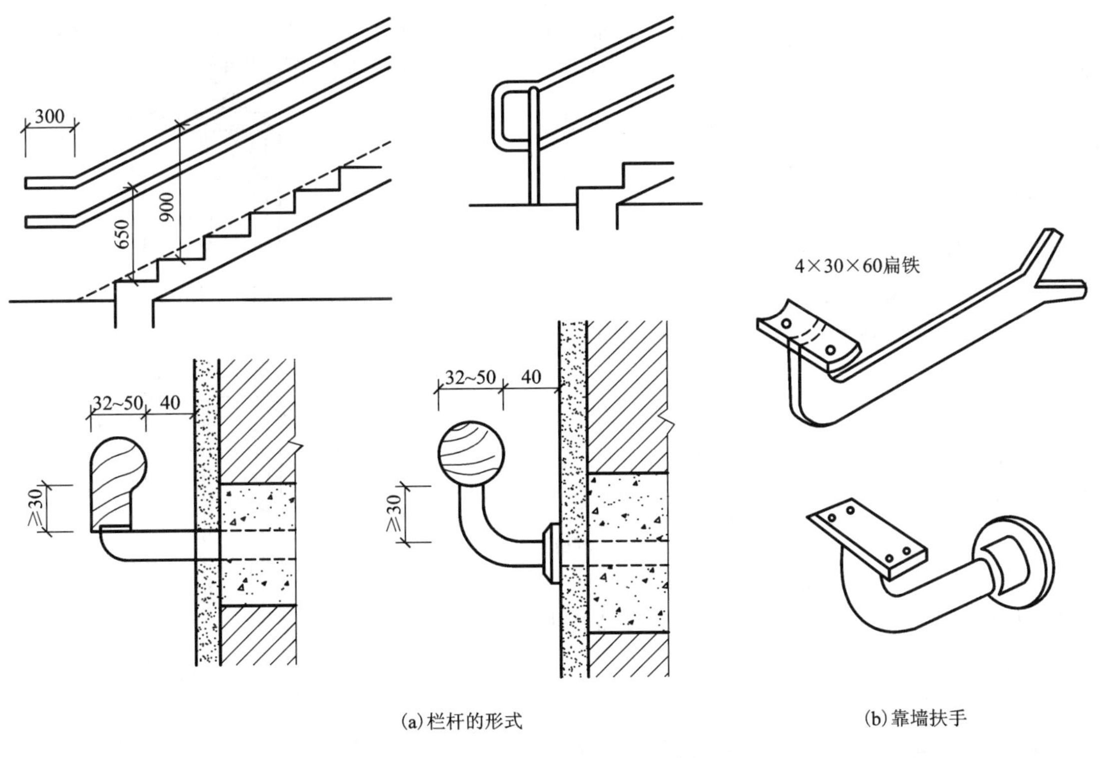

图 4.4.31　栏杆、扶手示例

6. 电梯与自动扶梯简介

(1) 电梯

电梯是在多、高层民用建筑中的一种快捷、便利的垂直交通设施。电梯分客梯和货梯两大类；此外还有医院专用电梯、观光电梯、小型杂物梯等。电梯的数量、种类、载重量和速度，根据使用功能和运载量确定。高层建筑除设置普通电梯外，一般还要配备消防电梯，如图 4.4.32 所示，为电梯的种类示意图。

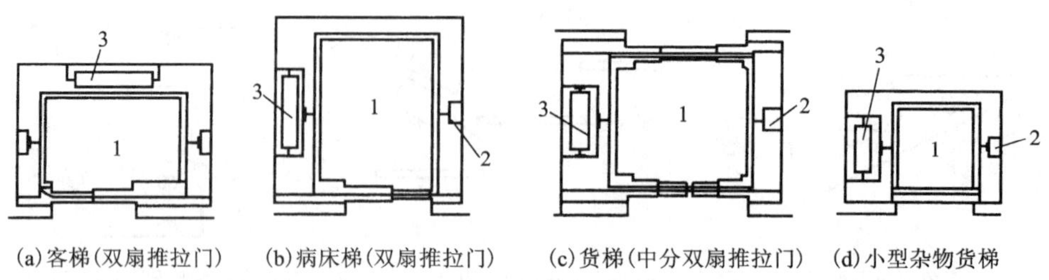

(a)客梯(双扇推拉门)　(b)病床梯(双扇推拉门)　(c)货梯(中分双扇推拉门)　(d)小型杂物货梯

图 4.4.32　电梯种类示意图

1—电梯箱；2—导轨刃撑架；3—平衡重

1)电梯的设备构成

电梯设备通常由轿厢、平衡重和起重设备三个主要部分构成。

轿厢直接用作载人或载货。轿厢的内表面应耐磨，坚固，易于清洗。轿厢由梯厂生产加工后运到现场安装。

平衡重由数个重块叠合而成，它的重量等于轿厢自重加 40% 载重量。

电梯的起重设备包括动力、传动和控制三部分，如图 4.4.33 所示，为电梯的设备构成。

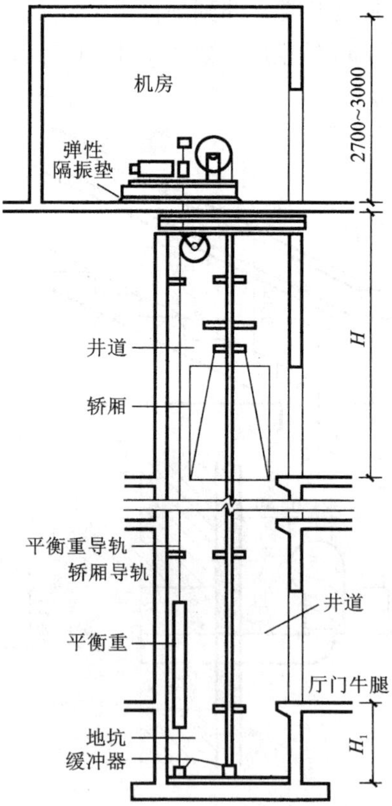

图 4.4.33　电梯的设备构成

2)电梯的土建构造要求

电梯的设备构成要求土建上设有井道、地坑和机房三部分。

①井道

电梯井道是电梯运行的通道。井道平面是依据轿厢的大小和形状而定，其顶层净空要求在 4500 ~ 6000 mm。每层有出入口，也称电梯厅门，出入口处地面应向井道挑出牛腿。井内设有导轨和导轨撑架，电梯导轨由井道壁上的导轨撑架固定，供轿厢和平衡重上下滑动。

井道有开敞和封闭式两种，开敞式井道可采用各种透明玻璃围护。井道的构造应重点解决防火、隔声、通风及检修等问题。

②机房

通常机房设在井道的上部，用来安装电梯的驱动和控制设备部分。其净空要求在 2700 ~ 3000 mm。应通风良好和有安全照明等，电梯井道和机房不宜与主要用房贴邻布置，否则应采取适当的隔振、隔声措施。

③地坑

地坑位于井道最下面，坑底设缓冲器和排水设施。其净空要求为 1400～3000 mm。为了方便维修，应设检修门爬梯。一般客梯的机房和井道的基本尺寸见表 4.4.7 所示。

表 4.4.7　一般客梯的机房和井道的基本尺寸

<table>
<tr><th rowspan="3">额定起重量/kg</th><th rowspan="3">乘客/人</th><th rowspan="3">额定速度/(m·s⁻¹)</th><th colspan="2">井道尺寸/mm</th><th colspan="4">机房尺寸/mm</th><th colspan="2">门口尺寸/mm</th></tr>
<tr><th rowspan="2">宽 B</th><th rowspan="2">长 L</th><th colspan="2">单台</th><th colspan="2">双台</th><th colspan="2">B2</th></tr>
<tr><th>B1</th><th>L1</th><th>B1</th><th>L1</th><th>中分推拉门</th><th>双扇推拉门</th></tr>
<tr><td rowspan="2">500</td><td rowspan="2">7</td><td rowspan="2">1.0</td><td rowspan="2">1900</td><td rowspan="2">1750</td><td>3000</td><td>3000</td><td>4000</td><td>4500</td><td rowspan="2">900</td><td rowspan="2">1000</td></tr>
<tr><td>4000</td><td>4000</td><td>5500</td><td>6000</td></tr>
<tr><td rowspan="2">750</td><td rowspan="2">10</td><td rowspan="2">1.0</td><td rowspan="4">2200</td><td rowspan="2">1850</td><td>3500</td><td>3500</td><td>4500</td><td>5000</td><td rowspan="4">1000</td><td rowspan="4">1000</td></tr>
<tr><td>4000</td><td>4500</td><td>5500</td><td>6500</td></tr>
<tr><td rowspan="2">1000</td><td rowspan="2">14</td><td rowspan="2">1.0</td><td rowspan="2">2150</td><td>3500</td><td>3500</td><td>4500</td><td>5000</td></tr>
<tr><td>4000</td><td>4500</td><td>5500</td><td>6500</td></tr>
</table>

(2) 自动扶梯

自动扶梯适用于车站、码头、空港、商场等人流量大的建筑层间，是连续运输效率高的载客设备。自动扶梯可正、逆方向运行，停机时可当作临时楼梯行走。平面布置可单台设置或双台并列，如图 4.4.34 所示。

自动扶梯的机房悬挂在楼板下面，楼层下做装饰外壳，底层则做地坑。机房上方的自动扶梯口处应做活动地板，以利检修，地坑应作防水处理。

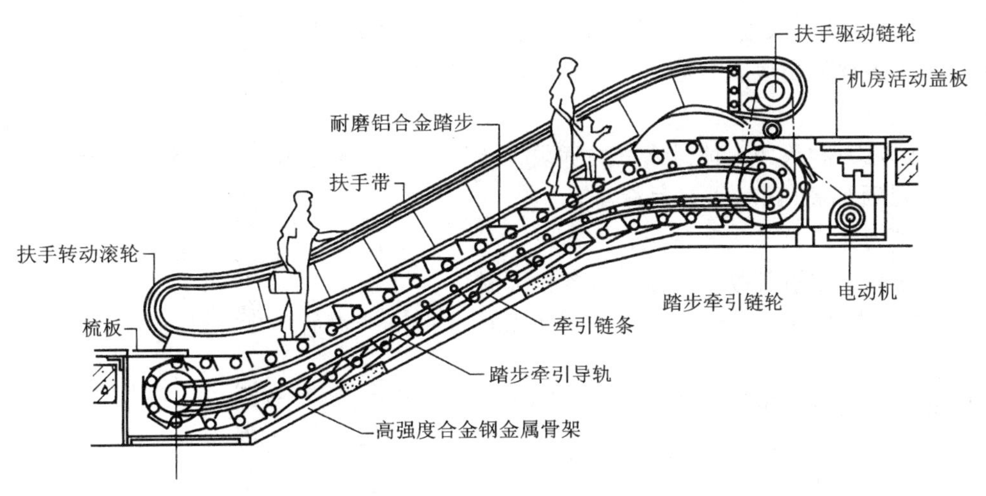

图 4.4.34　自动扶梯示意图

小　结

本部分完成的任务是楼梯构造详图的认知与表达。重点讨论钢筋混凝土楼梯及楼梯的细部构造以及室外台阶与坡道、无障碍设计、电梯的构造等。

1. 楼梯作为建筑物垂直交通设施之一，应满足交通和疏散的要求，一般由楼梯段、平台及栏杆(或栏板)三部分组成。梯段、踏步、平台、净空高度等多个尺寸均应满足相关要求。

2. 钢筋混凝土楼梯包括现浇钢筋混凝土楼梯和预制钢筋混凝土楼梯，现浇钢筋混凝土楼梯根据楼梯段的传力与结构形式的不同，分成板式和梁板式楼梯两种。预制钢筋混凝土楼梯由组成楼梯的构件尺寸及装配的程度，大致可分为小型构件装配式和中大型构件装配式两大类。

3. 台阶由踏步和平台组成。其形式有单面踏步式、三面踏步式等。台阶坡度较楼梯平缓，每级踏步高为100～150 mm，踏面宽为300～400 mm。当台阶高度超过1 m时，宜有护栏设施。

4. 坡道多为单面坡形式，极少三面坡的，坡道坡度应以有利推车通行为佳，一般为1/10～1/8，也有1/30的。还有些大型公共建筑，为考虑汽车能在大门入口处通行，常采用台阶与坡道相结合的形式。

5. 对于住宅七层以上(含七层)、或住户入口楼面距室外设计地面的高度超过16 m、或标准较高的建筑和有特殊需要的建筑等，一般设置电梯。电梯的组成一般由电梯井道、电梯机房、井道地坑及其他有关零部件。

任务5　屋面排水与节点构造详图的认知与表达

任务要求

1. 参考图1.1.1(八)所示屋顶平面图，绘制五层住宅建筑屋顶平面图(一层平面图如图4.3.1所示，除雨篷、楼梯外，楼层平面图同一层平面图)，比例1∶100。

(1)画出各坡面交线、女儿墙、天沟、雨水口、屋面出入口等，刚性防水屋面应画出纵横分格缝；

(2)标注屋面和天沟内的排水方向和坡度大小，标注屋面出入口等突出屋面部分的有关尺寸，标注屋面标高(结构上表面标高)；

(3)标注主要定位轴线和编号；

(4)标注详图索引符号，并注明图名和比例。

2. 绘屋顶节点详图：比例1∶10或者1∶20(画出下列中的任2个详图，其他用标准图集索引)。

(1)女儿墙檐口构造；

(2)泛水构造(标注屋顶构造做法)；

(3)雨水口构造；

(4)刚性防水屋面分格缝构造。

问题引入

1. 屋顶的作用、分类和要求有哪些?
2. 平屋顶的排水方式有哪几种? 什么是有组织排水和无组织排水? 其适应范围如何?
3. 平屋顶坡度是如何形成的? 什么是材料找坡和结构找坡?
4. 柔性防水屋面的构造组成一般有哪些? 其作用如何?
5. 什么是泛水? 泛水的构造要点有哪些?
6. 什么是刚性防水屋面? 刚性防水屋面为什么要设置分格缝和隔离层? 其设置要求如何?
7. 平屋顶的保温和隔热做法有哪些?
8. 传统建筑中的坡屋顶承重结构方式有哪些?
9. 现行建筑中的坡屋顶支承结构是什么? 坡屋面的构造组成如何?
10. 现行建筑中的坡屋顶的细部构造有哪些?
11. 节能屋面构造有哪些? 并举例说明其构造做法。
12. 变形缝的作用是什么? 有哪些类型?
13. 伸缩缝、沉降缝、防震缝如何设置? 其宽度一般为多少? 缝的间距与哪些因素有关?
14. 基础沉降缝构造处理有哪几种?
15. 查阅标准图集变形缝构造做法。

实践指导

1. 确定屋面坡度的形成方法和坡度大小

平屋顶屋面坡度形成的办法有材料找坡和结构找坡两种。规范规定：当屋面跨度大于18 m 时应采用结构找坡来满足排水坡度的要求。在民用建筑中，由于跨度一般都不大，除坡屋面和一些室内使用要求不高的建筑外一般均采用材料找坡。

屋面找坡可以做四坡水或者二坡水。做四坡水时，沿屋顶四周做檐沟，将屋面雨水汇集，经雨水口和水落管(即雨水管)排走。做二坡水时，在屋顶纵向二侧做檐沟将屋面雨水汇集，或者在屋面与女儿墙相交处做纵坡坡向雨水口，雨水经雨水口和水落管排走，为了防止雨水沿山墙溢出和各个建筑立面效果的统一，在山墙处也要设女儿墙或者设挑檐。

屋面的排水坡度的大小与防水材料类型、年降雨量大小和其他使用要求有关。一般而言，当平屋面采用结构找坡时，坡度宜为3%；当平屋面采用材料找坡时，坡度宜为2%。卷材屋面的坡度不宜超过25%，以防止卷材下滑；当不能满足坡度要求时，应采取措施防止卷材下滑。

2. 确定排水方式，划分排水区域

(1)确定排水方式：屋面排水方式分为有组织排水和无组织排水两类。在年降雨量小于或等于900 mm 的地区、檐口高度大于10 m 时，或年降雨量大于900 mm 的地区、当檐口高度大于8 m 时，应采用有组织排水。有组织排水广泛应用于多层及高层建筑、高标准底层建筑、临街建筑及严寒地区的建筑。

有组织排水通常有外排水及内排水之分。内排水多用于多跨房屋、高层建筑以及有特殊需要的建筑。其他建筑宜优先考虑采用外排水方式。

外排水方式通常有檐沟外排水和女儿墙外排水两种方案。檐沟外排水是使屋面雨水直接流入挑檐沟内，沿沟内纵坡流入雨水口，再流入水落管。檐沟外排水是一种常用的排水方案，其排水通畅，但施工较为麻烦。女儿墙外排水是将女儿墙与屋面交接处做出1%的纵坡，雨水沿此纵坡流向雨水口，再流入水落管。女儿墙外排水也是一种常用的排水方案，施工较为简便，经济性较好，建筑体型简洁，但排水不畅，易渗漏。

(2)划分排水区域。排水区域划分应尽可能规整，面积大小应相当，以保证每个水落管排水面积负荷相当。在划分排水区域时，每块区域的面积宜小于200 m，以保证屋面排水通畅，防止屋面雨水积蓄。划分排水区域时，要考虑到雨水口设置位置。雨水口设置位置要注意尽量避开门窗洞口和入口的垂直上方位置，一般设置在窗间墙部位。雨水口间距一般在18～24 m之间。

3. 确定檐沟的断面形状、尺寸以及檐沟的坡度

檐沟一般采用出墙面的外挑形式，在确定断面形状时要考虑到檐沟对立面效果的影响。同时由于是悬挑构件，表达时须防止倾覆。常采用的形式有现浇式、预制搁置式和自重平衡式。

檐沟外壁高度一般在200～300 mm，分水线处最小深度不小于120 mm，由于檐沟对建筑立面效果影响较大，也可根据表达要求适当加高。檐沟净宽不小于200 mm，悬挑出墙体部分的长度一般可取400～600 mm。檐沟纵向坡度宜为0.5%～1%，用石灰炉渣等轻质材料垫置起坡。沟底水落差不得超过200 mm。

4. 确定水落管所用材料、口径大小，布置水落管

水落管管材通常有铸铁、镀锌铁皮、塑料、PVC和陶瓷等。选择管材时，要结合经济效益、立面要求、当地材料供应情况和通常做法综合考虑。

水落管的管径有75 mm、100 mm、125 mm等几种。选择水落管管径时，应根据汇水面积确定，一根水落管最大汇水面积宜小于200 m^2，一般选用100 mm管径的水落管。

水落管距离墙面不应小于20 mm，其排水口距离水坡的高度不应大于200 mm。

5. 屋面节点构造表达

(1)女儿墙、檐口节点表达。卷材防水屋面的檐口应增铺附加层。当采用沥青防水卷材时应增设一层卷材；当采用高聚物改性沥青防水卷材或合成高分子防水卷材时宜采用防水涂膜增强层。檐口与屋面交接处的附加层宜空铺，空铺宽度应为200 mm。檐沟卷材收头应固定密封。刚性防水屋面细石防水层与檐沟的交接处应留凹槽，并应用密封材料封严。

(2)泛水节点表达。铺贴泛水处的卷材应采取满粘法。泛水收头应根据泛水高度和墙体材料确定收头密封形式。泛水宜采取隔热防晒措施，可在防水卷材面砌砖后抹水泥砂浆或浇细石混凝土保护，也可采用涂刷浅色涂料或粘贴铝箔保护层。

刚性防水屋面防水层与山墙、女儿墙交接处应留宽度为30 mm的缝隙，并应用密封材料嵌填；泛水处应铺设卷材或涂膜附加层。

(3)雨水口节点表达。雨水口杯宜采用铸铁或塑料制品。雨水口杯埋设标高应考虑雨水口设防时增加的附加层和柔性密封层的厚度及排水坡度加大的尺寸。雨水口周围直径500 mm范围内坡度不应小于5%，并应用防水涂料或密封材料涂封，其厚度不小于2 mm。雨水口杯与基层接触处应留宽20 mm、深20 mm凹槽，并用密封材料嵌填。

(4)刚性防水屋面分隔缝构造设置。分格缝应设置在装配式结构屋面板的支承端，屋面

转折处、与立墙的交接处。分格缝的纵横间距不宜大于6 m。

分格缝的位置：屋脊处应设一纵向分格缝；横向分格缝每开间设一道，并与装配式屋面板的板缝对齐；沿女儿墙四周也应设分隔缝。其他突出屋面的结构物四周均应设置分格缝。防水层内的钢筋在分格缝处应断开；屋面板缝用浸过沥青的木丝板等密封材料嵌填，缝口用油膏等嵌填；缝口表面用防水卷材铺贴盖缝，卷材的宽度为200～300 mm。

(5)屋面出入口构造。上人屋面通往屋面的楼梯间需设屋顶出入口。

知识链接

屋顶与变形缝

1. 屋顶

(1)概述

1)屋顶的作用及设计要求

屋顶是建筑物最上部起覆盖作用的外部围护构件，其主要作用是：

①防御自然界的风、霜、雨、雪、太阳辐射、冬季低温和其他外界的不利影响，为室内创造良好的工作和生活条件；

②承受作用于屋顶上的风荷载、雪荷载和屋顶自重等，同时还起着对房屋上部的水平支撑作用；

③当屋顶做成曲面和线条并加以装饰，给人以美观享受。

因此，屋顶设计必须满足坚固耐久、防水排水、保温隔热、抵御侵蚀等要求；同时还应做到自重轻、构造简单、就地取材、施工方便和造价经济等。

2)屋顶的类型

由于屋面材料和承重结构形式不同，屋顶有多种类型，如图4.5.1所示，但归纳起来只有如下三类。

①坡屋顶

坡屋顶坡度较陡，一般在10%以上，传统建筑中用屋架或山墙作为承重结构，上放檩条及屋面基层。现行中南地区建筑标准设计图集中坡屋顶屋面结构为现浇钢筋混凝土板，屋面坡度为30%(1∶3.3)～170%(1∶0.59)的坡屋面。

坡屋顶有单坡顶、双坡顶、四坡顶、歇山屋顶等多种形式，应用在庭院、别墅等建筑中。当建筑宽度不大时，可选用单坡顶；当建筑宽度较大时，宜采用双坡顶、四坡顶或歇山屋顶。双坡屋顶有硬山和悬山之分。硬山是指房屋两端山墙高出屋面，山墙封住屋面。悬山是指屋顶的两端挑出山墙外面。

②平屋顶

屋面坡度较平缓，坡度小于5%，通常称为平屋顶，一般为2%～3%。承重结构为现浇或预制的钢筋混凝土板，屋面上做防水、保温或隔热等处理。平屋顶的主要优点是节约材料，构造简单，屋顶上面便于利用，可做成露台、屋顶花园、屋顶游泳池、种植屋面等。这类屋顶在民用建筑中采用较为普遍。

③曲面屋顶

曲面屋顶是由各种薄壳结构或悬索结构以及网架结构等作为屋顶的承重结构，如双曲拱

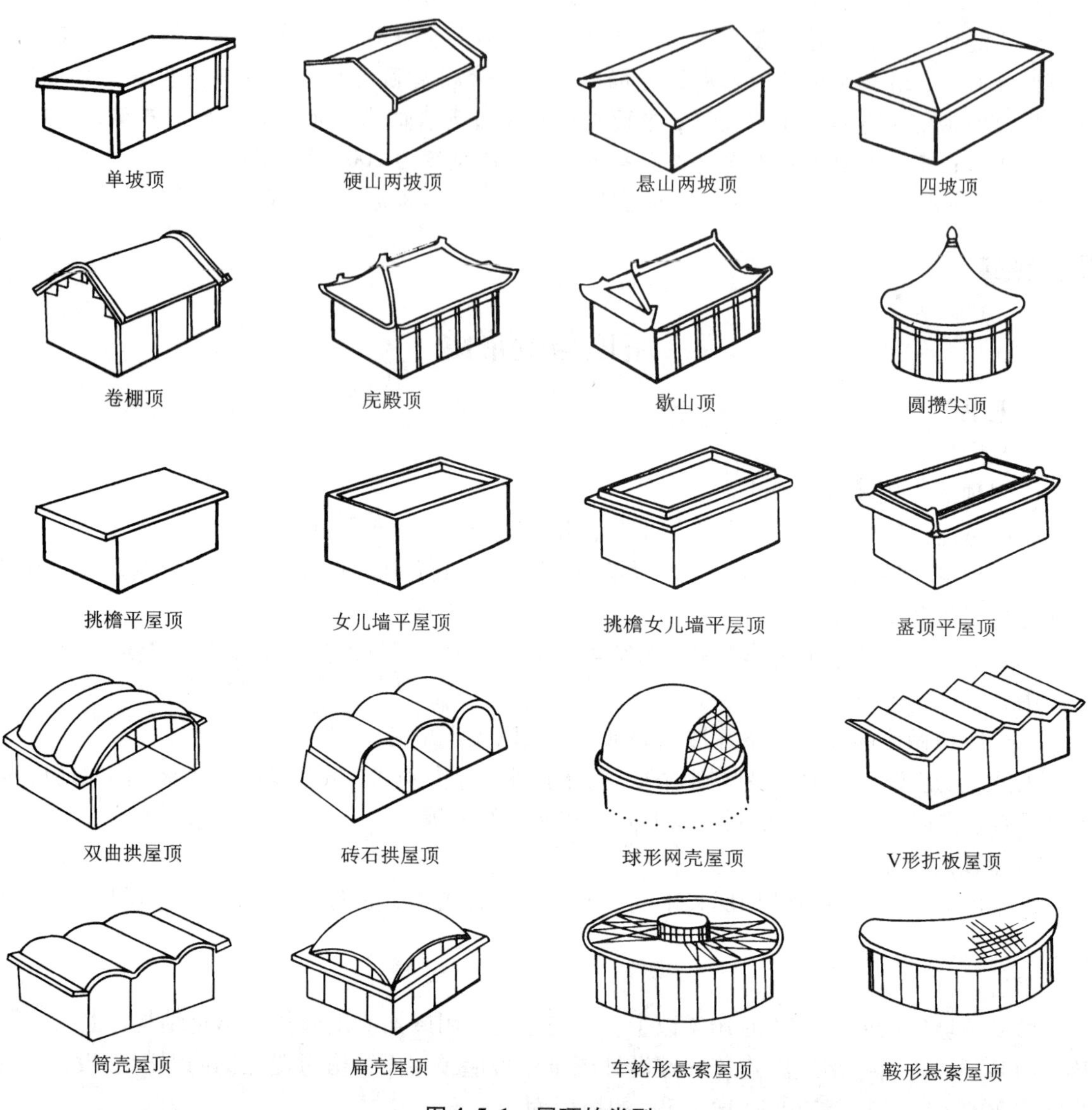

图 4.5.1　屋顶的类型

屋顶、球形网壳屋顶等。这类屋顶结构的受力合理、能充分发挥材料的力学性能，因而能节约材料，但这类屋顶构造和施工较复杂、造价高，故只用于大跨度的大型公共建筑中。

3）屋顶的坡度

屋顶的坡度大小是由多方面因素决定的，它与屋面选用的材料、当地降雨量大小、屋顶结构形式、建筑造型要求以及经济条件等有关。屋顶坡度大小应适当，坡度太小易渗漏，坡度太大费材料，浪费空间。所以确定屋顶坡度时，要综合考虑各方面因素。从排水角度考虑，排水坡度越大越好；但从结构上、经济上以及上人活动等的角度考虑，又要求坡度越小越好，如上人屋面一般采用1% ~2%的坡度。此外，屋面坡度的大小还取决于屋面材料的防水性能。采用防水性能好、单块面积大、接缝少的屋面材料，如油毡、镀锌铁皮等，屋面坡度可以小一些；采用黏土瓦、小青瓦等单块面积小、接缝多的屋面材料时，坡度就必须大一些。

图 4. 5. 2 列出了不同屋面材料适宜的坡度范围，粗线部分为常用坡度。

屋面坡度大小的表示方法有斜率法、角度法和百分比法，如图 4. 5. 3 所示。斜率法是以屋顶斜面的垂直投影高度与其水平投影长度之比来表示，如 1∶2、1∶10 等。较大的坡度有时也用角度，即以倾斜屋面与水平面所成的夹角表示，如 30°、60°等。较小的坡度则常用百分率，即以屋顶倾斜面的垂直投影高度与其水平投影长度的百分比值来表示，如 2%、3% 等。

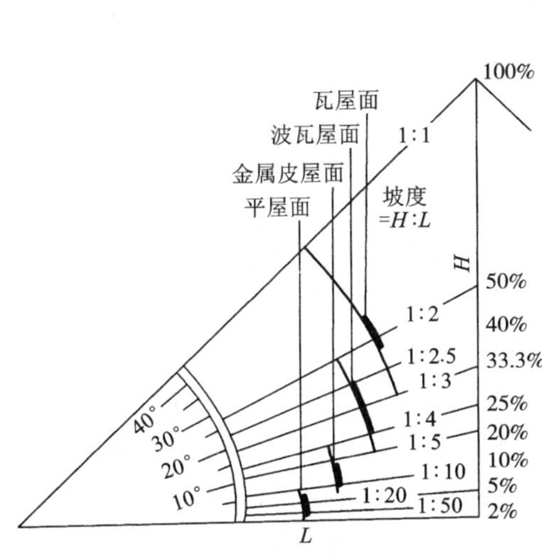

图 4. 5. 2　屋面坡度

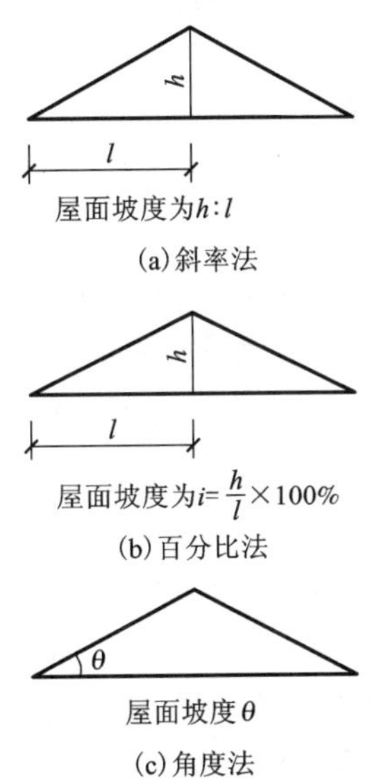

图 4. 5. 3　屋面坡度表示方法

(2)平屋顶的构造

1)平屋顶的组成

平屋顶一般由面层、承重结构层、保温隔热层、顶棚层等部分组成。

①屋面：指屋顶的面层。屋顶通过面层材料的防水性能达到防水的目的，由于它暴露在大气中，受自然界各种因素的影响，故要求其有较好的防水性能和耐大气侵蚀的能力。为排除屋面雨水，屋面应有一定的坡度，由于平屋顶的坡度小，排水缓慢，因而要加强屋面的防水构造处理。一般选用防水性能好和面积较大的屋面材料做防水层，并采取可靠的缝隙处理措施来提高屋面的抗渗能力。目前，在南方地区常采用水泥砂浆或配筋细石混凝土浇筑的整体面层，称刚性防水屋面；在北方地区则采用柔性卷材的屋面防水层，称柔性防水屋面。

②承重结构：指屋面下的承重构件，一般采用钢筋混凝土梁板。它承受屋面上所有的荷载及其自重，并传给墙和柱。

③保温层或隔热层：保温层是严寒和寒冷地区为了防止冬季室内热量透过屋顶散失而设置的构造层。隔热层是炎热地区为了防止夏季太阳辐射热进入室内而设置的构造层。一般常将保温、隔热层设在承重结构层与防水层之间。常采用的保温材料有无机粒状材料和块状制品，如憎水树脂膨胀珍珠岩板、加气混凝土块、聚苯乙烯泡沫塑料板等。

④顶棚：顶棚是屋顶的底面，其作用是使建筑物顶层房间的顶面平整美观，一般有板底抹灰和吊顶棚做法两大类。

2）平屋顶的排水

为了迅速排除屋面雨水，保证水流畅通，需进行周密的排水设计，首先应选择适宜的排水坡度，确定排水方式，做好屋顶排水组织设计。

①屋顶坡度的形成：坡度的形成一般通过两种方法来实现，即材料找坡和结构找坡。

材料找坡　材料找坡亦称垫置坡度。材料找坡时，屋面板沿水平设置，然后用炉渣混凝土等轻质材料在屋面板上铺垫出所需的坡度，这样可使室内获得水平的顶棚层，但形成的坡度不宜过大，否则找坡层的平均厚度增加，使屋面荷载过大，从而导致屋顶造价增加。

结构找坡　结构找坡亦称搁置坡度。结构找坡时，屋面板按所需的坡度倾斜布置，屋面板以上各构造层厚度不发生变化，减少了屋顶荷载，施工简单，造价低，但顶棚是倾斜的，使用上不习惯，往往需设吊顶。

②屋面排水方式：平屋顶屋面排水方式分为无组织排水和有组织排水。

无组织排水　无组织排水是指屋面的雨水由檐口自由滴落到室外地面，又称自然落水。这种排水方式不需设置天沟、雨水管进行导流，而要求屋檐必须挑出外墙面，以防屋面雨水顺外墙面漫流而浇湿和污染墙体。这种做法构造简单，造价低，不易漏雨和堵塞，适用于年降水量较小、房屋较矮和次要的建筑中。

有组织排水　当建筑物较高、年降水量较大或较为重要的建筑，应采用有组织排水，如表4.5.1所示。有组织排水是将屋面划分成若干个排水区，在檐口处设天沟，天沟上设雨水口，外墙面上（外排水）或室内适当部位（内排水）设雨水管，如图4.5.4、4.5.5所示，屋面雨水从屋面排至檐沟，沟内垫出0.5%～1%的纵向坡度，把雨水引向雨水口，再经落水管排泄到地面的明沟和散水或地沟等。这种做法可弥补自然落水的不足，但雨水管处理不当易出现堵塞和漏雨，因此这种方式构造复杂，造价较高。

在内外排水两种方式中，一般采用外排水较好，但有些建筑不宜在外墙设落水管，如多跨房屋的中间跨、高层建筑及严寒地区（为防止室外落水管冻结堵塞）；另外，落水管也影响建筑立面的效果。

表4.5.1　采用有组织排水的依据

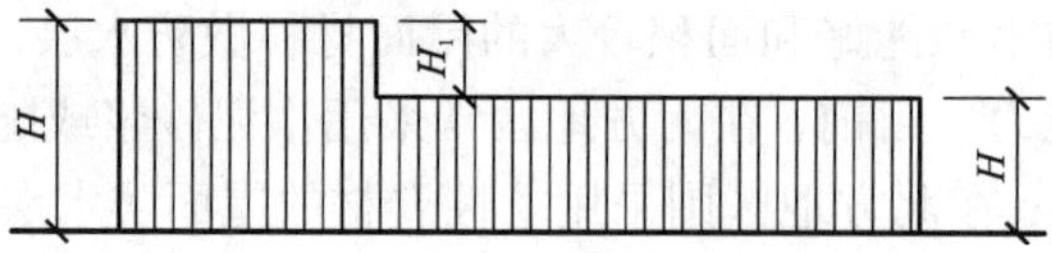

年降雨量/mm	≤900	>900
屋面至地面 H/m	>10	>8
屋面至屋面 H_1/m	>4	>3

雨水口的位置和间距要尽量使其排水负荷均匀，有利落水管的安装和不影响建筑美观。雨水口的数量主要应根据屋面集水面积、不同直径雨水管的排水能力计算确定。在工程实践中，一般在年降水量大于900 mm的地区，每一根直径为100 mm的雨水管，可排集水面积

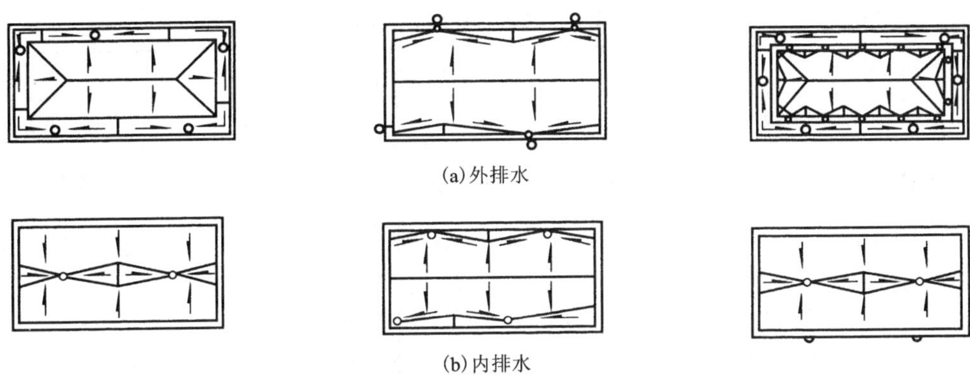

图 4.5.4　有组织排水

150 m^2 的雨水；年降雨量小于 900 mm 的地区，每一根直径为 100 mm 的雨水管可排集水面积 200 m^2 的雨水。雨水口的间距不宜超过 18 m，以防垫置纵坡过厚而增加屋顶或天沟的荷载，如图 4.5.5 所示。

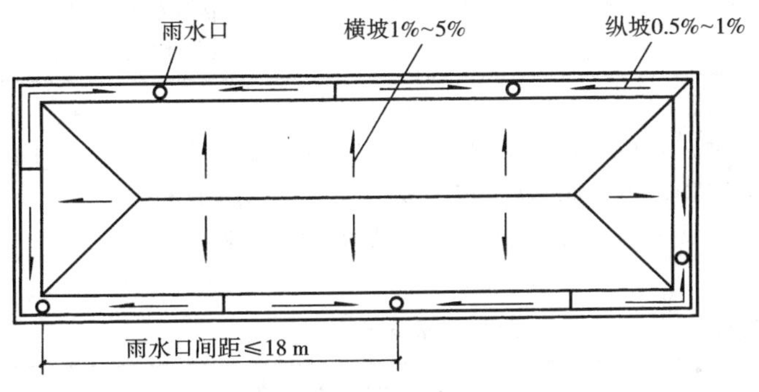

图 4.5.5　排水口布置

3)平屋面的防水

常见的防水屋面有卷材防水屋面(又称柔性防水屋面)、细石防水混凝土屋面(又称刚性防水屋面)、涂膜防水等。屋面防水等级的划分及相应等级防水的设防构造和防水材料的选用，按《屋面工程技术规范》(GB 50345—2004)规定，详见表 4.5.2。

屋面构造主要包括保护层、防水层、找平层、保温隔热层、隔汽层和找坡层等构造层。单项工程设计中，应根据工程特点，地区自然条件和屋面防水等级要求，选用防水层材料及构造做法；按最上一层防水层的材料选定各部位所适应的节点，并确定保护层、防水层、附加防水层、保温层、隔离层和找平层等的材料。

①柔性防水屋面构造

柔性防水屋面是指将柔性的防水卷材或片材用胶结材料粘贴在屋面上的防水层，具有一定的柔韧性，故称为柔性防水屋面。柔性防水屋面所使用的防水层材料有合成高分子卷材、高聚物改性沥青卷材、石油沥青卷材、合成高分子涂料等，这种屋面适用于北方地区。

柔性防水屋面的基本构造　如表 4.5.3 所示，为中南地区通用建筑标准设计图集中一钢筋混凝土板架空隔热屋面(架空隔热、保温、隔汽、上人屋面、防水 2F2)，由表中可知其主要组成部分为：

表 4.5.2　屋面防水等级和设防要求

项目	屋面防水等级			
	Ⅰ级	Ⅱ级	Ⅲ级	Ⅳ级
建筑物类别	重要建筑或对防水有特殊要求的建筑	重要的建筑和高层建筑	一般的建筑	非永久性的建筑
防水层合理使用年限	25 年	15 年	10 年	5 年
设防要求	三道或三道以上防水设防	二道防水设防	一道防水设防	一道防水设防
防水层选用材料	宜选用合成高分子防水卷材、高聚物改性沥青防水卷材、硬泡聚氨酯防水层、金属板材、合成高分子防水涂料、细石防水混凝土等材料	宜选用高聚物改性沥青防水卷材、合成高分子防水卷材、硬泡聚氨酯防水层、金属板材、合成高分子防水涂料、高聚物改性沥青防水涂料和刚性防水细石混凝土、平瓦等材料	宜选用高聚物改性沥青防水卷材、合成高分子防水卷材、三毡四油沥青防水卷材、硬泡聚氨酯防水材料、金属板材、高聚物改性沥青防水涂料、合成高分子防水涂料和细石混凝土、平瓦等材料	可选用二毡三油沥青防水卷材、高聚物改性沥青防水涂料等

注：1. 沥青均指石油沥青，不包括煤沥青和煤焦油等材料。

2. 石油沥青纸胎油毡和沥青复合胎柔性防水卷材系限制材料。不得用于防水等级为Ⅰ级的建筑屋面。

3. 在Ⅰ、Ⅱ级屋面防水设防中，如仅做一道金属板材时，应符合有关技术规定。

4. 屋面图中一道防水设防的定义为具有单独防水能力的一道防水层次。

表 4.5.3

名称	构造做法	
钢筋混凝土板架空隔热屋面（架空隔热、保温、隔汽、上人屋面、防水 2F2）	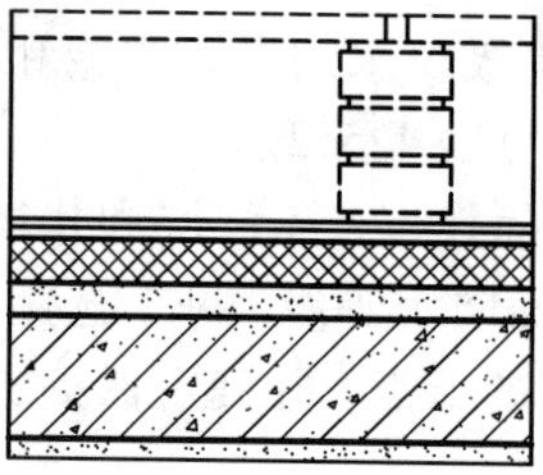	· 50 mm 厚 490 mm×490 mm，C20 预制钢筋混凝土板（φ4 钢筋双向中距 150），1∶2 水泥砂浆填缝 · M5 砂浆砌 120 mm×120 mm 砖三皮，双向中距 500 mm 或顺排水方向砌一侧一平砖带，高 180 mm 中距 500 mm，砖带端部砌 240 mm×120 mm 砖三皮；下垫一层卷材附加层 · 3 mm 厚高聚物改性沥青防水卷材 · 3 mm 厚高聚物改性沥青防水涂料 · 刷基层处理剂 · 20 mm 厚 1∶2.5 水泥砂浆找平层 · 20 mm 厚（最薄处）1∶8 水泥憎水膨胀珍珠岩找 2% 坡 · 干铺 120 mm 厚憎水树脂膨胀珍珠岩板 · 1.5 mm 厚聚氨酯防水涂料隔汽层 · 20 mm 厚 1∶2.5 水泥砂浆找平 · 钢筋混凝土屋面板，表面清扫干净

（a）结构层　一般为现浇或预制的钢筋混凝土屋面板，由结构设计决定。结构层板缝中浇灌的细石混凝土上应填放背衬材料（聚乙烯泡沫塑料棒），上部嵌填密封材料。

（b）找平层　为使基层表面平整，以利于铺设防水层或隔汽层，常采用 20 mm 厚 1∶2.5

水泥砂浆找平层。防水层下的找平层应留分格缝，缝宽度为5～20 mm，并嵌填密封材料。分格缝应留设在板端缝处；当找平层采用水泥砂浆或细石混凝土时，其纵横缝的最大间距不宜大于6 m。

(c)隔汽层　在纬度40°以北地区，且室内空气湿度大于75%，或其他地区室内空气湿度常年大于80%时，若采用吸湿性保温材料做保温层，应选用气密性、水密性好的防水卷材或防水涂料做隔汽层。防止蒸汽渗透至保温层或隔热层内而影响保温、隔热效果，避免防水层鼓泡、破裂，可在找平层上保温层下做隔汽层，其做法有：1.5 mm厚氯化聚乙烯防水卷材、4 mm厚SBS改性沥青防水卷材、1.5 mm厚聚氨酯防水涂料。

隔汽层应沿墙面向上连续铺设，并与屋面的防水层相连接，形成全封闭的整体。

(d)保温隔热层　保温隔热层的选用，应根据建筑热工分区、建筑物类型及相关规范，经计算确定。对于防水等级为Ⅰ、Ⅱ级的建筑屋面，要求传热系数较小的屋面和建筑标准较高的屋面，宜选用导热系数和干密度小的保温材料，以减轻屋顶自重。保温隔热层常设在屋顶的承重结构层与防水层之间，常用的材料有挤塑聚苯乙烯泡沫塑料板、憎水树脂膨胀珍珠岩板、加气混凝土块等。

(e)找坡层　当屋面坡度大于3%时宜采用结构层起坡。当屋面坡度为2%时，可采用20 mm厚(最薄处)1∶8水泥憎水膨胀珍珠岩找坡。

(f)结合层　为保证找平层与防水卷材或防水涂料能很好地结合起来，常采用刷基层处理剂。

(g)防水层　按屋面防水等级的划分，防水层材料的选用可参见表4.5.2。表4.5.3中屋面防水采用3 mm厚高聚物改性沥青防水卷材和3 mm厚高聚物改性沥青防水涂料两道防水。当用于山墙、女儿墙、烟囱、檐沟等卷材转折处应附加防水层，并在卷材收头处加以压牢。

(h)保护层　屋面保护层可采用块体材料、水泥砂浆、细石混凝土等材料，防止卷材流淌和老化。

上人屋面保护层可选用：8～10 mm厚地砖块材、预制混凝土板(30 mm×250 mm×250 mm)或架空钢筋混凝土板(50 mm×490 mm×490 mm、混凝土C20配筋双向Φ4@50)，1∶2水泥砂浆填缝；或采用40 mm厚C20细石混凝土，留设分格缝，其纵横间距不宜大于6 m，分格缝宽度宜为20 mm。

不上人屋面保护层可选用：架空钢筋混凝土板(35 mm×490 mm×490 mm、混凝土C20配筋双向Φ4@50)，1∶2水泥砂浆填缝；或采用25 mm厚1∶2.5或M15水泥砂浆，表面应抹平，并设表面分格缝，分格面积宜为1 m^2。

(i)架空隔热层　屋面架空隔热层，可采用M5砂浆砌120 mm×120 mm砖三皮，双向中距500 mm或顺排水方向砌一侧一平砖带，高180 mm中距500 mm，砖带端部砌240 mm×120 mm砖三皮，上铺50 mm厚490 mm×490 mm，C20预制钢筋混凝土盖板(Φ4钢筋双向中距150 mm)，1∶2水泥砂浆填缝；隔热板距山墙或女儿墙距离不得小于250 mm。当屋面宽度大于10 m时，应设通风屋脊(无隔热板覆盖的外露防水处，应加设涂料)。

②柔性防水层面的细部构造(如图4.5.6所示)

泛水　屋面泛水是指屋面与突出屋面的构件(如女儿墙、山墙、楼梯间、烟囱、天窗等)交接处的防水构造处理。由于屋面与这些构件的材料不同，伸缩方向不同，交接处易产生裂缝，是屋面防水的薄弱环节。山墙、女儿墙泛水构造如图4.5.7所示，图中构造有：

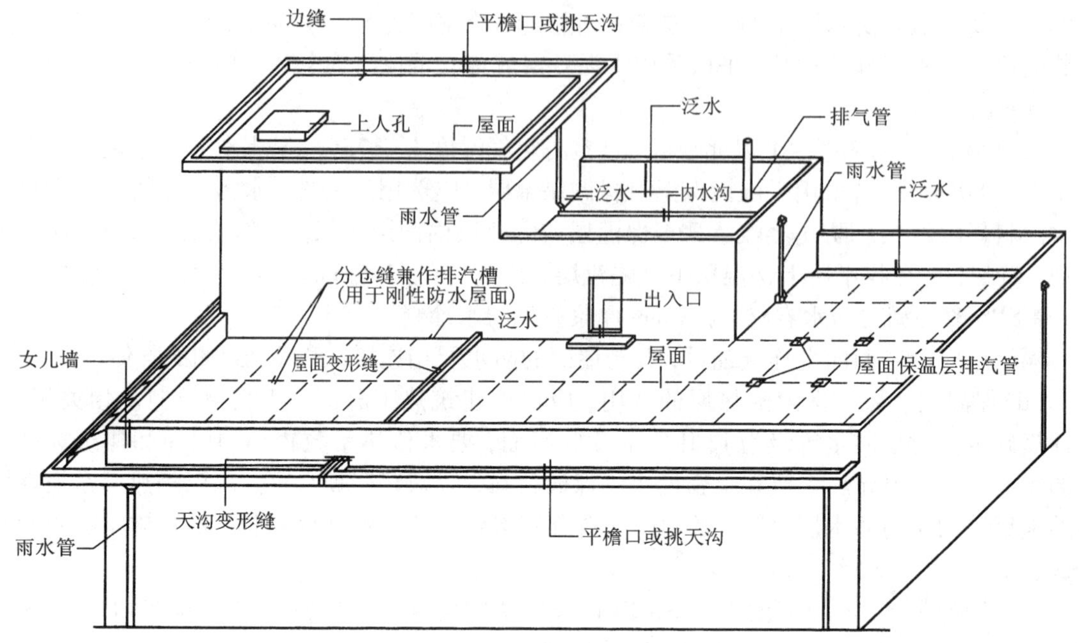

图 4.5.6　平屋顶屋面的构成

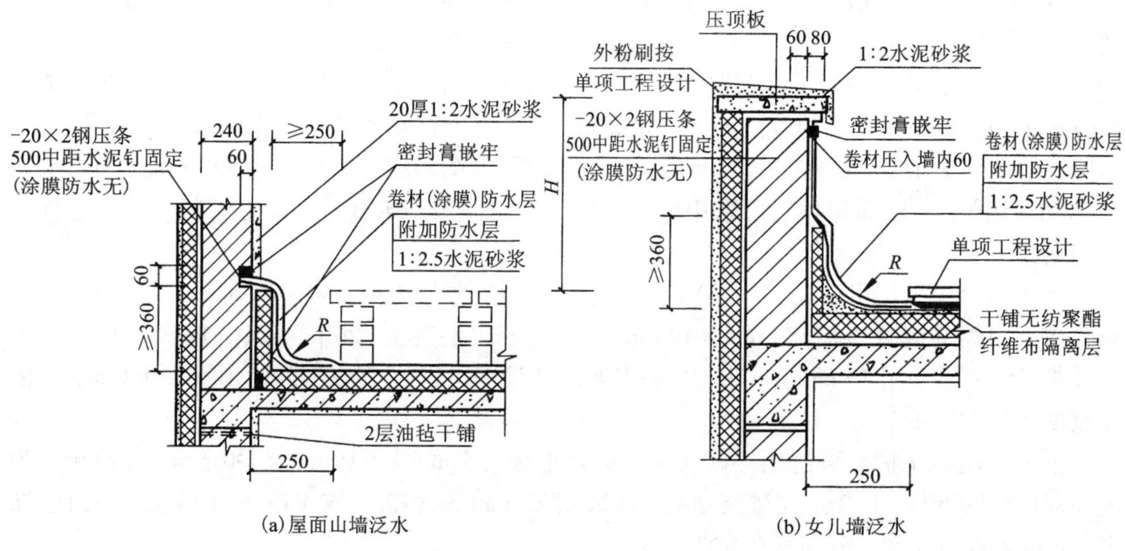

图 4.5.7　柔性防水屋面山墙、女儿墙泛水

(a)卷材防水在女儿墙转折处及天沟、檐沟处应增铺附加层，严格保证转角泛水附加卷材尺寸，平铺段≥250 mm，上反≥300 mm，上端边口切齐，压入预留凹槽内，用压条或垫片钉压固定(如图中 −20×2 钢压条水泥钢钉)，钉距为 500 mm，再用密封膏嵌固，防卷材在收口处张开，以加强防水能力；

(b)卷材泛水高度≥360 mm，当为女儿墙时，卷材直接铺至女儿墙压顶底；

(c)转角处用 1:2.5 水泥砂浆找平并做成圆角，以防卷材折裂；其转角处的圆弧半径 R，当卷材种类为沥青防水卷材：$R=100\sim150$ mm；高聚物改性沥青卷材：$R=50$ mm；合成高分子防水卷材：$R=20$ mm。

(d)卷材收口处要挑砖或挑压顶或设凹槽，并做滴水线。

屋面出入口　如图4.5.8所示，为屋面出入口构造图。图中构造有：①泛水要求同前；②出入口处的门槛采用钢筋混凝土板，并粉滴水；③砖砌台阶每级150 mm×300 mm。

檐口　卷材防水平屋面的檐口构造视屋面排水方式而定。它分无组织排水和有组织排水两种，如图4.5.9、4.5.10所示为现浇平檐口和现浇外天沟构造图。

(a)无组织排水现浇平檐口构造如图4.5.9所示，采用钢筋混凝土檐口板挑出外墙，附加防水层空铺，挑檐口满铺防水材料，卷材在离檐口边约100 mm处收口，收口处用建筑密封膏嵌牢，檐口外侧粉刷详单项设计，下面做滴水线。

(b)有组织排水外天沟和女儿墙外天沟构造如图4.5.10、4.5.11所示。檐沟板作成槽形，与圈梁连结成整体。沟内1∶2.5水泥砂浆找坡1%(最薄处20厚)，然后做附加防水层，上再做防水层(如卷材、涂膜防水)。图4.5.10所示现浇外天沟构造图中，附加防水层空铺200 mm，天沟内满铺防水材料，用压条或垫片钉压固定(如图中 -20×2 钢压条水泥钢钉)，钉距为500 mm，再用密封膏嵌固，天沟外侧粉刷详单项设计，下面做滴水线。图4.5.11所示女儿墙外天沟构造图中，泛水和檐口构造做法同图4.5.7、4.5.10，泄水要求设排水孔250 mm×150 mm(高)，中距1500 mm。

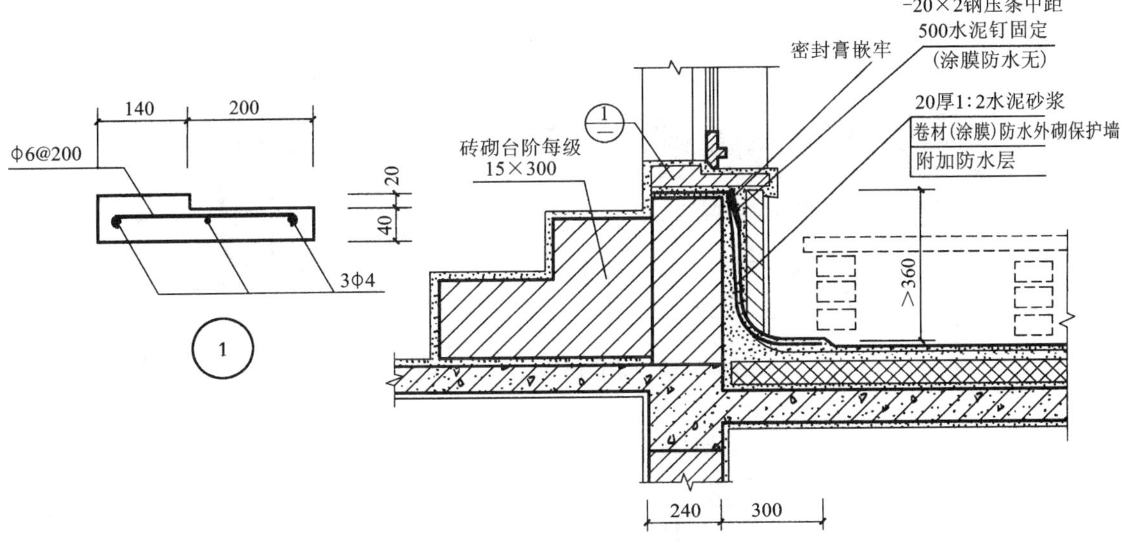

图4.5.8　屋面出入口

雨水口　雨水口是屋面防水的最薄弱环节。屋面的雨水口常见的有两种，一种是用于檐沟的雨水口，另一种是用于女儿墙外排水的雨水口。前者为直管式，后者为弯管式，如图4.5.12所示为中南地区建筑标准设计中的直管式雨水口构造。

其构造要求是排水通畅并防止渗漏、堵塞。为防渗漏，在雨水口周围应用不小于2厚防水涂料或密封材料涂封。在天沟、檐沟与屋面交接处的附加层空铺，空铺宽度不小于200 mm。上端用密封膏嵌牢，为防堵塞应在雨水口处加铁篦子或镀锌铁丝罩，如图4.5.12所示。雨水斗、雨水管，优先选用PVC－U硬塑料制品、玻璃钢制品，或采用钢制品。城市住宅，优先采用防攀半圆PVC落水管。87型和65型雨水斗和侧入式雨水斗及其配件按国标01S302选用，防攀落水管按02ZTJ202选用。

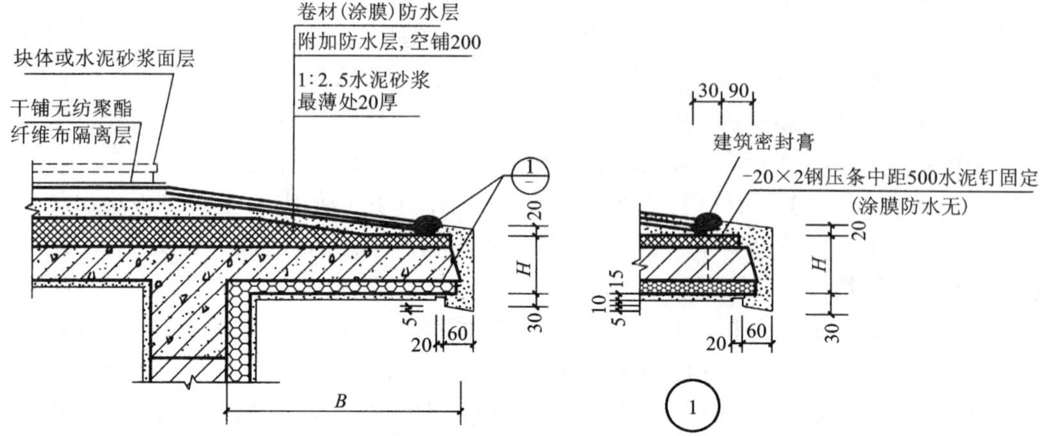

图 4.5.9　柔性防水平屋面平檐口构造

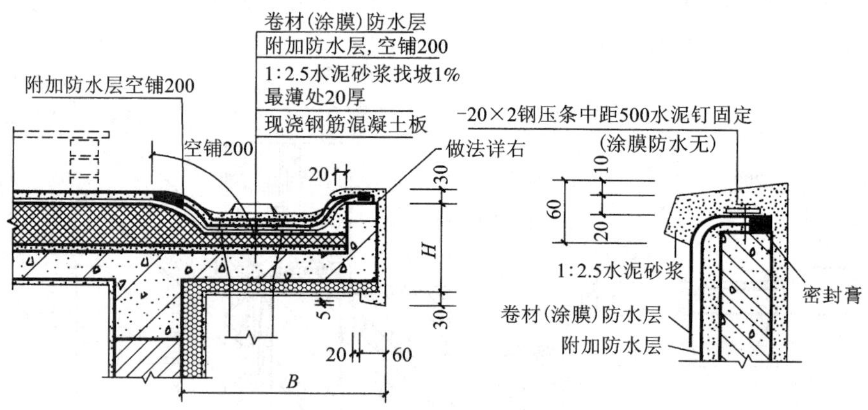

图 4.5.10　柔性防水屋面外天沟构造

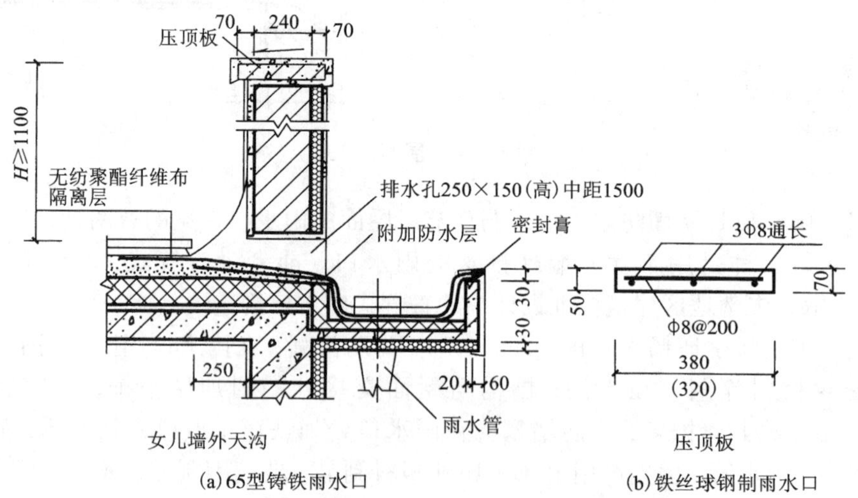

图 4.5.11　柔性防水屋面女儿墙外天沟构造

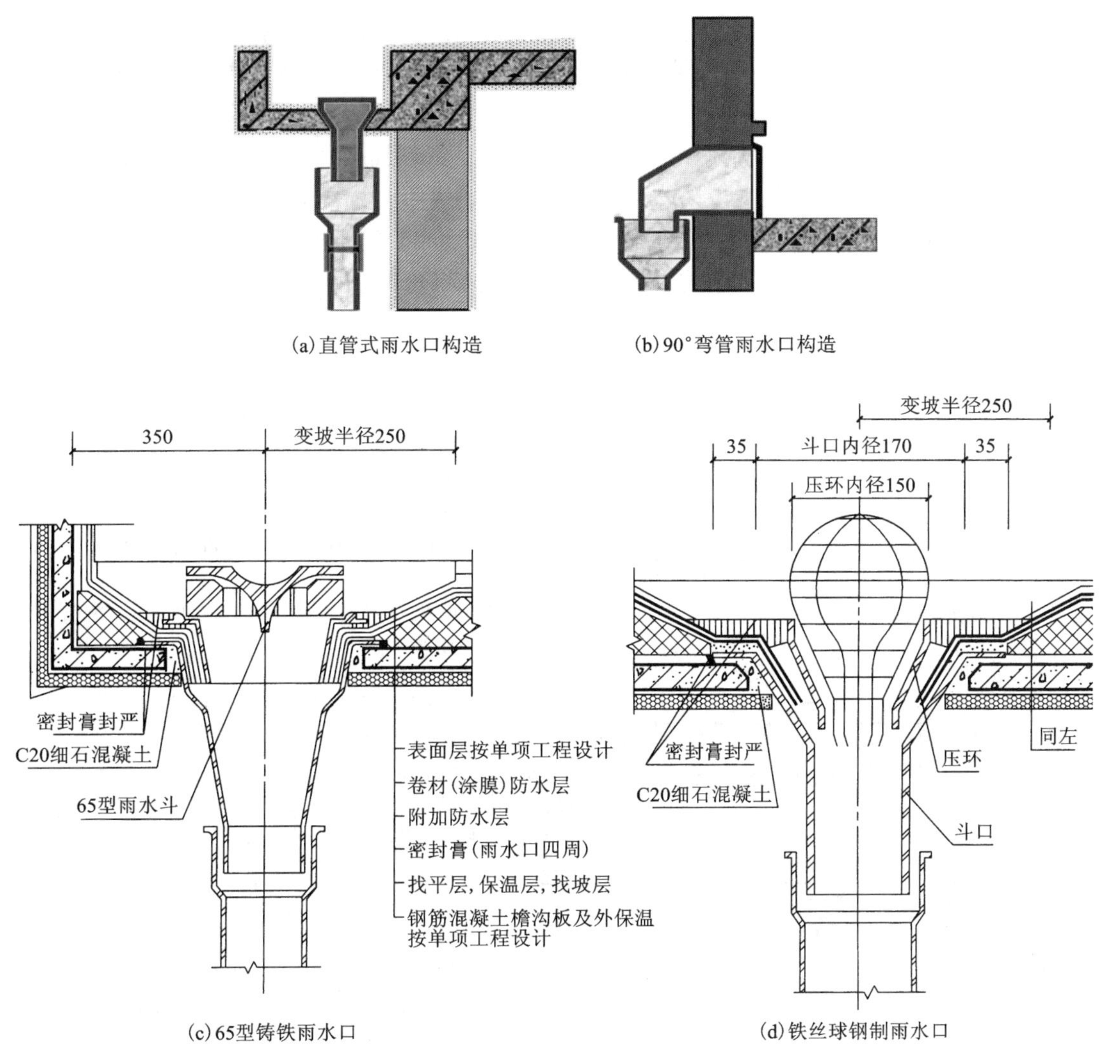

图 4.5.12　雨水口构造

②刚性防水平屋面的基本构造

刚性防水屋面是指用刚性材料(如防水砂浆或密实混凝土)作防水层的屋面。普通的水泥砂浆和混凝土在拌合中有多余的水分，硬化时逐渐蒸发形成许多空隙和互相连贯的毛细管网，同时也因收缩产生表面开裂，这就形成了渗漏的通道。而防水砂浆中掺入了防水剂堵塞了毛细孔道；密实混凝土的内部结构密实，其防水性能较好。这种屋面适用于南方地区。

(a)刚性防水平屋面的构造组成

表 4.5.4 所示为中南地区建筑标准设计图集中一细石混凝土防水平屋面(上人屋面、无保温层、2F2)的构造，从表中可知其主要组成部分为：

结构层　结构层应整体性良好，常采用钢筋混凝土现浇或预制板，由结构设计决定，并宜采用结构找坡 3%。结构层板缝中浇灌的细石混凝土上应填放背衬材料(聚乙烯泡沫塑料棒)，上部嵌填密封材料。

找平层　当结构层为预制混凝土板时，应作 20 厚 1∶2.5 水泥砂浆找平层。

隔离层　细石混凝土防水层与基层间宜设置隔离层。隔离层可用 0.3 厚聚乙烯薄膜、2 厚改性沥青防水卷材等做法，隔离层的作用是减少结构层变形对防水层的不利影响，以避免防水层开裂。

防水层　刚性防水屋面是利用混凝土的密实性作防水层的，为防止防水层收缩时产生裂缝，常采用 40 厚 C30 细石混凝土防水层，表面压光，混凝土内配Φ4 钢筋双向中距 150。钢筋网片在分格缝处应断开，其保护层厚度不应小于 10 mm。施工时应注意骨料级配，控制水灰比、加强振捣和养护，以提高混凝土的密实性、抗裂和抗渗性能。此外，也可采用加膨胀剂、减水剂和防水剂等做法。

表 4.5.4

名　称	构　造　做　法	
细石混凝土防水平屋面（上人屋面、Ⅱ级防水）	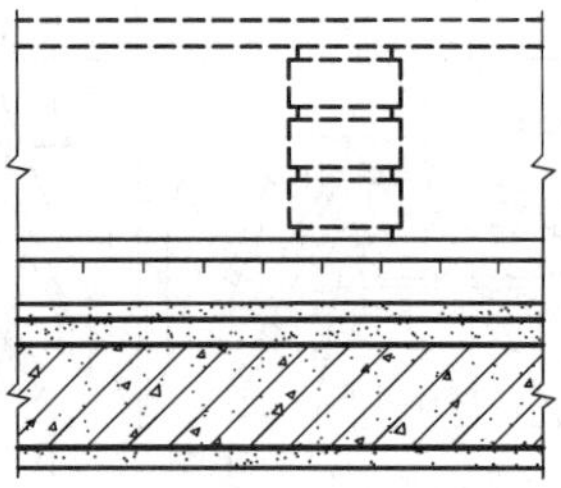	· 35 mm 厚 490 mm × 490 mm，C20 预制钢筋混凝土板（Φ4 钢筋双向中距 150），1∶2 水泥砂浆填缝 · M5 砂浆砌 120 mm × 120 mm × 90 mm 砌块高 200 mm ~ 300 mm · 40 mm 厚 C30 细石混凝土防水层，表面压光，混凝土内配Φ4 钢筋双向中距 150 · 0.3 mm 厚塑料薄膜隔离层 · 干铺 120 mm 厚憎水树脂膨胀珍珠岩板 · 1.5 mm 厚聚氨酯防水涂料隔汽层 · 1.5 mm 厚合成高分子防水涂料 · 刷基层处理剂 · 20 mm 厚 1∶2.5 水泥砂浆找平层 · 钢筋混凝土屋面板，结构找坡 3%（材料找坡 2%）

（b）刚性防水层面的细部构造

分格缝　所谓分格缝就是在刚性防水层中设置的变形缝。它是为了防止刚性防水屋面因温度变化或在荷载作用下屋面板产生挠曲变形等原因而产生裂缝，以适应防水层的变形和扩展。细石混凝土刚性防水屋面应设置分格缝，横缝的位置应在屋面板支承端、屋面转折处和高低屋面的交接处，纵缝应与预制板板缝对齐。分格缝其纵横向间距以不大于 6 m 为宜，缝宽 5 ~ 30 mm。分格缝内应嵌填密封材料，如聚氨酯密封膏、丙烯酸密封膏或聚氯乙烯（非焦油型）密封膏。分格缝构造如图 4.5.13 所示。

泛水　刚性防水层泛水构造要点与柔性防水屋面大体相同，不同的是混凝土刚性防水层与凸出屋面的结构物（女儿墙、烟囱等）之间留缝隙（分格缝），使混凝土在收缩和温度变化时不受女儿墙等的影响，可以有效地防止泛水开裂，并在缝口处用密封膏嵌缝宽 30，如图 4.5.14 所示。

檐口　刚性防水屋面常用的檐口形式有自由落水平檐口和有组织排水外天沟等。自由落水平檐口构造如图 4.5.15 所示。在悬臂板与屋面交接处留缝隙（分格缝），密封膏嵌缝，然后在悬臂板与屋面上设找平层和作隔离层并浇筑混凝土防水层，立边粉刷详单项设计，下设滴水。

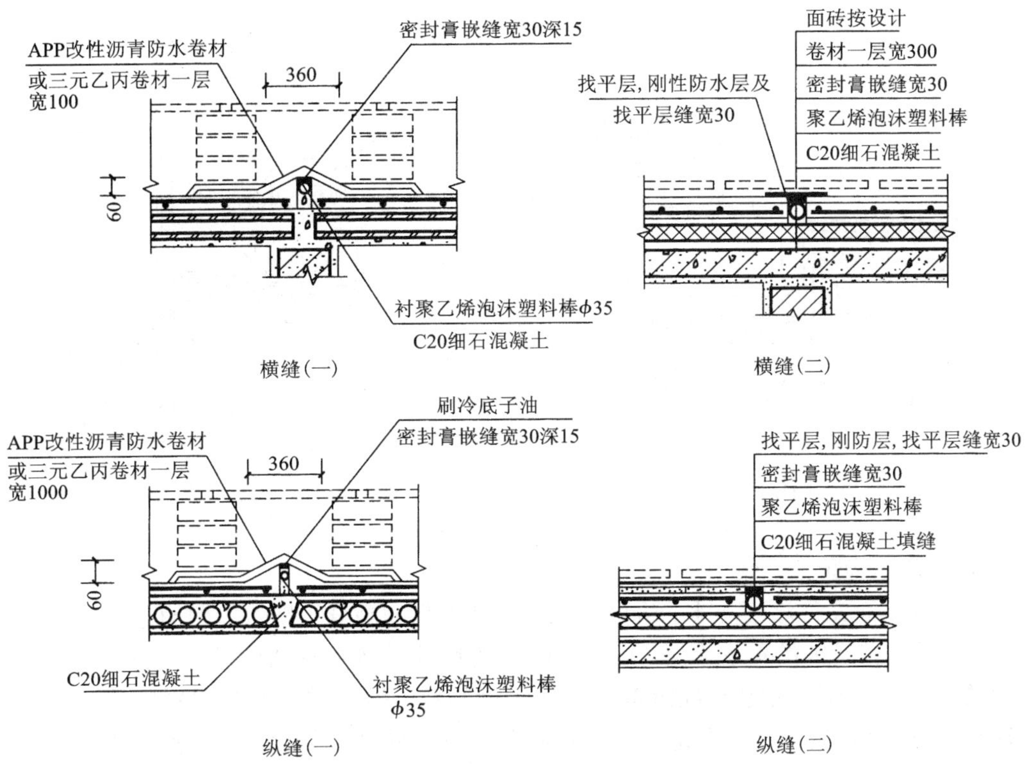

图 4.5.13　刚性防水屋面分格缝构造

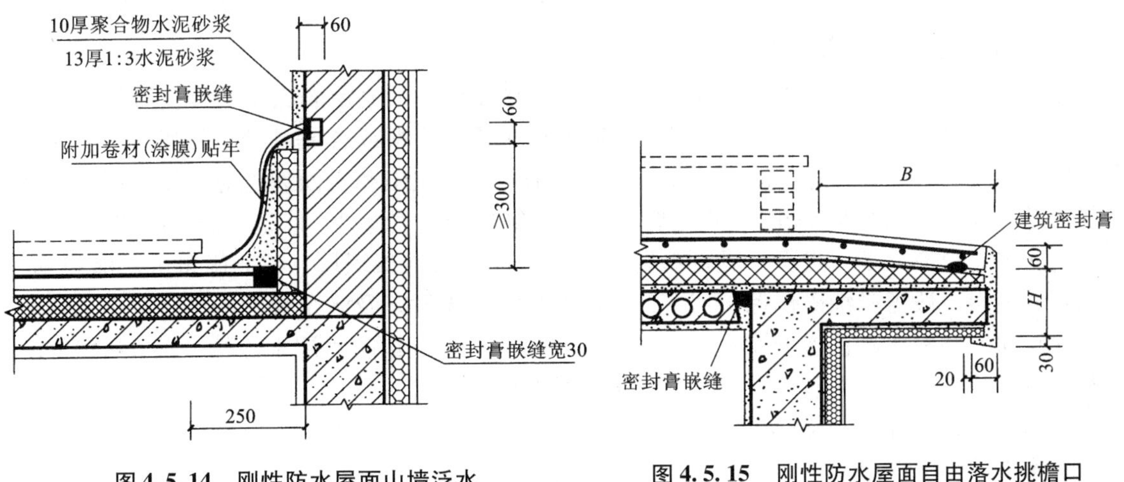

图 4.5.14　刚性防水屋面山墙泛水

图 4.5.15　刚性防水屋面自由落水挑檐口

有组织排水外天沟和女儿墙外天沟构造如图 4.5.16、4.5.17 所示。檐沟板作成槽形，与圈梁连结成整体。沟内 1∶2.5 水泥砂浆找坡 1%（最薄处 20 厚），然后做附加防水层（如有胎体涂膜一层），上再做防水层（如卷材、涂膜防水）。在刚性防水层与檐沟内边缘等接口处采用密封膏嵌缝，以防爬水。檐沟立边粉刷详单项设计，下设滴水。

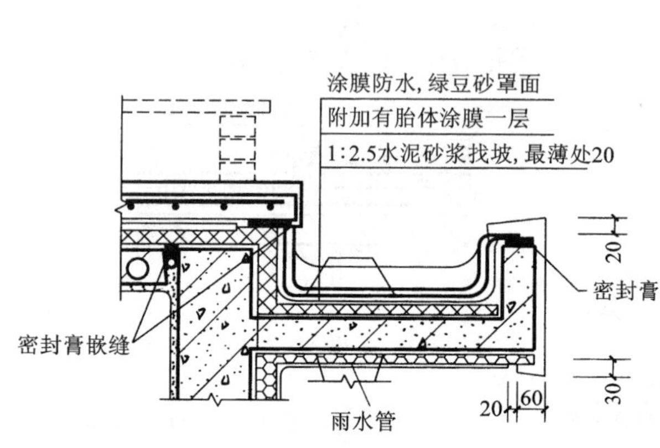

图 4.5.16　刚性防水屋面外天沟

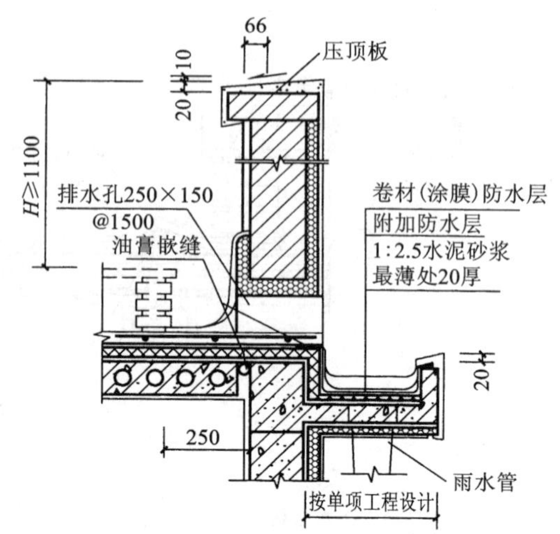

图 4.5.17　刚性防水屋面女儿墙外天沟

③涂料防水屋面

涂料防水屋面又称涂膜防水，将可塑性和黏结力强的高分子防水涂料直接涂刷在屋面的基层上，形成一层满铺的不透水层，以达到防水的目的。通常分两大类，一类是用水或溶剂溶解后的基层上涂刷，通过水或溶剂蒸发而干燥硬化；另一类是通过材料的化学反应而硬化。这些材料具有防水性好、黏结力强、延伸性大和耐腐蚀、耐老化、无毒、冷作业、施工方便等优点。但价格较贵，成膜后要加以保护，以防硬杂物碰坏。

涂膜防水的合成高分子防水涂料有：硅橡胶、聚硫橡胶、聚氨酯（非焦油型）和丙烯酸酯类、聚合物水泥等防水涂料；高聚物改性沥青防水涂料有：氯丁橡胶沥青、再生橡胶沥青防水涂料（JG－2）、SBS 改性沥青防水涂料等。

涂膜防水的基层为混凝土或水泥砂浆，涂膜施工时屋面基层表面干燥程度应与涂料特征相适应，采用沥青基防水涂膜，溶剂型高聚物改性沥青涂料或合成高分子涂膜，均应在屋面基层表面干燥后，方可进行涂膜施工操作。如有空鼓、缺陷和表面裂缝应整修后用聚合物砂浆修补。在转角、雨水口四周、贯通管道和接缝等易产生裂缝处，修整后需用纤维材料加固。涂刷防水材料应分多次进行。乳剂型防水材料，采用网状布织层，如玻璃布可使涂膜均匀。涂膜的表面一般需撒细砂作保护层，为了减少太阳的辐射以及满足屋面颜色的需要，可适量加入银粉或颜料作着色保护涂料。上人屋顶和楼地面一般在防水层上涂抹一层 5 ~ 10 mm 厚黏结性好的聚合物水泥砂浆，干燥后再抹水泥砂浆面层。

4）平屋顶的保温与隔热

①平屋顶的保温

在采暖地区的冬季，室内外温差大，室内的热量极易通过屋顶散发损失，不仅耗费大量的供热能源，不符合节能设计的要求，且易在屋顶板底产生冷凝水而影响正常使用。为此，需在屋顶处设置保温层进行节能处理。保温层宜选用导热系数和干密度小的保温材料，以减轻屋顶自重。常用的材料有焦渣、挤塑聚苯乙烯泡沫塑料板、加气混凝土块等保温材料，它们设置的部位有如下几种：

（a）保温层设在结构屋之上防水层之下，这种方法构造简单，施工方便，故被广泛采用。

(b)保温层与结构层组成复合板材，在预制过程中用正槽板或倒槽板将保温材料嵌入。

(c)保温材料与结构层融为一体，如在加气混凝土板内设置受弯钢筋，既能承受自重和施工荷载，又能达到保温效果。

(d)保温层设置在防水层之上，多称作倒置式屋面。这种做法可避免屋面较大的温差应力，施工和维修方便。倒置屋面宜选用有一定强度的防水、憎水材料，如30～50 mm厚挤塑聚苯乙烯泡沫塑料板保温隔热；或憎水树脂膨胀珍珠岩板，做成封闭式保温层时，或屋面保温层干燥有困难时，宜做成排汽屋面。

倒置式保温层屋面适用于各种卷材、涂料防水和刚性防水层的屋面工程。倒置式保温层屋面上人时，保温层上面用水泥砂浆铺砌砼板或陶瓷地砖，不上人时，保温层上可干铺一层无纺聚酯纤维布或玻纤布后，再铺50～100 mm厚卵石保护层。

②平屋顶的隔热

平屋顶的隔热可通过多种途径，如通风降温、设隔热层、反射降温、植被隔热、蓄水隔热，设屋面遮阳板等。

(a)通风屋顶

在结构层下组织通风：屋面板下吊顶棚，檐墙开设通风口。也可在结构层上组织通风：即设置架空隔热板，这种通风层不仅能达到通风降温、隔热防晒的目的，还可保护屋面防水层。

(b)反射降温屋顶(又称“冷屋面”)

用浅色的豆石、大阶砖等材料做屋面保护层，或在防水层上涂淡色涂料，均可达到反射阳光降温的效果，对要求较高的屋顶，可在间层内铺设铝箔，利用二次反射使隔热降温效果更好。据研究表明：“冷屋顶”可使空调负荷减少10%～50%，若普及，可使城市环境温度降低2℃左右，大气臭氧浓度也减少。用于大多数金属屋面上的涂层具有高的辐射性，根据涂层的不同，最小的辐射率达75%，最大的可高达95%，使屋面吸收的热量很快地释放回大气中。随着科技的进步，现在又在涂料中加入了红外反射颜料，这些经特殊处理的颜料，即使是深颜色也还可以有相当高的太阳反射性能。

(c)种植屋面(又称绿化屋顶)

在屋面防水层上覆盖土层，在其上种植草皮等植物，既可提高屋顶的隔热、保温性能，又利于屋面防水防渗，保护防水层。利用屋顶植草栽花，甚至种植灌木或蔬菜，使屋顶上形成植被，成为屋顶花园。在当前平屋顶住宅中，结合屋面绿化将是节能屋顶发展的大趋势。种植屋顶又分为覆土种植式屋顶和无土种植式屋顶两种。

覆土种植式屋顶是在屋顶上覆盖种植土壤，厚度200 mm左右，有显著的隔热保温效果。无土种植式屋顶是用水渣、蛭石代替土壤作为种植层，其重量仅为同厚度铺土种植屋顶的1/3，不仅减轻了屋顶荷载，而且大大提高了屋顶的隔热保温效果，降低了能源的消耗。

植被屋面的主要优点有：①一般绿地中的地温要比空旷广场低10～17.8℃。②屋面绿化可使城市中的灰尘降低40%左右；可吸收SO_2、HF、Cl_2、NH_3等有害气体；③对噪声有吸附作用，最大减噪量可达10分贝；④绿色植物可杀灭空气中散布着的各种细菌，使空气新鲜清洁，增进人体健康等。

(d)蓄水屋面

用现浇钢筋混凝土作防水层，并长期储水的屋面叫蓄水屋面。混凝土长期在水中可避免碳化、开裂、提高耐久性。蓄水屋面可隔热降温，还可以养殖鱼虾，获得经济效益。

按蓄水深度分为：深蓄水屋面、浅蓄水屋面两类。深蓄水屋面的蓄水深度一般为 400 ~ 600 mm，属于重屋盖。浅蓄水屋面的蓄水深度一般为 150 ~ 200 mm。

(e)遮阳屋顶

夏热冬冷地区建筑的平屋顶多为钢筋混凝土平板，吸收天空辐射的面积大，转化为向室内辐射的长波辐射热较多，故在夏季减少阳光进入量，采用遮阳板遮挡直射屋顶的阳光，从而达到屋顶隔热、防热的目的，这也是隔热重要的手段之一。

目前一些较发达国家已经开始将太阳能的光伏技术应用到了建筑的屋顶当中，又称太阳能屋顶。它是利用特殊的太阳能集热块，把太阳能转化为电能，同时保留传统的太阳能系统的供热供暖功能。光伏系统是一种无污染、无噪声、不消耗常规能源的“绿色”能源系统。甚至可以把这种太阳能集热块放屋面瓦里，形成太阳能屋面瓦。这种光电屋面瓦极大地改善了太阳能屋面的造型和外观，有着广泛的应用前景。

(a)反射屋面

(b)蓄水屋面

(c)种植屋面

(d)遮阳屋顶

(e)太阳能光电板屋面

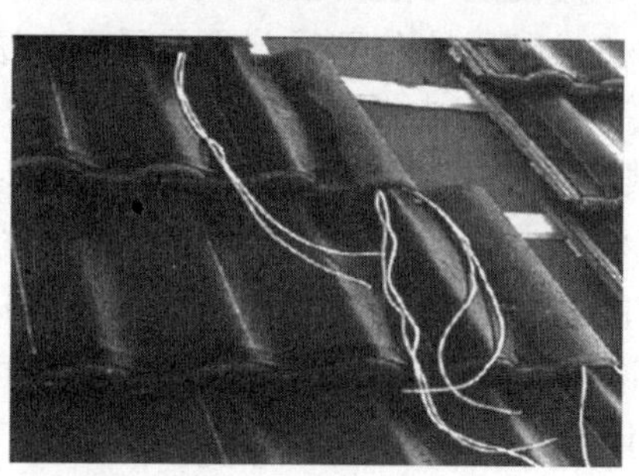

(f)太阳能光电瓦屋面

图 4.5.18 常见隔热屋顶图

(3)**坡屋顶**

坡屋顶坡度较陡，一般在10%以上，传统建筑中用屋架或山墙作为承重结构，上放檩条及屋面基层。现行中南地区建筑标准设计图集中坡屋顶屋面结构为现浇钢筋混凝土板，屋面坡度为30%(1∶3.3)~170%(1∶0.59)的坡屋面。

1)坡屋顶的基本组成：

坡屋顶通常由下列几部分组成：屋面层、承重层、顶棚，此外还可根据地区和房屋特殊需要增设保温层、隔热层等。

①屋面层

屋面层是屋顶的最上表面层，它直接承受大自然的侵袭，要求能防水、排水、耐久等。坡屋顶的排水坡度与屋面材料和当地的降雨量等因素有关，一般在18°以上。

②承重层

坡屋顶的承重层结构类型很多，若按材料分，有木结构、钢筋混凝土结构、钢结构等。屋顶承重层要求能承受屋面上全部荷载及自重等，并将荷载传给墙或柱。

③顶棚

顶棚是最上层房间顶面、屋顶的最下层的一种构造设施，设置顶棚可使房屋天棚平顶平整、美观、清洁。顶棚可吊挂在承重层上，也可搁置在柱、墙上。

④保温层、隔热层

南方炎热地区可在屋顶的顶棚上设隔热层，北方寒冷地区应设保温材料。

2)坡屋顶的承重结构

坡屋顶承重结构方式主要有两种，即山墙承重和屋架承重。

①山墙承重(又称横墙承重)

横墙间距较小且具有分隔和承重功能的房间，可将横墙顶部做成坡形以支承檩条，即为横墙承重坡屋顶。在双坡屋顶中，承重横墙顶部砌成山尖，形成坡度，故俗称山墙。山墙承重，又称硬山，这类结构形式叫做硬山搁檩。即在横墙上搁置檩条，檩条上立椽条，再铺设屋面层，一般开间在4 m以内，适用于住宅、宿舍等民用建筑工程。山墙承重结构方式的优点是构造简单，施工方便，节约木材，是一种经济合理的结构方案，但建筑物的空间受到限制，只适应于小空间的建筑。

②屋架承重

当房屋的开间比较大时，屋架承重的坡屋面较为常见，如图4.5.19所示。屋架可根据排水坡度和空间要求，做成三角形、梯形、矩形、多边形屋架，用来支承檩条和屋面上全部构件，屋架搁置在房屋纵墙或柱上，屋架中各杆件受力较均匀合理，因而杆件截面面积较小，且能获得较大跨度和空间。屋架可用各种材料制成，有木屋架、钢筋混

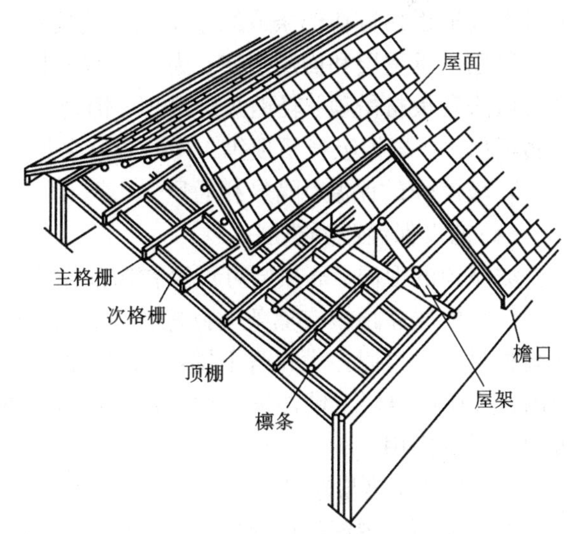

图4.5.19　屋架承重的坡屋顶

凝土屋架、钢屋架、组合屋架等。木屋架跨度可达 18 m，但不满足防火要求；18 m 以上（其跨度递增以 6 m 为倍数，即 24、30、36 m 等）可用钢筋混凝土屋架、钢屋架或组合屋架。

3）坡屋顶的屋面构成和屋面构造

①坡屋顶屋面构成

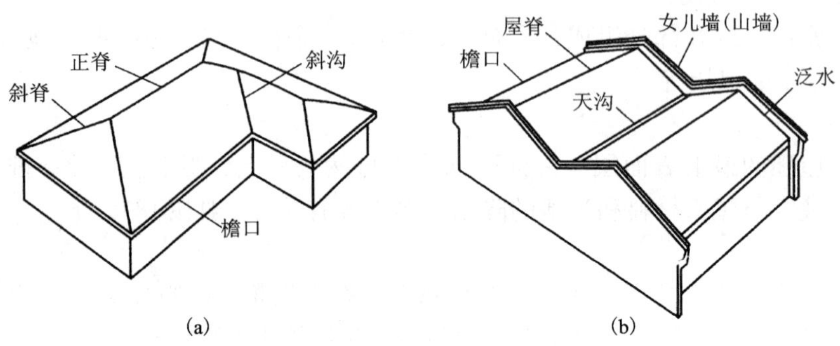

图 4.5.20　坡屋顶屋面的构成（一）

②坡屋顶的屋面构造

坡屋顶屋面由屋面支承构件和屋面防水层组成。支承构件是由檩条、椽条、屋面板、挂瓦条等组成。屋面防水层有机制平瓦或小青瓦、水泥瓦、石棉水泥瓦、瓦楞铁皮、铝合金瓦、玻璃钢波形瓦等，根据建筑要求而选定。

4）坡屋顶的顶棚构造

坡屋顶顶棚又称为平顶或天棚，设在坡屋顶屋架下弦或相应其他位置，主要作用是增加房屋的保温、隔热性能，同时还能使房间顶部平整美观、室内明亮、清洁卫生，公共建筑还将顶棚做成各种装饰和设置各种灯具，达到装饰和丰富室内空间的效果。

顶棚可吊在檩条下（或屋架下弦）称为吊顶，或独立设置（搁置在墙上）称为平顶（天棚），也可直接把板材钉在檩条或缘条下面，做成斜平顶，常用于有搁楼层的平顶。

顶棚由承重层和面层组成，为了保温和隔热需要，可增设填充层，在民用建筑中，最常见的做法有板材吊顶、轻钢龙骨吊顶、铝合金龙骨吊顶、装饰石膏板吊顶、条形塑料板吊顶、金属板吊顶、岩棉吸音吊顶等，其构造可参见中南地区建筑标准设计图集等（98ZJ521）。

5）坡屋顶的保温、隔热和通风

（a）铺设保温或隔热层

坡屋顶的保温、隔热层可设置在屋面层内、檩条之间、吊顶格栅之上和吊顶面等部位。

传统民居屋顶多在檩条上钉椽条、上铺保温材料。或在檩条底部钉木板，檩条之间填充保温材料。也可以在大龙骨上铺设木板，板上铺设保温材料。为防止室内水蒸气渗透入保温层内，可在保温层下铺油纸一层。用岩棉板、刨花板或甘蔗板制成的吊顶板固定在小龙骨上可起到保温作用。

（b）架空隔热与通风

通风屋面　屋面做成双层，由檐口处进风，屋脊处排风，利用空气流动带走热量，以降低瓦层温度，还可以利用檩条的间距通风。

吊顶棚隔热通风　吊顶内空间大，如能组织自然通风，隔热效果明显。通风口可设在檐口、屋脊、山墙和坡屋面上。

6）坡屋面的细部构造

坡屋面的细部构造有屋脊（正脊、斜脊）、合水沟、檐口、檐沟、山墙挑檐、泛水等。屋面及其细部构造泛水、檐沟、合水沟等的卷材防水层均满粘；铺设防水卷材或防水涂膜之前，水泥砂浆找平层表面应刷基层处理剂；所有卷材收口部位，均用密封膏嵌封严实；屋面板内预埋锚筋穿破卷材防水层的破口处应满粘 2 厚卷材 100×100，并用密封膏封严（涂膜防水层仅用密封膏封严）；保温隔热材料可视材质、屋面坡度等情况，采用条粘或点粘法与基层固定；角钢挂瓦条，顺水条和其他外露钢件表面刷防锈漆打底，面漆两道；木挂瓦条、顺水条等木材表面均刷防腐漆。

①屋脊（正脊、斜脊）

坡屋顶两斜屋面相交形成的阳角叫正脊或斜脊，正脊或斜脊是分水埂，需用灰浆卧砌脊瓦，如图 4.5.21 所示，为屋脊构造图，在屋脊顶处应采用圆脊盖瓦并在屋面板内预埋Φ10 锚筋@1500 与钢筋网绑牢，斜脊脊瓦搭接处钻孔用双股 18 号铜丝与钢筋网绑牢。

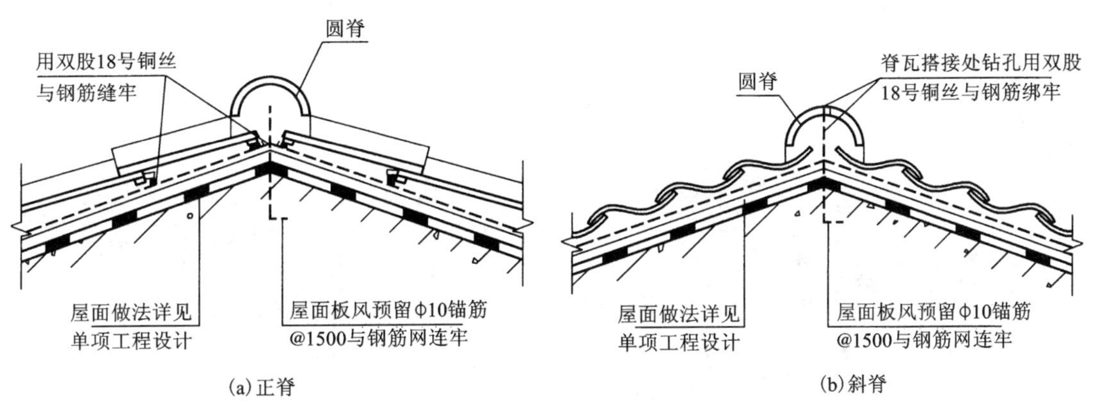

图 4.5.21　坡屋顶屋脊构造

②合水沟

坡屋顶两斜屋面相交形成的阴角叫合水沟，合水沟则是汇水槽。如图 4.5.22 所示，为合水沟构造图，合水沟宽 150 mm，在沟底按 300 mm［图 4.5.22（a）中 1 号铝板或彩钢板］或沟瓦规格［图 4.5.22（b）中合水沟瓦］宽度范围内每边固定 30 mm×30 mm 通长木条，沟底两侧通长Φ6 顺沟设置在屋脊梁和檐口处与Φ10 锚筋绑牢，合水沟两侧的瓦均为不规则形状，需现场切割成与排水沟相同的角度，沟内附加防水卷材每边宽 450 mm。合水沟瓦用卧瓦砂浆卧牢；1 厚铝板或彩钢板置于瓦下，每侧超出木压条 50 mm，做成凹凸形用通长木条固定，以防雨水溢出。

③檐口构造（有保温层）

建筑物屋顶与墙体顶部交接处称为檐口，如图 4.5.23 所示，为檐口构造图，图 4.5.23（a）为自由落水，图 4.5.23（b）为有组织排水设 PVC－U 天管，均为钢筋混凝土板挑檐，外保温层的坡屋面。采用外保温层的坡屋面，其钢筋混凝土屋面檐口应向上翻起，高出保温层上表面 20 mm，以防保温层下堕。钢筋混凝土屋面板内预埋Φ10 锚筋一排与钢筋网连牢，设

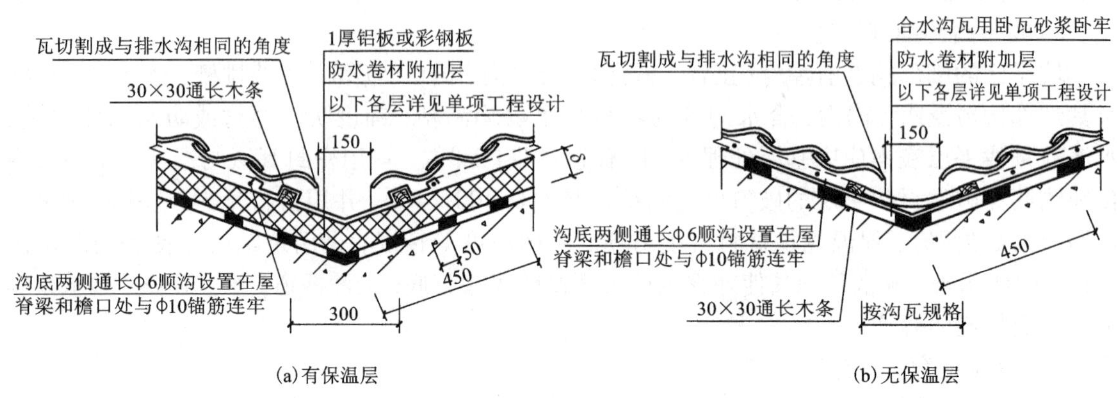

图 4.5.22　坡屋顶合水沟构造

d20PVC－U 泄水管、中距 3000、上端管口周围缝隙用密封膏封严。卷材收口处用水泥钉或射钉、钉距为 500、镀锌垫片 20×20×0.7 固定。檐口外侧粉刷详单项设计，下面做滴水线，瓦材超出立边 50 mm。

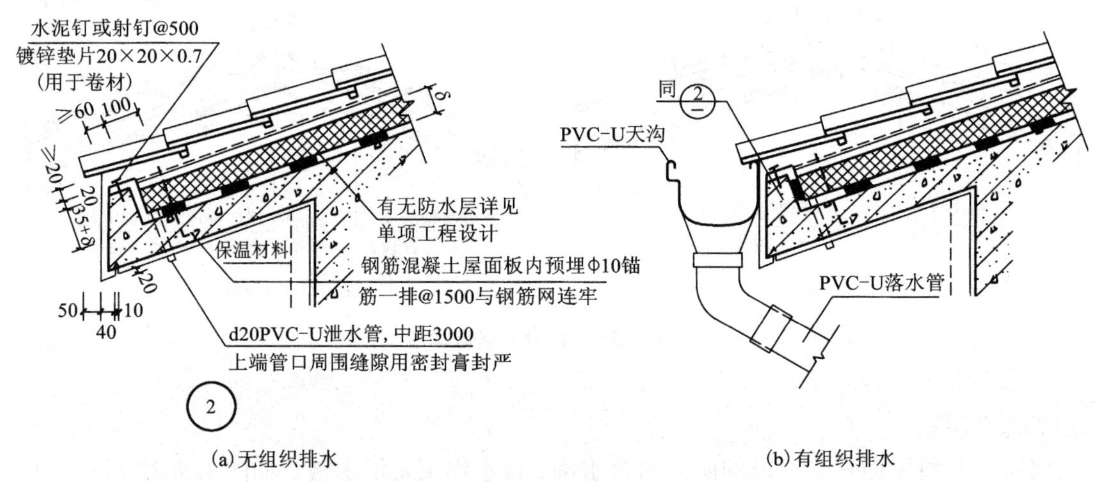

图 4.5.23　坡屋顶檐口构造(有保温层)

④檐沟构造

如图 4.5.24 所示，为檐沟构造图，檐沟板作成槽形，与圈梁连结成整体。沟内用轻骨料混凝土找坡(最薄处 20 厚)，用 20 厚 1∶3 水泥砂浆找平，然后做附加防水层及防水层(如卷材、涂膜防水)，再刷浅色。图 4.5.24 所示现浇外天沟构造图中，钢筋混凝土屋面板内预埋 Φ10 锚筋一排与钢筋网连牢，附加防水层翻起部位空铺 200 宽，天沟内满铺防水材料，卷材收口处用水泥钉或射钉、钉距为 500、镀锌垫片 20×20×0.7 固定，密封膏封严。檐口外侧粉刷详单项设计，下设滴水线。

⑤泛水构造

屋面泛水是指屋面与突出屋面的构件(如女儿墙、山墙、纵墙、楼梯间、烟囱、天窗等)

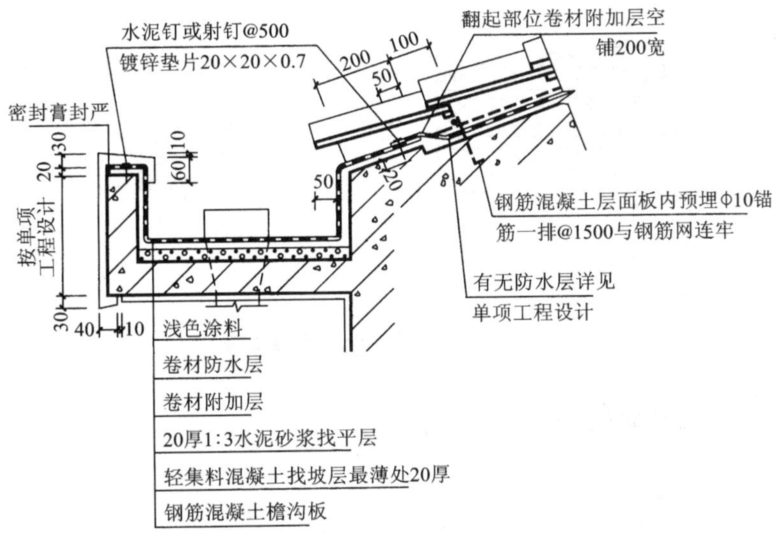

图 4.5.24　坡屋顶檐沟构造

交接处的防水构造处理。图 4.5.25 所示泛水为聚合物水泥砂浆或成品自粘性柔性泛水，图中通长附加防水层下宽 200、上翻起部位超出保温层 150，卷材收口处用水泥钉或射钉、钉距为 500、镀锌垫片 20×20×0.7 固定。图 4.5.25（b）中钢筋混凝土屋面板内预埋Φ10 锚筋@1500，沿墙一排瓦用双股 18 号铜丝与钢筋绑牢。

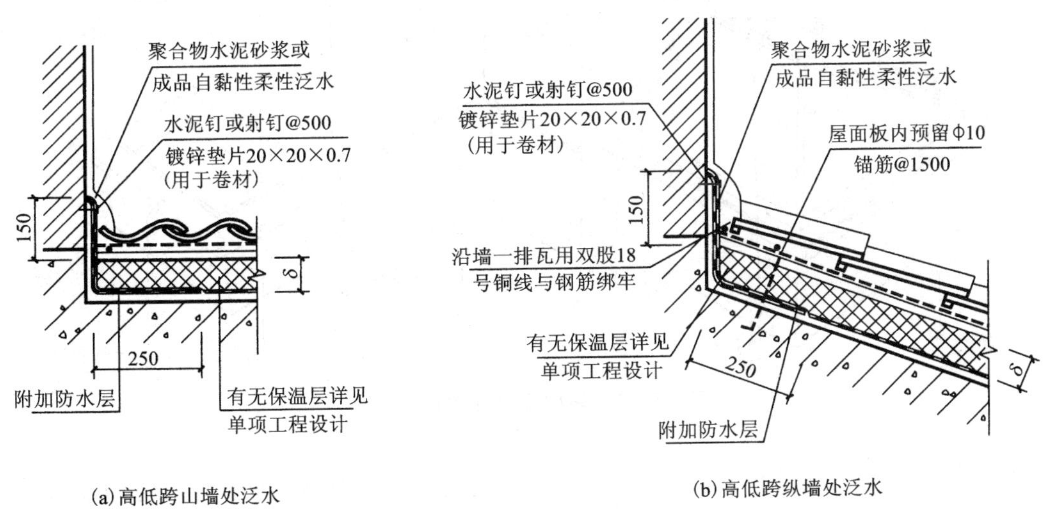

(a) 高低跨山墙处泛水　　(b) 高低跨纵墙处泛水

图 4.5.25　坡屋顶泛水构造

⑥山墙挑檐构造

建筑物屋顶挑出山墙顶部的檐口称为山墙挑檐，如图 4.5.26 所示。山墙挑檐构造，用于卷材时，卷材收口处用水泥钉或射钉、钉距为 500、镀锌垫片 20×20×0.7 固定；用于瓦材时，用固定在角钢上的通长木条 30×60(h)、圆钉固定瓦材，角钢(L50×4、长 30@1000)用水泥钉或射钉固定在挑檐板上。

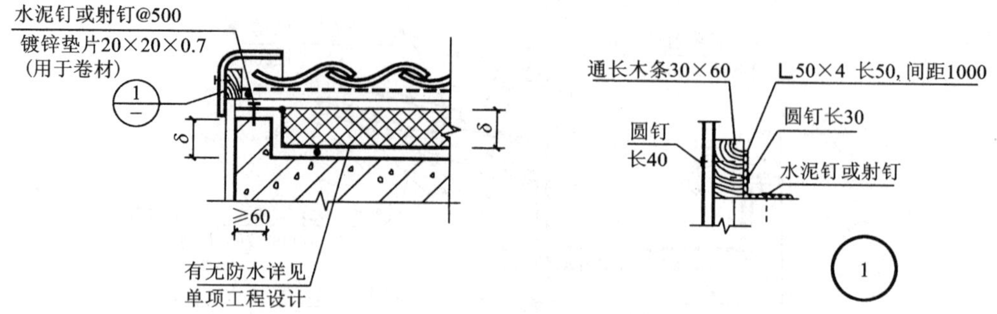

图 4.5.26　坡屋顶山墙挑檐构造

7)现行建筑中坡屋顶实例(图 4.5.27 所示)

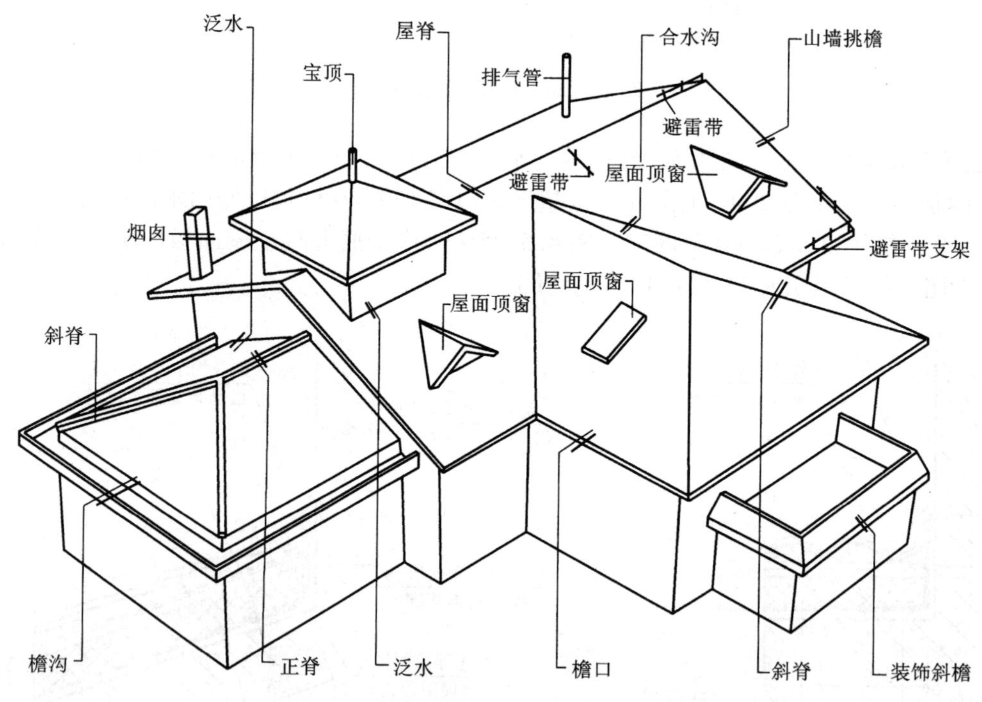

图 4.5.27　坡屋顶屋面的构成(二)

现行建筑中坡屋顶屋面结构为现浇钢筋混凝土板(参见中南地区建筑标准设计 05ZJ211)。坡屋面的排水坡度应根据屋面形式、材料种类、屋面基层类别、防水方案等因素综合确定,并应符合不同屋面材料种类的最小排水坡度。屋面最小排水坡度详表 4.5.5。

表 4.5.5　屋面最小排水坡度

材料种类	平瓦	油毡瓦	金属板材
屋面排水坡度/%	≥20	≥20	≥10

①坡屋面的构造组成及采用材料（如图 4. 5. 28 所示，为平瓦、水泥彩瓦、西式陶瓦的屋面做法，采用砂浆卧瓦、Ⅱ级防水、有保温层、加卷材或涂膜防水）

(a)基层

采用现浇钢筋混凝土板基层，由单项工程结构设计确定。并应注意现浇屋面温度应力对下部结构特别是砖混结构的影响，采用相应的构造措施防止裂缝产生。

(b)找平层

铺设卷材或涂膜防水层的水泥砂浆找平层：在 20 mm 厚 1∶3 水泥砂浆找平层中掺入聚丙烯或尼龙—6 纤维 0. 75 ~0. 90 kg/m^3；找平层应设分格缝，缝的纵横间距不宜大于 6 m，分格缝做法见 4. 5. 29 所示。

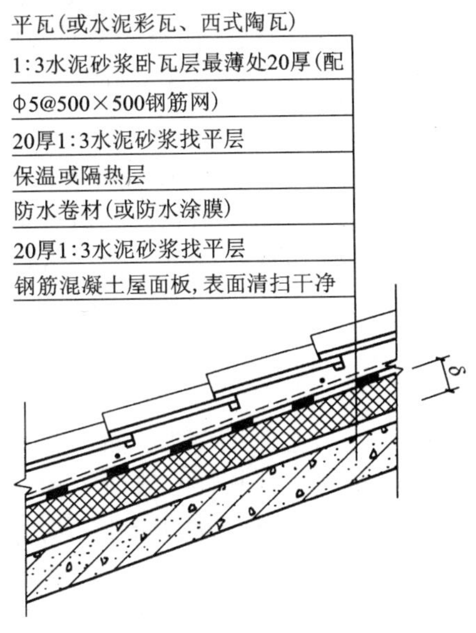

图 4. 5. 28　平瓦、水泥彩瓦、西式陶瓦的屋面做法(砂浆卧瓦)

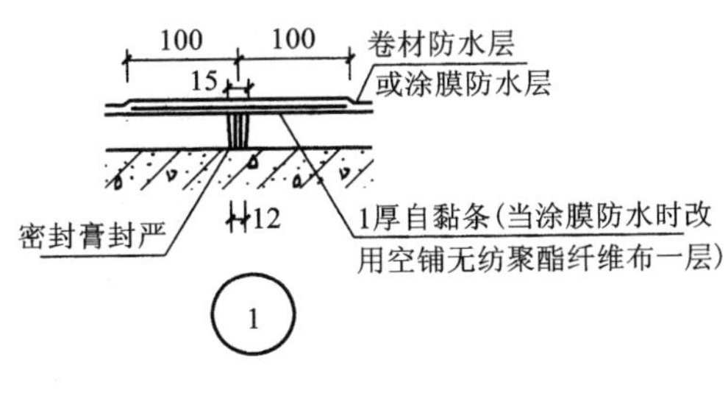

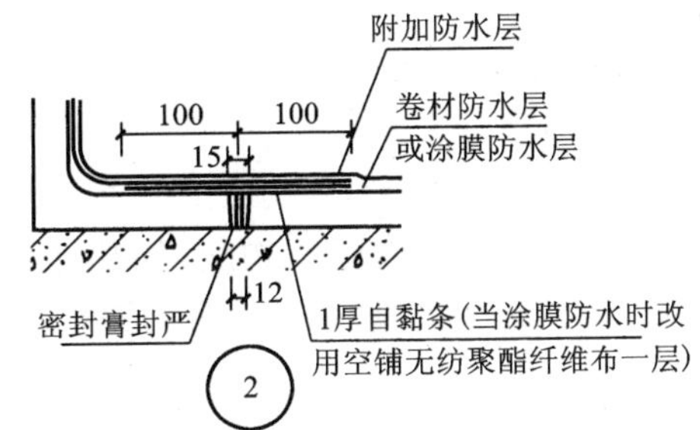

图 4. 5. 29　找平层分格缝

钉铺块瓦挂瓦条或钉粘油毡瓦的细石混凝土找平层：在 20 mm 厚 1∶3 水泥砂浆找平层内敷设的Φ6 钢筋网应骑跨屋脊并绷直与屋脊和檐口(沟)部位的预埋Φ10 锚筋连牢(现浇屋脊除外)；找平层可不设分格缝，但在与屋面突出物相连处应留 30 mm 宽缝隙，缝内嵌填密封膏封严。

找平层应充分养护。

(c)防水层

卷材防水层：合成高分子防水卷材；涂膜防水层；合成高分子防水涂料；高聚物改性沥青防水涂料。起构造做法与平屋顶构造相似。

(d)瓦材和铺设

块瓦：块瓦包括筒板瓦(琉璃瓦、青瓦)，平瓦、水泥瓦及西式陶瓦(S 瓦、J 瓦)等。块瓦铺设方式有砂浆卧瓦(图 4. 5. 28 所示，1∶3 水泥砂浆卧瓦层最薄处 20 mm 厚(配Φ6@500 mm ×500 mm 钢筋网))、木挂瓦条挂瓦及钢挂瓦条挂瓦。挂瓦条固定在顺水条上，顺水条钉在细石混凝土找平层上；不设顺水条，将挂瓦条和支承垫块直接钉在细石混凝土找平层上；以上做法和要求可参见标准图集。瓦的搭接长度，必须满足所采用瓦材的要求，由此确定挂瓦条或绑瓦钢筋的间距。

油毡瓦　油毡瓦是以玻纤毡为胎基的彩色块瓦状屋面防水片材，规格一般为1000 mm×333 mm×4.0 mm。油毡瓦的基层应牢固平整，油毡瓦应采用专用水泥钢钉与冷沥青玛碲脂黏结固定在混凝土基层上，瓦的排列、搭接、固定方法等要求，应按所采用瓦材的产品和施工说明进行施工；屋面坡度大于150%（1∶0.67）或大风作用的屋面，施工时应酌情增加黏结面及固定瓦材用钉数量。

块瓦形钢板彩瓦　块瓦形钢板彩瓦是用彩色薄钢板冷压成型呈连片块瓦形状的屋面防水板材。瓦材厚度应由瓦材生产厂家按挂瓦条的间距和屋面荷载确定，但不宜小于0.5 mm；瓦材用M6自攻螺钉固定于冷弯型钢挂瓦条上，上下搭接部位和瓦的前、末端，每波一个；左右搭接部位每挂瓦条一个；其他部位每隔一根挂瓦条并错波均匀布钉。冷弯型钢挂瓦条的型号规格，应根据保温隔热层的厚度和屋面坡度的大小预先确定，并按瓦的规格确定挂瓦条的间距。

2. 变形缝

由于温度变化、地基不均匀沉降和地震等因素影响，易使房屋产生裂缝和破坏，为此事先设置变形缝，将房屋划分成独立的变形单元自由变形，是防止房屋产生裂缝和破坏的有效措施。变形缝包括伸缩缝（温度缝）、沉降缝和防震缝三种，变形缝构造各地均有标准图集。变形缝的构造和材料应根据其部位需要分别采取防排水、防火、保温、防老化、防腐蚀、防虫害和防脱落等措施。

（1）伸缩缝

当建筑物长度超过一定限度时，为防止建筑物因温度变化引起胀缩变形，而产生开裂或破坏。为此，通常在建筑物适当的部位自基础以上将房屋的墙体、楼板层、屋顶等构件全部断开，将建筑物沿垂直方向划分成独立变形单元。这种因温度变化而设置的缝隙称为伸缩缝或温度缝。

1）伸缩缝的设置

由于基础部分埋于土中，受温度变化的影响相对较小，故伸缩缝是将基础以上的房屋构件全部断开。伸缩缝宽一般为20～30 mm，伸缩缝的间距与房屋的结构类型、房屋或楼盖的类别以及使用环境等因素有关，砌体结构与钢筋混凝土结构伸缩缝的最大间距分别见表4.5.6、表4.5.7所示。

表4.5.6　砌体结构伸缩缝的最大间距

屋盖或楼盖类别	有无保温层或隔热层	间距/m
整体式或装配整体式钢筋混凝土结构	有	50
	无	40
装配式无檩体系钢筋混凝土结构	有	60
	无	50
装配式有檩体系钢筋混凝土结构	有	75
	无	60
瓦材屋盖、木屋盖或楼盖、轻钢屋盖		100

表 4.5.7　钢筋混凝土结构伸缩缝的最大间距　m

结构类别	施工方法	室内或土中	露天
排架结构	装配式	100	70
框架结构	装配式	75	50
	现浇式	55	35
剪力墙结构	装配式	65	40
	现浇式	45	30
挡土墙、地下室墙壁等类结构	装配式	40	30
	现浇式	30	20

2)伸缩缝的构造

①墙体伸缩缝构造

墙体伸缩缝一般做成平缝、错口缝、企口缝，如图 4.5.30 所示。平缝构造简单，但不利于保温隔热，适用于厚度不超过 240 mm 的墙体，当墙体厚度较大时应采用错口缝或企口缝。

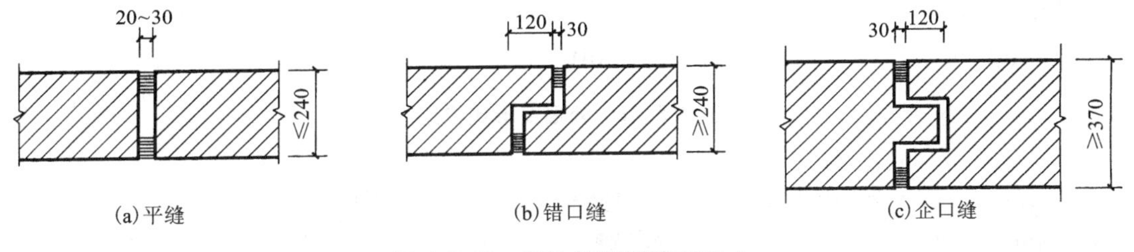

图 4.5.30　墙体伸缩缝截面形式

为防止自然界风霜雨雪等通过伸缩缝对墙体及室内环境的侵蚀，需对墙体伸缩缝进行构造处理，如图 4.5.31 所示，以达到防风霜、防雨雪、节能保温的要求。外墙缝内填塞可以防火、防水、防腐蚀的弹性材料以及弹性保温隔热材料等。外墙封口可用彩色涂层钢板、不锈钢板、铝合金板、铝合金型材、钢板等做为盖缝。在盖缝处理时，应注意缝与所在墙面相协调。所有填缝及盖缝材料和构造应保证结构在水平方向自由伸缩而不破坏。

②楼地层伸缩缝构造

楼地层伸缩缝的位置和大小，应与墙体伸缩缝一致。大面积的地面还应适当增加伸缩缝。楼地层伸缩缝应从基层到面层全部断开，保证其自由伸缩，同时保证地面层和顶棚美观。缝内可填塞保温材料、密封材料，上盖热镀锌钢板或铝合金板或塑胶硬板，如图 4.5.32 为地面变形缝。

③顶棚伸缩缝构造

顶棚的盖缝板以单边固定为宜，这样可以保证构件两端自由伸缩变形，如图 4.5.33 所示。

④屋顶伸缩缝构造

屋顶伸缩缝分为高低屋面交接和平齐等高屋面交接两种情况。屋顶伸缩缝的构造要满足

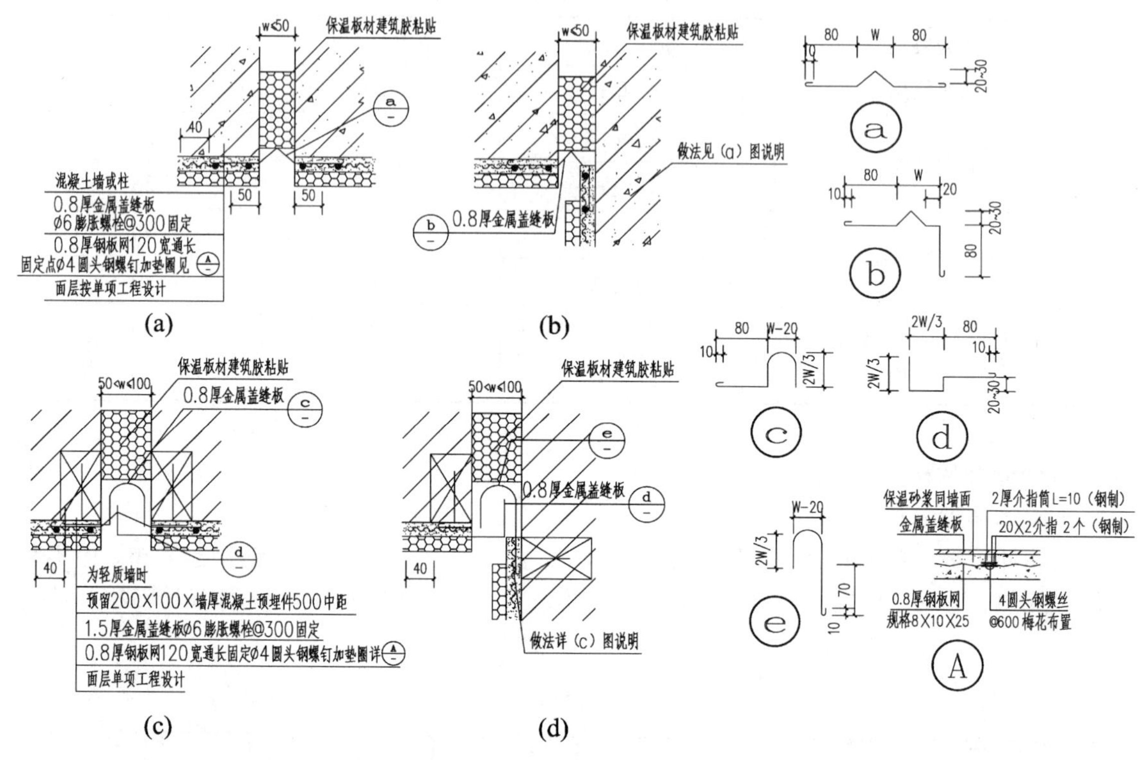

图 4.5.31　外墙变形缝构造

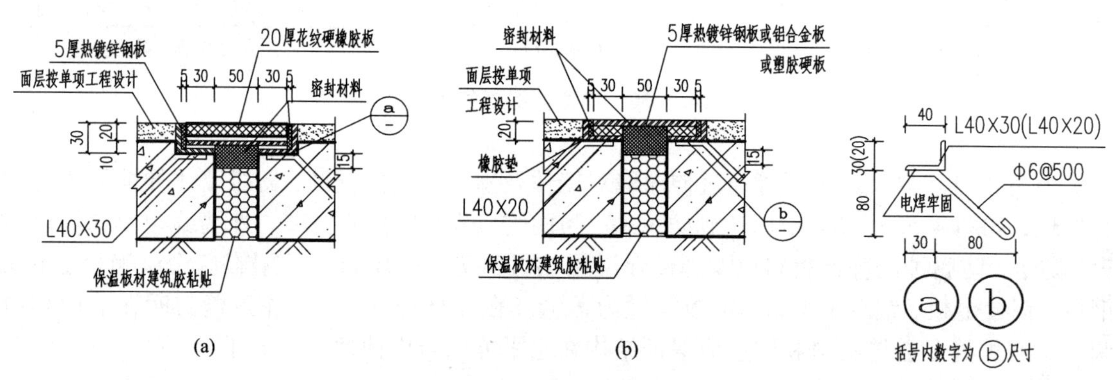

图 4.5.32　地面变形缝构造

防水和变形要求，其防水构造常采用的是泛水处理和表面做盖缝板且盖缝板的构造要满足变形要求，如图 4.5.34 所示，金属盖缝板为彩色钢板或铝合金板或不锈钢板，根据单项工程设计，可在变形缝内粘贴弹性保温材料。

（2）沉降缝

当建筑物地基地质条件不同、各部分的高差和荷载差别较大以及结构形式不同时，为防止建筑物因地基压缩性差异较大发生不均匀沉降而产生裂缝。为此，通常在这些部位设置缝隙，将建筑物沿垂直方向分为若干部分，使其每一部分的沉降比较均匀，避免在结构中产生

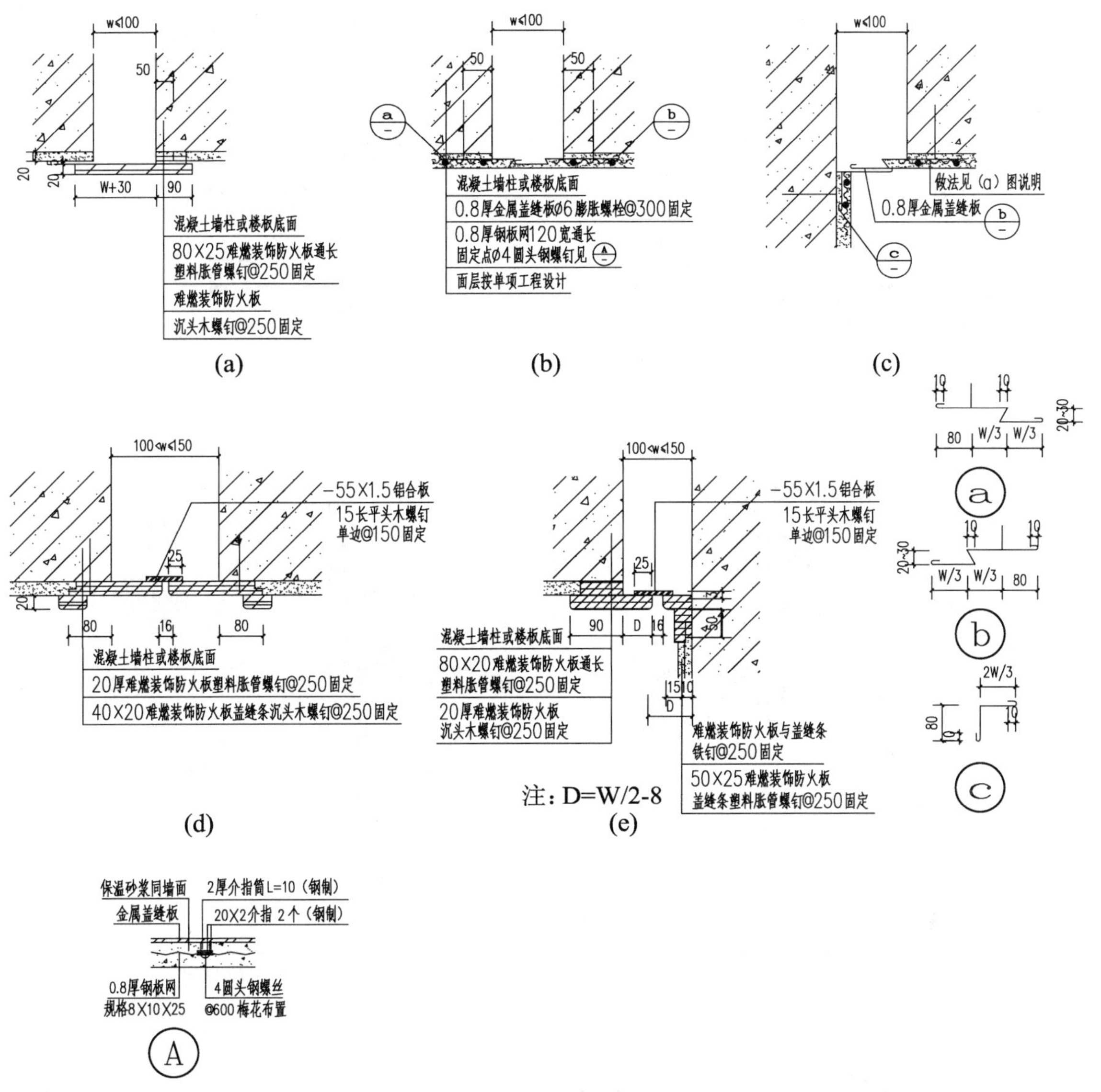

图 4.5.33 内墙及顶棚变形缝构造

额外的应力。这种因不均匀沉降而设置的缝隙称为沉降缝。

1）沉降缝的设置

由于沉降缝是为了防止地基不均匀沉降设置的变形缝，故应从基础断开。如过长建筑物的适当部位，地基不均匀沉降部位、相邻建筑各部分高度相差在两层以上或部分高差超过10 m、同一建筑物各部分相邻基础的结构体系、宽度和埋置深度相差悬殊、建筑物的基础类型不同、建筑物平面形状复杂以及毗邻房屋分期建设时，应设置沉降缝将房屋平面划分成几个独立的单元。

沉降缝的宽度与地基情况和建筑高度或层数的关系，如表 4.5.8 所示。

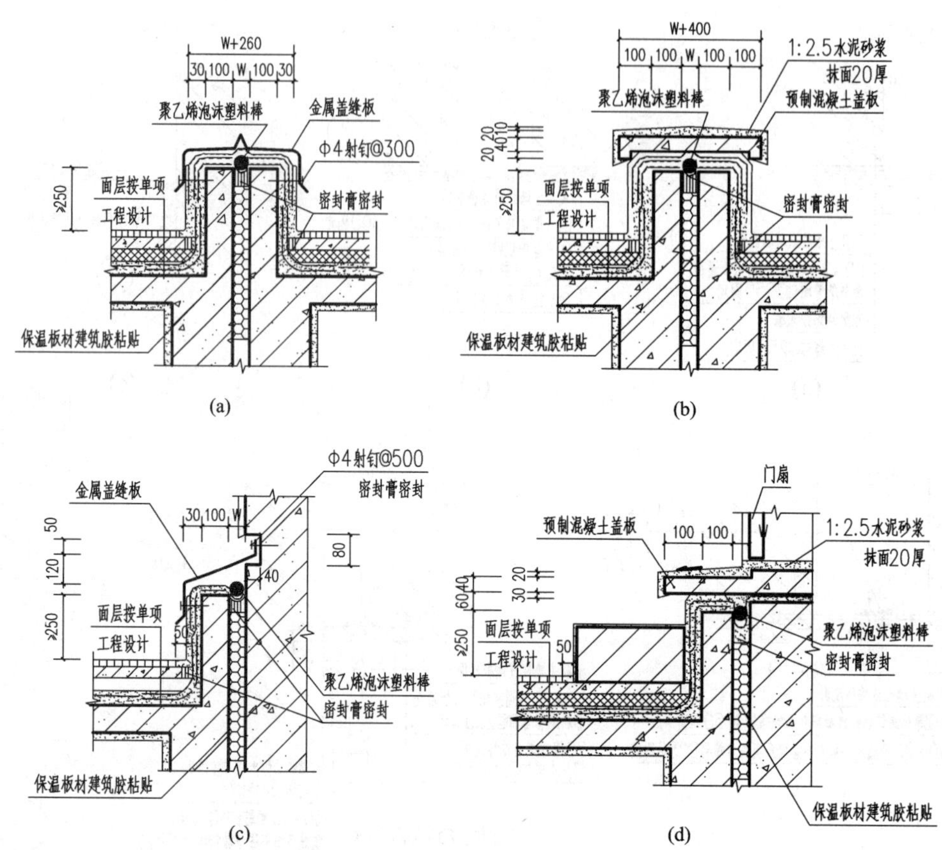

图 4.5.34　屋顶变形缝构造

表 4.5.8　沉降缝的宽度

地基性质	房屋高度/m	沉降缝宽度/mm
一般地基	$H<5$ m	30
	$H=5\sim10$ m	50
	$H=10\sim15$ m	70
软弱地基	2 ~ 3 层	50 ~ 80
	4 ~ 5 层	80 ~ 120
	6 层及 6 层以上	>120
湿陷性黄土地基		30 ~ 70

2)沉降缝的构造

①墙体沉降缝构造

墙体沉降缝的盖缝构造应满足水平伸缩和垂直变形的要求，避免连接不当也影响建筑物沉降，如图 4.5.31(c)、(d)所示。

②顶棚沉降缝构造

顶棚沉降缝构造如图 4. 5. 33(c)(d)所示，盖缝板一般分为两侧各设置一块，再用小盖缝板挡住两侧板的缝隙且单边固定小盖缝板，这样可以保证两侧自由沉降变形。顶棚沉降缝中的小盖缝板(如图中 -55 ×1. 5 铝合金板)木螺丝单边固定时，应固定在沉降量比较少的那一侧，否则就会影响建筑物沉降。

③基础沉降缝构造

建筑物沉降缝应使建筑物从基础底面开始到屋顶全部断开，基础沉降缝处理如下。

(a)双墙式基础沉降缝

将基础平行设置，两墙之间距离较大时，沉降缝两侧的墙体均位于基础的中心，如图 4. 5. 35(a)所示。两墙之间距离较小时，基础则受偏心荷载，它适用于荷载较小的建筑，如图 4. 5. 35(b)所示。

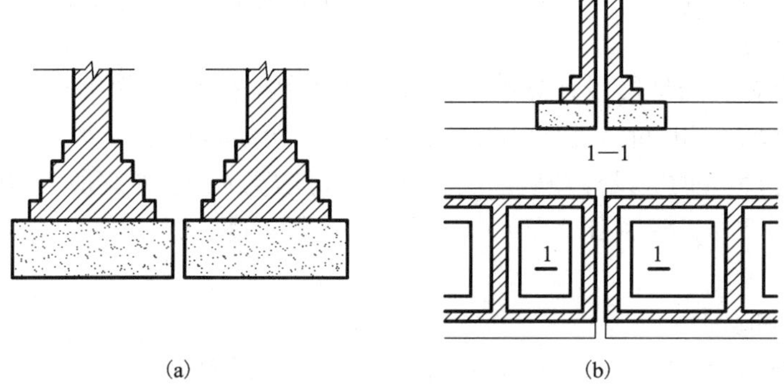

图 4. 5. 35　双墙式基础沉降缝

(b)交叉式基础沉降缝

将沉降缝两侧的基础交叉设置，在各自的基础上支承基础梁，墙砌筑在基础梁上，它适用于荷载较大的建筑，如图 4. 5. 36 所示。

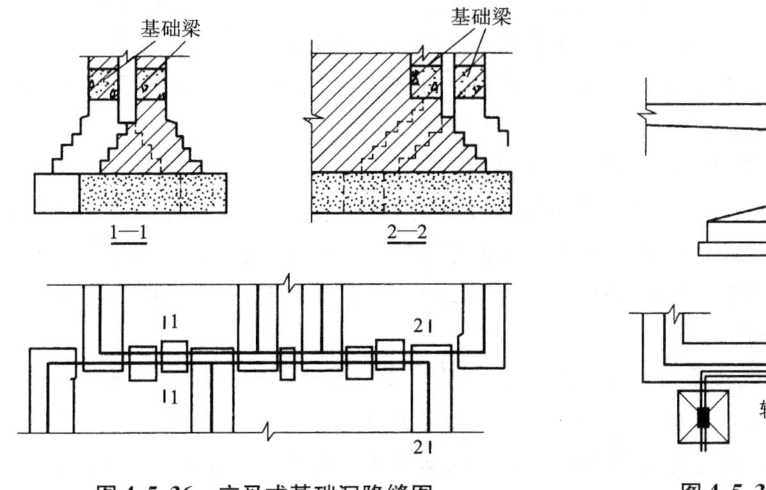

图 4. 5. 36　交叉式基础沉降缝图

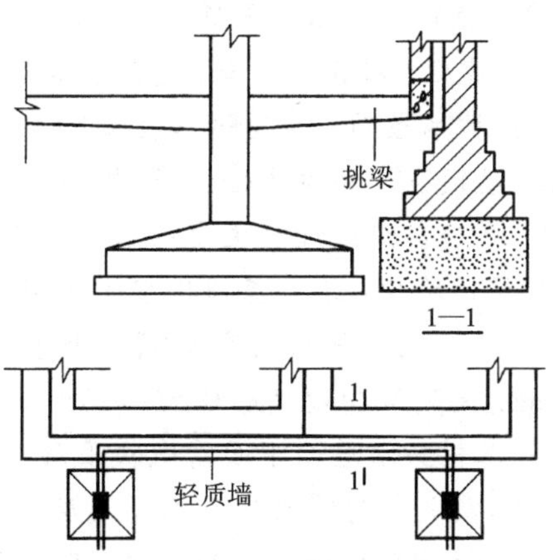

图 4. 5. 37　悬挑式基础沉降缝

(c)悬挑式基础沉降缝

沉降缝一侧采用挑梁支承基础梁，在基础梁上砌墙，如图 4. 5. 37 所示。

(3)防震缝

建筑物受地震荷载作用的影响，会产生裂缝甚至破坏。为了防止裂缝的发生和建筑物的破坏，将建筑物按垂直方向设置变形缝，形成相对独立的抗震单元。这种防止地震荷载作用引起建筑物破坏而设置的变形缝称为防震缝。

1)防震缝的设置

在地震设防烈度为7 ~9 度的地区，当建筑物体型比较复杂或各部分的结构刚度、高度相差较大时(高差在6 m 以上)或荷载相差较悬殊，应将建筑物分成若干个体型简单、结构刚度较均匀的独立单元。

防震缝应沿建筑物全高设置，一般基础可不必断开，但平面复杂或结构需要时也可断开。防震缝一般可与伸缩缝、沉降缝协调布置，在地震地区需设置伸缩缝和沉降缝时，须按防震缝构造要求处理。

防震缝的最小宽度与地震设计烈度、房屋的高度和结构类型等因素有关。在多层砖混结构中，缝宽一般为 50 ~70 mm。在多层钢筋混凝土框架结构中建筑物高度在 15 m 以下时，取 70 mm；当超过 15 m 时，设计烈度 7 度，建筑物每增高 4 m，缝宽加大 20 mm；设计烈度 8 度，建筑物每增高 3 m，缝宽加大 20 mm；设计烈度 9 度，建筑物每增高 2 m，缝宽加大 20 mm。

2)防震缝的构造

防震缝与伸缩缝和沉降缝的构造基本相同，但不应做错口或企口缝，防震缝一般只作盖缝处理，缝内一般不填充任何材料以免影响变形要求。

小　结

本部分完成的任务是屋面排水与节点构造详图的认知与表达。重点讨论平屋顶的构造以及坡屋顶、节能屋面的构造和变形缝的构造。

1. 屋顶按屋面形式分可分为平屋顶、坡屋顶、曲面屋顶三类。平屋顶的坡度小于 5%，有挑檐平屋顶、女儿墙平屋顶、女儿墙带挑檐平屋顶、盝顶等形式；坡屋顶的坡度一般大于 10%，有庑殿、歇山、硬山、悬山、卷棚、攒尖等类型。屋顶按屋面防水材料分为柔性防水屋面、刚性防水屋面、涂膜防水屋面等。

2. 屋顶设计的主要任务是解决好防水、保温隔热，坚固耐久，造型美观等问题。

3. 屋顶排水设计的主要内容是：确定屋面排水坡度的大小和坡度形成的方法；选择排水方式和屋顶坡度；绘制屋顶排水平面图。每根雨水管可排除约 200 m^2 的屋面雨水，其间距控制在 30 m 以内。矩形天沟净宽不小于 200 mm，天沟纵坡最高处离天沟上口的距离不小于 120 mm，天沟纵向坡度取 0. 5% ~1%。

4. 卷材防水屋面下面需做找平层，上面应做找平层，上人屋面用地面做保护层。保温层铺在防水层之下时需在其下加隔汽层，铺在防水层之上时则不加，但必须选用不透水的保温材料。卷材防水屋面的细部构造是防水的薄弱部位，包括泛水、天沟、雨水口、檐口、变形缝等。

5. 刚性防水屋面主要适用于我国南方地区。为了防止开裂，应在防水层中加钢筋网片，设置分格缝，在防水层与结构层之间加铺隔离层。分格缝应设在屋面板的支承端，屋面坡度的转折处、泛水与女儿墙的交界处。分格缝之间的间距不超过 6 m。泛水、分格缝、变形缝、檐口、雨水口等细部的构造需有可靠的防水措施。

6. 瓦屋面的承重结构有屋架承重体系、山墙承重体系、钢筋混凝土屋面板承重等。

7. 由于温度变化、地基不均匀沉降和地震等因素影响，易使房屋产生裂缝和破坏，为此事先设置变形缝，将房屋划分成独立的变形单元自由变形，是防止房屋产生裂缝和破坏的有效措施。变形缝包括伸缩缝(温度缝)、沉降缝和防震缝三种。

8. 伸缩缝通常在建筑物适当的部位自基础以上将房屋的墙体、楼板层、屋顶等构件全部断开，将建筑物沿垂直方向划分成独立变形单元。这种因温度变化而设置的缝隙称为伸缩缝或温度缝。伸缩缝宽一般为 20～30 mm，伸缩缝的间距与房屋的结构类型、房屋或楼盖的类别以及使用环境等因素有关。

9. 沉降缝通常在建筑物地基地质条件不同、各部分的高差和荷载差别较大以及结构形式不同的部位设置缝隙将建筑物沿垂直方向分为若干部分，使其每一部分的沉降比较均匀，避免在结构中产生额外的应力。沉降缝是为了防止地基不均匀沉降设置的变形缝，故应从基础断开。沉降缝的宽度与地基情况和建筑高度或层数有关。

10. 防震缝是为了防止地震荷载作用的影响，产生裂缝而引起建筑物的破坏，将建筑物按垂直方向设置变形缝，形成相对独立的抗震单元。防震缝应沿建筑物全高设置，一般基础可不必断开，但平面复杂或结构需要时也可断开。防震缝一般可与伸缩缝、沉降缝协调布置，在地震地区需设置伸缩缝和沉降缝时，须按防震缝构造要求处理。防震缝的最小宽度与地震设计烈度、房屋的高度和结构类型等因素有关。

模块五　工业建筑构造的认知与表达

模块任务

任务　单层工业厂房建筑构造的认知与表达

能力目标

- 对单层工业厂房的组成及构造的认知能力
- 对单层工业厂房定位轴线的表达能力

知识目标

- 理解单层厂房主要结构构件的组成、构造及其作用；
- 掌握单层厂房的柱网尺寸和定位轴线的布置；
- 了解单层厂房围护结构的组成及其构造。

任务　单层工业厂房建筑构造的认知与表达

任务要求

1. 按建筑制图标准的规定和厂房构造做法要求，采用 A2 绘图纸，绘制如图 5. 1. 1 所示单层工业厂房的柱网平面布置图和节点详图。有关参数如下：

图 5. 1. 1 所示为某金工装配车间(全装配式单层排架结构，排架柱和抗风柱均采用矩形柱)，共两跨，分别为 12 m 跨和 18 m 跨，柱距为 6 m，室内地面标高 ±0. 000 m，室外地坪标高 -0. 150 m，采用封闭结合，中间设伸缩缝。排架柱柱顶标高(H_1)分别为 6. 6 m、8. 4 m，下柱截面尺寸为 400 mm×800 mm，抗风柱下柱截面尺寸为 400 mm×600 mm，外围护结构采用厚度为 240 mm 的砖墙；吊车两台，起重量分别为 10 t、20 t/5 t。屋架、屋面板分别采用折线型预应力钢筋混凝土屋架或预应力钢筋混凝土屋面大梁和大型屋面板，采用有组织排水方式和柔性防水屋面。

2. 按技能抽查标准要求，识读某单层工业厂房施工图，完成识读记录表 5. 1. 1(本案例识读以上面完成的柱网平面图为例)。

表 5. 1. 1　识读图记录表

1. 什么是柱网？厂房平面图有几跨，图中跨度和柱距是多少？	
2. 该厂房平面图总体尺寸是多少？	
3. 该厂房吊车轨道中心线之间的距离是多少？	
4. 该厂房平面图的柱距的确定应该考虑哪些因素？如何确定？	

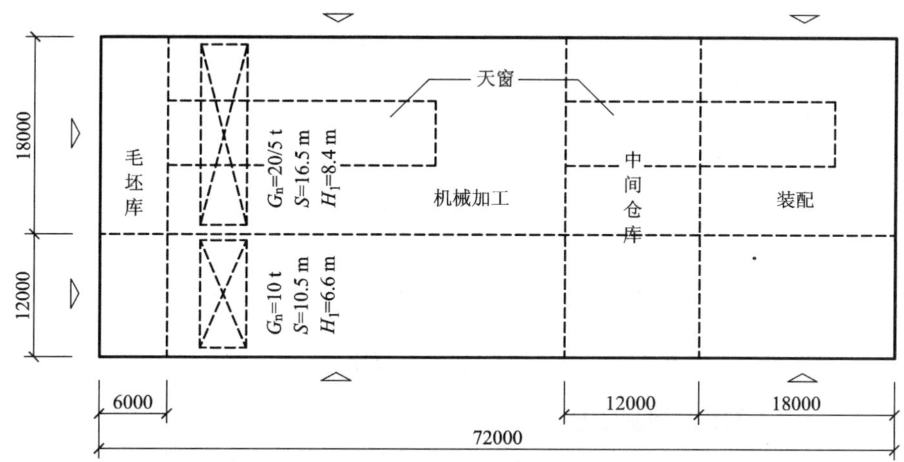

图 5.1.1 某金工车间平面示意图

问题引入

1. 单层工业厂房结构类型和组成有哪些？各组成部分有何作用？

2. 单层工业厂房内部的起重运输设备有哪些形式？有何不同？

3. 单层工业厂房定位轴线的作用是什么？什么是柱网、柱距和跨度？纵横向定位轴线各与厂房的哪些构件有关？如何定位？

4. 单层工业厂房主要结构构件有哪些？有何作用？有何要求？

5. 单层工业厂房围护结构构造有哪些？

6. 板材墙体的连接构造有哪些？

7. 屋面有组织排水采用哪几种方式？屋面排水坡度与哪些因素有关？屋面防水有哪些类型？

8. 侧窗和大门各有哪些种类？除满足采光和通风之外，有的车间按生产工艺特点，对侧窗还有哪些特殊要求？

9. 天窗有哪些类型？矩形天窗由哪些构件组成？有何要求？平天窗有何特点？有哪几种类型？在构造处理上有何要求？

10. 厂房地面有何特点和要求？厂房的钢梯有哪些类型？

实践指导

1. 确定平面柱网尺寸图，比例 1∶200（参见图 5.1.9）

(1)根据提供的资料及生产工艺要求，金工车间为两跨，分别是 12.0 m 跨和 18.0 m 跨，柱距采用扩大模数 60M 数列，即柱距为 6 m 布置，并进行纵横向轴线编号；

(2)布置砖墙、围护结构及门窗位置和编号，入口采用混凝土坡道，外墙四周设置混凝土散水（带外暗沟），并注排水方向及排水坡道；

(3)用中粗虚线标注天窗位置并标注尺寸，在第二个柱间开始布置，天窗宽取厂房跨度的 2/3；用中粗虚线表示吊车轮廓线和吊车轨道中心线，标注吊车吨位（Q）、吊车跨度（LK）、吊车轨道中心线与纵向定位轴线的距离（e = 750 mm），柱与轴线的关系，标注室内外地坪标高；

(4)标出剖面线(要求通过平行跨或者垂直跨及门窗)、索引及编号;

(5)标注三道尺寸(总尺寸、柱网尺寸、门窗洞口等细部构造尺寸);

(6)标注图名及比例。

2. 节点详图(2个,参见图5.1.11和图5.1.13,选择比例1:10或1:20)

(1)山墙处柱子与横向定位轴线之间的关系;

(2)横向变形缝处柱子与横向定位轴线之间的关系。

知识链接

单层工业厂房

1. 单层工业厂房结构类型和组成

在厂房建筑中,支承各种荷载(图5.1.2)作用的构件所组成的骨架,通常称为结构。厂房结构的坚固、耐久是靠结构构件连接在一起、组成一个结构空间来保证的。

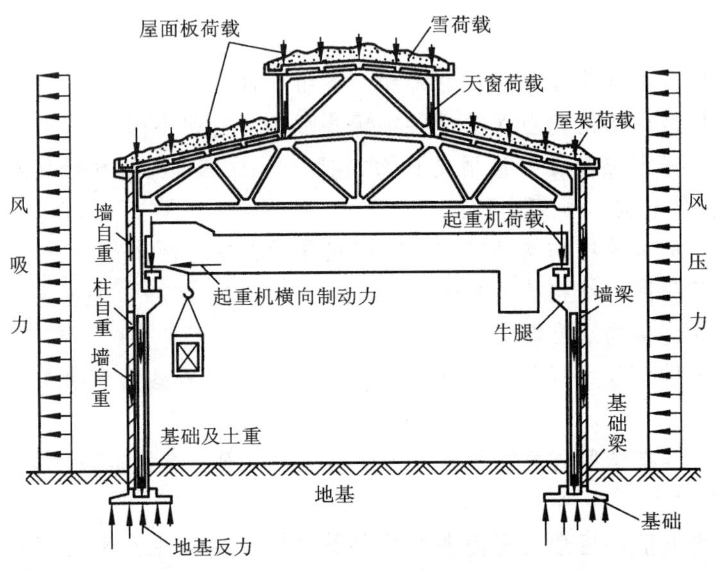

图5.1.2 单层厂房结构主要荷载示意

(1)单层工业厂房结构的类型

单层工业厂房结构按其承重结构的材料来分,有混合结构、钢筋混凝土结构和钢结构类型;按其主要承重结构的形式分,有排架结构和刚架结构类型。

1)排架结构

排架结构是由厂房横向布置的排架作为厂房的主要受力结构,按其用料通常分为下列三种类型:

①钢筋混凝土排架结构:厂房的主要承重构件全部采用钢筋混凝土制作,通常采用预制装配式钢筋混凝土排架结构。这种结构坚固耐久,施工速度快,但自重大、抗震性能比钢结构差。

②钢结构:厂房的主要承重构件全部采用钢材制作,它以各种轻型钢经拼接、焊接而成的组合构件作为主要受力构件,用轻质材料作为围护隔离材料。这种结构自重轻、抗震性能

好、施工速度快，主要用于跨度大、空间高度大、吊车起重量大、受高温或振动影响较大的厂房。

③混合结构：厂房主要承重构件由两种或两种以上材料制作，如常见的钢筋混凝土柱－钢屋架结构。

2)刚架结构

刚架结构是将屋架(屋面梁)与柱合一，柱子与基础的连接为铰接，图 5.1.3 所示。它适用于屋盖较轻的无桥式吊车或吊车吨位不大、跨度及高度亦不大的中小型厂房和仓库。

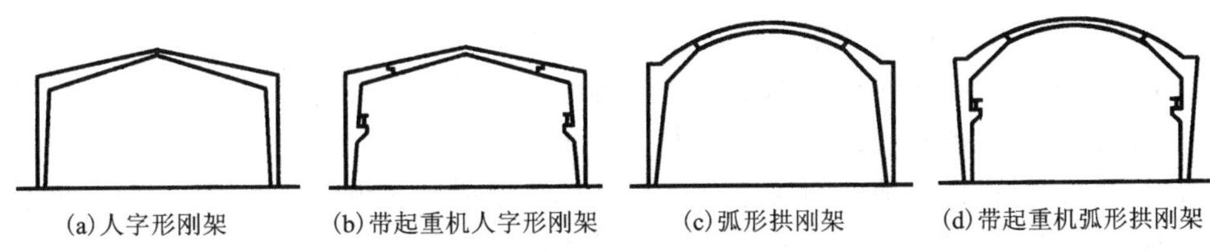

图 5.1.3　装配式钢筋混凝土门式刚架结构

(2)排架结构单层工业厂房的组成

排架结构单层工业厂房由厂房骨架和围护结构两大部分组成。现以常见的装配式钢混凝土横向排架结构为例，来说明单层工业厂房的组成，如图 5.1.4 所示。

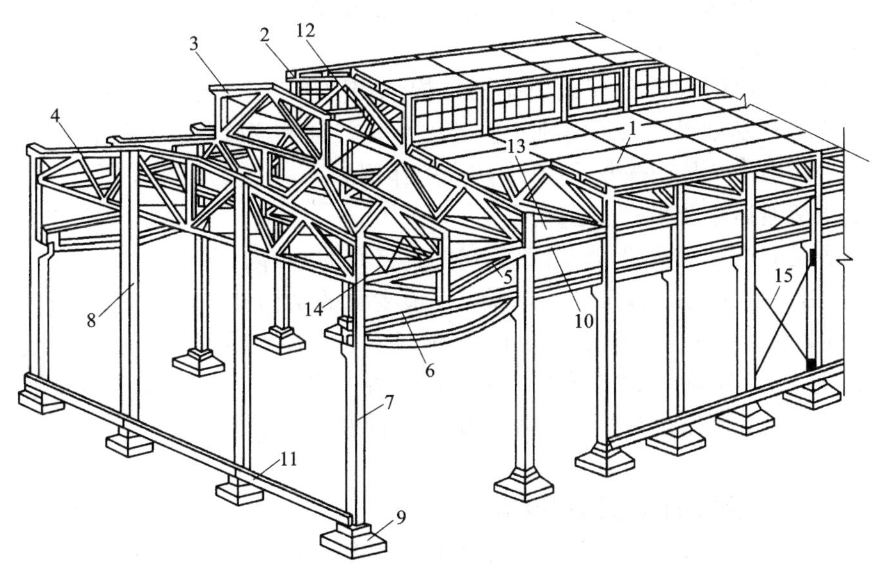

图 5.1.4　单层厂房结构组成

1—屋面板；2—天沟板；3—天窗架；4—屋架；5—托架；6—吊车梁；7—排架柱；8—抗风柱；9—基础；10—连系梁；11—基础梁；12—天窗架支撑；13—屋架下弦支撑；14—屋架端部支撑；15—柱间支撑

1)厂房骨架

厂房骨架由横向排架(屋架、柱、基础组成一榀横向排架)、纵向连系构件(基础梁、吊车梁、连系梁)和支撑系统(柱间支撑和屋盖支撑)组成。

①排架柱：它是厂房结构的主要承重构件，承受屋架(托架)、吊车梁、支撑、连系梁和外墙传来的荷载，并传给基础。

②基础：它承受柱和基础梁传来的全部荷载，并传给地基。

③屋架：它是屋盖结构的主要承重构件，承受屋盖结构上的全部荷载，并传给柱。

④屋面板：它铺设在屋架檩条或天窗架上，承受屋面上的荷载(如风、雪、积灰、施工检修等荷载)及自重，并传给屋架。

⑤吊车梁：它支承在柱子的牛腿上，承受吊轨梁自重、吊车和起吊物体的重量、吊车起动或刹车所产生的横向刹车力、纵向刹车力以及冲击荷载，并传给柱。

⑥基础梁：它承受上部砖墙重量，并把它传给基础。

⑦连系梁：它是厂房纵向柱列的水平连系构件，用以增加厂房的纵向刚度，承受风荷载和上部墙体的荷载，并将荷载传给纵向柱列。

⑧支撑系统构件：它包括柱间支撑和屋盖支撑，分别设在纵向柱列之间和屋架之间，其作用是加强厂房的空间整体刚度和稳定性，同时起传递水平荷载和吊车产生的水平刹车力的作用。

⑨抗风柱：单层厂房山墙面积较大，所受风荷载也大，故在山墙内侧设置抗风柱。当山墙面受到风荷载作用时，一部分荷载由抗风柱上端通过屋顶系统传到厂房纵向骨架上去，一部分荷载由抗风柱直接传给基础。

2)围护构件

①屋面：单层厂房的屋顶面积较大，构造处理较复杂，屋面设计应重点解决好防水、排水、保温、隔热等方面的问题。

②外墙：工业厂房的大部分荷载由排架结构承担。因些，工业厂房的外墙是自承重构件，砖墙下部支承在基础梁或带形基础上。砖墙承受着自重及风荷载并将它传给柱子，外墙主要起着防风、防雨、保温、隔热、遮阳、防火等作用。

③门窗：供交通运输及采光、通风用。

④地面：满足生产及运输要求，并为厂房提供良好的室内工作环境。

以上这些构件中，屋架、排架柱和基础，是最主要的结构件，它们三者通过不同的连接方式(屋架与柱为铰接，柱与基础是刚接)，形成具有较强刚度和抗震能力的厂房结构体系。这些承重构件都均采用钢筋混凝土或预应力钢筋混凝土构件。为做到设计标准化、构件生产工厂化、施工机构化、国家已将厂房的所有结构构件及建筑配件，编制成标准图集，供设计时选用。

2. 单层工业厂房内部的起重运输设备

工业厂房在生产过程中，为装卸、搬运各种原材料和产品以及进行生产、设备检修等，在地面上可采用电瓶车、汽车及火车等运输工具；在自动生产线上可采用悬挂式运输吊车或输送带等；在厂房上部空间可安装各种类型的起重吊车。

起重吊车是目前厂房中应用最为广泛的一种起重运输设备。厂房剖面高度的确定和结构计算等，与吊车的规格、起重量等有着密切的关系。常见的吊车有单轨悬挂吊车、梁式吊车和桥式吊车等。

(1)单轨悬挂吊车

单轨悬挂吊车是在屋架或屋面梁下弦悬挂梁式钢轨，轨梁上设有可水平移动的滑轮组

（或称神仙葫芦），利用滑轮组升降起重的一种吊车，如图 5. 1. 5 所示。起重量一般在 3t 以下，最多不超过 5t，有手动和电动两种类型。由于轨架悬挂在屋架下弦，因此对屋盖结构的刚度要求比较高。

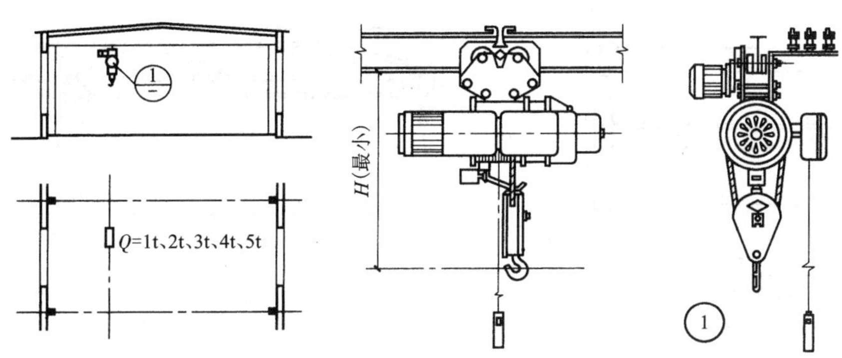

图 5. 1. 5 单轨悬挂吊车

(2) 梁式吊车

梁式吊车有悬挂式和支承式两种类型。悬挂式如图 5. 1. 6 所示，是在屋架或屋面梁下弦悬挂梁式钢轨，钢轨布置成两行直线，在两行轨梁上设有滑行的单梁，在单梁上设有可横向移动的滑轮组（即电葫芦）。支承式如图 5. 1. 7 所示，是在排架柱上设牛腿，牛腿设吊车梁，吊车梁上安装钢轨，钢轨上设有可滑行的单梁。在滑行的单梁上设可滑行的滑轮组，在单梁与滑轮组行走范围内均可起重。梁式吊车起重量一般不超过 5t。

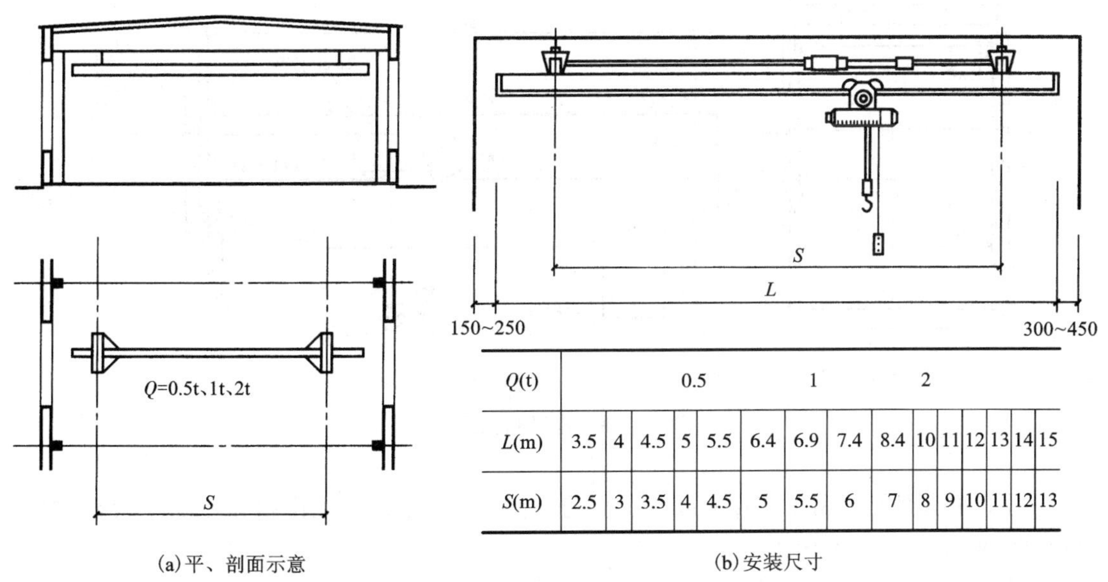

Q(t)	0.5					1			2						
L(m)	3.5	4	4.5	5	5.5	6.4	6.9	7.4	8.4	10	11	12	13	14	15
S(m)	2.5	3	3.5	4	4.5	5	5.5	6	7	8	9	10	11	12	13

(a) 平、剖面示意　(b) 安装尺寸

图 5. 1. 6 悬挂式电动单梁吊车（DDXQ 型）

(3) 桥式吊车

桥式吊车（起重机）通常是在厂房排架柱上设牛腿，牛腿上搁置吊车梁，吊车梁上安装钢

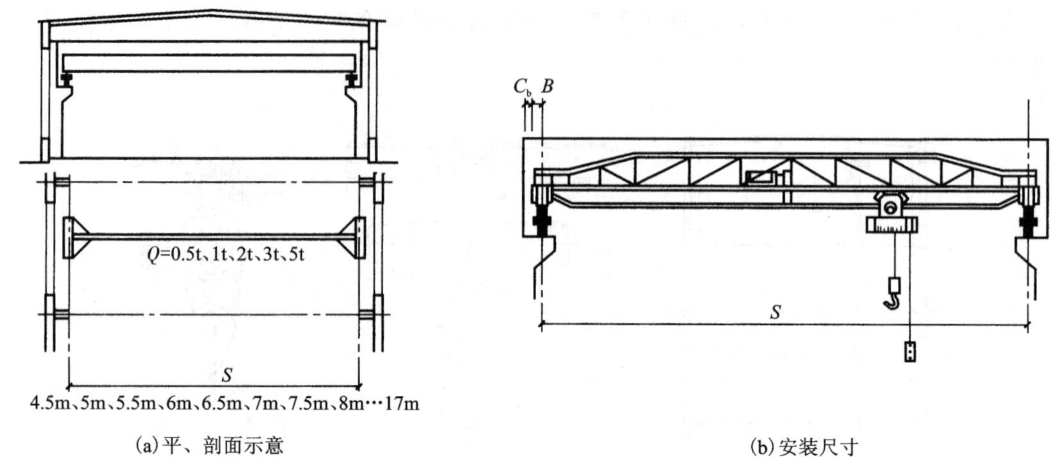

图 5.1.7　吊车梁支承电动单梁吊车(DDQ 型)

轨，钢轨上设置能沿着厂房纵向滑移的双榀钢桥架(或板梁)，桥架上设支承小车，小车能沿桥横向滑移，并有供起重的滑轮组，如图 5.1.8 所示。在桥架与小车行走范围内均可起重，起重量从 5 t 至数百吨。桥式吊车在桥架一端设有司机室。

为确保吊车(起重机)运行及厂房的安全，吊车(起重机)的界限尺寸及安全间隙尺寸应符合图 5.1.8 的规定。

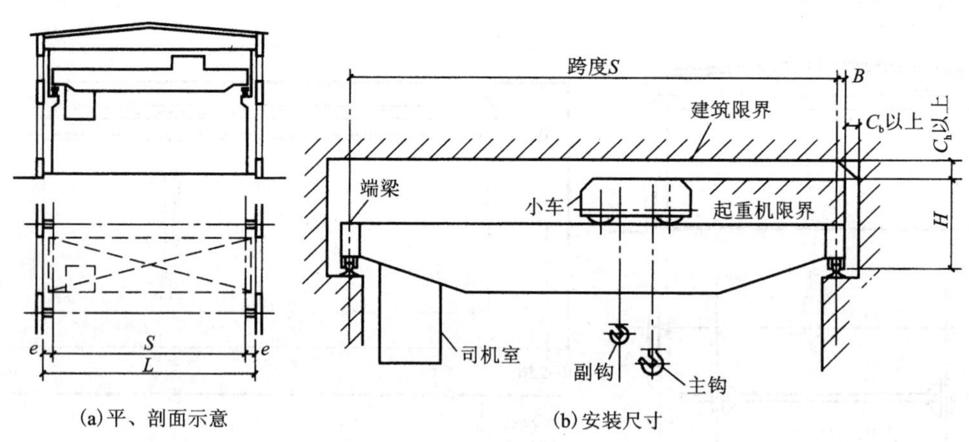

图 5.1.8　电动桥式吊车

根据工作班时间内吊车工作时间与工作班时间的比率，吊车工作制分轻级、中级、重级、超重级四种，以 JC(%)表示。

轻级工作制：JC 15% ~25%；中级工作制：JC 25% ~40%；重级工作制：JC 40% ~60%；超重级工作制：JC >60%。

使用吊车的频繁程度对支承它的构件，如吊车梁、柱有很大影响，所以吊车架、柱子设计时必须考虑其所承受的吊车是属于哪一级工作制。

3. 单层工业厂房定位轴线

厂房的定位轴线是确定厂房主要构件的位置及其标志尺寸的基线，同时也是设备定位、安装及厂房施工放线的依据。厂房设计只有采用合理的定位轴线划分，才可能采用较少的标准构件来建造。如果定位轴线划分得不合适，必然导致构、配件搭接凌乱，甚至无法安装。定位轴线的划分是在柱网布置的基础上进行的，并与柱网布置一致。

(1)柱网尺寸

在单层厂房中，为支承屋盖和吊车需设置柱子，为了确定柱位，在平面图上要布置纵横向定位轴线。一般在纵横向定位轴线相交处设柱子(图 5.1.9)。厂房柱子纵横向定位轴线在平面上形成有规律的网格称为柱网。与横向排架平面垂直的称为纵向定位轴线，柱子纵向定位轴线间的距离称为跨度；与横向排架平面平行的称为横向定位轴线，横向定位轴线的距离称为柱距。定位轴线应予编号。柱网尺寸的确定，实际上就是确定厂房的跨度和柱距。

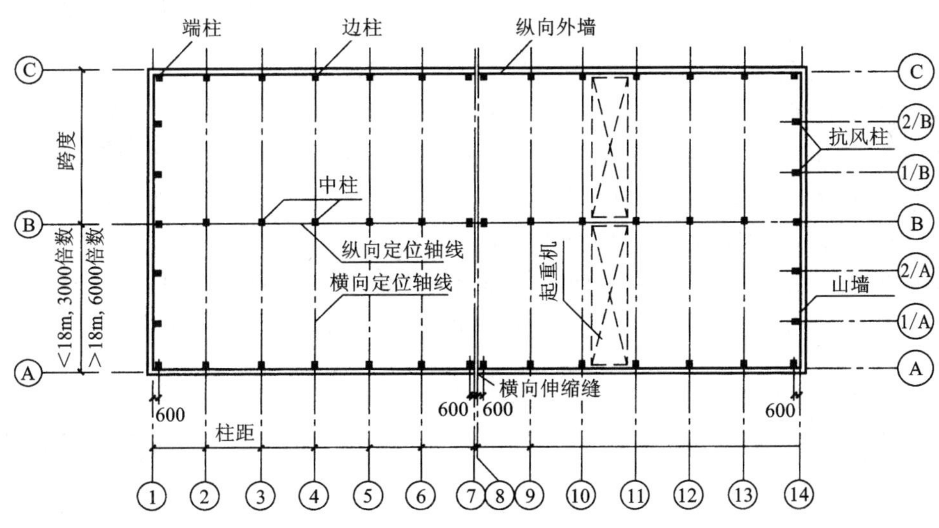

图 5.1.9　单层厂房平面柱网布置示意图

确定柱网尺寸时，首先要满足生产工艺要求，尤其是工艺设备的布置；其次是根据建筑材料、结构形式、施工技术水平、经济效果以及提高建筑工业化程度和建筑处理、扩大生产、技术改造等方面因素来确定。

《厂房建筑模数协调标准》对单层厂房柱网尺寸作了有关规定：

1)跨度

单层厂房的跨度在 18 m 以下时，应采用扩大模数 30M 数列，即 9、12、15、18 m；在 18 m 以上时，应采用扩大模数 60M 数列，即 24、30、36、42 m 等，如图 5.1.9 所示。

2)柱距

单层厂房的柱距应采用扩大模数 60M 数列，根据我国情况，采用钢筋混凝土或钢结构时，常采用6 m 柱距，有时也可采用 12 m 柱距。单层厂房山墙处的抗风柱柱距宜采用扩大模数 15M 数列，即 4.5、6、7.5 m，如图 5.1.9 所示。

(2)定位轴线划分

厂房定位轴线的划分，应满足生产工艺的要求并注意减少厂房构件类型和规格，同时使不同厂房结构形式所采用的构件能最大限度地互换和通用，有利于提高厂房工业化水平。

1）横向定位轴线

与横向定位轴线有关的承重构件，主要有屋面板和吊车梁。此外，横向定位轴线还与连系梁、基础梁、墙板、支撑等其他纵向构件有关。因此，横向定位轴线应与柱距方向的屋面板、吊车梁等构件长度的标志尺寸相一致，并与屋架及柱的中心线相重合（某些位置不能重合）。

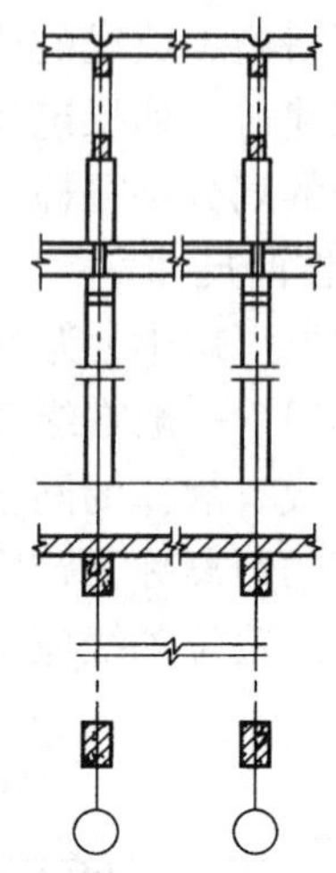

图 5.1.10　中间柱与横向定位轴线的关系

①中间柱与横向定位轴线的关系

除了靠山墙的端部柱和横向变形缝两侧柱以外，厂房纵向柱列（包括中柱列和边柱列）中的中间柱的中心线应与横向定位轴线相重合，且横向定位轴线通过屋架中心线和屋面吊车梁等构件的横向接缝（图 5.1.10）。

②山墙处柱子与横向定位轴线的关系

当山墙为非承重墙时，墙内缘应与横向定位轴线相重合，且端部柱及端部屋架的中心线应自横向定位轴线向内移 600 mm（图 5.1.11）。这是由于墙内侧的抗风柱需通至屋架上弦或屋面梁上翼并与之连接，同时定位轴线定在山墙内缘，可与屋面板的尺寸端部重合，因此不留空隙，形成"封闭结合"，使构造简单。

当山墙为承重山墙，墙内缘与横向定位轴线间的距离应按砌体的块材类别分别为半块或半块的倍数或墙厚的一半（图 5.1.12），此时屋面板直接伸入墙内，并与墙上的钢混凝土垫梁连接。

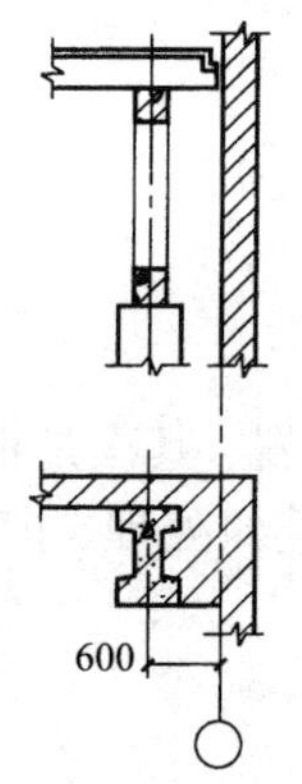

图 5.1.11　山墙处柱子与横向定位轴线的关系

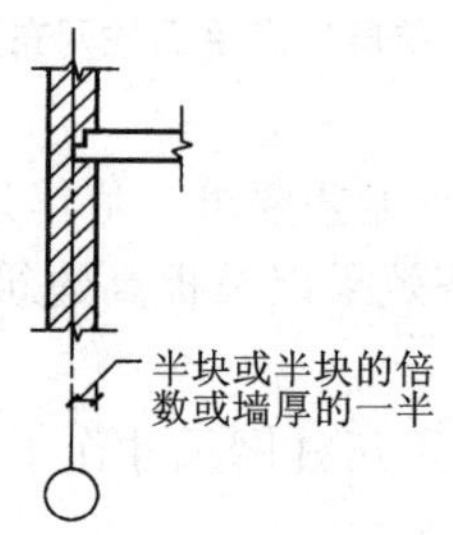

图 5.1.12　承重山墙与横向定位轴线的关系

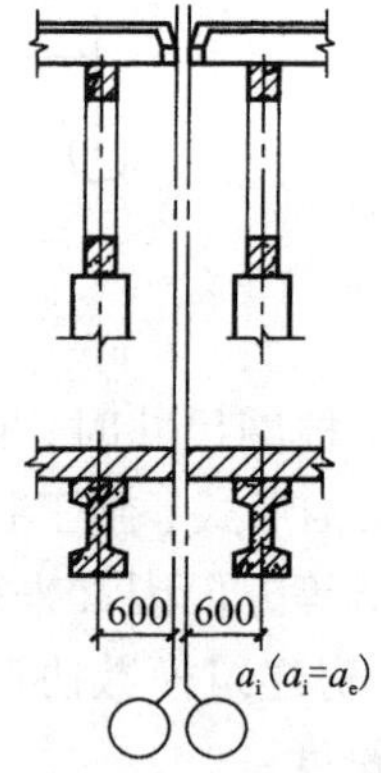

图 5.1.13　横向变形缝处柱子与横向定位轴线的关系

a_i—插入柱；a_e—变形缝宽度

③横向变形缝处柱子与横向定位轴线的关系

在横向伸缩缝或防震处，应采用双柱及两条定位轴线。柱的中心线均应自定位轴线向两侧各移 600 mm（图 5.1.13），两条横向定位轴线分别通过两侧屋面板、吊车梁等纵向构件的标尺寸端部，两轴线间所需缝的宽度 a_e 应符合现行国家标准的规定（即对伸缩缝、防震缝宽度的规定)。

2)纵向定位轴线

与纵向定位轴线有关的构件主要是屋架(或屋面梁),此外纵向定位轴线还与屋面板宽、吊车等有关。因为屋架(或屋面梁)的标志跨度是以3 m或6 m为倍数的扩大模数,并与大型屋面板(一般为1.5宽)相配合的,因此,无论是钢筋混凝土排架结构或砌体结构、多跨或单跨、等高或高低跨的厂房,其纵向定位轴线都是按照屋架结构或砌体结构、多跨或单跨、等高或高低跨的厂房,其纵向定位轴线都是按照屋架跨度的标志尺寸从其两端垂直引下来的。

①边柱与纵向定位轴线的关系

在有梁式或桥式吊车的厂房中,为了使厂房结构和吊车规格相协调,保证吊车和厂房尺寸的标准化,并保证吊车的安全运行,厂房跨度与吊车跨度两者关系规定为:

$$S = L - 2e$$

式中:L为厂房跨度,即纵向定位轴线间的距离;S为吊车跨度,即吊车轨道中心线间的距离;e为吊车轨道中心线至厂房纵向定位轴线间的距离(一般为750 mm,当构造需要或吊车起重量大于75/20 t时为1000 mm)。

图5.1.14为吊车跨度与厂房跨度的关系。吊车轨道中心线至厂房纵向定位轴线间的距离e系根据厂房上柱的截面高度h、吊车侧方宽度尺寸B(吊车端部至轨道中心线的距离)、吊车侧方间隙C_b(吊车运行时,吊车端部与上柱内缘间的安全间隙尺寸)等因素决定的。上柱截面高度h由结构设计确定,常用尺寸为400 mm或500 mm。吊车侧方间隙C_b与吊车起重量大小有关。当吊车起重量<50 t时,C_b为80 mm;当吊车起重量>63 t时,C_b为100 mm;吊车侧方宽度尺寸B随吊车跨度和起重量的增大而增大,国家标准《通用桥式起重机界限尺寸》中对各种吊车的限界尺寸、安全尺寸作了规定。

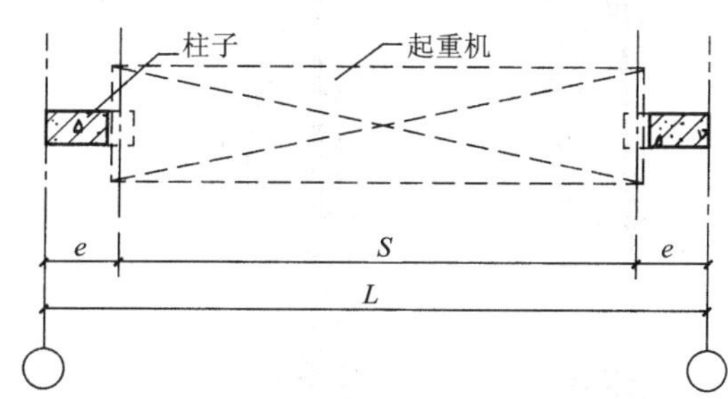

图5.1.14　吊车跨度与厂房跨度的关系

L—厂房跨度;S—吊车跨度;
e—吊车轨道中心线至厂房纵向定位轴线的距离

实际工程中,由于吊车形式、起重量、厂房跨度、高度和柱距不同,以及是否设置安全走道板等条件不同,外墙、边柱与纵向定位轴线的关系有封闭组合和非封闭结合两种:

a)封闭组合:当结构所需的上柱截面高度h、吊车侧方宽度尺寸B及安全运行所需的侧方间隙C_b三者之和$(h+B+C_b)<e$时,可采用纵向定位轴线、边柱外缘和外墙内缘三者重合的定位方式,使上部屋面板与外墙之间形成"封闭组合"的构造。这种纵向定位轴线称为"封闭轴线"[图5.1.15(a)],它适用于无吊车或只有悬挂吊车及柱距为6 m、吊车起重量不大且不需增设联系尺寸的厂房。

采用这种"封闭轴线"时,用标准的屋面板便可铺满整个屋面,不需另设补充构件,因此构造简单,施工方便,吊车荷载对柱的偏心距较小也比较经济。

b)非封闭结合:当柱距>6 m,吊车起重量及厂房跨度较大时,由于B、C_b、h均可能增大,因而可能导致$(h+B+C_b)>e$,此时若继续采用上述"封闭结合"便不能满足吊车安全运行所需净空要求,造成厂房结构的不安全,因此,需将边柱的外缘从纵向定位轴线向外移出

一定尺寸 a_c，使 $(e+a_c)>(h+B+C_b)$，从而保证结构的安全[图 5.1.15(b)]，a_c 称为“联系尺寸”。为了与墙板模数协调，a_c 应为 300 mm 或其整数倍，但维护结构为砌体时，a_c 可采用 M/2(即 50 mm)或其整数倍数。

当纵向定位轴线与柱子外缘间有“联系尺寸”时，由于屋架标志尺寸端部(即定位轴线)与柱子外缘、外墙内缘不能相重合，上部屋面板与外墙之间便出现空隙，这种情况称为“非封闭结合”，这种纵向定位轴线则称为“非封闭轴线”。此时，屋顶上部空隙处需作构造处理，通常应加设补充构件(图 5.1.16)。

确定是否需要设置“联系尺寸”及确定“联系尺寸”的数值时，应按选用的吊车规格及国家标准《通用桥式起重机界限尺寸》的相应规定详细核定。注意校核安全净空尺寸，应使其在任何可能发生的情况下，均有安全保证。

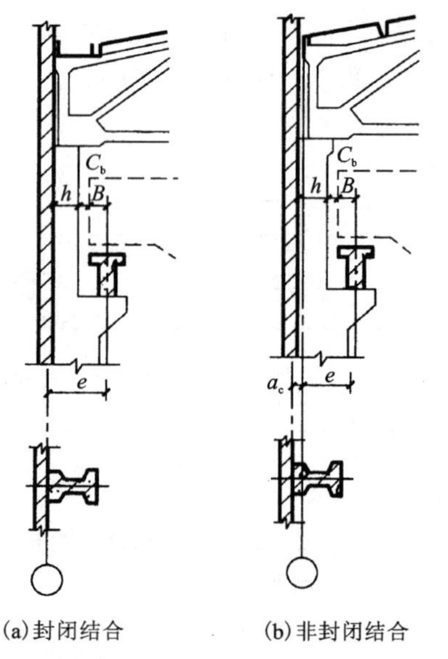

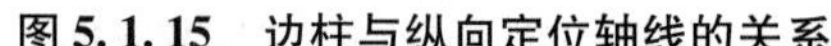
(a)封闭结合　　(b)非封闭结合

图 5.1.15　边柱与纵向定位轴线的关系

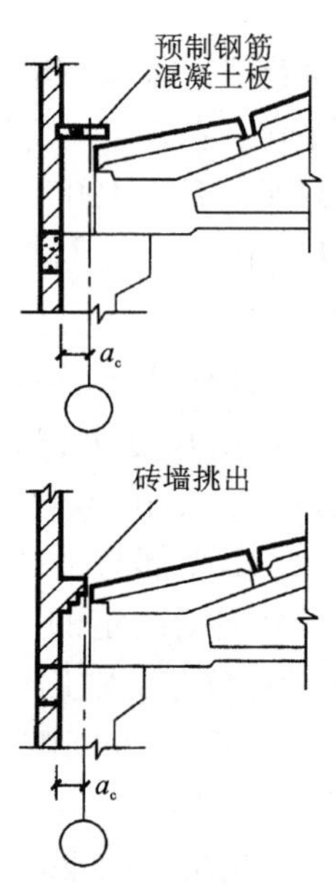

图 5.1.16　“非封闭结合”屋面板与墙空隙的处理

厂房是否需要设置“联系尺寸”，除了与吊车起重量等有关以外，还与柱距以及是否设置吊车梁走道板等因素有关。

在柱距为 12 m、设有托架的厂房中，因结构构造的需要，无论有无吊车或吊车吨位大小，均应设置“联系尺寸”(图 5.1.17)。

一般重级工作制的吊车均须设置吊车梁走道板，以便经常检修吊车。为了确保检修工人经过上柱内侧时不被运行的吊车挤伤，上柱内缘至吊车端部之间的距离除应留足侧方间隙 C_b 之外、还应增加一个安全通行宽度($\not<400$ mm)。因此，在决定“联系尺寸”和 e 值的大小时，还应考虑走道板的构造要求。(图 5.1.18)。

无吊车或有小吨位吊车的厂房，采用承重墙结构时，若为带壁柱的承重墙，其内缘宜与纵向定位轴线相重合，或与纵向定位轴线间相距半块砌体或半块的倍数；若为无壁柱的承重墙，其内缘与纵向定位轴线的距离宜为半块砌体的倍数或墙厚的一半。

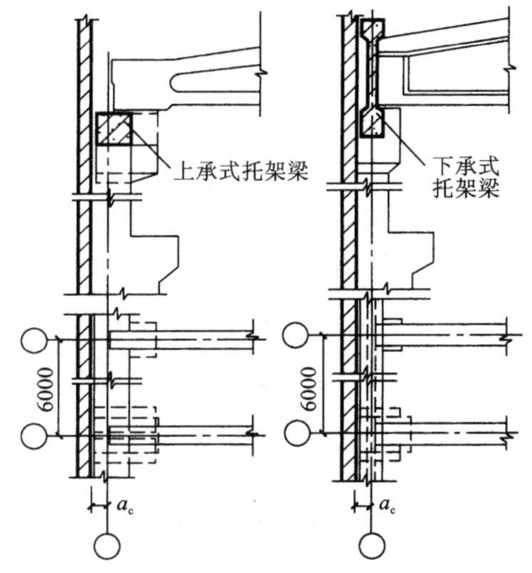

图 5.1.17　设有托架的厂房边柱与纵向定位轴线

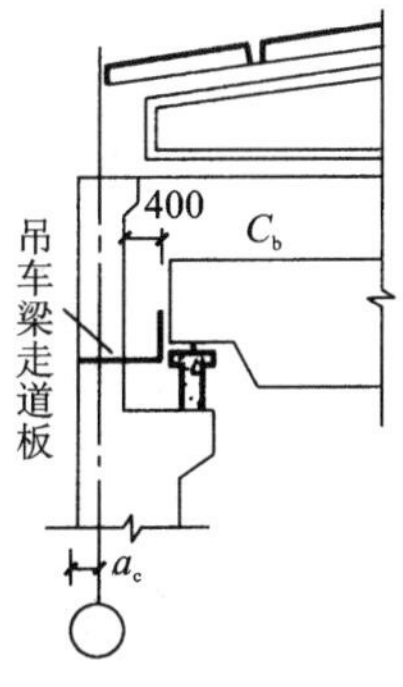

图 5.1.18　重级工作制吊车厂房

②中柱与纵向定位轴线的关系

a)等高跨中柱与纵向定位轴线的关系

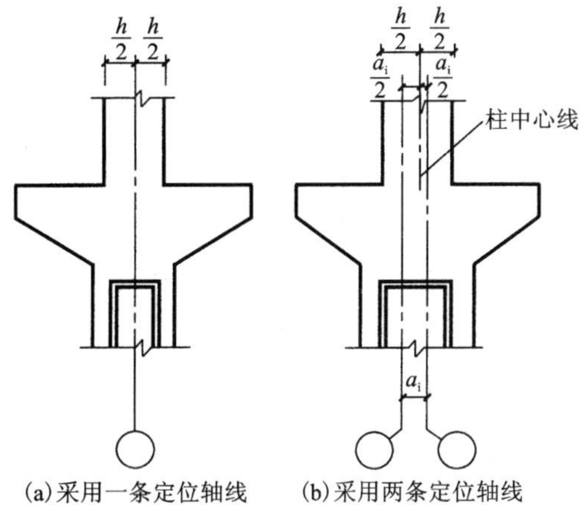

图 5.1.19　等高跨中柱单柱(无纵向伸缩缝)边柱纵向定位轴线纵向定位轴线的关系

设单柱时的纵向定位轴线：等高厂房的中柱，当没有纵向变形缝时，宜设单柱和一条纵向定位轴线，上柱的中心线宜与纵向定位轴线相重合[图 5.1.19(a)]。当相邻跨为桥式吊车且起重量较大或厂房柱距及构造要求设插入距时，中柱可采用单柱及两条纵向定位轴线，其插入 a_i应符合 3M 数列(即 300 mm 或其整数倍数)，但围护结构为砌体时，a_i可采用 M/2(即 50 mm)或其整数倍数，柱中心线宜与插入距中心线相重合[图 5.1.19(b)]。当等高跨设有纵向伸缩缝时，中柱可采用单柱并设两条纵向定位轴线，但缩缝一侧的屋架(或屋面梁)应搁置在活动支座上，两条定位轴线间插入距 a_i为伸缩缝的宽度 a_e(图 5.1.20)。

b)不等高跨中柱与纵向定位轴线的关系

设单柱时的纵向定位线：不等高处采用单柱且高跨为“封闭结合”时，宜采用一条纵向定位轴线，即纵向定位轴线与高跨上柱外缘、封墙内缘及低跨屋架标志尺寸端部相重合。此时，封墙底面应高于低跨屋面[图 5.1.21(a)]；若封墙底面低于屋面时，应采用两条纵向定位轴线，且插入距 a_i等于封墙厚度(t)，即 $a_i=t$[图 5.1.21(b)]。

当高跨需采用“非封闭结合”时，应采用两条纵向定位轴线。其插入 a_i视封墙位置分别等于“联系尺寸”或“联系尺寸加封墙厚度”，即 $a_i=a_c$或 $a_i=a_c+t$[图 5.1.21(c)、(d)]。

不等高跨处采用单柱设纵向伸缩缝时，低跨的屋架或屋面梁搁置在活动支座上，不等高跨处应采用两条纵向定位轴线，并设插入距。其插入距(a_i)可根据封墙的高低位置及高跨是

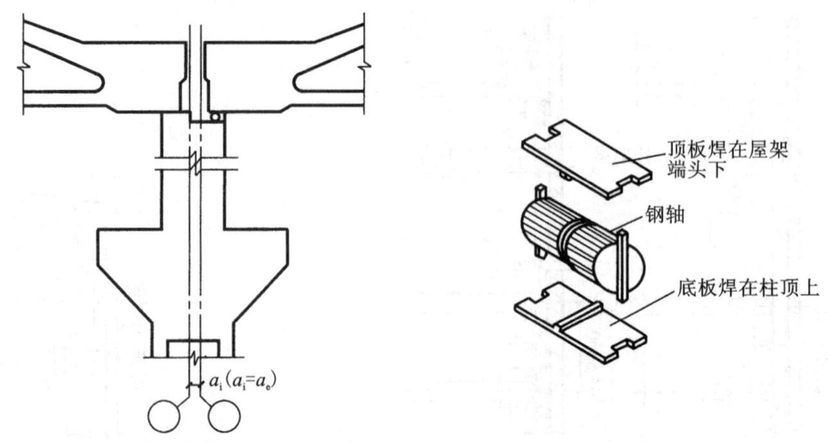

图 5.1.20　等高跨中柱单柱（有纵向伸缩缝）与纵向定位轴线的关系

否“封闭结合”分别定为：

当高低两跨纵向定位轴线均采取“封闭结合”，高跨封墙底面低于低跨屋面时，其插入距 $a_i = a_c + t$［图 5.1.22（a）］；

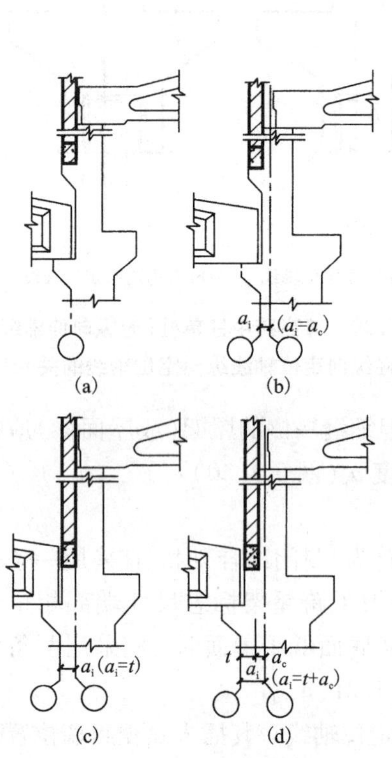

图 5.1.21　不等高跨单距中柱图（无纵向伸缩缝）与纵向定位轴线的关系

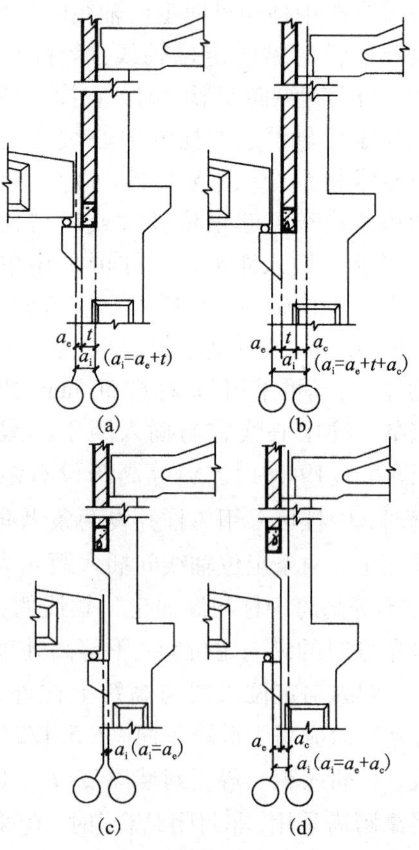

图 5.1.22　不等高跨单距中柱图（有纵向伸缩缝）与纵向定位轴线的关系

当高跨纵向定位轴线为“非封闭结合”，低跨仍为“封闭结合”，高跨封墙底面低于低跨屋面时，其插入距 $a_i = a_c + t + a_c$[图 5. 1. 22(b)]；

当高低两跨纵向定位轴线均采取“封闭结合”，高跨封墙底面高于低跨屋面时，其插入距 $a_i = a_c$[图 5. 1. 22(c)]；

当高跨纵向定轴线为“非封闭结合”，低跨仍为“封闭结合”，高跨封墙底面高于低跨屋面时，其插入距 $a_i = a_e + a_c$[图 5. 1. 22(d)]；

另外，单层厂房有时为满足纵向变形或抗震的需要，采用双中柱的方案，部分厂房为满足工艺要求而设置纵横跨，其定位轴线的划分也具体的规定。

4. 单层工业厂房主要结构构件

(1) 屋盖结构

厂房屋盖起围护与承重作用。它包括覆盖构件(如屋面板或檩条、瓦等)和承重构件(如屋架或屋面梁)两部分。

目前屋盖结构形式大致可分为有檩体系和无檩体系两种。有檩体系屋盖，一般采用轻屋面材料，屋盖重量轻，屋面刚度较差，适用于中、小型厂房(图 5. 1. 23)；无檩体系屋盖屋面一般较重，但刚度大，大中型厂房多采用这种屋盖结构形式(图 5. 1. 24)。

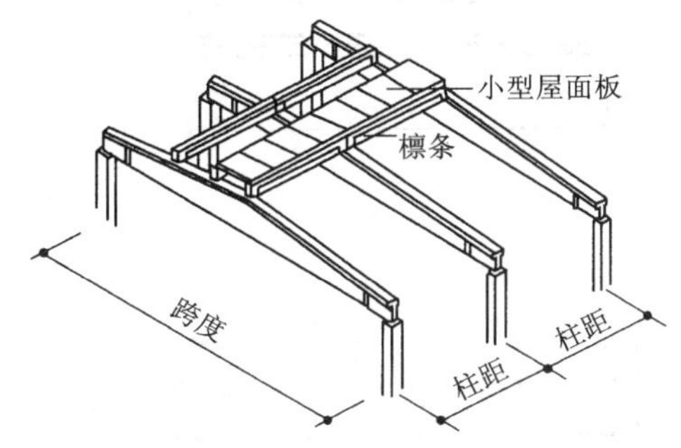

图 5. 1. 23 有檩体系屋盖

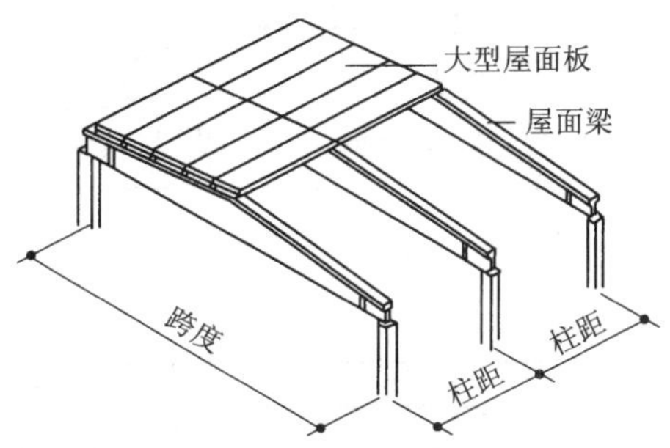

图 5. 1. 24 无檩体系屋盖

1) 屋盖承重构件：屋架及屋面梁、屋架托架

屋架(或屋面梁)是屋盖结构的主要承重构件，它直接承受屋面荷载，有些厂房的屋架(或屋面梁)还承受悬挂吊车、管道或其他工艺设备及天窗架等荷载。屋架(或屋面梁)和柱、屋面构件连接起来，使厂房组成一个整体的空间结构，对于保证厂房的空间刚度起着重要作用。除了跨度很大的重型车间和高温车间采用钢屋架之外，一般多采用钢筋混凝土屋面梁和各种形式的钢筋混凝土屋架。

①屋架形式：屋架按其形式可分为屋面梁、两铰(或三铰)拱屋架、桁架式屋架三大类。桁架式屋架的外形有三角形、梯形、拱形、折线形等几种。

②屋架托架：当厂房全部或局部柱距为 12 m 或 12 m 以上而屋架间距仍保持 6 m 时，需在 12 m 柱距间设置托架(图 5. 1. 25)来支承中间屋架，通过托架将屋架上的荷载传递给柱子。吊车梁也相应采用 12 m 长。托架有预应力混凝土和钢托架两种。

2) 屋盖的覆盖构件

①屋面板

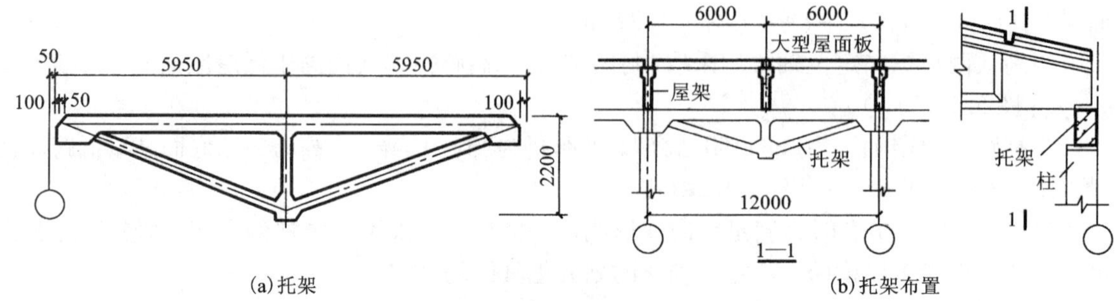

(a)托架　　(b)托架布置

图 5.1.25　预应力钢筋混凝土托架

目前，厂房中应用较多的是预应力混凝土屋面板(又称预应力混凝土大型屋面板)，其外形尺寸常用的是1.5 m ×6 m。为配合屋架尺寸和檐口做法，还有0.9 m×6 m的嵌板和檐口板(图5.1.26)。有时也采用3 m×6 m、1.5 m×9 m、3 m×9 m、3 m×12 m的屋面板。

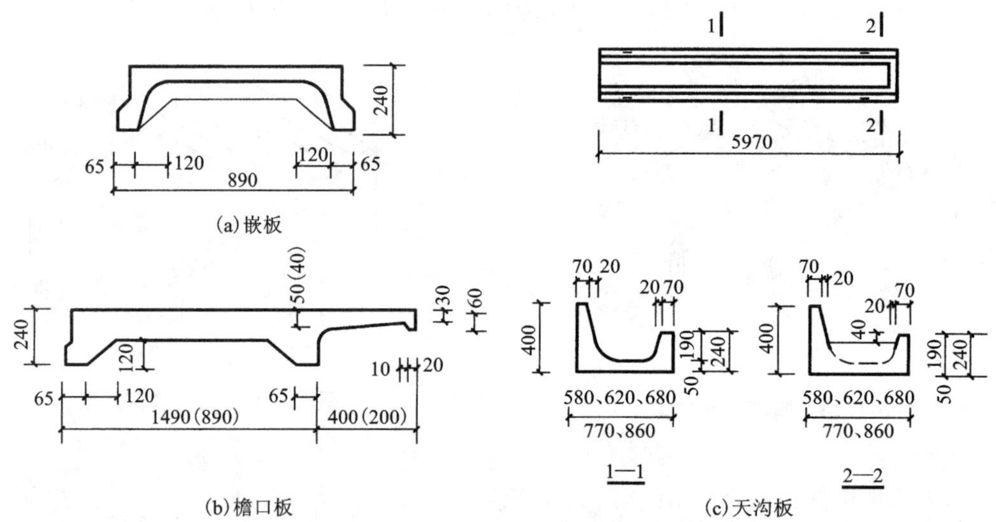

(a)嵌板

(b)檐口板　　(c)天沟板

图 5.1.26　屋面嵌板、檐口板、天沟板

②天沟板

预应力混凝土天沟板的截面形状为槽形，两边肋高低不同，低肋依附在屋面板边，高肋在外侧，安装时应注意其位置。天沟板宽度是随屋架跨度和排水方式而确定的，其宽度共有五种，具体尺寸在屋架标准图集中可查得。

③檩条

檩条起着支承槽瓦或小型屋面板等作用，并将屋面荷载传给屋架。檩条应与屋架上弦连接牢固，以加强厂房纵向刚度。檩条有钢筋混凝土、型钢和冷弯钢板檩条。

(2)柱的形式与构造

1)排架柱：排架柱是厂房结构中的主要承重构件之一。它主要承受屋盖和吊车梁等竖向荷载、风荷及吊车产生的纵向和横向水平荷载，有时还承受墙体、管道设备等荷载。所以，柱应具有足够的抗压和抗弯能力，并通过结构计算来合理确定截面尺寸和形式。

一般工业厂房多采用钢筋混凝土柱。跨度、高度和吊车起重量都较大的大型厂房可采用钢柱。

单层工业厂房钢筋混凝土柱，基本上可分为单肢柱和双肢柱两大类。单肢柱截面形式有矩形、工字形及单管圆形。双肢往截面形式是由两肢矩形柱或两肢圆形管柱用腹杆(平腹杆或斜腹杆)连接而成。单层工业厂房常用的几种钢筋混凝土柱如图 5.1.27 所示。

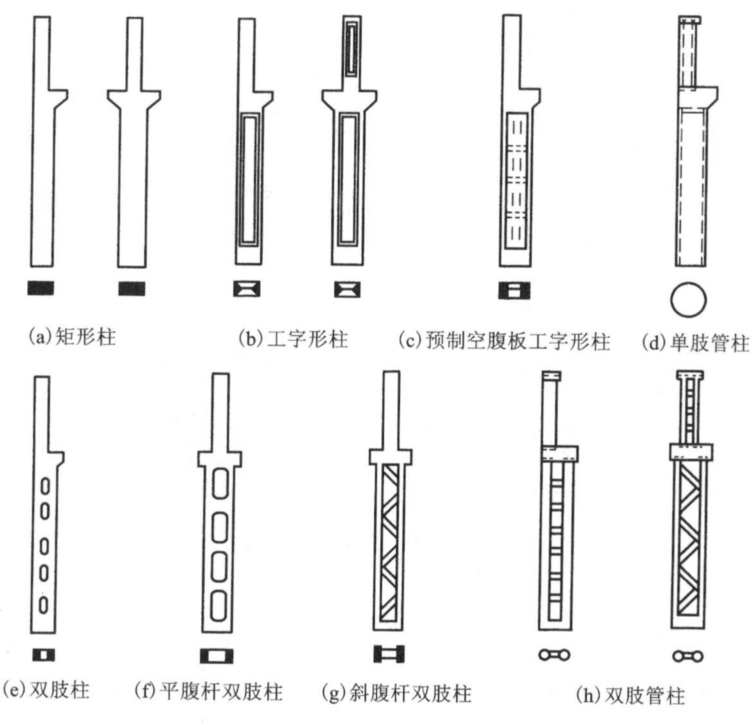

图 5.1.27 常用的几种钢筋混凝土柱

钢筋混凝土柱除了按结构计算需要配置一定数量的钢筋外，还要根据柱的位置以及柱与其他构件连接的需要，在柱上预先埋设铁件(图 5.1.28)。如柱与屋架、柱与吊车梁、柱与连系梁或圈梁、柱与砖墙或大型墙板及柱间支撑等处相互连接处，均须在柱上设预埋件(如钢板、螺栓及锚拉钢筋等)。因此，在进行柱子设计和施工时，必须将预埋件准确无误地设置在柱上，不能遗漏。

2)抗风柱：由于单层厂房的山墙面积较大，所受到的风荷载很大，因此要在山墙处设置抗风柱来承受墙面上的风荷载，使一部分风荷载由抗风柱直接传至基础，另一部分风荷载由抗风柱的上端(与屋架上弦连接)，通过屋盖系统传到厂房纵向列柱上去。根据以上要求，抗风柱与屋架之间一般采用竖向可以移动、水平方向又具有一定刚度的“工”弹簧板连接，如图 5.1.29(a)所示，同时屋架与抗风柱间应留有不少于 150 mm 的间隙。若厂房沉降较大时，则宜采用图 5.1.29(b)所示的螺栓连接方式。一般情况下抗风柱须与屋架上弦连接；当屋架设有下弦横向水平支撑时，则抗风柱可与屋架下弦相连接，作为抗风柱的另一支点。

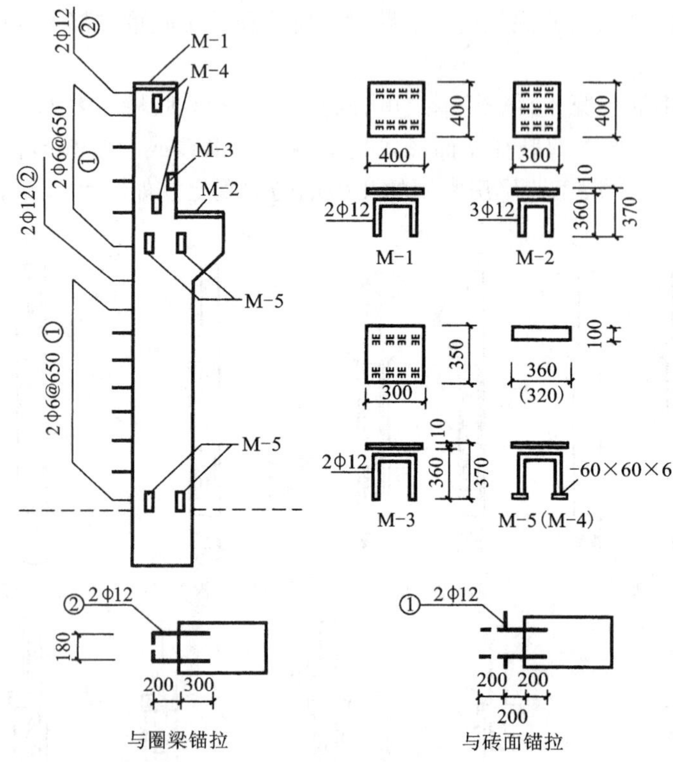

图 5.1.28　柱子预埋铁件

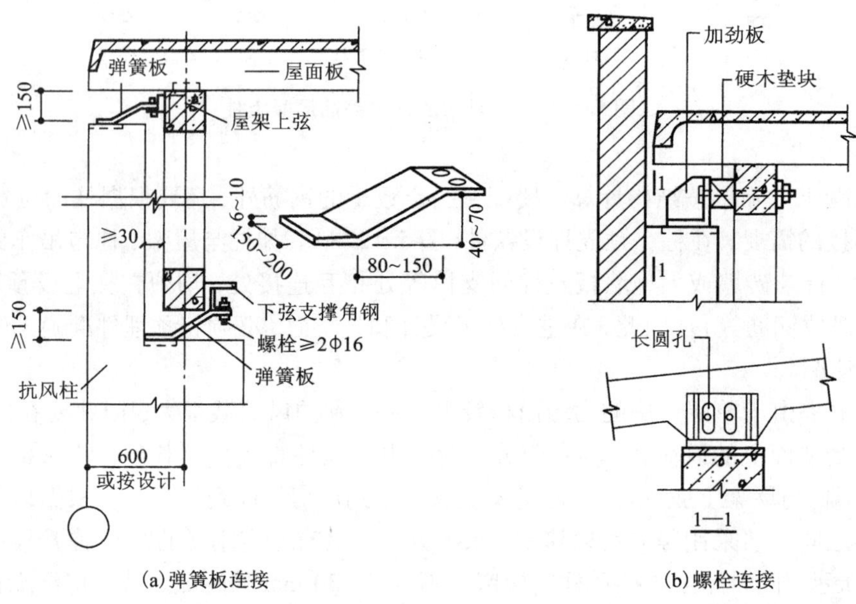

(a)弹簧板连接　　(b)螺栓连接

图 5.1.29　抗风柱与屋架连接

(3)基础及基础梁

基础支承厂房上部结构的全部重量，然后传递到地基中去，因此基础起着承上传下的作用，是厂房结构中的重要构件之一。

1)现浇柱下基础

基础与柱均为现场浇筑但不同时施工，因此须在基础顶面留出插筋，以便与柱连接。钢筋的数量和柱中纵向受力钢筋相同，其伸出长度应根据柱的受力情况、钢筋规格及接头方式(如焊接还是绑扎接头)来确定。

2)预制柱下基础

钢筋混凝土预制柱下基础顶部应做成杯口，柱安装在杯口内，这种基础称为杯形基础(图5.1.30)，是目前应用最广泛的一种形式。有时为了使安装在埋置深度不同的杯形基础中的柱子规格统一，以利于施工，可以把基础做成高杯基础。在伸缩缝处，双柱的基础可以做成双杯口形式。

3)基础梁

当厂房采用钢筋混凝土排架结构时，仅起围护或隔离作用的外墙或内墙通常设计成自承重的。如果外墙或内墙自设基础，则由于它所承重的荷载比柱基础小得多，当地基土层构造复杂、压缩性不均匀时，基础将产生不均匀沉降，容易导致墙面开裂。因此，一般厂房常将外墙或内墙砌筑在基础梁上，基础梁两端搁置在柱基础的杯口顶面，这样可使内、外墙和柱沉降一致，墙面不易开裂。

基础梁的截面形状常用梯形，有预应力与非预应力钢筋混凝土两种。其外形与尺寸如图5.1.31(a)所示。梯形基础梁预制较为方便，它可利用已制成的梁作模板[图5.1.31(b)]。

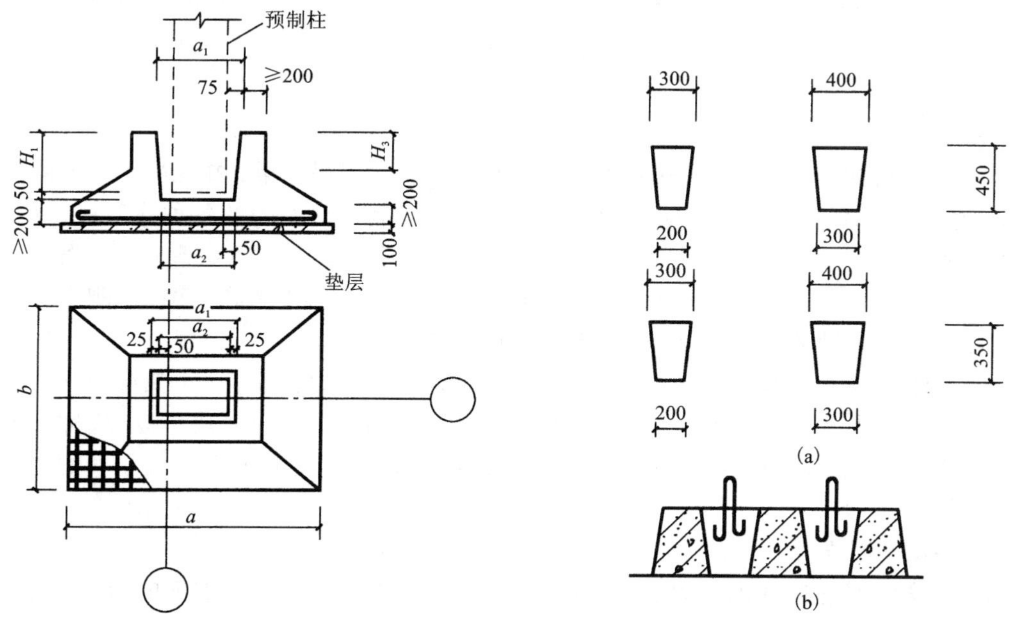

图5.1.30　预制柱下杯形基础　　　　图5.1.31　基础梁截面形式

为了避免影响开门及满足防潮要求，基础梁顶面标高至少应低于室内地坪标高50 mm，比室外地坪标高至少高100 mm。基础梁底回填土时一般不需要夯实，并留有不少于100 mm

的空隙，以利于基础梁随柱基础一起沉降时保持基础梁的受力状况。在寒冷地区为防止土层冻胀致使基础梁隆起而开裂，则应在基础下及周围铺一定厚度的砂或炉渣等松散材料，同时在外墙周围做散水坡，如图 5.1.32 所示。

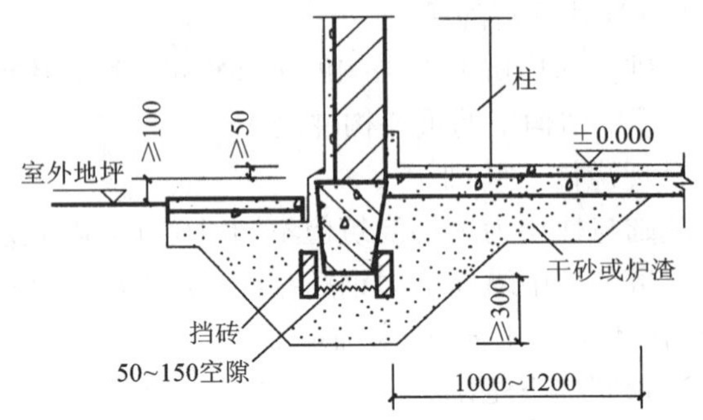

图 5.1.32　基础梁搁置构造要求及防冻胀措施

基础梁搁置在杯形基础顶的方式，视基础埋置深度而异(图 5.1.33)：当基础杯口顶面距室内地坪为 500 mm 时，则基础梁可直接搁置在杯口上；当基础杯口顶面距室内地坪大于 500 mm 时，可设置 C15 混凝土垫块搁置在杯口顶面，垫块的宽度当墙厚 370 mm 时为 400 mm；当墙厚 240 mm 时为 300 mm；当基础很深时，也可设置高杯口基础或在柱上设牛腿来搁置基础梁。

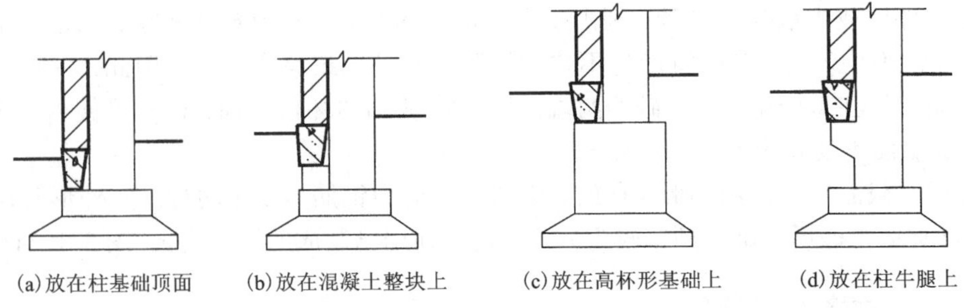

图 5.1.33　基础梁的位置与搁置方式

(4)吊车梁

当厂房设有桥式吊车(或梁式吊车)时，需在柱牛腿上设置吊车梁，并在吊车梁上铺设轨道供吊车运行。因此，吊车梁直接承受吊车起重、运行、制动时产生的各种往复移动荷载。为此，吊车梁除了要满足一般梁的承载力、抗裂度、刚度等要求外，还要满足疲劳强度的要求。同时，吊车梁还有传递厂房纵向荷载(如山墙上的风荷载)、以保证厂房纵向刚度和稳定性的作用，所以吊车梁是厂房结构中的重要承重构件之一。

吊车梁与柱的连接多采用焊接。为承受吊车横向水平刹车力，吊车梁上翼缘与柱间用钢板或角钢焊接，为承受吊车梁竖向压力，吊车梁底部安装前应焊接上一块垫板(或称支承钢板)与柱牛腿顶面预埋钢板焊牢(图 5.1.34)。吊车梁的对头空隙、吊车梁与柱子间的空隙均须用 C20 混凝土填实。

(5)连系梁与圈梁

连系梁是柱与柱之间在纵向的水平连系构件，它有设在墙内和不在墙内的两种，前者也称墙梁。

墙梁分非承重和承重两种。非承重墙梁的主要作用是增强厂房纵向刚度，传递山墙传来的风荷载到纵向柱列中去，减少砖墙或砌块墙的计算高度以满足其允许高厚比，同时承受墙上的水平风荷载，但不起将墙体重量传给柱子的作用。因此，它与柱的连接应做成只能传送

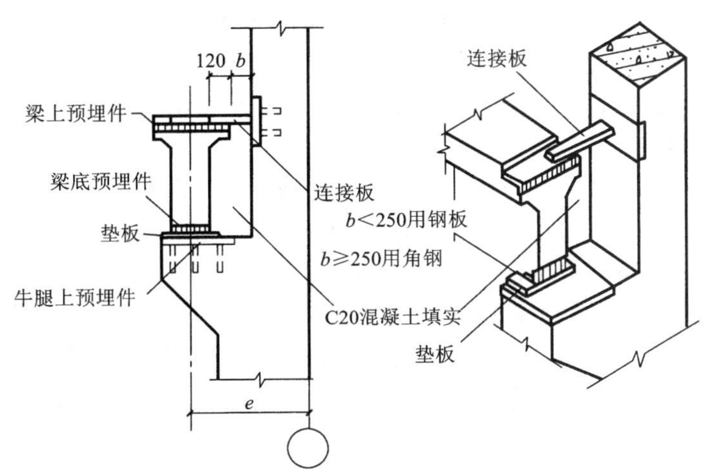

图 5.1.34　吊车梁与柱的连接

水平力而不传递竖向力，一般用螺栓或钢筋与柱拉结即可，而不将墙梁搁置在柱的牛腿上。承重墙梁除起非承重墙梁的作用外，还承受墙体重量并传给柱子，因此，它应搁置在柱的牛腿上并用焊接或螺栓连接(图 5.1.35)。一般用于厂房高度大、刚度要求高、地基较差的厂房中。

不在墙内的连系梁主要起连系柱子、增加厂房纵向刚度的作用，一般布置于多跨厂房的中列柱的顶端。根据厂房高度、荷载和地基等情况以及抗震设防要求，应将一道或几道墙梁沿厂房四周连通做成圈梁，以增加厂房结构的整体性，抵抗由于地基不均匀沉降或较大振动荷载所引起的内力。布置墙梁时，还应与厂房立面结合起来，尽可能兼作窗过梁用。

连系梁通常是预制的。圈梁可预制或现浇，它与柱子连接，如图 5.1.36 所示。连系梁、圈梁截面常为矩形和 L 形。

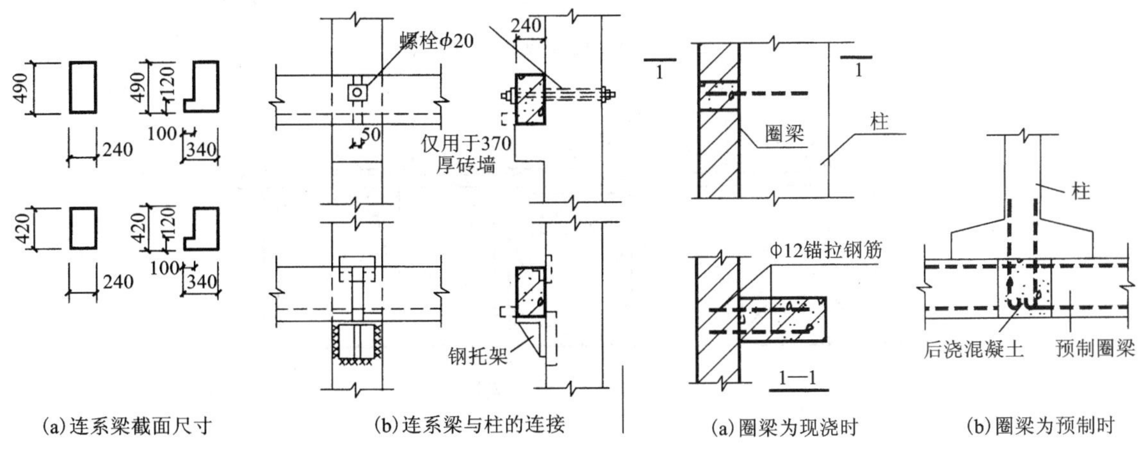

(a)连系梁截面尺寸　(b)连系梁与柱的连接

图 5.1.35　连系梁与柱的连接

(a)圈梁为现浇时　(b)圈梁为预制时

图 5.1.36　圈梁与柱子的连接

(6)支撑系统

在装配式单层厂房结构中，支撑虽然不是主要的承重构件，但它是联系各主要承重构件以构成厂房结构空间骨架的重要组成部分。支撑的主要作用是保证厂房结构和构件的承载力、稳定性和刚度，并传递部分水平荷载。在装配式单层厂房中大多数构件节点为铰接，因此整体刚度较差，为保证厂房的整体刚度和稳定性，必须按结构要求，合理地布置必要的支撑。支撑有屋盖支撑和柱间支撑两大部分。

屋盖支撑（图 5.1.37）包括横向水平支撑（上弦或下弦横向水平支撑）、纵向水平支撑（上弦或下弦纵向水平支撑）、垂直支撑和纵向水平系杆（加劲杆）等。横向水平支撑和垂直支撑一般布置在厂房端部和伸缩缝两侧的第二（或第一）柱间上。

柱间支撑用以提高厂房的纵向刚度和稳定性。吊车纵向制动力和山墙抗风柱经屋盖系统传来的风力及纵向地震力，均经柱间支撑传至基础。柱间支撑一般用钢材制作，多采用交叉式，其交叉倾角通常为35°～55°之间，当柱间需要通行、需放置设备或柱距较大等，采用交叉式支撑有困难时，可采用门架式支撑（图 5.1.38）。

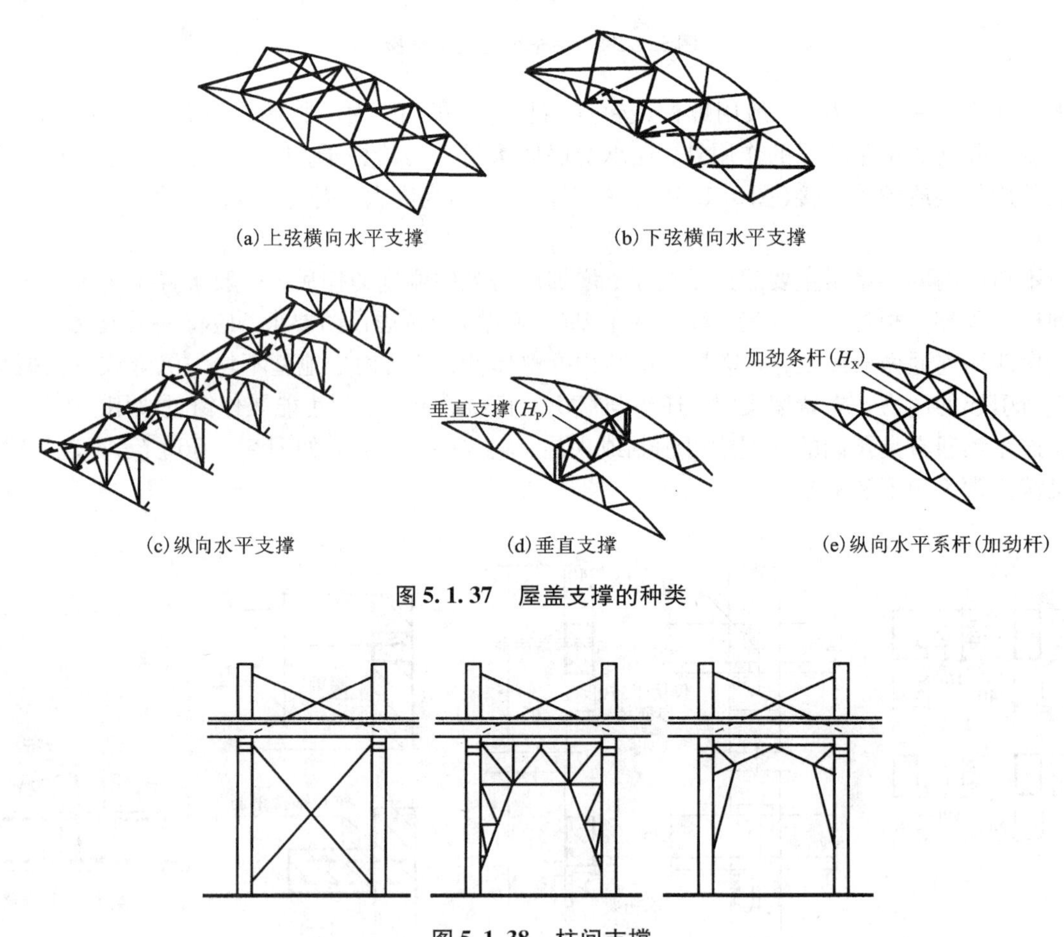

图 5.1.37　屋盖支撑的种类

图 5.1.38　柱间支撑

5. 单层工业厂房围护结构构造

(1) 外墙

装配式单层工业厂房的外墙属于围护构件，仅承受自重、风荷载以及设备的振动荷载。由于单层厂房的外墙高度与长度都比较大，要承受较大的风荷载，同时还要受到机器设备与运输工具振动的影响，因此墙身的刚度与稳定性应有可靠的保证。

单层厂房的外墙按其材料类别可分为砖墙、砌块墙、板材墙、轻型板材墙等；按其承重形式则可分为承重墙、承自重墙和填充墙等(图5.1.39)。当厂房跨度和高度不大，且没有设置或仅设有较小的起重运输设备时，一般可采用承重墙(图5.1.39中Ⓐ轴上部的墙)直接承受屋盖与起重运输设备等荷载；当厂房跨度和高度较大，起重运输设备的起重量较大时，通常由钢筋混凝土排架柱来承受屋盖与起重运输等荷载，而外墙只承受自重，仅起围护作用，这种墙称为承自重墙(图5.1.39中Ⓓ轴下部的墙)；某些高大厂房的上部墙体及厂房高低跨交接处的墙体，采用架空支承在与排架柱连接的墙梁(连系梁)上，这种墙称为填充墙(图5.1.39中Ⓑ轴和Ⓓ轴上部的墙)。承自重墙与填充墙是厂房外墙的主要形式。

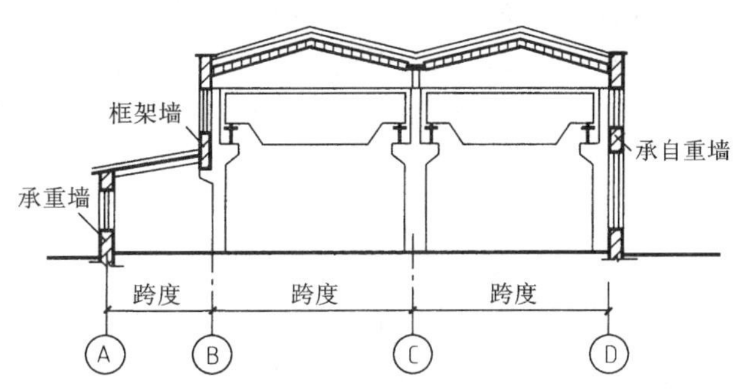

图5.1.39　单层厂房外墙类型

1)砖墙及砌块墙

单层厂房通常为装配式钢筋混凝土排架结构。因此，它的外墙在连系梁以下一般为承自重墙，在连系梁上部为填充墙。装配式钢筋混凝土排架结构的单层厂房纵墙构造剖面示例如图5.1.40所示。承自重墙、填充墙的墙体材料有普通黏土砖和各种预制砌块。

为防止单层厂房外墙受风力、地震或振动等的破坏，在构造上应使墙与柱子、山墙与抗风柱、墙与屋架(或屋面梁)之间有可靠连接，以保证墙体有足够的稳定性与刚度。

①墙与柱子的连接：墙体与柱子间应有可靠的连接，通常的做法是在柱子高度方向每隔500～600 mm预埋伸出两根Φ6钢筋，砌墙时把伸出的钢筋砌在墙缝里(图5.1.41)。

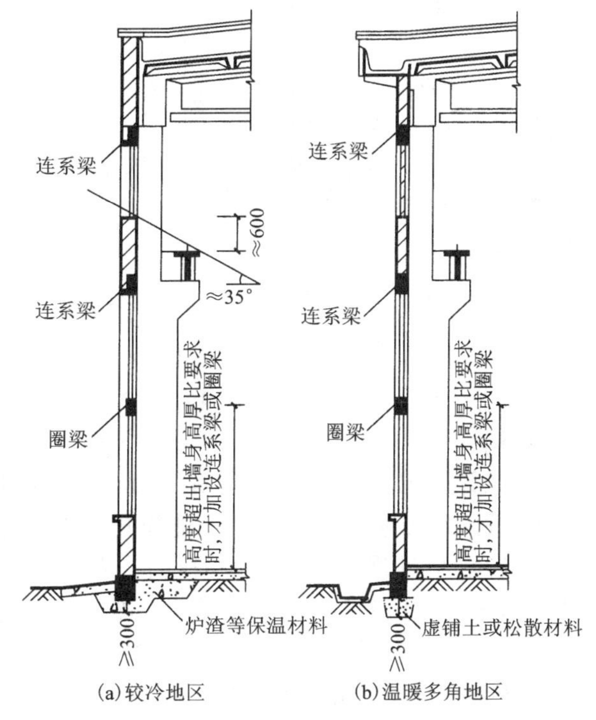

图5.1.40　装配式钢筋混凝土排架结构的单层厂房纵墙剖面

②墙与屋架(或屋面梁)的连接：屋架端部竖杆预留2Φ6钢筋间距500～600 mm，砌入墙体内。

③纵向女儿墙的构造与屋面板的连接：在墙与屋面板之间常采用钢筋拉结措施，即在屋面板横向缝内放置一根Φ12钢筋(长度为板宽度加上纵墙厚度一半和两头弯钩)，在屋面板纵缝内及纵向外墙中各放置一根Φ12(长度为1000 mm)钢筋相连接(图5.1.42)，形成工字形的

钢筋，然后在缝内用 C20 细石混凝土捣实。

④山墙与屋面板的连接：单层厂房的山墙面积比较高大，为保证其稳定性和抗风要求，山墙与抗风柱及端柱除用钢筋拉结外，在非地震区，一般尚应在山墙上部沿屋面设置 2 根Φ8 钢筋于墙中，并在屋面板的板缝中嵌入一根Φ12（长为 1000 mm）钢筋与山墙中钢筋拉结（图 5.1.43）。

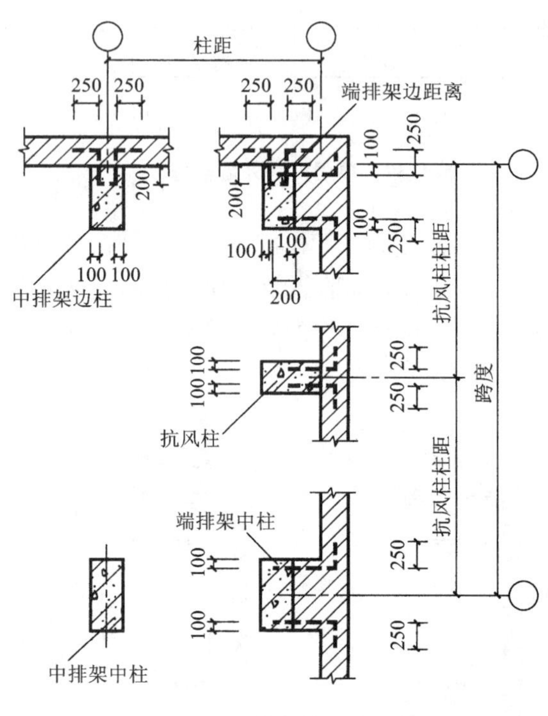

图 5.1.41 墙与柱子的连接

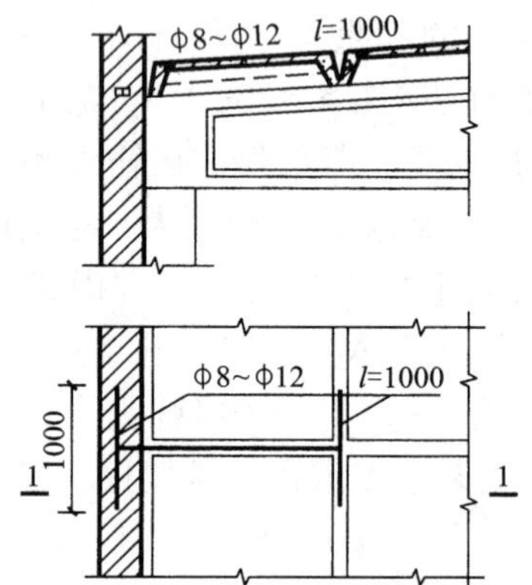

图 5.1.42 纵向女儿墙与屋面板的连接

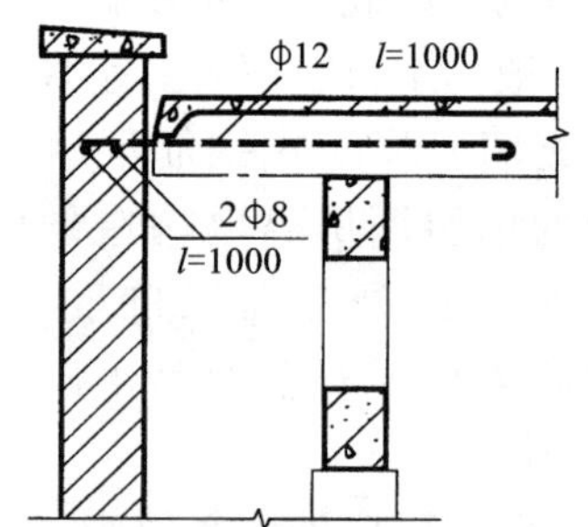

图 5.1.43 山墙与屋面板的连接

2）板材墙

推广应用板材墙是墙体改革的重要内容。生产板材墙能充分利用工业废料，不占用农田。使用板材墙可促进建筑工业化，能简化、净化施工现场，加快施工速度，同时板材墙较砖墙重量轻，抗震性优良。因此，板材墙将成为我国工业建筑广泛采用的外墙类型之一，但板材墙目前还存在用钢量大、造价偏高，连接构造尚不理想；接缝尚不易保证质量，有时渗水透风、保温、隔热效果尚不令人满意等缺点。

①板材墙的类型与规格和布置

板材墙的类型：板材墙可根据不同需要作不同的分类。如按规格尺寸分为基本板、异型板和补充构件；如按其受力状况可分为承重板墙和非承重板墙；按其保温性能分有保温墙板和非保温墙板等。板材墙可用多种材料制作。

墙板的规格尺寸：单层厂房的墙板规格尺寸应符合我国《厂房建筑模数协调标准》（GBJ 6—86）的规定，并考虑山墙抗风柱的设置情况。一般墙板的长和高采用 300 mm 为扩大模数，板长有：4500 mm、6000 mm、7500 mm（用于山墙）和 12000 mm 等数种，可适用于

6 m 或 12 m 柱距以及 3 m 整倍数的跨距。板高有：900 mm、1200 mm、1500 mm 和 1800 mm 四种。板厚以 20 mm 为模数进级，常用厚度为 160 ~ 240 mm。

墙板的布置：墙板布置可分为横向布置、竖向布置和混合布置三种类型，各自的特点及适用情况也不相同，应根据工程的实际进行选用。

②墙板与柱的连接

单层厂房的墙板与排架柱的连接一般分柔性连接和刚性连接两类。

柔性连接：柔性连接适用于地基不均匀、沉降较大或有较大振动影响的厂房，这种方法多用于承自重墙，是目前采用较多的方式。柔性连接是通过设置预埋铁件和其他辅助件使墙板和排架柱相连接。柱只承受由墙板传来的水平荷载，墙板的重量并不加给柱子而由基础梁或勒脚墙板承担。墙板的柔性连接构造形式很多，其最简单的为螺栓连接（图 5.1.44）和压条连接（图 5.1.45）两种做法。

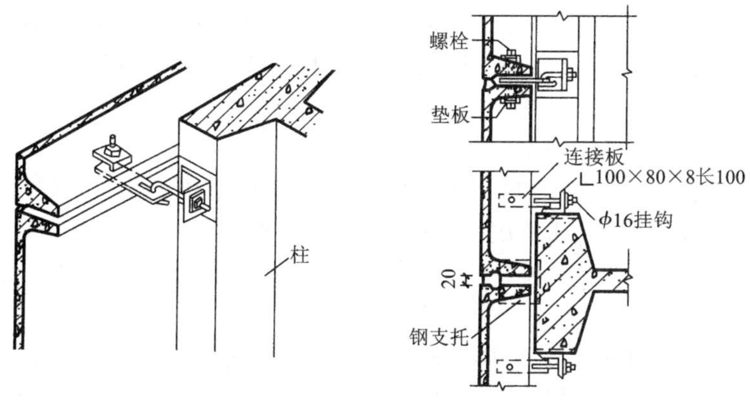

图 5.1.44　螺栓挂钩柔性连接构造示例

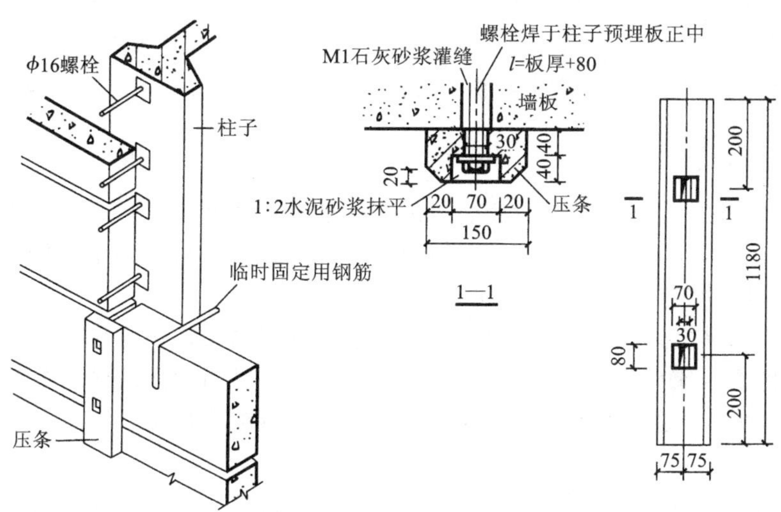

图 5.1.45　压条柔性连接构造示例

刚性连接：刚性连接是在柱子和墙板中先分别设置预埋铁件，安装时用角钢或 $\phi16$ 的钢筋段把它们焊接连牢（图 5. 1. 46）。优点是施工方便，构造简单，厂房的纵向刚度好；缺点是对不均匀沉降及振动较敏感，墙板板面要求平整，预埋件要求准确。刚性连接宜用于地震设防烈度为 7 度或 7 度以下的地区。

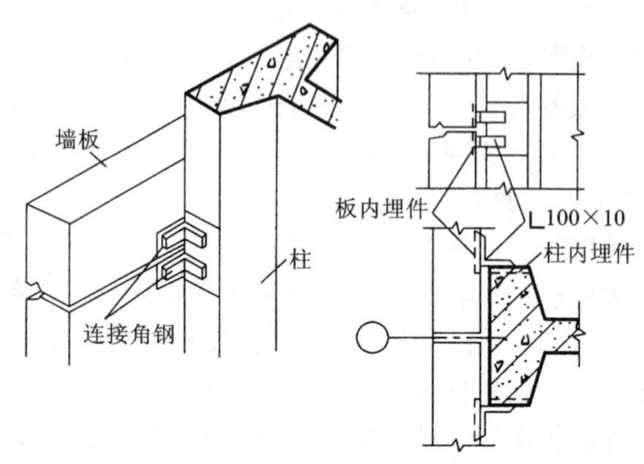

图 5. 1. 46　刚性连接构造示例

③墙板板缝的处理

为了使墙板能起到防风雨、保温、隔热作用，除了板材本身要满足这些要求之外，还必须做好板缝的处理。

根据不同情况，板缝可以做成各种形式。水平缝可做成平口缝、高低错口缝、企口缝等。后者的处理方式较好，但从制作、施工以及防止雨水的重力和风力渗透等因素综合考虑，错口缝是比较理想的，应多采用这种形式。

3）轻质板材墙

不要求保温、隔热的热加工车间、防爆车间和仓库建筑的外墙，可采用轻质的石棉水泥板（包括瓦楞板和平板等）、瓦楞铁皮、塑料墙板、铝合金板以及夹层玻璃墙板等。这种墙板仅起围护结构作用，墙板除传递水平风荷载外，不承受其他荷载，墙板本身的重量也由厂房骨架来承受。

目前我国采用较多的是波纹石棉水泥瓦，它是一种脆性材料，为了防止损坏和构造方便，一般在墙角、门洞旁边以及窗台以下的勒脚部分，常采用砖砌进行配合。这种墙板通常悬挂在柱子之间的横梁上，横梁一般为 T 形或 L 形断面的钢筋混凝土预制构件。横梁长度应与柱距相适应，横梁两端搁置在柱子的钢牛腿上，并且通过预埋件与柱子焊接牢固。横梁的间距应配合波纹石棉水泥瓦的长度来设计，尽量避免锯裁瓦板造成浪费。瓦板与横梁连接，可采用螺栓与铁卡子将两者夹紧。螺栓孔应钻在墙外侧瓦垅的顶部，安装螺栓时，该处应衬以 5 mm 厚的毡垫，为防止风吹雨水经板缝侵入室内，瓦板应顺主导风向铺设，瓦板左右搭接通常为一个瓦拢。

4）开敞式外墙

在我国南方地区，为了使厂房获得良好的自然通风和散热效果，一些热加工车间常采用开敞式外墙。开敞式外墙通常是在下部设矮墙，上部的开敞口设置挡雨遮阳板。图 5. 1. 47 为典型开敞式外墙的布置。

挡雨遮阳板每排之间距离，与当地的飘雨角度、日照以及通风等因素有关，设计时应结合车间对防雨的要求来确定，一般飘雨角可按 45°设计，风雨较大地区可酌情减少角度。挡雨板有多种构造形式，通常有石棉水泥瓦挡雨板和钢筋混凝土挡雨板。

(2) 屋面

单层厂房的屋面与民用建筑的屋面相比，其宽度一般都大得多，这就使得厂房屋面在排除雨水方面比较不利，而且由于屋面板大多采用装配式，接缝多，且直接受厂房内部的振动、高温、腐蚀性气体、积灰等因素的影响，因此，解决好屋面的排水和防水是厂房屋面构造的

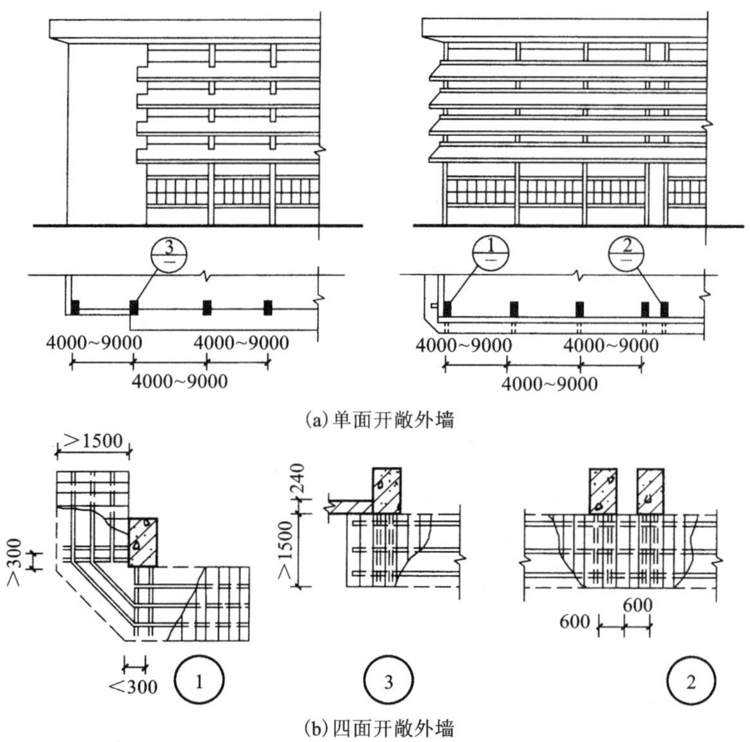

(a)单面开敞外墙

(b)四面开敞外墙

图 5. 1. 47 开敞式外墙的布置

主要问题。有些地区还要处理好屋面的保温、隔热问题；对于有爆炸危险的厂房，还须考虑屋面的防爆、泄压问题；对于有腐蚀气体的厂房，还要考虑防腐蚀的问题。

1)屋面排水

①排水方式

厂房屋面排水方式基本分为无组织排水和有组织排水两种方式，选择排水方式，应结合所在地区降雨量、气温、车间生产特征、厂房高度和天窗宽度等因素综合考虑。

(a)无组织排水

无组织排水构造简单、施工方便、造价便宜，条件允许时宜优先选用，尤其是某些对屋面有特殊要求的厂房，如屋面容易积灰的冶炼车间、屋面防水要求很高的铸工车间以及对内排水的铸铁管具有腐蚀作用的炼铜车间等均宜采用无组织排水。

(b)有组织排水

a)挑檐沟外排水：当厂房较高或地区降雨量较大，不宜作无组织排水时，可把屋面的雨、雪水组织在檐沟内，经雨水口和立管排下。这种方式构造简单、施工方便、管材省、造价低，且不妨碍车间内部工艺设备布置，尤其是在南方地区应用较广[图 5. 1. 48(a)]。

b)长天沟外排水：当厂房内天沟长度不大时，可采用长天沟外排水方式。这种方式构造简单、施工方便、造价较低，但受地区降雨量、汇水面积、屋面材料、天沟断面和纵向坡度等因素的制约。即使在防水性能较好的卷材防水屋面中，其天沟每边的流水长度也不宜超过 48 m(纺织印染厂房也有做到 70 ~ 80 m 的，但天沟断面要适当增大)。天沟端部应设溢水口，防止暴雨时或排水口堵塞时造成的漫水现象[图 5. 1. 48(b)]。

c)内落外排水：这种排水方式是将厂房中部的雨水管改为具有 0.5% ~1% 坡度的水平悬吊管，与靠墙的排水立管连通，下部导入明沟或排出墙外[图 5. 1. 48(c)]。这种方式可避免内排水与地下干管布置的矛盾。

d)内排水：内排水不受厂房高度限制，屋面排水组织灵活，适用于多跨厂房[图 5. 1. 48(d)]，如在严寒多雪地区的采暖厂房和有生产余热的厂房。采用内排水可防止冬季雨、雪水流至檐口结成冰柱拉坏檐口或坠落伤人、防止外部雨水管冻结破坏。但内排水构造复杂、造价及维修费高，且与地下管道、设备基础、工艺管道等易发生矛盾。

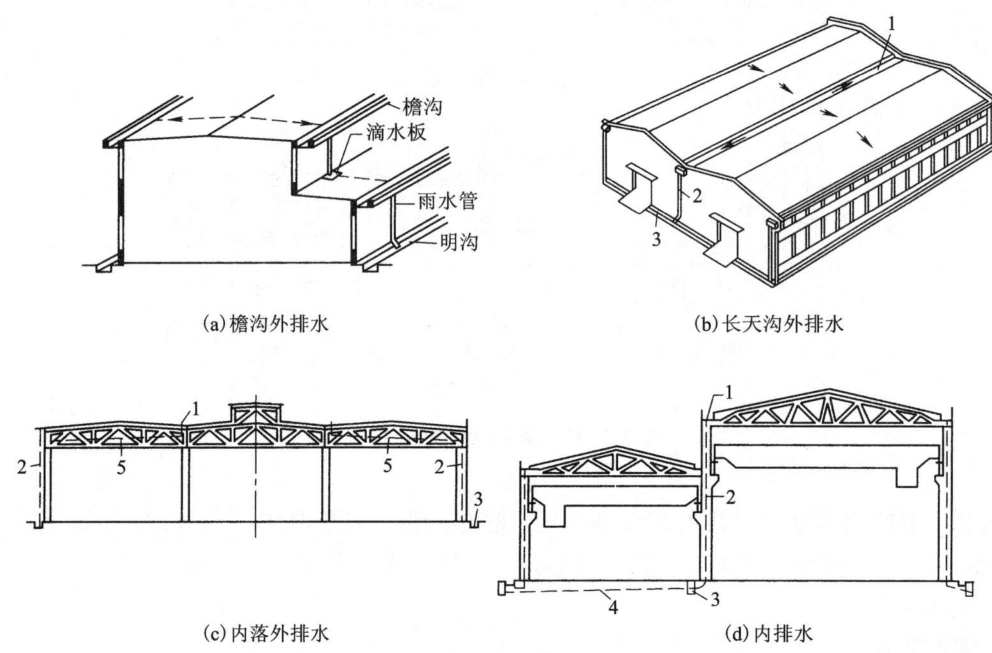

图 5. 1. 48　单层厂房屋面有组织排水形式

1—天沟；2 立管；3—明(暗)沟；4—地下雨水管；5—悬吊管

②屋面排水坡度

屋面排水坡度的选择，主要取决于屋面基层的类型、防水构造方式、材料性能、屋架形式以及当地气候条件等因素。各种屋面的坡度可参考表 5. 1. 2 选择。其构造作法与民用建筑基本相同。

表 5. 1. 2　屋面坡度选择参考

防水类型	卷材类型	非防水卷材			压型钢板
		嵌缝式	F 板	石棉瓦等	
常用坡度	1∶5 ~1∶10	1∶5 ~1∶8	1∶5 ~1∶8	1∶2. 5 ~1∶4	1∶20

2）屋面防水

单层厂房的屋面防水主要有卷材防水、各种波形瓦（板）屋面和钢筋混凝土构件自防水等类型。应根据厂房的使用要求和防水、排水的有机关系，结合屋盖形式、屋面坡度、材料供应、地区气候条件及当地施工经验等因素来选择合适的防水形式。

①卷材防水屋面

卷材防水屋面在单层工业厂房中应用较为广泛（尤其是北方地区需采暖的厂房和振动较大的厂房）。它分为保温和不保温两种，两者构造层次有很大不同。保温防水屋面的构造一般为：基层（结构层）、找平层、隔汽层、保温层、防水层和保护层；不保温防水屋面的构造一般为：基层、找平层、防水层和保护层。卷材防水屋面构造原则和做法与民用建筑基本相同，它的防水质量关键在于基层和防水层。由于厂房屋面荷载大、振动大，因此变形可能性大，一旦基层变形过大时，易引起卷材拉裂。另外，施工质量不高也会引起渗漏。

②钢筋混凝土构件自防水屋面

钢筋混凝土构件自防水屋面，是利用钢筋混凝土板本身的密实性，对板缝进行局部防水处理而形成防水的屋面。构件自防水屋面具有省工、省料、造价低和维修方便的优点。但也存在一些缺点，如混凝土易碳化、风化，板面后期易出现裂缝和渗漏，油膏和涂料易老化，接缝的搭盖处易产生飘雨。构件自防水屋面目前在我国南方和中部地区应用较广泛。

钢筋混凝土构件自防水屋面板有钢筋混凝土屋面板、钢筋混凝土 F 板。根据板的类型不同，其板缝的防水处理方法也不同。板缝的防水措施有嵌缝式、贴缝式和搭盖式三种。图 5. 1. 49 为嵌缝式、贴缝式构造。

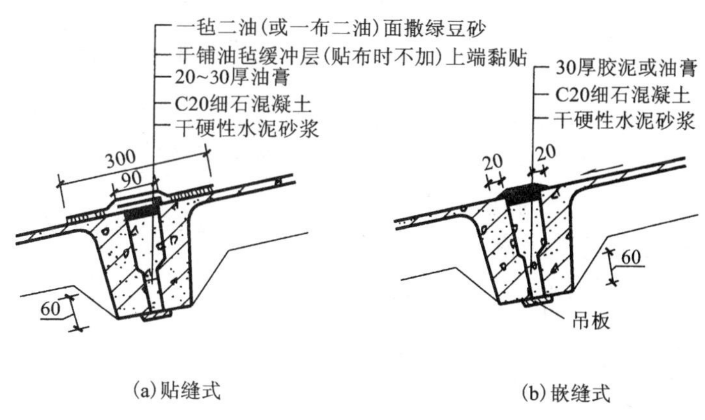

图 5. 1. 49　嵌缝式、贴缝式板缝构造

③彩色压型钢板屋面

彩色压型钢板屋面的特点是施工速度快，重量轻，美观。彩色压型钢板具有承重、防锈、耐腐、防水、装饰的功能，但造价高，维修复杂，目前我国较少使用。彩色压型钢板屋面可根据需要设置保温、隔热及防结露层。金属夹芯板则直接具有保温、隔热的作用。

（3）侧窗、大门

1）侧窗

单层厂房的侧窗不仅应满足采光和通风的要求，还要根据生产工艺的特点，满足一些特殊要求。例如有爆炸危险的车间，侧窗应有利于泄压；要求恒温恒湿的车间，侧窗应有足够的保温隔热性能；洁净车间要求侧窗防尘和密闭等。单层厂房的侧窗面积往往比较大，因此设计与构造上应在坚固耐久、开关方便的前提下，节省材料、降低造价。

①侧窗布置形式及窗洞尺寸

单层厂房侧窗一般均为单层窗，但在寒冷地区的采暖车间，室内外计算温差大于 35℃时，距室内地面 3 m 以内应设双层窗。若生产有特殊要求（如恒温恒湿、洁净车间等），则应全部采用双层窗。

单层厂房外墙侧窗布置形式一般有两种：一种是被窗间墙隔开的单独的窗口形式；另一种是厂房整个墙面或墙面大部分做成大片玻璃墙面或带状玻璃窗。

②侧窗种类

单层工业厂房侧窗，按材料分有木侧窗、钢侧窗、钢筋混凝土侧窗等；按层数分有单层窗和双层窗；按开启方式分有中悬窗、平开窗、固定窗、垂直旋转窗等。

一般根据车间通风需要，厂房常将平开窗、中悬窗和固定窗组合在一起。为了便于安装开关器，侧窗组合时，在同一横向高度内，应采用相同的开启方式，如图 5.1.50 所示。

图 5.1.50　单层厂房侧窗组合示意图

2）大门

①大门类型

厂房大门按用途可分为一般大门和特殊大门。特殊大门是根据特殊要求设计的，有保温门、防火门、冷藏门、射线防护门、防风砂门、隔声门、烘干室门等。

厂房大门按门窗材料可分为木门、钢板门、钢木门、空腹薄壁钢板门、铝合金门等。

厂房大门按开启方式可分为平开门、平开折叠门、推拉门、推拉折叠门、上翻门、升降门、卷帘门、偏心门、光电控制门等（图 5.1.51）。

②大门构造

工业厂房各类门窗的构造一般均有标准图可供选择，本书不再介绍。

(4) 天窗

大跨度或多跨的单层厂房中，为满足天然采光与自然通风的要求，在屋面上常设置各种形式的天窗。这些天窗按功能可分为采光天窗与通风天窗两大类型，但实际上只起采光或只起通风作用的天窗是较少的，大部分天窗都同时兼有采光和通风双重作用。

单层厂房采用的天窗类型较多，目前我国常见的天窗形式中，主要用作采光的有：矩形天窗、锯齿形天窗、平天窗、三角形天窗、横向下沉式天窗等；主要用作通风的有：矩形避风天窗、纵向或横向下沉式天窗、井式天窗、M 形天窗（图 5.1.52）。

1）矩形天窗构造

矩形天窗沿厂房纵向布置，为了简化构造并留出屋面检修和消防通道，在厂房的两端和横向变形缝的第一个柱间通常不设天窗[图 5.1.53(a)]，在每段天窗的端壁应设置上天窗屋

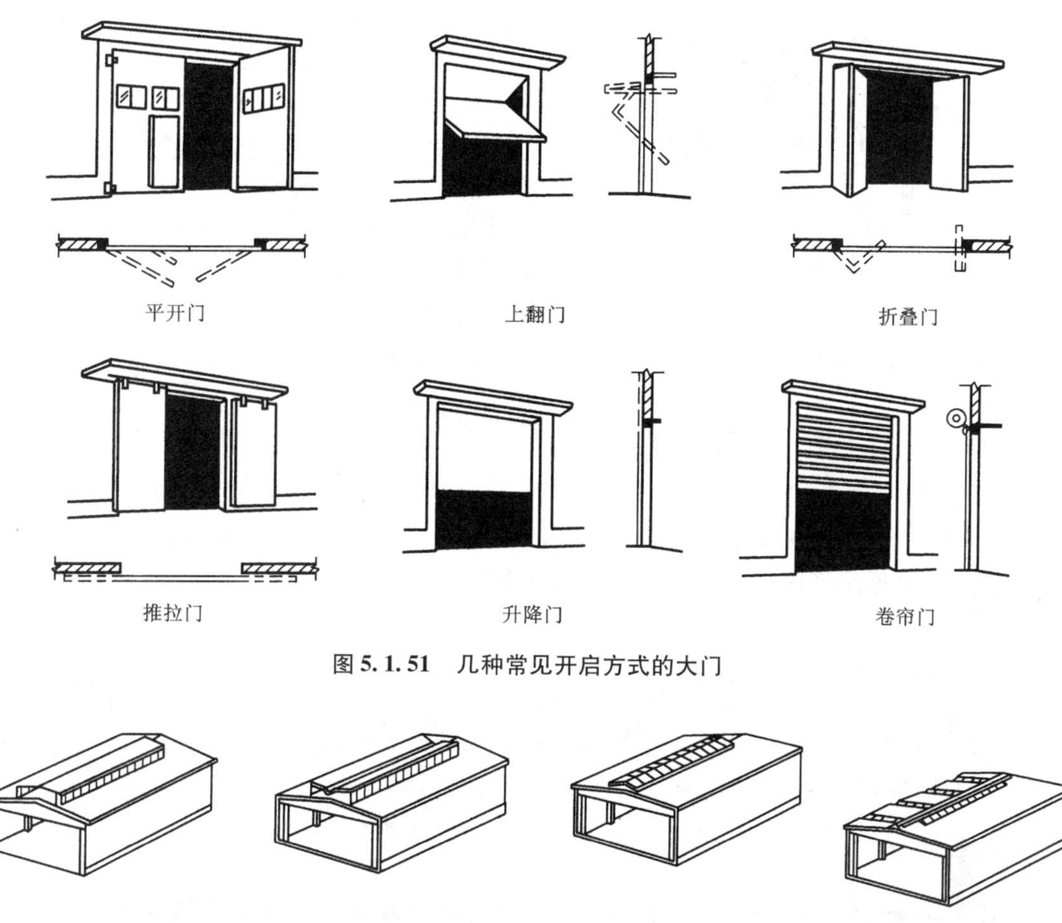

图 5.1.51　几种常见开启方式的大门

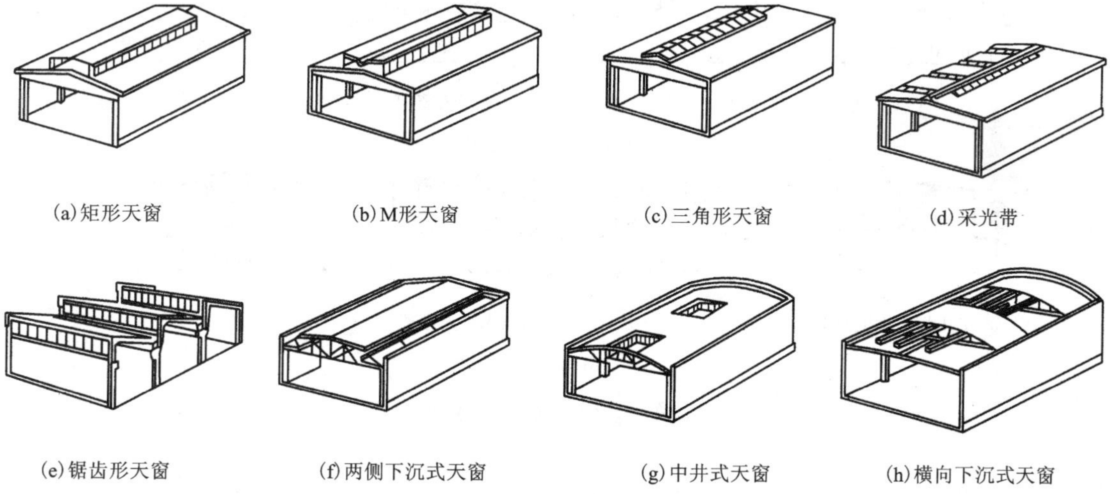

(a)矩形天窗　(b)M形天窗　(c)三角形天窗　(d)采光带

(e)锯齿形天窗　(f)两侧下沉式天窗　(g)中井式天窗　(h)横向下沉式天窗

图 5.1.52　各种天窗示意图

面的消防梯(检修梯)。

矩形天窗主要由天窗架、天窗屋顶、天窗端壁、天窗侧板及天窗扇等构件组成[图 5.1.53(b)]。

①天窗架

天窗架是天窗的承重构件，它支承在屋架或屋面梁上，有钢筋混凝土和型钢制作的两种。钢天窗架重量轻，制作、吊装方便，多用于钢屋架上，但也可用于钢筋混凝土屋架上。钢筋混凝土天窗架则要与钢筋混凝土屋架配合使用。

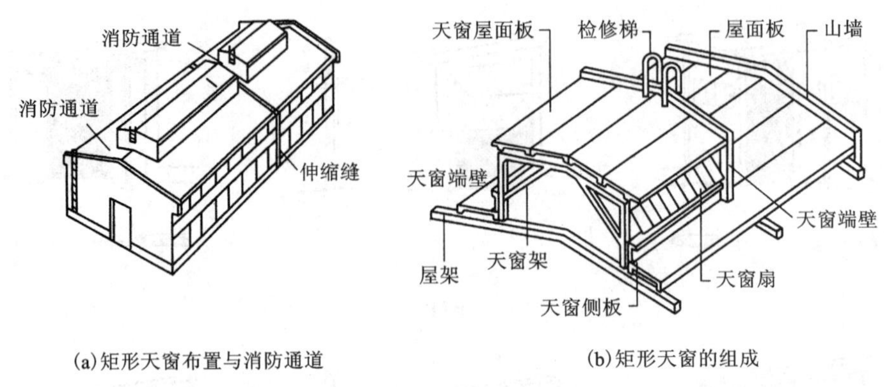

(a)矩形天窗布置与消防通道　　(b)矩形天窗的组成

图 5.1.53　矩形天窗布置与组成

钢筋混凝土天窗架的形式一般有Π形和W形，也可做成Y形；钢天窗架有多压杆式和桁架式(图5.1.54)；天窗架的跨度采用扩大模数30M系列，目前有6 m、9 m、12 m三种；天窗架的高度与根据采光通风要求选用的天窗扇的高度配套确定。

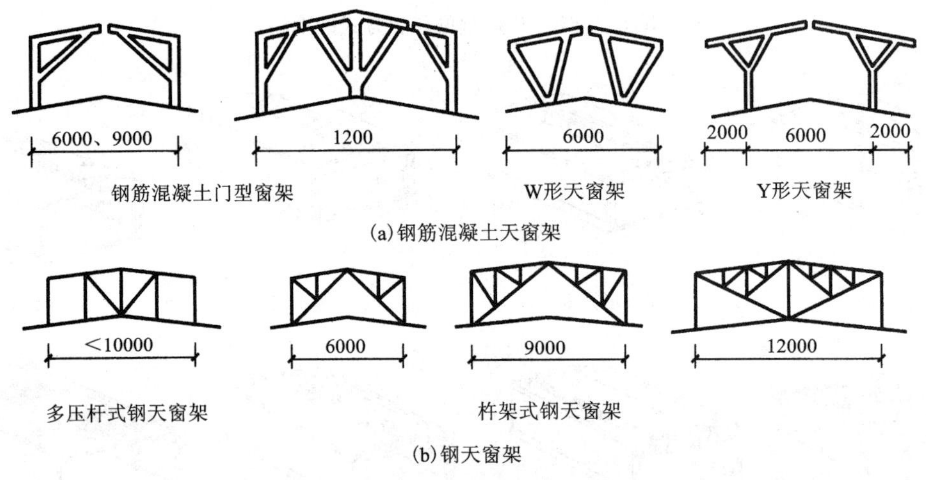

图 5.1.54　天窗架形式

钢筋混凝土天窗架一般由两榀或三榀预制构件拼接而成，各榀之间采用螺栓连接，其支脚与屋架连接采用焊接。

②天窗屋顶及檐口

天窗屋顶的构造通常与厂房屋顶构造相同。由于天窗宽度和高度一般均较小，故多采用自由落水。为防止雨水直接流淌到天窗扇上和飘入室内，天窗檐口一般采用带挑檐的屋面板，挑出长度为300～500 mm。檐口下部的屋面上须铺设滴水板，以保护厂房屋面。

③天窗端壁

天窗两端的山墙称为天窗端壁。天窗端壁通常采用预制钢筋混凝土端壁和石棉水泥瓦端壁。

当采用钢筋混凝土天窗架时，天窗端部可用预制钢筋混凝土端壁板来代替天窗架。这种端壁板既可支承天窗屋面板，又可起到封闭尽端的作用，是承重与围护合一的构件。根据天窗宽度不同，端壁板由两块或三块拼装而成(图 5. 1. 55)，它焊接固定在屋架上弦轴线的一侧，屋架上弦的另一侧搁置相邻的屋面板。

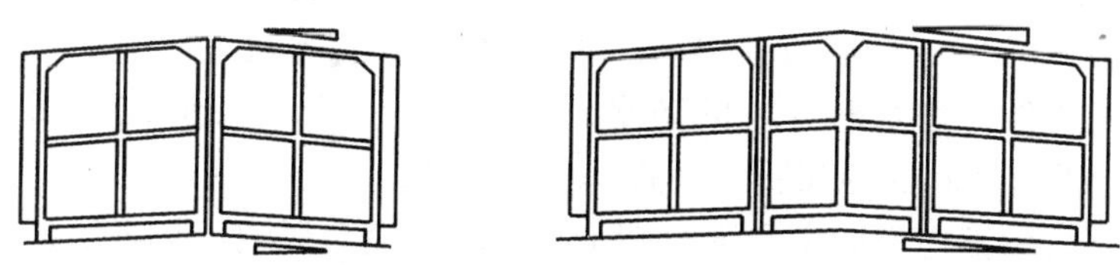

图 5. 1. 55　钢筋混凝土端壁

④天窗侧板

天窗侧板是天窗下部的围护构件。它的主要作用是防止屋面的雨水溅入车间以及不被积雪挡住天窗扇的开启。屋面至侧板顶面的高度一般应大于 300 mm，多风雨或多雪地区应增高至 400 ~ 600 mm。

⑤天窗扇

天窗扇有钢制和木制两种，无论南北方一般均为单层。钢天窗扇具有耐久、耐高温、挡光少、不易变形、关闭严密等优点，因此工业建筑中常用钢天窗扇。木天窗扇造价较低、易于制作，但耐久性、抗变形性、透光率和防火性较差，只适用于火灾危险不大、相对湿度较小的厂房。

钢天窗扇按开启方式分为上悬式钢天窗和中悬式钢天窗。上悬式天窗扇最大开启角仅为 45°，因此防雨性能较好，但通风性能较差；中悬式天窗扇开启角为 60° ~ 80°，通风好，但防雨较差。木天窗扇一般只有中悬式，最大开启角为 60°。

⑥天窗开关器

由于天窗位置较高，需要经常开关的天窗应设置开关器。天窗开关器可分为电动、手动、气动等多种。用于上悬式钢天窗的有电动和手动撑臂式开关器；用于中悬式天窗的有电动引伸式或简易联动拉绳式开关器等。

2)矩形避风天窗构造

矩形避风天窗构造与矩形天窗相似。不同之处是根据自然通风原理在天窗两侧增设挡风板和不设窗扇，图 5. 1. 56 为矩形避风天窗挡风板布置。

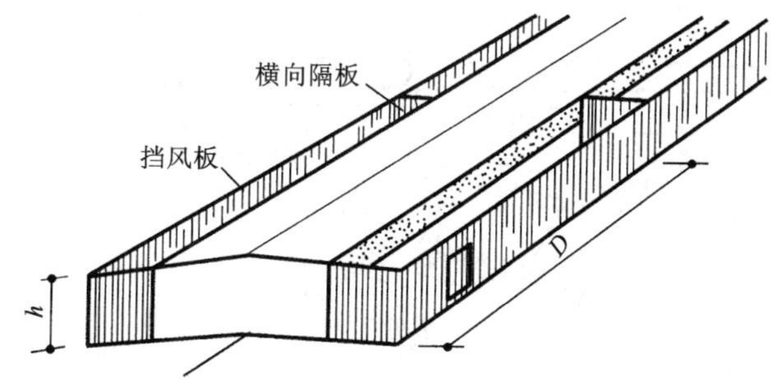

图 5. 1. 56　矩形避风天窗挡风板布置

①挡风板的作用

对于热压较高的车间可在天窗的两端设挡风板，使排气口始终处于负压区内，这样无论有无大风，排气口均能稳定地排除室内的热气流。

②挡风板的形式与构造

挡风板有垂直式、外倾式、内倾式、折腰式和曲线式几种。一般较常见的为垂直式和外倾式。

挡风板是固定在挡风支架上的，支架按结构的受力方式可分为立柱式(包括直立柱与斜立柱)和悬挑式(包括直悬挑和斜悬挑)两类。立柱式支架是将型钢或钢筋混凝土立柱支承在屋架上弦的柱墩上，并用支撑与天窗架连接，因此结构受力合理，常用于大型屋面板类的屋盖。屋盖为搭盖式构件自防水时柱处的防水较为复杂。由于立柱应位于四块屋面板的连接处，所以挡风板与天窗之间的距离受屋面板排列的限制，不够灵活。

悬挑式支架是将角钢支架固定在天窗架上，与屋盖完全脱离。因此，挡风板与天窗之间的距离比较灵活，且屋面防水不受支柱的影响，适应性广，但支架杆件增多，荷载集中于天窗架上，受力较大，用料造价较高，对抗震不利。

挡风板可采用中波石棉水泥瓦、瓦楞铁皮、钢丝钢水泥波形瓦、预应力槽瓦等，安装时可用带螺栓的钢筋构将瓦材固定在挡风板的骨架上。

③挡雨设施

为便于通风、减小局部阻力，除寒冷地区外，通风天窗多不设天窗扇，但必须安装挡雨设施，以防止雨水飘入车间内。天窗口的挡雨设施有大挑檐挡雨、水平口设挡雨片和垂直口设挡雨板三种构造形式。

挡雨片可采用石棉瓦、钢丝网水泥板、钢筋混凝土板、薄钢板、瓦楞铁等。当通风天窗还有采光要求时，宜采用透光较好的材料制作，如铅丝玻璃、钢化玻璃、玻璃钢波形瓦等。采用不同类型的挡雨片时，应选择与之配套的支架和固定方法。

3)平天窗

平天窗是利用屋顶水平面进行采光的。它有采光板(图 5.1.57)、采光罩(图 5.1.58)和采光带(图 5.1.59)三种类型。

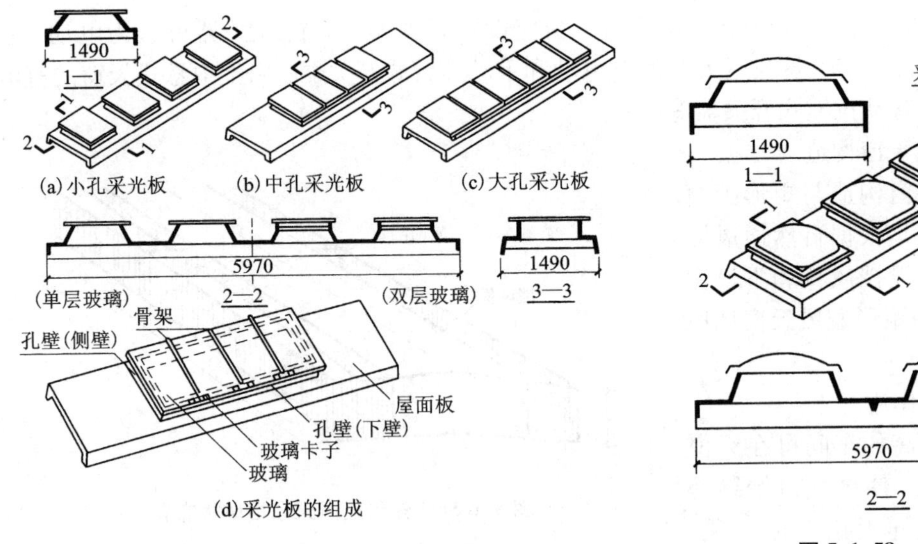

图 5.1.57　采光板形式和组成

图 5.1.58　采光罩

①平天窗防水构造

防水处理是平天窗构造的关键问题之一。防水处理包括孔壁泛水和玻璃固定处防水等环节。

孔壁形式及泛水：孔壁是平天窗采光口的边框。为了防水和消除积雪对窗的影响，孔壁一般高出屋面 150 mm 左右，有暴风雨的地区则可提高至 250 mm 以上。孔壁的形式有垂直和倾斜的两种，后者可提高采光效率。孔壁常做成预制装配的，材料有钢筋混凝土、薄钢板、玻璃纤维塑料等，应注意处理好屋面板之间的缝隙，以防渗水；也以做成现浇钢筋混凝土的。

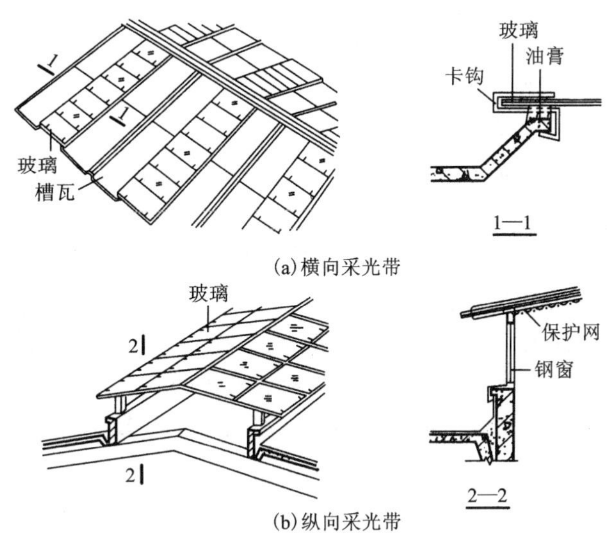

图 5.1.59　采光带形式

玻璃固定及防水处理：安装固定玻璃时，要特别注意做好防水处理，避免渗漏。小孔采光板及采光罩为整块透光材料，利用钢卡钩及木螺丝将玻璃或玻璃罩固定在孔壁的预埋木砖上即可，构造较为简单。

大孔采光板和采光带须由多块玻璃拼接而成，故须设置骨架作为安装固定玻璃之用。横档的用料有木材、型钢、铝材和预制钢筋混凝土条等；玻璃与横档搭接处的防水一般用油膏防止渗水。

②玻璃的安全防护

平天窗宜采用安全玻璃（如钢化玻璃、夹丝玻璃和玻璃钢罩等），但此类材料价格较高。当采用平板玻璃、磨砂玻璃、压花玻璃等非安全玻璃时，为防止玻璃破碎落下伤人，须加设安全网。安全网一般设在玻璃下面，常采用镀锌铁丝网制作，挂在孔壁的挂钩上或横档上（图 5.1.60）。安全网易积灰，清扫困难，构造处理时应考虑便于更换。

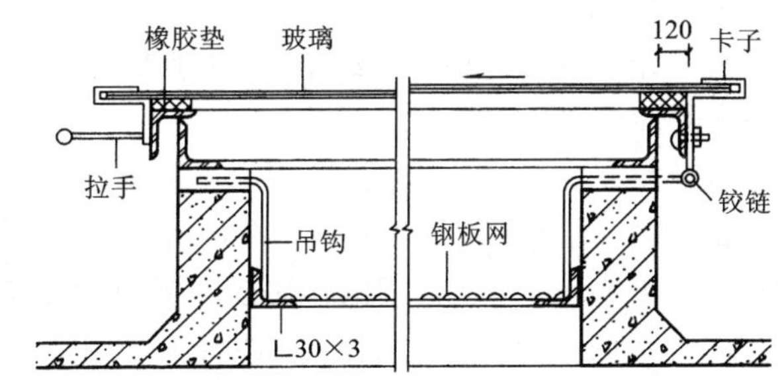

图 5.1.60　安全网构造示例

6. 厂房地面及其他设施

(1) 地面

1）厂房地面的特点与要求

工业厂房地面应能满足生产使用要求。如生产精密仪器或仪表的车间，地面应满足防尘要求；生产中有爆炸危险的车间，地面应满足防爆要求（不因撞击而产生火花）；有化学侵蚀的车间，地面应满足防腐蚀要求等。因此，地面类型的选择是否恰当、构造是否合理，将直接影响到产品质量的好坏和工人劳动条件的优劣。同时，由于工厂各工段生产要求不同，地面类型也应不同，这就使地面构造增加了复杂性。此外，单层厂房地面面积大，荷载大，材料用量也多。据统计，一般机械类厂房混凝土地面的混凝土用量占主体结构的25% ~50%。所以正确而合理地选择地面材料和相应的构造，不仅有利于生产，而且对节约材料和基建投资都有重要意义。

2）地面的组成

厂房地面与民用建筑一样，一般是由面层、垫层和基层（地基）组成。当上述构造层不能充分满足使用要求或构造要求时，可增设其他构造层，如结合层、找平层、隔离层等（图5.1.61）；某些特殊情况下，还需增设保温层、隔绝层、隔声层等。

①面层及其选择

地面的名称常以面层材料来命名。根据构造及材料性能不同，面层可分为整体式（包括单层整体式和多层整体式）及板、块状两大类。由于面层是直接承受各种物理、化学作用的表面层，因此应根据生产特征、使用要求和技术经济条件来选择面层。

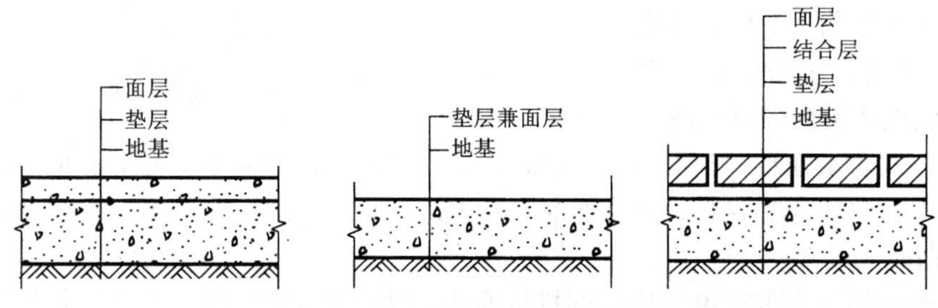

图5.1.61　厂房地面的组成

②垫层的选择

垫层是承受并传递地面荷载至基层（地基）的构造层。按材料性质不同，垫层可分为刚性垫层、半刚性垫层和柔性垫层三种。

刚性垫层是指用混凝土、沥青混凝土和钢筋混凝土等材料做成的垫层。它整体性好、不透水、强度大，适用于直接安装中小型设备、受较大集中荷载、且要求变形小的地面，以及有侵蚀性介质或大量水、中性溶液作用或面层构造要求为刚性垫层的地面。

半刚性垫层是指灰土、三合土、四合土等材料做成的垫层。半刚性垫层受力后有一定的塑性变形，它可以利用工业废料和建筑废料制作，因而造价低。

③基层（地基）

基层是承受上部荷载的土壤层，是经过处理的基土层，最常见的是素土夯实。

3）地沟

由于生产工艺的需要，厂房内有各种生产管道（如电缆、采暖、压缩空气、蒸汽管道等）需要设在地沟。

地沟由底板、沟壁、盖板三部分组成。常用有砖砌地沟和混凝土地沟两种。砖砌地沟适用于沟内无防酸、碱要求，沟外部也不受地下水影响的厂房。沟壁一般为120 ~490 mm，上端应设混凝土垫梁，以支承盖板。砖砌地沟一般须作防潮处理，作法是在为壁外刷冷底子油一道，热沥青二道，沟壁内抹20 mm厚1∶2水泥砂浆，内掺3%防水剂。

4）坡道

厂房的室内外高差一般为 150 mm。为了便于各种车辆通行，在门口外侧须设置坡道。坡道宽度应比门洞大出 1200 mm，坡度一般为 10% ~15%，最大不超过 30%。坡度较大(大于 10%)时，应在坡道表面作齿槽防滑。若车间有铁轨通入时，则坡道设在铁轨两侧。

(2)其他设施

1)钢梯

在工业厂房中常需设置各种钢梯，如作业平台钢梯、吊车钢梯、屋面检修及消防钢梯等。

①作业钢梯

作业钢梯是工人上下生产操作平台或跨越生产设备联动线的通道。作业钢梯多选用定型构件。定型作业钢梯坡度一般较陡，有 45°、59°、73°、90°四种，如图 5.1.62 所示。

作业钢梯的构造随坡度陡缓而异，45°、59°、73°钢梯的踏步一般采用网纹钢板，若材料供应困难时，可改用普通钢板压制或做电焊防滑点(条)；90°钢梯的踏条一般用 1 ~2 根 ϕ18 圆钢作成；钢梯边梁的下端和预埋在地面混凝土基础中的预埋钢板焊接；边梁的上端固定在作业(或休息)平台钢梁或钢筋混凝土梁的预埋铁件上。

②吊车钢梯

为便于用车司机上下驾驶室，应在靠驾驶室一侧设置吊车钢梯。为了避免吊车停靠时撞击端部的车挡，吊车梯宜布置在厂房端部的第二个柱距内。

当多跨车间相邻两跨均有吊车时，吊车梯可设在中柱上，使一部吊车钢梯为两跨吊车服务。同一跨内有两台以上吊车时，每台吊车均应有单独的吊车梯。

选择吊车钢梯时，可根据吊车轨顶标高，选用定型的吊车钢梯和平台型号吊车钢梯主要由梯段和平台两部分组成(当梯段高度小于 4200 mm 时，可不设中间平台，做成直梯)。吊车钢梯的坡度一般为 63°，即 1∶2，宽度为 600 mm。吊车梯平台的标高应低于吊车梁底面 1800 mm 以上，以利于通行。为防止滑倒，吊车钢梯的平台板及踏步板宜采用花纹钢板。梯段和平台的栏杆扶手一般为 ϕ22 圆钢制作。梯段斜梁的上端与安装在厂房柱列上(或固定在墙上)的平台连接，斜梁的下端固定在刚性地面上。若为非刚性地面时，则应在地面上加设混凝土基础。

③屋面检修及消防钢梯

为了便于屋面的检修、清灰、清除积雪和擦洗天窗，厂房均应设置屋面检修钢梯，并兼作消防梯。屋面检修钢梯的多为直梯形式；但当厂房很高时，用直梯既不方便也不安全，应采用设有休息平台的斜梯。

屋面检修钢梯设置在窗间墙或其他实墙上，不得面对窗口。当厂房有高低跨时，应使屋面检修钢梯经低跨屋面再通到高跨屋面。设有矩形、梯形、M 形天窗时，屋面检修及消防梯宜设在天窗的间断处附近，以便于上屋面后横向穿越，并应在天窗端壁上设置上天窗屋面的直梯。

2)吊车梁走道板

吊车梁走道板是为维修吊车轨道及维修吊车而设，走道板均沿吊车梁顶面铺设。当吊车为中级工作制，轨顶高度小于 8 m 时，只需在吊车操纵室一侧的吊车梁上设通长走道板；若轨顶高度人于 8 m 时，则应在两侧的吊车梁上设置通长走道板；如厂房为高温车间、吊车为重级工作制，或露天跨设吊车时，不论吊车台数、轨顶高度如何，均应在两侧的吊车梁上设通长走道板。

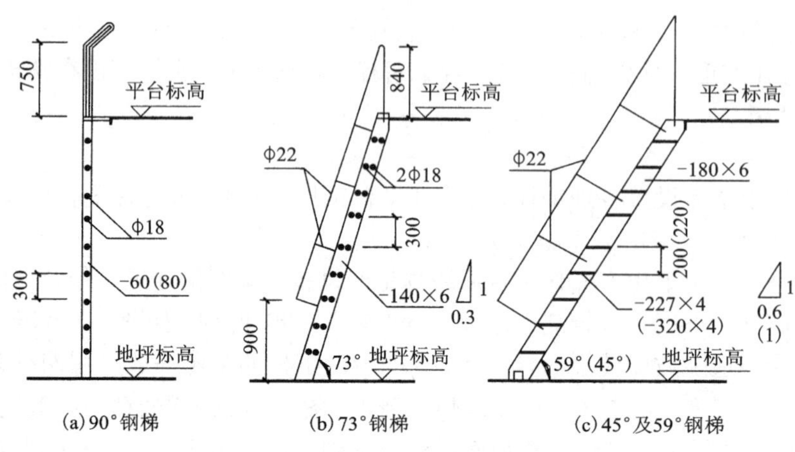

图 5.1.62　作业钢梯

走道板有木制、钢制及钢管混凝土三种。目前采用较多的预制钢筋混凝土走道板，有定型构件供设计时选择。预制钢筋混凝土走道板宽度有 400 mm、600 mm、800 mm 三种，板的长度与柱子净距相配套，走道板的横断面为槽形或 T 形。走道板的两端搁置在柱子侧面的钢牛腿上，并与之焊牢。走道板的一侧或两侧还应设置栏杆，栏杆为角钢制作。

3)隔断

根据生产、管理、安全卫生等要求，厂房内有些生产或辅助工段及辅助用房需要用隔断加以隔开。通常隔断的上部空间是与车间连通的，只是在为了防止车间生产的有害介质侵袭时，才在隔断的上部加设胶合板、薄钢板、硬质塑料及石棉水泥板等材料做成的顶盖，构成一个封闭的空间。不加顶盖的隔断一般高度为 2 m 左右，加顶盖的隔断高度一般为 3 ~3.6 m。隔断按材料可分为木隔断、砖隔断、金属网隔断、预制钢筋混凝土隔断、混合隔断以及硬质塑料、玻璃钢、石膏板等轻质隔断。

小　结

按技能抽查标准要求，本部分完成的任务是单层工业厂房建筑构造的认知与表达。重点讨论单层工业厂房的结构类型和组成、单层工业厂房的定位轴线以及单层工业厂房的主要结构构件，并了解单层工业厂房内部的起重运输设备、单层工业厂房围护结构构造以及厂房地面及其他设施。

1. 单层工业厂房结构按其承重结构的材料来分，有混合结构、钢筋混凝土结构和钢结构类型；按其主要承重结构的形式分，有排架结构和刚架结构类型。排架结构单层工业厂房由厂房骨架和围护结构两大部分组成。

2. 起重吊车是目前厂房中应用最为广泛的一种起重运输设备。厂房剖面高度的确定和结构计算等，与吊车的规格、起重量等有着密切的关系。常见的吊车有单轨悬挂吊车、梁式吊车和桥式吊车等。

3. 厂房的定位轴线是确定厂房主要构件的位置及其标志尺寸的基线，同时也是设备定位、安装及厂房施工放线的依据。厂房柱子纵横向定位轴线在平面上形成有规律的网格称为柱网。与横向排架平面垂直的称为纵向定位轴线，柱子纵向定位轴线间的距离称为跨度；与横向排架平面平行的称为横向定位轴成，横向定位轴线的距离称为柱距。定位轴线的划分是在柱网布置的基础上进行的，并与柱网布置一致。

4. 屋顶结构分有檩体系和无檩体系，有檩体系是在屋架或屋面梁上搁置檩条，在檩条上再横向铺设小型或轻型屋面板。无檩体系是在屋架或屋面梁上直接铺设大型屋面板，因而整体性好，吊装次数少，被大中型厂房广为采用。

5. 排架柱由下柱、牛腿和上柱整体构成，下柱插入基础的杯口内固定，牛腿支承吊车梁，上柱支承屋架或屋面梁。边柱的外侧须预埋铁件或拉结筋，以便与墙体、连系梁、圈梁等连接。位于柱间支撑的一对柱仍应预埋铁件，用以连接柱间支撑。

6. 山墙抗风柱是变截面抗弯构件，其下端插入基础杯口内固定，在端部屋架或屋面梁处，柱的截面高度缩小，并用弹性钢板分别与屋架或屋面梁的上下弦作柔性连接，既不会影响屋架或屋面梁的变形，又可将风荷载传到屋架上。

7. 连系梁是柱与柱之间在纵向的水平连系构件。它有设在墙内和不在墙内的两种，前者也称墙梁。

8. 支撑系统是联系各主要承重构件以构成厂房结构空间骨架的重要组成部分。支撑的主要作用是保证厂房结构和构件的承载力、稳定和刚度，并传递部分水平荷载。

9. 单层厂房的墙板与排架柱的连接一般分柔性连接和刚性连接两类。

10. 厂房屋面的排水方式分为有组织排水和无组织排水。有组织排水分外檐沟外排水、长天沟外排水、内落外排水、内排水等。屋面排水坡度的选择，主要取决于屋面基层的类型、防水构造方式、材料性能、屋架形式以及当地气候条件等因素。

11. 单层厂房的侧窗不仅应满足采光和通风的要求，还要根据生产工艺的特点，满足一些特殊要求。例如有爆炸危险的车间，侧窗应有利于泄压；要求恒温恒湿的车间，侧窗应有足够的保温隔热性能；洁净车间要求侧窗防尘和密闭等。单层厂房的侧窗面积往往比较大，因此设计与构造上应在坚固耐久、开关方便的前提下，节省材料、降低造价。

12. 厂房大门按用途可分为：一般大门和特殊大门。特殊大门是根据特殊要求设计的，有保温门、防火门、冷藏门、射线防护门、防风砂门、隔声门、烘干室门等。

13. 单层厂房采用的天窗类型较多，目前我国常见的天窗形式中，主要用作采光的有：矩形天窗、锯齿形天窗、平天窗、三角形天窗、横向下沉式天窗等；主要用作通风的有：矩形避风天窗、纵向或横向下沉式天窗、井式天窗、M 形天窗。

14. 矩形天窗主要由天窗架、天窗屋顶、天窗端壁、天窗侧板及天窗扇等构件组成。

15. 防水处理是平天窗构造的关键问题之一。防水处理包括孔壁泛水和玻璃固定处防水等环节。

16. 工业厂房地面应能满足生产使用要求。如生产精密仪器或仪表的车间，地面应满足防尘要求；生产中有爆炸危险的车间，地面应满足防爆要求(不因撞击而产生火花)；有化学侵蚀的车间，地面应满足防腐蚀要求等。

17. 在工业厂房中常需设置各种钢梯，如作业平台钢梯、吊车钢梯、屋面检修及消防钢梯等。

参考文献

[1] 季敏. 建筑制图与构造基础. 北京：机械工业出版社，2007
[2] 乐荷卿. 陈美华. 土木建筑制图. 武汉. 武汉理工大学出版社，2005
[3] 段丽萍. 建筑结构平面表示法解析实训. 北京：化学工业出版社，2010
[4] 周佳新、姚大鹏. 建筑结构识图. 北京：化学工业出版社，2008
[5] 王崇杰. 房屋建筑学. 北京：中国建筑工业出版社，2008
[6] 毛小敏. 房屋构造与识图. 北京：中国建材工业出版社，2013
[7] 魏明. 建筑构造与识图. 北京：机械工业出版社，2008
[8] 刘小聪. 建筑构造与识图实训. 北京：机械工业出版社，2009
[9] 中国建筑标准设计研究院. 混凝土结构施工图平面整体表示方法制图规则和构造详图(国家建筑标准设计图集 11G101－1～3). 北京：中国计划出版社，2011
[10] 中南地区工程建设标准设计办公室. 建筑图集. 北京：中国建筑工业出版社，2011
[11] 中南地区工程建设标准设计办公室. 结构图集. 北京：中国建筑工业出版社，2005

图书在版编目(CIP)数据

建筑构造与识图 / 刘小聪主编. —长沙：中南大学出版社，2013. 2(2021. 7 重印)

ISBN 978-7-5487-0796-7

Ⅰ. 建… Ⅱ. 刘… Ⅲ. ①建筑构造—高等职业教育—教材 ②建筑制图—识别—高等职业教育—教材 Ⅳ. ①TU22②TU204

中国版本图书馆 CIP 数据核字(2013)第 020836 号

建筑构造与识图

(第 **2** 版)

刘小聪　主编

□责任编辑　周兴武
□责任印制　唐　曦
□出版发行　中南大学出版社
　　　　　社址：长沙市麓山南路　　邮编：410083
　　　　　发行科电话：0731-88876770　　传真：0731-88710482
□印　　装　长沙德三印刷有限公司

□开　　本　787 mm×1092 mm　1/16　□印张 21.75　□字数 552 千字
□版　　次　2016 年 9 月第 2 版　□2021 年 7 月第 6 次印刷
□书　　号　ISBN 978-7-5487-0796-7
□定　　价　49.00 元